118.30
70E

Ergebnisse der Mathematik und ihrer Grenzgebiete

3. Folge · Band 12

A Series of Modern Surveys in Mathematics

Editorial Board

E. Bombieri, Princeton   S. Feferman, Stanford
N.H. Kuiper, Bures-sur-Yvette   P. Lax, New York
R. Remmert (Managing Editor), Münster
W. Schmid, Cambridge, Mass.   J-P. Serre, Paris
J. Tits, Paris

J. Bochnak M. Coste M-F. Roy

Géométrie
algébrique réelle

Avec 44 figures

Springer-Verlag
Berlin Heidelberg NewYork
London Paris Tokyo

Jacek Bochnak
Vrije Universiteit, Mathematisch Instituut
NL-1007 MC Amsterdam

Michel Coste · Marie-Françoise Roy
Université de Rennes I, U.E.R. Mathématiques et Informatique
F-35042 Rennes

AMS Subject Classification (1980): 14G30, 10C04, 11E25, 12J15,
14C35, 14F05, 19A49, 19G12, 19L99, 32C05, 53C99, 55R25, 57N80,
57R99, 58A07, 58A35

ISBN 3-540-16951-2 Springer-Verlag Berlin Heidelberg New York
ISBN 0-387-16951-2 Springer-Verlag New York Berlin Heidelberg

CIP-Kurztitelaufnahme der Deutschen Bibliothek
Bochnak, Jacek: Géométrie algébrique réelle/J. Bochnak; M. Coste; M.-F. Roy. –
Berlin; Heidelberg; New York; London; Paris; Tokyo: Springer, 1987.
(Ergebnisse der Mathematik und ihrer Grenzgebiete; Folge 3, Bd. 12)
ISBN 3-540-16951-2 (Berlin ...);
ISBN 0-387-16951-2 (New York ...)
NE: Coste, Michel:; Roy, Marie-Françoise:; GT

This work is subject to copyright. All rights are reserved, whether the whole or part of the material is concerned, specifically the rights of translation, reprinting, reuse of illustrations, recitation, broadcasting, reproduction on microfilms or in other ways, and storage in data banks. Duplication of this publication or parts thereof is only permitted under the provisions of the German Copyright Law of September 9, 1965, in its version of June 24, 1985, and a copyright fee must always be paid. Violations fall under the prosecution act of the German Copyright Law.
© Springer-Verlag Berlin Heidelberg 1987
Printed in Germany
Typesetting, printing and binding: Universitätsdruckerei H. Stürtz AG, 8700 Würzburg
2141/3140-543210

Préface

Le projet de ce livre a été discuté pour la première fois à Boulder (Colorado) en juillet 1983, lors de la conférence intitulée «Ordered Fields and Real Algebraic Geometry» organisée par D. Dubois.

Nous nous sommes par la suite rencontrés à diverses reprises pendant ces trois années, à Amsterdam et à Rennes mais aussi à l'occasion de réunions de géométrie algébrique réelle, au Mathematisches Forschungsinstitut à Oberwolfach, à Luminy au Centre International de Recherche Mathématique, à Nice à l'occasion de l'Ecole d'Eté organisée par le CIMPA, également à Castelnau de Montmiral pendant les vacances.

Nous avons bénéficié de l'équipement matériel et documentaire et des possibilités d'invitation offertes par la Vrije Universiteit d'Amsterdam et l'Institut de Recherche Mathématique de Rennes.

Il nous est naturellement impossible de citer tous ceux qui nous ont aidés dans l'élaboration et la mise au point de ce livre. Nous souhaitons toutefois remercier particulièrement le Professeur R. Remmert, qui nous a tout de suite encouragés dans notre projet et qui l'a accepté dans le cadre de la collection Ergebnisse der Mathematik, et les nombreux collègues qui ont lu tout ou partie des versions successives du livre, et nous ont aidés à corriger des erreurs ou à améliorer la présentation, notamment R. Benedetti, G. Brumfiel, M. Carral, F. Guimier, M. Knebusch, W. Kucharz, L. Mahé, J.-J. Risler, J. Rogniaux, J. Ruiz et H. Sinaceur. Une mention spéciale doit être faite pour J. Ruiz, qui a sans contestation possible gagné la palme du lecteur le plus attentif!

Merci enfin à Y. Brunel qui a assuré la frappe, les innombrables corrections et de nombreuses photocopies à Rennes, avec compétence et gentillesse.

Amsterdam, Rennes, 19 Juin 1986   J. Bochnak   M. Coste   M-F. Roy

Table des matières

Introduction 1

Chapitre 1. Corps ordonnés, corps réels clos 7

    Résumé 7
    1.1   Corps ordonnés, corps réels 7
    1.2   Corps réels clos 9
    1.3   Clôture réelle d'un corps ordonné 12
    1.4   Le principe de Tarski-Seidenberg 15
    Note bibliographique 19

Chapitre 2. Ensembles semi-algébriques 20

    Résumé 20
    2.1   Ensembles algébriques et ensembles semi-algébriques . . . 20
    2.2   Projection d'un ensemble semi-algébrique. Fonctions semi-algébriques 23
    2.3   Démontage des ensembles semi-algébriques 27
    2.4   Connexité 30
    2.5   Ensembles semi-algébriques fermés bornés. Lemme de sélection des courbes 32
    2.6   Fonctions semi-algébriques continues. Inégalité de Łojasiewicz . 38
    2.7   Séparation des fermés semi-algébriques 41
    2.8   Dimension des ensembles semi-algébriques 44
    2.9   Un peu d'analyse sur un corps réel clos 48
    Note bibliographique 51

Chapitre 3. Variétés algébriques réelles: définitions et exemples 52

    Résumé 52
    3.1   Ensembles algébriques réels et complexes 52
    3.2   Variétés algébriques réelles 55
    3.3   Points non singuliers 59
    3.4   Espaces projectifs et grassmanniennes 63
    3.5   Quelques constructions 67
    Note bibliographique 73

Chapitre 4. Algèbre réelle ... 75

Résumé ... 75
4.1 Théorème d'homomorphisme d'Artin-Lang. Théorème des zéros réels ... 75
4.2 Cônes, idéaux convexes ... 78
4.3 Cônes premiers ... 80
4.4 Positivstellensatz et variantes ... 82
4.5 Critère de changement de signe ... 85
Note bibliographique ... 86

Chapitre 5. Le principe de Tarski-Seidenberg comme outil de transfert ... 87

Résumé ... 87
5.1 Extension des ensembles semi-algébriques ... 87
5.2 Le principe de Tarski-Seidenberg dans toute sa force ... 88
5.3 De nouveau l'extension ... 90
Note bibliographique ... 91

Chapitre 6. Le 17e problème de Hilbert ... 92

Résumé ... 92
6.1 La solution du 17e problème de Hilbert ... 92
6.2 Le 17e problème de Hilbert équivariant ... 95
6.3 Aspects quantitatifs du 17e problème de Hilbert ... 99
6.4 Le théorème de Hilbert sur les formes positives ... 104
6.5 Note historique et bibliographique ... 107

Chapitre 7. Spectre réel ... 110

Résumé ... 110
7.1 Définition et propriétés générales du spectre réel ... 110
7.2 Le spectre réel d'un anneau de fonctions polynomiales ... 118
7.3 Fonctions semi-algébriques sur le spectre réel ... 122
7.4 Familles semi-algébriques d'ensembles ou de fonctions ... 124
7.5 Composantes semi-algébriquement connexes. Dimension ... 130
7.6 Points centraux d'un ensemble algébrique irréductible ... 133
7.7 Une borne sur le nombre d'inégalités nécessaires pour définir un ouvert semi-algébrique de base ... 136
Note bibliographique ... 141

Chapitre 8. Fonctions de Nash ... 143

Résumé ... 143
8.1 Définition des fonctions de Nash ... 143
8.2 Propriétés locales des fonctions de Nash ... 150
8.3 Théorème d'approximation des solutions formelles d'un système d'équations de Nash ... 154
8.4 La description d'Artin et Mazur des fonctions de Nash ... 155

Table des matières IX

8.5	Le théorème de substitution et ses conséquences: théorème des zéros, positivstellensatz pour les fonctions de Nash	158
8.6	Ensembles de Nash, germes d'ensembles de Nash	161
8.7	Propriétés henséliennes des anneaux de germes de fonctions de Nash. Noethérianité de l'anneau de fonctions de Nash globales	166
8.8	Fonctions de Nash sur le spectre réel. Théorème d'approximation d'Efroymson	173
8.9	Voisinage tubulaire. Approximation des fonctions $\mathscr{C}^\infty$. Théorème d'extension	178
	Note bibliographique	182

Chapitre 9. Stratification 184

Résumé 184
9.1 Familles stratifiantes de polynômes 184
9.2 Triangulation des ensembles semi-algébriques 193
9.3 Trivialité semi-algébrique des fonctions semi-algébriques . . 195
9.4 Demi-branches de courbes algébriques 201
9.5 Théorèmes de Sard et de Bertini 204
9.6 Les conditions a et b de Whitney 206
Note bibliographique 214

Chapitre 10. Places réelles 215

Résumé 215
10.1 Places réelles et ordres 215
10.2 Places réelles et spécialisation dans le spectre réel 218
10.3 De nouveau les demi-branches de courbes algébriques . . 224
10.4 L'invariance birationnelle du nombre de composantes semi-algébriquement connexes 226
Note bibliographique 227

Chapitre 11. Topologie des ensembles algébriques sur un corps réel clos 228

Résumé 228
11.1 Propriétés combinatoires des ensembles algébriques en codimension 1 229
11.2 Caractéristique locale d'Euler-Poincaré des ensembles algébriques 231
11.3 La classe fondamentale d'un ensemble algébrique. Homologie algébrique 235
11.4 Fonctions régulières injectives d'un ensemble algébrique dans lui-même 240
11.5 Majoration de la somme des nombres de Betti d'un ensemble algébrique 242
11.6 Courbes algébriques non singulières dans le plan projectif réel 244
11.7 Appendice: Homologie des ensembles semi-algébriques sur un corps réel clos 248
Note bibliographique 253

Chapitre 12. Fibrés vectoriels algébriques 254

   Résumé 254
   12.1 Fibrés vectoriels algébriques et fortement algébriques 254
   12.2 Fibrés vectoriels fortement algébriques de rang 1 et classes de diviseurs de l'anneau de fonctions régulières 262
   12.3 Approximation des sections continues d'un fibré vectoriel fortement algébrique par des sections algébriques 264
   12.4 Approximation algébrique des sous-variétés $\mathscr{C}^\infty$ de codimension 1 267
   12.5 Fibrés vectoriels sur les courbes et les surfaces algébriques . . . 275
   12.6 Fibrés $\mathbb{C}$-vectoriels algébriques et fortement algébriques 279
   12.7 Fibrés vectoriels de Nash et fibrés vectoriels semi-algébriques . . 284
   Note bibliographique 290

Chapitre 13. Fonctions polynomiales ou régulières à valeurs dans les sphères 291

   Résumé 291
   13.1 Fonctions polynomiales de S^n dans S^k 291
   13.2 Formes de Hopf et formes bilinéaires non singulières 298
   13.3 Approximation de fonctions à valeurs dans S^1, S^2 et S^4 par des fonctions régulières 303
   13.4 Représentation des éléments des groupes de cohomotopie d'un ensemble algébrique réel ou des groupes d'homotopie des sphères par des fonctions polynomiales ou régulières 308
   13.5 Fonctions régulières d'un produit de sphères dans une sphère . . 313
   Note bibliographique 316

Chapitre 14. Modèles algébriques de variétés $\mathscr{C}^\infty$ 317

   Résumé 317
   14.1 Modèles algébriques de variétés $\mathscr{C}^\infty$ 317
   14.2 De nouveau la topologie des ensembles algébriques réels 324
   Note bibliographique 325

Chapitre 15. Anneaux de Witt en géométrie algébrique réelle 327

   Résumé 327
   15.1 K_0 et anneau de Witt 327
   15.2 Séparation des composantes semi-algébriquement connexes d'ensembles algébriques par des signatures d'espaces bilinéaires 335
   15.3 Comparaison entre $W(\mathscr{P}(V))$ et $K_0(\mathscr{S}^0(V))$ 342
   Note bibliographique 347

Bibliographie 349

Index des notations 361

Index 368

Introduction

Quelques traits spécifiques de la géométrie algébrique réelle

La géométrie algébrique est, dans sa définition la plus simple, l'étude des ensembles de solutions de systèmes d'équations polynomiales. La géométrie algébrique réelle a pour premier objet l'étude des sous-ensembles de $\mathbb{R}^n$ définis par des équations polynomiales, les ensembles algébriques réels. On peut voir sur un exemple particulièrement simple quelques traits qui la différencient de la géométrie algébrique complexe. Considérons l'intersection de la droite $x = t$ dépendant du paramètre t avec la cubique $y^2 = x^3 - x$. Dans le plan complexe, en dehors des valeurs $t = -1, 0, 1$ pour lesquelles il y a tangence, la droite coupe toujours la cubique en deux points. Il y a plus à dire sur la situation dans le plan réel.

a) Il n'y a pas toujours d'intersection, car le corps des nombres réels n'est pas algébriquement clos. Ceci est à première vue un défaut rédhibitoire. Ce défaut présente tout de même quelques bons côtés, comme nous le verrons.

b) Il y a cependant un invariant: la parité du nombre d'intersections (toujours en dehors des cas de tangence). Ceci tient à la conjugaison complexe, et on rencontre ainsi en géométrie algébrique réelle de nombreux invariants modulo 2.

c) L'ensemble des paramètres t pour lesquels il y a intersection est la réunion de deux intervalles. La description de cet ensemble ne peut pas se faire seulement au moyen d'équations et d'inéquations, elle fait nécessairement intervenir des inégalités polynomiales (à savoir $x^3 - x \geq 0$). On est ainsi tout de suite amené à considérer les ensembles semi-algébriques, qui sont les sous-ensembles de $\mathbb{R}^n$ définis au moyen d'un nombre fini d'équations et d'inégalités polynomiales. Cette structure d'ordre dont le rôle apparaît ici est aussi très liée à la topologie euclidienne de $\mathbb{R}^n$, bien plus importante pour les phénomènes réels que la topologie de Zariski.

Pourquoi les corps réels clos ?

Nous venons de voir que la géométrie algébrique réelle ne se préoccupe pas seulement des zéros des polynômes, mais aussi des domaines où ils gardent un signe constant. Un exemple fameux de ce type de préoccupation est le $17^{\text{ème}}$ problème de Hilbert, qui demande si un polynôme positif ou nul sur $\mathbb{R}^n$ est somme de carrés de fractions rationnelles. La solution de ce problème donnée par Artin présente un trait remarquable: on ne peut résoudre la question en s'intéressant aux seuls points de $\mathbb{R}^n$. Il faut faire intervenir des points appartenant à d'autres corps, qui contiendront le corps des fractions rationnelles $\mathbb{R}(X_1, ..., X_n)$ tout en conservant les propriétés algébriques de $\mathbb{R}$. Il s'agit de corps réels clos, c'est-à-dire de corps admettant un ordre unique, tels que tout élément positif a une racine carrée et que tout polynôme de degré impair a une racine. Lorsqu'ils contiennent $\mathbb{R}$ strictement ils comportent nécessairement des infinitésimaux, c'est-à-dire des éléments positifs et inférieurs à tout nombre réel positif. D'autres corps réels clos sont strictement inclus dans $\mathbb{R}$, comme le corps des nombres réels algébriques, qui n'est pas complet pour les suites de Cauchy.

L'introduction de la théorie des corps réels clos s'est donc révélée être indispensable pour résoudre des problèmes algébriques, même initialement posés sur $\mathbb{R}$. C'est une constatation récente que la théorie des corps réels clos présente aussi un intérêt en géométrie: la plupart des résultats et démonstrations géométriques concernant l'étude des ensembles algébriques et semi-algébriques de $\mathbb{R}^n$ peuvent être obtenus pour un corps réel clos quelconque. La nécessité pour de telles démonstrations de ne reposer que sur les axiomes des corps réels clos permet de donner dans le cas des vrais réels un éclairage différent de certains résultats (comme le théorème de Sard ou l'étude combinatoire de la topologie algébrique des ensembles algébriques réels). Il faut toutefois souligner que certaines questions nécessitent l'utilisation de méthodes transcendantes seulement valables pour $\mathbb{R}$. Par exemple la comparaison entre les situations algébriques et différentiables repose en grande partie sur le théorème de Stone-Weierstrass, qui est spécifique du vrai corps des nombres réels.

Objets et outils de la géométrie algébrique réelle

Nous avons déjà mentionné, en première place, les ensembles algébriques. Avec ces ensembles viennent les fonctions polynomiales et régulières. Ce sont les objets communs de toute la géométrie algébrique, mais ils présentent dans le cas réel un comportement bien particulier. Par exemple un ensemble algébrique irréductible peut avoir plusieurs composantes connexes pour la topologie euclidienne, l'ensemble de ses points non singuliers n'est pas forcément dense, on peut rencontrer des chutes locales de dimension, etc. .... Le fait qu'il existe des polynômes non constants sans zéro entraîne qu'il y a des fonctions régulières partout définies et qui ne sont pas des polynômes, et aussi que l'on peut remplacer un nombre fini d'équations polynomiales par une seule (la somme des carrés). Ceci donne aux ensembles algébriques réels une flexibilité parfois étonnante. On peut montrer que nombre de constructions géométriques classiques (espace projectif, grassmannienne, éclatement) peuvent se faire sans sortir du cadre affine, et aussi réaliser d'autres constructions comme une compactification d'Alexandrov algébrique. Les fonctions régulières entre ensembles algébriques réels sont plus souples que les fonctions polynomiales, ce qui apporte des possibilités nouvelles d'approximation de situations topologiques.

Les ensembles semi-algébriques et les fonctions semi-algébriques (c.-à-d. dont le graphe est semi-algébrique) sont des objets vraiment spécifiques de la géométrie algébrique réelle. Cette classe d'ensembles jouit de propriétés de stabilité remarquables, dont la plus importante est la stabilité par projection. Pratiquement toutes les constructions utiles se font à l'intérieur du royaume semi-algébrique. Les ensembles semi-algébriques ont aussi une structure topologique très agréable, ils admettent de bonnes stratifications finies. Les fonctions semi-algébriques ont une croissance très bien contrôlée.

Une autre famille de fonctions intéressante en géométrie algébrique réelle est celle des fonctions de Nash qui sont les fonctions analytiques algébriques réelles (comme par exemple la fonction $\sqrt{1+x^2}$). Elles peuvent aussi se définir et s'étudier sur un corps réel clos quelconque, par des méthodes non transcendantes. Elles gardent les bonnes propriétés algébriques des polynômes et la flexibilité des fonctions analytiques (théorème des fonctions implicites, théorèmes de préparation et de division), ce qui permet de les utiliser dans l'étude des phénomènes semi-algébriques lisses (voisinage tubulaire, approximation de fonctions différentiables).

Le développement de l'algèbre réelle accompagne celui de la géométrie algébrique réelle. La notion de base est celle de cône premier d'un anneau, notion qui généralise à la fois celle de point d'un ensemble algébrique réel et celle d'ordre total d'un corps. L'ensemble des cônes premiers d'un anneau muni d'une topologie convenable constitue le spectre réel qui a des propriétés générales analogues à celle du spectre de Zariski, en particulier la quasi-compacité. Défini à partir de l'algèbre, le spectre réel est dans le cas d'un anneau de fonctions polynomiales d'un ensemble algébrique réel suffisamment proche de l'ensemble avec sa topologie euclidienne pour fournir des renseignements géométriques significatifs. Le spectre réel peut ainsi servir de dictionnaire entre des propriétés algébriques et des propriétés géométriques ou topologiques.

La théorie algébrique des formes quadratiques et la géométrie algébrique réelle ont des liens profonds. On a déjà eu quelques aperçus de l'importance des sommes de carrés. La considération de formes quadratiques sur le corps de fonctions rationnelles donne des informations quantitatives sur le $17^{\text{ème}}$ problème de Hilbert et permet aussi de borner le nombre d'inégalités nécessaires pour définir un ouvert semi-algébrique. Par ailleurs des résultats de géométrie semi-algébrique fournissent des informations sur les formes quadratiques sur les anneaux de fonctions polynomiales.

Les fibrés vectoriels algébriques sont un outil très important pour l'étude des ensembles algébriques réels. Les rapports entre ceux-ci et les fibrés vectoriels topologiques sont riches d'informations. Par contre on ne dispose pas en géométrie algébrique réelle d'une bonne théorie cohomologique des faisceaux algébriques cohérents.

Cet ouvrage n'aborde pas un certain nombre de questions que le lecteur aurait peut-être souhaité trouver. Nous nous sommes strictement limités au cadre algébrique et nous n'abordons pas la géométrie analytique réelle, qui est florissante. Nous avons aussi laissé de côté les résultats récents qui tournent autour du thème de la complexité et des propriétés de finitude topologique (travaux de Khovanski, Risler, Yomdin). Nous ne rendons pas compte non plus de nombreux travaux autour du $16^{\text{ème}}$ problème de Hilbert. Ceci ne signifie évidemment pas que nous jugions ces sujets sans importance ou sans intérêt; simplement, nous avons dû nous limiter pour rester dans un volume et dans un délai raisonnables.

Quelques observations sur le développement de la géométrie algébrique réelle

Même si ses concepts de base sont communs avec ceux de la géométrie algébrique, la géométrie algébrique réelle a ses propres problèmes et ses propres méthodes. Les résultats obtenus ont leur cohérence et leur esthétique; ils ne sont pas nécessairement l'analogue de résultats complexes. La géométrie algébrique réelle se développe en relation avec de nombreux autres domaines des mathématiques: topologie différentielle y compris la théorie des singularités, algèbre commutative, géométrie analytique mais aussi topologie algébrique, formes quadratiques, théorie des modèles, analyse. Ses applications algorithmiques commencent à se développer, et sont potentiellement très importantes, en matière de robotique et de conception assistée par ordinateur notamment. Elle ne s'est constituée en discipline indépendante que récemment par un processus de convergence et de cristallisation soudain qui a vu la formation d'un groupe de géomètres algébristes réels issus d'horizons divers.

Le problème de savoir pourquoi une étude systématique de la géométrie algébrique réelle n'a pas été entreprise plus tôt reste très mystérieux. Des résultats importants pour la géométrie algébrique réelle ont pourtant jalonné de manière discontinue le développement des mathématiques à l'époque moderne: théorème de Sturm qui donne un procédé pour compter le nombre de racines réelles d'un polynôme sur un intervalle (1835), théorème de Harnack sur le nombre maximum de composantes connexes d'une courbe réelle (1876), les nombreux travaux (depuis 1891) sur le $16^{\text{ème}}$ problème de Hilbert concernant la position des ovales d'une courbe non singulière dans le plan projectif réel, la solution de $17^{\text{ème}}$ problème de Hilbert par Artin (1927) ou le principe de Tarski-Seidenberg (élaboré au début des années 1930, mais publié plus tardivement). Mais la notion d'ensemble semi-algébrique, dont le caractère naturel saute maintenant aux yeux, ne s'est dégagée que très lentement et plutôt comme sous-produit de l'étude des ensembles semi-analytiques vers la fin des années 1950. Le théorème des zéros réels dont la preuve ne présente guère plus de difficultés techniques que celle du théorème des zéros de Hilbert n'a été démontré qu'environ 80 ans après celui-ci. Les succès extraordinaires de l'analyse et de la géométrie complexe sont certainement une des causes de cette situation. Ce succès même est créateur d'évidences: si on se plonge dans les premiers chapitres des manuels de géométrie algébrique l'hypothèse qu'on va travailler sur un corps algébriquement clos est considérée comme si claire, si inévitable, qu'aucun argument n'est donné pour la justifier. Parfois tout de même des arguments sont invoqués: l'existence de courbes à équations réelles et sans points réels par exemple.

Le réel est ainsi désigné comme un domaine où les phénomènes manquent de la régularité nécessaire à une étude satisfaisante. Un point de vue différent et intéressant a été exprimé il y a une quinzaine d'années par R. Thom: «On peut se demander si l'importance attribuée par l'Analyse du siècle passé au corps complexe, et à la théorie des fonctions analytiques n'a pas joué un rôle néfaste sur l'orientation des mathématiques. En permettant l'édification d'une doctrine très belle, trop belle, qui s'accordait d'ailleurs parfaitement à la conception alors triomphante du caractère quantitatif des lois physiques, elle a amené à négliger l'aspect réel et qualitatif des choses. Il a fallu l'essor de la Topologie, au milieu du XXème siècle, pour que les mathématiciens reviennent à l'étude directe des objets géométriques, étude qui n'est d'ailleurs qu'à peine abordée actuellement: qu'on compare l'état d'abandon où se trouve maintenant la Géométrie algébrique réelle, avec le degré de sophistication et de perfection formelle atteint par la Géométrie algébrique complexe! Pour tout phénomène naturel dont l'évolution est régie par une équation algébrique, il est de première importance de savoir si cette équation a des solutions, des racines réelles. En avoir ou pas, telle est la question, la question que supprime précisément le recours aux nombres complexes. Comme exemples de situations où la notion de réalité joue un rôle qualitatif essentiel, on citera la réalité des valeurs propres d'un système différentiel linéaire, l'index d'un point critique d'une fonction, le caractère elliptique ou hyperbolique d'un opérateur différentiel» [Thom 4].

La géométrie algébrique réelle n'en est encore qu'à ses débuts, mais elle n'est plus dans l'état d'abandon déploré par R. Thom. Nous espérons que ce livre pourra refléter quelques uns de ses progrès récents.

Chapitre 1. Corps ordonnés, corps réels clos

Résumé: Les trois premières sections de ce chapitre présentent rapidement la théorie d'Artin-Schreier: corps ordonnés, corps réels, corps réels clos, clôture réelle d'un corps ordonné. La quatrième section est consacrée au principe de Tarski-Seidenberg, outil essentiel pour la géométrie algébrique réelle.

1.1 Corps ordonnés, corps réels

Définition 1.1.1: *Un corps ordonné $(F, \leq)$ est un corps F muni d'une relation d'ordre total $\leq$ qui vérifie:*
  (i) $x \leq y \Rightarrow x+z \leq y+z$,
  (ii) $0 \leq x, 0 \leq y \Rightarrow 0 \leq xy$. □

Tout le monde connait $\mathbb{Q}$ et $\mathbb{R}$ avec l'ordre naturel. Voyons les façons d'ordonner le corps de fractions rationnelles $\mathbb{R}(X)$:

Exemple 1.1.2: Il y a un et un seul ordre sur $\mathbb{R}(X)$ tel que X soit positif et plus petit que tout nombre réel strictement positif. Si $P(X) = a_n X^n + a_{n-1} X^{n-1} + \ldots + a_k X^k$ avec $a_k \neq 0$, on a $P(X) > 0$ pour cet ordre si et seulement si $a_k > 0$, et $P(X)/Q(X) > 0$ si et seulement si $P(X) Q(X) > 0$. On vérifie que ceci donne bien un ordre sur $\mathbb{R}(X)$. Remarquons que le corps $\mathbb{R}(X)$ ainsi ordonné n'est par archimédien: il contient des éléments «infiniment petits» (c.-à-d. strictement positifs et plus petits que $1/n$, quel que soit $n \in \mathbb{N}$, $n \neq 0$) comme X et aussi des éléments «infiniment grands» (c.-à-d. plus grands que n, quel que soit $n \in \mathbb{N}$) comme $1/X$.

Si on a un ordre quelconque sur $\mathbb{R}(X)$, X détermine une coupure (I, J) dans $\mathbb{R}$ où $I = \{x \in \mathbb{R} \mid x < X\}$ et $J = \{x \in \mathbb{R} \mid X < x\}$. On note cette coupure $-\infty$, a_-, a_+ ou $+\infty$ selon qu'elle est respectivement $(\emptyset, \mathbb{R})$, $(]-\infty, a[, [a, +\infty[)$, $(]-\infty, a],]a, +\infty[)$ ou $(\mathbb{R}, \emptyset)$. Si l'on opère, suivant le cas, le changement de variable $Y = -1/X$, $Y = a - X$, $Y = X - a$, ou $Y = 1/X$, on se ramène à un ordre sur $\mathbb{R}(Y)$ tel que Y soit positif et plus petit que tout nombre réel strictement positif; on vient de voir qu'il y a un et un seul tel ordre. En conclusion, il y a bijection entre l'ensemble des ordres sur $\mathbb{R}(X)$ et l'ensemble des coupures de $\mathbb{R}$, qui sont $-\infty$, a_-, a_+ (pour $a \in \mathbb{R}$) et $+\infty$.

Définition 1.1.3: *Un cône d'un corps F est une partie P de F telle que:*
  (i) $x \in P, y \in P \Rightarrow x+y \in P$,
  (ii) $x \in P, y \in P \Rightarrow xy \in P$,
  (iii) $x \in F \Rightarrow x^2 \in P$.

Le cône P est dit propre si de plus:
  (iv) $-1 \notin P$. □

Proposition et Définition 1.1.4: *Soit $(F, \leq)$ un corps ordonné. On appelle cône positif de $(F, \leq)$ la partie $P = \{x \in F \mid x \geq 0\}$. C'est un cône propre qui vérifie:*
  (v) $P \cup -P = F$ (où $-P = \{x \in F \mid -x \in P\}$).
Réciproquement si P est un cône propre d'un corps F qui vérifie (v), *F est ordonné par*

$$x \leq y \Leftrightarrow y - x \in P. \quad \square$$

Notation 1.1.5: On note ΣF^2 l'ensemble des sommes de carrés d'éléments de F. Cet ensemble ΣF^2 est un cône, contenu dans tous les cônes de F. □

Théorème et Définition 1.1.6: *Soit F un corps. Les propriétés suivantes sont équivalentes:*
  (i) *F peut être ordonné.*
  (ii) *F a un cône propre.*
  (iii) $-1 \notin \Sigma F^2$.
  (iv) *Pour tous $x_1, \ldots, x_n$ de F*

$$\sum_{i=1}^{n} x_i^2 = 0 \Rightarrow x_1 = \ldots = x_n = 0.$$

Un corps possédant ces propriétés est appelé corps réel. Il est bon de remarquer qu'un corps réel est toujours de caractéristique 0.

Démonstration: (i) $\Rightarrow$ (ii) $\Rightarrow$ (iii) $\Leftrightarrow$ (iv) sont faciles. Montrons (iii) $\Rightarrow$ (i): si $-1 \notin \Sigma F^2$, ΣF^2 est un cône propre. On utilise le point (ii) du lemme suivant.

Lemme 1.1.7: *Soit P un cône propre de F.*
  (i) *Si $-a \notin P$ alors $P[a] = \{x + ay \mid x, y \in P\}$ est encore un cône propre de F.*
  (ii) *P est contenu dans le cône positif d'un ordre sur F.*

Démonstration du lemme:
  (i) Montrons $-1 \notin P[a]$: si $-1 = x + ay$ avec $x, y \in P$, alors soit $y = 0$ et $-1 \in P$, soit $-a = (1/y)^2 y(1+x) \in P$. Les deux cas sont exclus.
  (ii) D'après le lemme de Zorn il existe un cône propre maximal Q contenant P. Il suffit de voir que $Q \cup -Q = F$. Soit $a \notin Q$. D'après (i), $Q[-a]$ est un cône propre et donc, par maximalité de Q, $Q = Q[-a]$. Ceci entraine $-a \in Q$. □ □

Proposition 1.1.8: *Soit F un corps contenant $\mathbb{Q}$, P un cône de F. Alors P est l'intersection des cônes positifs d'ordres sur F qui contiennent P (l'intersection est F si la famille de ces cônes positifs est vide).*

Démonstration: P est sûrement contenu dans cette intersection. Si $a \notin P$, P est propre car si $-1 \in P$, $a = \frac{1}{4}((1+a)^2 - (1-a)^2) \in P$. Donc, d'après le lemme 1.1.7 (i), $P[-a]$ est propre. Le lemme 1.1.7 (ii) nous donne un cône positif d'ordre contenant $P[-a]$, qui donc contient P et ne contient pas a. □

Corollaire 1.1.9: *Soit F un corps contenant $\mathbb{Q}$. Alors ΣF^2 est l'intersection des cônes positifs de tous les ordres sur F.* □

1.2 Corps réels clos

Définition 1.2.1: *Un corps réel clos F est un corps réel qui n'admet pas d'extension algébrique non triviale ($F \subsetneq F_1$) réelle.*

Théorème 1.2.2: *Soit F un corps. Les propriétés suivantes sont équivalentes:*
  (i) *F est réel clos.*
  (ii) *F admet un ordre unique dont le cône positif est formé des carrés de F, et tout polynôme de $F[X]$ de degré impair a une racine dans F.*
  (iii) *$F[i] = F[X]/(X^2+1)$ est un corps algébriquement clos.*

Démonstration: (i) $\Rightarrow$ (ii) Soit $a \in F$. Si a n'est pas un carré dans F, $F[\sqrt{a}] = F[X]/(X^2-a)$ est une extension algébrique non triviale de F, et donc $F[\sqrt{a}]$ n'est pas réel. On a ainsi

$$-1 = \sum_{i=1}^{n}(x_i + \sqrt{a}\, y_i)^2, \quad \text{d'où} \quad -1 = \sum_{i=1}^{n} x_i^2 + a\left(\sum_{i=1}^{n} y_i^2\right)$$

dans F. Comme F est réel, $-1 \neq \sum_{i=1}^{n} x_i^2$ et donc $\sum_{i=1}^{n} y_i^2 \neq 0$. Ainsi $-a = \left(\sum_{i=1}^{n} y_i^2\right)^{-1}\left(1 + \sum_{i=1}^{n} x_i^2\right) \in \Sigma F^2$. Ceci montre d'une part que $\Sigma F^2 \cup -\Sigma F^2 = F$, donc qu'il n'y a qu'un seul ordre possible sur F, de cône positif ΣF^2, et d'autre part que si a n'est pas un carré, il est négatif pour cet ordre, donc que tout élément positif est un carré.

Il reste à montrer que si $f \in F[X]$ est de degré impair, f a une racine dans F. Si ce n'est pas le cas, soit f un polynôme de degré impair $d > 1$ tel que tout polynôme de degré impair $< d$ a une racine dans F. Puisque un polynôme de degré impair a au moins un facteur irréductible impair, f est irréductible. Le quotient $F[X]/(f)$ est une extension algébrique non triviale de F et donc $-1 = \sum_{i=1}^{n} h_i^2 + fg$ avec $\deg(h_i) < d$. Comme le terme de plus haut degré dans le développement de $\sum_{i=1}^{n} h_i^2$ a pour coefficient une somme de carrés et que F est réel, $\sum_{i=1}^{n} h_i^2$ est un polynôme de degré pair $\leq 2d-2$. Le polynôme g est donc de degré impair $\leq d-2$, et a une racine x dans F. Mais alors $-1 = \sum_{i=1}^{n} h_i(x)^2$, ce qui contredit la réalité de F.

(ii) $\Rightarrow$ (iii) Soif $f \in F[X]$ de degré $d = 2^m n$ avec n impair. Montrons par récurrence sur m que f a une racine dans $F[i]$. Pour $m = 0$ on sait que f a une racine dans F. Supposons le résultat vrai pour $m-1$. Soient $y_1, \ldots, y_d$ les racines de f dans une clôture algébrique de F, et formons

$$g_h = \prod_{\lambda < \mu}(X - y_\lambda - y_\mu - h y_\lambda y_\mu), \quad \text{pour} \quad h \in \mathbb{Z}.$$

g_h est symétrique en les $y_1, \ldots, y_d$ et donc $g_h \in F[X]$. Le degré de g_h est $d(d-1)/2 = 2^{m-1} n'$ avec n' impair. Par hypothèse de récurrence g_h a une racine dans $F[i]$, donc il existe λ et μ avec $y_\lambda + y_\mu + h y_\lambda y_\mu \in F[i]$. En faisant varier h dans l'ensemble infini des entiers, on voit qu'il existe λ et μ avec $y_\lambda + y_\mu \in F[i]$ et $y_\lambda y_\mu \in F[i]$. Ces éléments y_λ et y_μ sont solutions d'une équation du second degré à coefficients dans $F[i]$, qui a ses deux solutions dans $F[i]$ (raisonner comme pour $\mathbb{C}$). Le polynôme f a donc une racine dans $F[i]$.

Supposons maintenant que $f \in F[i][X]$. Soit $\bar{f}$ le polynôme obtenu en remplaçant les coefficients de f par leurs conjugués. Comme $f\bar{f} \in F[X]$, $f\bar{f}$ a une racine x dans $F[i]$. Alors ou bien x est racine de f, ou bien il est racine de $\bar{f}$ et dans ce cas, son conjugé $\bar{x}$ est racine de f.

(iii) $\Rightarrow$ (i) Le corps F est réel. On sait déjà que -1 n'est pas un carré dans F puisque $F[i]$ est un corps. Il suffit de montrer que dans F, une somme de carrés est un carré: soient $a, b \in F$ et $c, d \in F$ tels que $a + ib = (c + id)^2$; alors $a^2 + b^2 = (c^2 + d^2)^2$.

On termine en remarquant que $F[i]$ est la seule extension algébrique non triviale de F. □

Exemple 1.2.3: Bien sûr $\mathbb{R}$ est réel clos. Les nombres algébriques réels (la clôture algébrique de $\mathbb{Q}$ dans $\mathbb{R}$) forment un corps réel clos, que l'on notera $\mathbb{R}_{\text{alg}}$. Notons $\mathbb{R}(X)^\wedge$ (resp. $\mathbb{C}(X)^\wedge$) *le corps des séries de Puiseux* à coefficients réels (resp. complexes), c.-à-d. des expressions

$$\sum_{i=k}^{+\infty} a_i X^{i/q} \quad \text{avec} \quad k \in \mathbb{Z}, \quad q \in \mathbb{N} \setminus \{0\}, \quad a_i \in \mathbb{R} \quad (\text{resp. } \mathbb{C});$$

on montre ([Walker 1] p. 98) que $\mathbb{C}(X)^\wedge$ est algébriquement clos. Comme $\mathbb{C}(X)^\wedge = \mathbb{R}(X)^\wedge [i]$, $\mathbb{R}(X)^\wedge$ est réel clos. Un élément strictement positif de $\mathbb{R}(X)^\wedge$ est une série de Puiseux de la forme $\sum_{i=k}^{+\infty} a_i x^{i/q}$ avec $a_k > 0$. □

On va maintenant montrer pour les polynômes à une variable sur un corps réel clos R quelques propriétés bien connues des fonctions dérivables sur $\mathbb{R}$. On utilisera pour R les notations habituelles des intervalles: $[a, b] = \{x \in R \mid a \leq x \leq b\}$, etc. ...

Proposition 1.2.4: *Soit R un corps réel clos, $f \in R[X]$, $a, b \in R$ avec $a < b$. Si $f(a) f(b) < 0$, il existe x dans $]a, b[$ tel que $f(x) = 0$.*

Démonstration: D'après la propriété (iii) de 1.2.2, les facteurs irréductibles de f sont du premier degré, ou de la forme $(X - c)^2 + d^2 = (X - c - id)(X - c + id)$. Si donc $f(a)$ et $f(b)$ sont de signes opposés, c'est que $g(a)$ et $g(b)$ sont de signes opposés pour un facteur irréductible g de f, nécessairement du premier degré. La racine de g est donc dans $]a, b[$. □

Proposition 1.2.5: *Soit R un corps réel clos, $f \in R[X]$, $a, b \in R$ avec $a < b$ et $f(a) = f(b) = 0$. Alors le polynôme dérivé f' a une racine sur $]a, b[$.*

1.2. Corps réels clos

Démonstration: On peut se ramener au cas où a et b sont deux racines consécutives de f, ce qui veut dire que f ne s'annule pas sur $]a, b[$. On a $f = (X-a)^m(X-b)^n g$ où g ne s'annule pas sur $[a, b]$ et a donc un signe constant sur $[a, b]$ d'après 1.2.4. Alors $f' = (X-a)^{m-1}(X-b)^{n-1} g_1$ où $g_1 = m(X-b)g + n(X-a)g + (X-a)(X-b)g'$. On a $g_1(a) = m(a-b)g(a)$ et $g_1(b) = n(b-a)g(b)$, donc $g_1(a)$ et $g_1(b)$ sont de signes opposés. D'après 1.2.4, g_1 a une racine sur $]a, b[$, et f' aussi. □

Corollaire 1.2.6: *Soit R un corps réel clos, $f \in R[X]$, a, $b \in R$ avec $a < b$. Il existe $c \in]a, b[$ tel que $f(b) - f(a) = (b-a)f'(c)$.* □

Corollaire 1.2.7: *Soit R un corps réel clos, $f \in R[X]$, a, $b \in R$ avec $a < b$. Si le polynôme dérivé f' est strictement positif (resp. strictement négatif) sur $]a, b[$, alors f est strictement croissant (resp. strictement décroissant) sur $[a, b]$.* □

Les résultats suivants concernent le comptage des racines.

Théorème 1.2.8 (théorème de Sturm): *Soit R un corps réel clos, $f \in R[X]$ sans racine multiple (f et f' sont premiers entre eux). Soit $f_0, \ldots, f_k$ la suite de polynômes ainsi construite:*

$$f_0 = f, \quad f_1 = f',$$

$f_{i-2} = f_{i-1} g_i - f_i$ avec $\deg(f_i) < \deg(f_{i-1})$ pour $i = 2, \ldots, k$ et $f_k \in R \setminus \{0\}$.

Si $a \in R$ n'est pas une racine de f, on note $v(a)$ le nombre de changements de signe dans la suite $f_0(a), f_1(a), \ldots, f_k(a)$: on compte un changement de signe quand $f_i(a)f_l(a) < 0$ avec $l = i+1$ ou $l > i+1$ et pour tout j, $i < j < l$, $f_j(a) = 0$.

Soient alors $a, b \in R$, $a < b$ tels que ni a ni b ne sont racines de f. Alors le nombre de racines de f sur l'intervalle $]a, b[$ est égal à $v(a) - v(b)$.

Démonstration: On remarque d'abord que la suite $f_0, \ldots, f_k$ est (aux signes près) celle obtenue par l'algorithme de recherche du p.g.c.d.; elle se termine par une constante non nulle puisque f et f' sont premiers entre eux. On sait aussi que pour $i = 1, \ldots, k$, f_{i-1} et f_i sont premiers entre eux.

Examinons alors le comportement de $v(x)$ quand on passe une racine c d'un polynôme f_i.

Si c est racine de f, il n'est pas racine de f'. Suivant le signe de $f'(c)$, on a d'après 1.2.7 les deux cas de figure suivants:

Dans les deux cas, $v(x)$ baisse de 1 quand on passe c.

Si c est racine de f_i avec $i = 1, \ldots, k$, il n'est racine ni de f_{i-1} ni de f_{i+1}, et on a $f_{i-1}(c)f_{i+1}(c) < 0$ par la construction de la suite. Le passage de c ne cause ici aucune variation de $v(x)$.

La conclusion du théorème est maintenant claire. □

Lemme 1.2.9: *Soit R un corps réel clos, $f = a_n X^n + \ldots + a_0 \in R[X]$ avec $a_n \neq 0$. Posons $M = 1 + |a_{n-1}/a_n| + \ldots + |a_0/a_n|$ (où $|c|$ désigne c si $c \geq 0$ et $-c$ si $c < 0$). Alors sur $[M, +\infty[$ (resp. $]-\infty, -M]$) f ne s'annule pas et son signe est celui de a_n (resp. $(-1)^n a_n$).*

Démonstration: Soit $x \in R$ avec $|x| \geq M$. Alors, en notant $b_i = a_i/a_n$,

$$f(x) = a_n x^n (1 + b_{n-1} x^{-1} + \ldots + b_0 x^{-n}),$$

et comme $|b_{n-1} x^{-1} + \ldots + b_0 x^{-n}| \leq (|b_{n-1}| + \ldots + |b_0|) M^{-1} < 1$, $f(x)$ a même signe que $a_n x^n$. □

Corollaire 1.2.10: *Soit R un corps réel clos, $f \in R[X]$ sans racine multiple, $f_0, \ldots, f_k$ la suite de polynômes construite dans le théorème de Sturm (1.2.8). Notons $v(+\infty)$ (resp. $v(-\infty)$) le nombre de changements de signe dans la suite des coefficients des termes de plus haut degré de $f_0, \ldots, f_k$ (resp. $f_0(-X), \ldots, f_k(-X)$). Alors le nombre total de racines de f dans R est égal à $v(-\infty) - v(+\infty)$.*

Démonstration: Le lemme 1.2.9 montre que l'on peut choisir $M \in R$ assez grand pour que toutes les racines de f dans R soient dans l'intervalle $]-M, +M[$ et que $v(M)$ (resp. $v(-M)$) soit égal à $v(+\infty)$ (resp. $v(-\infty)$). Il suffit alors d'appliquer le théorème de Sturm (1.2.8). □

Le résultat suivant, de nature différente, fournit une majoration simple du nombre de racines:

Proposition 1.2.11 (lemme de Descartes): *Soit R un corps réel clos $f = a_n X^n + \ldots + a_k X^k \in R[X]$ avec $a_n a_k \neq 0$. Le nombre de racines strictement positives de f est inférieur ou égal au nombre de changements de signe dans la suite des coefficients $a_n, \ldots, a_k$.*

Démonstration: On raisonne par récurrence sur n. Le résultat est clair pour $n = 1$. Supposons le vrai pour $n - 1$, avec $n > 1$. On peut toujours se ramener au cas où X ne divise pas f.

On a $f = a_n X^n + \ldots + a_q X^q + a_0$ et $f' = n a_n X^{n-1} + \ldots + q a_q X^{q-1}$ avec a_n, a_q, a_0 non nuls. Le nombre de changements de signe dans la suite $a_n, \ldots, a_q$ majore le nombre de racines strictement positives de f' d'après l'hypothèse de récurrence. Notons c la plus petite racine strictement positive de f' (s'il n'y en a pas, $c = +\infty$); sur $]0, c[$ f' a même signe que a_q. Comme $f(0) = a_0$, on voit en étudiant la variation de f qu'il ne peut avoir de racine sur $]0, c[$ que si $a_q a_0 < 0$, ce qui est le cas où le nombre de changements de signe dans $a_n, \ldots, a_0$ est plus grand d'une unité que le nombre de changements de signe dans $a_n, \ldots, a_q$. On conclut en utilisant le théorème de Rolle (1.2.5). □

1.3 Clôture réelle d'un corps ordonné

Définition 1.3.1: *Soit $(F, \leq)$ un corps ordonné, R un corps extension de F. On dit que R est une clôture réelle de F quand:*
  (i) *R est réel clos,*

1.3. Clôture réelle d'un corps ordonné

(ii) R est une extension algébrique de F,
(iii) l'unique ordre de R étend l'ordre donné sur F (l'injection $F \to R$ préserve l'ordre).

Théorème 1.3.2: *Tout corps ordonné $(F, \leq)$ a une clôture réelle. Si R et R' sont deux clôtures réelles de $(F, \leq)$, il existe un unique F-isomorphisme $\Phi: R \to R'$.*

Démonstration: Choisissons une clôture algébrique $\bar{F} \supset F$ de F, et soit $\mathscr{E}$ la famille des sous-extensions ordonnés $(K, \leq)$ avec $F \subset K \subset \bar{F}$, l'inclusion $F \subset K$ préservant l'ordre. La famille $\mathscr{E}$ est ordonnée par la relation $(K, \leq) \prec (K', \leq)$, vérifiée quand $K \subset K'$ et que l'inclusion préserve l'ordre. D'après le lemme de Zorn, $\mathscr{E}$ a un élément maximal $(R, \leq)$. Nous allons vérifier que R est réel clos. Pour cela, montrons d'abord que tout élément positif de $(R, \leq)$ est un carré: si $a \in R$ est positif et n'est pas un carré dans R, soit P la partie de $R(\sqrt{a}) \subset \bar{F}$ formée des éléments du type

$$\sum_{i=1}^{n} b_i(c_i + d_i\sqrt{a})^2$$

avec c_i, $d_i \in R$ et b_i dans le cône positif de $(R, \leq)$. Alors P est un cône, et il est propre car si

$$-1 = \sum_{i=1}^{n} b_i(c_i + d_i\sqrt{a})^2$$

alors $-1 = \sum_{i=1}^{n} b_i(c_i^2 + a d_i^2)$ serait dans le cône positif de $(R, \leq)$. Un cône propre maximal contenant P est, d'après le lemme 1.1.7, le cône positif d'un ordre sur $R(\sqrt{a})$ qui étend l'ordre donné sur R: ceci contredit la maximalité de $(R, \leq)$. Le corps R a donc un ordre unique, dont le cône positif est formé de carrés de R; ceci entraîne que si K est un corps réel avec $R \subset K \subset \bar{F}$, n'importe quel ordre sur K étend celui de R, d'où par maximalité $R = K$. Le corps R est bien réel clos.

Montrons maintenant la deuxième assertion du théorème. Soit R une clôture réelle de $(F, \leq)$, et R' un corps réel clos contenant F et tel que l'ordre de R' étende celui donné sur F. Soit $\mathscr{F}$ la famille des homomorphismes $\varphi: K \to R'$ avec $F \subset K \subset R$ et tels que φ préserve l'ordre (K est ordonné par la restriction de l'ordre sur R). On a sur $\mathscr{F}$ une relation d'ordre: $\varphi_1 \prec \varphi_2$ quand on a un diagramme commutatif

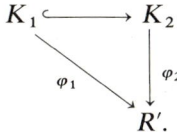

L'ensemble $\mathscr{F}$ est alors inductif, et d'après le lemme de Zorn on peut choisir $\Phi: L \to R'$ maximal dans $\mathscr{F}$. Montrons que $L = R$. Si il existe $a \in R \setminus L$, soit f

$= \sum_{i=0}^{q} c_i X^i \in L[X]$ son polynôme minimal sur L. Le polynôme f n'a pas de racine multiple puisque L est de caractéristique zéro. Soient $a_1 < \ldots < a_n$ les racines de f dans R, avec $a = a_j$. La suite de polynômes $f_0, \ldots, f_k$ du théorème de Sturm est une suite de polynômes de $L[X]$, et comme Φ préserve l'ordre, on voit en utilisant 1.2.10 que $f_\Phi = \sum_{i=0}^{q} \Phi(c_i) X^i$ a aussi n racines dans R'; désignons les par $b_1 < \ldots < b_n$. On a alors un homomorphisme $\Psi: L(a) \to R'$ qui étend Φ et tel que $\Psi(a) = b_j$.

Le raisonnement que l'on vient de faire et le théorème de l'élément primitif donnent le résultat suivant, qui nous servira:

Lemme 1.3.3: *Soit L_1 une extension de degré fini de L, contenue dans R. Il existe un homomorphisme $\Phi_1: L_1 \to R'$ qui étend Φ.* □

Montrons maintenant que $\Psi: L(a) \to R'$ défini ci-dessus préserve l'ordre. Soit $y \in L(a)$, $y \geq 0$ et choisissons $x_1, \ldots, x_{n-1}, z$ dans R avec $x_i^2 = a_{i+1} - a_i$ et $z^2 = y$. On peut utiliser le lemme 1.3.3 pour $L_1 = L(a_1, \ldots, a_n, y, x_1, \ldots, x_{n-1}, z)$ et on a ainsi $\Phi_1: L_1 \to R'$. Les $\Phi_1(a_i)$ sont des racines de f_Φ dans R' et comme $\Phi_1(a_{i+1}) - \Phi_1(a_i) = (\Phi_1(x_i))^2 \geq 0$, on a $\Phi_1(a_i) = b_i$ et en particulier $\Phi_1(a) = b_j$; donc $\Phi_1 | L(a) = \Psi$. Alors $\Psi(y) = \Phi_1(y) = (\Phi_1(z))^2 \geq 0$, ce qui montre que Ψ préserve l'ordre. La maximalité de Φ est contredite.

Conclusion: on a $L = R$ et Φ est un F-homomorphisme de R dans R'. Un tel Φ est unique car si $a \in R$ est la $j^{\text{ème}}$ racine dans R de son polynôme minimal f sur F, le raisonnement fait plus haut montre que $\Phi(a)$ est la $j^{\text{ème}}$ racine de f_Φ dans R'. Formulons le résultat auquel nous sommes arrivés:

Proposition 1.3.4: *Soit $(F, \leq)$ un corps ordonné, R une clôture réelle de $(F, \leq)$, R' un corps réel clos extension de F dont l'ordre étend celui donné sur F. Il existe un unique F-homomorphisme $\Phi: R \to R'$.* □

Il est maintenant facile d'achever la démonstration de 1.3.2. Si R et R' sont deux clôtures réelles de $(F, \leq)$ on a d'après 1.3.4 deux uniques F-homomorphismes $\Phi: R \to R'$ et $\Phi': R' \to R$. Par unicité, on a $\Phi' \circ \Phi = \text{Id}_R$ et $\Phi \circ \Phi' = \text{Id}_{R'}$. □ □

Remarque 1.3.5: L'unicité de la clôture réelle d'un corps ordonné est «plus forte» que celle de la clôture algébrique d'un corps, dans le sens suivant: une clôture réelle de $(F, \leq)$ n'a pas de F-automorphisme autre que l'identité.

Par abus de langage – justifié par le théorème 1.3.2 – nous parlerons dans la suite de *la* clôture réelle d'un corps ordonné.

Exemple 1.3.6:
a) La clôture réelle de $\mathbb{Q}$ est $\mathbb{R}_{\text{alg}}$.
b) Considérons $\mathbb{R}(X)$ ordonné par l'ordre qui rend X positif plus petit que tous les nombres réels strictement positifs (l'ordre correspondant à la coupure 0_+, cf. exemple 1.1.2). Le corps $\mathbb{R}(X)$ est canoniquement un sous-corps du corps des séries de Puiseux $\mathbb{R}(X)^\wedge$ qui, nous le savons (exemple 1.2.3), est réel clos. L'ordre de $\mathbb{R}(X)^\wedge$ rend X positif (car $X = (X^{1/2})^2$) et plus petit que tout nombre

réel strictement positif (car si $a \in \mathbb{R}$, $a > 0$, $a - X$ est un carré dans $\mathbb{R}(X)^{\wedge}$); il étend donc l'ordre considéré sur $\mathbb{R}(X)$. Donc la clôture réelle de $\mathbb{R}(X)$ pour l'ordre correspondant à la coupure 0_+ est le corps $\mathbb{R}(X)^{\wedge}_{\text{alg}}$ des séries de Puiseux algébriques sur $\mathbb{R}(X)$.

Proposition 1.3.7: *Soit $(F, \leq)$ un corps ordonné, $F(a)$ une extension algébrique finie de F engendrée par a, f le polynôme minimal de a sur F. Le nombre d'ordres sur $F(a)$ qui étendent l'ordre donné sur F est égal au nombre de racines de f dans la clôture réelle de $(F, \leq)$. Ce nombre est congru au degré de l'extension $[F(a):F]$ modulo 2.*

Démonstration: Choisissons, s'il en existe, un ordre $\leq$ sur $F(a)$ qui étend celui donné sur F. La clôture réelle de $(F(a), \leq)$ est (F-isomorphe par un F-isomorphisme unique à) la clôture réelle de $(F, \leq)$ et l'image de a dans cette clôture réelle est une racine de f. Réciproquement, si b est une racine de f dans la clôture réelle R de $(F, \leq)$, le F-homomorphisme $\Phi : F(a) \to R$ défini par $\Phi(a) = b$ induit un ordre sur $F(a)$ qui étend l'ordre donné sur F. La dernière assertion vient de ce que f a $[F(a):F]$ racines dans $R[i]$ et que les racines dans $R[i] \setminus R$ sont conjuguées deux à deux. □

1.4 Le principe de Tarski-Seidenberg

Notation 1.4.1: Soit R un corps réel clos, $a \in R$. On pose :

$$\text{sign}(a) = 0 \quad \text{si} \quad a = 0,$$

$$\text{sign}(a) = 1 \quad \text{si} \quad a > 0,$$

$$\text{sign}(a) = -1 \quad \text{si} \quad a < 0.$$

Soit $f_1, \ldots, f_s$ une suite de polynômes de $R[X]$, et soient $x_1 < \ldots < x_N$ les racines dans R des f_i non identiquement nuls; on pose $x_0 = -\infty$, $x_{N+1} = +\infty$ par convention. Si $I_k =]x_k, x_{k+1}[$, $\text{sign}(f_i(x))$ est constant pour $x \in I_k$ et on le note $\text{sign}(f_i(I_k))$. On note alors $\text{SIGN}_R(f_1, \ldots, f_s)$ le tableau à s lignes et $2N+1$ colonnes à valeurs dans $\{-1, 0, +1\}$ dont la $i^{\text{ème}}$ ligne est

$$\text{sign}(f_i(I_0)), \text{sign}(f_i(x_1)), \text{sign}(f_i(I_1)), \ldots, \text{sign}(f_i(x_N)), \text{sign}(f_i(I_N)).$$

Si $m = \sup(\{\deg(f_i) | i = 1, \ldots, s\})$ on a $N \leq sm$. On note $W_{s,m}$ la réunion disjointe des ensembles de tableaux à s lignes et $2l+1$ colonnes à valeurs dans $\{-1, 0, +1\}$ pour $l = 0, \ldots, sm$. □

Le principe de Tarski-Seidenberg, que nous voulons établir, parle de l'existence d'une solution d'un système d'équations et d'inégalités polynomiales dans un corps réel clos. Les objets que nous venons d'introduire sont justement liés à l'existence d'une solution d'un tel système :

Lemme 1.4.2: *Soit ε une fonction de $\{1, \ldots, s\}$ dans $\{-1, 0, 1\}$. Il existe une partie $W(\varepsilon)$ de $W_{s,m}$ telle que pour tout corps réel clos R, et toute suite $f_1, \ldots, f_s$ de polynômes de $R[X]$ de degrés $\leq m$, le système*

$$\begin{cases} \operatorname{sign}(f_1(X)) = \varepsilon(1) \\ \quad\vdots \\ \operatorname{sign}(f_s(X)) = \varepsilon(s) \end{cases}$$

a une solution x dans R si et seulement si $\operatorname{SIGN}_R(f_1, \ldots, f_s) \in W(\varepsilon)$.

Démonstration: $W(\varepsilon)$ est la partie de $W_{s,m}$ formée des tableaux dont une des colonnes coïncide avec la suite $\varepsilon(1), \ldots, \varepsilon(s)$. □

L'avantage de la notion de «SIGN_R» est que le «SIGN_R» d'une suite de polynômes $f_1, \ldots, f_s$ est entièrement déterminé par celui d'une nouvelle suite, construite à partir de $f_1, \ldots, f_s$, et plus simple que celle-ci – dans un sens que nous préciserons plus loin.

Lemme 1.4.3: *Il existe une application φ de $W_{2s,m}$ dans $W_{s,m}$ telle que pour tout corps réel clos R, et pour toute suite $f_1, \ldots, f_s$ de polynômes de $R[X]$ de degrés $\leq m$, avec f_s non constant, et aucun des $f_1, \ldots, f_{s-1}$ identiquement nul, on ait:*

$$\operatorname{SIGN}_R(f_1, \ldots, f_s) = \varphi(\operatorname{SIGN}_R(f_1, \ldots, f_{s-1}, f'_s, g_1, \ldots, g_s)),$$

où f'_s est le polynôme dérivé de f_s et $g_1, \ldots, g_s$ les restes des divisions euclidiennes de f_s par $f_1, \ldots, f_{s-1}, f'_s$ respectivement.

Démonstration: Soient $x_1 < \ldots < x_N$, $N \leq 2sm$, les racines dans R des polynômes non identiquement nuls parmi $f_1, \ldots, f_{s-1}, f'_s, g_1, \ldots, g_s$. On en extrait la sous-famille $x_{i_1} < \ldots < x_{i_M}$ des racines des polynômes $f_1, \ldots, f_{s-1}, f'_s$. La suite $i_1, \ldots, i_M$ ne dépend que de $w = \operatorname{SIGN}_R(f_1, \ldots, f_{s-1}, f'_s, g_1, \ldots, g_s)$. On peut poser par convention $i_0 = 0$, avec $x_0 = -\infty$ et $i_{M+1} = N+1$ avec $x_{N+1} = +\infty$. Pour $k = 1, \ldots, M$ un des polynômes $f_1, \ldots, f_{s-1}, f'_s$ est nul en x_{i_k}; la connaissance de w suffit pour choisir une fonction $\theta: \{1, \ldots, M\} \to \{1, \ldots, s\}$ telle que $f_s(x_{i_k}) = g_{\theta(k)}(x_{i_k})$. Montrons que l'existence d'une racine de f_s sur un intervalle $]x_{i_k}, x_{i_{k+1}}[$ pour $k = 0, \ldots, M$ ne dépend que de w : f_s a une racine
 – sur $]x_{i_k}, x_{i_{k+1}}[$ pour $k = 1, \ldots, M-1$ si et seulement si

$$\operatorname{sign}(g_{\theta(k)}(x_{i_k}))\operatorname{sign}(g_{\theta(k+1)}(x_{i_{k+1}})) = -1,$$

 – sur $]-\infty, x_{i_1}[$ (si $M \neq 0$) si et seulement si

$$\operatorname{sign}(f'_s(]-\infty, x_1[))\operatorname{sign}(g_{\theta(1)}(x_{i_1})) = 1,$$

 – sur $]x_{i_M}, +\infty[$ (si $M \neq 0$) si et seulement si

$$\operatorname{sign}(f'_s(]x_N, +\infty[))\operatorname{sign}(g_{\theta(M)}(x_{i_M})) = -1,$$

 – sur $]-\infty, +\infty[$ à tout coup si $M = 0$.

Soient maintenant $y_1 < \ldots < y_L$, $L \leq sm$, les racines dans R des polynômes $f_1, \ldots, f_s$. On convient encore que $y_0 = -\infty$, $y_{L+1} = +\infty$.

Pour $l = 0, \ldots, L+1$ on pose $\rho(l) = k$ si $y_l = x_{i_k}$ et $\rho(l) = (k, k+1)$ si $y_l \in]x_{i_k}, x_{i_{k+1}}[$; ρ est une fonction de $\{0, \ldots, L+1\}$ dans $\{0, \ldots, M+1\} \cup \{(k, k+1) | k = 0, \ldots, M\}$. D'après ce que l'on vient de voir, le nombre L et la fonction ρ ne dépendent que de w. Nous avons maintenant tout ce qu'il faut pour vérifier que $\text{SIGN}_R(f_1, \ldots, f_s)$ ne dépend que de w.

Pour $j = 1, \ldots, s-1$ on a
- si $\rho(l) = k$ $\qquad\qquad$ $\text{sign}(f_j(y_l)) = \text{sign}(f_j(x_{i_k}))$
- si $\rho(l) = (k, k+1)$ $\qquad$ $\text{sign}(f_j(y_l)) = \text{sign}(f_j(]x_{i_k}, x_{i_{k+1}}[))$.

On a aussi
- si $\rho(l) = k$ ou $\rho(l) = (k, k+1)$ $\text{sign}(f_j(]y_l, y_{l+1}[)) = \text{sign}(f_j(]x_{i_k}, x_{i_{k+1}}[))$.

Traitons maintenant le cas $j = s$. On a
- si $\rho(l) = k$ $\qquad\qquad$ $\text{sign}(f_s(y_l)) = \text{sign}(g_{\theta(k)}(x_{i_k}))$
- si $\rho(l) = (k, k+1)$ $\qquad$ $\text{sign}(f_s(y_l)) = 0$;

le problème le plus délicat est celui de $\text{sign}(f_s(]y_l, y_{l+1}[))$:
- si $l \neq 0$, $\rho(l) = k$ $\qquad$ $\text{sign}(f_s(]y_l, y_{l+1}[)) = \text{sign}(g_{\theta(k)}(x_{i_k}))$
  si celui-ci est non nul,
  $\qquad\qquad\qquad\qquad$ $\text{sign}(f_s(]y_l, y_{l+1}[)) = \text{sign}(f'_s(]x_{i_k}, x_{i_{k+1}}[))$
  sinon,
- si $l \neq 0$, $\rho(l) = (k, k+1)$ $\quad$ $\text{sign}(f_s(]y_l, y_{l+1}[)) = \text{sign}(f'_s(]x_{i_k}, x_{i_{k+1}}[))$
- si $l = 0$ $\qquad\qquad\qquad$ $\text{sign}(f_s(]-\infty, y_1[)) = -\text{sign}(f'_s(]-\infty, x_1[))$. $\square$

Nous en venons maintenant à l'énoncé du principe de Tarski-Seidenberg :

Théorème 1.4.4: *Soit $f_i(X, Y) = h_{i, m_i}(Y) X^{m_i} + \ldots + h_{i, 0}(Y)$ pour $i = 1, \ldots, s$ une suite de polynômes en $n+1$ variables (X, Y), $Y = (Y_1, \ldots, Y_n)$, à coefficients dans $\mathbb{Z}$. Soit ε une fonction de $\{1, \ldots, s\}$ dans $\{-1, 0, 1\}$. Alors il existe $\mathscr{B}(Y)$ une combinaison booléenne (c.-à-d. obtenue par disjonction finie, conjonction finie et négation) d'équations et d'inégalités polynomiales en les variables Y à coefficients dans $\mathbb{Z}$ telle que pour tout corps réel clos R et tout $y \in R^n$, le système*

$$\begin{cases} \text{sign}(f_1(X, y)) = \varepsilon(1) \\ \quad\vdots \\ \text{sign}(f_s(X, y)) = \varepsilon(s) \end{cases}$$

a une solution x dans R si et seulement si $\mathscr{B}(y)$ est vraie dans R.

Démonstration: Le lemme 1.4.2 ramène la démonstration du principe de Tarski-Seidenberg à celle du résultat suivant.

Proposition 1.4.5: *Soit $f_i(X, Y) = h_{i, m_i}(Y) X^{m_i} + \ldots + h_{i, 0}(Y)$ pour $i = 1, \ldots, s$ une suite de polynômes en $n+1$ variables (X, Y), $Y = (Y_1, \ldots, Y_n)$ à coefficients dans $\mathbb{Z}$, et soit $m = \sup(\{m_i | i = 1, \ldots, s\})$. Soit W' une partie de $W_{s,m}$. Alors il existe une combinaison booléenne $\mathscr{B}(Y)$ d'équations et d'inégalités polynomiales en les variables Y à coefficients dans $\mathbb{Z}$ telle que pour tout corps réel clos R*

et tout $y \in R^n$, *on a*:

$$\mathrm{SIGN}_R(f_1(X, y), \ldots, f_s(X, y)) \in W'$$

si et seulement si $\mathscr{B}(y)$ *est vérifiée dans* R.

Démonstration: On peut supposer sans perte de généralité qu'aucun des polynômes $f_1, \ldots, f_s$ n'est identiquement nul, et que $h_{i,m_i}(Y)$ n'est pas identiquement nul pour $i = 1, \ldots, s$. A la suite $f_1, \ldots, f_s$ on associe la suite $(m_1, \ldots, m_s)$ de leurs degrés en X. On compare les suites finies d'entiers au moyen de l'ordre strict suivant:

$$\sigma = (m'_1, \ldots, m'_t) \prec \tau = (m_1, \ldots, m_s)$$

quand il existe $p \in \mathbb{N}$ tel que pour tout $q > p$, le nombre d'occurences de q dans σ est égal au nombre d'occurences de q dans τ, et que le nombre d'occurences de p dans σ est strictement plus petit que le nombre d'occurences de p dans τ. Ceci fournit un bon ordre sur les suites d'entiers: on ne peut pas trouver de chaîne $\sigma_1 \succ \sigma_2 \succ \sigma_3 \succ \ldots$ infinie. On peut donc faire un raisonnement par récurrence sur l'ordre $\prec$.

Notons $m = \sup(\{m_1, \ldots, m_s\})$.

Si $m = 0$, le résultat est immédiat puisque $\mathrm{SIGN}_R(f_1(X, y), \ldots, f_s(X, y))$ n'est autre que la liste des signes des «termes constants» $h_{1,0}(y), \ldots, h_{s,0}(y)$.

Supposons $m \geq 1$, et $m_s = m$. Notons $W'' \subset W_{2s,m}$ l'image réciproque par l'application φ du lemme 1.4.3 de $W' \subset W_{s,m}$. D'après ce lemme, pour tout corps réel clos R et pour tout $y \in R^n$ tel que $h_{i,m_i}(y) \neq 0$ pour $i = 1, \ldots, s$, la propriété

$$\mathrm{SIGN}_R(f_1(X, y), \ldots, f_s(X, y)) \in W'$$

est équivalente à la propriété

$$\mathrm{SIGN}_R(f_1(X, y), \ldots, f_{s-1}(X, y), f'_s(X, y), g_1(X, y), \ldots, g_s(X, y)) \in W''$$

où f'_s est le polynôme dérivé de f_s par rapport à X et $g_1, \ldots, g_s$ les restes des divisions euclidiennes par rapport à X de f_s par $f_1, \ldots, f_{s-1}, f'_s$ respectivement, multipliés par des puissances paires convenables de $h_{1,m_1}, \ldots, h_{s,m_s}$ respectivement afin de chasser les dénominateurs. Maintenant la suite des degrés en X de $f_1, \ldots, f_{s-1}, f'_s, g_1, \ldots, g_s$ est plus petite que $(m_1, \ldots, m_s)$ pour l'ordre $\prec$. Par ailleurs si au moins un des $h_{i,m_i}(y)$ est nul, on peut tronquer le polynôme f_i correspondant, ce qui nous amène aussi à une suite de polynômes dont la suite des degrés en X est plus petite que $(m_1, \ldots, m_s)$ pour l'ordre $\prec$. Ceci achève la démonstration de 1.4.5, et donc aussi du principe de Tarski-Seidenberg. □□

Le principe de Tarski-Seidenberg pourra nous être utile sous la forme suivante:

Corollaire 1.4.6: *Soit F un corps réel,* $f_1(X, Y), \ldots, f_s(X, Y)$ *une suite de polynômes en* $n + 1$ *variables* (X, Y), $Y = (Y_1, \ldots, Y_n)$, *à coefficients dans F. Soit* ε *une fonction de* $\{1, \ldots, s\}$ *dans* $\{-1, 0, +1\}$. *Alors il existe une combinaison booléenne*

$\mathscr{B}(Y)$ d'équations et d'inégalités polynomiales en les variables Y à coefficients dans F telle que, pour tout corps réel clos R contenant F et tout $y \in R^n$, le système

$$\begin{cases} \text{sign}(f_1(X, y)) = \varepsilon(1) \\ \quad\vdots \\ \text{sign}(f_s(X, y)) = \varepsilon(s) \end{cases}$$

a une solution x dans R si et seulement si $\mathscr{B}(y)$ est vraie dans R.

Démonstration: Il suffit de remarquer que l'on peut écrire $f_i(X, Y) = G_i(X, Y, a)$ où a est la suite des coefficients des f_i, élément de F^m avec m convenable, et $G_i \in \mathbb{Z}[X, Y, T]$. On applique alors 1.4.4 aux polynômes G_i, en considérant les points $(y, a) \in R^{n+m}$ où a est fixe et y varie. □

Note bibliographique: Le contenu de ce chapitre est tout à fait classique. Les trois premières sections présentent la théorie développée par Artin et Schreier ([Artin Schreier 1]) pour la solution du 17e problème de Hilbert (cf. chapitre 6). Ceci se trouve dans beaucoup de grands traités d'algèbre: par exemple [Lang 2], chapitre 11. Le lemme de Descartes (1.2.11) est un peu à part; on peut le voir comme l'ancêtre du résultat de Khovansky ([Khovansky 1], [Risler 6]) qui dit que le nombre de solutions non dégénérées d'un système d'équations polynomiales $f_1 = \ldots = f_n = 0$ dans $\{(x_1, \ldots, x_n) \in R^n | x_1 > 0$ et $\ldots$ et $x_n > 0\}$ est borné par une fonction de n et du nombre de monômes différents qui apparaissent dans $f_1, \ldots, f_n$.

Le principe de Tarski-Seidenberg ([Tarski 2], [Seidenberg 1]) est un résultat plus récent. Il était annoncé sans démonstration dans [Tarski 1]. Nous nous sommes inspirés de la démonstration d'Hörmander ([Hörmander 2]).

Chapitre 2. Ensembles semi-algébriques

Résumé: Ce chapitre traite des ensembles semi-algébriques sur un corps réel clos R, donnés par une combinaison booléenne d'équations et d'inégalités polynomiales. Cette classe d'ensembles jouit d'une propriété remarquable: la stabilité par projection. Ceci permet notamment l'utilisation des fonctions semi-algébriques, dont le graphe est semi-algébrique. L'étude des ensembles semi-algébriques repose en grande partie sur une technique de «saucissonnage», qui permet de les démonter en un nombre fini de morceaux semi-algébriquement homéomorphes à des pavés ouverts. Grâce à ce démontage, on montre qu'un ensemble semi-algébrique a un nombre fini de composantes semi-algébriquement connexes. La notion de connexité sur un corps réel clos différent de $\mathbb{R}$ nécessite quelques précautions; il en est de même pour la notion de compacité. Cependant, dans le royaume semi-algébrique, les fermés bornés ont les propriétés que l'on connaît sur $\mathbb{R}$; on utilise pour établir cela un lemme de sélection des courbes. Tout ceci fait l'objet des cinq premières sections de ce chapitre. Dans la sixième section, on étudie les fonctions semi-algébriques continues, essentiellement du point de vue de leur croissance, et on montre en particulier l'inégalité de Łojasiewicz. La septième section traite de la séparation des fermés semi-algébriques disjoints, et montre que l'adjonction de racines carrées aux polynômes permet d'obtenir cette séparation. La huitième section introduit la notion de dimension d'un ensemble semi-algébrique, et établit les propriétés que l'on peut attendre. Enfin, la dernière section contient essentiellement une preuve d'un théorème des fonctions implicites dans le cadre semi-algébrique, intéressant surtout pour un corps réel clos différent de $\mathbb{R}$.

Dans tout ce chapitre, R est un corps réel clos fixé.

2.1 Ensembles algébriques et ensembles semi-algébriques

Les ensembles algébriques de R^n se définissent comme pour n'importe quel corps:

Définition 2.1.1: *Soit A une partie de $R[X_1, \ldots, X_n]$. On note*

$$\mathscr{Z}(A) = \{x \in R^n \mid \forall f \in A \quad f(x) = 0\}.$$

Les éléments de $\mathscr{Z}(A)$ sont appelés zéros de A.

2.1 Ensembles algébriques et ensembles semi-algébriques

Soit S une partie de R^n. On note

$$\mathscr{I}(S) = \{f \in R[X_1, \ldots, X_n] \mid \forall\, x \in S \quad f(x) = 0\}.$$

Les ensembles algébriques de R^n sont les parties V de R^n telles que

$$\mathscr{L}(\mathscr{I}(V)) = V. \quad \square$$

Signalons toutefois que les ensembles algébriques de R^n peuvent être donnés par une seule équation – ceci tient au fait que R n'est pas algébriquement clos:

Proposition 2.1.2: *Soit $V \subset R^n$ un ensemble algébrique. Il existe $f \in R[X_1, \ldots, X_n]$ tel que $V = \mathscr{L}(f)$.*

Démonstration: Prendre $f = f_1^2 + \ldots + f_m^2$, où $f_1, \ldots, f_m$ sont des générateurs de $\mathscr{I}(V)$. $\quad \square$

Nous étudierons les ensembles algébriques de façon spécifique dans d'autres chapitres. Ici, nous nous intéresserons aux propriétés qu'ils partagent avec une classe plus large de sous-ensembles de R^n: les ensembles semi-algébriques.

Définition 2.1.3: *Les ensembles semi-algébriques de R^n forment la plus petite collection de parties de R^n contenant toutes les parties du genre $\{x \in R^n \mid f(x) > 0\}$ où $f \in R[X_1, \ldots, X_n]$, et stable par intersection finie, réunion finie et passage au complémentaire. Autrement dit, si on appelle condition de signe sur le polynôme f une des conditions $\mathrm{sign}(f) = +1$, $\mathrm{sign}(f) = -1$, $\mathrm{sign}(f) = 0$ (avec les notations de 1.4.1), un ensemble semi-algébrique est donné par une combinaison booléenne (obtenue par disjonction, conjonction et négation) de conditions de signe portant sur un nombre fini de polynômes.*

Exemples 2.1.4:

a) Un ensemble algébrique est bien entendu semi-algébrique.

b) Les ensembles semi-algébriques de R (la droite) sont les réunions finies de points et d'intervalles ouverts (à bornes finies ou infinies).

c) Les ensembles semi-algébriques peuvent prendre des formes variées et sympathiques, comme

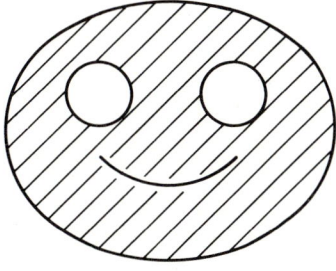

Fig. 1

qui est

$$\{(x, y) \in \mathbb{R}^2 \mid x^2/25 + y^2/16 < 1 \text{ et } x^2 + 4x + y^2 - 2y > -4$$
$$\text{et } x^2 - 4x + y^2 - 2y > -4 \text{ et } (x^2 + y^2 - 2y \neq 8 \text{ ou } y > -1)\}.$$

d) Nous allons voir que beaucoup d'ensembles, même si cela n'apparaît pas immédiatement, sont en fait semi-algébriques: par exemple, l'ensemble des points équidistants de deux ensembles semi-algébriques donnés, l'ensemble des valeurs régulières d'une application polynomiale, etc ….

Bien sûr, tout n'est pas semi-algébrique:

e) L'ensemble $\{(x, y) \in \mathbb{R}^2 \mid y = e^x\}$ n'est pas semi-algébrique.

f) L'ensemble $\{(x, y) \in \mathbb{R}^2 \mid \exists n \in \mathbb{N} \; y = nx\}$ n'est pas semi-algébrique.

g) L'ensemble $\{(x, y) \in \mathbb{R}^2 \mid (y = \text{partie entière de } x) \text{ ou } (x \in \mathbb{Z} \text{ et } x \leq y \leq x+1)\}$ n'est pas semi-algébrique.

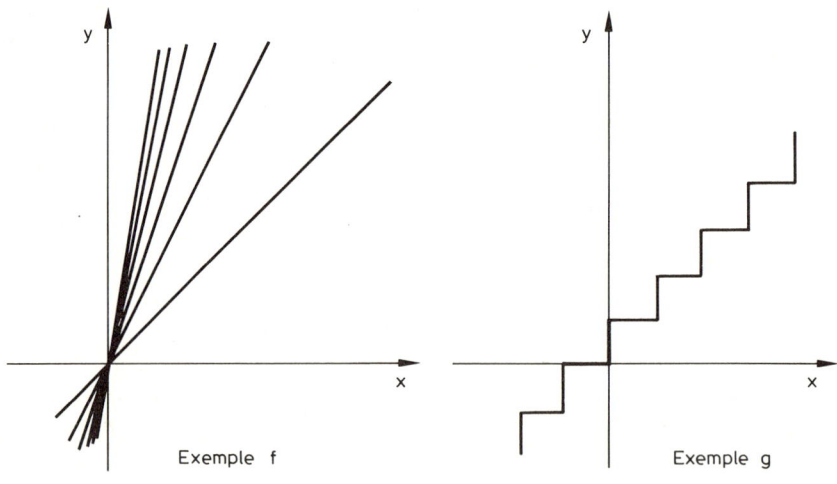

Fig. 2

Remarque 2.1.5: L'éventail infini (exemple f) et l'escalier infini (exemple g) ont ceci de différent: tout point de $\mathbb{R}^2$ possède un voisinage dont l'intersection avec l'escalier infini est semi-algébrique, ce qui n'est pas le cas pour l'éventail infini (se placer à l'origine). On dit que l'escalier infini est localement semi-algébrique.

Proposition 2.1.6: *Tout ensemble semi-algébrique de R^n peut s'écrire comme réunion finie d'ensembles semi-algébriques de la forme:*

$$\{x \in R^n \mid f_1(x) = \ldots = f_l(x) = 0 \text{ et } g_1(x) > 0 \text{ et } \ldots \text{ et } g_m(x) > 0\}$$

où f_i, $i = 1, \ldots, l$ et g_j, $j = 1, \ldots, m$, sont dans $R[X_1, \ldots, X_n]$.

Démonstration: La famille de ces réunions finies est clairement stable par intersection et réunion finies. Il n'y a qu'à vérifier que le complémentaire de l'ensemble semi-algébrique de la proposition s'écrit comme réunion d'ensembles semi-algébriques du même genre, ce que l'on laisse au lecteur non convaincu. □

On peut considérer sur R^n deux topologies: la *topologie de Zariski*, dont les fermés sont les ensembles algébriques et la topologie plus fine, qui vient de la structure d'ordre sur R.

Définition 2.1.7: *Soit $x=(x_1, \ldots, x_n) \in R^n$, $r \in R$, $r > 0$. On note*

$$\|x\| = \sqrt{x_1^2 + \ldots + x_n^2},$$

$$B_n(x, r) = \{y \in R^n \mid \|y - x\| < r\} \quad \text{(boule ouverte)}$$

$$\bar{B}_n(x, r) = \{y \in R^n \mid \|y - x\| \leq r\} \quad \text{(boule fermée)}$$

$$S^{n-1}(x, r) = \{y \in R^n \mid \|y - x\| = r\} \quad (n-1\text{-sphère}).$$

On omettra x et r lorsque x est l'origine de R^n et $r = 1$. La topologie euclidienne sur R^n est la topologie dont les boules ouvertes forment une base d'ouverts. Dans la suite, sauf mention explicite du contraire, R^n sera toujours considéré avec sa topologie euclidienne. □

Les ensembles $B_n(x, r)$, $\bar{B}_n(x, r)$ et $S^{n-1}(x, r)$ sont semi-algébriques. Les polynômes sont continus pour la topologie euclidienne.

2.2 Projection d'un ensemble semi-algébrique. Fonctions semi-algébriques

Par leur définition même, les ensembles semi-algébriques sont stables par réunion finie, intersection finie, passage au complémentaire. Ils sont aussi stables par projection.

Théorème 2.2.1: *Soit S un sous-ensemble semi-algébrique de R^{n+1}, $\Pi: R^{n+1} \to R^n$ la projection qui oublie le dernier facteur. Alors $\Pi(S)$ est un sous-ensemble semi-algébrique de R^n.*

Démonstration: Il suffit, d'après 2.1.6, de démontrer le théorème pour un ensemble semi-algébrique du genre:

$$\{(y, x) \in R^{n+1} \mid f_1(y, x) = \ldots = f_l(y, x) = 0 \text{ et } g_1(y, x) > 0 \text{ et } \ldots \text{ et } g_m(y, x) > 0\}.$$

Or le principe de Tarski-Seidenberg (plus exactement son corollaire 1.4.6) dit qu'il existe une combinaison booléenne d'équations et d'inégalités polynomiales $\mathscr{B}(Y)$ en les variables Y à coefficients dans R telle que pour tout y de R^n, le système

$$\begin{cases} f_1(y, X) = \ldots = f_l(y, X) = 0 \\ g_1(y, X) > 0 \\ \vdots \\ g_m(y, X) > 0 \end{cases}$$

a une solution x dans R si et seulement si $\mathcal{B}(y)$ est vérifiée. Comme l'ensemble des y de R^n qui vérifient $\mathcal{B}(y)$ est semi-algébrique, le théorème est montré. □

La stabilité par projection fait tout l'intérêt des ensembles semi-algébriques. Par exemple, la projection d'un ensemble algébrique est un ensemble semi-algébrique (ce n'est pas en général un ensemble algébrique). Réciproquement, un ensemble semi-algébrique de R^n peut facilement s'écrire comme projection d'un ensemble algébrique de R^{n+m} pour un certain m :

$$\{x \in R^n \mid f_1(x) = \ldots = f_l(x) = 0 \text{ et } g_1(x) > 0 \text{ et } \ldots \text{ et } g_m(x) > 0\}$$

est la projection de

$$\{(x, y) \in R^{n+m} \mid f_1(x) = \ldots = f_l(x) = 0 \text{ et } y_1^2 g_1(x) = 1 \text{ et } \ldots \text{ et } y_m^2 g_m(x) = 1\}.$$

Motzkin ([Motzkin 1]) a montré que tout ensemble semi-algébrique de R^n est en fait projection d'un ensemble algébrique de R^{n+1}. (Voir aussi [Andradas Gamboa 1].)

Voici une conséquence agréable de la stabilité par projection :

Proposition 2.2.2: *L'adhérence et l'intérieur d'un ensemble semi-algébrique sont semi-algébriques.*

Démonstration: Soit S un ensemble semi-algébrique de R^n. L'adhérence de S

$$\mathrm{adh}(S) = \{x \in R^n \mid \forall t \in R \; \exists y \in S \; (\|y - x\|^2 < t^2 \text{ ou } t = 0)\}$$

peut aussi s'écrire comme

$$\mathrm{adh}(S) = R^n \setminus \Pi_2 [R^{n+1} \setminus \Pi_1 (\{(x, y, t) \in R^{2n+1} \mid y \in S \text{ et } (\|y - x\|^2 < t^2 \text{ ou } t = 0)\})]$$

où $\Pi_1 : R^{2n+1} \to R^{n+1}$ est la projection donnée par $\Pi_1(x, y, t) = (x, t)$ et $\Pi_2 : R^{n+1} \to R^n$ celle donnée par $\Pi_2(x, t) = x$. D'après 2.2.1, l'adhérence de S est semi-algébrique. L'intérieur aussi, par passage au complémentaire. □

Il faut bien se garder de croire que l'adhérence d'un ensemble semi-algébrique s'obtient simplement en relachant les inégalités strictes. Par exemple, l'adhérence de l'ensemble

$$A = \{(x, y) \in R^2 \mid x^3 - x^2 - y^2 > 0\}$$

n'est pas l'ensemble

$$B = \{(x, y) \in R^2 \mid x^3 - x^2 - y^2 \geq 0\}.$$

L'adhérence de A s'obtient en enlevant à B le point $(0, 0)$, et peut être décrite comme

$$\mathrm{adh}(A) = \{(x, y) \in R^2 \mid x^3 - x^2 - y^2 \geq 0 \text{ et } x \geq 1\}.$$

On a pu constater dans la démonstration de la proposition 2.2.2 que la description d'un ensemble semi-algébrique est plus lisible et plus agréable en utilisant des quantifications qu'en utilisant des projections. Il sera donc utile de se familiariser avec quelques concepts de logique.

Définition 2.2.3: *Une formule du premier ordre du langage des corps ordonnés à paramètres dans R est une formule construite au moyen d'un nombre fini de conjonctions, disjonctions, négations et quantifications universelles ou existentielles sur des variables à partir des formules atomiques qui sont les formules du genre $f(x_1, \ldots, x_n) = 0$ ou $g(x_1, \ldots, x_n) > 0$, où f et g sont des polynômes à coefficients dans R. Les variables libres d'une formule sont les variables des polynômes figurant dans la formule qui ne sont pas quantifiées.* □

Par définition, les ensembles semi-algébriques sont décrits par des formules du premier ordre du langage des corps ordonnés à paramètres dans R sans quantificateur. Les propriétés de stabilité des ensembles semi-algébriques par intersections et unions finies, complémentation et projections s'expriment ainsi:

Proposition 2.2.4: *Soit $\Phi(x_1, \ldots, x_n)$ une formule du premier ordre du langage des corps ordonnés, à paramètres dans R, à variables libres $x_1, \ldots, x_n$. Alors $\{x \in R^n \mid \Phi(x)\}$ est un ensemble semi-algébrique.*

Démonstration: Par induction sur la construction de la formule à partir des formules atomiques. Les conjonctions, disjonctions et négations ne posent aucun problème. Si $\Phi(x)$ est de la forme $\exists y \; \Psi(x, y)$ où $S = \{(x, y) \in R^{n+1} \mid \Psi(x, y)\}$ est semi-algébrique, $\{x \in R^n \mid \Phi(x)\}$ est la projection de S et est donc semi-algébrique d'après le théorème 2.2.1. Le cas de la quantification universelle se ramène à celui de la quantification existentielle car «$\forall y \ldots$» est équivalent à «non $\exists y$ non $\ldots$». □

Il faut insister sur le fait que *l'on ne s'autorise des quantificateurs que sur des variables parcourant R*. On a dit (exemple 2.1.4 f) que $\{(x, y) \in \mathbb{R}^2 \mid \exists n \in \mathbb{N} \; y = nx\}$ n'est pas semi-algébrique.

Voici maintenant les fonctions semi-algébriques:

Définition 2.2.5: *Soient $A \subset R^m$ et $B \subset R^n$ deux ensembles semi-algébriques. Une fonction $f: A \to B$ est dite semi-algébrique quand son graphe est semi-algébrique dans R^{m+n}.*

Proposition 2.2.6: (i) *Soit A un ensemble semi-algébrique de R^m. Les fonctions semi-algébriques de A dans R forment un anneau.*

(ii) *Soient A, B, C trois ensembles semi-algébriques, $f: A \to B$ et $g: B \to C$ deux fonctions semi-algébriques. Alors le composé $g \circ f: A \to C$ est semi-algébrique.*

Démonstration: Montrons d'abord (ii). Soit $F \subset R^{m+n}$ le graphe de f, $G \subset R^{n+p}$ celui de g. Le graphe de $g \circ f$ est la projection de $(F \times R^p) \cap (R^m \times G)$ sur R^{m+p} et est donc semi-algébrique d'après 2.2.1.

(i) vient de (ii), en remarquant par exemple que $f + g$ est le composé de $(f, g): A \to R^2$ avec $+: R^2 \to R$. □

Proposition 2.2.7: *Soit $f: A \to B$ une fonction semi-algébrique. Si $S \subset A$ est semi-algébrique, son image $f(S)$ est semi-algébrique. Si $T \subset B$ est semi-algébrique, son image réciproque $f^{-1}(T)$ est semi-algébrique.*

Démonstration: $f(S)$ (resp. $f^{-1}(T)$) est l'image par la projection $A \times B \to B$ (resp. $A \times B \to A$) de $(S \times B) \cap \text{Graphe}(f)$ (resp. $(A \times T) \cap \text{Graphe}(f)$). □

Les fonctions semi-algébriques générales ne sont pas très intéressantes. Le plus souvent, nous travaillerons avec certaines sous-classes, comme par exemple les fonctions semi-algébriques continues. Voici un exemple intéressant de fonction semi-algébrique continue:

Proposition 2.2.8: *Soit $A \subset R^n$ un ensemble semi-algébrique non vide.*
(i) *Pour tout x de R^n, la distance de x à A:*

$$d(x, A) = \inf(\{\|x - y\| \mid y \in A\})$$

est bien définie.

(ii) *La fonction $x \mapsto d(x, A)$ est une fonction semi-algébrique continue de R^n dans R, nulle sur $\text{adh}(A)$ et strictement positive ailleurs.*

Démonstration:
(i) $\{\|x - y\| \mid y \in A\}$ est un sous-ensemble semi-algébrique de R, puisque c'est l'image de A par la fonction semi-algébrique continue $y \mapsto \|x - y\|$. Un sous-ensemble semi-algébrique minoré de R a toujours une borne inférieure (2.1.4 b).

(ii) Le graphe de cette fonction est:

$$\{(x, t) \in R^{n+1} \mid t \geq 0 \text{ et } \forall y \in A \quad t^2 \leq \|x - y\|^2$$
$$\text{et } \forall \varepsilon \in R \; \varepsilon > 0 \Rightarrow \exists y \in A \quad t^2 + \varepsilon > \|x - y\|^2\}$$

et est donc semi-algébrique d'après 2.2.4. Les autres propriétés sont immédiates. □

La proposition suivante nous sera souvent utile.

Proposition 2.2.9: *Soit A un ensemble semi-algébrique localement fermé (c.-à-d. intersection d'un ouvert et d'un fermé) de R^n. Il existe un homéomorphisme semi-algébrique de A sur un fermé de R^{n+1}.*

Démonstration: A est l'intersection de $\text{adh}(A)$ avec $U = (R^n \setminus \text{adh}(A)) \cup A$ qui est un ouvert semi-algébrique. Sauf si A est déjà fermé, $R^n \setminus U$ est non vide et la fonction $x \mapsto d(x, R^n \setminus U)$ est semi-algébrique continue (2.2.8). L'homéomorphisme semi-algébrique

$$x \mapsto (x, (d(x, R^n \setminus U))^{-1})$$

envoie A sur le fermé semi-algébrique

$$\{(x, y) \in R^{n+1} \mid x \in \text{adh}(A) \text{ et } y \, d(x, R^n \setminus U) = 1\}. \quad \square$$

2.3 Démontage des ensembles semi-algébriques

Le terme « démontage » indique que nous allons décomposer les ensembles semi-algébriques en morceaux plus simples, semi-algébriquement homéomorphes à des pavés ouverts $]0, 1[^d$. Le démontage d'un ensemble semi-algébrique $A \subset R^n$ se fait par récurrence sur n. L'outil pour le passage de n à $n+1$ est le théorème suivant.

On note $X = (X_1, \ldots, X_n)$.

Théorème 2.3.1: *Soient $f_1(X, Y), \ldots, f_s(X, Y)$ des polynômes en $n+1$ variables à coefficients dans R. Il existe une partition de R^n en un nombre fini d'ensembles semi-algébriques $A_1, \ldots, A_m$ et, pour $i = 1, \ldots, m$, un nombre fini (éventuellement nul) de fonctions semi-algébriques continues $\xi_{i,1} < \ldots < \xi_{i,l_i}$, $\xi_{i,j}: A_i \to R$, telles que:*

(i) Pour tout x de A_i, $\{\xi_{i,1}(x), \ldots, \xi_{i,l_i}(x)\}$ est l'ensemble des racines des polynômes non identiquement nuls parmi $f_1(x, Y), \ldots, f_s(x, Y)$.

(ii) Pour tout x de A_i, les signes de $f_k(x, y)$, $k = 1, \ldots, s$, ne dépendent que des signes de $y - \xi_{i,j}(x)$, $j = 1, \ldots, l_i$.

En particulier le graphe de chaque $\xi_{i,j}$ est contenu dans les zéros d'un f_k, k dépendant de i et j.

Démonstration: On peut se ramener au cas où la famille $f_1, \ldots, f_s$ est stable par dérivation par rapport à la variable Y, en ajoutant les dérivées qui manquent: il suffira à la fin d'enlever les fonctions $\xi_{i,j}$ qui ne donnent pas les racines de polynômes de la famille de départ. Appliquons maintenant le corollaire suivant de la proposition 1.4.5.

Lemme 2.3.2: *Soient $f_1(X, Y), \ldots, f_s(X, Y)$ des polynômes en $n+1$ variables (X, Y) à coefficients dans R, et soit q le maximum des degrés des f_k en Y. Soit $w \in W_{s,q}$ (avec les notations de 1.4.1). Alors il existe une combinaison booléenne $\mathscr{B}_w(X)$ d'équations et d'inégalités polynomiales en les variables X à coefficients dans R telle que pour tout x de R^n on a $\mathrm{SIGN}_R(f_1(x, Y), \ldots, f_s(x, Y)) = w$ si et seulement si $\mathscr{B}_w(x)$ est vérifié.*

Démonstration du lemme: Soit $a \in R^p$ la liste des coefficients des f_k. On a alors $f_k(X, Y) = G_k(a, X, Y)$ où $G_k(T, X, Y)$ est un polynôme en $p+n+1$ variables à coefficients dans $\mathbb{Z}$. Il existe alors, d'après 1.4.5, une combinaison booléenne $\mathscr{B}'_w(T, X)$ d'équations et d'inégalités polynomiales en les variables (T, X) à coefficients dans $\mathbb{Z}$ telle que pour tout $(t, x) \in R^{p+n}$ on a: $\mathrm{SIGN}_R(G_1(t, x, Y), \ldots, G_s(t, x, Y)) = w$ si et seulement si $\mathscr{B}'_w(t, x)$ est vérifiée. Il suffit alors de prendre $\mathscr{B}_w(X) = \mathscr{B}'_w(a, X)$. □

Revenons à la démonstration du théorème. A chaque $w \in W_{s,q}$ correspond un ensemble semi-algébrique $A_w = \{x \in R^n | \mathscr{B}_w(x)\}$. Soient $A_1, \ldots, A_m$ ceux des A_w qui sont non vides. Ils forment bien sûr une partition de R^n, et au-dessus de chaque A_i $\mathrm{SIGN}_R(f_1(x, Y), \ldots, f_s(x, Y))$ est constant: on a un nombre $l_i \le sq$, pour chaque $x \in A_i$ on a $\xi_{i,1}(x) < \ldots < \xi_{i,l_i}(x)$ qui sont toutes les racines des polynômes non identiquement nuls parmi $f_1(x, Y), \ldots, f_s(x, Y)$ et pour tout $k = 1, \ldots, s$ les signes $\mathrm{sign}(f_k(x, \xi_{i,j}(x)))$, $j = 1, \ldots, l_i$, et $\mathrm{sign}(f_k(x,]\xi_{i,j}(x), \xi_{i,j+1}(x)[))$, $j = 0, \ldots, l_i$, sont indépendants de $x \in A_i$ (on convient que $\xi_{i,0}(x) = -\infty$,

$\xi_{i,l_i+1}(x) = +\infty$). Il ne reste plus à montrer que le fait que les $\xi_{i,j}$ sont semi-algébriques continues. Le graphe de $\xi_{i,j}$ est

$$\{(x,y) \in A_i \times R \mid \exists (y_1, \ldots, y_{l_i}) \in R^{l_i} \ (\prod_k f_k(x, y_1) = \ldots = \prod_k f_k(x, y_{l_i}) = 0$$

$$\text{et } y_1 < \ldots < y_{l_i} \text{ et } y = y_j)\}$$

(où k parcourt l'ensemble des indices de polynômes non identiquement nuls sur A_i), ce qui montre d'après 2.2.4 que la fonction $\xi_{i,j}$ est semi-algébrique. Fixons $x' \in A_i$. Alors $y_j = \xi_{i,j}(x')$ est racine simple d'au moins un des $f_k(x', Y)$, par exemple pour fixer les idées $f_1(x', Y)$. Pour $\varepsilon \in R$ suffisamment petit on a $f_1(x', y_j - \varepsilon) f_1(x', y_j + \varepsilon) < 0$. Donc, sur un voisinage U de x' dans R^n on a:

$$\forall x \in U \quad f_1(x, y_j - \varepsilon) f_1(x, y_j + \varepsilon) < 0$$

et $f_1(x, Y)$ a une racine entre $y_j - \varepsilon$ et $y_j + \varepsilon$. Comme ceci peut être fait simultanément pour tous les j, la racine de $f_1(x, Y)$ qui est entre $y_j - \varepsilon$ et $y_j + \varepsilon$ est bien $\xi_{i,j}(x)$: on a montré que $\xi_{i,j}$ est continue. □

Remarque 2.3.3: Il était bien nécessaire d'ajouter les dérivées par rapport à Y. Considérons

$$f(X, Y) = (X - (Y-1)^2)^2 (X + (Y+1)^2)^2.$$

Alors $\text{SIGN}_R f(x, Y)$ est constant pour $x \in R$, mais on ne peut pas trouver deux fonctions semi-algébriques continues $\xi_1 < \xi_2 : R \to R$ qui donnent les racines de $f(x, Y)$.

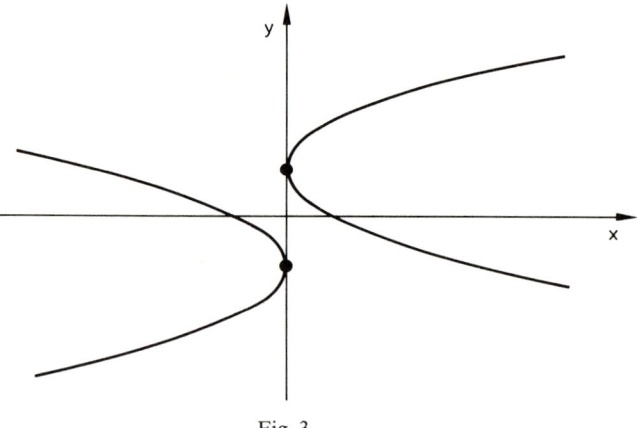

Fig. 3

Il est nécessaire dans ce cas de partitionner R en trois morceaux: $]-\infty, 0[$, $\{0\}$, et $]0, +\infty[$. □

Revenons à l'énoncé du théorème 2.3.1. On peut voir les cylindres $A_i \times R$ comme des «saucissons» que l'on a découpé en «tranches» au moyen des graphes des fonctions $\xi_{i,j}$, de telle façon que les signes des polynômes $f_1,\ldots,f_s$ sont constants sur les tranches. Regardons par exemple ce qui se passe pour le polynôme $(Y-7)^3-(Y-7)X_1-X_2$, équation d'une «fronce».

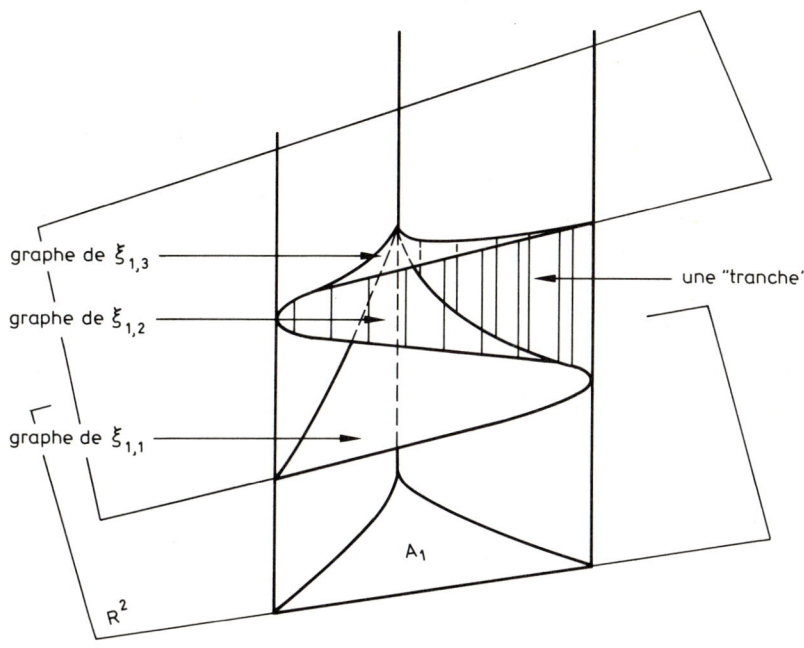

Fig. 4

Officialisons cette analogie, peu élégante mais suggestive:

Définition 2.3.4: *Soient $f_1(X,Y),\ldots,f_s(X,Y)$ des polynômes à $n+1$ variables à coefficients dans R. La donnée $(A_i,(\xi_{i,j})_{j=1,\ldots,l_i})_{i=1,\ldots,m}$ d'une partition de R^n en ensembles semi-algébriques A_i, avec des fonctions semi-algébriques continues $\xi_{i,1}<\ldots<\xi_{i,l_i}: A_i\to R$ vérifiant les propriétés* (i) *et* (ii) *du théorème 2.3.1 est appelée un saucissonnage de $f_1,\ldots,f_s$. Si les $A_1,\ldots,A_m$ sont donnés par des combinaisons booléennes de conditions de signe portant sur les polynômes $g_1,\ldots,g_t\in R[X_1,\ldots,X_n]$, on dira que les $g_1,\ldots,g_t$ saucissonnent les $f_1,\ldots,f_s$.*

Lemme 2.3.5: *Soient $f_1(X,Y),\ldots,f_s(X,Y)$ des polynômes de $R[X,Y]$, et $(A_i,(\xi_{i,j})_{j=1,\ldots,l_i})_{i=1,\ldots,m}$ un saucissonnage de $f_1,\ldots,f_s$. Alors pour tout i, $1\leq i\leq m$, et tout j, $0\leq j\leq l_i$, la «tranche»*

$$]\xi_{i,j},\xi_{i,j+1}[=\{(x,y)\in R^{n+1}\mid x\in A_i \text{ et } \xi_{i,j}(x)<y<\xi_{i,j+1}(x)\}$$

est semi-algébrique et semi-algébriquement homéomorphe à $A_i\times\,]0,1[$ (on convient que $\xi_{i,0}=-\infty$ et $\xi_{i,l_i+1}=+\infty$).

Démonstration: Chaque tranche est semi-algébrique puisque A_i et les fonctions $\xi_{i,j}$, $j=1,\ldots,l_i$, sont semi-algébriques. Donnons explicitement l'homéomorphisme semi-algébrique

$$h\colon\,]\xi_{i,j},\xi_{i,j+1}[\to A_i\times\,]0,1[.$$

Pour $j=1,\ldots,l_i-1$ on pose:

$$h(x,y)=(x,(y-\xi_{i,j}(x))/(\xi_{i,j+1}(x)-\xi_{i,j}(x))).$$

Pour $j=0$, on a $\xi_{i,0}=-\infty$ et on pose (si $l_i\neq 0$):

$$h(x,y)=(x,(1+\xi_{i,1}(x)-y)^{-1}).$$

Pour $j=l_i\neq 0$ on a $\xi_{i,l_i+1}=+\infty$ et on pose:

$$h(x,y)=(x,(y-\xi_{i,l_i}(x)+1)^{-1}).$$

Enfin si $l_i=0$, $\xi_0=-\infty$ et $\xi_1=+\infty$ et on pose

$$h(x,y)=(x,(y+\sqrt{1+y^2})/2\sqrt{1+y^2}).\quad\square$$

Théorème 2.3.6: *Tout sous-ensemble semi-algébrique de R^n est réunion disjointe d'un nombre fini d'ensembles semi-algébriques, chacun semi-algébriquement homéomorphe à un pavé ouvert $]0,1[^d\subset R^d$ pour un $d\in\mathbb{N}$ (avec $]0,1[^0=$ un point).*

Démonstration: Par récurrence sur n. Pour $n=1$, on sait déjà que tout sous-ensemble semi-algébrique de R est réunion d'un nombre fini de points et d'intervalles ouverts, ces derniers étant tous semi-algébriquement homéomorphes à $]0,1[$. Supposons le résultat montré pour n et soit S un sous-ensemble semi-algébrique de R^{n+1}, donné par une combinaison booléenne de conditions de signe sur les polynômes $f_1,\ldots,f_s$. Soit $(A_i,(\xi_{i,j})_{j=1,\ldots,l_i})_{i=1,\ldots,m}$ un saucissonage de $f_1,\ldots,f_s$. L'hypothèse de récurrence nous dit que l'on peut supposer que tous les A_i sont homéomorphes semi-algébriquement à des pavés ouverts. Par ailleurs, il est clair que S est réunion d'un nombre fini d'ensembles semi-algébriques qui sont soit le graphe d'une fonction $\xi_{i,j}$, soit une tranche $]\xi_{i,j},\xi_{i,j+1}[$ comme dans le lemme 2.3.5. Or le graphe de $\xi_{i,j}$ est semi-algébriquement homéomorphe à A_i, et la tranche $]\xi_{i,j},\xi_{i,j+1}[$ semi-algébriquement homéomorphe à $A_i\times\,]0,1[$ d'après 2.3.5. $\quad\square$

2.4 Connexité

Il nous faut ici payer le prix de la généralité: un corps réel clos quelconque n'a aucune raison d'être connexe (pour la topologie euclidienne). On peut même voir que le seul corps réel clos connexe est $\mathbb{R}$. Nous nous contenterons de deux contre-exemples:

Exemples 2.4.1: a) L'intersection de $]-\infty,\pi[$, $(\pi=3,14\ldots)$ avec $\mathbb{R}_{\text{alg}}$ est un ouvert fermé de $\mathbb{R}_{\text{alg}}$ le corps des nombres algébriques réels.

b) Dans $\mathbb{R}(X)^{\wedge}$ (le corps des séries de Puiseux, 1.2.3) l'ensemble $\{f \in \mathbb{R}(X)^{\wedge} \mid \exists r \in \mathbb{R} \; r > 0 \text{ et } f > r\}$ est ouvert fermé. □

Les deux ouverts fermés donnés en exemple ne sont pas semi-algébriques (dans (b), la variable r parcourt $\mathbb{R}$, et pas $\mathbb{R}(X)^{\wedge}$!), et vu la description des sous-ensembles semi-algébriques de R, on sait qu'il ne serait pas possible de trouver un ouvert fermé semi-algébrique de R, différent de R et de $\emptyset$.

Définition 2.4.2: *Un sous-ensemble semi-algébrique A de R^n est dit semi-algébriquement connexe si pour chaque paire d'ensembles semi-algébriques F_1 et F_2 fermés dans A tels que $F_1 \cap F_2 = \emptyset$ et $F_1 \cup F_2 = A$, on a $F_1 = A$ ou $F_2 = A$.*

Proposition 2.4.3: *Un pavé $]0, 1[^d \subset R^d$ est semi-algébriquement connexe.*

Démonstration: Supposons que $]0, 1[^d$ n'est pas semi-algébriquement connexe. On pourrait alors trouver deux fermés semi-algébriques complémentaires F_1 et F_2 dans $]0, 1[^d$, dont aucun n'est vide. Soit alors x_i un point de F_i, et S le segment qui joint x_1 et x_2. En considérant les traces des F_i sur S, on aboutirait à la conclusion que S n'est pas semi-algébriquement connexe; or il est clair (cf. 2.1.4 b) qu'un segment est semi-algébriquement connexe. □

Théorème 2.4.4: *Tout ensemble semi-algébrique A de R^n est réunion disjointe d'un nombre fini d'ensembles semi-algébriques semi-algébriquement connexes $C_1, \ldots, C_s$ qui sont ouverts fermés dans A. Les $C_1, \ldots, C_s$ sont appelés les composantes semi-algébriquement connexes de A.*

Démonstration: On sait (2.3.6) que A est réunion disjointe d'un nombre fini d'ensembles semi-algébriques A_i semi-algébriquement homéomorphes à des pavés ouverts et donc semi-algébriquement connexes d'après 2.4.3. Considérons la relation d'équivalence $\mathscr{R}$ sur l'ensemble des A_i engendrée par la relation:

$$« A_i \cap \mathrm{adh}(A_j) \neq \emptyset ».$$

Soient $C_1, \ldots, C_s$ les réunions des classes d'équivalence pour $\mathscr{R}$. Les C_k sont semi-algébriques, disjoints, fermés dans A et leur réunion est A. Supposons que l'on ait $C_k = F_1 \cup F_2$ avec F_1 et F_2 semi-algébriques disjoints, fermés dans C_k. Puisque chaque A_i est semi-algébriquement connexe, on a $A_i \subset C_k$ implique $A_i \subset F_1$ ou $A_i \subset F_2$. Puisque F_1 (resp. F_2) est fermé dans C_k, si $A_j \subset F_1$ (resp. F_2) et $A_i \cap \mathrm{adh}(A_j) \neq \emptyset$ alors $A_i \subset F_1$ (resp. F_2). Vu la définition des C_k, on a bien $C_k = F_1$ ou $C_k = F_2$. □

Tout ce que l'on a utilisé ci-dessus est le fait qu'un pavé ouvert est semi-algébriquement connexe, et le démontage des ensembles semi-algébriques (2.3.6). Si $R = \mathbb{R}$, on sait bien qu'un pavé ouvert est connexe (tout court) et donc:

Théorème 2.4.5: *Si $R = \mathbb{R}$, un sous-ensemble semi-algébrique A de $\mathbb{R}^n$ est semi-algébriquement connexe si et seulement si il est connexe. Tout ensemble semi-algébrique (et en particulier tout sous-ensemble algébrique de $\mathbb{R}^n$) a un nombre fini de composantes connexes, qui sont semi-algébriques.* □

2.5 Ensembles semi-algébriques fermés bornés. Lemme de sélection des courbes

La notion de compacité pose aussi des problèmes dans le cas d'un corps réel clos différent de $\mathbb{R}$.

Exemple 2.5.1:
a) L'intervalle $[0, 1]$ n'est pas compact dans $\mathbb{R}_{\text{alg}}$: la famille $([0, r[\cup]s, 1])$ pour $0 < r < \pi/4 < s < 1$, $r \in \mathbb{R}_{\text{alg}}$, $s \in \mathbb{R}_{\text{alg}}$ ($\pi = 3,14 \ldots$), est un recouvrement ouvert de $[0, 1]$ dans $\mathbb{R}_{\text{alg}}$, par des ensembles semi-algébriques, et on ne peut pas en extraire un sous-recouvrement fini.

b) L'intervalle $[0, 1]$ n'est pas compact non plus dans $\mathbb{R}(X)^\wedge$: la famille $([0, f[\cup]r, 1])$ pour tous les f positifs plus petits que tous les nombres réels positifs et tous les $r \in \mathbb{R}$, $0 < r < 1$, est un recouvrement ouvert de $[0, 1]$ par des sous-ensembles semi-algébriques de $\mathbb{R}(X)^\wedge$, et il est impossible d'en extraire un sous-recouvrement fini. □

Il nous faut donc avancer avec précaution. Ce que nous retiendrons de la compacité est le fait d'être fermé et borné. Nous établirons en chemin des résultats intéressants aussi quand $R = \mathbb{R}$ ce qui fait que, même si l'on ne s'intéresse qu'à ce cas là, cette section ne sera pas inutile.

Lemme 2.5.2: *Soit $A \subset R$ un ensemble semi-algébrique, et $\varphi: A \to R$ une fonction semi-algébrique. Il existe un polynôme non identiquement nul $f \in R[X, Y]$ tel que pour tout x de A, $f(x, \varphi(x)) = 0$.*

Démonstration: Le graphe de φ est d'après 2.1.6 réunion finie d'ensembles semi-algébriques qui s'écrivent

$$\{(x, y) \in R \times R \mid f_1(x, y) = \ldots = f_l(x, y) = 0 \text{ et } g_1(x, y) > 0 \text{ et } \ldots \text{ et } g_m(x, y) > 0\}$$

avec à chaque fois un des f_i non identiquement nul, car sinon le graphe de φ contiendrait un ouvert non vide de R^2. Il suffit de prendre pour f le produit de ces polynômes. □

Proposition 2.5.3: *Soit $\varphi:]0, r] \to R$ une fonction semi-algébrique continue sur un intervalle $]0, r] \subset R$, bornée en valeur absolue. Alors φ se prolonge continûment en 0.*

Démonstration: D'après 2.5.2 il y a un polynôme $f \in R[X, Y]$ non identiquement nul tel que $f(x, \varphi(x)) = 0$ pour tout $x \in]0, r]$. Nous allons raisonner par récurrence sur le degré d de f en Y.

Si $d = 1$ on a $\varphi(x) = N(x)/D(x)$ où N et D sont des polynômes premiers entre eux, et X ne divise pas D puisque φ est bornée en valeur absolue. Il suffit alors de poser $\varphi(0) = N(0)/D(0)$.

Supposons le résultat montré pour les polynômes de degré $< d$ en Y. On peut toujours supposer que f n'est pas divisible par X et aussi – quitte à diminuer r – qu'on a un saucissonnage $(A_i, (\xi_{i,j})_{j=1,\ldots,l_i})_{i \in I}$ de $\left(f, \dfrac{\partial f}{\partial Y}\right)$ avec $A_1 =]0, r]$ et

$\varphi = \xi_{1,j_0}$ pour un certain j_0 (on utilise ici le fait que $]0, r]$ est semi-algébriquement connexe pour voir que φ doit coïncider avec une des fonctions $\xi_{1,j}$). Si φ est aussi racine de $\frac{\partial f}{\partial Y}$, il n'y a plus de problème. Sinon on a par exemple $\frac{\partial f}{\partial Y}(x, \varphi(x)) > 0$ pour tout x de $]0, r]$. On choisit alors deux fonctions semi-algébriques continues ρ et θ de $[0, r]$ dans R telles que pour tout x de $]0, r]$ on a $\rho(x) < \varphi(x) < \theta(x)$ et $\frac{\partial f}{\partial Y}(x, y) > 0$ pour tout $y \in]\rho(x), \theta(x)[$. On prend pour ρ la fonction $\xi_{1, j_0 - 1}$ si $j_0 > 1$ (c'est nécessairement une racine de $\frac{\partial f}{\partial Y}$ et on peut donc la prolonger continûment en 0 par hypothèse de récurrence) ou, à défaut, la fonction constante $-M - 1$ (M majore $|\varphi|$). On procède de manière analogue pour θ.

Si $\rho(0) = \theta(0)$, on pose $\varphi(0) = \rho(0)$ et φ est bien continue en 0.

Sinon, on a $\rho(0) < \theta(0)$ et $\frac{\partial f}{\partial Y}(0, y)$ n'est jamais < 0 sur l'intervalle $[\rho(0), \theta(0)]$, pour raison de continuité. La fonction $f(0, y)$ n'est pas constante sur cet intervalle car sinon, comme $f(0, \rho(0)) \le 0 \le f(0, \theta(0))$ on aurait $f(0, Y)$ identiquement nul – ce qui est exclu puisque X ne divise pas f. La fonction $f(0, Y)$ est donc strictement croissante et elle a une racine et une seule y_0 sur $[\rho(0), \theta(0)]$. On pose alors $\varphi(0) = y_0$; il reste à voir que φ est continue en 0.

Si $\rho(0) < y_0 < \theta(0)$, pour tout $\varepsilon \in R$, $\varepsilon > 0$ suffisamment petit, on a $f(0, y_0 - \varepsilon) < 0$, $f(0, y_0 + \varepsilon) > 0$, $\rho(0) < y_0 - \varepsilon < y_0 < y_0 + \varepsilon < \theta(0)$. Mais alors il existe $\eta \in R$, $\eta > 0$, tel que, pour tout $x \in]0, \eta[$, $f(x, y_0 - \varepsilon) < 0$, $f(x, y_0 + \varepsilon) > 0$, $\rho(x) < y_0 - \varepsilon$, $y_0 + \varepsilon < \theta(x)$. Ceci entraîne que, pour tout $x \in]0, \eta[$, $\varphi(x) \in]y_0 - \varepsilon, y_0 + \varepsilon[$.

Si $\rho(0) = y_0$, pour tout $\varepsilon \in R$, $\varepsilon > 0$ suffisamment petit, on a $f(0, y_0 + \varepsilon) > 0$. Mais alors il existe $\eta \in R$, $\eta > 0$, tel que pour tout $x \in]0, \eta[$, $f(x, y_0 + \varepsilon) > 0$, $y_0 - \varepsilon < \rho(x) < y_0 + \varepsilon$. Ceci entraîne que pour tout $x \in]0, \eta[$, $\varphi(x) \in]y_0 - \varepsilon, y_0 + \varepsilon[$.

On raisonne de façon analogue si $\theta(0) = y_0$, et la démonstration est terminée. □

On convient dans ce qui suit qu'une *famille de polynômes de $R[X]$ stable par dérivation* est une famille $\mathscr{F}$ qui ne contient pas le polynôme nul et telle que si $f \in \mathscr{F}$, alors $f' \in \mathscr{F}$ ou $f' = 0$.

Proposition 2.5.4 (lemme de Thom): *Soit $f_1, \ldots, f_s$ une famille de polynômes de $R[X]$, stable par dérivation. Soit ε une fonction de $\{1, \ldots, s\}$ dans $\{-1, 0, 1\}$. Soit $A_\varepsilon \subset R$ l'ensemble semi-algébrique*

$$A_\varepsilon = \bigcap_{k=1}^{s} \{x \in R \mid \text{sign}(f_k(x)) = \varepsilon(k)\}.$$

On note $A_{\bar\varepsilon} \subset R$ l'ensemble semi-algébrique obtenu en relachant les inégalités strictes:

$$A_{\bar\varepsilon} = \bigcap_{k=1}^{s} \{x \in R \mid \text{sign}(f_k(x)) \in \overline{\varepsilon(k)}\},$$

où $\bar{0} = \{0\}$, $\overline{-1} = \{-1, 0\}$, $\bar{1} = \{0, 1\}$. *Alors:*

(i) *ou bien A_ε est vide, ou bien A_ε est un point, ou bien A_ε est un intervalle ouvert,*

(ii) *si A_ε est non vide, son adhérence est $A_{\bar{\varepsilon}}$,*

(iii) *si A_ε est vide, $A_{\bar{\varepsilon}}$ est soit vide, soit réduit à un point.*

Démonstration: Par récurrence sur s. Il n'y a rien à montrer si $s = 0$. Supposons le résultat montré pour s, et f_{s+1} de degré maximal dans la famille $f_1, \ldots, f_{s+1}$ stable par dérivation. La famille $f_1, \ldots, f_s$ est encore stable par dérivation. Soit ε' une fonction de $\{1, \ldots, s+1\}$ dans $\{-1, 0, 1\}$, ε sa restriction à $\{1, \ldots, s\}$. Si A_ε est un point, ou est vide, $A_{\varepsilon'} = A_\varepsilon \cap \{x \in R \mid \text{sign}(f_{s+1}(x)) = \varepsilon'(s+1)\}$ vérifie bien les propriétés (i), (ii), (iii). Si A_ε est un intervalle ouvert, la dérivée de f_{s+1} (qui est un des f_k, $1 \le k \le s$) y a un signe constant non nul – sauf si f_{s+1} est une constante, ce qui est un cas trivial. Alors f_{s+1} est strictement monotone sur $A_{\bar{\varepsilon}}$, et ceci donne bien les propriétés (i), (ii) et (iii) pour $A_{\varepsilon'}$. □

Théorème 2.5.5 (lemme de sélection des courbes): *Soit A un sous-ensemble semi-algébrique de R^n, $x \in R^n$ un point adhérent à A. Il existe une fonction semi-algébrique continue $f : [0, 1] \to R^n$ telle que $f(0) = x$ et $f(]0, 1]) \subset A$.*

Nous verrons au chapitre 8, quand les fonctions de Nash auront été introduites, que l'on peut en fait choisir pour f une fonction de Nash (cf. 8.1.17).

Lemme 2.5.6: *Soit $f_1, \ldots, f_s$ une famille de polynômes à $n+1$ variables (X, Y), $X = (X_1, \ldots, X_n)$, à coefficients dans R. On suppose que la famille est stable par dérivation par rapport à Y, et que tous les f_k sont unitaires en Y (à un facteur constant de $R \setminus \{0\}$ près). Soit $(A_i, (\xi_{i,j})_{j=1,\ldots,l_i})_{i=1,\ldots,m}$ un saucissonnage de $f_1, \ldots, f_s$. Alors toute fonction $\xi_{i,j}$ se prolonge par continuité à $\text{adh}(A_i)$.*

Démonstration: Nous allons démontrer 2.5.5 et 2.5.6 en même temps, en procédant ainsi:

(i) 2.5.5 est clair pour $n = 1$,

(ii) 2.5.5 pour n entraîne 2.5.6 pour n,

(iii) 2.5.5 pour n et 2.5.6 pour n entraînent 2.5.5 pour $n+1$.

Montrons (ii). Fixons i, j et posons pour $k = 1, \ldots, s$ $\varepsilon(k) = \text{sign}(f_k(x, \xi_{i,j}(x)))$ pour $x \in A_i$. Soit x' adhérent à A_i. Il suffit de montrer que $\xi_{i,j}$ se prolonge par continuité à $A_i \cup \{x'\}$. D'après 2.5.5 pour n, on peut trouver $f : [0, 1] \to R^n$ semi-algébrique continue telle que $f(0) = x'$, $f(]0, 1]) \subset A_i \cap \bar{B}_n(x', 1)$. Posons alors $\varphi = \xi_{i,j} \circ (f \mid]0, 1])$. Si $\xi_{i,j}(x)$ est racine de $f_k(x, Y) = Y^d + g_{d-1}(x) Y^{d-1} + \ldots + g_0(x)$, on a d'après 1.2.9 $|\xi_{i,j}(x)| \le 1 + |g_{d-1}(x)| + \ldots + |g_0(x)|$. Choisissons $a \in R$ tel que pour tout x de $A_i \cap \bar{B}_n(x', 1)$, $|g_\lambda(x)| \le a$ pour $\lambda = 0, \ldots, d-1$ (il est clair qu'un polynôme est borné en valeur absolue sur un ensemble borné). La fonction φ est alors bornée en valeur absolue par $1 + da$. D'après 2.5.3, φ se prolonge continûment en 0. Posons alors $\xi_{i,j}(x') = \varphi(0)$, et montrons que $\xi_{i,j}$ est continue en x'. Si ce n'est pas le cas,

$$\exists \mu \in R \; \mu > 0 \; \forall \eta \in R \; \eta > 0 \; \exists x \in A_i \quad (\|x - x'\| < \eta \text{ et } |\xi_{i,j}(x) - \varphi(0)| \ge \mu).$$

Posons

$$C_\mu = \{x \in A_i \mid |\xi_{i,j}(x) - \varphi(0)| \ge \mu\} \cap \bar{B}_n(x', 1).$$

Or x' est adhérent à C_μ et donc, en utilisant encore 2.5.5 pour n on a $g: [0, 1] \to R^n$ semi-algébrique continue, avec $g(0) = x'$ et $g(]0, 1]) \subset C_\mu$. Si on pose $\psi = \xi_{i,j} \circ (g\,|\,]0, 1])$, ψ se prolonge continûment en 0 (même raisonnement que ci-dessus). On a alors, par continuité, $|\varphi(0) - \psi(0)| \geq \mu$ et aussi $\operatorname{sign}(f_k(x', \varphi(0))) \in \overline{\varepsilon(k)}$ et $\operatorname{sign}(f_k(x', \psi(0))) \in \overline{\varepsilon(k)}$; comme au moins un des $\varepsilon(k)$ est 0, on a d'après le lemme de Thom (2.5.4) que

$$\{y \in R \,|\, \operatorname{sign}(f_k(x', y)) \in \overline{\varepsilon(k)} \text{ pour } k = 1, \ldots, s\}$$

est soit vide, soit réduit à un point, d'où une contradiction. Le point (ii) est montré.

Passons au point (iii). Soit A un sous-ensemble semi-algébrique de R^{n+1}, donné par une combinaison booléenne de conditions de signes sur $f_1, \ldots, f_s \in R[X, Y]$. On peut se ramener au cas où $f_1, \ldots, f_s$ satisfait les hypothèses de 2.5.6: un nombre fini de polynômes de $R[X, Y]$ peuvent toujours être rendus simultanément unitaires en Y par un changement linéaire de variables $X_1 = X'_1 + a_1 Y, \ldots, X_n = X'_n + a_n Y$ avec $a_1, \ldots, a_n \in R$ bien choisis; ensuite, la dérivée par rapport à Y d'un polynôme unitaire en Y est unitaire en Y, à un facteur constant près. Soit alors $(A_i, (\xi_{i,j})_{j=1,\ldots,l_i})_{i=1,\ldots,m}$ un saucissonnage de $f_1, \ldots, f_s$. L'ensemble A est réunion de graphes de certaines fonctions $\xi_{i,j}$, et de certaines tranches $]\xi_{i,j}, \xi_{i,j+1}[$.

Soit (x, y) un point adhérent à A.

— Si (x, y) est adhérent au graphe de $\xi_{i,j}$ contenu dans A, soit $\varphi: [0, 1] \to R^n$ semi-algébrique continue telle que $\varphi(0) = x$ et $\varphi(]0, 1]) \subset A_i$ (2.5.5 pour n). La fonction $\xi_{i,j}$ se prolonge par continuité en x (2.5.6 pour n) et forcément $y = \xi_{i,j}(x)$. On pose alors $\psi = \xi_{i,j} \circ \varphi$, et $f = (\varphi, \psi)$ fait ce que l'on veut.

— Si (x, y) est adhérent à une tranche $]\xi_{i,j}, \xi_{i,j+1}[$, $1 \leq j < l_i$, contenue dans A, soit toujours $\varphi: [0, 1] \to R^n$ semi-algébrique continue telle que $\varphi(0) = x$ et $\varphi(]0, 1]) \subset A_i$. Les fonctions $\xi_{i,j}$ et $\xi_{i,j+1}$ se prolongent par continuité en x. Posons $t = \frac{1}{2}$ si $\xi_{i,j}(x) = \xi_{i,j+1}(x)$, $t = (y - \xi_{i,j}(x))/(\xi_{i,j+1}(x) - \xi_{i,j}(x))$ sinon. Soit $\psi = [(1-t)\xi_{i,j} + t\xi_{i,j+1}] \circ \varphi$. Alors $f = (\varphi, \psi)$ fait ce que l'on veut.

— On laisse au lecteur le soin de régler le cas où une des bornes de la tranche est infinie.

La démonstration est alors terminée. □

Le lemme 2.5.6 est faux sans l'hypothèse que la famille $f_1, \ldots, f_s$ est stable par dérivation par rapport à la variable Y. Considérons par exemple la famille réduite au seul polynôme

$$f(X_1, X_2, Y) = 4X_1^2 + 2X_2^2 + 2Y^2 - 4X_2 Y - (X_1^2 + X_2^2 + Y^2 + 3).$$

Le polynôme f est l'équation d'un «tore penché», et l'on obtient un saucissonnage de f au-dessus de la partition de R^2 dessinée en figure 5.

Au-dessus de la partie hachurée, f a deux racines qui sont données par deux fonctions continues ξ_1 et ξ_2. Mais ni ξ_1 ni ξ_2 ne peuvent être prolongées par continuité au point M puisque, pour $i = 1, 2$, la limite de ξ_i quand on approche M «par dessus» (avec $x_2 > 0$) est différente de la limite de ξ_i quand on approche M «par dessous» (avec $x_2 < 0$).

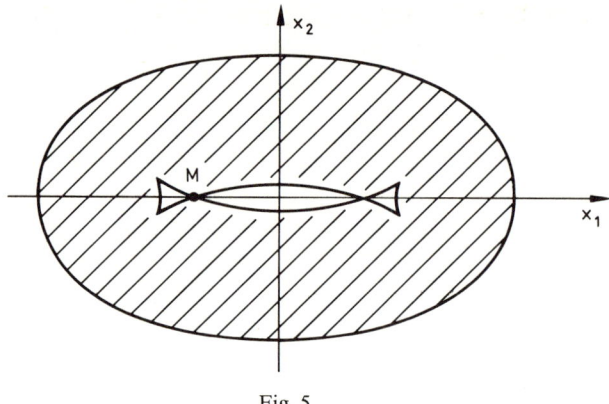

Fig. 5

Proposition 2.5.7: *Soit A un ensemble semi-algébrique fermé borné de R^{n+1}, $\Pi: R^{n+1} \to R^n$ la projection qui oublie le dernier facteur. Alors $\Pi(A)$ est un ensemble semi-algébrique fermé borné.*

Démonstration: Il est clair que $\Pi(A)$ est borné. Soit $x \in R^n$ un point adhérent à $\Pi(A)$. L'ensemble A est donné par une combinaison booléenne de conditions de signe sur $f_1, \ldots, f_s$, et soit $(A_i, (\xi_{i,j})_{j=1,\ldots,l_i})_{i=1,\ldots,m}$ un saucissonnage de $f_1, \ldots, f_s$. Le point x est adhérent à un des A_i contenu dans $\Pi(A)$, disons A_1 pour fixer les idées. Puisque A est fermé borné, A contient le graphe d'au moins une fonction $\xi_{1,j}$.

Soit alors $\varphi: [0,1] \to R^n$ semi-algébrique continue, $\varphi(0) = x$ et $\varphi(]0,1]) \subset A_1$ (lemme de sélection des courbes 2.5.5). Choisissons j tel que le graphe de $\xi_{1,j}$ soit contenu dans A et posons $\psi = \xi_{1,j} \circ (\varphi|]0,1])$. La fonction ψ est bornée puisque A est borné et donc ψ se prolonge continûment en 0. Mais alors comme A est fermé, $(x, \psi(0)) \in A$ et donc $x \in \Pi(A)$. $\square$

Théorème 2.5.8: *Soit $A \subset R^n$ un ensemble semi-algébrique fermé borné, $f: A \to R^p$ une fonction semi-algébrique continue. Alors $f(A)$ est un ensemble semi-algébrique fermé borné.*

Démonstration: Graphe$(f) \subset R^n \times R^p$ est fermé puisque A l'est. Montrons que Graphe(f) est borné; pour cela il faut et il suffit de montrer que $\|f\|$ est borné sur A. Soit

$$A' = \{((1+\|f(x)\|)^{-1}x, (1+\|f(x)\|)^{-1}) \in R^{n+1} \mid x \in A\}.$$

On a un homéomorphisme semi-algébrique $h: A' \to A$ donné par $h(x,t) = (x_1/t, \ldots, x_n/t)$. Si $\|f\|$ n'est pas borné sur A, l'origine $(0,0)$ est point adhérent de A' et, par le lemme de sélection des courbes (2.5.5), on a $\varphi: [0,1] \to R^{n+1}$ semi-algébrique continue telle que $\varphi(0) = (0,0)$ et $\varphi(]0,1]) \subset A'$. Comme $\psi = h \circ (\varphi|]0,1])$ est bornée, on peut la prolonger par continuité en 0 d'après 2.5.3. Mais alors $\psi(0) \in A$ et $h^{-1}(\psi(0)) = \varphi(0) = (0,0) \notin A'$, ce qui est impossible. Graphe(f) est donc fermé borné et $f(A)$ aussi, en utilisant plusieurs fois 2.5.7. $\square$

2.5 Ensembles semi-algébriques fermés bornés

Nous allons maintenant définir le compactifié d'Alexandrov d'un ensemble semi-algébrique S localement fermé et montrer son unicité à homéomorphisme semi-algébrique près.

Définition et Proposition 2.5.9: *Soit S un ensemble semi-algébrique localement fermé et non fermé borné. Alors il existe un couple $(\dot{S}, \eta)$ tel que:*
   (i) *$\dot{S}$ est un ensemble semi-algébrique fermé borné,*
   (ii) *$\eta: S \to \dot{S}$ est une fonction semi-algébrique continue qui est un homéomorphisme sur son image,*
   (iii) *$\dot{S} \setminus \eta(S)$ n'a qu'un élement.*
Si $(\dot{S}', \eta')$ est un autre couple qui possède les mêmes propriétés, alors il existe un unique homéomorphisme semi-algébrique $h: \dot{S} \to \dot{S}'$ tel que $\eta' = h \circ \eta$. Le couple $(\dot{S}, \eta)$ ainsi défini à homéomorphisme semi-algébrique près est appelé compactifié d'Alexandrov semi-algébrique de S.

Démonstration: D'après la proposition 2.2.9, on peut supposer S fermé dans R^n, non borné, et ne contenant pas l'origine 0 de R^n. On prend pour $\dot{S}$ la réunion de $\{0\}$ avec l'image de S par $\eta: x \mapsto x/\|x\|^2$. L'unicité à homéomorphisme semi-algébrique près résulte du lemme suivant.

Lemme 2.5.10: *Soient $B \subset A$ deux ensembles semi-algébriques fermés bornés, tels que $S = A \setminus B$ ne soit pas fermé. Soit $(\dot{S}, \eta: S \to \dot{S})$ un couple vérifiant les trois propriétés de 2.5.9. Posons $\dot{S} \setminus \eta(S) = \{y\}$. Alors la fonction semi-algébrique $\varphi: A \to \dot{S}$ definie par $\varphi|S = \eta$ et $\varphi(B) = \{y\}$ est continue.*

Démonstration: Supposons que φ n'est pas continue. Alors d'après le lemme de sélection des courbes (2.5.5) il existe $\varepsilon > 0$ et une fonction semi-algébrique continue $\gamma: [0, 1] \to A$ avec $\gamma(0) \in B$ et $\gamma(]0, 1]) \subset \{x \in S \mid \|\varphi(x) - y\| \geq \varepsilon\}$. Comme $E_\varepsilon = \{z \in \dot{S} \mid \|z - y\| \geq \varepsilon\}$ est fermé borné, $\varphi \circ \gamma|]0, 1]:]0, 1] \to E_\varepsilon$ se prolonge par continuité en 0. Soit t la valeur de ce prolongement en 0. On a $t \in \eta(S)$, et $\eta^{-1}(t) = \gamma(0)$ par continuité. Mais alors puisque $\gamma(0) \in B$, on arrive à une contradiction. Ainsi φ est continue. □ □

Le lemme de sélection des courbes (2.5.5) nous permet de faire un petit retour sur la connexité:

Définition et Proposition 2.5.11: *Un ensemble semi-algébrique A de R^n est dit semi-algébriquement connexe par arcs quand pour tous x, y de A, il existe une fonction semi-algébrique continue $\varphi: [0, 1] \to A$ telle que $\varphi(0) = x$ et $\varphi(1) = y$. Un ensemble semi-algébrique est semi-algébriquement connexe si et seulement si il est semi-algébriquement connexe par arcs.*

Démonstration: Puisque $[0, 1]$ est semi-algébriquement connexe, il est clair que la connexité semi-algébrique par arcs entraîne la connexité semi-algébrique. Montrons la réciproque en utilisant le démontage des ensembles semi-algébriques (2.3.6) et la démonstration du théorème 2.4.4. Il est clair qu'un pavé ouvert est semi-algébriquement connexe par arcs. Il suffit donc de montrer que si A_i et A_j sont semi-algébriquement homéomorphes à des pavés ouverts, avec $A_i \cap \mathrm{adh}(A_j) \neq \emptyset$, alors $A_i \cup A_j$ est semi-algébriquement connexe par arcs. Mais ceci est une conséquence immédiate du lemme de sélection des courbes 2.5.5. □

2.6 Fonctions semi-algébriques continues. Inégalité de Łojasiewicz

La croissance d'une fonction semi-algébrique continue à valeurs dans R est raisonnable, c'est-à-dire majorée par un polynôme.

Proposition 2.6.1: *Soit f une fonction semi-algébrique (non nécessairement continue) de $]a, +\infty[\subset R$ dans R. Il existe $r>a$, $p\in\mathbb{N}$ et $c\in R$ tels que pour tout $x\geq r$ on ait $|f(x)|\leq cx^p$. Si on a $h(x,f(x))=0$ sur $]a, +\infty[$ pour un polynôme $h(X, Y)$ non identiquement nul, on peut prendre pour p le degré de h en X.*

Démonstration: Le lemme 2.5.2 nous dit qu'il existe un polynôme $h(X, Y) = q_m(X) Y^m + \ldots + q_0(X)$ non identiquement nul tel que $h(x,f(x))=0$ sur $]a, +\infty[$. Le polynôme q_m est supposé non identiquement nul, et pour x suffisamment grand, $q_m(x)$ ne s'annule pas. On a alors

$$|f(x)|\leq 1+|q_m(x)|^{-1}(|q_{m-1}(x)|+\ldots+|q_0(x)|).$$

Si p est le maximum des degrés de $q_{m-1}, \ldots, q_0$ on peut trouver une constante $c\in R$ telle que pour x suffisamment grand on ait $|f(x)|\leq cx^p$. □

Proposition 2.6.2: *Soit $f: F\to R$ une fonction semi-algébrique continue, avec F fermé semi-algébrique de R^n. Alors $|f|$ est majorée par un polynôme: il existe $c\in R$ et $p\in\mathbb{N}$ tels que pour tout $x\in F$, on a*

$$|f(x)|\leq c(1+\|x\|^2)^p.$$

Démonstration: Soit F_t l'ensemble semi-algébrique $\{x\in F\,|\,\|x\|=t\}$; il est fermé borné et donc (2.5.8), on peut définir une fonction $v: R\to R$ par $v(t)=\sup(|f|(F_t))$ si $F_t\neq\emptyset$, $v(t)=0$ sinon. La fonction v est semi-algébrique puisque son graphe est

$$\{(t,u)\in R\times R\,|\,(\exists x\in F_t \;\; u=|f(x)|\text{ et }\forall y\in F_t\;\;|f(y)|\leq u)\text{ ou }(F_t=\emptyset\text{ et }u=0)\}$$

et est bien semi-algébrique d'après 2.2.4. D'après 2.6.1, il existe $r\in R$, $p\in\mathbb{N}$ et $c_1\in R$ tels que $v(t)\leq c_1 t^p$ pour $t\geq r$. Soit c_2 le maximum de $|f(x)|$ pour $x\in F$ et $\|x\|\leq r$ (2.5.8), et $c=\sup(c_1,c_2)$. On a certainement $|f(x)|\leq c(1+\|x\|^2)^p$ sur F. □

Nous allons maintenant établir l'inégalité de Łojasiewicz, après quelques préliminaires techniques.

Lemme 2.6.3: *Soit $f: A\to R$ une fonction semi-algébrique, avec A sous-ensemble semi-algébrique de R^n. Il existe une partition de A en un nombre fini d'ensembles semi-algébriques A_i, $i=1, \ldots, m$, et pour chaque i un polynôme $g_i(X, Y)$ à $n+1$ variables tel que, pour tout x de A_i, $g_i(x, Y)$ n'est pas identiquement nul et $g_i(x,f(x))=0$.*

Démonstration: Le graphe de f est donné par une combinaison booléenne de conditions de signe sur des polynômes $g_1(X, Y), \ldots, g_s(X, Y)$. Soit

$(A_i, (\xi_{i,j})_{j=1,\ldots,l_i})_{i=1,\ldots,k}$ un saucissonnage de $g_1, \ldots, g_s$ tel que A soit la réunion des A_i, $i=1, \ldots, m$. Le graphe de $f|A_i$ coïncide alors nécessairement avec le graphe d'une des fonctions $\xi_{i,j}$, ce qui établit le résultat. □

Proposition 2.6.4: *Soit A un ensemble semi-algébrique localement fermé, $f: A \to R$ une fonction semi-algébrique continue. Soit $g: \{x \in A \mid f(x) \neq 0\} \to R$ une fonction semi-algébrique continue. Alors il existe un entier $N > 0$ tel que la fonction $f^N g$ prolongée par 0 quand $f(x) = 0$ soit continue sur A.*

Démonstration: La proposition 2.2.9 permet de se ramener au cas où A est un fermé semi-algébrique de R^n. Posons pour $x \in A$ et $u \in R$ $A_{x,u} = \{y \in A \mid \|y - x\| \leq 1$ et $u|f(y)| = 1\}$; l'ensemble semi-algébrique $A_{x,u}$ est fermé borné. Posons alors $v(x, u) = 0$ si $A_{x,u} = \emptyset$, $v(x, u) = \sup\{|g(y)| \mid y \in A_{x,u}\}$ sinon; v est bien définie, et est une fonction semi-algébrique de $A \times R$ dans R. D'après le lemme 2.6.3, $A \times R$ est réunion d'un nombre fini d'ensembles semi-algébriques B_i, avec pour chaque i un polynôme $h_i(X, U, V)$ tel que pour tout (x, u) de B_i, $h_i(x, u, V)$ n'est pas identiquement nul, et $h_i(x, u, v(x, u)) = 0$.

Fixons $x' \in A$ avec $f(x') = 0$. Soit $h_{x'}$ le produit des h_i tels que $B_i \cap (\{x'\} \times R)$ est non vide. Le polynôme $h_{x'}(x', U, V)$ n'est pas identiquement nul, et on a $h_{x'}(x', u, v(x', u)) = 0$. D'après 2.6.1 il y a un entier p (que l'on peut prendre indépendant de x', par exemple $p = $ la somme des degrés de tous les h_i en U) et des nombres $r(x')$, $c(x') \in R$ tels que l'on ait, pour tout $u \geq r(x')$, $|v(x', u)| \leq c(x') u^p$. Ceci veut dire que sur $\{y \in A \mid f(y) \neq 0$ et $\|y - x'\| \leq 1\}$ on a $|f(y)|^p |g(y)| \leq c(x')$ dès que $|f(y)|$ est suffisamment petit. La fonction $f^{p+1} g$ prolongée par 0 est donc continue en x'; p étant indépendant de x', la démonstration est terminée. □

Remarque 2.6.5: Le fait que A soit localement fermé est essentiel. Si $A = \{(x, y) \in R^2 \mid y > 0\} \cup \{(0, 0)\}$, $f(x, y) = x^2 + y^2$, $g(x, y) = 1/y$, la conclusion n'est plus vraie.

Théorème 2.6.6: *Soit A un ensemble semi-algébrique localement fermé, f et g deux fonctions semi-algébriques continues de A dans R telles que les zéros de f sont contenus dans les zéros de g:*

$$\{x \in A \mid f(x) = 0\} \subset \{x \in A \mid g(x) = 0\}.$$

Alors il existe un entier $N > 0$ et une fonction semi-algébrique continue $h: A \to R$ tels que $g^N = hf$ sur A.

Démonstration: La fonction $1/f$ est continue semi-algébrique sur $\{x \in A \mid g(x) \neq 0\}$. D'après 2.6.4, il existe un entier N tel que la fonction h qui vaut 0 quand $g(x) = 0$ et g^N/f ailleurs sur A est semi-algébrique continue, et on a $g^N = hf$. □

Corollaire 2.6.7 (inégalité de Łojasiewicz): *Soit A un ensemble semi-algébrique fermé borné, f et g deux fonctions semi-algébriques continues de A dans R telles que les zéros de f sont contenus dans les zéros de g. Alors il existe un entier $N > 0$ et une constante $c \in R$ tels que l'on ait $|g|^N \leq c |f|$ sur A.*

Démonstration: Utiliser 2.6.6, avec $c = \sup\{|h(x)| \mid x \in A\}$. □

Proposition 2.6.8: *Soit A un ensemble semi-algébrique localement fermé, U un ouvert semi-algébrique de A. On note $\mathscr{S}^0(A)$ (resp. $\mathscr{S}^0(U)$) l'anneau des fonctions continues semi-algébriques de A (resp. U) dans R. Soit f une fonction de $\mathscr{S}^0(A)$ telle que $U = \{x \in A \mid f(x) \neq 0\}$ (par exemple, $f(x) = d(x, A \setminus U)$). Alors $\mathscr{S}^0(U)$ est isomorphe à l'anneau de fractions $\mathscr{S}^0(A)_f$.*

Démonstration: On a un homomorphisme canonique $\mathscr{S}^0(A)_f \to \mathscr{S}^0(U)$ induit par la restriction $\mathscr{S}^0(A) \to \mathscr{S}^0(U)$. Cet homomorphisme est surjectif d'après 2.6.4, il est injectif, puisque le noyau de la restriction $\mathscr{S}^0(A) \to \mathscr{S}^0(U)$ est l'idéal des g de $\mathscr{S}^0(A)$ tels que $fg = 0$. □

Le théorème de Tietze-Urysohn a un analogue semi-algébrique:

Proposition 2.6.9: *Soit A un ensemble semi-algébrique localement fermé, F un ensemble semi-algébrique fermé dans A, $f: F \to R$ une fonction semi-algébrique continue. Alors il existe une fonction semi-algébrique continue $\bar{f}: A \to R$ telle que $\bar{f} | F = f$.*

Démonstration: En décomposant f en $f = f^+ - f^-$ où $f^+ = \frac{1}{2}(f + |f|)$ et $f^- = \frac{1}{2}(|f| - f)$, on peut se ramener au cas ou f est ≥ 0. Par ailleurs, la proposition 2.2.9 permet de se ramener au cas où A est fermé dans R^n, et donc en fait au cas $A = R^n$. Si on applique 2.6.6 aux fonctions $|f(x) - f(y)|$ et $\|x - y\|$ sur $F \times F$, on a $|f(x) - f(y)|^N = h(x, y) \|x - y\|$ pour un entier N et une fonction $h: F \times F \to R$ semi-algébrique continue ≥ 0. D'après 2.6.2, il existe un polynôme $g(X, Y)$ tel que $h(x, y) \leq g(x, y)$ sur $F \times F$. Posons alors

$$\Delta(x, y) = (g(x, y) \|x - y\|)^{1/N} + \|x - y\|$$

et

$$\bar{f}(x) = \inf(\{\Delta(x, y) + f(y) \mid y \in F\}).$$

Si $(x, y) \in F \times F$ on a $\Delta(x, y) \geq |f(x) - f(y)|$ d'où $\Delta(x, y) + f(y) \geq f(x)$ et donc $\bar{f} | F = f$. La fonction $\bar{f}$ est semi-algébrique. Il reste à voir qu'elle est continue: soit $x' \in R^n$, et $a = \bar{f}(x')$. On a alors

$$a = \inf(\{\Delta(x', y) + f(y) \mid y \in F \cap \bar{B}_n(x', a)\})$$

et comme $F \cap \bar{B}_n(x', a)$ est fermé borné, il existe $y' \in F \cap \bar{B}_n(x', a)$ tel que $a = \Delta(x', y') + f(y')$. Fixons maintenant $\varepsilon \in R$, $\varepsilon > 0$. Il existe $\eta \in R$, $\eta > 0$ tel que $\|x - x'\| < \eta \Rightarrow |\Delta(x, y') - \Delta(x', y')| < \varepsilon$. On a donc $\|x - x'\| < \eta \Rightarrow \bar{f}(x) < a + \varepsilon$. Supposons que pour tout μ, $0 < \mu < 1$, on a (x, y) tels que $\|x - x'\| < \mu$, $y \in F$ et $\Delta(x, y) + f(y) \leq a - \varepsilon$; on a alors nécessairement $y \in \bar{B}_n(x', 1 + a)$. Soit

$$K = \{x \in R^n \mid \exists y \in F \cap \bar{B}_n(x', 1 + a) \quad \Delta(x, y) + f(y) \leq a - \varepsilon\}.$$

Alors x' est adhérent à K et K est fermé borné puisque c'est la projection de

$$\{(x, y) \in R^n \times R^n \mid y \in F \cap \bar{B}_n(x', 1 + a) \text{ et } \Delta(x, y) + f(y) \leq a - \varepsilon\}$$

qui est semi-algébrique fermé borné. Donc $x' \in K$, ce qui contredit $\bar{f}(x') = a$; ainsi il existe μ tel que $\|x - x'\| < \mu \Rightarrow \bar{f}(x) > a - \varepsilon$, ce qui termine la démonstration. □

2.7 Séparation des fermés semi-algébriques

Soient F et G deux fermés semi-algébriques disjoints de R^n. Peut-on trouver une fonction strictement positive sur F et strictement négative sur G? La réponse dépend bien sûr de la classe de fonctions considérée. Pour les fonctions semi-algébriques continues la réponse est facile: prendre la fonction qui vaut 1 sur F et -1 sur G, et l'étendre à R^n au moyen de 2.6.9. Par contre, pour les polynômes, cela n'est pas toujours possible. Soit $F = \{(x, y) \in R^2 \mid x \leq 0 \text{ ou } y \leq 0\}$ et $G = \{(x, y) \in R^2 \mid x \geq 1 \text{ et } y \geq 1\}$. Supposons qu'un polynôme $f \in R[X, Y]$ soit strictement positif sur F et strictement négatif sur G. D'après les signes, le polynôme $f(X, tX) \in R[X]$ doit être de degré impair pour $t > 0$ et de degré pair pour $t < 0$, ce qui est impossible.

Les polynômes ne suffisent donc pas. Mais, si l'on prend des racines carrées de polynômes strictement positifs sur R^n, on peut séparer les fermés semi-algébriques disjoints, résultat que nous utiliserons dans les chapitres 8 et 15. Avant de montrer cela, établissons un résultat important en lui-même.

Théorème 2.7.1 (théorème de finitude): *Soit $A \subset R^n$ un ensemble semi-algébrique ouvert (resp. fermé). Alors A est une union finie d'ensembles semi-algébriques du genre*

$$\{x \in R^n \mid f_1(x) > 0 \text{ et } \ldots \text{ et } f_s(x) > 0\}$$
$$(\text{resp. } \{x \in R^n \mid f_1(x) \geq 0 \text{ et } \ldots \text{ et } f_s(x) \geq 0\})$$

avec $f_1, \ldots, f_s \in R[X_1, \ldots, X_n]$.

Démonstration: Il suffit de montrer le résultat pour A ouvert, celui pour A fermé s'en déduit par passage au complémentaire. L'ensemble A est réunion finie d'ensembles semi-algébriques du genre

$$B = \{x \in R^n \mid f_1(x) = \ldots = f_l(x) = 0 \text{ et } g_1(x) > 0 \text{ et } \ldots \text{ et } g_m(x) > 0\},$$

où les f_i et les g_j sont des polynômes.

Posons $f = f_1^2 + \ldots + f_l^2$ et $g(x) = \prod_{i=1}^{m}(|g_i(x)| + g_i(x))$. Sur le complémentaire de A on a $g(x) = 0$ si $f(x) = 0$ et donc d'après 2.6.6 il existe un entier N et une fonction semi-algébrique continue h sur $R^n \setminus A$ tels que $g^N = hf$ sur $R^n \setminus A$. D'après 2.6.2, on a $c \in R$ et $p \in \mathbb{N}$ tels que $|h(x)| \leq c(1 + \|x\|^2)^p$ sur $R^n \setminus A$. Soit alors

$$B_1 = \left\{ x \in R^n \,\middle|\, f(x) c(1 + \|x\|^2)^p < \left(2^m \prod_{i=1}^{m} g_i(x)\right)^N \text{ et } g_1(x) > 0 \text{ et } \ldots \text{ et } g_m(x) > 0 \right\}.$$

On a $B \subset B_1 \subset A$, et en remplaçant B par B_1 on voit que A peut se mettre sous la forme indiquée dans le théorème. □

Théorème 2.7.2: *Soient F et G deux fermés semi-algébriques disjoints de R^n. Il existe une fonction $f : R^n \to R$, de la forme*

$$f = \sum_{i=1}^{m} P_i \sqrt{1 + \sum_{j=1}^{l_i} Q_{i,j}^2},$$

où les P_i et les $Q_{i,j}$ sont des polynômes, telle que f soit strictement positive sur F et strictement négative sur G.

Démonstration: D'après le théorème de finitude 2.7.1, G est de la forme

$$G = \bigcup_{\lambda=1}^{p} \left(\bigcap_{\mu=1}^{q_\lambda} \{x \in R^n | S_{\lambda,\mu}(x) \geq 0\} \right)$$

où les $S_{\lambda,\mu}$ sont des polynômes. Posons $h_\lambda = \sum_{\mu=1}^{q_\lambda} (|S_{\lambda,\mu}| - S_{\lambda,\mu})$. La fonction $h = \prod_{\lambda=1}^{p} h_\lambda$ est semi-algébrique continue, nulle sur G et strictement positive ailleurs. La fonction $1/h$ peut donc être majorée sur F par un polynôme $c(1 + \|x\|^2)^r$ d'après 2.6.2. Posons $\varepsilon(x) = c^{-1}(1 + \|x\|^2)^{-r}$. Soit maintenant δ une fonction semi-algébrique continue avec $0 < \delta \leq 1$ sur R^n tout entier. Posons:

$$f_1 = \prod_{\lambda=1}^{p} \left(\sum_{\mu=1}^{q_\lambda} (\sqrt{S_{\lambda,\mu}^2 + \delta^2} - S_{\lambda,\mu}) \right).$$

Sur F, on a $f_1 > h$ et donc $f_1 > \varepsilon$. Soit x un point de G. On sait qu'une des fonctions h_λ est nulle en x et donc, sur G

$$f_1 \leq \prod_{\lambda=1}^{p} (h_\lambda + q\delta) \leq q\delta \prod_{\lambda=1}^{p} (h_\lambda + q), \quad \text{où} \quad q = \sup(q_\lambda).$$

Choisissons pour δ la fonction $d^{-1}(1 + \|x\|^2)^{-s}$ où $d(1 + \|x\|^2)^s$ majore $\sup\left(2\varepsilon^{-1} q \prod_{\lambda=1}^{p} (h_\lambda + q), 1\right)$. Sur G, on a alors $f_1 \leq \varepsilon/2$. Posons alors $f = \delta^{-p}(f_1 \varepsilon^{-1} - 1)$. La fonction f est strictement positive sur F, strictement négative sur G, et de la forme voulue. □

Nous aurons besoin d'un théorème de séparation relatif, c'est-à-dire pour des ensembles semi-algébriques disjoints fermés dans un ouvert semi-algébrique U. Il faut introduire les fonctions qui serviront pour cette séparation.

Définition 2.7.3: *Soit U un ouvert semi-algébrique de R^n. On notera $\mathcal{A}(R^n; U)$ le plus petit sous-anneau de l'anneau des fonctions semi-algébriques continues de*

2.7 Séparation des fermés semi-algébriques

R^n dans R contenant les polynômes et tel que, si f est une somme de carrés de fonctions du sous-anneau, strictement positive sur U, $\sqrt{f}$ est dans le sous-anneau. □

Une fois définies les fonctions de Nash (8.1.8), il sera clair que si $f \in \mathscr{A}(R^n; U)$, $f|U$ est de Nash sur U.

Proposition 2.7.4: *Soit U un ouvert semi-algébrique de R^n. Il existe une fonction de $\mathscr{A}(R^n; U)$ strictement positive sur U et nulle ailleurs.*

Démonstration: Soit $F = R^n \setminus U$. D'après le théorème de finitude (2.7.1), F est une union finie de fermés semi-algébriques du genre

$$\{x \in R^n \mid P_0(x) = 0 \text{ et } P_1(x) \geq 0 \text{ et } \ldots \text{ et } P_k(x) \geq 0\}$$

(avec éventuellement P_0 identiquement nul). Il suffit de montrer la proposition pour un F du genre ci-dessus, car pour une union finie on peut prendre le produit des fonctions correspondantes. On procède alors par récurrence sur k. Pour $k = 0$, on peut prendre $f = P_0^2$. Supposons $k > 0$, et la proposition montrée pour $k - 1$. Posons

$$F' = \bigcup_{i=1}^{k} \{x \in R^n \mid P_0^2(x) + P_i^2(x) = 0$$

$$\text{et } P_1(x) \geq 0 \text{ et } \ldots \text{ et } \widehat{P_i(x) \geq 0} \text{ et } \ldots \text{ et } P_k(x) \geq 0\}$$

(où le chapeau dénote l'omission de l'inégalité sur laquelle il est posé). L'hypothèse de récurrence donne une fonction $h \in \mathscr{A}(R^n; R^n \setminus F')$ nulle sur F' et strictement positive ailleurs. Soient

$$G_1 = \{(x, y) \in R^{n+1} \mid x \in F \text{ et } yh(x) = 1\}$$

et

$$G_2 = \{(x, y) \in R^{n+1} \mid P_0(x) = 0 \text{ et } (P_1(x) \leq 0 \text{ ou } \ldots \text{ ou } P_k(x) \leq 0) \text{ et } yh(x) = 1\}.$$

G_1 et G_2 sont des fermés semi-algébriques de R^{n+1}, et ils sont disjoints car

$$F' = F \cap \{x \in R^n \mid P_0(x) = 0 \text{ et } (P_1(x) \leq 0 \text{ ou } \ldots \text{ ou } P_k(x) \leq 0)\}.$$

Lemme 2.7.5: *Soit F' un fermé semi-algébrique de R^n, $h \in \mathscr{A}(R^n; R^n \setminus F')$, $h = 0$ sur F', $h > 0$ sur $R^n \setminus F'$, G_1 et G_2 deux fermés semi-algébriques disjoints de $\{(x, y) \in R^{n+1} \mid yh(x) = 1\}$. Alors il existe une fonction $g_1 \in \mathscr{A}(R^n; R^n \setminus F')$ strictement positive sur la projection de G_1 sur R^n, strictement négative sur celle de G_2, et nulle sur F'.*

Démonstration du lemme: D'après le théorème de séparation dans R^n (2.7.2), on peut trouver une fonction $g: R^{n+1} \to R$ de la forme

$$g = \sum_{i=1}^{m} Q_i \sqrt{1 + \sum_{j=1}^{l_i} S_{i,j}^2}$$

où les Q_i et les $S_{i,j}$ sont des polynômes en $n+1$ variables (X, Y), qui soit strictement positive sur G_1 et strictement négative sur G_2. Soit d le degré maximal des Q_i et des $S_{i,j}$ en Y. Alors

$$g_1(x) = h^{2d+1}(x)\, g(x, 1/h(x))$$

$$= h(x)\left[\sum_{i=1}^{m} h^d(x)\, Q_i(x, 1/h(x))\right]\sqrt{h^{2d}(x) + \sum_{j=1}^{l_i} h^{2d}(x)\, S_{i,j}^2(x, 1/h(x))}$$

est une fonction de $\mathscr{A}(R^n; R^n\setminus F')$ qui a bien les propriétés annoncées. □

Reprenons la démonstration de la proposition. La fonction $f = \sqrt{P_0^2 + g_1^2} - g_1$ est dans $\mathscr{A}(R^n; R^n\setminus F')$, donc a fortiori dans $\mathscr{A}(R^n; U)$ et elle est nulle si et seulement si $P_0 = 0$ et $g_1(x) \geq 0$, c.-à-d. exactement sur F. Ailleurs, f est strictement positive. □

Théorème 2.7.6: *Soit U un ouvert semi-algébrique de R^n, F et G deux ensembles semi-algébriques disjoints fermés dans U. Il existe une fonction de $\mathscr{A}(R^n; U)$ strictement positive sur F et strictement négative sur G.*

Démonstration: D'après 2.7.4, il existe une fonction $h \in \mathscr{A}(R^n; U)$ strictement positive sur U et nulle ailleurs. Posons

$$F_1 = \{(x, y) \in R^{n+1} \mid x \in F \text{ et } y\, h(x) = 1\}$$

$$G_1 = \{(x, y) \in R^{n+1} \mid x \in G \text{ et } y\, h(x) = 1\}.$$

Le lemme 2.7.5 nous donne une fonction $f \in \mathscr{A}(R^n; U)$ qui sépare F et G comme dit dans le théorème. □

2.8 Dimension des ensembles semi-algébriques

Le démontage des ensembles semi-algébriques (2.3.6) donne une idée claire de ce que doit être la dimension d'un ensemble semi-algébrique: si A est un ensemble semi-algébrique, réunion d'ensembles semi-algébriques A_i qui sont chacun homéomorphe à un pavé ouvert $]0, 1[^{d_i}$, la dimension de A doit être le maximum des d_i. Nous allons donner une définition de nature algébrique de la dimension, et montrer que l'on retrouve bien cette propriété. L'avantage de la définition algébrique est d'être intrinsèque, et de coïncider avec la définition usuelle dans le cas d'un ensemble algébrique.

Définition 2.8.1: *Soit $A \subset R^n$ un ensemble semi-algébrique. On note $\mathscr{P}(A) = R[X_1, \ldots, X_n]/\mathscr{I}(A)$ l'anneau des fonctions polynomiales sur A. La dimension de A, notée $\dim(A)$, est la dimension de l'anneau $\mathscr{P}(A)$, c'est-à-dire la longueur maximale des chaînes d'idéaux premiers de $\mathscr{P}(A)$.*

2.8 Dimension des ensembles semi-algébriques

Proposition 2.8.2: *Soit $A \subset R^n$ un ensemble semi-algébrique. Alors*

$$\dim(A) = \dim(\mathrm{adh}(A)) = \dim(\mathrm{adh}_{\mathrm{Zar}}(A))$$

où $\mathrm{adh}_{\mathrm{Zar}}(A) = \mathscr{V}(\mathscr{I}(A))$ est l'adhérence de A pour la topologie de Zariski.

Démonstration: On a $\mathscr{I}(A) = \mathscr{I}(\mathrm{adh}(A)) = \mathscr{I}(\mathrm{adh}_{\mathrm{Zar}}(A))$. □

Nous allons, pour la théorie de la dimension des ensembles semi-algébriques, utiliser des résultats concernant les ensembles algébriques. Ces résultats sont tout à fait classiques, mais souvent ils ne sont énoncés que pour des ensembles algébriques sur un corps algébriquement clos. Nous préférons donc les rappeler ici. Le fait que R soit réel clos n'a, pour les résultats de 2.8.3, aucune importance. Ils sont vrais pour tout corps de base.

Théorème 2.8.3:

(i) *Un ensemble algébrique $V \subset R^n$ est dit irréductible si, quand on a $V = F_1 \cup F_2$ où F_1 et F_2 sont des ensembles algébriques, alors $V = F_1$ ou $V = F_2$. Tout ensemble V est réunion d'un nombre fini d'ensembles algébriques irréductibles $V_1, \ldots, V_p$ tels que $V_i \not\subset \bigcup_{j \neq i} V_j$ pour $i = 1, \ldots, p$, et ceci de manière unique; les V_i, $i = 1, \ldots, p$, sont les composantes irréductibles de V. On a $\dim(V) = \sup(\dim(V_1), \ldots, \dim(V_p))$.*

(ii) *Un ensemble algébrique $V \subset R^n$ est irréductible si et seulement si l'idéal $\mathscr{I}(V)$ est premier. On note alors $\mathscr{K}(V)$ le corps de fractions de $\mathscr{P}(V)$. La dimension de V est égale au degré de transcendance de $\mathscr{K}(V)$ sur R.*

(iii) *Si $V \subset R^m$ et $W \subset R^n$ sont deux ensembles algébriques, le produit $V \times W \subset R^{m+n}$ est un ensemble algébrique, et $\mathscr{P}(V \times W) = \mathscr{P}(V) \otimes_R \mathscr{P}(W)$. Si V et W sont irréductibles, alors $V \times W$ est irréductible. On a $\dim(V \times W) = \dim(V) + \dim(W)$.*

Indications de démonstrations

(i) La démonstration de [Hartshorne 1], proposition 1.5 et corollaire 1.6 ou celle de [Shafarevich 1] chapitre 1, § 3, théorèmes 1 et 2, peuvent servir pour n'importe quel corps de base. La dernière assertion vient simplement de $\mathscr{I}(V) = \bigcap_{i=1}^{p} \mathscr{I}(V_i)$.

(ii) On peut utiliser la démonstration de [Hartshorne 1], corollaire 1.4. Pour l'assertion sur la dimension, on peut renvoyer à [Matsumura 1] chapitre 5, § 14.

(iii) On a un homomorphisme canonique $\mathscr{P}(V) \otimes_R \mathscr{P}(W) \to \mathscr{P}(V \times W)$, et on montre que c'est un isomorphisme comme dans [Shafarevich 1], chapitre 1, § 2, 2, exemple 4. Le fait que le produit d'ensembles algébriques irréductibles est irréductible est montré dans [Shafarevich 1] chapitre 1, § 3, théorème 3. L'assertion sur la dimension du produit se montre en passant aux composantes irréductibles et en utilisant le lemme de normalisation de E. Noether, comme dans [Shafarevich 1], chapitre 1, § 6, 1, exemple 4. □

Revenons maintenant aux ensembles semi-algébriques.

Proposition 2.8.4: *Soit U un ouvert semi-algébrique non vide de R^n. Alors* $\dim(U) = n$.

Démonstration: Montrons le résultat par récurrence sur n. Si $n=1$, U est infini (il contient un intervalle ouvert) et donc $\mathscr{I}(U) = \{0\}$. Supposons $n>1$, et le résultat montré pour $n-1$. Alors U contient un ouvert $U' \times \,]a, b[$ avec U' ouvert semi-algébrique de R^{n-1}. Soit $P(X', X_n) = Q_d(X') X_n^d + \ldots + Q_0(X')$ (où $X' = (X_1, \ldots, X_{n-1})$) un polynôme de $\mathscr{I}(U)$. Pour tout $x' \in U'$ on a $P(x', X_n) \in \mathscr{I}(\,]a, b[)$ et donc $P(x', X_n)$ est identiquement nul. On a donc $Q_d = \ldots = Q_0 = 0$ par hypothèse de récurrence, et ainsi $\mathscr{I}(U) = \{0\}$. Donc $\mathscr{P}(U) = R[X_1, \ldots, X_n]$, et la dimension de $R[X_1, \ldots, X_n]$ est n (cf. 2.8.3 (ii)). □

Proposition 2.8.5: (i) *Soit $A = \bigcup_{i=1}^{p} A_i$ une union finie d'ensembles semi-algébriques. Alors* $\dim(A) = \sup(\dim(A_1), \ldots, \dim(A_p))$.
(ii) *Soient A et B deux ensembles semi-algébriques. Alors*

$$\dim(A \times B) = \dim(A) + \dim(B).$$

Démonstration: (i) On a $\mathscr{I}(A) = \bigcap_{i=1}^{p} \mathscr{I}(A_i)$.
(ii) Ceci vient de 2.8.3 (iii), et du fait que

$$\mathrm{adh}_{\mathrm{Zar}}(A) \times \mathrm{adh}_{\mathrm{Zar}}(B) = \mathrm{adh}_{\mathrm{Zar}}(A \times B).$$

L'inclusion $\supset$ est claire. Montrons l'autre inclusion: si $P(X, Y) \in \mathscr{I}(A \times B)$ pour tout $x \in A$, $P(x, Y) \in \mathscr{I}(B)$ et donc pour tout $y \in \mathrm{adh}_{\mathrm{Zar}}(B)$, $P(x, y) = 0$; ceci montre $A \times \mathrm{adh}_{\mathrm{Zar}}(B) \subset \mathrm{adh}_{\mathrm{Zar}}(A \times B)$. En renversant les rôles, on arrive bien à $\mathrm{adh}_{\mathrm{Zar}}(A) \times \mathrm{adh}_{\mathrm{Zar}}(B) \subset \mathrm{adh}_{\mathrm{Zar}}(A \times B)$. □

Proposition 2.8.6: *Soit A un ensemble semi-algébrique de R^{n+1}, Π la projection de R^{n+1} sur R^n qui oublie le dernier facteur. Alors* $\dim(\Pi(A)) \leq \dim(A)$.

Démonstration: On se ramène grâce à 2.8.2 et 2.8.3 (i) au cas où A est un ensemble algébrique irréductible. Alors $B = \mathrm{adh}_{\mathrm{Zar}}(\Pi(A))$ est aussi irréductible: si $B = F_1 \cup F_2$ où F_1 et F_2 sont algébriques, on a $A = (A \cap \Pi^{-1}(F_1)) \cup (A \cap \Pi^{-1}(F_2))$ et donc $A \subset \Pi^{-1}(F_1)$ ou $A \subset \Pi^{-1}(F_2)$, d'où $B \subset F_1$ ou $B \subset F_2$. Alors la projection Π induit un homomorphisme injectif $\Pi^*: \mathscr{P}(B) \to \mathscr{P}(A)$, d'où un homomorphisme injectif $\mathscr{K}(B) \to \mathscr{K}(A)$, et le résultat vient par 2.8.3 (ii). □

Proposition 2.8.7: *Soit $A \subset R^n$ un ensemble semi-algébrique, $f: A \to R^p$ une fonction semi-algébrique, de graphe $G(f) \subset R^{n+p}$. Alors* $\dim(A) = \dim(G(f))$.

Démonstration: Montrons le résultat pour $p=1$. Le lemme 2.6.3 nous dit qu'il existe un nombre fini d'ensembles semi-algébriques A_i dont la réunion est A, et pour chaque i un polynôme $P_i(X, Y)$ tel que pour tout x de A_i $P_i(x, Y)$ n'est pas identiquement nul et $P_i(x, f(x)) = 0$. Fixons un i, et soit V une composante irréductible de $\mathrm{adh}_{\mathrm{Zar}}(A_i)$. On a sûrement $V \cap A_i \neq \emptyset$ et donc il existe $x \in V$ tel que $P_i(x, Y)$ ne soit pas nul. Donc $\mathscr{Z}(P_i) \cap (V \times R)$ est strictement contenu

dans $V \times R$. Comme $V \times R$ est irréductible de dimension $\dim(V)+1$ d'après 2.8.3 (iii), on a
$$\dim(\text{Graphe}(f \,|\, A_i \cap V)) \leq \dim(\mathscr{L}(P_i) \cap (V \times R))$$
$$< \dim(V)+1 \leq \dim(A_i)+1,$$

d'où en rassemblant ces inégalités pour toutes les composantes irréductibles des $\text{adh}_{\text{Zar}}(A_i)$, pour tous les i, en utilisant 2.8.5 (i):
$$\dim(G(f)) \leq \dim(A).$$

L'inégalité dans l'autre sens vient de 2.8.6.

Le résultat pour p quelconque se démontre par récurrence: supposons $p > 1$, et le résultat montré pour $p-1$. On a $f=(f',f_p)$ avec $f' \colon A \to R^{p-1}$ et $f_p \colon A \to R$. Posons $B=\text{Graphe}(f') \subset R^{n+p-1}$, $g \colon B \to R$ donnée par $g(x,y')=f_p(x)$. Alors $G(f)=\text{Graphe}(g)$ et $\dim(\text{Graphe}(g))=\dim(B)$ d'après le résultat pour $p=1$. L'hypothèse de récurrence nous dit que $\dim(B)=\dim(A)$. □

Théorème 2.8.8: *Soit A un ensemble semi-algébrique, $f \colon A \to R^p$ une fonction semi-algébrique. Alors $\dim(A) \geq \dim(f(A))$. Si f est une bijection de A sur $f(A)$, $\dim(A)=\dim(f(A))$.*

Démonstration: La projection sur R^p du graphe de f est $f(A)$, et donc $\dim(A) \geq \dim(f(A))$ par 2.8.7 et 2.8.6. La deuxième assertion est claire. □

Corollaire 2.8.9: *Si $A=\bigcup_{i=1}^{p} A_i$ est une réunion finie d'ensembles semi-algébriques, où chaque A_i est semi-algébriquement homéomorphe à un pavé ouvert $]0,1[^{d_i}$, alors $\dim(A)=\sup(d_1,\ldots,d_p)$.*

Démonstration: 2.8.4, 2.8.5 (i), et 2.8.8. □

Nous allons maintenant introduire une notion de dimension locale.

Proposition et Définition 2.8.10: *Soit $A \subset R^n$ un ensemble semi-algébrique, a un point de A. Il existe un voisinage ouvert semi-algébrique U de a dans A, tel que pour tout autre voisinage ouvert semi-algébrique U' de a dans A contenu dans U on ait $\dim(U)=\dim(U')$. On appelle alors $\dim(U)$ la dimension de A en a, et on la note $\dim(A_a)$.*

Démonstration: Les $\mathscr{I}(U)$ pour U voisinage ouvert semi-algébrique de a dans A forment un ensemble filtrant d'idéaux de $R[X]$, qui est donc stationnaire par noethérianité. □

Proposition 2.8.11: *Soit A un ensemble semi-algébrique de dimension d. Alors $A^{(d)}=\{x \in A \,|\, \dim(A_x)=d\}$ est un ensemble semi-algébrique non vide fermé dans A.*

Démonstration: Faisons de nouveau appel au démontage (2.3.6). A est réunion finie d'ensembles semi-algébriques A_i, chacun semi-algébriquement homéomorphe à $]0,1[^{d_i}$. Soit A' l'adhérence dans A de la réunion des A_i tels que $d_i=d$ (il y en a puisque $d=\sup(d_i)$, 2.8.9). On a bien sûr $A' \subset A^{(d)}$. Si maintenant $x \notin A'$

un voisinage ouvert suffisamment petit de x ne rencontre que des A_i avec $d_i < d$, et ainsi $x \notin A^{(d)}$. □

Proposition 2.8.12: *Soit $A \subset R^n$ un ensemble semi-algébrique. Alors*

$$\dim(\mathrm{adh}(A) \setminus A) < \dim(A).$$

Démonstration: Soit V une composante irréductible de $\mathrm{adh}_{\mathrm{Zar}}(A)$. Alors $V = \mathrm{adh}_{\mathrm{Zar}}(V \cap A)$; ceci permet de se ramener au cas où $\mathrm{adh}_{\mathrm{Zar}}(A)$ est irréductible. On peut aussi supposer que

$$A = \{x \in R^n \mid P(x) = 0 \text{ et } Q_1(x) > 0 \text{ et } \ldots \text{ et } Q_m(x) > 0\}.$$

Alors $\mathrm{adh}(A) \setminus A$ est contenu dans $\mathrm{adh}_{\mathrm{Zar}}(A) \cap \bigcup_{i=1}^{m} \{x \in R^n \mid Q_i(x) = 0\}$ qui est un ensemble algébrique strictement contenu dans $\mathrm{adh}_{\mathrm{Zar}}(A)$ et donc, puisque $\mathrm{adh}_{\mathrm{Zar}}(A)$ est irréductible, de dimension strictement plus petite que $\dim(A)$. □

Pour terminer, montrons que dans le cas $R = \mathbb{R}$, il n'y a pas de problème quand on parle de la dimension d'une variété $\mathscr{C}^\infty$ qui est aussi semi-algébrique.

Proposition 2.8.13: ($R = \mathbb{R}$) *Soit $A \subset \mathbb{R}^n$ un ensemble semi-algébrique qui est une sous-variété $\mathscr{C}^\infty$ de $\mathbb{R}^n$ de dimension d. Alors $\dim(A) = d$.*

Démonstration: Soit $x \in A$ et $T_x(A)$ l'espace tangent à A en x. La projection orthogonale $A \to T_x(A)$ est une fonction semi-algébrique, et envoie bijectivement un voisinage ouvert semi-algébrique de x dans A sur un ouvert semi-algébrique de $T_x(A)$. Comme $T_x(A)$ est un espace vectoriel de dimension d, on a $\dim(A_x) = \dim(T_x(A)) = d$ d'après 2.8.8 et 2.8.4. D'après 2.8.11, on a $\dim(A) = \sup(\{\dim(A_x) \mid x \in A\}) = d$. □

2.9 Un peu d'analyse sur un corps réel clos

Sur un corps réel clos R quelconque, on peut copier les notions habituelles sur $\mathbb{R}$ concernant la dérivabilité. Ceci bien sûr ne nous intéressera que pour les fonctions semi-algébriques. Pour les fonctions d'une variable, le théorème 2.5.8 entraîne qu'une fonction semi-algébrique continue sur un intervalle fermé borné est bornée, et atteint ses bornes. On a donc le théorème de Rolle, et le théorème des accroissements finis. On peut passer aux dérivées d'ordre supérieur.

Proposition 2.9.1: *Soit $f : \,]a, b[\, \to R$ une fonction semi-algébrique dérivable sur l'intervalle $]a, b[$. Sa dérivée f' est une fonction semi-algébrique.*

Démonstration: On peut décrire le graphe de f' au moyen d'une formule du premier ordre du langage des corps ordonnés à paramètres dans R, et utiliser 2.2.4. On peut aussi remarquer, dans le cas où f est continûment dérivable, que $f'(x) = \bar{h}(x, x)$ où $\bar{h}$ est le prolongement par continuité de $h : (x, y) \mapsto (f(x) -$

$f(y))/(x-y)$ à la diagonale, et que le graphe de $\bar{h}$, adhérence de celui de h dans $]a, b[^2 \times R$, est semi-algébrique par 2.2.2. □

On peut donc obtenir la formule de Taylor.

La dérivabilité pour les fonctions semi-algébriques de plusieurs variables se comporte aussi de façon habituelle.

Notation 2.9.2: Soit $U \subset R^n$ un ouvert semi-algébrique, $B \subset R^p$ un ensemble semi-algébrique. On note $\mathscr{S}^k(U, B)$ pour $k = 0, \ldots, \infty$ *l'ensemble des fonctions semi-algébriques de U dans B de classe $\mathscr{C}^k$* (dont toutes les dérivées partielles jusqu'à l'ordre k existent et sont continues). On note $\mathscr{S}^k(U)$ *l'anneau des fonctions semi-algébriques de U dans R de classe $\mathscr{C}^k$*.

On dispose ici aussi d'une formule de Taylor.

Proposition 2.9.3: *Soit* $\mathscr{S}^\infty_{R^n, 0} = \varinjlim_r \mathscr{S}^\infty(B_n(0, r))$ *l'anneau des germes de fonctions semi-algébriques $\mathscr{C}^\infty$ à l'origine de R^n. L'homomorphisme $\mathscr{S}^\infty_{R^n, 0} \to R[[X_1, \ldots, X_n]]$ qui à un germe associe sa série de Taylor est injectif.*

Démonstration: Soit $f \in \mathscr{S}^\infty_{R^n, 0}$ dont la série de Taylor est nulle. Alors, pour tout entier p, $\lim_{x \to 0} f(x)/\|x\|^p = 0$. Posons $g(r) = \sup(\{|f(x)| \mid \|x\| \leq r\})$. La fonction g est semi-algébrique, et ne s'annule pas sur un intervalle $]0, \varepsilon[$ si f n'est pas nulle. D'après 2.6.7, si f n'est pas nulle, on aurait un entier p et une constante $c \in R$ tels que $r^p \leq c g(r)$ pour r suffisamment petit. Le noyau de l'homomorphisme est donc réduit au germe nul. □

Nous allons donner un théorème des fonctions implicites, en détaillant suffisamment les démonstrations, bien qu'elles copient exactement les démonstrations classiques.

Proposition 2.9.4: *Si F est une application linéaire de R^n dans R^p, on note $\|F\| = \sup(\{\|F(x)\| \mid \|x\| = 1\})$ (qui existe puisque $x \mapsto \|F(x)\|$ est semi-algébrique continue et que $\{x \mid \|x\| = 1\}$ est semi-algébrique fermé borné). Soient x et y deux points de R^n, U un ouvert semi-algébrique contenant le segment $[x, y]$, $f \in \mathscr{S}^1(U, R^p)$. Alors*

$$\|f(x) - f(y)\| \leq M \|x - y\|$$

où $M = \sup(\{\|f'(z)\| \mid z \in [x, y]\})$ (qui existe, toujours pour les mêmes raisons).

Démonstration: On pose $g(t) = f((1-t)x + ty)$ pour $t \in [0, 1]$. Alors $\|g'(t)\| \leq M \|x - y\|$ pour $t \in [0, 1]$. Soit $\varepsilon \in R$, $\varepsilon > 0$ et posons

$$A_\varepsilon = \{t \in [0, 1] \mid \|g(t) - g(0)\| \leq M \|x - y\| t + \varepsilon t\}.$$

C'est un fermé semi-algébrique de $[0, 1]$, contenant 0; il contient un intervalle $[0, t_0]$ maximum. Si $t_0 \neq 1$, on a

$$\|g(t_0) - g(0)\| \leq M \|x - y\| t_0 + \varepsilon t_0$$

et comme par ailleurs $\|g'(t_0)\| \leq M \|x-y\|$, on peut trouver $\mu > 0$ dans R tel que si $t_0 < t < t_0 + \mu$,

$$\|g(t) - g(t_0)\| \leq M \|x-y\|(t-t_0) + \varepsilon(t-t_0),$$

on a, toujours pour $t_0 < t < t_0 + \mu$:

$$\|g(t) - g(0)\| \leq M \|x-y\| t + \varepsilon t$$

d'où contradiction. Ainsi $1 \in A_\varepsilon$ pour tout ε, ce qui donne le résultat. $\square$

Proposition 2.9.5: *Soit U' un voisinage ouvert semi-algébrique de l'origine 0 de R^n, $f \in \mathscr{S}^k(U', R^n)$, $k \geq 1$, telle que $f(0) = 0$ et que $f'(0): R^n \to R^n$ est inversible. Alors il existe un voisinage ouvert semi-algébrique U (resp. V) de 0 dans R^n, $U \subset U'$, tel que $f | U$ soit un homéomorphisme sur V et que $(f | U)^{-1} \in \mathscr{S}^k(V, U)$.*

Démonstration: On peut se ramener (en composant avec $f'(0)^{-1}$) au cas où $f'(0) = \text{Id}$, l'identité de R^n. Soit alors $g = f - \text{Id}$. On a $g'(0) = 0$ et donc on peut trouver ε_1 tel que $\|g'(x)\| \leq \frac{1}{2}$ si $x \in B_n(0, \varepsilon_1)$. D'après 2.9.4, si $x, y \in B_n(0, \varepsilon_1)$:

$$\|f(x) - f(y) - (x-y)\| \leq \frac{1}{2} \|x-y\|$$

et donc

$$\tfrac{1}{2} \|x-y\| \leq \|f(x) - f(y)\| \leq \tfrac{3}{2} \|x-y\|.$$

Il en résulte que f est injectif sur $B_n(0, \varepsilon_1)$. On peut trouver $\varepsilon_2 < \varepsilon_1$ avec $f'(x)$ inversible pour $x \in B_n(0, \varepsilon_2)$. On a $f(B_n(0, \varepsilon_2)) \supset B_n(0, \varepsilon_2/4)$: soit y^0 avec $\|y^0\| < \varepsilon_2/4$, $h(x) = \|f(x) - y^0\|^2$. Alors h atteint son minimum sur $\bar{B}_n(0, \varepsilon_2)$, et ne l'atteint pas sur la frontière $S^{n-1}(0, \varepsilon_2)$ car si $\|x\| = \varepsilon_2$ on a $\|f(x)\| \geq \varepsilon_2/2$ et donc $h(x) > (\varepsilon_2/4)^2 > h(0)$. Ce minimum est atteint en un point $x^0 \in B_n(0, \varepsilon_2)$. On a alors, pour $i = 1, \ldots, n$, $\dfrac{\partial h}{\partial x_i}(x^0) = 0$, c'est-à-dire $\sum\limits_{j=1}^{n} (f_j(x^0) - y_j^0) \dfrac{\partial f_j}{\partial x_i}(x^0) = 0$.

Comme $f'(x^0)$ est inversible, c'est que $f(x^0) = y^0$. Il suffit alors de poser $V = B_n(0, \varepsilon_2/4)$, $U = f^{-1}(V) \cap B_n(0, \varepsilon_2)$. La fonction f^{-1} est bien continue car $\|f^{-1}(x) - f^{-1}(y)\| \leq 2 \|x-y\|$ pour $x, y \in V$, et on a – sans problème – $(f^{-1})'(x) = (f'(f^{-1}(x)))^{-1}$. $\square$

Corollaire 2.9.6 (théorème des fonctions implicites): *Soient $(x^0, y^0) \in R^{n+p}$, $f_1, \ldots, f_p$ des fonctions semi-algébriques de classe $\mathscr{C}^k$ sur un voisinage ouvert de (x^0, y^0) telles que $f_j(x^0, y^0) = 0$ pour $j = 1, \ldots, p$ et que la matrice $\left[\dfrac{\partial f_j}{\partial y_i}(x^0, y^0)\right]$ soit inversible. Alors il existe un voisinage ouvert semi-algébrique U (resp. V) de x^0 (resp. y^0) dans R^n (resp. R^p) et une fonction $\varphi \in \mathscr{S}^k(U, V)$ tels que $\varphi(x^0) = y^0$, et que pour tout $(x, y) \in U \times V$ on a*

$$f_1(x, y) = \ldots = f_p(x, y) = 0 \Leftrightarrow y = \varphi(x).$$

Démonstration: On applique le théorème d'inversion locale (2.9.5) à la fonction $(x, y) \mapsto (x, f(x, y))$. $\square$

On dispose ainsi de ce qu'il faut pour développer une «géométrie différentielle semi-algébrique». La notion de $\mathscr{S}^\infty$-difféomorphisme entre ouverts semi-algébriques de R^n est claire. Voici la version semi-algébrique des sous-variétés $\mathscr{C}^\infty$.

Définition 2.9.7: *Un sous-ensemble semi-algébrique M de R^n est une sous-variété $\mathscr{S}^\infty$ de dimension d de R^n quand pour tout point x de M il existe un $\mathscr{S}^\infty$-difféomorphisme φ d'un voisinage ouvert semi-algébrique Ω de l'origine de R^n sur un voisinage ouvert semi-algébrique Ω' de x dans R^n tel que $\varphi(0)=x$ et $\varphi((R^d \times \{0\}) \cap \Omega) = M \cap \Omega'$.* □

On définit de manière évidente ce qu'est une fonction $\mathscr{S}^\infty$ sur un ouvert semi-algébrique d'une sous-variété $\mathscr{S}^\infty$ de R^n, etc. ...

Nous reprendrons l'étude des objets que nous venons d'introduire au chapitre 8. Là, nous verrons que les fonctions $\mathscr{S}^\infty$ coïncident dans le cas $R=\mathbb{R}$ avec les fonctions analytiques qui satisfont une équation algébrique, que l'on a l'habitude d'appeler fonctions de Nash. Nous adopterons alors la terminologie usuelle, en remplaçant «$\mathscr{S}^\infty$» par «de Nash».

Note bibliographique: La première étude systématique des ensembles semi-algébriques est due à Łojasiewicz ([Łojasiewicz 2]). L'extension de certains résultats connus sur $\mathbb{R}$ au cas d'un corps réel clos quelconque se trouve dans [Brumfiel 1] ou [Delfs Knebusch 1]. Le bonhomme souriant de l'exemple 2.1.4 c) est emprunté à [Brumfiel 1]. [Łojasiewicz 2] traite aussi les ensembles localement semi-algébriques (remarque 2.1.5). L'aspect logique du principe de Tarski-Seidenberg n'est ici qu'effleuré (2.2.3 et 2.2.4); il joue un rôle important dans le développement de la théorie des modèles, comme exemple d'élimination des quantificateurs ([Robinson A.2]). La technique de «saucissonnage» 2.3.1 se retrouve toujours, sous une forme ou sous une autre, dans l'étude des semi-algébriques; par exemple dans [Łojasiewicz 2] § 20 lemme 3, ou dans [Cohen 1]. Avant Łojasiewicz, Whitney ([Whitney 1]) avait montré la finitude du nombre de composantes connexes de la différence de deux ensembles algébriques réels. Le lemme de Thom (2.5.4) est ainsi appelé dans [Łojasiewicz 2], p. 69. Le lemme de sélection des courbes (2.5.5) est une version semi-algébrique de [Bruhat Cartan 1] et [Milnor 4], § 3. L'inégalité de Łojasiewicz (2.6.7) apparait dans des problèmes de division de distribution par une fonction ([Łojasiewicz 1] ou [Hörmander 1]). La démonstration du théorème de Tietze-Urysohn semi-algébrique est empruntée à [Pecker 1]. Les énoncés des théorèmes de séparation des fermés semi-algébriques sont donnés par Mostowski ([Mostowski 1]), (sa preuve de la version relative contient quelques lacunes qui sont comblées dans [Bochnak Efroymson 1]); le théorème de finitude (2.7.1) dont une version locale est dans [Łojasiewicz 2] a eu récemment plusieurs preuves ([Bochnak Efroymson 1], [Coste Roy 1], [Delzell 1], [Recio 1]), dont une de nature logique ([van den Dries 2]). Le traitement de la dimension dans la section 8 suit d'assez près [Delfs Knebusch 1], § 8. La démonstration du théorème des fonctions implicites pour un corps réel clos quelconque vient de [Brumfiel 1], section 8.7.

Chapitre 3. Variétés algébriques réelles : définitions et exemples

Résumé : On commence, dans la première section, par montrer des différences de comportement entre les ensembles algébriques réels et complexes. Dans la deuxième section, on définit les variétés algébriques réelles ; nous serons en fait presque uniquement intéressés par les variétés algébriques réelles affines, c'est-à-dire les ensembles algébriques réels « à isomorphisme birégulier près ». La troisième section concerne la non singularité ; en plus du traitement classique, nous mettons l'accent sur quelques spécificités du cas réel. La quatrième section décrit des exemples importants de variétés algébriques réelles : les espaces projectifs et les grassmanniennes ; ce sont des variétés algébriques réelles *affines*, ce qui explique que le besoin de sortir du cadre affine soit ici très faible. Pour terminer, on donne dans la cinquième section quelques constructions utiles : certaines spécifiques au cas réel (« compactifié d'Alexandrov » algébrique, écrasement d'une sous-variété sur un point), et aussi l'éclatement.

3.1 Ensembles algébriques réels et complexes

Nous allons faire ressortir les différences de comportement entre les ensembles algébriques réels et complexes. Soit $V \subset \mathbb{C}^n$ un ensemble algébrique ; alors V s'identifie à un ensemble algébrique de $\mathbb{R}^{2n}$, en séparant les parties réelles et imaginaires des équations de V.

Proposition 3.1.1 : *Soit $V \subset \mathbb{C}^n$ un ensemble algébrique irréductible de dimension complexe d considéré comme un ensemble algébrique dans $\mathbb{R}^{2n}$. Alors*
  (i) *V est connexe,*
  (ii) *V n'est pas borné (sauf si V est un point),*
  (iii) *en tout point x de V, $\dim(V_x) = 2d$.*

Indication de démonstrations :
  (i) [Shafarevich 1], chapitre 7, § 2.
  (ii) Si $\overline{V} \subset \mathbb{P}_n(\mathbb{C})$ est le projectifié de V, et si V n'est pas un point, on a $\overline{V} \setminus V \neq \emptyset$ et V est dense dans $\overline{V}$ ([Shafarevich 1], chapitre 7, § 2.1, lemme 1), donc V ne peut pas être compact.
  (iii) Si x est un point non singulier de V, V est au voisinage de x une variété $\mathscr{C}^\infty$ de dimension (réelle) $2d$ et $\dim(V_x) = 2d$ (2.8.13). Comme l'ensemble des points non singuliers est dense dans V ([Shafarevich 1], chapitre 7, § 2.1, lemme 1), on a bien $\dim(V_x) = 2d$ en tout point x de V. □

Exemples 3.1.2:
a) Le cercle $\{(x, y) \in \mathbb{R}^2 \mid x^2 + y^2 = 1\}$ est un ensemble algébrique borné.
b) La cubique d'équation $x^2 + y^2 - x^3 = 0$ a un point isolé à l'origine.
c) La cubique d'équation $x + y^2 - x^3 = 0$ a deux composantes connexes de dimension 1 (son projectifié a encore deux composantes connexes). Elle est non singulière (cf. § 3). Les deux cubiques b) et c) sont bien sûr irréductibles.

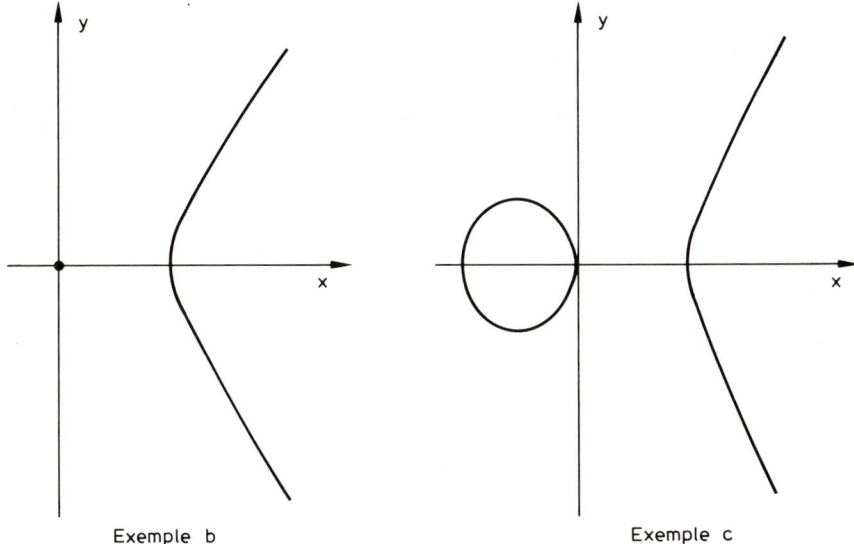

Exemple b   Exemple c

Fig. 6

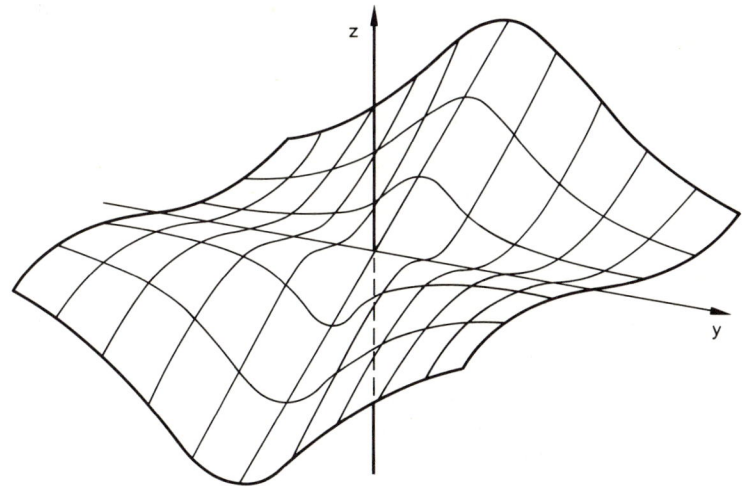

Exemple d

Fig. 7

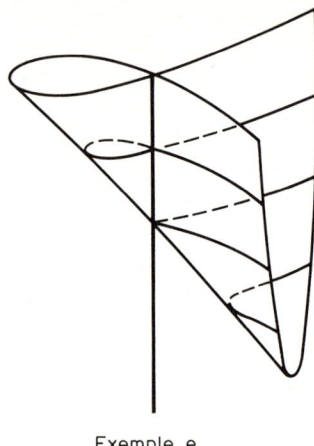

Exemple e

Fig. 8

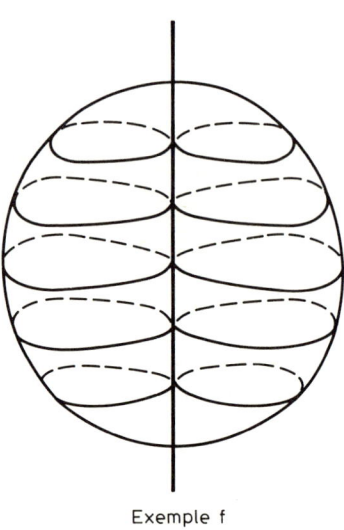

Exemple f

Fig. 9

d) Le «parapluie de Cartan» d'équation $z(x^2+y^2)-x^3=0$ est une surface irréductible connexe, avec un «manche» (l'axe des z) de dimension 1.

e) Un autre parapluie est la surface d'équation $x^3+zx^2-y^2=0$; cette fois-ci le «manche» (l'axe des z) rencontre la toile (l'ensemble des points où la dimension est 2) sur toute une demi-droite.

f) La surface V d'équation $x^2(1-z^2)=x^4+y^4$ n'est pas bornée, mais sa partie $V^{(2)}$ de dimension 2 l'est.

3.2 Variétés algébriques réelles

Dans toute la suite du chapitre, R désigne un corps réel clos.

Définition 3.2.1: *Soit V un ensemble algébrique de R^n. Si $W \subset R^p$, on note $\mathcal{P}(V, W)$ l'ensemble des fonctions polynomiales de V dans W, c.-à-d. des fonctions dont toutes les coordonnées sont des fonctions polynomiales; on rappelle que $\mathcal{P}(V) = R[X_1, \ldots, X_n]/\mathcal{I}(V)$ désigne l'anneau des fonctions polynomiales de V dans R.*

Soit U un ouvert de Zariski de V. L'anneau $\mathcal{R}(U)$ des fonctions régulières de U dans R est l'anneau

$$\mathcal{R}(U) = \{P/Q \mid P, Q \in \mathcal{P}(V), \forall x \in U \; Q(x) \neq 0\}.$$

C'est donc l'anneau de fractions de $\mathcal{P}(V)$ pour la partie multiplicative

$$\{Q \in \mathcal{P}(V) \mid \forall x \in U \; Q(x) \neq 0\}.$$

Si $W \subset R^p$, une fonction régulière de U dans W est une fonction dont toutes les coordonnées sont régulières. On note $\mathcal{R}(U, W)$ l'ensemble des fonctions régulières de U dans W. □

Notation 3.2.2: Soit A une partie de $\mathcal{P}(V)$ (resp. $\mathcal{R}(U)$), on note

$$\mathcal{L}_V(A) = \{x \in V \mid \forall P \in A \; P(x) = 0\}$$

(resp. $\mathcal{L}_U(A) = \{x \in U \mid \forall f \in A \;\; f(x) = 0\}$).

Soit X une partie de V (resp. de U), on note

$$\mathcal{I}_{\mathcal{P}(V)}(X) = \{P \in \mathcal{P}(V) \mid \forall x \in X \; P(x) = 0\}$$

(resp. $\mathcal{I}_{\mathcal{R}(U)}(X) = \{f \in \mathcal{R}(U) \mid \forall x \in X \;\; f(x) = 0\}$). □

On donne d'habitude une définition de nature locale des fonctions régulières. Ici, le caractère local (pour la topologie de Zariski) de la notion de fonction régulière est compatible avec l'existence d'un dénominateur global.

Proposition 3.2.3: *Soit $V \subset R^n$ un ensemble algébrique, $(U_i)_{i=1,\ldots,p}$ une famille finie d'ouverts de Zariski de V, $U = \bigcup_{i=1}^{p} U_i$, f une fonction de U dans R. Si, pour $i = 1, \ldots, p$, il existe $P_i, Q_i \in \mathcal{P}(V)$, Q_i ne s'annulant pas sur U_i, tels que $f|U_i = P_i/Q_i$, alors il existe $P, Q \in \mathcal{P}(V)$, Q ne s'annulant pas sur U, tel que $f = P/Q$ (autrement dit, si pour $i = 1, \ldots, p$, $f|U_i \in \mathcal{R}(U_i)$, alors $f \in \mathcal{R}(U)$).*

Démonstration: Soit $S_i \in \mathcal{P}(V)$ tel que $\mathcal{L}_V(S_i) = V \setminus U_i$. Alors $Q = \sum_{i=1}^{p} S_i^2 Q_i^2$ ne s'annule pas sur U, et $f = \left(\sum_{i=1}^{p} S_i^2 Q_i P_i \right) / Q$. □

Corollaire 3.2.4: Soit $V \subset R^n$ un ensemble algébrique. Alors $\mathcal{R}: U \mapsto \mathcal{R}(U)$ est un faisceau d'anneaux sur V pour la topologie de Zariski. □

Proposition 3.2.5: Soient $V \subset R^n$, $V' \subset R^p$ deux ensembles algébriques, $U \subset V$ et $U' \subset V'$ des ouverts de Zariski. Une fonction régulière $\varphi: U \to U'$ induit un homomorphisme de R-algèbres $\varphi^*: \mathcal{R}(U') \to \mathcal{R}(U)$, $\varphi^*(f) = f \circ \varphi$. L'application $\varphi \mapsto \varphi^*$ est une bijection de $\mathcal{R}(U, U')$ sur l'ensemble des homomorphismes de R-algèbres de $\mathcal{R}(U')$ dans $\mathcal{R}(U)$.

Démonstration: Soit $\theta: \mathcal{R}(U') \to \mathcal{R}(U)$ un homomorphisme de R-algèbres. Si l'on pose $\varphi = (\theta(X_1), \ldots, \theta(X_p))$, φ est bien une fonction régulière de U dans U', et $\varphi^* = \theta$. Ceci établit la bijection. □

Définition 3.2.6: Soient $V \subset R^n$, $V' \subset R^p$ deux ensembles algébriques, $U \subset V$ et $U' \subset V'$ des ouverts de Zariski. Un isomorphisme birégulier de U sur U' est une fonction régulière bijective dont l'inverse est aussi une fonction régulière.

Remarque 3.2.7: D'après 3.2.5, U et U' sont birégulièrement isomorphe si et seulement si $\mathcal{R}(U)$ est isomorphe à $\mathcal{R}(U')$ comme R-algèbre.

Exemples 3.2.8: a) Soit $S^1 \subset R^2$ le cercle d'équation $x^2 + y^2 = 1$, $T \subset R^3$ le tore d'équation $16(x^2 + y^2) = (x^2 + y^2 + z^2 + 3)^2$ obtenu en faisant tourner le cercle $S^1((2, 0), 1)$ du plan (x, z) autour de l'axe des z. La fonction polynomiale $\varphi: S^1 \times S^1 \to T$ définie par $\varphi(t, u, v, w) = (t(2+v), u(2+v), w)$ est bijective, et φ^{-1} est régulière:

$$\varphi^{-1}(x, y, z) = (x/\rho, y/\rho, \rho - 2, z) \quad \text{où} \quad \rho = (x^2 + y^2 + z^2 + 3)/4.$$

φ est donc un isomorphisme birégulier. Observons que $\mathcal{P}(S^1 \times S^1)$ et $\mathcal{P}(T)$ ne sont pas isomorphes (le premier anneau est régulier, pas le deuxième).

b) Soit maintenant $V = \{(x, y) \in \mathbb{R}^2 \mid x^4 + y^4 = 1\}$, et $P_N = (0, 1)$. Notons $\Psi: V \to S^1$ la projection de centre P_N, prolongée en P_N par $\Psi(P_N) = P_N$.

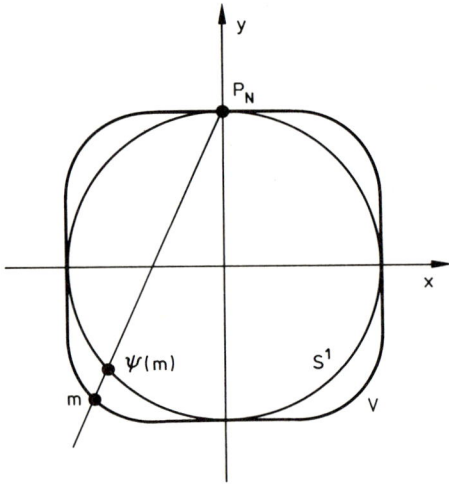

Fig. 10

On a $\Psi(x,y) = \left(\dfrac{2x(1-y)}{x^2+(1-y)^2}, \dfrac{x^2-(1-y)^2}{x^2+(1-y)^2} \right)$ si $(x,y) \neq (0,1)$.

Mais, sur V:

$$\frac{2x(1-y)}{x^2+(1-y)^2} = \frac{2x(1-y)(x^2-(1-y)^2)}{(1-y^4)-(1-y)^4} = \frac{2x(x^2-(1-y)^2)}{4y-2y^2+2y^3}$$

et

$$\frac{x^2-(1-y)^2}{x^2+(1-y)^2} = \frac{(x^2-(1-y)^2)^2}{(1-y^4)-(1-y)^4} = \frac{1+y+y^2+y^3-2x^2(1-y)+(1-y)^3}{4y-2y^2+2y^3}.$$

On constate que le dénominateur $4y-2y^2+2y^3$ ne s'annule pas en $(0,1)$, et Ψ est bien une fonction régulière de V sur S^1. On peut vérifier que Ψ est bijective (et que Ψ^{-1} est même analytique). Cependant Ψ^{-1} n'est pas une fonction régulière. (Pour s'en apercevoir, on peut raisonner ainsi: si Ψ^{-1} était régulière, les adhérences de Zariski de V et de S^1 dans $\mathbb{P}_2(\mathbb{C})$ seraient birationnellement équivalents; l'adhérence de Zariski de V dans $\mathbb{P}_2(\mathbb{C})$ est non singulière, donc son genre est $\frac{1}{2}(4-1)(4-2) = 3$, tandis que l'adhérence de Zariski de S^1 dans $\mathbb{P}_2(\mathbb{C})$ est de genre 0; or le genre est un invariant birationnel). □

Nous allons maintenant définir les variétés algébriques réelles.

Définition 3.2.9: *Une variété algébrique réelle affine (sur R) est un espace topologique X, muni d'un faisceau de fonctions $\mathcal{R}_X$ à valeurs dans R, isomorphe à un ensemble algébrique $V \subset R^n$ avec sa topologie de Zariski, muni de son faisceau de fonction régulières $\mathcal{R}_V$. Le faisceau $\mathcal{R}_X$ est appelé faisceau de fonctions régulières sur X.*

Proposition 3.2.10: *Soit $V \subset R^n$ un ensemble algébrique réel, $U \subset V$ un ouvert de Zariski. Alors $(U, \mathcal{R}_{V|U})$ est une variété algébrique réelle affine.*

Démonstration: Soit $P \in \mathcal{P}(V)$ tel que $\mathcal{Z}_V(P) = V \setminus U$. Alors U est birégulièrement isomorphe à l'ensemble algébrique $W = \{(x,y) \in R^{n+1} \mid x \in V \text{ et } yP(x) = 1\}$, et donc $(U, \mathcal{R}_{V|U})$ est isomorphe à $(W, \mathcal{R}_W)$. □

Définition 3.2.11: *Une variété algébrique réelle (sur R) est un espace topologique X muni d'un faisceau de fonctions $\mathcal{R}_X$ à valeurs dans R, tel qu'il existe un recouvrement ouvert fini $(U_i)_{i \in I}$ de X, chacun des $(U_i, \mathcal{R}_{X|U_i})$ étant une variété algébrique réelle affine. Le faisceau $\mathcal{R}_X$ est appelé faisceau de fonctions régulières sur X et la topologie de X est appelée topologie de Zariski. Si U est un ouvert de Zariski de X, on notera $\mathcal{R}_X(U)$ (ou $\mathcal{R}(U)$ par abus de notation) l'anneau des sections continues de $\mathcal{R}_X$ sur U.*

Si $(X, \mathcal{R}_X)$ et $(Y, \mathcal{R}_Y)$ sont deux variétés algébriques réelles, une fonction régulière de X dans Y est une fonction $\varphi: X \to Y$ continue et telle que, si U est un ouvert de Y et $f \in \mathcal{R}_Y(U)$, alors $f \circ \varphi|\varphi^{-1}(U) \in \mathcal{R}_X(\varphi^{-1}(U))$. □

Remarque 3.2.12: Si l'on voulait suivre [Serre 1], on n'aurait défini là que les variétés préalgébriques réelles, et il faudrait ajouter une condition de séparation pour obtenir les variétés algébriques réelles. Cependant, comme nous n'aurons pratiquement affaire qu'à des variétés algébriques réelles affines (pour lesquelles la condition de séparation est automatiquement vérifiée), nous ne nous donnerons pas cette peine.

Nous ne rencontrerons des variétés algébriques réelles non nécessairement affines qu'au moment où nous parlerons de l'espace total d'un fibré vectoriel algébrique (cf. chapitre 12, section 1). Par ailleurs les grassmanniennes et les espaces projectifs s'introduisent naturellement comme variétés algébriques «abstraites» (sur un corps quelconque), et ce n'est qu'après coup, dans le cas réel, que l'on constate qu'il s'agit en fait de variétés algébriques affines.

Proposition 3.2.13: *Si $(X, \mathcal{R}_X)$ est une variété algébrique réelle, et U un ouvert de Zariski de X, $(U, \mathcal{R}_{X|U})$ est une variété algébrique réelle.*

Démonstration: Immédiat avec 3.2.10. □

Proposition 3.2.14: *Soit X un ensemble, réunion d'une famille finie de sous-ensembles $(X_i)_{i \in I}$. Supposons que chaque X_i soit muni d'une structure de variété algébrique réelle, et que les conditions suivantes soient vérifiées:*
  (i) *$X_i \cap X_j$ est ouvert dans X_i, quels que soient $i, j \in I$,*
  (ii) *les structures induites par X_i et par X_j sur $X_i \cap X_j$ coïncident quels que soient $i, j \in I$.*

Il existe alors une structure de variété algébrique réelle sur X et une seule telle que les X_i soient des ouverts de Zariski de X, et que la structure induite sur chaque X_i soit la structure donnée. □

Remarque 3.2.15: Si deux ouverts de Zariski $U \subset V$ et $U' \subset V'$ d'ensembles algébriques sont birégulièrement isomorphes, ils sont en particulier semi-algébriquement homéomorphes pour la topologie euclidienne. Ceci montre deux choses.

a) D'une part, on peut définir de manière canonique la topologie euclidienne d'une variété algébrique réelle; une base d'ouverts en est donnée par les $\{x \in U \mid f_1(x) > 0 \text{ et } \ldots \text{ et } f_m(x) > 0\}$ où U est un ouvert de Zariski de la variété algébrique réelle, et $f_1, \ldots, f_m$ des fonctions régulières sur U.

b) D'autre part, on peut définir ce qu'est un ensemble semi-algébrique de X: c'est une combinaison booléenne d'ouverts de la base décrite ci-dessus. Si X est une variété algébrique réelle affine, et $\varphi: X \to U$ un isomorphisme birégulier sur un ouvert de Zariski d'un ensemble algébrique, une partie S de X est semi-algébrique si et seulement si $\varphi(S)$ est semi-algébrique, au sens de 2.1.3. Si X est une variété algébrique réelle quelconque, $S \subset X$ est semi-algébrique si et seulement si $S \cap U$ est semi-algébrique pour tout ouvert de Zariski affine U de X. De la même façon, on peut bien dire ce qu'est une fonction semi-algébrique sur un sous-ensemble semi-algébrique de X.

Il est utile de préciser que quand nous parlerons de *l'anneau local $\mathcal{R}_{X,x}$ des germes de fonctions régulières en un point x* d'une variété algébrique réelle X, ce sera toujours pour la topologie de Zariski: ainsi $\mathcal{R}_{X,x} = \varinjlim \mathcal{R}_X(U)$, pour U ouvert de Zariski contenant x. Si $V \subset R^n$ est un ensemble algébrique et $x \in V$, alors $\mathcal{R}_{V,x}$ est le localisé $\mathcal{P}(V)_{\mathfrak{m}_x}$ en l'idéal maximal $\mathfrak{m}_x$ des fonctions polynomiales nulles en x. □

3.3 Points non singuliers

Commençons par rappeler un résultat algébrique, valable sur n'importe quel corps de caractéristique zéro:

Définition et Proposition 3.3.1: *On appelle dimension d'un idéal I de $R[X_1, \ldots, X_n]$ la dimension de l'anneau $R[X_1, \ldots, X_n]/I$.*

Soit $I = (P_1, \ldots, P_k)$ un idéal premier de $R[X_1, \ldots, X_n]$, de dimension d. L'image de la matrice $\left[\dfrac{\partial P_i}{\partial X_j}\right]$, $i=1, \ldots, k$, $j=1, \ldots, n$, dans le corps de fractions de $R[X_1, \ldots, X_n]/I$ a pour rang $n-d$.

Indication de démonstration: Voir [Hodge Pedoe 1], chapitre 10, § 14, théorème 1 ou [Samuel 1], chapitre 2, § 4.2, lemme 2. □

En particulier, si $x \in \mathscr{L}(I)$ on a rang $\left(\left[\dfrac{\partial P_i}{\partial X_j}(x)\right]\right) \leq n-d$ (ce rang ne dépend pas des générateurs de I que l'on choisit).

Définition 3.3.2: *Soit $V \subset R^n$ un ensemble algébrique, $\mathscr{I}(V) = (P_1, \ldots, P_k)$. Soit $z \in V$. L'espace tangent de Zariski à V en z, noté $T_z^{\text{Zar}}(V)$, est le sous-espace vectoriel de R^n*

$$T_z^{\text{Zar}}(V) = \bigcap_{j=1}^{k} \left\{ x \in R^n \,\bigg|\, \sum_{i=1}^{n} \dfrac{\partial P_j}{\partial X_i}(z)\, x_i = 0 \right\}. \quad \square$$

L'espace tangent de Zariski $T_z^{\text{Zar}}(V)$ ne dépend pas du choix des générateurs $P_1, \ldots, P_k$ de $\mathscr{I}(V)$. Si V est irréductible, 3.3.1 montre que la dimension de $T_z^{\text{Zar}}(V)$ est au moins égale à la dimension de V.

Définition 3.3.3: *Soit $V \subset R^n$ un ensemble algébrique irréductible, $z \in V$. On dit que z est un point non singulier de V quand $\dim(T_z^{\text{Zar}}(V)) = \dim(V)$. Autrement dit, si $\mathscr{I}(V) = (P_1, \ldots, P_k)$, z est non singulier si et seulement si le rang de la matrice $\left[\dfrac{\partial P_i}{\partial X_j}(z)\right]$ est égal à $n - \dim(V)$.* □

La notion d'espace tangent de Zariski est définie même en un point singulier. Ceci amène à faire la distinction avec la notion «naïve» d'espace tangent (cf. 3.3.11 b)). Cependant dans le cas où $V \subset \mathbb{R}^n$ est un ensemble algébrique irréductible et $z \in V$ est un point non singulier, un voisinage de z dans V est une sous-variété $\mathscr{C}^\infty$ de $\mathbb{R}^n$ et l'espace tangent au sens $\mathscr{C}^\infty$ à V en z coïncide avec l'espace tangent de Zariski. Comme il ne risque pas d'y avoir de conflit, *quand z est un point non singulier de $V \subset R^n$, on notera $T_z(V)$ au lieu de $T_z^{\text{Zar}}(V)$ et on parlera d'espace tangent au lieu d'espace tangent de Zariski.*

La définition 3.3.3 de la non singularité est équivalente à une propriété de formulation plus intrinsèque, c'est-à-dire clairement invariante par isomorphisme birégulier. On supposera que z est l'origine de R^n. Notons $\mathfrak{m}_0$ l'idéal des polynômes de $R[X_1, \ldots, X_n]$ qui s'annulent en 0. On a une application linéaire $\theta: \mathfrak{m}_0 \to (R^n)^{\vee}$ dans le dual de R^n qui à $P \in \mathfrak{m}_0$ fait correspondre la forme linéaire

$x \mapsto \sum_{i=1}^{n} \frac{\partial P}{\partial X_i}(0) x_i$. Les $\theta(X_i)$ sont la base canonique de $(R^n)^\vee$, et θ induit un isomorphisme $\theta' : \mathfrak{m}_0/\mathfrak{m}_0^2 \to (R^n)^\vee$. Le dual de $T_0^{\text{Zar}}(V) \subset R^n$ s'identifie à un quotient de $(R^n)^\vee$, isomorphe par passage au quotient de θ' à $\mathfrak{m}_0/(\mathfrak{m}_0^2 + \mathscr{I}(V)) \simeq \mathfrak{m}_{V,0}/\mathfrak{m}_{V,0}^2$ où $\mathfrak{m}_{V,0}$ est l'idéal maximal de l'anneau local $\mathscr{R}_{V,0}$. Puisque V est irréductible, $\mathscr{R}_{V,0}$ est de dimension égale à la dimension de V.

Définition 3.3.4: *Un anneau local noethérien A, d'idéal maximal $\mathfrak{m}$, et de corps résiduel $k = A/\mathfrak{m}$ est dit régulier quand la dimension de A est égale à la dimension de $\mathfrak{m}/\mathfrak{m}^2$ comme k-espace vectoriel.*

Ce que nous venons de voir conduit à la caractérisation suivante:

Proposition 3.3.5: *Soit $V \subset R^n$ un ensemble algébrique irréductible. Un point z de V est non singulier si et seulement si l'anneau local $\mathscr{R}_{V,z}$ des germes de fonctions régulières en z est régulier.* $\square$

Proposition 3.3.6: *Soit A un anneau local régulier de dimension d, $\mathfrak{m}$ son idéal maximal, $k = A/\mathfrak{m}$ son corps résiduel. Alors*

(i) *L'anneau A est intègre, intégralement clos.*

(ii) *Des éléments $f_1, \ldots, f_d$ engendrent $\mathfrak{m}$ si et seulement si leurs classes modulo $\mathfrak{m}^2$ forment une base de $\mathfrak{m}/\mathfrak{m}^2$ sur k. On dit alors que $f_1, \ldots, f_d$ forment un système régulier de paramètres de A.*

(iii) *Si $\mathfrak{p}$ est un idéal de A, $A/\mathfrak{p}$ est régulier si et seulement si $\mathfrak{p}$ est engendré par des éléments $f_1, \ldots, f_l$ de $\mathfrak{m}$ dont les classes modulo $\mathfrak{m}^2$ sont linéairement indépendantes sur k (et alors $l = \dim(A) - \dim(A/\mathfrak{p})$).*

Références pour les démonstrations: [Zariski Samuel 1], chapitre 8, § 11, corollaire 1, corollaire 2, théorème 26. $\square$

Proposition 3.3.7: *Soit $V \subset R^n$ un ensemble algébrique irréductible de dimension d, $z \in V$ un point non singulier de V. Alors il existe $n - d$ polynômes $P_1, \ldots, P_{n-d} \in \mathscr{I}(V)$, et un ouvert de Zariski U de R^n contenant z tel que*

(i) $\mathscr{L}(P_1, \ldots, P_{n-d}) \cap U = V \cap U$,

(ii) *pour tout $x \in U$, $\operatorname{rang}\left(\left[\frac{\partial P_j}{\partial X_i}(x)\right]\right) = n - d$.*

Démonstration: L'anneau local $\mathscr{R}_{V,z} = \mathscr{R}_{R^n,z}/\mathscr{I}(V)\mathscr{R}_{R^n,z}$ est régulier, donc d'après 3.3.6 on peut trouver un système régulier $P_1, \ldots, P_n$ de paramètres de $\mathscr{R}_{R^n,z}$ avec $P_1, \ldots, P_{n-d}$ engendrant $\mathscr{I}(V)\mathscr{R}_{R^n,z}$. On peut bien sûr supposer que $P_1, \ldots, P_{n-d}$ sont des polynômes. Il ne reste plus qu'à prendre un ouvert de Zariski U suffisamment petit pour que $(P_1, \ldots, P_{n-d})\mathscr{R}(U) = \mathscr{I}(V)\mathscr{R}(U)$, et que $\left[\frac{\partial P_j}{\partial X_i}\right]$ reste de rang $n - d$ sur U. $\square$

Passons maintenant à une définition de non singularité pour un point d'une variété algébrique réelle.

Définition 3.3.8: *Soit $(X, \mathscr{R}_X)$ une variété algébrique réelle. Un point $x \in X$ est dit non singulier en dimension d quand l'anneau local des germes de fonctions* régulières $\mathscr{R}_{X,x}$ est un anneau local régulier de dimension d. Une variété algébrique réelle est dite non singulière si tous ses points sont non singuliers en une même dimension d. □

Il n'y a pas conflit avec la définition donnée précédemment pour un ensemble algébrique irréductible: si V est un ensemble algébrique irréductible de dimension d, un point de V est non singulier (au sens de la définition 3.3.3) si et seulement si il est non singulier en dimension d, et il n'y a pas de point non singulier en une autre dimension.

Il est utile de traduire la définition 3.3.8 pour un ensemble algébrique.

Proposition 3.3.9: *Soit $V \subset R^n$ un ensemble algébrique, non nécessairement irréductible, et soit x un point de V. Les propriétés suivantes sont équivalentes:*

(i) *Le point x est non singulier en dimension d.*

(ii) *Il existe une composante irréductible V' de V, $\dim(V')=d$, telle que V' est la seule composante irréductible de V contenant x, et que x est un point non singulier de V'.*

(iii) *Il existe $n-d$ polynômes $P_1, \ldots, P_{n-d} \in \mathscr{I}(V)$, et un ouvert euclidien U de R^n contenant x tels que $V \cap U = \mathscr{L}(P_1, \ldots, P_{n-d}) \cap U$ et que la matrice jacobienne $\left[\dfrac{\partial P_j}{\partial X_i}(x)\right]$ soit de rang $n-d$.*

Démonstration: (i) $\Rightarrow$ (ii) Le point x n'appartient pas à l'intersection de deux composantes irréductibles de V car sinon $\mathscr{R}_{V,x}$ ne serait pas intègre. Soit V' la seule composante irréductible de V telle que $x \in V'$. Alors $\mathscr{R}_{V,x} = \mathscr{R}_{V',x}$, et 3.3.5 donne bien (ii).

(ii) $\Rightarrow$ (iii) 3.3.7 donne (iii), avec V' à la place de V. Il suffit, pour avoir V, de multiplier $P_1, \ldots, P_{n-d}$ par une équation de la réunion des composantes irréductibles de V autres que V'.

(iii) $\Rightarrow$ (i) On peut supposer que $\det\left(\left[\dfrac{\partial P_i}{\partial X_j}(x)\right]_{i=1,\ldots,n-d;\, j=d+1,\ldots,n}\right) \neq 0$. Alors en appliquant le théorème des fonctions implicites (2.9.6) à $(X_1-x_1, \ldots, X_d-x_d, P_1, \ldots, P_{n-d})$, on obtient un $\mathscr{S}^\infty$-difféomorphisme φ d'un voisinage ouvert semi-algébrique Ω de 0 dans R^n sur un voisinage ouvert semi-algébrique Ω' de x dans R^n tel que $\varphi((R^d \times \{0\}) \cap \Omega) = V \cap \Omega'$. On a donc $\dim(V_x) = d$, d'où $\dim(\mathscr{R}_{V,x}) \geq d$. Par ailleurs $\mathscr{R}_{V,x}$ est un quotient de $\mathscr{R}_{R^n,x}/(P_1, \ldots, P_{n-d})$, et d'après 3.3.6 ce dernier est un anneau local régulier (et donc intègre) de dimension d. Ainsi on a $\mathscr{R}_{V,x} = \mathscr{R}_{R^n,x}/(P_1, \ldots, P_{n-d})$, ce qui montre (i). □

En chemin, pour montrer (iii) $\Rightarrow$ (i) on a établi le résultat suivant:

Proposition 3.3.10: *Soit $V \subset R^n$ un ensemble algébrique, $x \in V$ un point non singulier en dimension d. Alors un voisinage ouvert semi-algébrique de x dans V est une sous-variété $\mathscr{S}^\infty$ de dimension d de R^n (cf. 2.9.7).* □

La notion de point non singulier est assez délicate. Il faut quelquefois se méfier de son intuition, comme le prouvent les exemples qui suivent.

Exemples 3.3.11:

a) Soit $V = \mathscr{L}(X(Y^2 + X^2 - X^3))$. Alors V coïncide avec $\mathscr{L}(X)$ sur un voisinage de l'origine 0, et la matrice jacobienne $\left[\dfrac{\partial X}{\partial X}, \dfrac{\partial X}{\partial Y}\right]$ est bien sûr de rang 1 en 0. Pourtant l'origine n'est pas un point non singulier en dimension 1 de V, puisqu'elle est l'intersection des deux composantes irréductibles de V (l'axe des y et la cubique d'équation $y^2 = x^3 - x^2$, dont l'origine est point isolé). La condition $P_1, \ldots, P_{n-d} \in \mathscr{I}(V)$ est indispensable dans 3.3.9.

b) Soit $V \subset \mathbb{R}^2$ la courbe (irréductible) d'équation $y^3 + 2x^2 y - x^4 = 0$. Sur V on a $x^2 = y(1 + \sqrt{1+y})$, et donc au voisinage de l'origine y est fonction $\mathscr{C}^\infty$ de x. L'ensemble V est une sous-variété $\mathscr{C}^\infty$ de $\mathbb{R}^2$, mais l'origine $0 \in \mathbb{R}^2$ n'est pas un point non singulier au sens de la définition 3.3.3. Remarquons que $T_0^{\text{Zar}}(V) = \mathbb{R}^2$ est différent de l'espace tangent $\mathscr{C}^\infty$ de V.

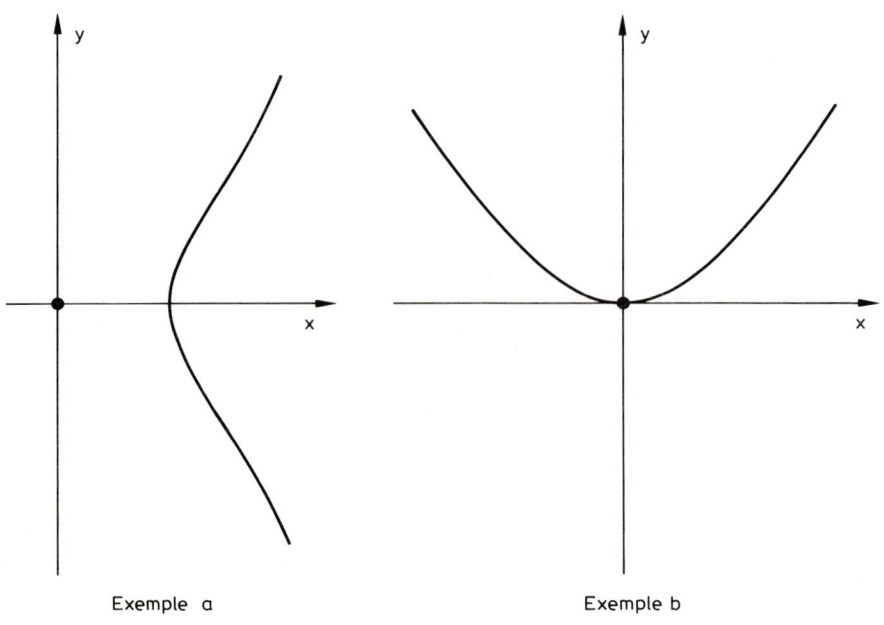

Exemple a   Exemple b

Fig. 11

Définition 3.3.12: *Soit V un ensemble algébrique de dimension d. On note $\text{Reg}(V)$ l'ensemble des points non singuliers en dimension d de V, et $\text{Sing}(V) = V \setminus \text{Reg}(V)$.*

Proposition 3.3.13: *Si V est un ensemble algébrique, $\text{Sing}(V)$ est un sous-ensemble algébrique de V, de dimension strictement plus petite que celle de V. En conséquence $\text{Reg}(V)$ est un ouvert de Zariski non vide de V, de dimension égale à celle de V.*

Démonstration: Soit V_1 une composante irréductible de V. Si $\dim(V_1) < \dim(V)$, alors $V_1 \subset \text{Sing}(V)$. Si $\dim(V_1) = \dim(V)$, alors $\text{Sing}(V) \cap V_1$ est la réunion de Sing(V_1) et de l'intersection de V_1 avec la réunion des autres composantes irréductibles de V; cette intersection est un ensemble algébrique strictement contenu dans V_1. On peut donc se ramener au cas où V est irréductible. La définition 3.3.3 montre clairement que Sing(V) est algébrique, et d'après 3.3.1 $\mathscr{I}$(Sing(V)) contient strictement $\mathscr{I}(V)$, ce qui établit dim(Sing(V)) < dim(V). □

Remarque 3.3.14: Reg(V) n'est pas forcément dense dans V pour la topologie euclidienne, contrairement à ce qui se passe (pour un ensemble algébrique irréductible) dans le cas complexe: on peut considérer les exemples 3.1.2 b), d), e), f).

Proposition 3.3.15: *Soit* $I = (P_1, \ldots, P_k)$ *un idéal premier de* $R[X_1, \ldots, X_n]$, *de dimension* d. *Un point* $x \in \mathscr{Z}(I)$ *est dit zéro non singulier de* I *quand*
$$\operatorname{rang}\left(\left[\frac{\partial P_i}{\partial X_j}(x)\right]\right) = n - d. \text{ Si } I \text{ a un zéro non singulier, alors } I = \mathscr{I}(\mathscr{Z}(I)).$$

Démonstration: Si x est zéro non singulier de I, c'est un point non singulier en dimension d de $\mathscr{Z}(I)$, et donc $\dim(\mathscr{Z}(I)) = d$. Comme $\mathscr{I}(\mathscr{Z}(I)) \supset I$, et que les deux idéaux ont même dimension, $\mathscr{I}(\mathscr{Z}(I)) = I$. □

Le résultat suivant nous sera utile aux chapitres 12 et 14.

Proposition 3.3.16: *Soit* $V \subset R^n$ *un ensemble algébrique de dimension* d, *et soit* $W \subset V$ *un sous-ensemble algébrique tel que pour tout* x *de* W, $\dim(W_x) = d$, *et que* $W \subset \operatorname{Reg}(V)$. *Alors* $V \setminus W$ *est un ensemble algébrique et* $\operatorname{Sing}(V \setminus W) = \operatorname{Sing}(V)$, *sauf si* $W = \operatorname{Reg}(V)$.

Démonstration: Soient $V_1, \ldots, V_p$ les composantes irréductibles de V, et $W_i = W \cap V_i$. Les W_i sont disjoints, puisqu'un point non singulier de V ne peut appartenir à deux composantes irréductibles de V. Chacun des W_i est soit vide, soit un ensemble algébrique de dimension d et alors $W_i = V_i$. L'ensemble W est donc réunion de composantes irréductibles de V, et est disjoint de la réunion des autres composantes irréductibles, ce qui montre la proposition. □

Remarque 3.3.17: L'hypothèse «$W \subset \operatorname{Reg}(V)$» ne peut pas être remplacée par «W non singulier», comme le montre l'exemple 3.3.11 a), où W est l'axe des y. L'hypothèse «$\forall x \in W, \dim(W_x) = d$» ne peut pas être affaiblie en «$\dim(W) = d$»: prendre $V = \{(u, v) | u = 0\} \cup \{(u, v) | u = 1\}$ et $W = \{(u, v) | u = 0\} \cup \{(1, 0)\}$; par contre, on peut la remplacer par «$\dim(W) = d$ et W irréductible», ou «$\dim(W) = d$ et W semi-algébriquement connexe».

3.4 Espaces projectifs et grassmanniennes

3.4.1 L'espace projectif $\mathbb{P}_n(R)$ comme variété algébrique réelle

Par définition $\mathbb{P}_n(R)$ est l'ensemble des droites vectorielles de R^{n+1}. Ceci revient à dire que $\mathbb{P}_n(R)$ est le quotient de $R^{n+1} \setminus \{0\}$ par la relation d'équivalence $x \sim y$ quand il existe $\lambda \in R$, $\lambda \neq 0$, $x = \lambda y$. Notons $\Pi: R^{n+1} \setminus \{0\} \to \mathbb{P}_n(R)$ la surjection canonique. Si $\Pi(x_0, \ldots, x_n) = t$, on notera $t = (x_0 : \ldots : x_n)$ et on dira que $(x_0, \ldots, x_n)$ sont des coordonnées homogènes de t. Un *ensemble algébrique projectif* est un ensemble de la forme

$$\mathbb{P}\mathscr{Z}(P_1, \ldots, P_k) = \{\Pi(x) \in \mathbb{P}_n(R) \mid P_1(x) = \ldots = P_k(x) = 0\}$$

où les $P_1, \ldots, P_k$ sont des polynômes homogènes de $R[X_0, \ldots, X_n]$. Les ensembles algébriques projectifs sont les fermés d'une topologie sur $\mathbb{P}_n(R)$, la topologie de Zariski.

Soit $U_i = \{\Pi(x) \in \mathbb{P}_n(R) \mid x_i \neq 0\}$ pour $i = 0, \ldots, n$. C'est un ouvert de Zariski de $\mathbb{P}_n(R)$, et on a une bijection $\varphi_i : U_i \to R^n$, qui à $\Pi(x)$ associe $(x_0/x_i, \ldots, x_{i-1}/x_i, x_{i+1}/x_i, \ldots, x_n/x_i)$ qui est un homéomorphisme pour la topologie de Zariski. Par ailleurs, pour $j \neq i$, les fonctions

$$\varphi_j \circ (\varphi_i)^{-1} : \varphi_i(U_i \cap U_j) \to \varphi_j(U_i \cap U_j)$$

sont des isomorphismes biréguliers. La structure de variété algébrique réelle de $\mathbb{P}_n(R)$ s'obtient en recollant les variétés algébriques réelles affines U_i (chacune isomorphe à R^n) comme dans 3.2.14. Si W est un ouvert de Zariski de $\mathbb{P}_n(R)$, une fonction régulière sur W est une fonction $f : W \to R$ telle que pour $i = 0, \ldots, n$, $f \circ \varphi_i^{-1} \mid \varphi_i(U_i \cap W)$ soit régulière sur $\varphi_i(U_i \cap W)$.

3.4.2 La grassmannienne $\mathbb{G}_{n,k}(R)$ comme variété algébrique réelle

Par définition $\mathbb{G}_{n,k}(R)$ est l'ensemble des sous-espaces vectoriels de dimension k de R^n; en particulier, $\mathbb{G}_{n+1,1}(R) = \mathbb{P}_n(R)$. Notons $e_1, \ldots, e_n$ la base canonique de R^n. Soit σ une partie à k éléments de $\{1, \ldots, n\}$, V_σ le sous-espace de R^n engendré par $\{e_i \mid i \in \sigma\}$, W_σ le sous-espace engendré par $\{e_i \mid i \notin \sigma\}$. Notons $U_\sigma = \{V \in \mathbb{G}_{n,k}(R) \mid V \cap W_\sigma = \{0\}\}$. Si $V \in U_\sigma$, V est de la forme $\{x + \rho_V(x) \mid x \in V_\sigma\}$ pour une application linéaire $\rho_V : V_\sigma \to W_\sigma$, bien déterminée par V. On a une bijection $\varphi_\sigma : U_\sigma \to \mathbb{M}_{n-k,k}(R)$ de U_σ sur *l'ensemble des matrices à $n-k$ lignes et k colonnes à coefficients dans R*; $\varphi_\sigma(V)$ est la matrice de ρ_V, pour les bases de V_σ et W_σ données ci-dessus. Posons $\varphi_\sigma(V) = [a_{i,j}]_{i \notin \sigma, j \in \sigma}$. Si l'on pose $a_{i,j} = \delta_{i,j}$ (de Kronecker) pour $i \in \sigma, j \in \sigma$, alors la matrice $A' = [a_{i,j}]_{i=1,\ldots,n, j \in \sigma}$ est la matrice de l'application $\operatorname{Id}_{V_\sigma} + \rho_V : V_\sigma \to R^n$, dont l'image est V. Soit maintenant $\tau \neq \sigma$ une autre partie à k éléments de $\{1, \ldots, n\}$. Le sous-espace V appartient à U_τ si et seulement si la matrice $[a_{k,j}]_{k \in \tau; j \in \sigma}$ extraite de A' est inversible; quand c'est le cas, soit B l'inverse de cette matrice et $C = A' \cdot B$. La matrice $C = [c_{i,k}]_{i=1,\ldots,n; k \in \tau}$ est celle d'une application linéaire de V_τ dans R^n dont l'image est V, et qui se met sous la forme $\operatorname{Id}_{V_\tau} + \mu_V$, avec $\mu_V : V_\tau \to W_\tau$ une application linéaire. Ainsi $\varphi_\tau(V)$ est la matrice $[c_{i,k}]_{i \notin \tau; k \in \tau}$ extraite de C.

L'ensemble $\mathbb{M}_{n-k,k}(R)$ s'identifie à $R^{(n-k)k}$ et a ainsi canoniquement une structure de variété algébrique réelle affine. La discussion précédente montre que $\varphi_\sigma(U_\sigma \cap U_\tau)$ est un ouvert de Zariski de $\mathbb{M}_{n-k,k}(R)$, et que $\varphi_\tau \circ (\varphi_\sigma)^{-1} \mid \varphi_\sigma(U_\sigma \cap U_\tau)$ est un isomorphisme birégulier sur $\varphi_\tau(U_\sigma \cap U_\tau)$. On peut donc recoller les structures de variétés algébriques affines sur les U_σ, obtenues par φ_σ par 3.2.14, et comme les U_σ recouvrent $\mathbb{G}_{n,k}(R)$, ceci fait bien de la grassmannienne une variété algébrique réelle. On remarquera que ce qui a été fait pour l'espace projectif est bien un cas particulier de ce que l'on vient de faire pour la grassmannienne, et aussi que le fait que R soit un corps réel clos n'a joué jusqu'ici aucun rôle.

Par ailleurs $\mathbb{P}_n(R)$ et $\mathbb{G}_{n,k}(R)$ sont recouverts par des ouverts birégulièrement isomorphes à R^n et $R^{(n-k)k}$ respectivement. Donc:

Proposition 3.4.3: *Les variétés algébriques réelles $\mathbb{P}_n(R)$ et $\mathbb{G}_{n,k}(R)$ sont non singulières.* □

Voici maintenant un résultat qui fait bien la différence avec le cas complexe:

Théorème 3.4.4: *Les variétés algébriques réelles $\mathbb{P}_n(R)$ et $\mathbb{G}_{n,k}(R)$ sont affines.*

Démonstration: Il suffit bien sûr d'examiner le cas de $\mathbb{G}_{n,k}(R)$, puisque ce cas englobe celui de l'espace projectif. Nous allons exhiber un ensemble algébrique $H_{n,k} \subset R^{n^2}$, et montrer qu'il est birégulièrement isomorphe à $\mathbb{G}_{n,k}(R)$. On considère R^n avec sa base canonique et le produit scalaire: $(x, y) \mapsto x \cdot y = \sum_{i=1}^{n} x_i y_i$. Une matrice $A \in \mathbb{M}_{n,n}(R)$ est une matrice de projection orthogonale sur un sous-espace de dimension k si et seulement si A est symétrique, $A^2 = A$, et trace$(A) = k$. Posons

$$H_{n,k} = \{A \in \mathbb{M}_{n,n}(R) | {}^t A = A, A^2 = A, \text{trace}(A) = k\}.$$

L'ensemble $H_{n,k}$ est algébrique, et on a une bijection

$$\Psi: \mathbb{G}_{n,k}(R) \to H_{n,k}$$

qui à $V \in \mathbb{G}_{n,k}(R)$ associe la matrice de la projection orthogonale sur V. Reprenons les notations de 3.4.2. Il nous faut montrer que $\Psi(U_\sigma)$ est un ouvert de Zariski de $H_{n,k}$, et $\Psi \circ (\varphi_\sigma)^{-1}$ un isomorphisme birégulier de $\mathbb{M}_{n-k,k}(R)$ sur $\Psi(U_\sigma)$. Soit $V \in \mathbb{G}_{n,k}(R)$, $[h_{i,j}]_{i,j=1,\ldots,n} = \Psi(V)$. Notons $I = [h_{i,j}]_{i=1,\ldots,n; j \in \sigma}$ et $I' = [h_{i,j}]_{i \in \sigma, j \in \sigma}$; I' est la matrice de la projection orthogonale de V_σ sur V composée avec la projection orthogonale de V sur V_σ. Donc $V \in U_\sigma$ si et seulement si I' est inversible, et $\Psi(U_\sigma)$ est bien un ouvert de Zariski de $H_{n,k}$. De plus, si $V \in U_\sigma$, $I \cdot (I')^{-1}$ est la matrice de $\text{Id}_{V_\sigma} + \rho_V$, ce qui montre que $\varphi_\sigma \circ (\Psi)^{-1} | \Psi(U_\sigma)$ est une fonction régulière.

Il reste à voir que $\Psi \circ (\varphi_\sigma)^{-1}$ est régulière. Si $V \in U_\sigma$, une base de V est donnée par les vecteurs

$$v_j = e_j + \rho_V(e_j) = e_j + \sum_{i \notin \sigma} a_{i,j} e_i \quad \text{pour} \quad j \in \sigma.$$

Pour $k = 1, \ldots, n$, la projection orthogonale de e_k sur V est $\sum_{j' \in \sigma} \lambda_{j',k} v_{j'}$. Il suffit de voir que $\lambda_{j',k}$ est fonction régulière des $a_{i,j}$. Or on a $(\sum_{j' \in \sigma} \lambda_{j',k} v_{j'}) \cdot v_j = e_k \cdot v_j$, et $e_k \cdot v_j = a_{k,j}$ si $k \notin \sigma$, $e_k \cdot v_j = \delta_{k,j}$ (de Kronecker) si $k \in \sigma$; il suffit alors de remarquer que la matrice $[v_{j'} \cdot v_j]_{j',j\in\sigma}$ est inversible puisque les vecteurs v_j sont indépendants. $\square$

Les grassmanniennes ont une autre propriété, que nous allons mettre en évidence.

Définition et Proposition 3.4.5: *Soit $(X, \mathcal{R}_X)$ une variété algébrique réelle affine, $F \subset X$ un ensemble semi-algébrique. Les propriétés suivantes sont équivalentes:*

(i) Pour tout isomorphisme birégulier $\varphi\colon X \to U$ sur un ouvert de Zariski d'un ensemble algébrique de R^n, $\varphi(F)$ est fermé borné dans R^n.

(ii) Il existe un isomorphisme birégulier $\varphi\colon X \to U$ sur un ouvert de Zariski d'un ensemble algébrique de R^n tel que $\varphi(F)$ soit fermé borné dans R^n.

(iii) Toute fonction semi-algébrique continue sur F est bornée:

$$\forall f \in \mathcal{S}^0(F) \;\exists m \in R \;\forall x \in F \quad |f(x)| \leq m.$$

(iv) Toute fonction régulière sur un ouvert de Zariski contenant F est bornée sur F.

Un ensemble semi-algébrique F possédant ces propriétés est dit fermé borné.

Démonstration: (i) $\Rightarrow$ (ii) est clair. (ii) $\Rightarrow$ (iii) parce qu'une fonction semi-algébrique continue sur un ensemble fermé borné est bornée (2.5.8). (iii) $\Rightarrow$ (iv) est clair. (iv) $\Rightarrow$ (i): soit $\varphi\colon X \to U$ un isomorphisme birégulier sur un ouvert de Zariski d'un ensemble algébrique de R^n. Comme toute fonction de $\mathcal{R}(U)$ est bornée sur $\varphi(F)$, $\varphi(F)$ est borné. Si $\varphi(F)$ n'est pas fermé (dans R^n), soit $x \in \mathrm{adh}(\varphi(F)) \setminus \varphi(F)$; alors $\left(\sum_{i=1}^n (X_i - x_i)^2\right)^{-1} \in \mathcal{R}(U \setminus \{x\})$, et n'est pas borné sur $\varphi(F)$. $\square$

Proposition 3.4.6: *Les variétés algébriques réelles affines $\mathbb{P}_n(R)$ et $\mathbb{G}_{n,k}(R)$ sont fermées bornées.*

Démonstration: Il suffit de vérifier que $H_{n,k}$ est borné dans R^{n^2} (avec les notations de 3.4.4). Or si $[h_{i,j}] \in H_{n,k}$ on a forcément $|h_{i,j}| \leq 1$ puisqu'une projection orthogonale diminue la norme. $\square$

Proposition 3.4.7: *Les variétés algébriques réelles $\mathbb{G}_{n,k}(R)$ et $\mathbb{G}_{n,n-k}(R)$ sont birégulièrement isomorphes.*

Démonstration: L'application $H_{n,k} \to H_{n,n-k}$ qui à A associe $\mathrm{Id}_{R^n} - A$ (qui correspond à l'application $\mathbb{G}_{n,k}(R) \to \mathbb{G}_{n,n-k}(R)$ qui à V associe l'orthogonal $V^\perp$) est un isomorphisme birégulier. $\square$

On peut reprendre ce que l'on vient de faire pour les espaces projectifs et les grassmanniennes du corps $C = R[i]$. Les constructions 3.4.1 et 3.4.2 peuvent être reprises sans problème. On montre ensuite que $\mathbb{G}_{n,k}(C)$ est birégulièrement isomorphe, en tant que variété algébrique réelle sur R à

$$H'_{n,k} = \{A \in \mathbb{M}_{n,n}(C) \mid A = {}^t\bar{A}, A^2 = A, \mathrm{trace}(A) = k\}$$

qui est un sous-ensemble algébrique réel de $\mathbb{M}_{n,n}(C) \simeq R^{2n^2}$ (mais pas un sous-ensemble algébrique «complexe» de $\mathbb{M}_{n,n}(C) \simeq C^{n^2}$).

On a ainsi:

Proposition 3.4.8: *Soit $C = R[i]$. Alors $\mathbb{P}_n(C)$ et $\mathbb{G}_{n,k}(C)$ sont des variétés algébriques réelles affines sur R, non singulières et fermées bornées.* □

Dans le chapitres 12 et 14 on utilisera les résultats suivants.

Proposition 3.4.9: *Soit X une variété algébrique réelle et soient $\varphi_i \colon X \to R^n$, $i = 1, \ldots, k$, $k < n$, des fonctions régulières telles que, pour tout x de X, les vecteurs $\varphi_1(x), \ldots, \varphi_k(x)$ engendrent un sous-espace vectoriel $\Phi(x)$ de dimension k de R^n. Alors l'application $\Phi \colon X \to \mathbb{G}_{n,k}(R)$ est régulière.*

Démonstration: Nous identifierons $\mathbb{G}_{n,k}(R)$ à $H_{n,k}$ comme dans 3.4.4 et noterons encore $\Phi(x)$ la matrice de projection orthogonale de R^n sur $\Phi(x)$. On a, pour tout y de R^n, $(\Phi(x)) \cdot (y) = \sum_{i=1}^{k} a_i(x, y) \varphi_i(x)$, où

$$\begin{bmatrix} a_1(x, y) \\ \vdots \\ a_k(x, y) \end{bmatrix} = A(x)^{-1} \cdot \begin{bmatrix} y \cdot \varphi_1(x) \\ \vdots \\ y \cdot \varphi_k(x) \end{bmatrix}$$

avec $A(x)$ la matrice $k \times k$ de coefficients $\varphi_i(x) \cdot \varphi_j(x)$.

Les coefficients de $\Phi(x)$ sont des fonctions régulières, donc Φ est régulière. □

Corollaire 3.4.10: *Soit $V \subset R^n$ un ensemble algébrique de codimension k et soit X un ouvert de Zariski de $\mathrm{Reg}(V)$. Alors les applications de Gauss*

$$\tau_X \colon X \to \mathbb{G}_{n, n-k}(R), \text{ définie par } \tau_X(x) = T_x(V)$$

et

$$\nu_X \colon X \to \mathbb{G}_{n,k}(R), \quad \text{définie par } \nu_X(x) = T_x(V)^\perp$$

sont régulières (on note $T_x(V)^\perp$ l'espace normal à V en x, c'est-à-dire l'orthogonal de l'espace tangent $T_x(V)$ à V en x).

Démonstration: D'après 3.4.7 il suffit de montrer que ν_X est régulière. Soit $\{q_1, \ldots, q_m\}$ un ensemble de générateurs de $\mathscr{I}(V)$. Pour chaque sous-ensemble $I = \{i_1, \ldots, i_k\} \subset \{1, \ldots, m\}$ soit $U_I = \{x \in X \mid \mathrm{grad}(q_{i_1}(x)), \ldots, \mathrm{grad}(q_{i_k}(x))$ linéairement indépendants dans $R^n\}$. La famille des U_I forme un recouvrement ouvert de X pour la topologie de Zariski. La fonction ν_X restreinte à U_I associe à x l'espace vectoriel engendré par $\mathrm{grad}(q_{i_1}(x)), \ldots, \mathrm{grad}(q_{i_k}(x))$. On est dans les hypothèses de 3.4.9, donc $\nu_X \mid U_I$ est régulière. On conclut par 3.2.3. □

3.5 Quelques constructions

Proposition 3.5.1: *Soit $S^n = \{(x_1, \ldots, x_{n+1}) \in R^{n+1} \mid x_1^2 + \ldots + x_{n+1}^2 = 1\}$, $P_N = (0, \ldots, 0, 1) \in S^n$, $P_S = (0, \ldots, 0, -1) \in S^n$. La projection stéréographique*

$$\Pi_N \colon S^n \setminus \{P_N\} \to R^n, \quad \Pi_N(x) = \left(\frac{x_1}{1-x_{n+1}}, \ldots, \frac{x_n}{1-x_{n+1}} \right)$$

$$\left(\text{resp. } \Pi_S \colon S^n \setminus \{P_S\} \to R^n, \Pi_S(x) = \left(\frac{x_1}{1+x_{n+1}}, \ldots, \frac{x_n}{1+x_{n+1}} \right) \right)$$

est un isomorphisme birégulier.

Démonstration: L'inverse de la projection stéréographique Π_N est

$$(t_1, \ldots, t_n) \mapsto \left(\frac{2t_1}{\|t\|^2+1}, \ldots, \frac{2t_n}{\|t\|^2+1}, \frac{\|t\|^2-1}{\|t\|^2+1} \right),$$

et celui de Π_S est

$$(t_1, \ldots, t_n) \mapsto \left(\frac{2t_1}{\|t\|^2+1}, \ldots, \frac{2t_n}{\|t\|^2+1}, \frac{-\|t\|^2+1}{\|t\|^2+1} \right). \quad \square$$

Remarquons que si $n=1$, pour $x \neq 0$ on a $\Pi_N \circ \Pi_S^{-1}(x) = 1/x$, et si $n=2$, pour $(x, y) \neq (0, 0)$ on a $\Pi_N \circ \Pi_S^{-1}(x, y) = (x/(x^2+y^2), y/(x^2+y^2))$, soit en notation complexe $z = x+iy$, $\Pi_N \circ \Pi_S^{-1}(z) = 1/\bar{z}$. Ceci permet de s'apercevoir du fait suivant.

Proposition 3.5.2: *La variété algébrique réelle S^1 est birégulièrement isomorphe à $\mathbb{P}_1(R)$. La variété algébrique réelle S^2 est birégulièrement isomorphe (comme variété algébrique réelle, bien sûr) à $\mathbb{P}_1(C)$, où $C = R[i]$.* $\square$

On peut aussi construire un compactifié d'Alexandrov algébrique.

Définition et Proposition 3.5.3: *Soit X une variété algébrique réelle affine non fermée bornée. Alors il existe un couple $(\dot{X}, i)$ tel que*
  (i) *$\dot{X}$ est une variété algébrique réelle affine fermée bornée,*
  (ii) *$i \colon X \to \dot{X}$ est un isomorphisme birégulier de X sur $i(X)$,*
  (iii) *$\dot{X} \setminus i(X)$ n'a qu'un élément.*
On dit que $(\dot{X}, i)$ est un compactifié d'Alexandrov algébrique de X.

Démonstration: Soit $V \subset R^n$ un ensemble algébrique, birégulièrement isomorphe à X. On peut toujours supposer que l'origine 0 n'appartient pas à V. Si X n'est pas fermée bornée, alors V n'est pas borné d'après 3.4.5. L'inversion $i \colon R^n \setminus \{0\} \to R^n \setminus \{0\}$, $i(x) = x/\|x\|^2$ est un isomorphisme birégulier; $i(V)$ est donc un fermé de Zariski de $R^n \setminus \{0\}$, et $\dot{X} = i(V) \cup \{0\}$, qui est l'adhérence de $i(V)$ pour la topologie euclidienne, est un ensemble algébrique borné de R^n. $\square$

Remarque 3.5.4: Un compactifié d'Alexandrov algébrique de X est en particulier un compactifié d'Alexandrov semi-algébrique (2.5.9) de X. $\square$

Notons qu'on n'a pas unicité à isomorphisme birégulier près du compactifié d'Alexandrov algébrique. Considérons en effet la courbe C_1 d'équation $y^2 = x^4 - x^6$. L'ouvert de Zariski $U = C_1 \setminus \{0\}$ est une variété algébrique réelle (non fermée bornée) (3.2.10), birégulièrement isomorphe à l'ouvert de Zariski $C_2 \setminus \{0\}$ de la courbe C_2 d'équation $t^2 = x^2 - x^4$ par l'application qui à (x, y) associe $(x, y/x)$. Les courbes C_1 et C_2 sont donc deux compactifiés d'Alexandrov algébriques de U. Elles ne sont pourtant pas birégulièrement isomorphes (considérer les anneaux locaux en 0) (cf. figure 12).

3.5 Quelques constructions

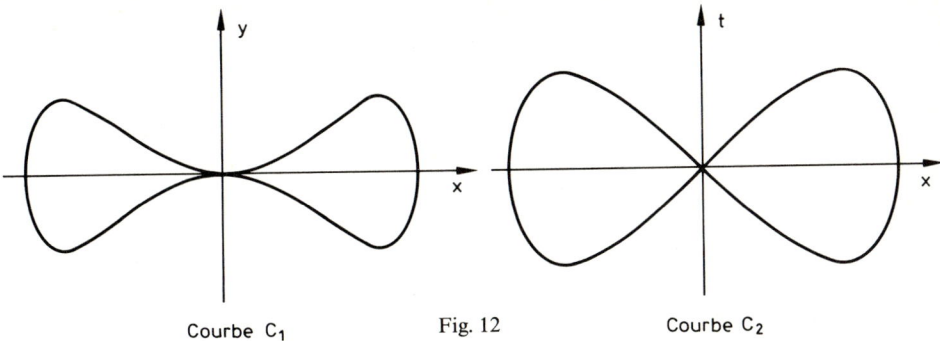

Courbe C_1 Fig. 12   Courbe C_2

On peut écraser un sous-ensemble algébrique sur un point.

Proposition 3.5.5: *Soit X une variété algébrique réelle affine, $Y \neq \emptyset$ un fermé de Zariski de X. Il existe une variété algébrique réelle affine Z, un point $z \in Z$, et une fonction régulière $\Phi: X \to Z$ tels que*
  (i) $\Phi(Y) = \{z\}$,
  (ii) $\Phi | X \setminus Y$ *est un isomorphisme birégulier sur $Z \setminus \{z\}$.*

Démonstration: On se ramène au cas d'un ensemble algébrique $X \subset R^n$, avec un sous-ensemble algébrique Y. Soit $P = 0$ une équation de Y. Soit X' l'ensemble algébrique obtenu en envoyant Y à l'infini

$$X' = \{(x, t) \in X \times R \mid t P(x) = 1\}.$$

Soit Z la réunion de l'origine avec l'image de X' par l'inversion par rapport à la sphère unité de R^{n+1}. On prend pour Φ:

$$\Phi(x) = \left(\frac{P^2(x)}{\|x\|^2 P^2(x) + 1} x, \frac{P(x)}{\|x\|^2 P^2(x) + 1} \right). \quad \square$$

Remarque 3.5.6: Dans le cas $R = \mathbb{R}$, et si X est compact, le Z que l'on a construit est bien le quotient topologique X/Y. Cela n'est pas vrai si X n'est pas compact: soit $X = \{(x, y) \in \mathbb{R}^2 \mid (xy - 1)x = 0\}$, et $Y = \{(x, y) \in \mathbb{R}^2 \mid x = 0\}$. Le Z construit comme ci-dessus est connexe:

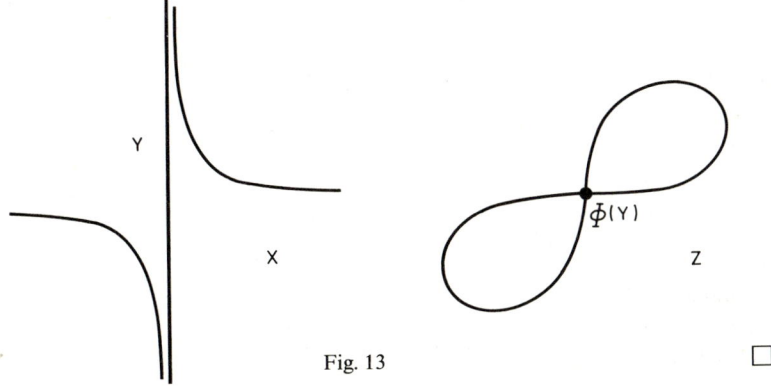

Fig. 13

Enfin, une célèbre construction: l'éclatement (qui peut s'effectuer sur un corps de base quelconque mais qui est réalisé comme variété *affine* dans le cas d'un corps réel clos).

Proposition 3.5.7: *Soit X une variété algébrique réelle affine, Y un fermé de Zariski de X avec $\mathscr{I}_{\mathscr{R}(X)}(Y) = (f_1, \ldots, f_m)$. Posons*

$$Z = \{(x, (f_1(x): \ldots : f_m(x))) \in X \times \mathbb{P}_{m-1}(R) \mid x \in X \setminus Y\}.$$

On note $E(X, Y)$ l'adhérence pour la topologie de Zariski de Z dans $X \times \mathbb{P}_{m-1}(R)$, ($E(X, Y)$ est donc une variété algébrique réelle affine) et $\sigma: E(X, Y) \to X$ la projection. Alors:

(i) L'ensemble algébrique $E(X, Y)$ est indépendant du choix des générateurs de $\mathscr{I}_{\mathscr{R}(X)}(Y)$ à un isomorphisme birégulier compatible avec σ près. On appelle $E(X, Y)$ l'éclatement de X de centre Y.

(ii) On a $Z = \sigma^{-1}(X \setminus Y)$, et $\sigma|Z: Z \to X \setminus Y$ est un isomorphisme birégulier sur $X \setminus Y$.

(iii) Si F est un ensemble semi-algébrique fermé borné de X, $\sigma^{-1}(F)$ est fermé borné. Si G est un ensemble semi-algébrique fermé de $E(X, Y)$, $\sigma(G)$ est fermé.

Démonstration: (i) Il suffit de voir ce qui se passe quand on remplace $(f_1, \ldots, f_m)$ par $(f_1, \ldots, f_{m+1})$ où $f_{m+1} = \sum_{i=1}^{m} \Lambda_i f_i$ avec $\Lambda_i \in \mathscr{R}(X)$. La variété $X \times \mathbb{P}_{m-1}(R)$ est birégulièrement isomorphe à

$$\left\{(x, (y_1 : \ldots : y_{m+1})) \in X \times \mathbb{P}_m(R) \,\middle|\, y_{m+1} = \sum_{i=1}^{m} \Lambda_i(x) y_i \right\}$$

qui est un fermé de Zariski de $X \times \mathbb{P}_m(R)$, et ceci induit l'isomorphisme birégulier annoncé entre les deux constructions de l'éclatement.

(ii) On a

$$Z = \{(x, (y_1 : \ldots : y_m)) \in (X \setminus Y) \times \mathbb{P}_{m-1}(R) \mid y_i f_j(x) = y_j f_i(x)\}$$

ce qui montre que Z est un fermé de Zariski dans $(X \setminus Y) \times \mathbb{P}_{m-1}(R)$. Donc $E(X, Y) \cap ((X \setminus Y) \times \mathbb{P}_{m-1}(R)) = Z$; il est clair que $\sigma|Z: Z \to X \setminus Y$ est un isomorphisme birégulier.

(iii) Si F est un ensemble semi-algébrique fermé borné de X, $\sigma^{-1}(F)$ est fermé pour la topologie euclidienne dans $F \times \mathbb{P}_{m-1}(R)$, qui est fermé borné; donc $\sigma^{-1}(F)$ est fermé borné. Si G est semi-algébrique fermé dans $E(X, Y)$, et $x \in \text{adh}(\sigma(G))$, alors $\sigma^{-1}(\bar{B}_n(x, 1)) \cap G$ est fermé borné (on peut supposer X plongé comme ensemble algébrique dans un R^n pour prendre $\bar{B}_n(x, 1)$), et donc $\sigma(\sigma^{-1}(\bar{B}_n(x, 1)) \cap G) = \bar{B}_n(x, 1) \cap \sigma(G)$ est fermé, d'où $x \in \sigma(G)$. □

Proposition 3.5.8: *Si X est irréductible, $E(X, Y)$ est irréductible, de même dimension, et σ induit un isomorphisme $\mathscr{K}(X) \to \mathscr{K}(E(X, Y))$ entre les corps de fractions rationnelles (σ est une équivalence birationnelle).*

3.5 Quelques constructions 71

Démonstration: Si X est irréductible, $X\setminus Y$ est Zariski-dense dans X. D'un autre côté Z est Zariski-dense dans $E(X, Y)$, et $X\setminus Y$ et Z sont birégulièrement isomorphes (3.5.7 (ii)). L'irréductibilité de X entraîne celle de $E(X, Y)$. Par ailleurs, $\mathcal{K}(X)$ (resp. $\mathcal{K}(E(X, Y))$) est le corps de fractions de $\mathcal{R}(X\setminus Y)$ (resp. $\mathcal{R}(Z)$), et les deux corps sont donc isomorphes. □

Exemple 3.5.9: Soit X le «parapluie» d'équation $z^2 x = y^2$, Y le «manche» $z = y = 0$. Ici

$$Z = \{(x, y, z, (y:z)) \in X \times \mathbb{P}_1(R) \mid y \neq 0 \text{ ou } z \neq 0\}$$

et

$$E(X, Y) = \{(x, y, z, (u:v)) \in X \times \mathbb{P}_1(R) \mid uz = vy \text{ et } v^2 x = u^2\}$$

est birégulièrement isomorphe à $\{(x, t, z) \in R^3 \mid x = t^2\}$ (avec $t = u/v$).

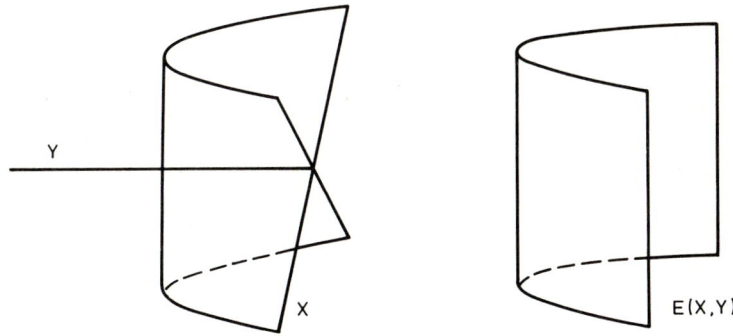

Fig. 14

On remarquera que $\sigma: E(X, Y) \to X$ n'est pas surjectif. La partie du manche où $x < 0$ n'est pas atteinte. □

Quand tout est non singulier, la situation est plus simple:

Proposition 3.5.10: *Si X est une variété algébrique réelle affine non singulière, et si Y est un fermé de Zariski non singulier de X, avec $m = \dim(X) - \dim(Y)$, alors:*

(i) *L'éclatement $E(X, Y)$ est non singulier.*

(ii) *Il existe un recouvrement fini de Y par des ouverts de Zariski U_i tels que $\sigma^{-1}(U_i)$ soit birégulièrement isomorphe à $U_i \times \mathbb{P}_{m-1}(R)$.*

Démonstration: Soit $y \in Y$. L'anneau local $\mathcal{R}_{X,y}$ est régulier. On peut trouver un système régulier de paramètres $f_1, \ldots, f_d$ de $\mathcal{R}_{X,y}$ tel que $f_1, \ldots, f_m$ engendre $\mathcal{I}(Y)\mathcal{R}_{X,y}$ (cf. 3.3.6). Soit U un voisinage ouvert de Zariski de y dans X tel que $f_1, \ldots, f_m$ engendrent $\mathcal{I}(Y)\mathcal{R}(U)$.

Commençons par montrer (ii). L'ensemble $E(U, Y \cap U)$ est l'adhérence pour la topologie de Zariski de

$$Z = \{(x, (f_1(x) : \ldots : f_m(x))) \in U \times \mathbb{P}_{m-1}(R) \mid x \in U \setminus Y\}$$

et $E(U, Y \cap U)$ est birégulièrement isomorphe à $\sigma^{-1}(U)$ (où $\sigma: E(X, Y) \to X$). Soit $y' \in Y \cap U$. Les classes de $f_1, \ldots, f_m$ modulo $(\mathfrak{m}_{X,y'})^2$ sont linéairement indépendantes sur R (3.3.6), ce qui veut dire que la restriction de la différentielle $(f'_1(y'), \ldots, f'_m(y'))$ à l'espace tangent $T_{y'}(X)$ est de rang m; en utilisant le théorème des fonctions implicites, on a que pour tout voisinage Ω de y' dans X pour la topologie euclidienne, $(f_1, \ldots, f_m)(\Omega)$ est un voisinage de 0 dans R^m, et donc tout point de $\{y'\} \times \mathbb{P}_{m-1}(R)$ est dans l'adhérence (euclidienne, donc a fortiori de Zariski) de $Z : \sigma^{-1}(y') = \{y'\} \times \mathbb{P}_{m-1}(R)$. Ceci vaut pour tout point y' de $Y \cap U$, et donc $\sigma^{-1}(Y \cap U) = (Y \cap U) \times \mathbb{P}_{m-1}(R)$.

Montrons maintenant le point (i). Soit $t = (y, (z_1 : \ldots : z_m))$ un point de $U \times \mathbb{P}_{m-1}(R)$ au-dessus de y. On peut supposer $z_m \neq 0$, et on se ramène à $U \times R^{m-1}$ et $t = (y, v_1, \ldots, v_{m-1})$ où $v_i = z_i/z_m$ pour $i = 1, \ldots, m-1$. Les équations de $E(U, Y \cap U)$ dans $U \times R^{m-1}$ sont

$$f_m(x) u_i = f_i(x) \quad \text{pour } i = 1, \ldots, m-1.$$

L'idéal maximal de $\mathcal{R}_{U \times R^{m-1}, t}$ est

$$(f_1, \ldots, f_d, u_1 - v_1, \ldots, u_{m-1} - v_{m-1})$$
$$= (f_m u_1 - f_1, \ldots, f_m u_{m-1} - f_{m-1}, f_m, \ldots, f_d, u_1 - v_1, \ldots, u_{m-1} - v_{m-1}).$$

Donc, d'après 3.3.6 (iii),

$$\mathcal{R}_{E(U, Y \cap U), t} = \mathcal{R}_{U \times R^{m-1}, t}/(f_m u_1 - f_1, \ldots, f_m u_{m-1} - f_{m-1})$$

est un anneau local régulier, et t est un point non singulier de $E(U, Y \cap U)$. Ainsi $E(X, Y)$ est bien non singulier. □

Proposition 3.5.11: *Soit 0 l'origine de R^n. L'éclatement $E(R^n, 0)$ est birégulièrement isomorphe à $\mathbb{P}_n(R)$ moins un point.*

Démonstration: L'idée pour construire l'isomorphisme birégulier est la suivante. On considère $R^n \subset R^{n+1}$, et on effectue la projection ρ de centre $(0, 1) \in R^{n+1}$ de R^n sur la sphère $S^{n+1}((0, \frac{1}{2}), \frac{1}{2})$. On a

$$\rho(x) = (1 + \|x\|^2)^{-1}(x, \|x\|^2).$$

On compose ensuite $\rho|R^n \setminus \{0\}$ avec la projection canonique $\Pi : R^{n+1} \setminus \{0\} \to \mathbb{P}_n(R)$. On peut alors relever le composé à l'éclatement $E(R^n, 0)$, les points de $\sigma^{-1}(\{0\})$ s'envoyant sur les droites de R^{n+1} tangentes à la sphère $S^{n+1}((0, \frac{1}{2}), \frac{1}{2})$ à l'origine. Seule la droite «verticale» n'est pas atteinte (cf. figure 15).

En formules,

$$E(R^n, 0) = \{(x, (t_1 : \ldots : t_n)) \in R^n \times \mathbb{P}_{n-1}(R) \mid x_i t_j = x_j t_i\},$$

$$\varphi : E(R^n, 0) \to \mathbb{P}_n(R) \setminus \{(0 : \ldots : 0 : 1)\}$$

est défini par

$$(x, (t_1 : \ldots : t_n)) \mapsto \left(t_1 : \ldots : t_n : \sum_{i=1}^n t_i x_i\right),$$

et

$$\varphi^{-1} : \mathbb{P}_n(R) \setminus \{(0 : \ldots : 0 : 1)\} \to E(R^n, 0)$$

est défini par

$$(u_1 : \ldots : u_{n+1}) \mapsto \left(u_1 u_{n+1} \Big/ \sum_{i=1}^{n} u_i^2, \ldots, u_n u_{n+1} \Big/ \sum_{i=1}^{n} u_i^2, (u_1 : \ldots : u_n) \right). \quad \square$$

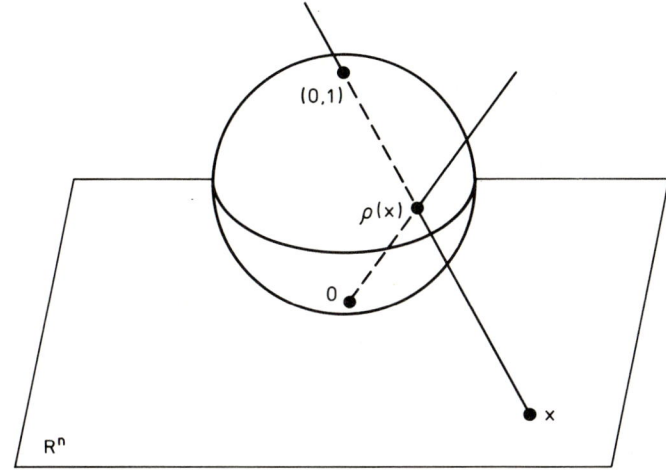

Fig. 15

Remarque 3.5.12: ($R=\mathbb{R}$) Soit X une variété algébrique réelle affine non singulière, y un point de X. Au voisinage de y, on peut choisir un système régulier de paramètres de $\mathcal{R}_{X,y}$ qui réalise un $\mathscr{S}^\infty$-difféomorphisme avec un voisinage ouvert de l'origine de $\mathbb{R}^n$. L'éclatement $E(X, y)$ est la *somme connexe* $X \# \mathbb{P}_n(\mathbb{R})$ ([Hirsch 1] p. 191) de X avec $\mathbb{P}_n(\mathbb{R})$. Décrivons la situation en dimension 2. On sait que $E(\mathbb{R}^2, 0)$ est un ruban de Möbius sans bord, d'après 3.5.11. Donc, du point de vue topologique, $E(X, y)$ est ainsi fait: on enlève à X un petit disque de centre y, et on recolle un ruban de Möbius à bord à X, en envoyant le bord du ruban sur le bord du disque enlevé.

Note bibliographique: Une grande partie de ce chapitre n'a rien de spécifiquement réel, et peut se trouver dans les ouvrages et articles classiques de géométrie algébrique, auxquels nous avons largement emprunté. Nous n'indiquerons des références que pour ce qui concerne vraiment le cas réel.

Il n'est pas facile de dire qui est vraiment l'heureux possesseur du parapluie (exemple 3.1.2 d)). Il figure dans les deux articles [Cartan 1] et [Whitney 1] et dans une note [Bruhat Cartan 1], parus à peu près simultanément. Nous avons choisi Cartan par pur chauvinisme. Un autre parapluie (exemple 3.5.9) figure dans un article ultérieur [Whitney 2], à propos de problèmes de stratification.

Plusieurs emprunts ont été faits à Akbulut et King: dans [Akbulut King 4] on trouve la propriété (iii) de 3.3.9 (non singularité en dimension d), la proposition 3.3.16 (l'énoncé d'Akbulut et King doit être légèrement modifié, voir remarque 3.3.17), la présentation de $\mathbb{G}_{n,k}(R)$ comme sous-ensemble algébrique de R^{n^2}

(3.4.4) (déjà dans [Palais 1]), le «compactifié d'Alexandrov» algébrique (3.5.3) et l'écrasement d'un sous-ensemble algébrique sur un point (3.5.5) (aussi dans [Benedetti Tognoli 1]).

L'exemple de point non singulier analytiquement et singulier algébriquement (3.3.11 b)) vient de [Milnor 4].

Chapitre 4. Algèbre réelle

Résumé : La première section établit le théorème d'homomorphisme d'Artin-Lang comme conséquence du principe de Tarski-Seidenberg, puis donne le théorème des zéros réels qui est la caractérisation des idéaux de polynômes s'annulant sur un ensemble algébrique, quand le corps de base est réel clos. Les deux sections suivantes développent une « théorie d'Artin-Schreier » pour les anneaux, parallèle à ce qu'on a vu pour les corps au chapitre 1 ; la notion de cône premier, liée à celle de morphisme à valeurs dans un corps réel clos, joue un rôle important, et nous la retrouverons dans l'étude du spectre réel (chapitre 7). La section 4 utilise cette théorie d'Artin-Schreier pour les anneaux, et le théorème d'homomorphisme d'Artin-Lang pour établir un positivstellensatz (caractérisation des polynômes positifs ou nuls sur certains ensembles), et quelques variantes. La dernière section établit le critère suivant : si $f \in R[X_1 \ldots X_n]$ est irréductible, $(f) = \mathscr{I}(\mathscr{Z}(f))$ si et seulement si f change de signe sur R^n.

Dans tout ce chapitre, R désigne un corps réel clos.

4.1 Théorème d'homomorphisme d'Artin-Lang. Théorème des zéros réels

Nous commençons par une conséquence du principe de Tarski-Seidenberg.

Proposition 4.1.1 : *Soit R_1 un extension réelle close de R. Soit $\mathscr{B}(X)$ une combinaison booléenne d'équations et d'inégalités polynomiales en les variables $X = (X_1, \ldots, X_n)$, à coefficients dans R. Alors s'il existe $y = (y_1, \ldots, y_n) \in R_1^n$ tel que $\mathscr{B}(y)$ soit vraie dans R_1, il existe $x = (x_1, \ldots, x_n) \in R^n$ tel que $\mathscr{B}(x)$ soit vraie dans R.*

Démonstration : On raisonne par récurrence sur n, en utilisant le corollaire 1.4.6 du principe de Tarski-Seidenberg. Pour $n = 0$, il n'y a rien à montrer. Supposons $n \geq 1$, et le résultat montré pour $n - 1$. D'après 1.4.6, il existe une combinaison booléenne $\mathscr{C}(X')$ d'équations et d'inégalités polynomiales en les variables $X' = (X_1, \ldots, X_{n-1})$ à coefficients dans R telle que, pour tout corps réel clos R_2 contenant R et tout $x' = (x_1, \ldots, x_{n-1}) \in R_2^{n-1}$, $\mathscr{B}(x', X_n)$ a une solution dans R_2 si et seulement si $\mathscr{C}(x')$ est vraie dans R_2. Si donc $y = (y_1, \ldots, y_n) \in R_1^n$ est solution de $\mathscr{B}(X)$ dans R_1, $y' = (y_1, \ldots, y_{n-1})$ est solution de $\mathscr{C}(X')$ dans R_1. D'après l'hypothèse de récurrence, $\mathscr{C}(X')$ a une solution $x' = (x_1, \ldots, x_{n-1}) \in R^{n-1}$ dans R. Alors il existe $x_n \in R$ tel que $x = (x', x_n)$ soit solution de $\mathscr{B}(X)$ dans R. □

Théorème 4.1.2 (théorème d'homomorphisme d'Artin-Lang): *Soit R un corps réel clos, $A = R[X_1, ..., X_n]/I$ une R-algèbre de type fini. S'il existe un homomorphisme de R-algèbres $\varphi: A \to R_1$ dans un corps réel clos R_1 extension de R, il existe un homomorphisme de R-algèbres $\psi: A \to R$.*

Démonstration: Soient $P_1, ..., P_m$ des générateurs de l'idéal I. L'existence de φ est équivalente à l'existence dans R_1 d'une solution du système d'équations $P_1 = ... = P_m = 0$. Il suffit alors d'appliquer 4.1.1 à ce système d'équations. □

Le théorème d'homomorphisme permet de montrer le théorème des zéros réels, qui caractérise les idéaux de polynômes s'annulant sur un ensemble algébrique.

Définition 4.1.3: *Soit A un anneau commutatif. Un idéal I de A est dit réel quand, pour toute suite $a_1, ..., a_p$ d'éléments de A telle que $a_1^2 + ... + a_p^2 \in I$, on a $a_i \in I$, pour $i = 1, ..., p$.*

Théorème 4.1.4 (théorème des zéros réels): *Soit R un corps réel clos, I un idéal de $R[X_1, ..., X_n]$. Alors $I = \mathscr{I}(\mathscr{Z}(I))$ si et seulement si I est réel.*

Démonstration: Supposons $I = \mathscr{I}(\mathscr{Z}(I))$. Si $P_1, ..., P_p$ sont tels que $P_1^2 + ... + P_p^2 \in I$, alors, pour $i = 1, ..., p$, on a $P_i(x) = 0$ pour tout $x \in \mathscr{Z}(I)$, et donc $P_i \in I$. L'idéal I est bien réel.

Montrons la réciproque. On se ramène au cas où I est premier réel.

Lemme 4.1.5: *Soit A un anneau commutatif. Si I est un idéal réel de A, I est radical. Si de plus A est noethérien, tous les idéaux premiers minimaux contenant I sont réels.*

Démonstration: Si $a^n \in I$, alors dans le cas où n est pair $a^{n/2} \in I$ et dans le cas où n est impair, $n > 1$, $a^{(n+1)/2} \in I$; dans les deux cas, l'exposant a diminué, et en itérant le procédé on arrive à $a \in I$. Soient $\mathfrak{p}_1, ..., \mathfrak{p}_q$ les idéaux premiers minimaux de A contenant I. Si par exemple $\mathfrak{p}_1$ n'est pas réel, on peut trouver $a_1, ..., a_p \in A \setminus \mathfrak{p}_1$ tels que $a_1^2 + ... + a_p^2 \in \mathfrak{p}_1$. Soient $b_i \in \mathfrak{p}_i \setminus \mathfrak{p}_1$ pour $i = 2, ..., q$, et $b = \prod_{i=2}^{q} b_i$. Alors $(a_1 b)^2 + ... + (a_p b)^2 \in \bigcap_{i=1}^{q} \mathfrak{p}_i = I$, mais $a_1 b \notin \mathfrak{p}_1$: contradiction. □

Lemme 4.1.6: *Soit A un anneau. Un idéal premier I de A est réel si et seulement si le corps de fractions de A/I est réel.*

Démonstration: Immédiat avec 1.1.6 (iv). □

Terminons la démonstration de 4.1.4. On peut, grâce à 4.1.5, supposer que I est un idéal premier réel. On note $\bar{P}$ l'image d'un élément P de $R[X_1, ..., X_n]$ dans $R[X_1, ..., X_n]/I$. Choisissons un ordre sur le corps de fractions de $R[X_1, ..., X_n]/I$, ce qui est possible d'après 4.1.6, et soit R_1 la clôture réelle de ce corps ordonné. Soit alors $P \notin I$, et A l'anneau de fractions $(R[X_1, ..., X_n]/I)_{\bar{P}}$. L'anneau A est contenu dans R_1, et par le théorème d'homomorphisme d'Artin-Lang on a donc un homomorphisme de R-algèbres $\psi: A \to R$. Si $x_i = \psi(\bar{X}_i)$ et $x = (x_1, ..., x_n)$, on a $x \in \mathscr{Z}(I)$ et $P(x) \neq 0$, ce qui montre $P \notin \mathscr{I}(\mathscr{Z}(I))$. Ainsi $I = \mathscr{I}(\mathscr{Z}(I))$. □

Proposition 4.1.7: *Soit A un anneau commutatif, $I \subset A$ un idéal. Alors*

$$\sqrt[R]{I} = \{a \in A \mid \exists m \in \mathbb{N} \; \exists b_1, \ldots, b_p \in A \quad a^{2m} + b_1^2 + \ldots + b_p^2 \in I\}$$

est le plus petit idéal réel de A contenant I. On l'appelle radical réel de I. L'idéal $\sqrt[R]{I}$ est l'intersection des idéaux premiers réels contenant I (ou A tout entier, si I n'est contenu dans aucun idéal premier réel).

Démonstration: Il faut déjà voir que $\sqrt[R]{I}$ est bien un idéal; le point non évident est que la somme de deux éléments de $\sqrt[R]{I}$ est dans $\sqrt[R]{I}$. Supposons donc que l'on a

$$a^{2m} + b_1^2 + \ldots + b_p^2 \in I \quad \text{et} \quad a'^{2m'} + b_1'^2 + \ldots + b_{p'}'^2 \in I.$$

On peut écrire

$$(a+a')^{2(m+m')} + (a-a')^{2(m+m')} = a^{2m} c + a'^{2m'} c'$$

où c et c' sont des sommes de carrés d'éléments de A. Mais alors

$$(a+a')^{2(m+m')} + (a-a')^{2(m+m')} + c(b_1^2 + \ldots + b_p^2) + c'(b_1'^2 + \ldots + b_{p'}'^2) \in I,$$

et donc $a + a' \in \sqrt[R]{I}$. Il est clair que $\sqrt[R]{I}$ est réel. Tout idéal réel J qui contient I contient certainement $\sqrt[R]{I}$, d'après la définition 4.1.3 et le fait que J est radical (4.1.5). Ceci montre que $\sqrt[R]{I}$ est le plus petit idéal réel de A contenant I. Soit $a \in A \setminus \sqrt[R]{I}$, et soit J un idéal réel maximal parmi ceux qui contiennent I et pas a. Alors J est premier. Si $bb' \in J$ et $b \notin J$, $b' \notin J$ alors on a $a \in \sqrt[R]{J + bA}$ et $a \in \sqrt[R]{J + b'A}$, d'où

$$a^{2m} + c_1^2 + \ldots + c_q^2 = j + bd \quad \text{et} \quad a^{2m'} + c_1'^2 + \ldots + c_{q'}'^2 = j' + b'd'$$

avec $j, j' \in J$. En multipliant les termes de gauche et les termes de droite de ces deux égalités, on arrive à

$$a^{2(m+m')} + \text{une somme de carrés} = jj' + jb'd' + j'bd + bb'dd' \in J$$

et donc $a \in \sqrt[R]{J} = J$, ce qui est impossible. Ceci montre que $\sqrt[R]{I}$ est l'intersection des idéaux premiers réels contenant I. □

Corollaire 4.1.8: *Soit $I \subset R[X_1, \ldots, X_n]$ un idéal. Alors $P \in \mathcal{I}(\mathcal{Z}(I))$ si et seulement si il existe un nombre fini de polynômes $Q_1, \ldots, Q_p$ et un entier $m \in \mathbb{N}$ tel que $P^{2m} + Q_1^2 + \ldots + Q_p^2 \in I$. En bref $\mathcal{I}(\mathcal{Z}(I)) = \sqrt[R]{I}$.*

Démonstration: Le théorème des zéros réels dit que $\mathcal{I}(\mathcal{Z}(I))$ est le plus petit idéal réel contenant I, c'est-à-dire $\sqrt[R]{I}$ d'après 4.1.7. □

Corollaire 4.1.9: *Soit $V \subset R^n$ un ensemble algébrique, $I \subset \mathscr{P}(V)$ un idéal. Alors $P \in \mathscr{P}(V)$ est identiquement nul sur $\mathscr{L}_V(I)$ si et seulement si il existe un nombre fini de fonctions polynomiales $Q_1, \ldots, Q_p \in \mathscr{P}(V)$ et un entier m tel que $P^{2m} + Q_1^2 + \ldots + Q_p^2 \in I$. En bref $\mathscr{I}_{\mathscr{P}(V)}(\mathscr{L}_V(I)) = \sqrt[R]{I}$.*

Démonstration: Immédiat à partir de 4.1.8, en passant au quotient par $\mathscr{I}(V)$. □

4.2 Cônes, idéaux convexes

Nous allons étendre aux anneaux la notion de cône déjà vue pour les corps au chapitre 1.

Définition 4.2.1: *Soit A un anneau commutatif. Un cône P de A est une partie de A telle que*
  (i) $a \in P, b \in P \Rightarrow a + b \in P$,
  (ii) $a \in P, b \in P \Rightarrow ab \in P$,
  (iii) $a \in A \Rightarrow a^2 \in P$.
Le cône P est dit propre si de plus
  (iv) $-1 \notin P$.

On notera ΣA^2 l'ensemble des sommes de carrés d'éléments de A. L'ensemble ΣA^2 est le plus petit cône de A.

Exemples 4.2.2:
  a) Soit $A = R[X_1, \ldots, X_n]$, $T \subset R^n$ une partie non vide. Alors $\{P \in R[X] \,|\, \forall x \in T \; P(x) \geq 0\} = \mathscr{W}(T)$ est un cône propre de $R[X]$.
  b) L'intersection d'une famille quelconque de cônes (propres) de A est un cône (propre) de A.
  c) Soit P un cône de A, $(a_i)_{i \in I}$ une famille d'éléments de A. On note $P[(a_i)_{i \in I}]$ le plus petit cône de A contenant P et les a_i (qui existe bien d'après l'exemple b). On a

$$P[(a_i)_{i \in I}] = \{p + q_1 b_1 + \ldots + q_r b_r \,|\, p, q_1, \ldots, q_r \in P \text{ et } b_1, \ldots, b_r \text{ produits finis de } a_i\}.$$

En particulier le *cône engendré* par $(a_i)_{i \in I}$ est $\Sigma A^2[(a_i)_{i \in I}]$.

Définition 4.2.3: *Soit P un cône d'un anneau commutatif A. Un idéal I de A est dit P-convexe quand*

$$p_1, p_2 \in P, \; p_1 + p_2 \in I \Rightarrow p_1 \in I \quad \text{(et donc aussi } p_2 \in I\text{)}.$$

I est dit P-radical quand

$$a \in A, \; p \in P, \; a^2 + p \in I \Rightarrow a \in I.$$

Exemples 4.2.4:
  a) Un idéal est ΣA^2-radical si et seulement si il est réel.

4.2 Cônes, idéaux convexes

b) Soit $A = R[X_1, \ldots, X_n]$, $T \subset R^n$ un ensemble non vide, $P = \mathscr{W}(T)$ (exemple 4.2.2 a)). Si V est un ensemble algébrique de R^n tel que $T \cap V$ est Zariski-dense dans V, alors $\mathscr{I}(V)$ est P-convexe.

Proposition 4.2.5: *Un idéal I est P-radical si et seulement si il est radical et P-convexe.*

Démonstration: Supposons I P-radical. Soient $p_1, p_2 \in P$, avec $p_1 + p_2 \in I$; alors $p_1^2 + p_1 p_2 \in I$ et donc $p_1 \in I$. Par ailleurs, la même démonstration que pour 4.1.5 montre que I est radical. Réciproquement, si I est radical et P-convexe, et si on a $a^2 + p \in I$ avec $p \in P$ alors comme $a^2 \in P$, on a $a^2 \in I$ et donc $a \in I$. □

Définition et Proposition 4.2.6: *Soient I un idéal d'un anneau commutatif A et P un cône de A. Alors*

$$\sqrt[P]{I} = \{a \in A \mid \exists m \in \mathbb{N} \; \exists p \in P \; a^{2m} + p \in I\}$$

est le plus petit idéal P-radical de A contenant I. On l'appelle le P-radical de I. L'idéal $\sqrt[P]{I}$ est l'intersection des idéaux premiers P-convexes contenant I (ou A tout entier, si I n'est pas contenu dans aucun idéal premier P-convexe).

Démonstration: On reprend, avec les modifications qui s'imposent, la démonstration de 4.1.7. □

Proposition 4.2.7: *Soit P un cône de A. S'il existe un idéal propre de A qui est P-convexe, alors P est propre.*

Démonstration: Soit I un idéal P-convexe. Si P n'est pas propre on a $-1 \in P$ et $1 + (-1) \in I$, d'où $1 \in I$. □

Proposition 4.2.8:
 (i) *Soient $P \subset Q$ deux cônes de A. Si I est un idéal Q-convexe, I est P-convexe.*
 (ii) *Soient P_1 et P_2 deux cônes de A, I un idéal premier $(P_1 \cap P_2)$-convexe. Alors I est P_1-convexe, ou P_2-convexe*

Démonstration:
 (i) Qui peut le plus peut le moins.
 (ii) Si I n'est ni P_1-convexe, ni P_2-convexe, on a: $a \in P_1$, $p \in P_1$ avec $a + p \in I$ et $a \notin I$, et $b \in P_2$, $q \in P_2$ avec $b + q \in I$ et $b \notin I$. Alors $(a+p)^2 b^2 + (b+q)^2 a^2 \in I$. Posons $r = (a+p)^2 b^2 + (b+q)^2 a^2 - a^2 b^2$; on a $r = b^2(p^2 + 2ap) + (b+q)^2 a^2 \in P_1$, et $r = (a+p)^2 b^2 + (q^2 + 2bq) a^2 \in P_2$. Comme aussi $a^2 b^2 \in P_1 \cap P_2$ et que I est $(P_1 \cap P_2)$-convexe, on a $a^2 b^2 \in I$ et donc $a \in I$ ou $b \in I$, ce qui est impossible. □

Le résultat suivant nous servira dans le chapitre 7.

Proposition 4.2.9: *Soit K un corps, A un sous-anneau de K, P un cône propre de K et I un idéal premier $(P \cap A)$-convexe de A. Alors il existe un ordre sur K dont le cône positif Q contient P, et tel que I soit $(Q \cap A)$-convexe.*

Démonstration: Soit Q un cône maximal dans la famille des cônes propres P' de K contenant P et tels que I soit $(P' \cap A)$-convexe. Le cône Q est le cône positif d'un ordre sur K. Sinon on peut trouver $x \in K$ tel que $x \notin Q$ et $-x \notin Q$.

Alors $Q[x]$ et $Q[-x]$ sont encore des cônes propres de K (1.1.7), et 1.1.8 montre que $Q[x] \cap Q[-x] = Q$. D'après 4.2.8 (ii), I est soit $(Q[x] \cap A)$-convexe, soit $(Q[-x] \cap A)$-convexe, ce qui contredit le maximalité de Q. □

4.3 Cônes premiers

Définition 4.3.1: *Soit A un anneau commutatif. Un cône premier P de A est un cône propre de A qui vérifie en plus:*

$$ab \in P \Rightarrow a \in P \quad \text{ou} \quad -b \in P.$$

Proposition 4.3.2: *Soit P un cône premier de A, $-P = \{a \in A \mid -a \in P\}$. Alors:*
(i) $P \cup -P = A$.
(ii) $P \cap -P$ *est un idéal premier de A, appelé support de P et noté* $\text{supp}(P)$.

Démonstration:
(i) On a $a^2 \in P$ pour tout a de A, donc $a \in P$ ou $-a \in P$.
(ii) Il est clair que $P \cap -P$ est un sous-groupe additif de A. Soit $a \in P \cap -P$, $b \in A$. Si $b \in P$, ba et $b(-a)$ sont aussi dans P. Si $(-b) \in P$, $(-b)a$ et $(-b)(-a)$ sont dans P. Donc on a toujours $ab \in P \cap -P$ et $P \cap -P$ est bien un idéal. Si maintenant on a $ab \in P \cap -P$, et $a \notin P \cap -P$, alors on a
 – soit $a \notin P$ et dans ce cas: $\quad ab \in P, a \notin P \Rightarrow -b \in P$ et
 $\qquad\qquad\qquad\qquad\qquad\qquad a(-b) \in P, a \notin P \Rightarrow b \in P$,
 – soit $a \notin -P$ et dans ce cas: $\quad ba \in P, -a \notin P \Rightarrow b \in P$ et
 $\qquad\qquad\qquad\qquad\qquad\qquad (-b)a \in P, -a \notin P \Rightarrow -b \in P$.
Dans les deux cas, $b \in P \cap -P$. □

Exemples 4.3.3:
a) Si F est un corps, les cônes premiers de F sont exactement les cônes positifs des ordres sur F.
b) Si $f: A \to B$ est un homomorphisme d'anneaux, et P un cône premier de B, $f^{-1}(P)$ est un cône premier de A.
c) Soit $A = R[X]$ l'anneau de polynômes à une variable sur un corps réel clos R. L'ensemble $\{f \in R[X] \mid f(0) \geq 0\}$ est un cône premier, de support (X). L'ensemble $\{f \in R[X] \mid \exists \varepsilon \in R \; \varepsilon > 0 \; f(]0, \varepsilon[) \subset [0, +\infty[\}$ est aussi un cône premier de support (0). Le premier des deux est l'image réciproque du cône positif de R par l'évaluation en 0, le second est l'image réciproque du cône positif de l'ordre donné par la coupure 0_+ sur $R(X)$ (exemple 1.1.2) par l'inclusion $R[X] \hookrightarrow R(X)$.

Proposition 4.3.4: *Soit A un anneau commutatif. Une partie $P \subset A$ est un cône premier de A si et seulement si il existe un corps ordonné $(F, \leq)$ et un homomorphisme $\varphi: A \to F$ tel que $P = \{a \in A \mid \varphi(a) \geq 0\}$.*

Démonstration: Etant donnés $(F, \leq)$ et $\varphi: A \to F$ comme dans la proposition, $\{a \in A \mid \varphi(a) \geq 0\}$ est un cône premier de A (cf. exemples 4.3.3 a) et b)).
Dans l'autre direction, on a:

4.3 Cônes premiers

Lemme 4.3.5: *Soit A un anneau commutatif, $P \subset A$ un cône premier de A. Notons $k(\mathrm{supp}(P))$ le corps de fractions de $A/\mathrm{supp}(P)$. Alors $\bar{P} = \{\bar{a}/\bar{b} \in k(\mathrm{supp}(P)) \mid ab \in P\}$ est le cône positif d'un ordre sur $k(\mathrm{supp}(P))$, et P est l'image réciproque de $\bar{P}$ par l'homomorphisme canonique $A \to k(\mathrm{supp}(P))$.*

Démonstration: Il est facile de vérifier que $\bar{P}$ est un cône, et que $\bar{P} \cup -\bar{P} = k(\mathrm{supp}(P))$. Montrons que P est l'image réciproque de $\bar{P}$, ce qui montrera en même temps que $\bar{P}$ est propre. Si $\bar{a} \in \bar{P}$, c'est que l'on a $\bar{a} = \bar{b}/\bar{c}$ avec $c \notin \mathrm{supp}(P)$ et $bc \in P$. On peut toujours supposer $c \in P$ et alors comme $c \notin -P$, $b \in P$. On a $ca = b + d$ pour un $d \in \mathrm{supp}(P)$, et donc $ca \in P$. Comme $c \notin -P$ on a bien $a \in P$. Le lemme 4.3.5 et la proposition 4.3.4 sont montrés. □ □

Remarque 4.3.6: Il est bon de signaler que 4.3.5 montre que *le support d'un cône premier est toujours un idéal premier réel*.

Théorème 4.3.7: *Soit A un anneau commutatif. Les conditions suivantes sont équivalentes:*
  (i) *L'anneau A a un cône propre.*
  (ii) *L'anneau A a un cône premier.*
  (iii) *Il existe un homomorphisme $\varphi: A \to K$ où K est un corps réel clos.*
  (iv) *Il existe un idéal premier réel dans A.*
  (v) *L'élément -1 n'est pas somme de carrés dans A: $-1 \notin \Sigma A^2$.*

Démonstration:
(i) $\Rightarrow$ (ii) Soit P un cône propre maximal de A. Si P n'est pas premier, on a $a \notin P$, $b \notin -P$ avec $ab \in P$. Alors $P[a]$ et $P[-b]$ ne sont pas propres, d'où $-1 = p_1 + q_1 a$ et $-1 = p_2 - q_2 b$ avec $p_1, q_1, p_2, q_2 \in P$. Il vient $1 + p_1 = -q_1 a$ et $1 + p_2 = q_2 b$, d'où $1 + p_1 + p_2 + p_1 p_2 = -q_1 q_2 ab$ et $-1 \in P$, ce qui est impossible.

(ii) $\Rightarrow$ (iii) 4.3.4 donne un homomorphisme dans un corps ordonné, dont on peut prendre la clôture réelle.

(iii) $\Rightarrow$ (iv) Le noyau de φ est un idéal premier réel.

(iv) $\Rightarrow$ (v) Si I est un idéal premier réel de A, et $-1 \in \Sigma A^2$, alors $1 + s = 0$ pour $s \in \Sigma A^2$ et donc $1 \in I$, ce qui est impossible.

(v) $\Rightarrow$ (i) Si $-1 \notin \Sigma A^2$, ΣA^2 est un cône propre. □

Proposition 4.3.8: *Soit A un anneau commutatif, P un cône de A, I un idéal premier P-convexe. Alors il existe un cône premier Q contenant P, et tel que $\mathrm{supp}(Q) = I$.*

Démonstration: Soit Q un cône maximal dans la famille des cônes P' contenant P et tels que I soit P'-convexe. Le cône Q est propre (4.2.7). Montrons d'abord que $I = Q \cap -Q$. Si $a \in Q \cap -Q$, comme $a + (-a) \in I$ et que I est Q-convexe on a $a \in I$. Inversement si $a \in I$, et si on a $b^2 + p + qa \in I$ avec $p, q \in Q$ alors $b^2 + p \in I$ et $b \in I$ puisque I est Q-convexe; ceci montre que I est $Q[a]$-convexe, et donc $a \in Q$ d'après la maximalité de Q. On raisonne de même pour $-a$.

Montrons maintenant que Q est premier. Soient $a, b \in A$ avec $ab \in Q$ et $a \notin Q$. Alors $Q[a]$ contient strictement Q et I n'est pas $Q[a]$-convexe; a fortiori, il n'est pas $Q[a]$-radical. On peut trouver $p, q \in Q$, $c \notin I$ tels que $c^2 + p + qa \in I$.

Vérifions que I est $Q[-b]$-convexe: soient $p', q' \in Q$, $c' \in A$ tels que $c'^2 + p' - q'b \in I$. Alors

$$d = (c^2 + p + qa)(c'^2 + p' + q'b) + (c^2 + p - qa)(c'^2 + p' - q'b) \in I$$

et

$$d - c^2 c'^2 = c^2 c'^2 + 2(pc'^2 + p'c^2 + pp' + qq'ab) \in Q.$$

Donc $c^2 c'^2 \in I$, et $c' \in I$ puisque $c \notin I$. Puisque I est $Q[-b]$-convexe, $-b \in Q$. □

Proposition 4.3.9: *Soit A un anneau commutatif, P un cône premier de A. L'application $Q \mapsto \mathrm{supp}(Q)$ réalise une bijection de l'ensemble des cônes premiers contenant P sur l'ensemble des idéaux premiers P-convexes.*

Démonstration: L'application est surjective d'après 4.3.8. Si Q est un cône premier contenant P, on a: $x \notin -Q \Rightarrow x \notin -P \Rightarrow x \in P$, donc $Q = \mathrm{supp}(Q) \cup P$, ce qui montre l'injectivité. □

4.4 Positivstellensatz et variantes

Le positivstellensatz caractérise algébriquement les fonctions positives sur un certain ensemble. Nous allons d'abord donner un théorème formel pour un anneau quelconque, formulé en termes de cônes premiers – ou d'homomorphismes dans un corps réel clos. Le théorème d'homomorphisme d'Artin-Lang nous permet ensuite d'obtenir un énoncé géométrique.

Proposition 4.4.1 (théorème formel): *Soit A un anneau commutatif. Soient $(a_j)_{j \in J}$, $(b_k)_{k \in K}$, $(c_l)_{l \in L}$ des familles quelconques d'éléments de A. On note P le cône engendré par les $(a_j)_{j \in J}$, M le monoïde multiplicatif engendré par les $(b_k)_{k \in K}$, I l'idéal engendré par les $(c_l)_{l \in L}$. Les propriétés suivantes sont équivalentes:*

  (i) *Il n'existe pas de cône premier Q de A tel que:*

$$\forall j \in J \ \ a_j \in Q \ \ et \ \ \forall k \in K \ \ b_k \notin \mathrm{supp}(Q) \ \ et \ \ \forall l \in L \ \ c_l \in \mathrm{supp}(Q).$$

  (ii) *Il n'existe pas d'homomorphisme $\varphi: A \to F$ avec F réel clos tel que:*

$$\forall j \in J \ \ \varphi(a_j) \geq 0 \ \ et \ \ \forall k \in K \ \ \varphi(b_k) \neq 0 \ \ et \ \ \forall l \in L \ \ \varphi(c_l) = 0.$$

  (iii) *Il existe $p \in P$, $b \in M$, $c \in I$ tels que:*

$$p + b^2 + c = 0.$$

Démonstration:

(i) $\Leftrightarrow$ (ii) par 4.3.4.

(ii) $\Rightarrow$ (iii) Sans perte de généralité, on peut supposer $M \cap I = \emptyset$. Posons $A_1 = A/I$, $A_2 = \bar{M}^{-1} A_1$ (où la barre désigne l'image dans A_1) et $A_3 = A_2[(T_j)_{j \in J}]/\mathfrak{a}$ où $\mathfrak{a}$ est l'idéal engendré par la famille $(T_j^2 - \bar{a}_j)_{j \in J}$. La condition (ii) entraîne qu'il n'existe pas d'homomorphisme $\Psi: A_3 \to F$ avec F réel clos. Donc d'après 4.3.7, $-1 \in \Sigma A_3^2$: on peut trouver $\delta_1, \ldots, \delta_n \in A_3$ tels que $-1 = \delta_1^2 + \ldots + \delta_n^2$. Cha-

4.4 Positivstellensatz et variantes

que δ_λ s'écrit sous la forme

$$\delta_\lambda = \sum_{r=1}^{s_\lambda} \gamma_{\lambda,r} T_{J_r} + \mathfrak{a}$$

où $\gamma_{\lambda,r} \in A_2$, J_r est une partie finie (éventuellement vide) de J, et $T_{J_r} = \prod_{j \in J_r} T_j$
($T_\emptyset = 1$). Les $T_{J'} + \mathfrak{a}$, pour J' partie finie de J, forment une base de A_3 sur A_2, et on obtient en «identifiant les constantes»

$$-1 = \sum_{\lambda=1}^{n} \sum_{r=1}^{s_\lambda} \gamma_{\lambda,r}^2 \prod_{j \in J_r} \bar{a}_j.$$

On a $\gamma_{\lambda,r} = \bar{x}_{\lambda,r}/\bar{\beta}_{\lambda,r}$ avec $x_{\lambda,r} \in A$ et $\beta_{\lambda,r} \in M$. En chassant les dénominateurs, on arrive à

$$\bar{m}^2 (\prod_{\lambda,r} \bar{\beta}_{\lambda,r}^2 + \bar{q}) = 0$$

dans A_1 où $m \in M$ et q est un élément de P que l'on se garde bien d'écrire explicitement. Soit alors $b = m \prod_{\lambda,r} \beta_{\lambda,r} \in M$, $p = m^2 q \in P$. On a $p + b^2 \in I$ et il existe $c \in I$ tel que $p + b^2 + c = 0$.

(iii) $\Rightarrow$ (ii) Si on avait $\varphi : A \to F$ avec F réel clos, vérifiant les conditions écrites dans (ii), alors φ vérifierait $\varphi(p) \geq 0$ puisque $p \in P$, $\varphi(b) \neq 0$ puisque $b \in M$, et $\varphi(c) = 0$ puisque $c \in I$; donc $\varphi(p + b^2 + c) > 0$, ce qui est impossible. $\square$

Théorème 4.4.2: *Soit R un corps réel clos. Soient $(f_j)_{j=1,\ldots,s}$, $(g_k)_{k=1,\ldots,t}$, $(h_l)_{l=1,\ldots,u}$ des familles finies de polynômes de $R[X_1, \ldots, X_n]$. On note P le cône engendré par les $(f_j)_{j=1,\ldots,s}$, M le monoïde multiplicatif engendré par les $(g_k)_{k=1,\ldots,t}$, I l'idéal engendré par les $(h_l)_{l=1,\ldots,u}$. Les propriétés suivantes sont équivalentes:*
(i) *L'ensemble semi-algébrique*

$$S = \{x \in R^n | \forall j = 1, \ldots, s \quad f_j(x) \geq 0 \text{ et } \forall k = 1, \ldots, t \quad g_k(x) \neq 0$$
$$\text{et } \forall l = 1, \ldots, u \quad h_l(x) = 0\}$$

est vide.
(ii) *Il existe $f \in P$, $g \in M$, $h \in I$ tels que $f + g^2 + h = 0$.*

Démonstration: D'après la proposition 4.1.1, la propriété (i) est équivalente au fait qu'il n'existe aucune extension réelle close F de R et aucun $y \in F^n$ tel que

$$\forall j = 1, \ldots, s \quad f_j(y) \geq 0 \quad \text{et} \quad \forall k = 1, \ldots, t \quad g_k(y) \neq 0 \quad \text{et} \quad \forall l = 1, \ldots, u \quad h_l(y) = 0.$$

Cette dernière propriété est équivalente au fait qu'il n'existe aucun homomorphisme $\varphi : R[X_1, \ldots, X_n] \to F$ dans un corps réel clos F tel que

$$\forall j = 1, \ldots, s \quad \varphi(f_j) \geq 0 \quad \text{et} \quad \forall k = 1, \ldots, t \quad \varphi(g_k) \neq 0 \quad \text{et} \quad \forall l = 1, \ldots, u \quad \varphi(h_l) = 0.$$

L'équivalence avec la propriété (ii) résulte alors de la proposition 4.4.1. $\square$

Corollaire 4.4.3 (positivstellensatz et variantes): *Soit $V \subset R^n$ un ensemble algébrique, $g_1, \ldots, g_s \in \mathcal{P}(V)$, $W = \{x \in V | g_1(x) \geq 0$ et ... et $g_s(x) \geq 0\}$. Soit P le cône de $\mathcal{P}(V)$ engendré par $g_1, \ldots, g_s$, et soit $f \in \mathcal{P}(V)$. Alors:*
  (i) $\forall x \in W \quad f(x) \geq 0 \Leftrightarrow \exists m \in \mathbb{N} \; \exists g, h \in P \quad fg = f^{2m} + h$.
  (ii) $\forall x \in W \quad f(x) > 0 \Leftrightarrow \exists g, h \in P \quad fg = 1 + h$.
  (iii) $\forall x \in W \quad f(x) = 0 \Leftrightarrow \exists m \in \mathbb{N} \; \exists g \in P \quad f^{2m} + g = 0$.

Démonstration: On pose $\mathscr{I}(V) = (u_1, \ldots, u_k)$. Par abus de notation, on désigne par la même lettre les polynômes de $R[X_1, \ldots, X_n]$ et leurs restrictions à V.

Pour (i) on applique 4.4.2 avec $g_1, \ldots, g_s$, $-f \geq 0$, $f \neq 0$, $u_1, \ldots, u_k = 0$, ce qui donne bien $h - fg + f^{2m} = 0$ dans $\mathcal{P}(V)$ avec $g \in P$, $h \in P$.

Pour (ii) on applique 4.4.2 avec $g_1, \ldots, g_s$, $-f \geq 0$, $u_1, \ldots, u_k = 0$, ce qui donne $h - fg + 1 = 0$ dans $\mathcal{P}(V)$ avec $g \in P$, $h \in P$.

Pour (iii) on applique 4.4.2 avec $g_1, \ldots, g_s \geq 0$, $f \neq 0$, $u_1, \ldots, u_k = 0$, ce qui donne $g + f^{2m} = 0$ dans $\mathcal{P}(V)$ avec $g \in P$. □

Corollaire 4.4.4: *Soit V, $g_1, \ldots, g_s$, W, P comme dans 4.4.3. Alors un idéal I de $\mathcal{P}(V)$ est P-radical si et seulement si $I = \mathscr{I}_{\mathcal{P}(V)}(W \cap \mathscr{L}_V(I))$. De manière générale, $\mathscr{I}_{\mathcal{P}(V)}(W \cap \mathscr{L}_V(I)) = \sqrt[P]{I}$.*

Démonstration: Soit $I = (h_1, \ldots, h_t)$ et $\mathscr{I}(V) = (u_1, \ldots, u_k)$. Le théorème 4.4.2 appliqué à $g_1, \ldots, g_s \geq 0$, $f \neq 0$, $h_1, \ldots, h_t, u_1, \ldots, u_k = 0$ donne:

$$f \in \mathscr{I}_{\mathcal{P}(V)}(W \cap \mathscr{L}_V(I)) \Leftrightarrow \exists g \in P \quad f^{2m} + g \in I \Leftrightarrow f \in \sqrt[P]{I}. \quad \Box$$

Corollaire 4.4.5: *Soit $V \subset R^n$ un ensemble algébrique. On note*

$$\Sigma_1 = \{1 + f_1^2 + \ldots + f_p^2 \mid p \in \mathbb{N}, f_1, \ldots, f_p \in \mathcal{P}(V)\}.$$

Alors $\mathcal{R}(V) = \Sigma_1^{-1} \mathcal{P}(V)$.

Démonstration: Il suffit de montrer que si $g \in \mathcal{P}(V)$ ne s'annule pas sur V, alors g divise un élément de Σ_1. Comme $g^2 > 0$ sur V, on applique 4.4.3 (avec $P = \Sigma \mathcal{P}(V)^2$), et ceci nous donne que g^2 divise un élément de Σ_1. □

Concernant $\mathcal{R}(V)$, signalons les versions du théorème des zéros réels et des variantes du positivstellensatz pour les fractions rationnelles régulières.

Proposition 4.4.6: *Soit $V \subset R^n$ un ensemble algébrique, I un idéal de $\mathcal{R}(V)$. Alors $f \in \mathcal{R}(V)$ est identiquement nul sur $\mathscr{L}_V(I)$ si et seulement si il existe un nombre fini de fonctions régulières $g_1, \ldots, g_p \in \mathcal{R}(V)$ et $m \in \mathbb{N}$ tel que $f^{2m} + g_1^2 + \ldots + g_p^2 \in I$. En bref, $\mathscr{I}_{\mathcal{R}(V)}(\mathscr{L}_V(I)) = \sqrt[R]{I}$.*

Démonstration: On peut poser $I = (H_1, \ldots, H_q) \mathcal{R}(V)$ avec $H_1, \ldots, H_q \in \mathcal{P}(V)$. Si $f = P/D$ avec $P, D \in \mathcal{P}(V)$ et D ne s'annulant pas sur V, le nullstellensatz 4.1.9 nous donne $P^{2m} + Q_1^2 + \ldots + Q_p^2 \in (H_1, \ldots, H_q) \mathcal{P}(V)$ avec $Q_i \in \mathcal{P}(V)$; le résultat vient en divisant par D^{2m}. □

Proposition 4.4.7: *Soit $V \subset R^n$ un ensemble algébrique, $g_1, \ldots, g_s \in \mathcal{R}(V)$, $W = \{x \in V | g_1(x) \geq 0$ et ... et $g_s(x) \geq 0\}$. Soit P le cône de $\mathcal{R}(V)$ engendré par*

$g_1, \ldots, g_s$, et soit $f \in \mathcal{R}(V)$. Alors:
  (i) $\forall x \in W \ f(x) \geq 0 \Leftrightarrow \exists m \in \mathbb{N} \ \exists g, h \in P \ \ fg = f^{2m} + h$.
  (ii) $\forall x \in W \ f(x) > 0 \Leftrightarrow \exists g, h \in P \ \ fg = 1 + h$.
  (iii) $\forall x \in W \ f(x) = 0 \Leftrightarrow \exists m \in \mathbb{N} \ \exists g \in P \ \ f^{2m} + g = 0$.

Démonstration: Quitte à remplacer $g_j = Q_j/E_j$ par $Q_j E_j = g_j E_j^2 \in \mathcal{P}(V)$, (où $j = 1, \ldots, s$), on peut supposer tous les g_j dans $\mathcal{P}(V)$. Si $f = P/D$, on applique les variantes du positivstellensatz (4.4.3) à $PD \in \mathcal{P}(V)$, et on obtient les résultats annoncés pour f en divisant par une puissance convenable du polynôme D. □

Exemple 4.4.8: Pour terminer cette section, une illustration du positivstellensatz 4.4.3 (ii). Soit $V = R^2$, $W = \{(x, y) | x \geq 0 \ \text{et} \ y \geq 0\}$. Un polynôme $f \in R[X, Y]$ est strictement positif sur W si et seulement si il est de la forme $f = \dfrac{1 + p + qX + rY + sXY}{p' + q'X + r'Y + s'XY}$ avec $p, q, r, s, p', q', r', s'$ sommes de carrés de polynômes de $R[X, Y]$.

4.5 Critère de changement de signe

Ce critère permet de tester si un idéal principal premier de $R[X_1, \ldots, X_n]$ est réel:

Théorème 4.5.1: *Soit R un corps réel clos, f un polynôme irréductible de $R[X_1, \ldots, X_n]$. Les propriétés suivantes sont équivalentes:*
  (i) *L'idéal (f) est réel.*
  (ii) *On a $(f) = \mathcal{I}(\mathcal{Z}(f))$.*
  (iii) *Le polynôme f a un zéro x non singulier dans R^n $\left(\dfrac{\partial f}{\partial X_i}(x) \neq 0 \ \text{pour un} \ i = 1, \ldots, n\right)$.*
  (iv) *Le polynôme f change de signe dans R^n ($\exists x, y \in R^n \ f(x)f(y) < 0$).*
  (v) *On a $\dim(\mathcal{Z}(f)) = n - 1$.*

Démonstration:
  (i) $\Leftrightarrow$ (ii) est le théorème des zéros réels (4.1.4).
  (ii) $\Rightarrow$ (iii) D'après 3.3.13, $\text{Reg}(\mathcal{Z}(f))$ est non vide, et (ii) entraîne que $\text{Reg}(\mathcal{Z}(f))$ coïncide avec l'ensemble des zéros non singuliers de f.
  (iii) $\Rightarrow$ (iv) Soit x^0 un zéro non singulier de f dans R^n. Il existe un i tel que $\dfrac{\partial f}{\partial X_i}(x^0) \neq 0$. La fonction
$$x_i \mapsto f(x_1^0, \ldots, x_{i-1}^0, x_i, x_{i+1}^0, \ldots, x_n^0)$$
est strictement monotone sur un intervalle ouvert contenant x_i^0, et donc f change de signe.
  (iv) $\Rightarrow$ (v) Nous utiliserons le lemme suivant:

Lemme 4.5.2: *Soit B une boule ouverte de R^n (ou $B=R^n$), U_1 et U_2 deux ouverts semi-algébriques non vides contenus dans B et disjoints. Alors*

$$\dim(B\setminus(U_1\cup U_2))\geq n-1.$$

Démonstration du lemme: Posons $F=B\setminus(U_1\cup U_2)$. Soit $x\in U_1$, $y\in U_2$. Soit H un hyperplan de R^n contenant y et ne passant pas par x, H' l'hyperplan parallèle à H passant par x et $\Pi: R^n\setminus H'\to H$ la projection de centre x sur H. L'ensemble $\Pi(F\cap(R^n\setminus H'))$ contient $H\cap U_2$: si $z\in H\cap U_2$, l'intervalle ouvert intersection de la droite $\overline{xz}$ avec B contient au moins un point de F (sinon, il ne serait pas semi-algébriquement connexe). Or $H\cap U_2$ est un voisinage ouvert semi-algébrique de y dans H, donc $\dim(H\cap U_2)=n-1$ (2.8.4). D'après 2.8.8 on a $\dim(F)\geq n-1$. □

Pour montrer (iv)⇒(v), on fait $B=R^n$, $U_1=\{x\in R^n\,|\,f(x)>0\}$ et $U_2=\{x\in R^n\,|\,f(x)<0\}$.

(v)⇒(ii) Si $\dim(\mathscr{L}(f))=n-1$, $\mathscr{I}(\mathscr{L}(f))$ est de hauteur 1 dans $R[X_1,\ldots,X_n]$, et contient (f) qui est premier de hauteur 1. Donc $(f)=\mathscr{I}(\mathscr{L}(f))$. □ □

Note bibliographique: Le théorème d'homomorphisme d'Artin-Lang ([Artin E.1] [Lang 1]) est ici dérivé du principe de Tarski-Seidenberg. La démonstration directe de ce résultat était un pas crucial dans la solution d'Artin du 17ᵉ problème de Hilbert. Le théorème des zéros réels (ou plutôt sa forme «faible» qui donne une condition nécessaire et suffisante pour que des polynômes n'aient aucune racine commune dans un corps réel clos) est dans [Krivine 1] (théorème p. 311), mais cet article est passé inaperçu des géomètres réels. Dubois ([Dubois 2]) en donne une forme qui fait intervenir des fractions rationnelles. Sous la forme donnée ici (4.1.4), le théorème est dû à Risler ([Risler 1]).

L'histoire du positivstellensatz commence avec l'article de Stengle ([Stengle 1]), qui contient un «semi-algebraic nullstellensatz» (4.4.4) et le positivstellensatz (4.4.3 (i)); la notion de cône, et celle de P-radical d'un idéal pour un cône P, sont aussi dans cet article. L'utilisation de cônes premiers pour la démonstration de variantes du positivstellensatz remonte à Prestel ([Prestel 1]). La présentation que nous donnons ici s'inspire fortement de Colliot-Thélène ([Colliot-Thélène 1]).

Le critère de changement de signe vient de [Dubois Efroymson 1]; on en trouve aussi une forme dans [Milnor 4].

Une bonne partie du contenu de ce chapitre se trouve dans l'article [Lam T.Y. 3].

Chapitre 5. Le principe de Tarski-Seidenberg comme outil de transfert

Résumé: On commence par montrer dans la première section qu'un ensemble semi-algébrique sur un corps réel clos R s'étend naturellement à un corps réel clos K qui contient R. On revient alors sur le principe de Tarski-Seidenberg, que l'on a déjà utilisé de deux manières différentes: pour montrer que la projection d'un ensemble semi-algébrique est semi-algébrique (chapitre 2), et pour avoir le théorème d'homomorphisme d'Artin-Lang (chapitre 4). On dégage ce que le principe de Tarski-Seidenberg apporte en plus de ces résultats, et on l'utilise dans toute sa force pour établir dans la dernière section les bonnes propriétés de l'extension des ensembles semi-algébriques à un corps réel clos plus gros, ainsi que l'extension des fonctions semi-algébriques. La possibilité de transfert fournie par le principe de Tarski-Seidenberg nous servira par la suite.

5.1 Extension des ensembles semi-algébriques

Dans toute la section, R désigne un corps réel clos et K une extension réelle close de R.

Proposition, Définition et Notation 5.1.1: *Soit $S \subset R^n$ un ensemble semi-algébrique, donné par une combinaison booléenne $\mathcal{B}(X)$ de conditions de signes sur des polynômes de $R[X] = R[X_1, \ldots, X_n]$. Le sous-ensemble $\{x \in K^n \mid \mathcal{B}(x)\}$ de K^n, noté S_K, est semi-algébrique, et ne dépend que de l'ensemble S et pas du choix de la combinaison booléenne $\mathcal{B}$ qui le décrit. On appelle S_K l'extension de S à K.*

Démonstration: Soit $\mathcal{B}'(X)$ une autre combinaison booléenne de conditions de signes sur des polynômes de $R[X]$ qui décrit S:

$$S = \{x \in R^n \mid \mathcal{B}(x)\} = \{x \in R^n \mid \mathcal{B}'(x)\}.$$

Il revient au même de dire que la combinaison booléenne: «($\mathcal{B}$ et non $\mathcal{B}'$) ou ($\mathcal{B}'$ et non $\mathcal{B}$)» n'a pas de solution dans R. Mais alors, d'après 4.1.1 (qui est équivalent au théorème d'homomorphisme d'Artin-Lang), cette combinaison booléenne n'a pas non plus de solution dans K. Ceci veut dire que

$$\{x \in K^n \mid \mathcal{B}(x)\} = \{x \in K^n \mid \mathcal{B}'(x)\},$$

et donc S_K est bien défini. □

Proposition 5.1.2: *L'opération $S \to S_K$ préserve les opérations booléennes (intersection finie, union finie, passage au complémentaire).* □

Proposition 5.1.3: *Si $S \subset T$, alors $S_K \subset T_K$. En conséquence, $S = \emptyset$ entraîne $S_K = \emptyset$, et $S = T$ entraîne $S_K = T_K$.*

Démonstration: On suppose S et T donnés respectivement par les combinaisons $\mathscr{B}(X)$ et $\mathscr{C}(X)$. L'inclusion $S \subset T$ veut dire que la combinaison «$\mathscr{B}$ et non $\mathscr{C}$» n'a pas de solution dans R, et donc elle n'en a pas non plus dans K d'après 4.1.1. Ceci montre bien $S_K \subset T_K$. □

Remarque 5.1.4: On a bien sûr $S_K \cap R^n = S$. Mais S_K n'est pas le seul ensemble semi-algébrique de K^n possédant cette propriété: si $S = [0, 4] \subset \mathbb{R}_{\text{alg}}$ (les nombres réels algébriques), $S_\mathbb{R} = [0, 4] \subset \mathbb{R}$; mais on a aussi $([0, \pi[\cup\,]\pi, 4]) \cap \mathbb{R}_{\text{alg}} = S$ où $\pi = 3,14\ldots$.

5.2 Le principe de Tarski-Seidenberg dans toute sa force

Nous avons jusqu'à présent utilisé le principe de Tarski-Seidenberg (1.4.4) de deux façons différentes:

– Dans le chapitre 2, avec un corps réel clos R fixé, pour établir que la projection d'un ensemble semi-algébrique est semi-algébrique.

– Dans le chapitre 4, pour montrer le théorème d'homomorphisme d'Artin-Lang, c'est-à-dire en fait pour établir qu'un système d'équations et d'inégalités polynomiales sur un corps réel clos R a une solution dans R si et seulement si il en a une dans une extension réelle close de R.

Nous venons de voir comment étendre un ensemble semi-algébrique, en utilisant le théorème d'homomorphisme d'Artin-Lang. Mais cet outil ne suffit pas à lui seul à étendre par exemple les fonctions semi-algébriques: il faut pouvoir montrer que si $G \subset R^{n+1}$ est le graphe d'une fonction semi-algébrique, G_K est encore le graphe d'une fonction. Pour cela, nous aurons besoin d'un principe de transfert plus général que le théorème d'homomorphisme d'Artin-Lang, que nous obtiendrons également comme une conséquence du principe de Tarski-Seidenberg.

On peut reformuler ce dernier résultat sous forme géométrique, pour faire clairement voir le «plus» que le principe de Tarski-Seidenberg apporte au fait que, pour un corps réel clos fixé, la projection d'un ensemble semi-algébrique est semi-algébrique:

Proposition 5.2.1: *Soit R un corps réel clos, $S \subset R^{n+1}$ un ensemble semi-algébrique. Notons $\Pi: R^{n+1} \to R^n$ la projection qui oublie le dernier facteur. Alors $\Pi(S)$ est semi-algébrique. De plus, si K est une extension réelle close quelconque de R, et $\Pi_K: K^{n+1} \to K^n$ la projection qui oublie le dernier facteur, $\Pi_K(S_K) = (\Pi(S))_K$.*

Démonstration: Ceci reprend 1.4.6. L'ensemble S est donné par une combinaison booléenne $\mathscr{B}(X, Y)$ de conditions de signe sur des polynômes de $R[X, Y] = R[X_1, \ldots, X_n, Y]$. D'après 1.4.6, il existe une combinaison booléenne $\mathscr{C}(X)$ de conditions de signe sur des polynômes de $R[X]$ telle que, pour tout corps réel clos K extension de R, et tout x de K^n, $\mathscr{B}(x, Y)$ a une solution dans K

5.2 Le principe de Tarski-Seidenberg

si et seulement si $\mathscr{C}(x)$ est vrai dans K. On a donc

$$\Pi(S) = \{x \in R^n \mid \mathscr{C}(x)\}$$

et

$$\Pi_K(S_K) = \{x \in K^n \mid \mathscr{C}(x)\} = (\Pi(S))_K. \quad \square$$

Revenons maintenant au vocabulaire logique introduit en 2.2.3. Notons, pour simplifier, $\mathscr{L}(R)$ le langage du premier ordre des corps ordonnés avec paramètres dans R. Une formule sans quantificateur de $\mathscr{L}(R)$ est bien sûr une formule où aucune variable n'est quantifiée ni par $\forall$, ni par $\exists$; c'est donc exactement une combinaison booléenne de conditions de signe sur des polynômes à coefficients dans R.

Pour tout ensemble semi-algébrique A de R^k il existe donc toujours une formule θ de $\mathscr{L}(R)$, sans quantificateur, telle que $A = \{x \in R^k \mid \theta(x)\}$. D'après 5.1.1, pour toute extension réelle close K de R, $A_K = \{x \in K^k \mid \theta(x)\}$.

Proposition 5.2.2 (élimination des quantificateurs): *Soit Φ une formule de $\mathscr{L}(R)$. Alors il existe une formule Ψ de $\mathscr{L}(R)$, sans quantificateur, avec les mêmes variables libres $x_1, \ldots, x_n$ que Φ, telle que pour toute extension réelle close K de R, et tout x de K^n, $\Phi(x) \Leftrightarrow \Psi(x)$.*

Démonstration: On raisonne par induction sur la construction de la formule Φ, exactement comme dans 2.2.4: les conjonctions, disjonctions, négations ne posent aucun problème. La quantification existentielle est réglée par 5.2.1, car pour une formule θ de $\mathscr{L}(R)$

$$\{x \in K^n \mid \exists y\, \theta(x, y)\} = \Pi_K(\{(x, y) \in K^{n+1} \mid \theta(x, y)\}),$$

et la quantification universelle se ramène à la quantification existentielle puisque «$\forall y \ldots$» est équivalent à «non $\exists y$ non $\ldots$». $\square$

Proposition 5.2.3 (principe de transfert): *Soit Φ une formule de $\mathscr{L}(R)$, sans variable libre, et soit K une extension réelle close de R. Alors Φ est vraie dans R si et seulement si elle est vraie dans K.*

Démonstration: La proposition 5.2.2 permet de se ramener à une formule sans quantificateur et sans variable libre (donc uniquement avec des paramètres de R), et alors le résultat est clair. $\square$

Les propositions 5.2.2 et 5.2.3 sont des propriétés importantes du point de vue de la théorie des modèles: 5.2.2 dit que la théorie des corps réels clos admet l'élimination des quantificateurs dans le langage des corps ordonnés, et 5.2.3 dit que la théorie des corps réels clos est modèle-complète.

Nous les utiliserons plutôt sous la forme suivante.

Corollaire 5.2.4: *Soit R un corps réel clos et K une extension réelle close de R. Soit (P) une propriété qui s'exprime à partir d'expressions $x \in A_i$, où A_i est un sous-ensemble semi-algébrique d'un R^{q_i}, par conjonctions et disjonctions finies, négations, quantifications universelles et existentielles en nombre fini portant sur des variables variant dans des sous-ensembles semi-algébriques B_j de R^{q_j}. Soit*

(P_K) la propriété obtenue en remplaçant les ensembles semi-algébriques A_i et B_j qui apparaissent dans (P) par leurs extensions $(A_i)_K$ et $(B_j)_K$ à K^{q_i} et K^{q_j}.

Alors la propriété (P) est vraie dans R si et seulement si la propriété (P_K) est vraie dans K.

Démonstration: On remplace toutes les expressions $x \in A_i$ et $x \in B_j$ qui apparaissent dans (P) par $\theta_{A_i}(x)$ et $\theta_{B_j}(x)$ où θ_{A_i} et θ_{B_j} sont des formules de $\mathscr{L}(R)$ telles que

$$A_i = \{x \in R^{q_i} \mid \theta_{A_i}(x)\}$$

$$B_j = \{x \in R^{q_j} \mid \theta_{B_j}(x)\},$$

ce qui définit une formule Φ de $\mathscr{L}(R)$.

La propriété (P) est vraie dans R si et seulement si Φ est vraie dans R, donc d'après 5.2.3 si et seulement si Φ est vraie dans K, c'est-à-dire si et seulement si (P_K) est vraie dans K. □

5.3 De nouveau l'extension

Dans toute cette section, R est un corps réel clos, $A \subset R^m$ et $B \subset R^n$ sont des ensembles semi-algébriques et $f : A \to B$ est une fonction semi-algébrique de graphe $G \subset A \times B$.

Proposition et Définition 5.3.1: *Soit K une extension réelle close de R. Alors G_K est le graphe d'une fonction semi-algébrique $f_K : A_K \to B_K$, appelée extension de f à K.*

Démonstration: Le fait que G est le graphe d'une fonction de A dans B se traduit par la propriété (P) suivante

$$\forall x \in R^m \quad [(x \in A \Leftrightarrow \exists y \in R^n \quad (x, y) \in G) \text{ et } (\forall y \in R^n \quad (x, y) \in G \Rightarrow y \in B)$$
$$\text{et } (\forall y \in R^n \ \forall y' \in R^n \quad (x, y) \in G \text{ et } (x, y') \in G \Rightarrow y = y')].$$

On a donc d'après 5.2.4 la propriété (P_K) qui exprime que G_K est le graphe d'une fonction de A_K dans B_K. □

Proposition 5.3.2: *La fonction f est injective (resp. surjective, resp. bijective) si et seulement si f_K est injective (resp. surjective, resp. bijective).*

Démonstration: La fonction f est injective si et seulement si R satisfait la propriété

$$\forall x \in A \ \forall x' \in A \ \forall y \in B \quad (x, y) \in G \quad \text{et} \quad (x', y) \in G \Rightarrow x = x'$$

et on invoque alors 5.2.4. Les autres cas se traitent de la même manière. □

Proposition 5.3.3: *Soit C un sous-ensemble semi-algébrique de A, D un sous-ensemble semi-algébrique de B. Alors*

$$(f(C))_K = f_K(C_K) \quad et \quad (f^{-1}(D))_K = f_K^{-1}(D_K).$$

Démonstration: On peut dire que $f(C)$ est la projection sur R^n de $G \cap (C \times R^n)$, et utiliser 5.2.1 .... □

L'extension se comporte bien en ce qui concerne la topologie:

Proposition 5.3.4:
(i) A est ouvert (resp. fermé) si et seulement si A_K est ouvert (resp. fermé). Plus généralement $\mathrm{adh}(A_K) = (\mathrm{adh}(A))_K$.
(ii) f est continue si et seulement si f_K est continue.

Démonstration:
(i) Utiliser la description de $\mathrm{adh}(A)$ au moyen de projections (2.2.2), ou de formules de $\mathscr{L}(R)$, puis invoquer 5.2.1 ou 5.2.2 suivant les goûts.
(ii) La continuité de f se traduit par le fait que R satisfait

$$\forall x \in A \; \forall \varepsilon > 0 \; \exists \eta > 0 \; \forall x' \in A \quad \|x - x'\|^2 < \eta \Rightarrow$$

$$(\forall y \in B \; \forall y' \in B \quad (x, y) \in G \text{ et } (x', y') \in G \Rightarrow \|y - y'\|^2 < \varepsilon)$$

et 5.2.4 nous donne le résultat. □

Proposition 5.3.5:
(i) L'ensemble semi-algébrique A est fermé borné si et seulement si A_K est fermé borné.
(ii) L'ensemble semi-algébrique A est semi-algébriquement connexe si et seulement si A_K est semi-algébriquement connexe; de manière générale, si $C_1, \ldots, C_l$ sont les composantes semi-algébriquement connexes de A, $(C_1)_K, \ldots, (C_l)_K$ sont les composantes semi-algébriquement connexes de A_K.

Démonstration:
(i) Le seul point qui mérite attention est «A_K borné $\Leftrightarrow A$ borné». Le fait que A est borné s'exprime par: $\exists m \in R \; \forall x \in A \; \|x\|^2 \leq m$, et on invoque 5.2.4.
(ii) Si on a un démontage $A = \bigcup_{i=1}^{m} A_i$, avec pour chaque i un homéomorphisme semi-algébrique $\varphi_i: \,]0, 1[^{d_i} \to A_i$, l'extension donne un démontage $A_K = \bigcup_{i=1}^{m} (A_i)_K$, et $(\varphi_i)_K: (]0, 1[_K)^{d_i} \to (A_i)_K$. La caractérisation des composantes semi-algébriques connexes à partir d'un démontage (cf. 2.4.4) donne alors le résultat. □

Remarque 5.3.6: Nous arrêterons ici la liste des bonnes propriétés de l'extension. La morale est la suivante (5.2.3): «*Tout ce qui s'exprime dans le langage du premier ordre des corps ordonnés à paramètres dans R se transfère bien à n'importe quelle extension réelle close de R*».

Note bibliographique: On peut se reporter aux références données dans les notes bibliographiques des chapitres 1 ou 6 en ce qui concerne le principe de Tarski-Seidenberg et les notions de théorie des modèles (élimination des quantificateurs, modèle-complétude) qui lui sont liées.

Chapitre 6. Le 17ᵉ problème de Hilbert

Résumé: Nous avons choisi de donner une place à part au 17ᵉ problème de Hilbert, qui a joué un grand rôle dans le développement de la géométrie algébrique réelle. Nous commençons par montrer le résultat: un polynôme positif ou nul sur un corps réel clos est somme de carrés de fractions rationnelles, avec quelques généralisations. La deuxième section traite de la version équivariante du 17ᵉ problème de Hilbert. La troisième section examine les aspects quantitatifs du problème: combien de carrés sont nécessaires? Ici intervient en force la théorie des formes quadratiques. Ensuite, dans la quatrième section, nous abordons le problème de la représentation des polynômes positifs comme somme de carrés de polynômes, avec le théorème de Hilbert qui décrit exactement les cas où elle est toujours possible. Nous terminons par une note historique et bibliographique plus importante que pour les autres chapitres, eu égard à la place prééminente de ce problème dans le développement de la géométrie algébrique réelle.

Dans ce chapitre nous travaillons sur un corps réel clos R, en mentionnant explicitement quand il s'agit en fait de ℝ.

6.1 La solution du 17ᵉ problème de Hilbert

Le 17ᵉ problème de Hilbert est le suivant: *est-ce que les polynômes de $\mathbb{R}[X_1, ..., X_n]$ positifs ou nuls sur tout $\mathbb{R}^n$ sont des sommes de carrés de fractions rationnelles?* Artin a donné une réponse positive à ce problème.

Théorème 6.1.1: *Soit R un corps réel clos, $f \in R[X_1, ..., X_n]$. Si f est positif ou nul sur R^n, alors f est somme de carrés dans le corps de fractions rationnelles $R(X_1, ..., X_n)$.*

Démonstration: Si f n'est pas somme de carrés dans $R(X_1, ..., X_n)$, alors il existe un ordre sur $R(X_1, ..., X_n)$ pour lequel f est strictement négatif, d'après 1.1.9. Soit K une clôture réelle de $R(X_1, ..., X_n)$ muni de cet ordre. Alors $-f$ a une racine carrée non nulle dans K, et on a donc un homomorphisme de R-algèbres $R[X_1, ..., X_n][T]/(fT^2+1) \to K$. D'après le théorème d'homomorphisme d'Artin-Lang (4.1.2), on a un homomorphisme de R-algèbres $R[X_1, ..., X_n][T]/(fT^2+1) \to R$, c'est-à-dire qu'il existe un point x de R^n tel que $f(x) < 0$. □

Remarque 6.1.2: Le positivstellensatz (4.4.3 (i)) donne une information plus précise: si f est positif ou nul sur tout R^n, on a $fg = f^{2m} + h$ où h et g sont des sommes de carrés de polynômes ($h, g \in \Sigma R[X_1, ..., X_n]^2$). Ceci entraîne $f(f^{2m}+h)=f^2 g \in \Sigma R[X_1, ..., X_n]^2$, et donc $f = g_1/(f^{2m}+h)$ avec g_1 et h dans $\Sigma R[X_1, ..., X_n]^2$. La fraction $f = g_1(f^{2m}+h)/(f^{2m}+h)^2$ est bien somme de carrés dans $R(X_1, ..., X_n)$. Ainsi on a comme information supplémentaire que les fractions rationnelles qui entrent dans la représentation de f comme somme de carrés peuvent être choisies de telle façon que les zéros de leurs dénominateurs soient contenus dans les zéros de f.

Théorème 6.1.3: *Soit $(F, \leq)$ un corps ordonné, R sa clôture réelle. Soit $f \in F[X_1, ..., X_n]$ Si f est positif ou nul sur tout R^n, alors il existe un nombre fini d'éléments positifs $a_1, ..., a_p$ de F et de fractions rationnelles $g_1, ..., g_p$ de $F(X_1, ..., X_n)$ tel que $f = a_1 g_1^2 + ... + a_p g_p^2$ dans $F(X_1, ..., X_n)$.*

Démonstration: Il nous faut remplacer 1.1.9 par le lemme suivant.

Lemme 6.1.4: *Soit $(F, \leq)$ un corps ordonné, F_1 une extension de F. L'intersection des cônes positifs d'ordres sur F_1 qui étendent l'ordre de F est l'ensemble Λ des éléments de F_1 de la forme $a_1 g_1^2 + ... + a_p g_p^2$, où $a_1, ..., a_p$ sont des éléments positifs de F, et $g_1, ..., g_p$ des éléments quelconques de F_1. Cette intersection est F_1 tout entier si F_1 n'a pas d'ordre qui étende celui de F.*

Démonstration du lemme: L'ensemble Λ est le cône de F_1 engendré par le cône positif de F. Un ordre sur F_1 étend celui de F si et seulement si son cône positif contient Λ, et on applique 1.1.8. □

Revenons maintenant à la démonstration de 6.1.3: si f n'est pas de la forme $a_1 g_1^2 + ... + a_p g_p^2$ comme dans l'énoncé, alors d'après 6.1.4 c'est qu'il existe un ordre sur $F(X_1, ..., X_n)$, étendant celui de F, et pour lequel f est strictement négatif. Soit K une clôture réelle de $F(X_1, ..., X_n)$ pour cet ordre. Le corps K est une extension de R, et on a un homomorphisme de R-algèbres $R[X_1, ..., X_n][T]/(fT^2+1) \to K$. On conclut comme pour 6.1.1. □

Remarque 6.1.5: Le lemme 6.1.4 donne le critère suivant, parfois appelé *critère de Serre*: si F est un corps ordonné, et F_1 une extension de F, F_1 admet un ordre qui étend celui de F si et seulement si -1 ne peut pas s'écrire comme $a_1 g_1^2 + ... + a_p g_p^2$, avec $a_1, ..., a_p$ éléments positifs de F et $g_1, ..., g_p$ dans F_1.

Corollaire 6.1.6: *Soit F un sous-corps de $\mathbb{R}$, ordonné par la restriction de l'ordre de $\mathbb{R}$, et $f \in F[X_1, ..., X_n]$. Si f est positif ou nul sur tout F^n, alors f s'écrit $f = a_1 g_1^2 + ... + a_p g_p^2$ où $a_1, ..., a_p$ sont des éléments positifs de F, et $g_1, ..., g_p$ des éléments de $F(X_1, ..., X_n)$.*

Démonstration: Comme F contient $\mathbb{Q}$, F^n est dense dans $\mathbb{R}^n$ pour la topologie euclidienne, et donc si f est positif ou nul sur tout F^n, il l'est aussi sur tout $\mathbb{R}^n$ et a fortiori sur tout R^n, si R est la clôture réelle de F. On applique alors 6.1.3. □

Remarque et contre-exemples 6.1.7: Le corollaire 6.1.6 repose sur le fait que F est dense dans $\mathbb{R}$. Cette propriété de densité est absolument nécessaire, comme le montrent les exemples suivants:

a) Soit $F = \mathbb{R}(t)$, avec l'ordre 0_+ (cf. 1.1.2). Soit $f(X) = (X^2 - t)^2 - t^3 \in F[X]$; f est strictement positif en tout point z de F, puisque le développement de

$f(z) \in \mathbb{R}(t)$ en série formelle en t commence par une constante strictement positive, ou par t^2. Pourtant f n'est pas somme de carrés, même dans le corps $R(X)$ où $R = \mathbb{R}(t)^\wedge_{\text{alg}}$ est le corps des séries de Puiseux algébriques, clôture réelle de $\mathbb{R}(t)$ pour l'ordre indiqué (1.3.6 b). En effet, on a $f<0$ sur la réunion des intervalles I et $-I$, où $I =]\sqrt{t(1-\sqrt{t})}, \sqrt{t(1+\sqrt{t})}[$ et I ne contient aucun point de F.

b) Soit maintenant F le plus petit sous-corps de $\mathbb{R}(t)^\wedge_{\text{alg}}$, contenant $\mathbb{R}(t)$ et stable par extraction de racines carrées d'éléments positifs dans $\mathbb{R}(t)^\wedge_{\text{alg}}$. Le corps F a un seul ordre, dont le cône positif est formé de carrés, et sa clôture réelle est $\mathbb{R}(t)^\wedge_{\text{alg}} = R$. Posons alors $f(X) = (X^3 - t)^2 - t^3 \in F[X]$. Comme $f(t^{1/3}) < 0$, f ne peut pas être une somme de carrés dans $R(X)$. Pourtant $f(z)$ est strictement positif pour tout z de F: le développement en série de Puiseux d'un tel z commence par un terme $at^{p/2^n}$, avec $p \in \mathbb{Z}$, et donc $f(z)$ commence par t^2 si $p > 2^n/3$ (aussi si z est nul) et par $a^2 t^{3p/2^{n-1}}$ si $p < 2^n/3$; dans les deux cas, $f(z)$ est bien strictement positif. □

Artin a aussi abordé le problème d'un corps de fractions rationnelles d'un ensemble algébrique irréductible V sur R. Une différence avec le cas de l'espace affine apparaît: un polynôme qui est somme de carrés dans $R(X_1, \ldots, X_n)$ est sûrement positif ou nul sur R^n tout entier. Ceci n'est pas forcément le cas pour $\mathscr{K}(V)$, le corps de fractions de $\mathscr{P}(V)$.

Contre-exemple 6.1.8: Soit V le parapluie de Cartan (3.1.2 d)) dans R^3, d'équation $x^3 = z(x^2 + y^2)$. Alors $f = x^2 + y^2 - z^2 \in \mathscr{P}(V)$ est strictement négatif sur le manche $x = y = 0$ moins l'origine. Pourtant, f est somme de carrés dans $\mathscr{K}(V)$:

$$f = x^2 + y^2 - \frac{x^6}{(x^2+y^2)^2} = \frac{3x^4 y^2 + 3x^2 y^4 + y^6}{(x^2+y^2)^2}. \quad \square$$

Théorème 6.1.9: *Soit R un corps réel clos, $V \subset R^n$ un ensemble algébrique irréductible, de dimension d, et $f \in \mathscr{P}(V)$. Les propriétés suivantes sont équivalentes:*

(i) *f est somme de carrés dans $\mathscr{K}(V)$.*

(ii) *f est positif ou nul sur tout $V^{(d)} = \{x \in V \mid \dim(V_x) = d\}$.*

(iii) *f est positif ou nul sur $\text{Reg}(V)$ (l'ensemble des points non singuliers de V).*

(iv) *f est positif ou nul sur un ouvert de Zariski non vide de V.*

Démonstration:

(i) $\Rightarrow$ (ii) Supposons que l'on ait $f = (g_1/h_1)^2 + \ldots + (g_p/h_p)^2$ avec $g_1, \ldots, g_p$, $h_1, \ldots, h_p$ dans $\mathscr{P}(V)$ et $h_1, \ldots, h_p$ non nuls. Alors $Z = \mathscr{L}_V(h_1, \ldots, h_p)$ est un sous-ensemble algébrique de V, distinct de V et donc de dimension strictement plus petite que d. Il est clair que si $x \in \text{adh}(V \setminus Z)$, alors $f(x) \geq 0$. Par ailleurs si $\dim(V_x) = d$, aucun voisinage euclidien de x dans V ne peut être contenu dans Z, et donc $x \in \text{adh}(V \setminus Z)$. D'où (ii).

(ii) $\Rightarrow$ (iii) On a $\text{Reg}(V) \subset V^{(d)}$ d'après 3.3.10.

(iii) $\Rightarrow$ (iv) L'ensemble $\text{Reg}(V)$ est un ouvert de Zariski non vide de V, d'après 3.3.13.

(iv) ⇒ (i) Supposons $f \geq 0$ sur l'ouvert de Zariski $U \neq \emptyset$, et soit $Z = V \setminus U$. Soit $h \in \mathcal{P}(V)$ tel que $Z = \mathcal{L}_V(h)$; h n'est pas nul dans $\mathcal{P}(V)$. Si f n'est pas somme de carrés dans $\mathcal{K}(V)$, il existe un ordre sur $\mathcal{K}(V)$ pour lequel f est strictement négatif. Soit K une clôture réelle de $\mathcal{K}(V)$ pour cet ordre. On a un homomorphisme

$$(\mathcal{P}(V)_h)[T]/(fT^2+1) \to K$$

et donc d'après le théorème d'homomorphisme d'Artin-Lang il y a un point x de V tel que $h(x) \neq 0$ et $f(x) < 0$. Ceci est impossible. □

Remarque 6.1.10: Les énoncés 6.1.1, 6.1.3, 6.1.9 sont encore valables si f est une fraction rationnelle, et si on remplace les conditions « f est positif ou nul sur un ensemble S » par « en tout point x de S où f est définie, $f(x) \geq 0$ ». En effet, si $f = g/h$ où g et h sont des polynômes, $gh(x) < 0 \Leftrightarrow f$ est défini en x et $f(x) < 0$, et aussi $f = gh/h^2$.

6.2 Le 17e problème de Hilbert équivariant

Le positivstellensatz (4.4.3) dit en particulier que si V est un ensemble algébrique irréductible et $W \subset V$ un sous-ensemble semi-algébrique fermé donné par des inégalités simultanées

$$W = \{x \in V \mid g_1(x) \geq 0 \text{ et } \ldots \text{ et } g_k(x) \geq 0\},$$

avec $g_1, \ldots, g_k \in \mathcal{P}(V)$, alors il existe $f_1, \ldots, f_r \in \mathcal{P}(V)$, avec f_i positif ou nul sur W pour $i = 1, \ldots, r$, tels que tout polynôme $f \in \mathcal{P}(V)$ qui est positif ou nul sur W peut s'écrire $f = \sum_{i=1}^{r} s_i f_i$ avec $s_i \in \Sigma \mathcal{K}(V)^2$. On peut prendre pour f_i des produits de $g_1, \ldots, g_k$ (y compris 1).

La conclusion n'est plus vraie si on remplace W par un fermé semi-algébrique quelconque. La propriété d'être donné par des inégalités *simultanées* – au moins à un ensemble de dimension $< \dim(V)$ près – est ici cruciale.

Théorème 6.2.1: *Soit V un ensemble algébrique irréductible, T un sous-ensemble semi-algébrique de V. Les propriétés suivantes sont équivalentes:*

(i) L'ensemble T est presque donné par des inégalités simultanées dans V, c'est-à-dire qu'il existe un ensemble semi-algébrique $W \subset V$ donné par des inégalités simultanées

$$W = \{x \in V \mid g_1(x) \geq 0 \text{ et } \ldots \text{ et } g_k(x) \geq 0\},$$

$g_i \in \mathcal{P}(V)$, *tel que $W \supset T$ et $\dim(W \setminus T) < \dim(V)$.*

(ii) Il existe un nombre fini de polynômes $f_1, \ldots, f_r \in \mathcal{P}(V)$, avec f_i positif ou nul sur T pour $i = 1, \ldots, r$, tels que tout polynôme $f \in \mathcal{P}(V)$ qui est positif ou nul sur T peut s'écrire $f = \sum_{i=1}^{r} s_i f_i$ avec $s_i \in \Sigma \mathcal{K}(V)^2$.

Démonstration:

(i) $\Rightarrow$ (ii) Soit $f \in \mathcal{P}(V)$ tel que f est positif ou nul sur T. Soit $h \in \mathcal{P}(V)$ tel que $W \setminus T \subset \mathcal{Z}_V(h)$; on peut bien trouver un tel h non nul puisque $\dim(W \setminus T) < \dim(V)$. Alors $f h^2$ est positif ou nul sur W. Il suffit ensuite d'utiliser la conséquence du positivstellensatz signalée ci-dessus.

(ii) $\Rightarrow$ (i) Soit $W = \{x \in V | f_1(x) \geq 0 \text{ et } \ldots \text{ et } f_r(x) \geq 0\}$. On a bien sûr $W \supset T$. Pour montrer $\dim(W \setminus T) < \dim(V)$, il suffit de montrer $\dim(W \setminus \mathrm{adh}(T)) < \dim(V)$ d'après 2.8.12. Soit $y \in W \setminus \mathrm{adh}(T)$. Il existe $\varepsilon > 0$ tel que $f(x) = \|x - y\|^2 - \varepsilon^2$ soit positif ou nul sur T, et donc on peut écrire $f = \sum_{i=1}^{r} s_i f_i$ avec $s_i \in \Sigma \mathcal{K}(V)^2$. Puisque f est strictement négatif sur $B = \{x \in W | \|x - y\| < \varepsilon\}$, le produit des dénominateurs des s_i est identiquement nul sur B et donc $\dim(W_y) < \dim(V)$. $\square$

Le théorème précédent a des conséquences concernant le 17e problème de Hilbert pour des sous R-algèbres de $\mathcal{P}(V)$.

Corollaire 6.2.2: *Soit V un ensemble algébrique irréductible, A une sous R-algèbre de $\mathcal{P}(V)$, $\mathrm{Fr}(A)$ son corps de fractions. On suppose que A a un nombre fini de générateurs (comme R-algèbre) $q_1, \ldots, q_k$. On note $q = (q_1, \ldots, q_k): V \to R^k$, et Z l'adhérence pour la topologie de Zariski de $q(V)$ dans R^k. Alors les propriétés suivantes sont équivalentes:*

(i) *L'ensemble $q(V)$ est presque donné par des inégalités simultanées dans Z.*

(ii) *Il existe une famille finie d'éléments $f_1, \ldots, f_r$ de A, avec f_i positif ou nul sur V pour $i = 1, \ldots, r$, tels que tout f de A positif ou nul sur V peut s'écrire $f = \sum_{i=1}^{r} s_i f_i$ où $s_i \in \Sigma \mathrm{Fr}(A)^2$.*

Démonstration: On applique le théorème 6.2.1 dans Z pour $T = q(V)$. Une fonction polynomiale $g \in \mathcal{P}(Z)$ est positive ou nulle sur $q(V)$ si et seulement si la fonction polynomiale $g(q_1, \ldots, q_k)$ de A est positive ou nulle sur V. $\square$

Exemple 6.2.3: La condition (i) de 6.2.2 n'a pas de raison en général d'être vérifiée. Par exemple pour $q: R^2 \to R^2$ donnée par $q(x, y) = (x^6 - 3x^2 y^4, 3x^4 y^2 - y^6)$ (ou en notation complexe, $q(x + iy) = (x^2 + iy^2)^3$), on a $q(R^2) = \{(x, y) \in R^2 | x \leq 0 \text{ ou } y \geq 0\}$, et on se convainc que cet ensemble ne peut pas être presque donné par des inégalités simultanées. $\square$

Venons-en au 17e problème de Hilbert symétrique. On considère ici la sous-algèbre A de $R[X_1, \ldots, X_n]$ formée des polynômes symétriques. On sait que $A = R[\sigma_1, \ldots, \sigma_n]$ où les σ_i sont les polynômes symétriques élémentaires en $X_1, \ldots, X_n$, et que les σ_i, $i = 1, \ldots, n$, sont algébriquement indépendants. En posant $\sigma = (\sigma_1, \ldots, \sigma_n): R^n \to R^n$, on a

$$\sigma(R^n) = \{(a_1, \ldots, a_n) \in R^n | X^n - a_1 X^{n-1} + \ldots + (-1)^n a_n \text{ a toutes ses racines dans } R\}.$$

On va regarder cet ensemble $\sigma(R^n)$ de plus près. Pour cela, on commence par décrire un moyen de compter les racines réelles d'un polynôme, différent de l'algorithme de Sturm, et qui est dû à Sylvester ([Sylvester 1]).

Soit $X^n - a_1 X^{n-1} + \ldots + (-1)^n a_n$ un polynôme unitaire de $R[X]$, et soient $x_1, \ldots, x_n$ les n racines de ce polynôme dans une clôture algébrique de R. Soit

$N_i = \sum_{j=1}^{n} x_j^i$; N_i s'exprime comme polynôme à coefficients entiers en les $a_1, \ldots, a_n$.

Notons Bez$(a_1, \ldots, a_n)$ (pour Bézout) la matrice symétrique d'ordre n

$$\text{Bez}(a_1, \ldots, a_n) = \begin{bmatrix} N_0 & N_1 & \ldots & N_{n-1} \\ N_1 & & \ldots & N_n \\ \vdots & & & \vdots \\ N_{n-1} & & \ldots & N_{2n-2} \end{bmatrix}$$

dont les coefficients sont $b_{i,j} = N_{i+j-2}$.

Proposition 6.2.4: *Soit $f = X^n - a_1 X^{n-1} + \ldots + (-1)^n a_n \in R[X]$. Alors:*

(i) *La signature de la forme quadratique donnée par* Bez$(a_1, \ldots, a_n)$ *est le nombre de racines distinctes de f dans R.*

(ii) *Le rang de* Bez$(a_1, \ldots, a_n)$ *est le nombre total de racines distinctes de f (dans une clôture algébrique de R).*

Démonstration: Soit Q la forme quadratique donnée par Bez$(a_1, \ldots, a_n)$. Un calcul facile montre que

$$Q(Y_1, \ldots, Y_n) = (Y_1 + x_1 Y_2 + \ldots + x_1^{n-1} Y_n)^2 + \ldots + (Y_1 + x_n Y_2 + \ldots + x_n^{n-1} Y_n)^2.$$

Par ailleurs, si x_i est une racine de f qui n'est pas dans R, son conjugué $\bar{x}_i$ est aussi racine de f et

$$(Y_1 + x_i Y_2 + \ldots + x_i^{n-1} Y_n)^2 + (Y_1 + \bar{x}_i Y_2 + \ldots + \bar{x}_i^{n-1} Y_n)^2$$
$$= 2[(Y_1 + \text{Re}(x_i) Y_2 + \ldots + \text{Re}(x_i^{n-1}) Y_n)^2 - (\text{Im}(x_i) Y_2 + \ldots + \text{Im}(x_i^{n-1}) Y_n)^2].$$

Le rang de Q est le rang de la matrice de Vandermonde des x_i, c'est-à-dire le nombre de racines distinctes dans $R[i]$. Les racines dans $R[i] \setminus R$ apportant une contribution nulle à la signature, celle-ci est bien le nombre de racines distinctes dans R. □

Corollaire 6.2.5: *On a*

$$\sigma(R^n) = \{(a_1, \ldots, a_n) \in R^n \mid \text{Bez}(a_1, \ldots, a_n) \text{ est semi-définie positive}\}. \quad \square$$

Soient $\Delta_1, \ldots, \Delta_n$ les déterminants principaux de la matrice Bez$(a_1, \ldots, a_n)$: Δ_k est le déterminant de la sous-matrice des k premières lignes et k premières colonnes de Bez$(a_1, \ldots, a_n)$.

Lemme 6.2.6: *L'ensemble $\sigma(R^n)$ est presque donné par les inégalités simultanées $\Delta_1 \geq 0, \ldots, \Delta_n \geq 0$ dans R^n.*

Démonstration: Si Bez$(a_1, \ldots, a_n)$ est semi-définie positive, alors on a $\Delta_1 \geq 0, \ldots, \Delta_n \geq 0$. Par ailleurs si $\Delta_1 > 0$ et $\ldots$ et $\Delta_n > 0$, alors Bez$(a_1, \ldots, a_n)$ est définie positive (cf. [Gantmacher 1], chapitre 10, § 4, théorèmes 3 et 4). Donc la différence

$$\{(a_1, \ldots, a_n) \in R^n \mid \Delta_1 \geq 0 \text{ et } \ldots \text{ et } \Delta_n \geq 0\} \setminus \sigma(R^n)$$

est contenue dans l'ensemble des zéros du produit $\Delta_1 \cdots \Delta_n$. □

Théorème 6.2.7 (17e problème de Hilbert symétrique): *Soit $f \in R[X_1, ..., X_n]$ un polynôme symétrique, positif ou nul sur R^n. Alors f peut s'écrire:*

$$f = \sum_{i=1}^{r} s_i \, \delta_i$$

où les s_i sont des sommes de carrés de fractions rationnelles symétriques, et les δ_i des produits de $\Delta_1(\sigma_1, ..., \sigma_n), ..., \Delta_n(\sigma_1, ..., \sigma_n)$ (on peut avoir $\delta_i = 1$).

Démonstration: C'est une application immédiate de 6.2.2 et 6.2.6. □

On peut obtenir une formulation différente de la solution dans le cas symétrique. Tout d'abord, on peut remarquer que $\sigma(R^n)$ est en fait donné par des inégalités simultanées de manière exacte. Soient $D_1, ..., D_{2^n-1}$ les $2^n - 1$ mineurs symétriques de Bez$(a_1, ..., a_n)$: ce sont les déterminants des sous-matrices obtenues en prenant les lignes et les colonnes de mêmes numéros. Les $\Delta_1, ..., \Delta_n$ figurent parmi les D_j.

Lemme 6.2.8: *On a $\sigma(R^n) = \{(a_1, ..., a_n) \in R^n \mid D_1 \geq 0 \text{ et } ... \text{ et } D_{2^n-1} \geq 0\}$.*

Démonstration: Bez$(a_1, ..., a_n)$ est semi-définie positive si et seulement si tous les D_j sont positifs ou nuls (cf. [Gantmacher 1] chapitre 10, § 4, théorème 4). □

Théorème 6.2.9: *Soit $f \in R[X_1, ..., X_n]$ un polynôme symétrique, positif ou nul sur tout R^n. Alors il existe un entier m, et des polynômes g et h tous deux de la forme $\sum_j s_j d_j$, où les s_j sont des sommes de carrés de polynômes symétriques et les d_j des produits de $D_1(\sigma_1, ..., \sigma_n), ..., D_{2^n-1}(\sigma_1, ..., \sigma_n)$ (on peut avoir $d_j = 1$), tels que $fg = f^{2m} + h$.*

Démonstration: On utilise le positivstellensatz 4.4.3 (i), et 6.2.8. □

Soit G un groupe de Lie compact, $GL(n, \mathbb{R})$ le groupe linéaire des matrices $n \times n$ inversibles à coefficients dans $\mathbb{R}$, $\varphi: G \to GL(n, \mathbb{R})$ une représentation linéaire de G. φ induit une action de G sur $\mathbb{R}^n$, et on note $\mathbb{R}[X_1, ..., X_n]^G$ la $\mathbb{R}$-algèbre des polynômes invariants par cette action. Par le théorème classique de Hilbert-Nagata, $\mathbb{R}[X_1, ..., X_n]^G$ est engendré comme $\mathbb{R}$-algèbre par un nombre fini de polynômes $q_1, ..., q_k$ (cf. [Dieudonné Carrell 1] p. 42); soit $q = (q_1, ..., q_k): \mathbb{R}^n \to \mathbb{R}^k$.

Théorème 6.2.10: *L'ensemble $q(\mathbb{R}^n)$ est donné par des inégalités simultanées.*

Démonstration: [Procesi Schwarz 1]. □

Corollaire 6.2.11: *Soit G un groupe de Lie compact. Il existe un ensemble fini $f_1, ..., f_m$ de polynômes G-invariants positifs ou nuls sur $\mathbb{R}^n$ tels que tout polynôme f G-invariant et positif ou nul sur $\mathbb{R}^n$ peut s'écrire $f = \sum_{i=1}^{m} s_i f_i$, où les s_i sont des sommes de carrés dans le corps de fractions de $\mathbb{R}[X_1, ..., X_n]^G$.*

Démonstration: Immédiate d'après 6.2.2 et 6.2.10. □

6.3 Aspects quantitatifs du 17ᵉ problème de Hilbert

On sait que tout polynôme positif ou nul sur R^n est somme de carrés dans $R(X_1, \ldots, X_n)$. Le problème quantitatif est le suivant: *combien de carrés suffisent?*

Définition 6.3.1: *Soit A un anneau commutatif. On note $p(A)$ le plus petit entier naturel r tel que toute somme de carrés de A soit somme de r carrés de A, s'il existe, et on pose $p(A) = \infty$ sinon. On appelle $p(A)$ le nombre de Pythagore de A.*

Exemples 6.3.2: Si R est réel clos, $p(R) = 1$, $p(R(X)) = p(R[X]) = 2$ (où X désigne une seule variable). On a $p(\mathbb{Z}) = p(\mathbb{Q}) = 4$ (théorème de Lagrange [Serre 2] chapitre 4, appendice, corollaire 1). □

L'étude de l'aspect quantitatif utilise la théorie des formes quadratiques. Dans tout 6.3, F désignera un corps de caractéristique $\neq 2$ et $F^* = F \setminus \{0\}$ son groupe multiplicatif. Une *forme quadratique* φ de dimension n sur F est un polynôme homogène de degré 2 à n variables $\varphi(X) = \sum_{1 \leq i \leq j \leq n} a_{ij} X_i X_j$, $a_{ij} \in F$. Deux formes quadratiques φ et ψ de dimension n sont *équivalentes*, ce que l'on note $\varphi \simeq \psi$, quand il existe $B \in GL(n, F)$ tel que $\varphi(X) = \psi(B \cdot X)$. On sait que toute forme quadratique est équivalente à une forme diagonale, c'est-à-dire à une forme $\varphi(X) = \sum_{i=1}^{n} a_i X_i^2$. Une telle forme diagonale sera notée $\varphi = \langle a_1, \ldots, a_n \rangle$.

Si φ est une forme quadratique de dimension n sur F, il existe une unique forme bilinéaire symétrique Φ sur F^n telle que $\varphi(x) = \Phi(x, x)$, définie par:

$$\Phi(x, y) = \varphi\left(\frac{x+y}{2}\right) - \varphi\left(\frac{x-y}{2}\right).$$

On dit que φ est *non dégénérée* quand Φ l'est, c'est-à-dire quand l'application $x \mapsto \Phi(x, -)$ est un isomorphisme de F^n sur son dual $(F^n)^\vee$. La forme $\langle a_1, \ldots, a_n \rangle$ est non dégénérée si et seulement si aucun des a_i n'est nul. *Toutes les formes quadratiques que nous considérerons dans cette section seront des formes quadratiques non dégénérées.*

On définit sur les formes quadratiques, comme sur les formes bilinéaires symétriques, les opérations de somme orthogonale et de produit tensoriel: la *somme orthogonale* $\varphi \perp \psi$ est donnée par $\varphi \perp \psi(x \oplus y) = \varphi(x) + \psi(y)$, le *produit tensoriel* $\varphi \otimes \psi$ par $\varphi \otimes \psi(x \otimes y) = \varphi(x) \psi(y)$.

Définition et Théorème 6.3.3: *Soit φ une forme quadratique non dégénérée de dimension n sur F. On dit que φ représente $b \in A$ sur A (où A est une F-algèbre) quand il existe $x \in A^n$ tel que $\varphi(x) = b$. La forme φ est isotrope (sur F) quand il existe $x \neq 0$ dans F^n tel que $\varphi(x) = 0$, et φ est anisotrope dans le cas contraire. On a:*

(i) *Si φ est isotrope, il existe $a_3, \ldots, a_n \in F^*$ tels que*

$$\varphi \simeq \langle 1, -1, a_3, \ldots, a_n \rangle.$$

(ii) *Si φ est isotrope, φ représente n'importe quel $b \in F^*$ sur F (φ est universelle).*

(iii) *La forme φ représente $b \in F^*$ sur F si et seulement si $\varphi \perp \langle -b \rangle$ est isotrope.*

Références de démonstrations:
  i) [Lam T.Y.1], chapitre 1, théorème 3.4 (2).
  ii) [Lam T.Y.1], chapitre 1, théorème 3.4 (3).
  iii) [Lam T.Y.1], chapitre 1, théorème 3.5. □

Théorème 6.3.4: *Soit $f \in F[X]$ un polynôme en une seule variable X. Soit φ une forme quadratique non dégénérée sur F. Alors, si φ représente f sur le corps $F(X)$, φ représente f sur l'anneau $F[X]$.*

Démonstration: On suppose $f \neq 0$, et on suppose aussi φ anisotrope. Si φ est isotrope, 6.3.3 (i) et l'égalité $f = ((f+1)/2)^2 - ((f-1)/2)^2$ montrent que φ représente tout élément de $F[X]$.

Considérons une représentation de f par φ sur $F(X)$:

(1) $$f = \varphi(g_1/g_0, \ldots, g_n/g_0)$$

où $g_0, g_1, \ldots, g_n \in F[X]$, avec g_0 de degré minimum. On raisonne par l'absurde: si φ ne représente pas f sur $F[X]$, on a $\deg(g_0) \geq 1$. Introduisons la forme quadratique $\psi = \langle -f \rangle \perp \varphi$ de dimension $n+1$ sur $F(X)$, $\psi(u) = -fu_0^2 + \varphi(u_1, \ldots, u_n)$, et notons Ψ la forme bilinéaire symétrique associée à ψ. L'égalité (1) s'écrit $\psi(g) = 0$, où $g = (g_0, g_1, \ldots, g_n) \in F[X]^{n+1}$. Fabriquons maintenant un autre zéro de ψ dans $F[X]^{n+1}$. On pose $h_0 = 1$, et pour $i = 1, \ldots, n$ soit h_i le quotient de la division euclidienne de g_i par g_0. D'après la minimalité de $\deg(g_0)$, et comme $\deg(g_0) \geq 1$, g et $h = (h_0, \ldots, h_n)$ sont linéairement indépendants sur $F(X)$, et $\psi(h) = -f + \varphi(h_1, \ldots, h_n) \neq 0$. Donc $q = \psi(h)g - 2\Psi(g, h)h$ n'est pas le vecteur nul de $F(X)^{n+1}$. Par construction, $q \in F[X]^{n+1}$, q est un zéro de ψ:

$$\psi(q) = (\psi(h))^2 \psi(g) - 4\psi(h)(\Psi(g,h))^2 + 4(\Psi(g,h))^2 \psi(h) = 0.$$

Le polynôme q_0 ne peut pas être nul: sinon on aurait $0 = \psi(0, q_1, \ldots, q_n) = \varphi(q_1, \ldots, q_n)$ avec au moins un des $q_1, \ldots, q_n$ non nuls puisque q est non nul; si $d = \sup(\{\deg(q_i) | i = 1, \ldots, n\})$ et si $a_1, \ldots, a_n \in F$ sont les coefficients de X^d dans $q_1, \ldots, q_n$, on aurait $\varphi(a_1, \ldots, a_n) = 0$, ce qui contredit le fait que φ est anisotrope. Comme

$$q_0 = \psi(h) g_0 - 2\Psi(g, h) = \frac{1}{g_0} \varphi(g_1 - g_0 h_1, \ldots, g_n - g_0 h_n),$$

on a

$$\deg(q_0) \leq 2 \sup(\{\deg(g_i - g_0 h_i) | i = 1, \ldots, n\}) - \deg(g_0) < \deg(g_0),$$

ce qui est contraire à la minimalité de $\deg(g_0)$. Le résultat est montré. □

Comme première application de 6.3.4, voici un lemme qui nous servira plus tard.

Lemme 6.3.5: *Soit φ une forme quadratique sur F et $f \in F[X_1, \ldots, X_m]$. Si φ représente f sur $F(X_1, \ldots, X_m)$, alors pour tous $a_1, \ldots, a_m \in F$, φ représente $f(a_1, \ldots, a_m)$ sur F.*

Démonstration: Si φ représente f sur $F(X_1, \ldots, X_m) = F(X_1, \ldots, X_{m-1})(X_m)$ on a, d'après 6.3.4, $f = \varphi(A_1(X_m), \ldots, A_n(X_m))$ où $A_1, \ldots, A_n$ sont des polynômes à coefficients dans $F(X_1, \ldots, X_{m-1})$. Pour tout a_m de F on a $f(X_1, \ldots, X_{m-1}, a_m) = \varphi(A_1(a_m), \ldots, A_n(a_m))$, donc φ représente $f(X_1, \ldots, X_{m-1}, a_m)$ sur $F(X_1, \ldots, X_{m-1})$. On obtient donc le résultat par récurrence sur m. □

Proposition 6.3.6: *Soit $a \in F$, soit $b_1, \ldots, b_n \in F^*$, $n > 1$, et soit $\varphi = \langle b_1, \ldots, b_n \rangle$. Alors les propriétés suivantes sont équivalentes:*
(i) *φ représente $b_1 X^2 + a$ sur $F(X)$.*
(ii) *$\varphi' = \langle b_2, \ldots, b_n \rangle$ représente a sur F, ou φ est isotrope.*

Démonstration:
(i) $\Rightarrow$ (ii) D'après le théorème 6.3.4, φ représente $b_1 X^2 + a$ sur $F[X]$:

$$b_1 X^2 + a = \sum_{j=1}^{n} b_j f_j^2, \quad f_j \in F[X].$$

Si φ est anisotrope sur F on a:

$$\deg\left(\sum_{j=1}^{n} b_j f_j^2\right) = 2 \sup(\{\deg(f_j) | j = 1, \ldots, n\}),$$

et donc on a $f_j = c_j X + d_j$ avec $c_j, d_j \in F$ pour $j = 1, \ldots, n$. Il existe au moins un $e \in F$ tel que $e^2 = (c_1 e + d_1)^2$ et pour un tel e:

$$b_1 e^2 + a = b_1 e^2 + \sum_{j=2}^{n} b_j (c_j e + d_j)^2.$$

Ceci montre que φ' représente a sur F.

(ii) $\Rightarrow$ (i) C'est immédiat dans le cas où φ' représente a sur F, et dans le cas où φ est isotrope on utilise 6.3.3 (ii). □

Dans le cas où $b_1 = \ldots = b_n = 1$, la proposition 6.3.6 dit que $X^2 + a$ est somme de $n > 1$ carrés dans $F(X)$ si et seulement si -1 est somme de $n-1$ carrés dans F ou a est somme de $n-1$ carrés dans F. Un raisonnement par récurrence sur n nous donne alors les résultats suivants.

Corollaire 6.3.7: *Soit F un corps réel. Alors:*
(i) *Le polynôme $1 + X_1^2 + \ldots + X_n^2$ n'est pas somme de n carrés dans $F(X_1, \ldots, X_n)$, et donc $X_1^2 + \ldots + X_n^2$ n'est pas somme de $n-1$ carrés dans $F(X_1, \ldots, X_n)$.*
(ii) *On a $p(F(X_1, \ldots, X_n)) \geq p(F) + n$.* □

Le corollaire 6.3.7 (ii) nous donne une borne inférieure pour le nombre de Pythagore. Pour obtenir une borne supérieure, on utilise la théorie des formes multiplicatives de Pfister. Nous n'exposerons de cette théorie que la partie dont nous aurons besoin.

Lemme 6.3.8: *Si la forme $\langle a, b \rangle$ représente $c \in F^*$, alors $\langle a, b \rangle \simeq c \langle 1, ab \rangle$.*

Démonstration: On a $(u, v) \in F^2$ tel que $c = au^2 + bv^2 \neq 0$. L'égalité

$$\begin{bmatrix} u & v \\ -bv & au \end{bmatrix} \begin{bmatrix} a & 0 \\ 0 & b \end{bmatrix} \begin{bmatrix} u & -bv \\ v & au \end{bmatrix} = c \begin{bmatrix} 1 & 0 \\ 0 & ab \end{bmatrix}$$

montre le résultat. □

Définition 6.3.9: *Une forme de Pfister φ sur F est une forme quadratique de dimension 2^n sur F telle qu'il existe des éléments $a_1, \ldots, a_n$ de F^* avec*

$$\varphi = \langle 1, a_1 \rangle \otimes \langle 1, a_2 \rangle \otimes \ldots \otimes \langle 1, a_n \rangle.$$

Une forme multiplicative de dimension d est une forme quadratique sur F qui possède la propriété (m) suivante

(m) $\qquad \forall x \in F^d \quad \varphi(x) \neq 0 \Rightarrow \varphi(x) \varphi \simeq \varphi.$

Théorème 6.3.10: *Toute forme de Pfister sur F est multiplicative.*

Démonstration: Soit φ une forme de Pfister de dimension 2^n. On raisonne par récurrence sur n. Pour $n = 0$, φ est la forme de dimension 1, $\varphi(X) = X^2$, et (m) est évident. Il suffit alors de montrer que si φ a la propriété (m), et $a \in F^*$, alors $\varphi \perp a\varphi = \langle 1, a \rangle \otimes \varphi$ a aussi la propriété (m). Soient donc x, x' tels que $\varphi(x) + a\varphi(x') \neq 0$.

Si $\varphi(x') = 0$ on a $\varphi(x)(\varphi \perp a\varphi) = (\varphi(x)\varphi) \perp (a\varphi(x)\varphi) \simeq \varphi \perp a\varphi$.

Si $\varphi(x) = 0$ on a $a\varphi(x')(\varphi \perp a\varphi) = (a\varphi(x')\varphi) \perp (a^2 \varphi(x')\varphi) \simeq a\varphi \perp a^2 \varphi \simeq \varphi \perp a\varphi$.

Reste le cas $\varphi(x) \varphi(x') \neq 0$. Dans ce cas:

$$(\varphi(x) + a\varphi(x'))(\varphi \perp a\varphi) \simeq (\varphi(x) + a\varphi(x'))(\varphi \perp a\varphi(x)\varphi(x')\varphi)$$
$$\simeq (\varphi(x) + a\varphi(x'))\langle 1, a\varphi(x)\varphi(x') \rangle \otimes \varphi$$
$$\simeq \langle \varphi(x), a\varphi(x') \rangle \otimes \varphi \quad \text{(d'après 6.3.8)}$$
$$\simeq \varphi(x)\varphi \perp a\varphi(x')\varphi \simeq \varphi \perp a\varphi. \quad \square$$

Corollaire 6.3.11: *Soit φ une forme de Pfister $\varphi = \langle 1, a_1 \rangle \otimes \ldots \otimes \langle 1, a_n \rangle$ avec $a_1, \ldots, a_n \in F^*$, et notons G_φ l'ensemble des éléments non nuls de F représentés par φ sur F. Alors G_φ est un sous-groupe du groupe multiplicatif $F^* = F \setminus \{0\}$.*

Démonstration: Le théorème 6.3.10 montre que G_φ est fermé pour la multiplication. Il est aussi fermé par passage à l'inverse, car $(\varphi(x))^{-1} = \varphi(x/\varphi(x))$. □

6.3 Aspects quantitatifs du 17ᵉ problème de Hilbert

Corollaire 6.3.12: *Le produit de deux éléments de F qui sont sommes de 2^n carrés dans F est aussi somme de 2^n carrés dans F.*

Démonstration: On utilise 6.3.11, avec $a_1 = \ldots = a_n = 1$. □

Lemme 6.3.13: *Soit $\varphi = \langle 1, a_1 \rangle \otimes \ldots \otimes \langle 1, a_n \rangle$, avec $a_1, \ldots, a_n \in F^*$; on a $\varphi = \langle 1 \rangle \perp \varphi'$, où $\varphi' = \langle a_1, \ldots, a_n, a_1 a_2, \ldots, a_1 a_2 \cdots a_n \rangle$. Soit $b_1 \in F^*$ un élément représenté par φ' sur F. Alors il existe $b_2, \ldots, b_n \in F^*$ tels que $\varphi \simeq \langle 1, b_1 \rangle \otimes \ldots \otimes \langle 1, b_n \rangle$.*

Démonstration: On raisonne par récurrence sur n; le cas $n=1$ est trivial (on a $\varphi' = \langle a_1 \rangle$). Supposons le résultat montré pour n, et soit $\psi = \langle 1, a_1 \rangle \otimes \ldots \otimes \langle 1, a_n \rangle = \langle 1 \rangle \perp \psi'$, $\varphi = \psi \otimes \langle 1, a \rangle = \langle 1 \rangle \perp \psi' \perp a\psi$; on a $\varphi' = \psi' \perp a\psi$. Soit $b_1 \in F^*$ représenté par φ' sur F: on a $b_1 = b'_1 + ab$ où b'_1 est représenté par ψ' et b par ψ. Si $b'_1 = 0$, on a $b \neq 0$ et d'après 6.3.10, $\psi \simeq b\psi$ d'où $\varphi = \psi \perp a\psi \simeq \psi \perp ab\psi = \langle 1, b_1 \rangle \otimes \psi$. Si $b'_1 \neq 0$, par hypothèse de récurrence on a $\psi \simeq \langle 1, b'_1 \rangle \otimes \langle 1, b_2 \rangle \otimes \ldots \otimes \langle 1, b_n \rangle$ pour certains $b_2, \ldots, b_n \in F^*$. Si $b = 0$, on a déjà gagné. Si $b \neq 0$ on a comme ci-dessus $\varphi \simeq \langle 1, ab \rangle \otimes \psi$, et

$$\langle 1, ab \rangle \otimes \langle 1, b'_1 \rangle \simeq \langle 1, abb'_1 \rangle \perp \langle b'_1, ab \rangle$$
$$\simeq \langle 1, abb'_1 \rangle \perp b_1 \langle 1, abb'_1 \rangle \quad \text{(en utilisant 6.3.8)}$$
$$\simeq \langle 1, b_1 \rangle \otimes \langle 1, abb'_1 \rangle,$$

ce qui donne le résultat dans ce cas. □

L'autre ingrédient avec les formes de Pfister est le théorème de Tsen-Lang.

Théorème 6.3.4: *Soit K un corps algébriquement clos, F un corps de degré de transcendance n sur K. Alors toute forme quadratique sur F de dimension strictement plus grande que 2^n est isotrope.*

Référence: [Greenberg 2]. □

Théorème 6.3.15: *Soit R un corps réel clos, F une extension de degré de transcendance n sur R. Soit $\varphi = \langle 1, a_1 \rangle \otimes \ldots \otimes \langle 1, a_n \rangle$, avec $a_1, \ldots, a_n \in F^*$. Soit b une somme de carrés de F. Alors φ représente b sur F.*

Démonstration: On suppose $b \neq 0$ et φ anisotrope sur F, car sinon le résultat est immédiat. Le cas $b = b_1^2$ est aussi trivial.

Traitons d'abord le cas $b = b_1^2 + b_2^2$, $b_1 b_2 \neq 0$. Le théorème de Tsen-Lang (6.3.14) et 6.3.3 (iii) nous disent que φ représente n'importe quel élément de $F(i)$ sur $F(i)$ (où $i = \sqrt{-1}$). Si $F = F(i)$, φ représente b sur F; supposons alors $F \neq F(i)$. Soit $\beta = b_1 + b_2 i$; φ représente β sur $F(i)$ et $F(i) = F(\beta)$. Il existe donc $u, v \in F^{2^n}$ tels que $\beta = \varphi(u + \beta v)$, avec bien sûr $v \neq 0$. Si Φ est la forme bilinéaire symétrique associée à φ, on a $\beta = \varphi(u) + 2\beta \Phi(u, v) + \beta^2 \varphi(v)$. En comparant avec $\beta^2 - 2b_1 \beta + b = 0$ il vient $b\varphi(v) = \varphi(u)$ et donc d'après 6.3.11 φ représente b sur F. Supposons maintenant que le résultat vaut pour toutes les formes φ du type indiqué, et pour toutes les sommes de k carrés dans F ($k \geq 2$). A un facteur carré près, toute somme de $k+1$ carrés non nuls est de la forme $c = 1 + b$ où

b est somme de k carrés et donc représenté par φ sur F. Avec $\varphi = \langle 1 \rangle \perp \varphi'$ comme dans 6.3.13, on a $b = b_1^2 + b_2$, où b_2 est représenté par φ' sur F, et on peut supposer $b_2 \neq 0$ (sinon c est somme de deux carrés). On cherche à montrer que φ représente c. Posons $\psi = \varphi \otimes \langle 1, -c \rangle = \varphi \perp (-c\varphi) = \langle 1 \rangle \perp \varphi' \perp (-c\varphi)$. La forme $\psi' = \varphi' \perp (-c\varphi)$ représente $b_2 - c = -1 - b_1^2$. D'après le lemme 6.3.13 on a $c_1, \ldots, c_n \in F^*$ tels que $\psi \simeq \langle 1, -1 - b_1^2 \rangle \otimes \langle 1, c_1 \rangle \otimes \ldots \otimes \langle 1, c_n \rangle$. D'après l'hypothèse de récurrence, la forme $\langle 1, c_1 \rangle \otimes \ldots \otimes \langle 1, c_n \rangle$ représente $1 + b_1^2$ et donc ψ est isotrope, d'où $\psi(u, v) = \varphi(u) - c\varphi(v) = 0$ pour des vecteurs non nuls u, v de F^{2^n}. On conclut grâce à 6.3.11 que φ représente c sur F. □

Théorème 6.3.16: *Soit R un corps réel clos, $V \subset R^m$ un ensemble algébrique irréductible de dimension n. Tout élément de $\mathscr{P}(V)$ qui est positif ou nul sur un ouvert de Zariski non vide de V est somme de 2^n carrés dans le corps $\mathscr{K}(V)$.*

Démonstration: On met bout à bout 6.1.9 et 6.3.15 pour $a_1 = \ldots = a_n = 1$. □

Les théorèmes 6.3.16 et 6.3.7 (ii) nous donnent l'encadrement suivant:

Corollaire 6.3.17: *Soit R un corps réel clos. Alors le nombre de Pythagore de $R(X_1, \ldots, X_n)$ satisfait*

$$n + 1 \leq p(R(X_1, \ldots, X_n)) \leq 2^n. \quad \square$$

Remarque 6.3.18: La borne inférieure peut être améliorée en $n + 2$ pour $n \geq 2$ (cf. remarque 6.4.8 plus loin).

6.4 Le théorème de Hilbert sur les formes positives

On a vu qu'un polynôme positif ou nul est somme de carrés de fractions rationnelles. Nous allons voir maintenant dans quels cas les polynômes positifs ou nuls sont sommes de carrés de *polynômes*. En fait nous allons nous intéresser aux polynômes homogènes, ou formes. Le problème concernant les polynômes s'y ramène, par homogénéisation.

Notation 6.4.1: On fixe pour toute cette section un corps R réel clos. Notons $P_{n,m}$ l'ensemble des formes non identiquement nulles en n variables de degré m à coefficients dans R qui sont positives ou nulles sur tout R^n, et $\Sigma_{n,m}$ le sous-ensemble de $P_{n,m}$ des formes qui sont sommes de carrés de polynômes.

Remarque 6.4.2: L'étude comparée de $P_{n,m}$ et $\Sigma_{n,m}$ n'a d'intérêt que pour m pair, car sinon $P_{n,m} = \emptyset$. On supposera toujours m pair. Si $f \in \Sigma_{n,m}$, on s'aperçoit (en écrivant les polynômes comme sommes de polynômes homogènes) que f est en fait somme de carrés de formes de degré $m/2$.

Proposition 6.4.3: *Si $n \leq 2$, ou si $m = 2$, alors $P_{n,m} = \Sigma_{n,m}$.*

Démonstration: Le cas $n = 1$ est trivial. Le cas $n = 2$ vient de la factorisation des formes en deux variables sur un corps réel clos (donnée par la factorisation des polynômes en une variable); une forme de $P_{2,m}$ est un carré, ou une somme de deux carrés de formes. Le cas $m = 2$ vient de la diagonalisation des formes

6.4 Le théorème de Hilbert sur les formes positives

quadratiques; une forme de $P_{n,2}$ est somme de carrés de n formes linéaires, ou moins. □

Proposition 6.4.4: *On a* $P_{3,4} = \Sigma_{3,4}$.
La démonstration repose sur le lemme suivant:

Lemme 6.4.5: *Si* $s \in P_{3,4}$, *il y a une forme quadratique* q *non identiquement nulle telle que* $s \geq q^2$ *sur* R^3.

Démonstration du lemme: Notons $\mathbb{P}\mathscr{Z}(s) \subset \mathbb{P}_2(R)$ l'ensemble des points de $\mathbb{P}_2(R)$ dont les coordonnées homogènes sont zéros de s. Nous allons envisager trois cas:

(i) L'ensemble $\mathbb{P}\mathscr{Z}(s)$ est vide. Alors $s(X, Y, Z)/(X^2 + Y^2 + Z^2)^2$ ne s'annule pas sur la sphère unité S^2, et donc il existe $\varepsilon \in R$, $\varepsilon > 0$, tel que $s \geq \varepsilon (X^2 + Y^2 + Z^2)^2$ sur S^2, et donc aussi sur R^3 tout entier.

(ii) L'ensemble $\mathbb{P}\mathscr{Z}(s)$ a exactement un élément, et on peut supposer que c'est $(1:0:0)$, quitte à faire un changement de coordonnées. Le degré de s en X est donc strictement inférieur à 4, et vaut 2 (ou alors, X ne figure pas dans s). On peut donc écrire $s(X,Y,Z) = X^2 f(Y,Z) + 2X g(Y,Z) + h(Y,Z)$, et on a $fs = (Xf+g)^2 + (fh-g^2)$ avec f, h et $fh - g^2 \geq 0$ sur R^2 puisque $s \geq 0$ sur R^3. Si la forme quadratique f est non dégénérée, on a $f > 0$ sur $R^2 \setminus \{0\}$. Le discriminant $fh - g^2$ doit aussi être strictement positif sur $R^2 \setminus \{0\}$, car si $(fh-g^2)(b,c) = 0$ avec $(b,c) \neq 0$ alors $(-g(b,c)/f(b,c) : b : c) \in \mathbb{P}\mathscr{Z}(s)$, ce qui est contraire à l'hypothèse. Il existe donc $\varepsilon \in R$, $\varepsilon > 0$ tel que $(fh-g^2)/f^3 \geq \varepsilon$ sur S^1, et donc $fh - g^2 \geq \varepsilon f^3$ sur R^2. Mais alors $fs \geq fh - g^2 \geq \varepsilon f^3$ sur R^3, ce qui donne $s \geq \varepsilon f^2$ comme voulu.

Il faut maintenant examiner le cas où f est dégénérée; f est alors le carré d'une forme linéaire f_1 et comme $f_1^2 h - g^2 \geq 0$, f_1 divise g, $g = g_1 f_1$. Alors $fs \geq (Xf+g)^2 = f(Xf_1 + g_1)^2$ et donc $s \geq (Xf_1 + g_1)^2$ comme voulu.

(iii) L'ensemble $\mathbb{P}\mathscr{Z}(s)$ a au moins deux éléments. On peut supposer que $(1:0:0)$ et $(0:1:0)$ sont dans $\mathbb{P}\mathscr{Z}(s)$, quitte à faire un changement de coordonnées. Le degré de s en X comme en Y vaut deux (ou alors une des deux variables ne figure pas). On peut donc écrire

$$s(X,Y,Z) = X^2 f(Y,Z) + 2XZ g(Y,Z) + Z^2 h(Y,Z),$$

et

$$fs = (Xf + Zg)^2 + Z^2(fh - g^2),$$

où f, g et h sont des formes quadratiques en Y, Z et f, h et $fh - g^2 \geq 0$ sur R^2. Si f est dégénérée, on raisonne comme ci-dessus. On fait de même si h est dégénérée, en utilisant l'écriture $hs = (Zh + Xg)^2 + X^2(fh - g^2)$. Il reste à voir ce qui se passe si ni f ni h ne sont dégénérées, c'est-à-dire si $f > 0$ et $h > 0$ sur $R^2 \setminus \{0\}$. Il y a deux sous-cas:

a) La forme $fh - g^2$ a un zéro non trivial (b, c). Posons $\alpha = -g(b,c)/f(b,c)$ et

$$s_1(X, Y, Z) = s(X + \alpha Z, Y, Z) = X^2 f + 2XZ(g + \alpha f) + Z^2(h + 2\alpha g + \alpha^2 f).$$

Alors (b, c) est zéro de $h+2\alpha g+\alpha^2 f$, et le raisonnement fait ci-dessus pour h dégénérée montre que s_1 est supérieur ou égal au carré d'une forme quadratique; s aussi a cette propriété.

b) On a $fh-g^2>0$ sur $R^2\setminus\{0\}$. Alors $(fh-g^2)/(Y^2+Z^2)f\geq\varepsilon$ sur S^1, pour un $\varepsilon>0$ de R. Sur R^2 on a $fh-g^2\geq\varepsilon(Y^2+Z^2)f$, et donc $s\geq\varepsilon Z^2(Y^2+Z^2)\geq\varepsilon Z^4$ sur R^3. □

Démonstration de la proposition 6.4.4: Une forme $f\in P_{n,m}$ est dite *extrémale* quand pour tout g, h de $P_{n,m}$ avec $f=g+h$, on a $g=af$ et $h=(1-a)f$ pour un $a\in R$ tel que $0<a<1$. Toute forme dans $P_{n,m}$ est somme d'un nombre fini de formes extrémales de $P_{n,m}$; ceci relève de la théorie des ensembles convexes appliquée au cône convexe fermé $P_{n,m}\cup\{0\}$ ([Rockafellar 1] p. 167). Pour montrer $P_{3,4}=\Sigma_{3,4}$, il suffit de montrer que toute forme extrémale de $P_{3,4}$ est dans $\Sigma_{3,4}$. Soit s une telle forme extrémale. D'après le lemme 6.4.5 on a $s=q^2+t$ avec $t=0$ ou $t\in P_{3,4}$. Comme s est extrémale $q^2=as$ pour $0<a\leq 1$ et donc $s\in\Sigma_{3,4}$. □

Proposition 6.4.6: *Si* $n\geq 3$, $m\geq 4$ *et* $(n, m)\neq(3, 4)$ *alors* $\Sigma_{n,m}\neq P_{n,m}$.

Démonstration: Il faut exhiber deux contre-exemples:
(i) Pour $(n, m)=(4, 4)$, la forme

$$q(X, Y, Z, W) = W^4 + X^2 Y^2 + Y^2 Z^2 + Z^2 X^2 - 4XYZW$$

est toujours positive ou nulle, puisque $XYZW$ est la moyenne géométrique de W^4, $X^2 Y^2$, $Y^2 Z^2$ et $Z^2 X^2$. Si q était une somme de carrés de formes quadratiques, $q=\sum_{i=1}^{k} q_i^2$, aucun q_i ne pourrait contenir X^2, Y^2, Z^2 puisque q ne contient pas X^4, Y^4, Z^4. Mais alors, puisque q ne contient pas non plus $W^2 X^2$, $W^2 Y^2$, $W^2 Z^2$, aucun q_i ne pourrait contenir WX, WY, WZ. Ainsi, chaque q_i serait une combinaison linéaire des monômes XY, YZ, ZX et W^2, mais alors il n'y aurait pas de $XYZW$ dans $\sum_{i=1}^{k} q_i^2$. Ceci montre $\Sigma_{4,4}\neq P_{4,4}$.

(ii) Pour $(n, m)=(3, 6)$, la forme

$$s(X, Y, Z) = Z^6 + X^4 Y^2 + X^2 Y^4 - 3X^2 Y^2 Z^2$$

est toujours positive ou nulle puisque $X^2 Y^2 Z^2$ est la moyenne géométrique de Z^6, $X^4 Y^2$, $X^2 Y^4$. Si s était une somme de carrés de formes cubiques, $s=\sum_{i=1}^{k} s_i^2$, aucun des s_i ne pourrait contenir X^3, Y^3, donc aucun des s_i ne pourrait contenir $X^2 Z$, $Y^2 Z$ (s ne contient pas $X^4 Z^2$, $Y^4 Z^2$) et finalement aucun des s_i ne pourrait contenir XZ^2, YZ^2 (s ne contient pas $X^2 Z^4$, $Y^2 Z^4$). Chaque s_i serait donc combinaison linéaire de XY^2, $X^2 Y$, XYZ, Z^3 et dans $\sum_{i=1}^{k} s_i^2$, $X^2 Y^2 Z^2$ aurait nécessairement un coefficient positif ou nul. Ainsi $\Sigma_{3,6}\neq P_{3,6}$.

(iii) Si $n=3$ et $m>6$, la forme $X^{m-6}s$ est dans $P_{3,m}\setminus\Sigma_{3,m}$, et si $n\geq 4$, $m>4$ la forme $X^{m-4}q$ est dans $P_{n,m}\setminus\Sigma_{n,m}$. □

Nous pouvons récapituler les résultats de cette section dans le résultat suivant :

Théorème 6.4.7: *On a $P_{n,m}=\Sigma_{n,m}$ si et seulement si $n\leq 2$ ou $m=2$ ou $(n,m)=(3,4)$.* □

Remarque 6.4.8: La preuve de 6.4.6 (ii) montre que le polynôme $s(X,Y,1)=1+X^4Y^2+X^2Y^4-3X^2Y^2$ n'est pas somme de carrés de polynômes. L'article [Cassels Ellison Pfister 1] contient la preuve que ce polynôme n'est pas somme de trois carrés de fractions rationnelles ; la preuve utilise la théorie des courbes elliptiques sur $R(X)$. Ce résultat entraîne que le nombre de Pythagore $p(R(X,Y))$ vaut 4, et donc d'après 6.3.7 (ii) que $p(R(X_1,\ldots,X_n))\geq n+2$ pour $n\geq 2$.

6.5 Note historique et bibliographique

6.5.1 Représentation des polynômes positifs comme sommes de carrés de polynômes

L'intérêt de Hilbert dans la représentation des polynômes positifs comme somme de carrés remonte à la soutenance de thèse de Minkowski en 1885. Une des thèses de Minkowski était : « Il n'est pas vraisemblable que chaque forme positive soit représentable par une somme de carrés de formes » ([Hilbert 6], p. 342). Hilbert est d'abord sceptique, mais il se met à travailler sur la question, qui est aussi liée au problème de la possibilité de constructions géométriques par des moyens élémentaires (précisément, au moyen d'une règle et d'un instrument pour reporter les longueurs, cf. [Hilbert 4]). Il publie peu après un article ([Hilbert 1]) qui apporte une réponse complète : c'est le théorème 6.4.7 de ce chapitre. La preuve que nous donnons ici est empruntée à [Choi Lam 1] ; celle de Hilbert utilise des faits non-triviaux de la théorie des courbes algébriques projectives complexes, et Hilbert ne donne pas d'exemple explicite de polynôme positif qui n'est pas somme de carrés de polynômes. Un tel exemple ne sera donné qu'en 1967 ([Motzkin 2]) : c'est la forme s de la preuve de 6.4.6. D'autres exemples, pour les deux cas $(3,6)$ et $(4,4)$ sont construits dans [Robinson R. 1] ; [Choi Lam 1] contient des exemples simples et plus symétriques, à savoir la forme q de 6.4.6 et $X^4Y^2+Y^4Z^2+Z^4X^2-3X^2Y^2Z^2$, qui sont aussi des exemples de formes extrémales. Signalons, toujours concernant l'étude de $P_{3,6}$ et $P_{4,4}$, le résultat suivant ([Choi Lam Reznick 1]) : si $f\in P_{3,6}$ (resp. $P_{4,4}$) et si f a strictement plus de 10 (resp. 11) zéros projectifs, alors $f\in\Sigma_{3,6}$ (resp. $\Sigma_{4,4}$), et f a une infinité de zéros projectifs. Le problème de représentation de polynômes positifs comme somme de carrés de polynômes conduit aussi à l'étude du nombre de Pythagore des anneaux de polynômes : voir [Choi Dai Lam Reznick 1] ; entre autres, on montre dans cet article que si F est réel et $n\geq 2$, $p(F[X_1,\ldots,X_n])=\infty$.

Quelques questions restent ouvertes : par exemple celle de savoir si un polynôme de $\mathbb{R}[X_1, ..., X_n]$ qui est somme de trois carrés dans $\mathbb{R}(X_1, ..., X_n)$ est somme de carrés de polynômes (pour deux c'est oui ([Choi Lam Reznick Rosenberg 1]), et pour quatre c'est non (remarque 6.4.8)).

6.5.2 Représentation des polynômes positifs comme sommes de carrés de fractions rationnelles

Hilbert eut l'idée de modifier le problème, en cherchant une représentation comme somme de carrés de fractions rationnelles. Il obtient une réponse positive dans le cas des polynômes à deux variables ([Hilbert 3]), avec une représentation comme somme de quatre carrés de fractions ; il fait de la question dans le cas général le 17e des problèmes qu'il pose à Paris en 1900 ([Hilbert 5]). Il précise qu'« il est souhaitable, pour certaines questions comme la possibilité de certaines constructions géométriques, de savoir si les coefficients des formes utilisées dans l'expression peuvent toujours être pris dans le domaine de rationalité engendré par les coefficients de la forme représentée ».

En 1927, Artin [Artin E.1] apporte la solution du 17e problème de Hilbert, pour les corps réels clos et les sous-corps de $\mathbb{R}$. Cette solution utilise essentiellement deux ingrédients :

a) La caractérisation des sommes de carrés d'un corps réel comme étant les éléments totalement positifs, c'est-à-dire positifs dans tous les ordres – qui est montrée dans [Artin E.1].

b) Une série de «lemmes de spécialisations» pour montrer qu'un polynôme de $R[X_1, ..., X_n]$ qui est positif ou nul sur R^n est totalement positif dans $R(X_1, ..., X_n)$.

Dans la démonstration que nous donnons, le point b) utilise le théorème d'Artin-Lang. Dans son article [Lang 1], Lang donne une démonstration de la solution du 17e problème de Hilbert, utilisant un résultat sur les places réelles qui est une variante de ce théorème.

Le théorème d'homomorphisme d'Artin-Lang est une propriété de transfert, et A. Robinson a remarqué que les notions de théorie des modèles, plus précisément la modèle-complétude des corps réels clos donnée par le principe de Tarski-Seidenberg, fournit aussi cette propriété de transfert, et donne une preuve immédiate du point b). L'article d'A. Robinson [Robinson A.1] contient aussi des extensions du résultat d'Artin, obtenues par des méthodes de théorie des modèles.

C'est essentiellement cette preuve d'A. Robinson que nous donnons ici, puisque nous avons dérivé le théorème d'homomorphisme d'Artin-Lang du principe de Tarski-Seidenberg (cf. 4.1.2). Cependant, nous gardons cette étape intermédiaire, pour faire ressortir que la solution du 17e problème de Hilbert ne nécessite pas toute la force du principe de Tarski-Seidenberg (voir chapitre 5).

Le contre-exemple 6.1.7 b) est dû à D. Dubois ([Dubois 1]), 6.1.7 a) vient de [Kaplansky 1].

Le 17e problème de Hilbert symétrique est traité dans [Procesi 1], et la généralisation à d'autres groupes que le groupe symétrique dans [Procesi Schwarz 1]. Quelques résultats de la section 2, concernant les sous-algèbres de $R[X_1, ..., X_n]$, viennent de [Bochnak Efroymson 1].

6.5.3 Aspects quantitatifs du 17ᵉ problème de Hilbert

Nous avons déjà dit que Hilbert obtenait une représentation des polynômes positifs en deux variables comme sommes de carrés de quatre fractions rationnelles ([Hilbert 3]). Ce point a été repris plus tard par Witt ([Witt 1]). Tout de suite après que Ax eut prouvé que, pour trois variables, huit carrés suffisent, Pfister établit la borne 2^n pour n variables, en utilisant ses travaux sur les formes multiplicatives ([Pfister 1, 2]). La borne inférieure $n+1$ fut donnée auparavant par Cassels ([Cassels 1]), améliorée ensuite grâce au fait que le polynôme de Motzkin nécessite quatre carrés ([Cassels Ellison Pfister 1]).

Dans le cas où le corps des coefficients est $\mathbb{Q}$, Landau a donné, dans le cas d'une variable la borne supérieure 8 ([Landau 1]), et Pourchet a montré que la borne précise est 5 ([Pourchet 1]). D'après un papier récent de Kato, on aurait la borne supérieure 8 pour $\mathbb{Q}(X, Y)$. C'est à peu près tout ce que l'on sait.

6.5.4 Constructivité de la représentation

La représentation donnée par Hilbert dans le cas de deux variables est constructive. Habicht a donné une représentation constructive, mais pour les polynômes plus grands qu'une constante strictement positive ([Habicht 1]) (il y a des polynômes strictement positifs partout qui ne sont pas minorés par une constante strictement positive, comme $(YX-1)^2 + X^2$). La preuve logique de Kreisel ([Kreisel 1]) donne une représentation constructive dans le cas général. Delzell donne une représentation à la fois constructive et continue ([Delzell 1]). Il montre aussi que les dénominateurs peuvent être choisis de façon à ce que leurs zéros soient de codimension au moins trois.

6.5.5 17ᵉ problème de Hilbert pour d'autres anneaux de fonctions

Pour les fonctions différentiables, il y a une fonction $\mathscr{C}^\infty$ positive de $\mathbb{R}$ dans $\mathbb{R}$ qui n'est pas somme de carrés de fonctions $\mathscr{C}^\infty$ (contre-exemples dus à P. Cohen et D. Epstein). Il est facile de voir que chaque fonction $\mathscr{C}^\infty$ positive sur une variété $\mathscr{C}^\infty$ est le carré du quotient de deux fonctions $\mathscr{C}^\infty$.

Dans le cas réel analytique local, un germe de fonction analytique positive est somme de carrés de germes de fonctions méromorphes ([Risler 3]); on n'a pas ici de borne connue pour le nombre de carrés, sauf en dimension un ou deux. Dans le cas global, soit M une variété analytique réelle. Si M est compacte, une fonction analytique positive sur M est somme de carrés de fonctions méromorphes ([Ruiz 1]). On sait aussi que si M est connexe de dimension deux, toute fonction analytique positive sur M est somme de carrés de fonctions analytiques sur M (deux si M n'est pas compacte, trois si M est compacte) ([Bochnak Kucharz Shiota 1]).

Nous reviendrons, dans le chapitre 8, sur le cas des fonctions de Nash.

Chapitre 7. Spectre réel

Résumé: Nous avons vu au chapitre 4 la notion de cône premier d'un anneau. Ici, nous faisons de l'ensemble des cônes premiers d'un anneau un espace topologique: le spectre réel. Dans la première section, nous établissons des propriétés générales du spectre réel d'un anneau; quelques-unes sont analogues aux propriétés du spectre de Zariski (la quasi-compacité), d'autres sont plus spécifiques (par exemple, le fait que les points fermés forment un espace séparé compact). La deuxième section s'intéresse au cas de l'anneau de polynômes sur un ensemble algébrique V: le spectre réel de cet anneau contient comme sous-espace V avec sa topologie euclidienne, et on a une bijection (l'opération tilda) entre les ouverts semi-algébriques de V et les ouverts quasi-compacts du spectre réel. Cette opération tilda est la clé du passage entre les situations géométriques et les situations algébriques faisant intervenir le spectre réel. Dans la troisième section, nous montrons comment évaluer les fonctions semi-algébriques en un point du spectre réel, et que les fonctions semi-algébriques continues sont sections d'un faisceau sur le spectre réel. La quatrième section traite des familles semi-algébriques d'ensembles ou de fonctions. Dans la cinquième section, l'opération tilda est utilisée d'une part pour montrer que les composantes semi-algébriquement connexes correspondent aux composantes connexes dans le spectre réel, d'autre part que la dimension d'un ensemble semi-algébrique S peut se calculer au moyen de longueurs de chaînes de spécialisations dans $\tilde{S}$. On étudie dans la sixième section les points centraux d'un ensemble algébrique irréductible V, qui sont limites pour la topologie euclidienne de points non singuliers de V; ces points centraux sont fortement liés aux ordres sur le corps de fractions $\mathcal{K}(V)$ dans le spectre réel. On établit un théorème des zéros centraux qui caractérise les idéaux de $\mathcal{P}(V)$ formés de polynômes qui s'annulent sur un ensemble de points centraux. On termine en montrant dans la septième section le résultat de [Bröcker 2] sur le nombre d'inégalités nécessaires pour définir un ouvert semi-algébrique de base.

7.1 Définition et propriétés générales du spectre réel

Dans cette section, A désigne un anneau commutatif unitaire.
Dans le chapitre 4, nous avons introduit la notion de cône premier de l'anneau A. Rappelons qu'un cône premier α de A est une partie de A qui vérifie (i) $\alpha + \alpha \subset \alpha$, (ii) $\alpha \cdot \alpha \subset \alpha$, (iii) $a^2 \in \alpha$ pour tout a de A, (iv) $-1 \notin \alpha$ et (v) $ab \in \alpha \Rightarrow (a \in \alpha$ ou $-b \in \alpha)$, pour tous a, b de A (4.3.1).

7.1 Définition et propriétés générales du spectre réel

L'ensemble $\mathrm{supp}(\alpha) = \alpha \cap -\alpha$ est un idéal premier réel de A (4.3.6). Notons $k(\mathrm{supp}(\alpha))$ *le corps résiduel de A en* $\mathrm{supp}(\alpha)$, c'est-à-dire le corps de fractions de $A/\mathrm{supp}(\alpha)$. Le cône premier α induit un ordre sur le corps résiduel $k(\mathrm{supp}(\alpha))$, que nous noterons $\leq_\alpha$; cet ordre est caractérisé par: $\bar{a} \geq_\alpha 0 \Leftrightarrow a \in \alpha$, pour tout $a \in A$ ($\bar{a}$ désignant la classe de a dans $k(\mathrm{supp}(\alpha))$).

Notation 7.1.1. Si α est un cône premier de A, on notera $k(\alpha)$ la clôture réelle du corps ordonné $(k(\mathrm{supp}(\alpha)), \leq_\alpha)$. Si $a \in A$, on notera $a(\alpha)$ l'image de a par l'homomorphisme canonique de A dans $k(\alpha)$.

Remarquons que $a(\alpha) \geq 0 \Leftrightarrow a \in \alpha$
$$a(\alpha) > 0 \Leftrightarrow a \notin -\alpha$$
$$a(\alpha) = 0 \Leftrightarrow a \in \mathrm{supp}(\alpha).$$

Proposition 7.1.2: *Les données suivantes sont équivalentes:*

(i) *Un cône premier α de A.*

(ii) *Un couple $(\mathfrak{p}, \leq)$ où $\mathfrak{p}$ est un idéal premier de A, et $\leq$ un ordre sur le corps résiduel $k(\mathfrak{p})$. (L'idéal $\mathfrak{p}$ est alors nécessairement réel (4.1.6)).*

(iii) *Une classe d'équivalence d'homomorphismes $\varphi: A \to K$ à valeurs dans un corps réel clos, pour la relation d'équivalence engendrée par $\varphi \sim \varphi'$ quand il existe un diagramme commutatif d'homomorphismes:*

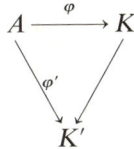

Précisément, on passe de (i) à (ii) par $(\mathfrak{p}, \leq) = (\mathrm{supp}(\alpha), \leq_\alpha)$, de (ii) à (iii) avec K la clôture réelle de $k(\mathfrak{p})$ pour $\leq$, et $\varphi: A \to k(\mathfrak{p}) \to K$ l'homomorphisme canonique, et de (iii) à (i) par $\alpha = \{a \in A \mid \varphi(a) \geq 0\}$.

Démonstration: Il suffit de se reporter à 4.3.4 et 4.3.5. □

Définition 7.1.3: *Le spectre réel de A, noté $\mathrm{Spec}_r(A)$, est l'espace topologique dont les points sont les cônes premiers de A, et dont la topologie est donnée par la base d'ouverts*

$$\widetilde{\mathscr{U}}(a_1, \ldots, a_n) = \{\alpha \in \mathrm{Spec}_r(A) \mid a_1(\alpha) > 0 \text{ et } \ldots \text{ et } a_n(\alpha) > 0\}$$

où $a_1, \ldots, a_n$ est une famille finie quelconque d'éléments de A.

Un cône premier de A apparaît maintenant comme point d'un espace topologique, et les éléments de A comme des «fonctions» sur cet espace. Ceci change la perspective par rapport au chapitre 4 où les cônes premiers étaient vus uniquement comme parties de A. Ce changement de point de vue explique aussi notre changement de notation, les points du spectre réel étant maintenant désignés de préférence par $\alpha, \beta, \ldots$.

Exemples 7.1.4 :

a) Si F est un corps, les cônes premiers de F sont les cônes positifs d'ordres sur F et $\mathrm{Spec}_r(F)$ est (homéomorphe à) l'espace des ordres de F, avec la *topologie de Harrison*, souvent noté $X(F)$. Dans ce cas $\mathrm{Spec}_r(F)$ est un espace compact, totalement discontinu ([Milnor Husemoller 1], chapitre 3, § 2, lemme 2.8).

b) Si α est un cône premier de $\mathbb{R}[X]$, les possibilités pour $\mathrm{supp}(\alpha)$ sont :
- $\mathrm{supp}(\alpha)$ est un idéal maximal, de corps résiduel $\mathbb{R}$ (puisque $k(\mathrm{supp}(\alpha))$ doit être ordonnable).
- $\mathrm{supp}(\alpha) = (0)$.

Dans le premier cas $\leq_\alpha$ est forcément l'ordre de $\mathbb{R}$, dans le deuxième c'est l'un des ordres sur $\mathbb{R}(X)$ qui, nous l'avons vu, sont donnés par les coupures de $\mathbb{R}$ ($-\infty$, $+\infty$, x_- et x_+ pour $x \in \mathbb{R}$, cf. exemple 1.1.2).

Finalement, les points de $\mathrm{Spec}_r(\mathbb{R}[X])$ sont (moyennant les identifications naturelles) :
- les points x de $\mathbb{R}$,
- les points $-\infty$, $+\infty$, x_- et x_+ pour $x \in \mathbb{R}$.

Explicitons quelques-uns des cônes premiers correspondants :

$$P_x = \{f \in \mathbb{R}[X] \mid f(x) \geq 0\}$$

$$P_{-\infty} = \{f \in \mathbb{R}[X] \mid \exists m \in \mathbb{R} \,\forall x < m \quad f(x) \geq 0\}$$

$$P_{x_+} = \{f \in \mathbb{R}[X] \mid \exists \varepsilon \in \mathbb{R} \,\varepsilon > 0 \,\forall y \in \,]x, x+\varepsilon[\quad f(y) \geq 0\}.$$

Pour ce qui est de la topologie, on voit facilement (en factorisant les polynômes) qu'elle est engendrée par les «intervalles» suivants :

$$\widetilde{\mathcal{U}}(X-x, -X+y) = [x_+, y_-]$$
$$= \{z \in \mathbb{R} \mid x < z < y\} \cup \{z_- \mid z \in \mathbb{R}, x < z \leq y\} \cup \{z_+ \mid z \in \mathbb{R}, x \leq z < y\}$$

où x et y sont deux éléments de $\mathbb{R}$ tels que $x < y$,

$$\widetilde{\mathcal{U}}(X-x) = [x_+, +\infty]$$
$$= \{z \in \mathbb{R} \mid z > x\} \cup \{z_- \mid z \in \mathbb{R}, z > x\} \cup \{z_+ \mid z \in \mathbb{R}, z \geq x\} \cup \{+\infty\}$$

et

$$\widetilde{\mathcal{U}}(-X+y) = [-\infty, y_-]$$
$$= \{z \in \mathbb{R} \mid z < y\} \cup \{z_- \mid z \in \mathbb{R}, z \leq y\} \cup \{z_+ \mid z \in \mathbb{R}, z < y\} \cup \{-\infty\}$$

où x et y sont dans $\mathbb{R}$. □

On remarquera que $\mathrm{Spec}_r(\mathbb{R}[X])$ n'est pas un espace séparé : x est dans l'adhérence de $\{x_+\}$, et aussi de $\{x_-\}$. La description de la topologie permet aussi de voir que $\mathrm{Spec}_r(\mathbb{R}[X])$ est quasi-compact. Enfin, grâce à l'identification que nous avons faite, $\mathbb{R}$ avec sa topologie euclidienne est un sous-espace de $\mathrm{Spec}_r(\mathbb{R}[X])$. Ceci est un fait général, que nous mentionnons tout de suite.

Proposition 7.1.5: *Soit R un corps réel clos, $V \subset R^n$ un ensemble algébrique. Alors l'application $V \to \mathrm{Spec}_r(\mathcal{P}(V))$ qui à $x \in V$ associe le cône premier $P_x = \{f \in \mathcal{P}(V) \mid f(x) \geq 0\}$ est injective, et induit un homéomorphisme de V, avec sa topologie euclidienne, sur son image dans $\mathrm{Spec}_r(\mathcal{P}(V))$. Dans la suite, nous identifierons toujours V avec son image dans $\mathrm{Spec}_r(\mathcal{P}(V))$ par cette application.*

Démonstration: Il est clair que P_x est un cône premier de $\mathcal{P}(V)$, et que $P_x \neq P_y$ si $x \neq y$. La trace de l'ouvert $\widetilde{\mathcal{U}}(f_1, \ldots, f_p)$ sur V est l'ouvert

$$\mathcal{U}(f_1, \ldots, f_p) = \{x \in V \mid f_1(x) > 0 \text{ et } \ldots \text{ et } f_p(x) > 0\},$$

et les $\mathcal{U}(f_1, \ldots, f_p)$ fournissent une base de la topologie euclidienne de V. □

Remarque 7.1.6: Remarquons que l'identification du point x avec le cône premier P_x est cohérente avec la notation introduite en 7.1.1: si $f \in \mathcal{P}(V)$, $f(P_x)$ est bien $f(x)$. Par ailleurs, il est bon aussi de remarquer que si α est un point quelconque de $\mathrm{Spec}_r(\mathcal{P}(V))$, $f(\alpha) = \bar{f}(X_1(\alpha), \ldots, X_n(\alpha))$ où $\bar{f}$ est l'image de f dans $k(\alpha)[X_1, \ldots, X_n]$.

Proposition et Définition 7.1.7: *Soit $\varphi: A \to B$ un homomorphisme d'anneaux. Si β est un cône premier de B, $\varphi^{-1}(\beta)$ est un cône premier de A et l'application $\mathrm{Spec}_r(\varphi): \mathrm{Spec}_r(B) \to \mathrm{Spec}_r(A)$ définie par $\mathrm{Spec}_r(\varphi)(\beta) = \varphi^{-1}(\beta)$ est une application continue (Spec_r est un foncteur contravariant de la catégorie des anneaux dans celle des espaces topologiques).*

Démonstration: Le fait que $\varphi^{-1}(\beta)$ est un cône premier de A est clair d'après la définition des cônes premiers, ou en utilisant 7.1.2 (iii). La continuité vient de $(\mathrm{Spec}_r(\varphi))^{-1}(\widetilde{\mathcal{U}}(a_1, \ldots, a_n)) = \widetilde{\mathcal{U}}(\varphi(a_1), \ldots, \varphi(a_n))$. □

Proposition 7.1.8: *L'application $\mathrm{supp}: \mathrm{Spec}_r(A) \to \mathrm{Spec}(A)$ qui à un cône premier associe son support est une application continue, dont l'image est l'ensemble des idéaux premiers réels de A.*

Démonstration: Puisque $\mathfrak{p} \in \mathrm{Spec}(A)$ est réel si et seulement si $k(\mathfrak{p})$, son corps résiduel, est ordonnable, il est clair que l'image de supp est l'ensemble des idéaux premiers réels. Par ailleurs si $D_a = \{\mathfrak{p} \in \mathrm{Spec}(A) \mid a \notin \mathfrak{p}\}$ est un ouvert de base de $\mathrm{Spec}(A)$, on a

$$\mathrm{supp}^{-1}(D_a) = \{\alpha \mid a(\alpha) > 0 \text{ ou } a(\alpha) < 0\} = \widetilde{\mathcal{U}}(a) \cup \widetilde{\mathcal{U}}(-a). \quad \square$$

Remarque 7.1.9: En termes catégoriques, supp est une transformation naturelle du foncteur Spec_r dans le foncteur Spec. □

Pour établir des propriétés topologiques générales du spectre réel, il sera commode d'introduire une autre topologie, plus fine.

Définition 7.1.10:

(i) *Un ensemble constructible de $\mathrm{Spec}_r(A)$ est une combinaison booléenne d'ouverts de base $\widetilde{\mathcal{U}}(a_1, \ldots, a_n)$ (un élément de la sous-algèbre de Boole de l'algèbre de Boole des parties de $\mathrm{Spec}_r(A)$ engendrée par les $\widetilde{\mathcal{U}}(a_1, \ldots, a_n)$).*

(ii) *La topologie constructible sur* $\mathrm{Spec}_r(A)$ *est la topologie dont les ensembles constructibles forment une base d'ouverts.*

Remarque 7.1.11:

a) Si $V \subset R^n$ est un ensemble algébrique sur un corps réel clos R, alors d'après 7.1.5 et sa démonstration, les traces des ensembles constructibles de $\mathrm{Spec}_r(\mathscr{P}(V))$ sur V sont exactement les ensembles semi-algébriques de V. Nous reviendrons en détail sur ceci dans la deuxième section.

b) Si A est un corps, le complémentaire de $\widetilde{\mathscr{U}}(a_1, \ldots, a_n)$ est $\widetilde{\mathscr{U}}(-a_1) \cup \ldots \cup \widetilde{\mathscr{U}}(-a_n)$, et la topologie constructible coïncide avec la topologie ordinaire du spectre réel. Nous avons déjà dit que cette topologie est déjà connue comme topologie de Harrison, et qu'elle fait de $\mathrm{Spec}_r(A)$ un espace compact totalement discontinu (7.1.4 a)). C'est toujours le cas pour la topologie constructible. Avant de le montrer, nous allons rappeler la construction de l'espace de Stone d'une algèbre de Boole. □

Soit E un ensemble, et soit Λ une sous-algèbre de Boole de l'algèbre de Boole des parties de E; ceci veut dire que Λ contient $\emptyset$, E et est stable par unions et intersections finies, et par passage au complémentaire dans E. Une partie $\mathscr{F}$ de Λ est appelée *filtre* de Λ quand elle vérifie:

(i) $E \in \mathscr{F}$,
(ii) $D \cap D' \in \mathscr{F} \Leftrightarrow (D \in \mathscr{F}$ et $D' \in \mathscr{F})$, pour $D, D' \in \Lambda$.

On dit que $\mathscr{F}$ est un *ultrafiltre* de Λ si il vérifie en plus:

(iii) $\emptyset \notin \mathscr{F}$,
(iv) $D \in \Lambda \Rightarrow (D \in \mathscr{F}$ ou $E \setminus D \in \mathscr{F})$.

L'espace de Stone de Λ est l'ensemble des ultrafiltres de Λ muni de la topologie donnée par la base d'ouverts formée des

$$\hat{D} = \{\mathscr{F} \mid \mathscr{F} \text{ ultrafiltre de } \Lambda, D \in \mathscr{F}\}$$

pour $D \in \Lambda$. L'espace de Stone de Λ est un espace compact totalement discontinu (on dit aussi espace booléen), et l'application $D \mapsto \hat{D}$ est un isomorphisme de l'algèbre de Boole Λ sur l'algèbre de Boole des ouverts fermés de l'espace de Stone de Λ. Pour tout ceci, on peut consulter [Bell Slomson 1].

Proposition 7.1.12: *Soit φ l'application de $\mathrm{Spec}_r(A)$ dans l'espace de Stone de l'algèbre de Boole des ensembles constructibles de $\mathrm{Spec}_r(A)$, donnée par*

$$\varphi(\alpha) = \{C \mid C \text{ partie constructible de } \mathrm{Spec}_r(A), \alpha \in C\}.$$

L'application φ est un homéomorphisme de $\mathrm{Spec}_r(A)$ avec sa topologie constructible sur cet espace de Stone. En conséquence, $\mathrm{Spec}_r(A)$ avec la topologie constructible est un espace séparé, compact, totalement discontinu, dont les ouverts fermés sont précisément les ensembles constructibles.

Démonstration: Nous allons construire l'application réciproque de φ. On adopte la notation suivante: si $a \in A$, $\widetilde{\mathscr{W}}(a) = \{\alpha \in \mathrm{Spec}_r(A) \mid a(\alpha) \geq 0\}$. Si $\mathscr{F}$ est un ultrafiltre de l'algèbre de Boole des ensembles constructibles de $\mathrm{Spec}_r(A)$, on pose $\psi(\mathscr{F}) = \{a \in A \mid \widetilde{\mathscr{W}}(a) \in \mathscr{F}\}$. C'est un cône premier de A: on a $\widetilde{\mathscr{W}}(x+y) \supset$

$\widetilde{\mathscr{W}}(x) \cap \widetilde{\mathscr{W}}(y)$, $\widetilde{\mathscr{W}}(xy) \supset \widetilde{\mathscr{W}}(x) \cap \widetilde{\mathscr{W}}(y)$, $\widetilde{\mathscr{W}}(x^2) = \mathrm{Spec}_r(A)$, $\widetilde{\mathscr{W}}(-1) = \emptyset$, et $\widetilde{\mathscr{W}}(xy) \subset \widetilde{\mathscr{W}}(x) \cup \widetilde{\mathscr{W}}(-y)$. Puisque $\widetilde{\mathscr{W}}(a) \in \varphi(\alpha)$ si et seulement si $a \in \alpha$, $\psi \circ \varphi$ est bien l'identité. Par ailleurs, comme tout ensemble constructible est combinaison booléenne d'ensembles constructibles du genre $\widetilde{\mathscr{W}}(a)$, et que $\widetilde{\mathscr{W}}(a) \in \mathscr{F}$ si et seulement si $\widetilde{\mathscr{W}}(a) \in \varphi \circ \psi(\mathscr{F})$, le composé $\varphi \circ \psi$ est aussi l'identité. Pour terminer, il suffit de remarquer que φ, par construction, envoie les ensembles constructibles de $\mathrm{Spec}_r(A)$ sur les ouverts fermés de l'espace de Stone. □

Corollaire 7.1.13: *Tout ensemble constructible de $\mathrm{Spec}_r(A)$ est quasi-compact (pour la topologie ordinaire (7.1.3) de $\mathrm{Spec}_r(A)$). En particulier les ouverts de base $\widetilde{\mathscr{U}}(a_1, \ldots, a_n)$, et $\mathrm{Spec}_r(A)$ lui-même, sont quasi-compacts. Un ouvert de $\mathrm{Spec}_r(A)$ est constructible si et seulement si il est quasi-compact.*

Démonstration: Les ensembles constructibles, d'après 7.1.12, sont compacts pour la topologie constructible, qui est plus fine que la topologie ordinaire. □

On a aussi pour $\mathrm{Spec}_r(A)$ avec sa topologie ordinaire et la famille des ouverts constructibles de $\mathrm{Spec}_r(A)$ un résultat analogue à la proposition 7.1.12. Bien sûr, la famille d'ouverts constructibles de $\mathrm{Spec}_r(A)$ n'est pas une algèbre de Boole, et on a donc besoin d'une extension de la notion classique d'espace de Stone.

Définition 7.1.14: *Soit E un ensemble, et Λ une famille de parties de E contenant E, $\emptyset$ et stable par intersections et réunions finies. Une partie $\mathscr{F}$ de Λ est appelée filtre premier de Λ quand elle vérifie:*
  (i) $E \in \mathscr{F}$,
  (ii) $D \cap D' \in \mathscr{F} \Leftrightarrow (D \in \mathscr{F}$ et $D' \in \mathscr{F})$, pour $D, D' \in \Lambda$,
  (iii) $\emptyset \notin \mathscr{F}$,
  (iv) $D \cup D' \in \mathscr{F} \Leftrightarrow (D \in \mathscr{F}$ ou $D' \in \mathscr{F})$, pour $D, D' \in \Lambda$.

L'espace de Stone de Λ est l'ensemble des filtres premiers de Λ, muni de la topologie donnée par la base d'ouverts formée des

$$\hat{D} = \{\mathscr{F} \mid \mathscr{F} \text{ filtre premier de } \Lambda, D \in \mathscr{F}\}$$

pour $D \in \Lambda$. □

On remarque que si Λ est une algèbre de Boole, les notions d'ultrafiltre et de filtre premier coïncident. La définition 7.1.14 redonne donc la définition habituelle d'espace de Stone dans le cas d'une algèbre de Boole. Mais l'espace de Stone de Λ n'a aucune raison d'être compact totalement discontinu si Λ n'est pas une algèbre de Boole.

Proposition 7.1.15: *Soit θ l'application de $\mathrm{Spec}_r(A)$ dans l'espace de Stone de la famille des ouverts constructibles de $\mathrm{Spec}_r(A)$, donnée par*

$$\theta(\alpha) = \{C \mid C \text{ ouvert constructible de } \mathrm{Spec}_r(A), \alpha \in C\}.$$

L'application θ est un homéomorphisme de $\mathrm{Spec}_r(A)$ sur cet espace de Stone.

Démonstration: On copie ce qu'on a fait pour 7.1.12, avec les modifications suivantes. L'application réciproque ρ de θ est donnée par

$$\rho(\mathscr{F}) = \{a \in A \mid \widetilde{\mathscr{U}}(-a) \notin \mathscr{F}\}.$$

On vérifie que $\rho(\mathscr{F})$ est un cône premier, que $\rho \circ \theta$ est l'identité ($a \in \alpha$ si et seulement si $\widetilde{\mathscr{U}}(-a) \notin \theta(\alpha)$), ainsi que $\theta \circ \rho$ (un ouvert constructible est union finie d'intersections finies d'ouverts du genre $\widetilde{\mathscr{U}}(b)$). L'application θ est un homéomorphisme par définition de la topologie de l'espace de Stone. □

Corollaire 7.1.16: *Un fermé irréductible de* $\mathrm{Spec}_r(A)$ *est l'adhérence d'un point et d'un seul.*

Démonstration: A un fermé irréductible F, on associe le filtre premier $\mathscr{F}$ de la famille des ouverts constructibles défini par

$$\mathscr{F} = \{C \,|\, C \text{ ouvert constructible, } C \cap F \neq \emptyset\}.$$

On vérifie sans peine que ceci réalise une bijection de l'ensemble des fermés irréductibles sur l'espace de Stone de la famille des ouverts constructibles, et on applique 7.1.15 pour avoir le résultat. □

Remarque 7.1.17: L'espace $\mathrm{Spec}_r(A)$ possède donc les propriétés suivantes :
(i) il a une base d'ouverts quasi-compacts, stable par intersections finies,
(ii) ses fermés irréductibles sont l'adhérence d'un point et d'un seul.

Un espace qui possède ces propriétés est, dans la terminologie de [Hochster 1], un espace spectral (Hochster montre que les espaces spectraux sont ceux qui sont homéomorphes à un spectre premier d'anneau). La dualité établie en 7.1.15 est un cas particulier de la dualité entre espaces spectraux et treillis distributifs (cf. [Johnstone 1]). □

Le corollaire 7.1.16 nous conduit à la notion de spécialisation :

Proposition et Définition 7.1.18: *Soient α, β deux points de $\mathrm{Spec}_r(A)$. Les conditions suivantes sont équivalentes:*
  (i) $\alpha \subset \beta$.
  (ii) $\forall a \in A \quad a(\alpha) \geq 0 \Rightarrow a(\beta) \geq 0$.
  (iii) $\forall a \in A \quad a(\beta) > 0 \Rightarrow a(\alpha) > 0$.
  (iv) $\beta \in \mathrm{adh}(\{\alpha\})$.

Lorsque ces conditions sont vérifiées, on dit que β est une spécialisation de α, ou que α est une générisation de β.

Démonstration: (i) ⇔ (ii) ⇔ (iii) est évident. (iii) ⇔ (iv) en passant par l'intermédiaire $\beta \in \widetilde{\mathscr{U}}(a_1, \ldots, a_n) \Rightarrow \alpha \in \widetilde{\mathscr{U}}(a_1, \ldots, a_n)$. □

Exemple 7.1.19: Dans $\mathrm{Spec}_r(\mathbb{R}[X])$ (cf. 7.1.4 b)), un point x de $\mathbb{R}$ est spécialisation de x_+ et de x_-. □

La topologie constructible, avec la relation d'ordre partiel sur $\mathrm{Spec}_r(A)$ donnée par la relation de spécialisation, détermine complètement la topologie ordinaire du spectre réel. Précisément :

Proposition 7.1.20: *Soit C un ensemble constructible de $\mathrm{Spec}_r(A)$. Alors*

$$\mathrm{adh}(C) = \{\alpha \in \mathrm{Spec}_r(A) \,|\, \exists \beta \in C, \alpha \text{ spécialisation de } \beta\}.$$

7.1 Définition et propriétés générales du spectre réel

Démonstration: Il est clair d'après 7.1.18 (iv) que l'adhérence de C contient l'ensemble des spécialisations des points de C. Soit $\alpha \in \mathrm{adh}(C)$. Pour tout ouvert de base $\tilde{\mathscr{U}}(a_1, ..., a_n)$ contenant α, $\tilde{\mathscr{U}}(a_1, ..., a_n) \cap C$ est non vide. Comme les $\tilde{\mathscr{U}}(a_1, ..., a_n)$ et C sont compacts pour la topologie constructible, il existe un point β de C appartenant à tous les $\tilde{\mathscr{U}}(a_1, ..., a_n)$ qui contiennent α: α est une spécialisation de β. □

On considère dans ce qui suit des sous-espaces de $\mathrm{Spec}_r(A)$. *Sauf mention explicite du contraire, ce sera toujours avec la topologie induite par la topologie ordinaire (7.1.3) de $\mathrm{Spec}_r(A)$.*

Corollaire 7.1.21: *Soient $C \subset D$ deux ensembles constructibles de $\mathrm{Spec}_r(A)$. Alors C est fermé (resp. ouvert) dans D si et seulement si il est stable par spécialisation (resp. générisation) dans D.* □

La notion de spécialisation, les résultats 7.1.20 et 7.1.21 sont les mêmes pour tous les espaces spectraux (7.1.17). Voici maintenant des propriétés plus spécifiques du spectre réel.

Proposition 7.1.22: *Soit α un point de $\mathrm{Spec}_r(A)$. Les spécialisations de α forment une chaîne totalement ordonnée: si $\alpha \subset \beta$ et $\alpha \subset \gamma$ alors $\beta \subset \gamma$ ou $\gamma \subset \beta$.*

Démonstration: Si la conclusion n'est pas vérifiée, soit $b \in \beta \setminus \gamma$ et $c \in \gamma \setminus \beta$. On sait que $b-c \in \alpha$, ou $c-b \in \alpha$ (4.3.2 (i)). Dans le premier cas, $b = c + (b-c) \in \gamma$, dans le deuxième $c = b + (c-b) \in \beta$: contradiction dans les deux cas. □

Nous allons maintenant nous intéresser au sous-espace des points fermés d'un ensemble constructible. Rappelons qu'un point α d'un ensemble constructible C est fermé dans C si et seulement si il n'y a pas de spécialisation de α autre que α lui-même dans C.

Proposition 7.1.23: *Soit C un ensemble constructible de $\mathrm{Spec}_r(A)$ et $\alpha \in C$. Il existe un unique point fermé de C, qu'on note $\rho_C(\alpha)$, tel que $\rho_C(\alpha)$ soit spécialisation de α.*

Démonstration: L'unicité est une conséquence évidente de 7.1.22. Pour ce qui est de l'existence, on pose

$$\rho_C(\alpha) = \bigcup \{\beta \in C \mid \beta \text{ spécialisation de } \alpha\}.$$

Toujours grâce à 7.1.22, on vérifie que $\rho_C(\alpha)$ est un cône premier de A. Il reste à voir que $\rho_C(\alpha) \in C$. L'ensemble C est une union finie d'ensembles constructibles C_i du genre $\{\gamma \in \mathrm{Spec}_r(A) \mid f_1(\gamma) > 0$ et ... et $f_p(\gamma) > 0$ et $g(\gamma) = 0\}$ où $f_1, ..., f_p, g \in A$ (on fait comme en 2.1.6). Si $\rho_C(\alpha) \notin C_i$, c'est que $f_j(\rho_C(\alpha)) = 0$ pour un j compris entre 1 et p, et donc il existe $\beta_i \in C$, β_i spécialisation de α, tel que $f_j(\beta_i) = 0$; on a donc $\beta_i \notin C_i$, et aucune spécialisation de β_i n'appartient à C_i. Si $\rho_C(\alpha) \notin C$, on trouverait grâce à 7.1.22 une spécialisation β de α dans C, qui ne serait dans aucun C_i. Ceci est impossible. □

Proposition 7.1.24: *Soit C un ensemble constructible de $\mathrm{Spec}_r(A)$.*
(i) Soient F et G deux fermés disjoints de C. Il existe deux ouverts constructibles disjoints U et V de C, avec $U \supset F$ et $V \supset G$.

(ii) *Le sous-espace* Max(*C*) *des points fermés de C est compact séparé.*

(iii) *L'application* $\rho_C : C \to \mathrm{Max}(C)$ *(avec les notations de 7.1.23) est une rétraction continue et fermée.*

Démonstration:

(i) Supposons que quels que soient les ouverts constructibles $U \supset F$ et $V \supset G$ de C, on a $U \cap V \neq \emptyset$. Par compacité de la topologie constructible, il existe alors un point α contenu dans tout ouvert constructible de C contenant F, et aussi dans tout ouvert constructible de C contenant G. Or F et G, qui sont compacts pour la topologie constructible, ont chacun une base de voisinages dans C formée d'ouverts constructibles de C. Donc on a $\mathrm{adh}(\{\alpha\}) \cap F \neq \emptyset$, et $\mathrm{adh}(\{\alpha\}) \cap G \neq \emptyset$, mais alors $\rho_C(\alpha) \in F \cap G$, ce qui est contraire à l'hypothèse.

(ii) D'après (i), deux points fermés de C sont séparés par des ouverts disjoints dans C, donc a fortiori Max(C) est séparé. La compacité de Max(C) vient de la quasi-compacité de C, et du fait qu'un ouvert de C qui contient Max(C) est C tout entier (7.1.21).

(iii) Soit U un ouvert de C, $\alpha \in \rho_C^{-1}(U \cap \mathrm{Max}(C))$. D'après (i), on peut trouver un ouvert V et un fermé F de C, tous deux constructibles, tels que $\rho_C(\alpha) \in V \subset F \subset U$. Alors d'après 7.1.21 $\alpha \in V$, et $V \subset F \subset \rho_C^{-1}(U \cap \mathrm{Max}(C))$. Ceci montre la continuité de ρ_C. L'application ρ_C est fermée parce que C est quasi-compact, et que Max(C) est compact séparé d'après (ii) (on a même que l'image par ρ_C de tout ensemble constructible de C est fermée). □

Exemple 7.1.25: L'ensemble des points fermés de $\mathrm{Spec}_r(\mathbb{R}[X])$ est $\mathbb{R} \cup \{-\infty, +\infty\}$ (cf. 7.1.4 b)). La topologie de l'espace de ces points fermés est engendrée par les intervalles $[-\infty, s[, \,]r, s[, \,]r, +\infty]$: ceci fait bien un espace compact, d'ailleurs homéomorphe à un segment.

7.2 Le spectre réel d'un anneau de fonctions polynomiales

On fixe dans le reste du chapitre un corps réel clos R. Soit $V \subset R^n$ un ensemble algébrique. On se propose d'établir les relations entre V et le spectre réel de l'anneau $\mathscr{P}(V)$.

Proposition 7.2.1: *Soit $I \subset R[X_1, ..., X_n]$ un idéal, $V = \mathscr{Z}(I) \subset R^n$. Notons $\varphi: R[X_1, ..., X_n]/I \to \mathscr{P}(V)$ la surjection canonique, et $i: \mathscr{P}(V) \hookrightarrow \mathscr{R}(V)$ l'injection canonique. Alors $\mathrm{Spec}_r(\varphi)$ et $\mathrm{Spec}_r(i)$ sont des homéomorphismes.*

Démonstration: On a $\mathscr{P}(V) = R[X_1, ..., X_n]/\sqrt[R]{I}$, et un idéal premier réel de $R[X_1, ..., X_n]$ contient I si et seulement si il contient $\sqrt[R]{I}$ (4.1.7). Par ailleurs $\mathscr{R}(V) = \Sigma_1^{-1} \mathscr{P}(V)$ où Σ_1 est l'ensemble des éléments de la forme «1+somme de carrés» (4.4.5), et un idéal premier réel de $\mathscr{P}(V)$ ne rencontre pas Σ_1 (sinon, il contiendrait 1). Les homomorphismes φ et i induisent donc des bijections entre l'ensemble des idéaux premiers réels de $R[X_1, ..., X_n]/I$, l'ensemble des idéaux premiers réels de $\mathscr{P}(V)$, et l'ensemble des idéaux premiers réels de $\mathscr{R}(V)$; de plus, les idéaux qui se correspondent par cette bijection ont clairement même corps résiduel. La description donnée par 7.1.2 (ii) des points du spectre réel fournit alors les bijections entre les trois spectres réels. Il est clair que ces bijections sont des homéomorphismes. On peut noter que si $V=\emptyset$, les anneaux $\mathscr{P}(V)$ et $\mathscr{R}(V)$ sont nuls, et les trois spectres réels sont vides. $\square$

Nous avons vu (7.1.5) que l'identification du point x de V avec le cône premier $P_x = \{f \in \mathscr{P}(V) \mid f(x) \geq 0\}$ de $\mathscr{P}(V)$ permet de considérer V comme sous-espace de $\mathrm{Spec}_r(\mathscr{P}(V))$. Moyennant cette identification, on peut énoncer le résultat suivant.

Proposition 7.2.2: *Soit S un sous-ensemble semi-algébrique de V.*

(i) *Il existe un et un seul ensemble constructible, noté $\tilde{S}$, de $\mathrm{Spec}_r(\mathscr{P}(V))$ tel que $\tilde{S} \cap V = S$.*

(ii) *Si S est combinaison booléenne de $\mathscr{U}(f_i) = \{x \in V \mid f_i(x) > 0\}$ où $f_i \in \mathscr{P}(V)$, alors $\tilde{S}$ est la même combinaison booléenne des $\tilde{\mathscr{U}}(f_i) = \{\alpha \in \mathrm{Spec}_r(\mathscr{P}(V)) \mid f_i(\alpha) > 0\}$.*

(iii) *Si Φ est une formule du langage du premier ordre des corps ordonnés à paramètres dans R, à n variables libres $x_1, \ldots, x_n$, et si*

$$S = \{x = (x_1, \ldots, x_n) \in V \mid \Phi(x_1, \ldots, x_n)\}$$

alors

$$\tilde{S} = \{\alpha \in \mathrm{Spec}_r(\mathscr{P}(V)) \mid \Phi(X_1(\alpha), \ldots, X_n(\alpha)) \text{ vraie dans } k(\alpha)\}.$$

Démonstration: L'application qui à un ensemble constructible de $\mathrm{Spec}_r(\mathscr{P}(V))$ associe son intersection avec V est un homomorphisme surjectif de l'algèbre de Boole des ensembles constructibles de $\mathrm{Spec}_r(\mathscr{P}(V))$ sur l'algèbre de Boole des ensembles semi-algébriques de V. Il faut montrer que cet homomorphisme est injectif: soit C un ensemble constructible de $\mathrm{Spec}_r(\mathscr{P}(V))$.

Comme C est réunion finie d'ensembles constructibles du genre

$$\{\alpha \in \mathrm{Spec}_r(\mathscr{P}(V)) \mid f_1(\alpha) \geq 0 \text{ et } \ldots \text{ et } f_k(\alpha) \geq 0 \text{ et } g(\alpha) \neq 0\}$$

on peut toujours supposer que C est de cette forme. Alors

$$C \cap V = \{x \in V \mid f_1(x) \geq 0 \text{ et } \ldots \text{ et } f_k(x) \geq 0 \text{ et } g(x) \neq 0\}.$$

Si $C \cap V = \emptyset$, il n'y a aucun homomorphisme de la R-algèbre de type fini $\mathscr{P}(V)[Y_1, \ldots, Y_k, T]/(f_1 - Y_1^2, \ldots, f_k - Y_k^2, Tg - 1)$ dans R et donc d'après le théorème d'homomorphisme d'Artin-Lang (4.1.2), aucun homomorphisme de cette R-algèbre dans un corps réel clos. Mais ceci entraîne que C est vide, ce qui montre le point (i). Il est clair que $\tilde{\mathscr{U}}(f_i) \cap V = \mathscr{U}(f_i)$ (ce qui justifie la notation $\tilde{\mathscr{U}}$) et donc on a bien (ii). Pour le point (iii), on se ramène d'abord à une formule sans quantificateur en utilisant le principe de Tarski-Seidenberg (sous la forme 5.2.2), et on applique alors le (ii). $\square$

Théorème 7.2.3: *Dans ce qui suit, S désigne un ensemble semi-algébrique de V.*

(i) *L'application $S \mapsto \tilde{S}$ est un isomorphisme de l'algèbre de Boole des ensembles semi-algébriques de V sur l'algèbre de Boole des ensembles constructibles de $\mathrm{Spec}_r(\mathscr{P}(V))$.*

(ii) *S est ouvert (resp. fermé) dans V si et seulement si $\tilde{S}$ est ouvert (resp. fermé) dans $\mathrm{Spec}_r(\mathscr{P}(V))$. L'isomorphisme $S \mapsto \tilde{S}$ induit donc une bijection de la* famille des ouverts semi-algébriques de V sur la famille des ouverts quasi-compacts de $\mathrm{Spec}_r(\mathscr{P}(V))$.

(iii) *L'opération tilda commute à l'adhérence et à l'intérieur:*

$$\mathrm{adh}(\widetilde{S}) = \widetilde{\mathrm{adh}(S)}, \quad \mathrm{int}(\widetilde{S}) = \widetilde{\mathrm{int}(S)}.$$

Démonstration: Le point (i) vient en fait d'être montré dans la proposition précédente.

(ii) Il est clair que si $\widetilde{S}$ est ouvert, $S = \widetilde{S} \cap V$ l'est aussi. Si S est un ouvert semi-algébrique, S est d'après le théorème de finitude (2.7.1) une réunion finie d'ouverts semi-algébriques

$$\mathscr{U}(f_1, \ldots, f_k) = \{x \in V \mid f_1(x) > 0, \ldots, f_k(x) > 0\}, \quad f_i \in \mathscr{P}(V).$$

Mais alors d'après 7.2.2 (ii), $\widetilde{S}$ est réunion finie de $\widetilde{\mathscr{U}}(f_1, \ldots, f_k)$ et est un ouvert quasi-compact de $\mathrm{Spec}_r(\mathscr{P}(V))$.

(iii) Puisque les ouverts quasi-compacts forment une base d'ouverts de $\mathrm{Spec}_r(\mathscr{P}(V))$, on a d'après (ii) $\mathrm{int}(\widetilde{S}) = \bigcup_{\widetilde{U} \subset \widetilde{S}} \widetilde{U} = \bigcup_{U \subset S} \widetilde{U}$ où les U sont les ouverts semi-algébriques contenus dans S. Comme $\mathrm{int}(S)$ est semi-algébrique, on a bien $\mathrm{int}(\widetilde{S}) = \widetilde{\mathrm{int}(S)}$. Le résultat analogue sur les adhérences s'en déduit par passage au complémentaire. $\square$

Corollaire 7.2.4: *Soit S un ensemble semi-algébrique de V.*

(i) *L'application qui à un point $\alpha \in \widetilde{S}$ fait correspondre l'ultrafiltre des ensembles semi-algébriques T de S tels que $\alpha \in \widetilde{T}$ est un homéomorphisme de $\widetilde{S}$ avec la topologie constructible sur l'espace de Stone de l'algèbre de Boole des ensembles semi-algébriques de S.*

(ii) *L'application qui à un point $\alpha \in \widetilde{S}$ fait correspondre le filtre premier des ouverts semi-algébriques U de S tels que $\alpha \in \widetilde{U}$ est un homéomorphisme de $\widetilde{S}$ sur l'espace de Stone de la famille des ouverts semi-algébriques de S.*

Démonstration: Si $S = V$, le point (i) (resp. (ii)) vient immédiatement de 7.2.3 et 7.1.12 (resp. 7.1.15). Dans le cas général, il faut d'abord vérifier (ce qui se fait sans peine) que l'on peut remplacer dans 7.1.12 et 7.1.15 $\mathrm{Spec}_r(A)$ par n'importe quel ensemble constructible de $\mathrm{Spec}_r(A)$. On utilise bien sûr aussi le fait qu'un ouvert semi-algébrique de S (resp. un ouvert quasi-compact de $\widetilde{S}$) est l'intersection d'un ouvert semi-algébrique de V avec S (resp. d'un ouvert quasi-compact de $\mathrm{Spec}_r(\mathscr{P}(V))$ avec $\widetilde{S}$). $\square$

Remarque 7.2.5: Le corollaire 7.2.4 montre que $\widetilde{S}$ se définit intrinsèquement à partir de S (à homéomorphisme près), et ne dépend pas de l'ensemble algébrique V dans lequel on s'est placé. Dans la suite on pourra donc prendre le tilda d'un ensemble semi-algébrique, sans préciser l'anneau dans le spectre réel duquel $\widetilde{S}$ est constructible. Aussi, on emploiera $\widetilde{V}$ au lieu de $\mathrm{Spec}_r(\mathscr{P}(V))$, si cela est plus commode.

Exemple 7.2.6: Explicitons la correspondance tilda dans le cas du spectre réel de $\mathbb{R}[X]$. Un ensemble semi-algébrique de $\mathbb{R}$ est réunion finie de points

7.2 Le spectre réel d'un anneau de fonctions polynomiales

et d'intervalles ouverts. Le tilda d'un point est le point lui-même (toujours moyennant l'identification de $\mathbb{R}$ à un sous-espace de $\mathrm{Spec}_r(\mathbb{R}[X])$). Pour ce qui est des intervalles ouverts:

$$\widetilde{]a,b[}=[a_+,b_-], \quad \widetilde{]a,+\infty[}=[a_+,+\infty], \quad \widetilde{]-\infty,b[}=[-\infty,b_-]$$

avec les notations de 7.1.4. On remarque que deux ouverts distincts de $\mathrm{Spec}_r(\mathbb{R}[X])$ peuvent avoir même trace sur $\mathbb{R}$. L'ouvert $]a_+,b_-[$
$= \bigcup_{a<c<d<b} [c_+,d_-]$ a aussi pour trace sur $\mathbb{R}$ l'intervalle $]a,b[$; mais bien sûr, $]a_+,b_-[$ n'est pas quasi-compact. De manière générale, si U est un ouvert semi-algébrique de V, on peut caractériser $\tilde{U}$ parmi les ouverts de $\mathrm{Spec}_r(\mathcal{P}(V))$ de trace U sur V de la manière suivante.

Proposition 7.2.7:
(i) *Soit U un ouvert semi-algébrique de V. Alors $\tilde{U}$ est le plus grand ouvert de $\mathrm{Spec}_r(\mathcal{P}(V))$ dont l'intersection avec V est U.*
(ii) *Soit F un fermé semi-algébrique de V. Alors $\tilde{F}$ est le plus petit fermé de $\mathrm{Spec}_r(\mathcal{P}(V))$ dont l'intersection avec V est F.*

Démonstration:
(i) Soit Ω un ouvert de $\mathrm{Spec}_r(\mathcal{P}(V))$ tel que $\Omega \cap V = U$. Puisque les ouverts constructibles forment une base de $\mathrm{Spec}_r(\mathcal{P}(V))$, on a $\Omega = \bigcup \{\tilde{T} \mid T$ ouvert semi-algébrique, $\tilde{T} \subset \Omega\}$. Mais si $\tilde{T} \subset \Omega$, on a $T \subset U$ et donc $\tilde{T} \subset \tilde{U}$. Ceci montre $\Omega \subset \tilde{U}$.
(ii) S'obtient par passage au complémentaire. □

Nous avons dans cette section étudié l'opération tilda pour les ensembles semi-algébriques. Cette opération tilda peut aussi se définir pour les fonctions semi-algébriques. Nous nous contenterons d'indiquer comment, en nous intéressant plus particulièrement au cas des homéomorphismes semi-algébriques, qui nous sera utile par la suite.

Proposition 7.2.8: *Soient S et T deux ensembles semi-algébriques, et $f: S \to T$ une fonction semi-algébrique. Alors il existe une et une seule application $\tilde{f}: \tilde{S} \to \tilde{T}$ telle que $\tilde{f}^{-1}(\tilde{T'}) = \widetilde{f^{-1}(T')}$ pour tout sous-ensemble semi-algébrique T' de T. Si f est un homéomorphisme, alors $\tilde{f}$ est un homéomorphisme.*

Démonstration: Soit $\alpha \in \tilde{S}$. La famille

$$\{T' \subset T \mid T' \text{ semi-algébrique et } \alpha \in \widetilde{f^{-1}(T')}\}$$

est un ultrafiltre d'ensembles semi-algébriques de T, et donc détermine un point $\tilde{f}(\alpha)$ de $\tilde{T}$ d'après 7.2.4 (i). On a bien $\tilde{f}(\alpha) \in \tilde{T'} \Leftrightarrow \alpha \in \widetilde{f^{-1}(T')}$, et cette propriété caractérise entièrement l'application $\tilde{f}: \tilde{S} \to \tilde{T}$. Si f est bijective, alors l'application $T' \mapsto f^{-1}(T')$ est un isomorphisme de l'algèbre de Boole des ensembles semi-algébriques de T sur l'algèbre de Boole des ensembles semi-algébriques de S et donc, toujours d'après 7.2.4 (i), l'application $\tilde{f}$ est bijective. Enfin si f est un homéomorphisme, les équivalences:

$$\tilde{f}^{-1}(\tilde{U}) \text{ ouvert} \Leftrightarrow \widetilde{f^{-1}(U)} \text{ ouvert} \Leftrightarrow f^{-1}(U) \text{ ouvert} \Leftrightarrow U \text{ ouvert} \Leftrightarrow \tilde{U} \text{ ouvert}$$

montrent que $\tilde{f}$ est aussi un homéomorphisme. □

7.3 Fonctions semi-algébriques sur le spectre réel

Soit $S \subset R^n$ un ensemble semi-algébrique. On sait comment évaluer un polynôme f en un point $\alpha \in \tilde{S}$. On peut aussi évaluer des fonctions semi-algébriques:

Proposition et Notation 7.3.1: *Soit $\alpha \in \tilde{S}$, $f: S \to R$ une fonction semi-algébrique. On note $f(\alpha)$ l'élément $f_{k(\alpha)}(X(\alpha))$ où $f_{k(\alpha)}: S_{k(\alpha)} \to k(\alpha)$ est l'extension de f à $k(\alpha)$ (cf. 5.3.1), et $X(\alpha) = (X_1(\alpha), \ldots, X_n(\alpha))$ est l'évaluation des coordonnées en α. L'application*

$$\mathrm{ev}_\alpha: \mathcal{S}^0(S) \to k(\alpha)$$

qui à $f \in \mathcal{S}^0(S)$ associe $f(\alpha)$ est un homomorphisme d'anneaux. De plus, si $\mathcal{U}(f) = \{x \in S \mid f(x) > 0\}$ alors $\widetilde{\mathcal{U}(f)} = \{\alpha \in \tilde{S} \mid f(\alpha) > 0\}$.

Démonstration: Le fait que ev_α est un homomorphisme d'anneaux vient du fait que l'application de $\mathcal{S}^0(S)$ dans $\mathcal{S}^0(S_{k(\alpha)})$ qui à f associe son extension $f_{k(\alpha)}$ est un homomorphisme d'anneaux. Soit $\Phi(x, t)$ une formule du langage du premier ordre des corps ordonnés à paramètres dans R qui décrit le graphe de $f: t = f(x) \Leftrightarrow \Phi(x, t)$. L'élément $f(\alpha)$ est l'unique élément t de $k(\alpha)$ qui vérifie $\Phi(X(\alpha), t)$. On a $\mathcal{U}(f) = \{x \in S \mid \forall t \in R \; \Phi(x, t) \Rightarrow t > 0\}$, et

$$\widetilde{\mathcal{U}(f)} = \{\alpha \in \tilde{S} \mid \forall t \in k(\alpha) \quad \Phi(X(\alpha), t) \Rightarrow t > 0\} = \{\alpha \in \tilde{S} \mid f(\alpha) > 0\}. \quad \square$$

Une fonction semi-algébrique continue sur S peut donc être vue aussi comme fonction sur $\tilde{S}$, prenant ses valeurs dans un corps $k(\alpha)$ qui dépend du point $\alpha \in \tilde{S}$. C'est en fait une section d'un faisceau d'anneaux locaux sur $\tilde{S}$ que nous allons définir maintenant.

Proposition et Définition 7.3.2: *Il existe un unique faisceau d'anneaux sur $\tilde{S}$, que l'on notera $\widetilde{\mathcal{S}^0_S}$ (ou simplement $\widetilde{\mathcal{S}^0}$ si aucune confusion n'est à craindre), tel que pour tout ouvert semi-algébrique U de S on ait $\widetilde{\mathcal{S}^0_S}(\tilde{U}) = \mathcal{S}^0(U)$.*

Démonstration: Puisque les $\tilde{U}$ forment une base d'ouverts de $\tilde{S}$, il suffit pour se donner un faisceau sur $\tilde{S}$ de décrire ses sections sur les $\tilde{U}$. Il reste à vérifier que $\widetilde{\mathcal{S}^0}$ donné ci-dessus est bien un faisceau. Soit $\tilde{U} = \bigcup_i \tilde{U}_i$ un recouvrement ouvert de $\tilde{U}$, $f_i \in \mathcal{S}^0(U_i)$ avec $f_i|U_i \cap U_j = f_j|U_i \cap U_j$. Comme $\tilde{U}$ est quasi-compact (7.2.3), on peut supposer que le recouvrement est fini. Les fonctions f_i se recollent en une fonction continue $f: U = \bigcup_i U_i \to R$, et f est bien semi-algébrique puisque son graphe est la réunion finie des graphes des f_i. $\quad \square$

Remarque 7.3.3: La quasi-compacité de $\tilde{S}$ est essentielle. Les fonctions semi-algébriques continues ne forment pas un faisceau sur S. Prenons par exemple $S = \mathbb{R}$, et soit $f: \mathbb{R} \to \mathbb{R}$ la fonction définie par $f(x) = |x - \frac{1}{2} - \mathrm{ent}(x)|$ où $\mathrm{ent}(x)$ est la partie entière de x. Sur chaque intervalle ouvert du recouvrement $\mathbb{R} = \bigcup_{n \in \mathbb{Z}}]n, n+2[$, f est semi-algébrique continue, mais cependant f n'est pas globalement semi-algébrique sur $\mathbb{R}$.

Proposition 7.3.4: *Soit $\alpha \in \widetilde{S}$. La fibre $\widetilde{\mathscr{S}^0_{S,\alpha}} = \varinjlim_{\alpha \in \widetilde{U}} \mathscr{S}^0(U)$ (pour U ouvert semi-algébrique de S) est un anneau local de corps résiduel $k(\alpha)$.*

Démonstration: D'après 7.3.1, on a un homomorphisme d'évaluation, encore noté $\mathrm{ev}_\alpha : \widetilde{\mathscr{S}^0_{S,\alpha}} \to k(\alpha)$ qui à f associe $f(\alpha)$. Montrons que si $f(\alpha) \neq 0$, alors f est inversible dans $\widetilde{\mathscr{S}^0_{S,\alpha}}$. La fonction f est définie sur un ouvert semi-algébrique U avec $\alpha \in \widetilde{U}$. Puisque $f(\alpha) \neq 0$ on a

$$\alpha \in \widetilde{\{\beta \in U \mid f(\beta) \neq 0\}} = \widetilde{\{x \in U \mid f(x) \neq 0\}}$$

(par 7.3.1). Comme f est inversible sur $\{x \in U \mid f(x) \neq 0\}$ et que son inverse est semi-algébrique continu, f est inversible dans $\widetilde{\mathscr{S}^0_{S,\alpha}}$. Ceci montre déjà que $\widetilde{\mathscr{S}^0_{S,\alpha}}$ est local, d'idéal maximal $\{f \mid f(\alpha) = 0\}$. Pour voir que le corps résiduel est bien $k(\alpha)$, il faut montrer que l'homomorphisme $\mathrm{ev}_\alpha : \widetilde{\mathscr{S}^0_{S,\alpha}} \to k(\alpha)$ est surjectif. Soit donc $a \in k(\alpha)$; a est algébrique sur $k(\mathrm{supp}(\alpha))$, soit $b_p T^p + \ldots + b_0$ son polynôme minimal sur $k(\mathrm{supp}(\alpha))$. On peut supposer que $b_p, \ldots, b_0$ sont les classes dans $k(\mathrm{supp}(\alpha))$ de polynômes $g_p, \ldots, g_0$ de $R[X_1, \ldots, X_n]$. Posons $h(X, T) = g_p(X) T^p + \ldots + g_0(X)$ et notons $h', \ldots, h^{(p)}$ les dérivées de h par rapport à T. Soient $\varepsilon_1, \ldots, \varepsilon_p$ les signes de $h'(\alpha, a), \ldots, h^{(p)}(\alpha, a)$; aucun de ces signes n'est nul puisque $h(\alpha, T) = b_p T^p + \ldots + b_0$ est le polynôme minimal de a sur $k(\mathrm{supp}(\alpha))$. Posons alors

$$U = \{x \in S \mid \exists y \in R \quad h(x, y) = 0 \text{ et } \mathrm{sign}(h^{(k)}(x, y)) = \varepsilon_k \text{ pour } k = 1, \ldots, p\}.$$

L'ensemble U est semi-algébrique, et $\widetilde{U} \ni \alpha$. Pour chaque x de U il existe un unique $f(x) \in R$ tel que $h(x, f(x)) = 0$ et $\mathrm{sign}(h^{(k)}(x, f(x))) = \varepsilon_k$ pour $k = 1, \ldots, p$ d'après le lemme de Thom (2.5.4). De plus d'après le théorème des fonctions implicites (2.9.6) U est ouvert et f est continue; f est bien sûr semi-algébrique. On a $f(\alpha) = a$. □

Corollaire 7.3.5: *Soit $\alpha \in \widetilde{S}$, et soit $a \in k(\alpha)$. Alors il existe un ensemble semi-algébrique $T \subset S$, ouvert dans S, tel que $\alpha \in \widetilde{T}$, et une fonction semi-algébrique continue $f : T \to R$ telle que $f(\alpha) = a$.* □

Exemple 7.3.6: Examinons ce qui se passe dans le cas où $\alpha = 0_+ \in \widetilde{\mathbb{R}}$ (7.1.4 b)). Le corps $k(0_+)$ est le corps des séries de Puiseux algébriques $\mathbb{R}(X)^{\wedge}_{\mathrm{alg}}$ (1.3.6 b)). On a ici $\widetilde{\mathscr{S}^0_{\mathbb{R}, 0_+}} = k(0_+)$. Pour cela il suffit de montrer que si $f : \,]0, \varepsilon[\to \mathbb{R}$ est une fonction semi-algébrique continue telle que $f(0_+) = 0$, alors l'image de f dans $\widetilde{\mathscr{S}^0_{\mathbb{R}, 0_+}}$ est nulle; ceci est clair puisque $f(0_+) = 0$ veut dire d'après 7.2.2 (iii) que f est identiquement nulle sur un intervalle $]0, \eta[$. Une série de Puiseux algébrique s'identifie donc à un germe de fonction semi-algébrique continue en 0_+, c.-à-d. encore à une paramétrisation par la variable x d'un petit morceau de courbe algébrique plane au-dessus d'un petit intervalle $]0, \varepsilon[$ (cf. figure 16).

Tout ce qui vient d'être dit dans cet exemple est valable pour un corps réel clos R quelconque. Le corps de séries de Puiseux algébriques $R(X)^{\wedge}_{\mathrm{alg}}$ se définit comme pour $\mathbb{R}$, et c'est la clôture réelle du corps $R(X)$ pour l'ordre 0_+ qui rend X positif et plus petit que tous les éléments strictement positifs de R.

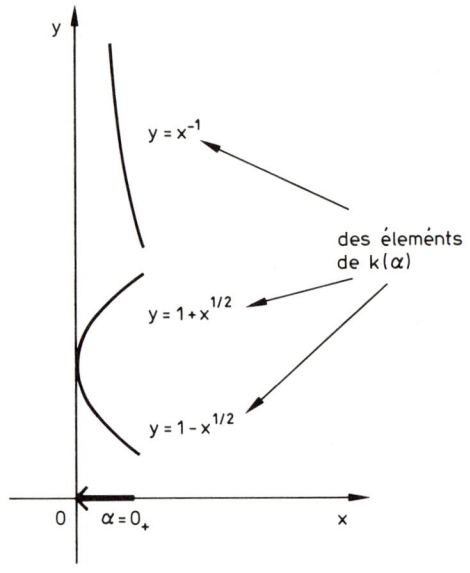

Fig. 16

7.4 Familles semi-algébriques d'ensembles ou de fonctions

Il est naturel de considérer un ensemble semi-algébrique $X \subset R^n \times R^p$ comme une *famille semi-algébrique de sous-ensembles* de R^n indexée par R^p. La *fibre de la famille* X au point $t \in R^p$ est:

$$X_t = \{x \in R^n | (x, t) \in X\}.$$

La *restriction de la famille* X au sous-ensemble semi-algébrique S de R^p est $X|S = X \cap (R^n \times S)$.

Si $X \subset R^n \times R^p$ et $Y \subset R^m \times R^p$ sont deux familles semi-algébriques d'ensembles, une *famille semi-algébrique de fonctions* de X dans Y est une fonction semi-algébrique $f: X \to Y$ telle que le diagramme suivant commute:

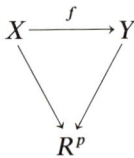

Si $t \in R^p$, la *fibre* de f en t est la fonction semi-algébrique $f_t: X_t \to Y_t$ définie par $f_t(x) = y \Leftrightarrow f(x, t) = (y, t)$.

Si on a $M \subset R^p$ et $X \subset R^n \times M$, on dira que la famille semi-algébrique X est *indexée par* M.

Dans cette section nous allons étudier les fibres de familles semi-algébriques d'ensembles ou de fonctions en un point $\alpha \in \widetilde{R^p}$; *l'idée que nous voulons mettre*

7.4 Familles semi-algébriques d'ensembles ou de fonctions

en avant est qu'une propriété d'une telle fibre reste valable sur un sous-ensemble semi-algébrique $S \subset R^p$ tel que $\alpha \in \widetilde{S}$. Les résultats de cette section nous serviront au chapitre 9.

On notera $T=(T_1, \ldots, T_p)$ le p-uple de fonctions coordonnées de R^p, et pour $\alpha \in \widetilde{R^p}$, on notera $T(\alpha)$ le point $(T_1(\alpha), \ldots, T_p(\alpha)) \in k(\alpha)^p$ (cf. 7.1.1). On rappelle que $\mathscr{L}(R)$ désigne le langage du premier ordre des corps ordonnés à paramètres dans R.

Proposition 7.4.1: *Soit $X \subset R^n \times R^p$ une famille semi-algébrique d'ensembles, définie par une formule $\Phi(x, t)$ de $\mathscr{L}(R)$ à variables libres $x=(x_1, \ldots, x_n)$ et $t=(t_1, \ldots, t_p)$. Soit $\alpha \in \widetilde{R^p}$.*

(i) *L'ensemble semi-algébrique*

$$X_\alpha = \{x \in k(\alpha)^n \mid \Phi(x, T(\alpha))\} \subset k(\alpha)^n$$

ne dépend que de X et pas du choix de Φ. On appelle X_α la fibre de la famille X en α.

(ii) *Soit $Y \subset R^n \times R^p$ une autre famille semi-algébrique d'ensembles. Alors $X_\alpha = Y_\alpha$ si et seulement s'il existe un ensemble semi-algébrique S tel que $\alpha \in \widetilde{S}$ et que $X|S = Y|S$.*

Démonstration: Supposons Y définie par la formule $\Psi(x, t)$ de $\mathscr{L}(R)$, et soit:

$$Y_\alpha = \{x \in k(\alpha)^n \mid \Psi(x, T(\alpha))\}.$$

On a alors:

$$X_\alpha = Y_\alpha \Leftrightarrow k(\alpha) \text{ satisfait } \forall x \in k(\alpha)^n \quad (\Phi(x, T(\alpha)) \Leftrightarrow \Psi(x, T(\alpha))).$$

En posant

$$S = \{t \in R^p \mid \forall x \in R^n \quad (\Phi(x, t) \Leftrightarrow \Psi(x, t))\} = \{t \in R^p \mid X_t = Y_t\}$$

on obtient grâce à 7.2.2 (iii):

$$X_\alpha = Y_\alpha \Leftrightarrow \alpha \in \widetilde{S},$$

ce qui donne (ii), et aussi (i) si $X = Y$. □

Exemple 7.4.2: Considérons deux ensembles semi-algébriques $S \subset R^p$ et $F = \{x \in R^n \mid \Phi(x)\} \subset R^n$, avec Φ formule de $\mathscr{L}(R)$. Soit X la famille semi-algébrique constante $F \times S \subset R^n \times R^p$, et soit $\alpha \in \widetilde{S}$. Alors la fibre

$$X_\alpha = \{x \in k(\alpha)^n \mid \Phi(x)\}$$

est simplement l'extension $F_{k(\alpha)}$ de l'ensemble semi-algébrique F à $k(\alpha)$ (cf. 5.1.1). □

Proposition 7.4.3: *Soit $\alpha \in \widetilde{R^p}$ et soit $\Lambda \subset k(\alpha)^n$ un ensemble semi-algébrique. Alors il existe une famille semi-algébrique $X \subset R^n \times R^p$ telle que $X_\alpha = \Lambda$.*

Démonstration: L'ensemble semi-algébrique Λ est défini par une formule $\Phi(x, a)$ de $\mathscr{L}(k(\alpha))$ où $x=(x_1, \ldots, x_n)$ sont les variables libres et $a=(a_1, \ldots, a_q)$ les paramètres dans $k(\alpha)$. D'après le corollaire 7.3.5 on peut trouver un ensemble semi-algébrique $S \subset R^p$, avec $\alpha \in \widetilde{S}$, et une fonction semi-algébrique $f: S \to R^q$ telle que $f(\alpha) = (f_1(\alpha), \ldots, f_q(\alpha)) = a$. Posons

$$X = \{(x, t) \in R^n \times R^p \mid t \in S \text{ et } \Phi(x, f(t))\}.$$

Il est clair que l'on a $X_\alpha = \Lambda$. □

Proposition 7.4.4: *Soient $X \subset R^n \times R^p$ et $Y \subset R^m \times R^p$ deux familles semi-algébriques d'ensembles. Soit $\alpha \in \widetilde{R^p}$.*

(i) *Soit $f: X \to Y$ une famille semi-algébrique de fonctions, et soit*

$$\Gamma f = \{(x, y, t) \in R^n \times R^m \times R^p \mid (x, t) \in X \text{ et } f(x, t) = (y, t)\}.$$

Alors $(\Gamma f)_\alpha \subset k(\alpha)^n \times k(\alpha)^m$ est le graphe d'une fonction semi-algébrique $f_\alpha: X_\alpha \to Y_\alpha$, appelée la fibre de la famille f en α.

(ii) *Soit $\varphi: X_\alpha \to Y_\alpha$ une fonction semi-algébrique. Alors il existe un ensemble semi-algébrique $S \subset R^p$ tel que $\alpha \in \widetilde{S}$ et une famille semi-algébrique de fonctions $f: X|S \to Y|S$ telle que $f_\alpha = \varphi$.*

Démonstration:

(i) Soit $\Phi(x, y, t)$ une formule de $\mathscr{L}(R)$ qui décrit Γf et soit $\Psi(y, t)$ une formule qui décrit Y. Alors d'après 7.4.1, le corps $k(\alpha)$ satisfait:

$$\forall x \in k(\alpha)^n \; \forall y \in k(\alpha)^m \; \forall y' \in k(\alpha)^m \quad (\Phi(x, y, T(\alpha)) \text{ et } \Phi(x, y', T(\alpha)) \Rightarrow y = y')$$

et $\quad \forall x \in k(\alpha)^n \; \forall y \in k(\alpha)^m \quad (\Phi(x, y, T(\alpha)) \Rightarrow \Psi(y, T(\alpha)))$.

Donc

$$(\Gamma f)_\alpha = \{(x, y) \in k(\alpha)^n \times k(\alpha)^m \mid \Phi(x, y, T(\alpha))\}$$

est bien le graphe d'une fonction semi-algébrique de

$$X_\alpha = \{x \in k(\alpha)^n \mid \exists y \in k(\alpha)^m \; \Phi(x, y, T(\alpha))\}$$

dans

$$Y_\alpha = \{y \in k(\alpha)^m \mid \Psi(y, T(\alpha))\}.$$

(ii) Soit $G \subset X_\alpha \times Y_\alpha$ le graphe de la fonction φ, et soit $\Gamma \subset R^n \times R^m \times R^p$ un ensemble semi-algébrique tel que $\Gamma_\alpha = G$ (cf. 7.4.3). Posons

$$S = \{t \in R^p \mid \forall x \in R^n \quad (\exists y \in R^m \; (x, y, t) \in \Gamma \Leftrightarrow (x, t) \in X$$
$$\text{et } \forall y, y' \in R^m \quad (x, y, t) \in \Gamma \text{ et } (x, y', t) \in \Gamma \Rightarrow y = y'$$
$$\text{et } \forall y \in R^m \quad (x, y, t) \in \Gamma \Rightarrow (y, t) \in Y)\}.$$

D'après 7.2.2 (iii) on a $\alpha\in\widetilde{S}$. Soit $f\colon X|S\to Y|S$ la famille semi-algébrique de fonctions définie par

$$f(x,t)=(y,t)\Leftrightarrow t\in S \quad \text{et} \quad (x,y,t)\in\Gamma.$$

Il est clair que $f_\alpha=\varphi$. □

Remarque 7.4.5:
a) La fibre $f_\alpha\colon X_\alpha\to Y_\alpha$ d'une famille semi-algébrique de fonctions $f\colon X\to Y$ indexée par R^p est injective (resp. surjective, resp. bijective) si et seulement s'il existe un ensemble semi-algébrique $S\subset R^p$ tel que $\alpha\in\widetilde{S}$ et que $f|(X|S)$ soit injective (resp. surjective, resp. bijective). Ceci est une application facile de 7.2.2 (iii).
b) Si deux familles semi-algébriques de fonctions $f\colon X\to Y$ et $g\colon X\to Y$ vérifient $f_\alpha=g_\alpha$, il existe un ensemble semi-algébrique $S\subset R^p$ tel que $\alpha\in\widetilde{S}$ et que $f|(X|S)=g|(X|S)$; ceci toujours grâce à 7.2.2 (iii).
c) Si $f\colon X\to Y$ et $g\colon Y\to Z$ sont deux familles semi-algébriques de fonctions indexées par R^p, alors $(g\circ f)_\alpha=g_\alpha\circ f_\alpha$.
d) Si $f=g\times\operatorname{Id}_{R^p}\colon F\times R^p\to G\times R^p$ est une famille semi-algébrique constante de fonctions, où $g\colon F\to G$ est une fonction semi-algébrique, alors la fibre f_α est $g_{k(\alpha)}\colon F_{k(\alpha)}\to G_{k(\alpha)}$.

Proposition 7.4.6: *Soient $X\subset X'\subset R^n\times R^p$ deux familles semi-algébriques d'ensembles. Soit $\alpha\in\widetilde{R^p}$. Alors la fibre X_α est ouverte (resp. fermée) dans X'_α si et seulement s'il existe un ensemble semi-algébrique $S\subset R^p$, tel que $\alpha\in\widetilde{S}$ et que $X|S$ soit ouverte (resp. fermée) dans $X'|S$.*

Démonstration: Il suffit de montrer la proposition dans le cas où $X'=R^n\times R^p$, et pour ce qui concerne la propriété d'être ouvert. On a si $X|S$ est ouverte dans $R^n\times S$, d'après le théorème de finitude (2.7.1):

$$X|S=\bigcup_{i=1}^m\{(x,t)\in R^n\times S\,|\,f_{i,1}(x,t)>0 \text{ et } \ldots \text{ et } f_{i,l_i}(x,t)>0\}$$

où $f_{i,j}\in\mathscr{P}(R^n\times R^p)$, et donc

$$X_\alpha=\bigcup_{i=1}^m\{x\in k(\alpha)^n\,|\,f_{i,1}(x,T(\alpha))>0 \text{ et } \ldots \text{ et } f_{i,l_i}(x,T(\alpha))>0\}$$

est ouverte dans $k(\alpha)^n$. Réciproquement, toujours d'après le théorème de finitude, on a si X_α est ouverte dans $k(\alpha)^n$:

$$X_\alpha=\bigcup_{i=1}^m\{x\in k(\alpha)^n\,|\,f_{i,1}(x,a)>0 \text{ et } \ldots \text{ et } f_{i,l_i}(x,a)>0\}$$

avec $f_{i,j}\in\mathbb{Z}[X_1,\ldots,X_n,U_1,\ldots,U_q]$ et $a=(a_1,\ldots,a_q)\in k(\alpha)^q$. On sait d'après 7.3.5 trouver un ensemble semi-algébrique $S\subset R^p$, avec $\alpha\in\widetilde{S}$, et une fonction semi-algébrique *continue* $g\colon S\to R^q$ telle que $a=g(\alpha)$. D'après 7.4.1 (ii) on peut supposer que

$$X|S = \bigcup_{i=1}^{m} \{(x,t) \in R^n \times S \mid f_{i,1}(x, g(t)) > 0 \text{ et } \ldots \text{ et } f_{i,l_i}(x, g(t)) > 0\}$$

et cet ensemble est visiblement ouvert dans $R^n \times S$. □

Lemme 7.4.7: *Soient $F \subset R^n$ et $G \subset R^m$ deux ensembles semi-algébriques et soit $f: F \to G$ une fonction semi-algébrique.*

(i) Si f est continue, alors il existe un recouvrement fini $F = \bigcup_{i=1}^{m} U_i$ par des ouverts semi-algébriques de F, et pour chaque $i = 1, \ldots, m$ une fonction régulière $g_i: U_i \to R$ telle que $\|f\| \le g_i$ sur U_i.

(ii) Si le graphe de f est fermé dans $F \times R^m$ et s'il existe une fonction semi-algébrique continue $g: F \to R$ telle que $\|f\| \le g$ sur F, alors f est continue.

Démonstration:

(i) Soit $\alpha \in \tilde{F}$ et soit $a = \|f(\alpha)\| = \sqrt{f_1^2(\alpha) + \ldots + f_m^2(\alpha)} \in k(\alpha)$. On sait que a est algébrique sur $k(\mathrm{supp}(\alpha))$, et donc d'après 1.2.9 il existe une fonction régulière $g_\alpha = N_\alpha/D_\alpha$ avec $N_\alpha, D_\alpha \in R[X_1, \ldots, X_n]$ et $D_\alpha(\alpha) \ne 0$ telle que $a < g_\alpha(\alpha)$. Soit U_α l'ouvert semi-algébrique de F

$$U_\alpha = \{x \in F \mid D_\alpha(x) \ne 0 \text{ et } \|f(x)\| < g_\alpha(x)\}.$$

On a $\alpha \in \tilde{U}_\alpha$, et les $\tilde{U}_\alpha$ recouvrent $\tilde{F}$. Par la quasi-compacité de $\tilde{F}$ (7.1.13) on peut extraire de ce recouvrement un recouvrement fini $\tilde{U}_1, \ldots, \tilde{U}_m$, ce qui donne les U_i et les g_i recherchés.

(ii) Supposons que f n'est pas continue au point $x^0 \in F$. Alors on peut trouver $\varepsilon \in R$, $\varepsilon > 0$ tel que pour tout $\eta \in R$, $\eta > 0$, il existe $x \in F$ avec $\|x - x^0\| < \eta$ et $\|f(x) - f(x^0)\| \ge \varepsilon$. Le point x^0 est donc adhérent à l'ensemble semi-algébrique

$$L = \{x \in F \mid \|f(x) - f(x^0)\| \ge \varepsilon\}$$

et il existe d'après le lemme de sélection des courbes (2.5.5) une fonction semi-algébrique continue $\varphi: [0, 1] \to R^n$ telle que $\varphi(0) = x^0$ et $\varphi(]0, 1]) \subset L$. Puisque $\|f\|$ est majoré par une fonction semi-algébrique continue, il est clair que $\|f \circ \varphi\|$ est majoré par un $M \in R$ sur $]0, 1]$. Donc, d'après 2.5.3, on peut prolonger $f \circ \varphi$ par continuité en 0 par une certaine valeur $y^0 \in R^m$. Puisque le graphe de f est fermé dans $F \times R^m$ on a $y^0 = f(x^0)$ et comme pour tout $u \in]0, 1]$ on a $\|f(\varphi(u)) - f(x^0)\| \ge \varepsilon$, on aboutit à l'absurdité $\|f(x^0) - f(x^0)\| \ge \varepsilon$. □

Proposition 7.4.8: *Soient $X \subset R^n \times R^p$ et $Y \subset R^m \times R^p$ deux familles semi-algébriques d'ensembles, et $f: X \to Y$ une famille semi-algébrique de fonctions. Soit $\alpha \in \widetilde{R^p}$. Alors la fonction semi-algébrique $f_\alpha: X_\alpha \to Y_\alpha$ est continue si et seulement s'il existe un ensemble semi-algébrique $S \subset R^p$ tel que $\alpha \in \tilde{S}$ et que $f|(X|S)$ soit continue.*

7.4 Familles semi-algébriques d'ensembles ou de fonctions

Démonstration: Supposons f_α continue. D'après le lemme 7.4.7 (i), on a un recouvrement fini $X_\alpha = \bigcup_{i=1}^{r} \Omega_i$ par des ouverts semi-algébriques de X_α et des fonctions régulières (à coefficient dans $k(\alpha)$) $g_i: \Omega_i \to k(\alpha)$ telles que $\|f_\alpha\| \leq g_i$ sur Ω_i. On écrit $g_i(x) = N_i(x, a)/D_i(x, a)$ avec $N_i, D_i \in \mathbb{Z}[X_1, \ldots, X_n, V_1, \ldots, V_q]$ et $a \in k(\alpha)^q$. Alors, en faisant appel au corollaire 7.3.5 et aux résultats déjà établis dans cette section, on peut trouver un ensemble semi-algébrique S tel que $\alpha \in \tilde{S}$, une fonction semi-algébrique continue $h: S \to R^q$, et des ensembles semi-algébriques $U_i \subset X|S$, $i = 1, \ldots, r$, tels que $(U_i)_\alpha = \Omega_i$, que $(U_i)_{i=1,\ldots,r}$ soit un recouvrement ouvert semi-algébrique de $X|S$, que $h(\alpha) = a$, que $D_i(x, h(t)) \neq 0$ et $\|f(x, t)\| \leq N_i(x, h(t))/D_i(x, h(t))$ pour tout $(x, t) \in U_i$, et que $\Gamma f|S$ soit fermé dans $\{(x, y, t) \in R^n \times R^m \times R^p | (x, t) \in X|S\}$. Cette dernière condition entraîne que le graphe de $f|(X|S)$ est fermé dans $(X|S) \times R^m \times R^p$. Comme par ailleurs $\|f\|$ est borné par une fonction semi-algébrique continue sur chaque U_i, le lemme 7.4.7 (ii) montre que $f|(X|S)$ est continue.

Supposons maintenant qu'il existe un ensemble semi-algébrique $S \subset R^p$ tel que $\alpha \in \tilde{S}$ et que $f|(X|S)$ soit continue. Soit Ω un ouvert semi-algébrique de Y_α; quitte à restreindre S, on peut supposer d'après 7.4.6 que $\Omega = U_\alpha$ où U est un ouvert semi-algébrique de $Y|S$. Alors $f_\alpha^{-1}(\Omega) = (f^{-1}(U))_\alpha$ est un ouvert de X_α puisque $f^{-1}(U)$ est un ouvert semi-algébrique de $X|S$. Donc f_α est continue. □

Remarque 7.4.9: Il est facile de montrer (en utilisant 7.2.2 (iii)) que f_α est continue si et seulement s'il existe un ensemble semi-algébrique S tel que $\alpha \in \tilde{S}$ et que $f_t: X_t \to Y_t$ soit continue pour tout $t \in S$; cette dernière propriété est bien sûr plus faible que la continuité de $f|(X|S)$. Supposons que la famille semi-algébrique de fonctions $f: X \to Y$ vérifie que f_t est continue pour tout t appartenant à l'ensemble semi-algébrique $S \subset R^p$. Alors la proposition 7.4.8 montre que pour tout $\alpha \in \tilde{S}$, il existe un ensemble semi-algébrique S_α tel que $\alpha \in \tilde{S}_\alpha$ et que $f|(X|S_\alpha)$ soit continue; avec la compacité de $\tilde{S}$ pour la topologie constructible, ceci veut dire que l'on a une partition finie $S = \bigcup_{i=1}^{q} S_i$ en ensembles semi-algébriques telle que $f|(X|S_i)$ soit continue pour $i = 1, \ldots, q$.

Corollaire 7.4.10: *Soient $X \subset R^n \times R^p$ et $Y \subset R^m \times R^p$ des familles semi-algébriques d'ensembles, soit $\alpha \in \widetilde{R^p}$ et soit $\varphi: X_\alpha \to Y_\alpha$ un homéomorphisme semi-algébrique. Alors il existe un ensemble semi-algébrique $S \subset R^p$ tel que $\alpha \in \tilde{S}$ et un homéomorphisme semi-algébrique $f: X|S \to Y|S$ tel que le diagramme*

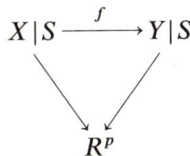

commute et que $f_\alpha = \varphi$.

Démonstration: On applique 7.4.4 et 7.4.8 à φ et à l'homéomorphisme réciproque de φ. □

7.5 Composantes semi-algébriquement connexes. Dimension

Proposition 7.5.1: *Soit S un ensemble semi-algébrique.*

(i) *L'ensemble S est semi-algébriquement connexe si et seulement si $\tilde{S}$ est connexe.*

(ii) *Si $S_1, \ldots, S_k$ sont les composantes semi-algébriquement connexes de S, alors $\tilde{S}_1, \ldots, \tilde{S}_k$ sont les composantes connexes de $\tilde{S}$.*

Démonstration: Il suffit de voir le point (i). Un ouvert fermé de $\tilde{S}$ est nécessairement quasi-compact, et donc d'après 7.2.3 de la forme $\tilde{T}$ où T est un ouvert fermé semi-algébrique de S. La définition de la connexité semi-algébrique (2.4.2) donne le résultat. □

Exemple 7.5.2: La proposition 7.5.1 montre en particulier que $\tilde{R} = \text{Spec}_r(R[X])$ est toujours connexe (alors que R ne l'est que si $R = \mathbb{R}$; voir 2.4.1). Il est intéressant de voir comment le spectre réel « bouche les trous », par exemple pour $R = \mathbb{R}_{\text{alg}}$, le corps des nombres réels algébriques. L'ensemble $\text{Spec}_r(\mathbb{R}_{\text{alg}}[X])$ comprend d'une part les nombres réels algébriques, d'autre part les cônes premiers de $\mathbb{R}_{\text{alg}}[X]$ de support (0) qui s'identifient aux ordres sur le corps $\mathbb{R}_{\text{alg}}(X)$. Comme pour $\mathbb{R}$, un ordre détermine une coupure (I, J) avec $I = \{x \in \mathbb{R}_{\text{alg}} | x < X\}$ et $J = \{x \in \mathbb{R}_{\text{alg}} | X < x\}$ et on vérifie que ceci établit une bijection entre l'ensemble des ordres sur $\mathbb{R}_{\text{alg}}(X)$ et l'ensemble des coupures de $\mathbb{R}_{\text{alg}}$. Ces coupures sont $-\infty$, $+\infty$, x_- et x_+ pour $x \in \mathbb{R}_{\text{alg}}$ (avec les notations de 1.1.2) et aussi les coupures données par un nombre réel transcendant $t \in \mathbb{R} \setminus \mathbb{R}_{\text{alg}}$. Ainsi le nombre $\pi = 3,14 \ldots$ est dans $\text{Spec}_r(\mathbb{R}_{\text{alg}}[X])$ (identifié au cône premier $P_\pi = \{f \in \mathbb{R}_{\text{alg}}[X] | f(\pi) \geq 0\}$). L'ensemble $\tilde{S} \subset \text{Spec}_r(\mathbb{R}_{\text{alg}}[X])$ contient π si et seulement si S contient un intervalle $]a, b[$ de $\mathbb{R}_{\text{alg}}$ avec $a < \pi < b$. On peut aussi remarquer que le sous-espace des points fermés de $\text{Spec}_r(\mathbb{R}_{\text{alg}}[X])$ coïncide avec le sous-espace des points fermés de $\text{Spec}_r(\mathbb{R}[X])$. □

Nous allons montrer maintenant que la dimension des ensembles semi-algébriques peut s'obtenir au moyen des longueurs de chaînes de spécialisations de cônes premiers. Tout d'abord, on produit une chaîne de spécialisations de longueur n dans $\text{Spec}_r(R[X_1, \ldots, X_n])$.

Proposition 7.5.3: *Dans $\text{Spec}_r(R[X_1, \ldots, X_n])$ il existe une chaîne de spécialisations $\alpha_n \subsetneq \alpha_{n-1} \subsetneq \alpha_{n-2} \subsetneq \ldots \subsetneq \alpha_0 = 0$ (l'origine de R^n).*

Démonstration: Les cônes premiers que l'on va exhiber sont tels que $\text{supp}(\alpha_n) = (0)$, $\text{supp}(\alpha_i) = (X_{i+1}, \ldots, X_n)$ pour $0 \leq i < n$. Il faut décrire les ordres $\leq_{\alpha_i}$ sur les corps résiduels. Bien sûr $\leq_{\alpha_0}$ est l'ordre de R. Supposons que l'ordre $\leq_{\alpha_{i-1}}$ ait été décrit (pour $i > 0$). Décrivons alors l'ordre $\leq_{\alpha_i}$ sur le corps résiduel $k(\text{supp}(\alpha_i)) = R(X_1, \ldots, X_i)$. Il suffit pour cela de dire quand un polynôme $f \in R(X_1, \ldots, X_{i-1})[X_i]$ ($f \in R[X_1]$ si $i = 1$) est strictement positif: si $f = g_p X_i^p + g_{p-1} X_i^{p-1} + \ldots + g_m X_i^m$ avec $g_p, \ldots, g_m \in R(X_1, \ldots, X_{i-1}) = k(\text{supp}(\alpha_{i-1}))$,

$g_m \neq 0$, alors $f >_{\alpha_i} 0 \Leftrightarrow g_m >_{\alpha_{i-1}} 0$ (autrement dit, on fait X_i positif et plus petit que tous les éléments positifs de $R(X_1, \ldots, X_{i-1})$). Ceci définit bien α_i, et il est clair que α_i est une générisation de α_{i-1}. □

Remarque 7.5.4: Il est intéressant de voir du point de vue des ultrafiltres d'ensembles semi-algébriques (7.2.4) les cônes premiers de la chaîne de spécialisation que l'on vient de construire. L'ultrafiltre $\mathscr{F}_0$ correspondant à α_0 est bien sûr l'ultrafiltre des ensembles semi-algébriques contenant l'origine. D'après la description faite ci-dessus, pour $f \in R[X_1, \ldots, X_n]$ on a

$$f(\alpha_1) > 0 \Leftrightarrow \exists \varepsilon > 0 \; \forall x \in \,]0, \varepsilon[\; f(x, 0, \ldots, 0) > 0.$$

Ceci permet de voir que $\alpha_1 \in \tilde{S}$ si et seulement si S contient un intervalle $]0, \varepsilon[$ de l'axe des X_1: l'ultrafiltre $\mathscr{F}_1$ correspondant à α_1 est l'ultrafiltre des ensembles semi-algébriques contenant un intervalle $]0, \varepsilon[$ de l'axe des X_1. De manière générale, $\mathscr{F}_i$ est engendré par des ensembles semi-algébriques du sous-espace $R^i \subset R^n$ produit des i premiers facteurs, et $\mathscr{F}_{i+1}$ s'obtient à partir de $\mathscr{F}_i$ de la manière suivante: $S \in \mathscr{F}_{i+1}$ si et seulement si $S \cap R^{i+1}$ contient un ensemble semi-algébrique de la forme $\{(t, y) \in R^i \times R \,|\, t \in T \text{ et } 0 < y < f(t)\}$ où $T \subset R^i$ est un élément de $\mathscr{F}_i$, et $f: T \to R$ une fonction continue semi-algébrique strictement positive sur T. On vérifie par récurrence sur i que $\mathscr{F}_i$ est un ultrafiltre, et que $\alpha_i \in \tilde{S}$ si et seulement si $S \in \mathscr{F}_i$.

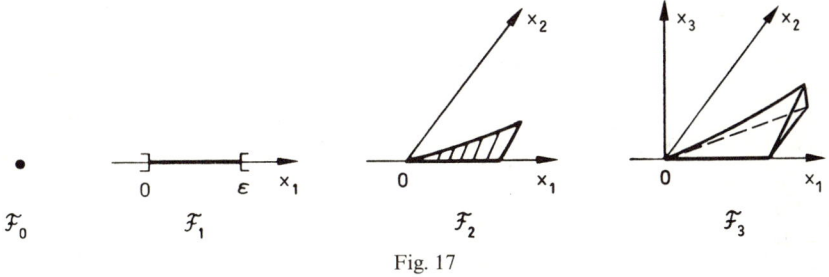

Fig. 17

Le dessin représente des générateurs typiques de $\mathscr{F}_0$ (un générateur: l'origine), $\mathscr{F}_1, \mathscr{F}_2, \mathscr{F}_3$.

Définition 7.5.5: *Soit A un anneau commutatif. Une chaîne de spécialisations de longueur n dans $\mathrm{Spec}_r(A)$ est une chaîne de cônes premiers:*

$$\alpha_n \subsetneqq \alpha_{n-1} \subsetneqq \cdots \subsetneqq \alpha_0.$$

Soit C une partie constructible de $\mathrm{Spec}_r(A)$. La dimension de C (notée $\dim(C)$) est la longueur maximum des chaînes de spécialisations entièrement contenues dans C, si elle existe; sinon, la dimension de C est infinie.

Proposition 7.5.6: *Soit $S \subset R^n$ un ensemble semi-algébrique. Alors*

$$\dim(S) = \dim(\tilde{S}).$$

Démonstration: Si $\alpha_k \subsetneqq \cdots \subsetneqq \alpha_0$ est une chaîne de spécialisation dans $\mathrm{Spec}_r(R[X_1, \ldots, X_n])$, $\mathrm{supp}(\alpha_k) \subsetneqq \mathrm{supp}(\alpha_{k-1}) \subsetneqq \cdots \subsetneqq \mathrm{supp}(\alpha_0)$ est une chaîne d'inclusions strictes d'idéaux premiers réels de $R[X_1, \ldots, X_n]$ (le fait que les inclusions sont bien strictes a été vu en 4.3.9). Par ailleurs, si $\alpha \in \tilde{S}$, $f \in \mathscr{I}(S)$ implique $f(\alpha) = 0$ et donc $\mathscr{I}(S) \subset \text{supp}(\alpha)$. Ceci montre que $\dim(\tilde{S})$ est inférieur ou égal à la dimension de $\mathscr{I}(S)$, qui est par définition la dimension de S. Il reste à voir $\dim(S) \leq \dim(\tilde{S})$. Si $\dim(S) = d$ alors S contient un ensemble semi-algébrique T, semi-algébriquement homéomorphe à un pavé $]-1, +1[^d$ (cf. 2.8.9 – on prend ici $]-1, +1[$ au lieu de $]0, 1[$, de façon à avoir l'origine à l'intérieur du pavé). L'homéomorphisme semi-algébrique entre T et $]-1, +1[^d$ donne par l'opération tilda un homéomorphisme entre $\tilde{T}$ et $\widetilde{]-1, +1[^d}$ (7.2.8). On a construit dans $\text{Spec}_r(R[X_1, \ldots, X_d])$ une chaîne de spécialisations de longueur d qui se termine à l'origine (7.5.3). Comme $]-1, +1[^d$ est ouvert, $\widetilde{]-1, +1[^d}$ est stable par générisation, et cette chaîne de spécialisations est toute entière contenue dans $\widetilde{]-1+1[^d}$. Par homéomorphisme, on obtient une chaîne de spécialisations de longueur d contenue dans $\tilde{T}$, et donc dans $\tilde{S}$. Ceci montre $\dim(\tilde{S}) \geq \dim(S)$, et achève la démonstration. $\square$

Définition 7.5.7: *Soit A un anneau commutatif. Soit α un cône premier de A. On appelle dimension de α (notée $\dim(\alpha)$) la dimension de l'idéal premier $\text{supp}(\alpha)$ dans A, c'est-à-dire la dimension de l'anneau $A/\text{supp}(\alpha)$.*

Proposition 7.5.8:
 (i) *Soit $S \subset R^n$ un ensemble semi-algébrique. Alors*

$$\dim(S) = \sup\{\dim(\alpha) | \alpha \in \tilde{S}\}.$$

 (ii) *Soit $\alpha \in \text{Spec}_r(R[X_1, \ldots, X_n])$. Alors*

$$\dim(\alpha) = \inf\{\dim(S) | S \subset R^n \text{ semi-algébrique}, \alpha \in \tilde{S}\}.$$

Démonstration: On remarque d'abord que si $\alpha \in \tilde{S}$ alors $\mathscr{I}(S) \subset \text{supp}(\alpha)$ et donc $\dim(S) \geq \dim(\alpha)$. Pour montrer (i), on utilise 7.5.6 qui donne une chaîne de spécialisations $\alpha_d \subsetneq \ldots \subsetneq \alpha_0$ de longueur $d = \dim(S)$ dans $\tilde{S}$; on a alors $\dim(\alpha_d) \geq d$. Pour montrer (ii), il suffit de prendre $S = \mathscr{Z}(\text{supp}(\alpha))$; on a bien alors $\alpha \in \tilde{S}$, et $\dim(\alpha) = \dim(S)$. $\square$

Remarque 7.5.9: Si $\dim(\alpha) = p$, on n'a pas forcément une chaîne de spécialisations de longueur p: $\alpha = \alpha_p \subsetneq \alpha_{p-1} \subsetneq \ldots \subsetneq \alpha_0$. Considérons par exemple le cône premier α de $\mathbb{R}[X, Y]$ donné par

$$\alpha = \{f \in \mathbb{R}[X, Y] | \exists \varepsilon > 0 \; \forall x \in]0, \varepsilon[\; f(x, e^x) \geq 0\}.$$

Il est clair que $\text{supp}(\alpha) = (0)$ et donc $\dim(\alpha) = 2$. Pourtant, nous verrons au chapitre 10 que α n'a pas de spécialisation de dimension 1, et que sa seule spécialisation stricte est le point $(0, 1)$.

7.6 Points centraux d'un ensemble algébrique irréductible

Dans toute cette section, $V \subset R^n$ est un ensemble algébrique irréductible de dimension d. L'injection canonique $\operatorname{Spec}_r(\mathcal{K}(V)) \hookrightarrow \operatorname{Spec}_r(\mathcal{P}(V))$ identifie $\operatorname{Spec}_r(\mathcal{K}(V))$ au sous-espace de $\operatorname{Spec}_r(\mathcal{P}(V))$ formé des cônes premiers de support (0) (autrement dit, ceux de dimension d). Nous ferons constamment cette identification dans cette section.

Proposition et Définition 7.6.1: *Soit x un point de V. Les propriétés suivantes sont équivalentes:*

(i) *x est dans l'adhérence (pour la topologie euclidienne) de l'ensemble $\operatorname{Reg}(V)$ des points non singuliers de V.*

(ii) $\dim(V_x) = d$ *(autrement dit, $x \in V^{(d)}$).*

(iii) *x est spécialisation dans $\operatorname{Spec}_r(\mathcal{P}(V))$ d'un cône premier de dimension d (autrement dit, moyennant l'identification naturelle, x est spécialisation d'un ordre sur $\mathcal{K}(V)$).*

Un point x qui vérifie ces propriétés est appelé point central de V, et on note $\operatorname{Cent}(V)$ l'ensemble des points centraux de V (c'est un fermé semi-algébrique de V, égal à $V^{(d)}$).

Démonstration:

(iii) $\Rightarrow$ (ii) Si U est un voisinage semi-algébrique de x dans V, alors $\tilde{U}$ contient un cône premier de dimension d dans $\mathcal{P}(V)$ et donc $\dim(U) = d$, d'après 7.5.8 (i). Ceci établit (ii).

(ii) $\Rightarrow$ (i) Si $x \notin \operatorname{adh}(\operatorname{Reg}(V))$, il existe un ouvert semi-algébrique U de V contenant x tel que $U \subset \operatorname{Sing}(V)$, et donc $\dim(U) < d$ (3.3.13). Alors $\dim(V_x) < d$.

(i) $\Rightarrow$ (iii) Si x est un point non singulier de V, il existe un voisinage ouvert semi-algébrique U de x dans V semi-algébriquement homéomorphe à un voisinage ouvert semi-algébrique U' de l'origine dans R^d (avec x s'envoyant sur l'origine) d'après 3.3.10. Ceci nous donne, grâce à 7.5.3 et via l'homéomorphisme entre $\tilde{U}$ et $\tilde{U}'$, une chaîne de spécialisations $\alpha_d \subsetneq \ldots \subsetneq \alpha_0 = x$, et nécessairement $\operatorname{supp}(\alpha_d) = (0)$.

Si maintenant $x \in \operatorname{adh}(\operatorname{Reg}(V))$, d'après ce qui précède, pour tout voisinage ouvert semi-algébrique U de x dans V, $\tilde{U}$ contient un cône premier de support (0); donc $\tilde{U} \cap \operatorname{Spec}_r(\mathcal{K}(V)) \neq \emptyset$. L'ensemble $\operatorname{Spec}_r(\mathcal{K}(V))$ et les $\tilde{U}$ sont compacts pour la topologie constructible de $\operatorname{Spec}_r(\mathcal{P}(V))$; ceci permet de trouver un $\alpha \in \operatorname{Spec}_r(\mathcal{K}(V))$ dont x est une spécialisation. $\square$

Proposition 7.6.2:

(i) *On a $\operatorname{Spec}_r(\mathcal{K}(V)) \subset \widetilde{\operatorname{Reg}(V)}$.*

(ii) *L'ensemble $\widetilde{\operatorname{Cent}(V)}$ est l'adhérence de $\operatorname{Spec}_r(\mathcal{K}(V))$ dans $\operatorname{Spec}_r(\mathcal{P}(V))$.*

Démonstration:

(i) Si on a un ordre sur $\mathcal{K}(V)$ dans $\widetilde{\operatorname{Sing}(V)} = \tilde{V} \setminus \widetilde{\operatorname{Reg}(V)}$ c'est que $\dim(\operatorname{Sing}(V)) = \dim(\widetilde{\operatorname{Sing}(V)}) = d$ (7.5.6 et 7.5.8 (i)). Or $\dim(\operatorname{Sing}(V)) < d$ (3.3.13): contradiction.

(ii) D'après (i) $\operatorname{adh}(\operatorname{Spec}_r(\mathcal{K}(V))) \subset \operatorname{adh}(\widetilde{\operatorname{Reg}(V)})$. Or par 7.2.3 (iii), $\operatorname{adh}(\widetilde{\operatorname{Reg}(V)}) = \widetilde{\operatorname{Cent}(V)}$. Il ressort de 7.6.1 (iii) que $\operatorname{Cent}(V)$ est contenu dans adh($\text{Spec}_r(\mathcal{K}(V))$). Comme d'après 7.2.7 (ii) $\widetilde{\text{Cent}(V)}$ est le plus petit fermé de $\text{Spec}_r(\mathcal{P}(V))$ contenant $\text{Cent}(V)$ on a $\widetilde{\text{Cent}(V)} \subset \text{adh}(\text{Spec}_r(\mathcal{K}(V)))$. □

Le résultat qui vient nous servira au chapitre 10.

Proposition 7.6.3: *Soit φ l'application qui à un ensemble semi-algébrique $S \subset V$ associe l'ouvert fermé $\tilde{S} \cap \text{Spec}_r(\mathcal{K}(V))$ de $\text{Spec}_r(\mathcal{K}(V))$:*

$$\varphi(S) = \tilde{S} \cap \text{Spec}_r(\mathcal{K}(V)).$$

Soit ψ l'application qui à un ouvert fermé C de $\text{Spec}_r(\mathcal{K}(V))$ associe l'intersection de l'adhérence de C dans $\text{Spec}_r(\mathcal{P}(V))$ avec V:

$$\psi(C) = \text{adh}(C) \cap V.$$

Alors
  (i) *φ est surjective,*
  (ii) *$\psi \circ \varphi(S) = \text{adh}(\text{int}(S \cap \text{Cent}(V)))$ (adhérence et intérieur pris dans V),*
  (iii) *$\varphi \circ \psi(C) = C$.*

Les applications φ et ψ induisent une bijection entre la famille des ensembles semi-algébriques F fermés de $\text{Cent}(V)$ tels que $F = \text{adh}(\text{int}(F))$, et la famille des ouverts fermés de $\text{Spec}_r(\mathcal{K}(V))$.

Démonstration:
   (i) Clair, car un ouvert fermé de $\text{Spec}_r(\mathcal{K}(V))$ est combinaison booléenne de $\widetilde{\mathcal{U}}(f) \cap \text{Spec}_r(\mathcal{K}(V))$, avec $f \in \mathcal{P}(V)$.
   (ii) Soit $x \in \text{int}(S \cap \text{Cent}(V))$. Le point x appartient à un ouvert $\mathcal{U}(f_1, \ldots, f_p) = \{y \in V \mid f_1(y) > 0, \ldots, f_p(y) > 0\}$ avec $f_1, \ldots, f_p \in \mathcal{P}(V)$, ouvert contenu dans $S \cap \text{Cent}(V)$. Le point x est donc spécialisation d'un point α de $\text{Spec}_r(\mathcal{K}(V))$, avec $\alpha \in \widetilde{\mathcal{U}}(f_1, \ldots, f_p)$ et donc $\alpha \in \tilde{S}$. On a bien $x \in \psi \circ \varphi(S)$. Ceci montre $\text{int}(S \cap \text{Cent}(V)) \subset \psi \circ \varphi(S)$ d'où, puisque $\psi \circ \varphi(S)$ est fermé,

$$\text{adh}(\text{int}(S \cap \text{Cent}(V))) \subset \psi \circ \varphi(S).$$

Pour montrer l'inclusion inverse, il suffit d'établir que $\tilde{S} \cap \text{Spec}_r(\mathcal{K}(V)) \subset \widetilde{\text{int}(S \cap \text{Cent}(V))}$. Soit $\alpha \in \tilde{S} \cap \text{Spec}_r(\mathcal{K}(V))$. On a déjà $\alpha \in \widetilde{S \cap \text{Cent}(V)}$ d'après 7.6.2. On sait que $S \cap \text{Cent}(V)$ peut s'écrire comme union finie d'ensembles semi-algébriques de la forme

$$\{y \in V \mid f_1(y) > 0 \text{ et } \ldots \text{ et } f_p(y) > 0 \text{ et } g(y) = 0\}$$

avec $f_1, \ldots, f_p, g \in \mathcal{P}(V)$. Si α appartient au tilda d'un tel ensemble, c'est que $g(\alpha) = 0$, et donc que $g = 0$ puisque le support de α est l'idéal nul. Ainsi $\alpha \in \widetilde{\mathcal{U}}(f_1, \ldots, f_p)$, et $\mathcal{U}(f_1, \ldots, f_p) \subset S \cap \text{Cent}(V)$. Ceci montre $\alpha \in \widetilde{\text{int}(S \cap \text{Cent}(V))}$.

   (iii) Puisque φ est surjective, il suffit de vérifier $\varphi \circ \psi \circ \varphi(S) = \varphi(S)$. L'ensemble $\varphi \circ \psi \circ \varphi(S)$ est l'intersection avec $\text{Spec}_r(\mathcal{K}(V))$ de l'adhérence de $\widetilde{\text{int}(S \cap \text{Cent}(V))}$. Comme l'adhérence d'un ensemble constructible de $\text{Spec}_r(\mathcal{P}(V))$ s'obtient en ajoutant toutes les spécialisations des points de ce constructible (7.1.20), $\varphi \circ \psi \circ \varphi(S)$ coïncide avec l'intersection de $\text{Spec}_r(\mathcal{K}(V))$ et de $\widetilde{\text{int}(S \cap \text{Cent}(V))}$.

Le raisonnement fait plus haut pour le point (ii) montre que cette intersection coïncide avec $\operatorname{Spec}_r(\mathcal{K}(V)) \cap \tilde{S} = \varphi(S)$. □

Théorème 7.6.4: *Soit I un idéal de $\mathcal{P}(V)$, $f_1, \ldots, f_l$ des fonctions polynomiales non nulles de $\mathcal{P}(V)$, $U = \{x \in V \mid f_1(x) > 0, \ldots, f_l(x) > 0\}$ et P le cône $\Sigma \mathcal{K}(V)^2[f_1, \ldots, f_l] \cap \mathcal{P}(V)$ de $\mathcal{P}(V)$. Une fonction polynomiale f de $\mathcal{P}(V)$ est nulle sur $\mathcal{Z}_V(I) \cap \operatorname{adh}(U \cap \operatorname{Reg}(V))$ si et seulement si elle appartient au P-radical de I.*

Démonstration: Supposons que $f^{2m} + p \in I$, avec $p \in P$. On sait que p s'écrit $p = q/s^2$ où $s \in \mathcal{P}(V)$, $s \neq 0$, et q est dans le cône de $\mathcal{P}(V)$ engendré par $f_1, \ldots, f_l$. Si $x \in U \cap \operatorname{Reg}(V)$, alors $\dim(U_x) = \dim(V_x) = d$; comme $\dim(\mathcal{Z}_V(s)) < d$, le point x est adhérent à $U \setminus (\mathcal{Z}_V(s) \cap U)$ et on a donc $p(x) \geq 0$. On en déduit que p est positif ou nul sur $\operatorname{adh}(U \cap \operatorname{Reg}(V))$ et ainsi $\mathcal{Z}_V(I) \cap \operatorname{adh}(U \cap \operatorname{Reg}(V)) \subset \mathcal{Z}_V(f)$.

Montrons maintenant la réciproque. On suppose que $\mathcal{Z}_V(I) \cap \operatorname{adh}(U \cap \operatorname{Reg}(V)) \subset \mathcal{Z}_V(f)$. Si P n'est pas propre, alors le P-radical de I est $\mathcal{P}(V)$, et donc contient f. Ainsi on peut supposer P propre. D'après 4.2.6, il suffit de montrer que si J est un idéal premier P-convexe contenant I, alors $f \in J$. D'après 4.2.9, il existe un ordre sur $\mathcal{K}(V)$ dont le cône positif Q contient P, tel que J est α-convexe où $\alpha = Q \cap \mathcal{P}(V) \in \operatorname{Spec}_r(\mathcal{P}(V))$. Puisque $Q \supset P$ on a $\alpha \in \tilde{U}$, et d'après 7.6.2 (i), on a $\alpha \in \widetilde{\operatorname{Reg}(V)}$. D'après 4.3.9, il existe un unique $\beta \in \operatorname{Spec}_r(\mathcal{P}(V))$, $\beta \supset \alpha$ et $\operatorname{supp}(\beta) = J$. En utilisant 7.1.20 et 7.2.3 (iii), on a $\beta \in \operatorname{adh}(\tilde{U} \cap \widetilde{\operatorname{Reg}(V)}) = \widetilde{\operatorname{adh}(U \cap \operatorname{Reg}(V))}$. Puisque $\operatorname{supp}(\beta) \supset I$ on a $\beta \in \widetilde{\mathcal{Z}_V(I)}$. Donc d'après l'hypothèse $\beta \in \widetilde{\mathcal{Z}_V(f)}$ d'où $f \in \operatorname{supp}(\beta) = J$. □

Corollaire 7.6.5 (théorème des zéros centraux): *Soit I un idéal de $\mathcal{P}(V)$. Une fonction polynomiale f de $\mathcal{P}(V)$ est nulle sur $\mathcal{Z}_V(I) \cap \operatorname{Cent}(V)$ si et seulement s'il existe des fractions rationnelles $g_1, \ldots, g_k \in \mathcal{K}(V)$ et un entier $m \in \mathbb{N}$ avec $f^{2m} + g_1^2 + \ldots + g_k^2 \in I$.*

Démonstration: On applique 7.6.4 au cas particulier $l = 0$. □

Corollaire 7.6.6: *Soit I un idéal de $\mathcal{P}(V)$. Alors*

$$I = \mathcal{I}_{\mathcal{P}(V)}(\mathcal{Z}_V(I) \cap \operatorname{Cent}(V))$$

si et seulement si I est $(\Sigma \mathcal{K}(V)^2 \cap \mathcal{P}(V))$-radical. □

Exemple 7.6.7: Considérons les deux parapluies de l'exemple 3.1.2 d) et e). Pour chacun d'eux, considérons l'idéal I du manche, qui est engendré par X et Y. Pour le premier parapluie (d'équation $z(x^2 + y^2) - x^3 = 0$), l'idéal I ne satisfait pas la condition du corollaire 7.6.6; l'intersection du manche avec la toile (l'ensemble des points centraux) est réduite à l'origine. Pour le deuxième parapluie (d'équation $x^3 + z x^2 - y^2 = 0$), l'idéal I satisfait la condition; l'intersection du manche avec la toile est ici la partie $[0, +\infty[$ de l'axe des Z.

Remarque 7.6.8: Il est clair qu'un idéal $(\Sigma \mathcal{K}(V)^2 \cap \mathcal{P}(V))$-radical est réel. La réciproque n'est pas vraie, comme le montre le manche du premier parapluie de l'exemple précédent.

7.7 Une borne sur le nombre d'inégalités nécessaires pour définir un ouvert semi-algébrique de base

Définition 7.7.1: *Soit $V \subset R^n$ un ensemble algébrique. Un ouvert semi-algébrique de base de V est un ouvert semi-algébrique de la forme:*

$$\mathcal{U}(f_1, \ldots, f_k) = \{x \in V \mid f_1(x) > 0 \text{ et } \ldots \text{ et } f_k(x) > 0\},$$

avec $f_1, \ldots, f_k \in \mathcal{P}(V)$.

Le but de cette section est de démontrer le résultat suivant, qui est une version affaiblie d'un résultat de [Bröcker 2] et [Bröcker 4].

Théorème 7.7.2:
(i) *Pour tout entier $d \in \mathbb{N}$ il existe un entier $s \in \mathbb{N}$ tel que pour tout ensemble algébrique V de dimension d et pour tout ouvert semi-algébrique de base U de V, on peut trouver s fonctions polynomiales $f_1, \ldots, f_s \in \mathcal{P}(V)$ telles que $U = \mathcal{U}(f_1, \ldots, f_s)$.*
(ii) *Soit $s(d) \in \mathbb{N}$ le plus petit entier s qui vérifie la propriété de (i). Alors $s(1) = 1$, $s(2) = 2$, $3 \leq s(3) \leq 5$ et $d \leq s(d) \leq s(d-1) + \sup(s(d-1), d)$ pour $d > 3$.*

Remarque 7.7.3: La majoration donnée ici pour $s(d)$ n'est pas la meilleure que l'on connaisse. On trouve dans [Bröcker 4] que $s(3) = 3$, $s(4) \leq 6$, $s(5) \leq 8$ et $s(d) \leq s(d-2) + \sup(s(d-2), d)$ pour $d > 5$. Cette amélioration demande des techniques plus fines que celles employées dans cette section, mais l'idée principale reste la même. □

Le plan de la démonstration est le suivant. On montre d'abord qu'un ouvert semi-algébrique de base d'un ensemble algébrique irréductible V de dimension d peut être donné par d inégalités, à un ensemble de dimension $d-1$ près. Cette étape utilise la théorie des formes quadratiques et le spectre réel pour traduire les résultats sur les formes quadratiques sur $\mathcal{K}(V)$ en résultats géométriques. On peut ensuite faire un raisonnement par récurrence sur la dimension, en utilisant l'inégalité de Łojasiewicz pour recoller les morceaux de différentes dimensions.

En ce qui concerne les formes quadratiques, nous utiliserons ce que nous avons déjà vu en 6.3.

Lemme 7.7.4: *Soit F un corps et φ une forme quadratique anisotrope sur F. Alors φ est anisotrope sur $F(X)$.*

Démonstration: Supposons φ de dimension n et isotrope sur $F(X)$; on a $\varphi(f_1, \ldots, f_n) = 0$ avec $f_1, \ldots, f_n \in F(X)$ non tous nuls. Quitte à multiplier les f_i par une puissance convenable (positive ou négative) de X, on peut supposer que tous les f_i sont définis en 0 et que $f_1(0), \ldots, f_n(0)$ ne sont pas tous nuls. On a $\varphi(f_1(0), \ldots, f_n(0)) = 0$ et donc φ est isotrope sur F. □

Proposition 7.7.5: *Soit $\varphi = \langle a_1, \ldots, a_m \rangle$, $\psi = \langle b_1, \ldots, b_n \rangle$ des formes quadratiques sur un corps F, avec $a_1, \ldots, a_m, b_1, \ldots, b_n \in F^*$. Supposons que φ est anisotrope*

sur F et que φ représente $\psi(X_1, \ldots, X_n) = \sum_{i=1}^{n} b_i X_i^2$ sur le corps $F(X_1, \ldots, X_n)$.
Alors φ contient ψ, c.-à-d. qu'il existe une forme quadratique θ sur F telle que φ soit équivalente à $\psi \perp \theta$.

Démonstration: On raisonne par récurrence sur m. Pour $m=0$ il n'y a rien à montrer. Soit $m>0$. D'après le lemme 6.3.5, la forme φ représente b_1 sur F; on a donc $\varphi \simeq \langle b_1 \rangle \perp \varphi'$. La forme φ est anisotrope sur $F(X_2, \ldots, X_n)$ d'après le lemme 7.7.4, et représente $b_1 X_1^2 + (b_2 X_2^2 + \ldots + b_n X_n^2)$ sur le corps $F(X_2, \ldots, X_n)(X_1)$; d'après la proposition 6.3.6, la forme φ' représente $b_2 X_2^2 + \ldots + b_n X_n^2$ sur $F(X_2, \ldots, X_n)$. D'après l'hypothèse de récurrence on a $\varphi' \simeq \langle b_2, \ldots, b_n \rangle \perp \theta$ et donc $\varphi \simeq \psi \perp \theta$. □

Théorème 7.7.6: *Soit F un corps réel de degré de transcendance d sur le corps réel clos R. Soit $\varphi = \langle 1, a_1 \rangle \otimes \ldots \otimes \langle 1, a_k \rangle$ une forme de Pfister sur F, avec $k > d$; supposons φ anisotrope. Alors il existe une forme de Pfister $\psi = \langle 1, b_1 \rangle \otimes \ldots \otimes \langle 1, b_d \rangle$ telle que $\varphi \simeq \underset{2^{k-d}}{\perp} \psi$.*

Démonstration: Il suffit bien sûr de montrer ce résultat pour $k = d+1$. La forme φ est de dimension 2^{d+1} et d'après le théorème de Tsen-Lang (6.3.14) elle est isotrope sur le corps $F(i)$ (où $i = \sqrt{-1}$). Donc φ est universelle sur $F(i)(X, Y)$ et en particulier représente $X + iY$ sur ce corps. On peut ainsi trouver $f, g \in F(X, Y)^{2^{d+1}}$ tels que

$$\varphi(f + (X + iY)g) = X + iY,$$

d'où l'on tire

$$\varphi(g)(X + iY)^2 + (2\Phi(f, g) - 1)(X + iY) + \varphi(f) = 0$$

où Φ est la forme bilinéaire symétrique associée à φ. En comparant cette égalité avec le polynôme minimal de $X + iY$ sur $F(X, Y)$ qui est

$$T^2 - 2XT + X^2 + Y^2,$$

il vient

$$\varphi(g)(X^2 + Y^2) = \varphi(f)$$

et donc, puisque φ est multiplicative (6.3.10) et que comme φ est anisotrope sur $F(X, Y)$ (7.7.4) on a $\varphi(g) \neq 0$, la forme φ représente $X^2 + Y^2$ sur $F(X, Y)$. D'après la proposition 7.7.5 on a $\varphi \simeq \langle 1, 1 \rangle \perp \theta$. Posons $\varphi' = \langle a_1, \ldots, a_k, a_1 a_2, \ldots, a_1 a_2 \cdots a_k \rangle$ de telle sorte que $\varphi = \langle 1 \rangle \perp \varphi'$. Le théorème de Witt ([Lang 2], corollaire 4, p. 362) entraîne que $\varphi' \simeq \langle 1 \rangle \perp \theta$, et donc φ' représente 1 sur F. Alors le lemme 6.3.13 nous dit qu'il existe $b_1, \ldots, b_d \in F^*$ tels que

$$\varphi \simeq \langle 1, 1 \rangle \otimes \langle 1, b_1 \rangle \otimes \ldots \otimes \langle 1, b_d \rangle.$$

En posant $\psi = \langle 1, b_1 \rangle \otimes \ldots \otimes \langle 1, b_d \rangle$ on arrive à $\varphi \simeq \psi \perp \psi$. □

Lemme 7.7.7: *Si une forme de Pfister φ est isotrope, alors elle est hyperbolique:* $\varphi \simeq \theta \perp -\theta$.

Démonstration: Si φ est isotrope, alors φ contient la forme $\langle 1, -1 \rangle$ (6.3.3 (i)). En écrivant $\varphi = \langle 1 \rangle \perp \varphi'$ on voit que φ' représente -1 et donc d'après le lemme 6.3.13 on a $\varphi \simeq \langle 1, -1 \rangle \otimes \theta$. $\square$

Théorème 7.7.8: *Soit $V \subset R^n$ un ensemble algébrique irréductible de dimension d, et soit U un ouvert semi-algébrique de base de V. Alors il existe $f_1, \ldots, f_d \in \mathcal{P}(V)$ tels que*

$$\mathcal{U}(f_1, \ldots, f_d) = \{x \in V \mid f_1(x) > 0 \text{ et } \ldots \text{ et } f_d(x) > 0\} \subset U$$

et que
$$\dim(U \setminus \mathcal{U}(f_1, \ldots, f_d)) < d.$$

Démonstration: Supposons que $U = \mathcal{U}(g_1, \ldots, g_k)$. Si $k \leq d$, le résultat est trivial. Supposons donc que $k > d$. Considérons la forme de Pfister sur $\mathcal{K}(V)$:

$$\varphi = \langle 1, g_1 \rangle \otimes \ldots \otimes \langle 1, g_k \rangle.$$

Si $\alpha \in \mathrm{Spec}_r(\mathcal{K}(V)) \subset \mathrm{Spec}_r(\mathcal{P}(V)) = \tilde{V}$, on note $\mathrm{sign}_\alpha(\varphi)$ la signature de la forme φ pour l'ordre α. On remarque que

$$\alpha \in \tilde{U} \Leftrightarrow \mathrm{sign}_\alpha(\varphi) \neq 0;$$

en effet la signature de φ est nulle dès que l'un des g_i est négatif. Si φ est isotrope, alors d'après le lemme 7.7.7 on a $\mathrm{sign}_\alpha(\varphi) = 0$ pour tout $\alpha \in \mathrm{Spec}_r(\mathcal{K}(V))$, et donc d'après 7.5.8 (i) on a $\dim(U) < d$; il suffit de prendre dans ce cas $f_1 = \ldots = f_d = 0$. Si φ est anisotrope, alors d'après le théorème 7.7.6 on a une forme de Pfister $\psi = \langle 1, h_1 \rangle \otimes \ldots \otimes \langle 1, h_d \rangle$ telle que $\varphi \simeq \underset{2^{k-d}}{\perp} \psi$. On peut supposer que $h_1, \ldots, h_d \in \mathcal{P}(V)$. Mais alors, pour $\alpha \in \mathrm{Spec}_r(\mathcal{K}(V))$:

$$\alpha \in \tilde{U} \Leftrightarrow \mathrm{sign}_\alpha(\varphi) \neq 0 \Leftrightarrow \mathrm{sign}_\alpha(\psi) \neq 0 \Leftrightarrow \alpha \in \tilde{\mathcal{U}}(h_1, \ldots, h_d)$$

et donc la dimension de la différence symétrique

$$(U \cap (V \setminus \mathcal{U}(h_1, \ldots, h_d))) \cup (\mathcal{U}(h_1, \ldots, h_d) \cap (V \setminus U))$$

est strictement inférieure à d d'après 7.5.8 (i). Soit

$$Z = \mathrm{adh}_{\mathrm{Zar}}(\mathcal{U}(h_1, \ldots, h_d) \cap (V \setminus U)) \quad \text{et} \quad f \in \mathcal{P}(V)$$

tel que $\mathcal{Z}_V(f) = Z$. Les polynômes $f_i = h_i f^2$ répondent au problème. $\square$

Corollaire 7.7.9: *Soit $V \subset R^n$ un ensemble algébrique quelconque de dimension d, et soit U un ouvert semi-algébrique de base de V. Alors la conclusion du théorème 7.7.8 reste valable.*

7.7 Une borne sur le nombre d'inégalités

Démonstration: Soit $V = V_1 \cup \ldots \cup V_k$ la décomposition de V en composantes irréductibles. D'après le théorème 7.7.8 pour $i=1, \ldots, k$ il existe $f_{i,1}, \ldots, f_{i,d} \in \mathcal{P}(V)$ tels que:

$$\mathcal{U}(f_{i,1}, \ldots, f_{i,d}) \cap V_i \subset U \cap V_i \quad \text{et} \quad \dim((U \cap V_i) \setminus (\mathcal{U}(f_{i,1}, \ldots, f_{i,d}) \cap V_i)) < d.$$

Soit $g_i \in \mathcal{P}(V)$ tel que $\mathscr{L}_V(g_i) = V_i$, et posons $\hat{g}_i = \prod_{j \neq i} g_j$. Posons $f_l = \sum_{i=1}^{k} \hat{g}_i^2 f_{i,l}$ pour $l=1, \ldots, d$. On vérifie facilement que $\mathcal{U}(f_1, \ldots, f_d) \subset U$ et comme $\dim(V_i \cap V_j) < d$ pour $i \neq j$, on a bien que $\dim(U \setminus \mathcal{U}(f_1, \ldots, f_d)) < d$. □

On est maintenant en position de faire un raisonnement par récurrence sur la dimension. Nous utiliserons la conséquence suivante de l'inégalité de Łojasiewicz. Rappelons que $\text{sign}(f) = -1, 0, +1$ suivant que $f < 0, f = 0, f > 0$.

Lemme 7.7.10: *Soit S un fermé semi-algébrique de l'ensemble algébrique V. Soit $f, g \in \mathcal{P}(V)$. Alors il existe $p, q \in \mathcal{P}(V)$ tels que $p > 0$ sur V, $q \geq 0$ sur V, que $\text{sign}(pf + qg) = \text{sign}(f)$ sur S et que $\mathscr{L}_V(q) = \text{adh}_{\text{Zar}}(\mathscr{L}_V(f) \cap S)$.*

Démonstration: Soit $h \in \mathcal{P}(V)$, $h \geq 0$ sur V, tel que $\mathscr{L}_V(h) = \text{adh}_{\text{Zar}}(\mathscr{L}_V(f) \cap S)$. La fonction semi-algébrique g/f est définie et continue sur $\{x \in S \,|\, h(x) \neq 0\}$ et donc d'après la proposition 2.6.4 il existe un entier $N > 0$ tel que la fonction $h^N g/f$ prolongée par 0 quand $f(x) = 0$ soit continue sur S. D'après la proposition 2.6.2 on peut trouver $p \in \mathcal{P}(V)$, $p > 0$ sur V tel que $h^N |g/f| < p$ sur $\{x \in S \,|\, h(x) \neq 0\}$. En posant $q = h^N$, on a bien les propriétés annoncées. □

Si U est un ouvert semi-algébrique d'un ensemble algébrique V, nous noterons dans cette fin de section $\partial U = \text{adh}(U) \setminus U$ sa frontière et $\bar{\partial} U = \text{adh}_{\text{Zar}}(\partial U)$. Les ouverts semi-algébriques de base possèdent la sorte de propriété de convexité suivante.

Lemme 7.7.11: *Si U est un ouvert semi-algébrique de base de V alors $\bar{\partial} U \cap U = \emptyset$.*

Démonstration: Si $U = \mathcal{U}(f_1, \ldots, f_k)$ alors $\partial U \subset \mathscr{L}_V(f_1 \cdots f_k)$ et donc $\bar{\partial} U \subset \mathscr{L}_V(f_1 \cdots f_k)$; ce dernier ensemble est bien disjoint de U. □

Lemme 7.7.12: *Soient U un ouvert semi-algébrique de V et T un sous-ensemble algébrique de V. Supposons qu'il existe $f_1, \ldots, f_k \in \mathcal{P}(V)$ tels que $U \cap T = \mathcal{U}(f_1, \ldots, f_k) \cap T$. Alors on peut trouver $g_1, \ldots, g_k \in \mathcal{P}(V)$ tels que $U \cap T = \mathcal{U}(g_1, \ldots, g_k) \cap T$ et que $\mathcal{U}(g_1, \ldots, g_k) \subset U$.*

Démonstration: On choisit $h \in \mathcal{P}(V)$, $h \leq 0$ sur V, tel que $\mathscr{L}_V(h) = T$. Posons $S = \text{adh}(\mathcal{U}(f_1, \ldots, f_k)) \cap (V \setminus U)$. D'après le lemme 7.7.10 on peut trouver pour $i = 1, \ldots, k$ des fonctions polynomiales $p_i, q_i \in \mathcal{P}(V)$, $p_i > 0$ sur V, $q_i \geq 0$ sur V, $\mathscr{L}_V(q_i) = \text{adh}_{\text{Zar}}(T \cap S)$, telles que $\text{sign}(p_i h + q_i f_i) = \text{sign}(h)$ sur S. Posons $g_i = p_i h + q_i f_i$. On vérifie facilement que $\mathcal{U}(g_1, \ldots, g_k) \subset U$. Il reste à voir que $\mathcal{U}(g_1, \ldots, g_k) \supset U \cap T$. Soit $x \in U \cap T$. Comme $T \cap S \subset \partial \mathcal{U}(f_1, \ldots, f_k)$, on a $\mathscr{L}_V(q_i) \subset \bar{\partial}\mathcal{U}(f_1, \ldots, f_k)$ et donc d'après le lemme 7.7.11 on a $q_i(x) \neq 0$ pour $i = 1, \ldots, k$. Donc $g_i(x) = q_i(x) f_i(x) > 0$ pour $i = 1, \ldots, k$ et $x \in \mathcal{U}(g_1, \ldots, g_k)$. □

Proposition 7.7.13: *Soient U un ouvert semi-algébrique de base de V, T un sous-ensemble algébrique de V. Supposons que:*

$$U \setminus (U \cap T) = \mathcal{U}(f_1, \ldots, f_d)$$

$$U \cap T = \mathcal{U}(g_1, \ldots, g_k) \cap T$$

avec $f_1, \ldots, f_d, g_1, \ldots, g_k \in \mathcal{P}(V)$. Alors on peut trouver $h_1, \ldots, h_r \in \mathcal{P}(V)$ tels que $U = \mathcal{U}(h_1, \ldots, h_r)$ dans les deux cas suivants:
  (i) $r = dk$.
  (ii) $r = k + \sup(k, d)$.

Démonstration: On peut sans perte de généralité supposer que $f_i|T = 0$ pour $i = 1, \ldots, d$ et, grâce au lemme 7.7.12, que $\mathcal{U}(g_1, \ldots, g_k) \subset U$.

(i) Posons $S = \mathrm{adh}(U) \setminus \mathcal{U}(g_1, \ldots, g_k)$. D'après le lemme 7.7.10 on peut trouver pour $i = 1, \ldots, d$ et $j = 1, \ldots, k$ des fonctions polynomiales $p_{i,j}, q_{i,j} \in \mathcal{P}(V)$, $p_{i,j} > 0$ sur V, $q_{i,j} \geq 0$ sur V, $\mathcal{L}_V(q_{i,j}) = \mathrm{adh}_{\mathrm{Zar}}(\mathcal{L}_V(f_i) \cap S)$, telles que $\mathrm{sign}(p_{i,j} f_i + q_{i,j} g_j) = \mathrm{sign}(f_i)$ sur S. Posons $h_{i,j} = p_{i,j} f_i + q_{i,j} g_j$ et montrons que $U = \mathcal{U}(h_{1,1}, \ldots, h_{d,k})$.

Si $x \notin U$ on a $f_i(x) \leq 0$ et $g_j(x) \leq 0$ pour au moins un couple (i,j) et donc pour ce couple $h_{i,j}(x) \leq 0$.

Si $x \in U \setminus (U \cap T)$ on a $f_i(x) > 0$ pour tout i et $\mathrm{sign}(h_{i,j}(x)) = \mathrm{sign}(f_i(x))$ si $g_j(x) \leq 0$. Donc $h_{i,j}(x) > 0$ pour tout (i,j).

Enfin si $x \in U \cap T$ on a $f_i(x) = 0$ pour tout i. Comme $\mathcal{L}_V(f_i) \cap S \subset \partial U$ et que $\partial U \cap U = \emptyset$ par le lemme 7.7.11, on a $\mathcal{L}_V(q_{i,j}) \cap U = \emptyset$ et donc $h_{i,j}(x) = q_{i,j}(x) g_j(x) > 0$ pour tout (i,j).

(ii) Soit $h = f_1^2 \cdots f_d^2$ et soit $S = \mathrm{adh}(U) \setminus \mathcal{U}(g_1, \ldots, g_k)$. D'après le lemme 7.7.10 on peut trouver pour $j = 1, \ldots, k$ des fonctions polynomiales $v_j, w_j \in \mathcal{P}(V)$, $v_j > 0$ sur V, $w_j \geq 0$ sur V, $\mathcal{L}_V(w_j) = \mathrm{adh}_{\mathrm{Zar}}(\mathcal{L}_V(h) \cap S)$, telles que $\mathrm{sign}(v_j h + w_j g_j) = \mathrm{sign}(h)$ sur S. Posons $a_j = v_j h + w_j g_j$ et $U' = \mathcal{U}(a_1, \ldots, a_k)$. Il est clair que U' contient $U \setminus (U \cap T)$; par ailleurs si $x \in U \cap T$, alors $a_j(x) = w_j(x) g_j(x)$ et on s'aperçoit (comme ci-dessus pour $q_{i,j}(x)$) que $w_j(x) \neq 0$. Ainsi on a $U' \cap T = U \cap T$ et $U \subset U'$.

Soit maintenant $S' = \mathrm{adh}(U') \setminus \mathcal{U}(g_1, \ldots, g_k)$. Soit $m = \sup(k, d)$. Si $k > d$ on pose $f_{d+1} = \ldots = f_m = h$ et si $k < d$ on pose $g_{k+1} = \ldots = g_m = 1$. D'après le lemme 7.7.10 on peut trouver pour $i = 1, \ldots, m$ des fonctions polynomiales $t_i, u_i \in \mathcal{P}(V)$, $t_i > 0$ sur V, $u_i \geq 0$ sur V, $\mathcal{L}_V(u_i) = \mathrm{adh}_{\mathrm{Zar}}(\mathcal{L}_V(f_i) \cap S')$, telles que $\mathrm{sign}(t_i f_i + u_i g_i) = \mathrm{sign}(f_i)$ sur S'. Posons $b_i = t_i f_i + u_i g_i$ et $\Omega = \mathcal{U}(a_1, \ldots, a_k, b_1, \ldots, b_m)$. Nous allons montrer que $U = \Omega$. Il est clair que $\Omega \subset U'$ et que $\mathcal{U}(g_1, \ldots, g_k) \subset \Omega \cup T$. Par ailleurs si $x \in U' \setminus \mathcal{U}(g_1, \ldots, g_k)$ on a $\mathrm{sign}(b_i(x)) = \mathrm{sign}(f_i(x))$. Tout ceci nous donne $\Omega \cap (V \setminus T) = U \cap (V \setminus T)$.

Il ne reste plus qu'à montrer que $\Omega \supset U \cap T$. On a $\mathcal{L}_V(f_i) \cap U' \subset \mathcal{U}(g_1, \ldots, g_k) \subset U$ et donc $\mathcal{L}_V(f_i) \cap U' \subset U \cap T$. Ainsi $\mathcal{L}_V(f_i) \cap S' \subset \partial U'$, et $\mathcal{L}_V(u_i) \subset \bar{\partial} U'$. Si $x \in U \cap T$ alors $x \in U'$ et $x \notin \bar{\partial} U'$ d'après le lemme 7.7.11, ce qui entraîne que $u_i(x) \neq 0$ et que $b_i(x) = u_i(x) g_i(x) > 0$ pour $i = 1, \ldots, m$, d'où $x \in \Omega$. □

Démonstration du théorème 7.7.2: Examinons d'abord le cas $d = 1$. Si U est un ouvert semi-algébrique de base de V, avec $\dim(V) = 1$, il existe d'après le corollaire 7.7.9 une fonction polynomiale $f \in \mathcal{P}(V)$ telle que $\mathcal{U}(f) \subset U$ et que

$U \setminus \mathcal{U}(f) = T$ soit un nombre fini de points (éventuellement vide). On a $U \setminus T = \mathcal{U}(f)$ et $U \cap T = \mathcal{U}(1) \cap T$, donc d'après 7.7.13 (i) on peut trouver $h \in \mathcal{P}(V)$ tel que $U = \mathcal{U}(h)$. Passons maintenant au cas $d > 1$ et soit U un ouvert semi-algébrique de base de l'ensemble algébrique V de dimension d. Toujours d'après le corollaire 7.7.9 on peut trouver $f_1, \ldots, f_d \in \mathcal{P}(V)$ tels que $\mathcal{U}(f_1, \ldots, f_d) \subset U$ et que $\dim(U \setminus \mathcal{U}(f_1, \ldots, f_d)) < d$. Soit $T = \mathrm{adh}_{\mathrm{Zar}}(U \setminus \mathcal{U}(f_1, \ldots, f_d))$. Par hypothèse de récurrence on peut trouver $g_1, \ldots, g_k \in \mathcal{P}(V)$ tels que $k \leq s(d-1)$ et que $U \cap T = \mathcal{U}(g_1, \ldots, g_k) \cap T$. Par ailleurs, si $u \in \mathcal{P}(V)$ est tel que $\mathcal{L}_V(u) = T$ et $u \geq 0$ sur V, alors $U \setminus T = \mathcal{U}(u f_1, \ldots, u f_d)$. En employant 7.7.13 (i) pour $d = 2$, on trouve $s(2) \leq 2$; avec 7.7.13 (ii) pour $d = 3$, on obtient $s(3) \leq 5$, puis pour $d > 3$ on a $s(d) \leq s(d-1) + \sup(s(d-1), d)$.

Il reste à établir la minoration $d \leq s(d)$. Montrons $2 \leq s(2)$; pour cela considérons l'ouvert $U = \{(x, y) \in R^2 \mid x > 0 \text{ et } y > 0\}$ qui est semi-algébrique de base. Supposons que l'on puisse trouver $f \in R[X, Y]$ tel que $\mathcal{U}(f) = U$. Posons $f = Y^k g$ où Y ne divise pas g. Soit $x_1 > 0$ tel que $g(x_1, 0) \neq 0$; puisque $f(x_1, Y)$ change de signe en 0, l'entier k doit être impair. Soit $x_2 < 0$ tel que $g(x_2, 0) \neq 0$; puisque $f(x_2, Y)$ ne change pas de signe en 0, l'entier k doit être pair. Cette contradiction montre que l'ouvert U considéré ne peut pas être donné par une seule inégalité polynomiale, et donc que $2 \leq s(2)$. Pour le cas général $d \leq s(d)$, nous demandons au lecteur de bien vouloir patienter jusqu'au chapitre 10 (cf. 10.2.13). □

Remarque 7.7.14: [Bröcker 3] donne aussi d'autres bornes, ne dépendant que de la dimension de l'ensemble algébrique V:

a) sur le nombre s' d'inégalités nécessaires pour décrire un fermé semi-algébrique de base

$$\mathcal{W}(f_1, \ldots, f_{s'}) = \{x \in V \mid f_1(x) \geq 0 \text{ et } \ldots \text{ et } f_{s'}(x) \geq 0\},$$

b) sur le nombre t tel que tout ouvert semi-algébrique de V soit réunion de t ouverts semi-algébriques de base,

c) sur le nombre t' tel que tout fermé semi-algébrique de V soit union de t' fermés semi-algébriques de base.

Les majorations pour b) et c) sont une version quantitative du théorème de finitude de 2.7.1.

Note bibliographique: Le spectre réel d'un anneau a été introduit à partir de considérations de logique catégorique, pour fournir un analogue réel du topos étale ([Coste Roy 1]). Cependant la notion de cône premier était déjà utilisée ([Prestel 1]), et le spectre réel avec sa topologie constructible apparaît dans un article de caractère logique ([van den Dries 1]). La théorie du spectre réel est présentée dans plusieurs articles ([Coste Roy 2], [Lam T.Y.3], [Knebusch 2], [Dickmann 1], [Becker 2]). Les propriétés générales du spectre réel sont d'une part communes à tous les espaces spectraux ([Hochster 1]), d'autre part des propriétés plus spécifiques, comme la séparation de l'ensemble des points fermés signalée dans [Bröcker 1], en fait déjà dégagées pour les espaces spectraux où tout point se spécialise en un unique point fermé ([De Marco Orsatti 1], voir aussi [Carral Coste 1]). L'opération tilda, avec cette notation, apparaît dans [Coste Roy 2]. La présentation de $\tilde{S}$ comme espace de Stone de l'algèbre de Boole des ensembles semi-algébriques de S vient de l'«ultrafilter theorem» de [Bröcker 1]. Le faisceau de fonctions semi-algébriques continues sur le spectre réel est aussi considéré par plusieurs auteurs dans le cas «abstrait» (c.-à-d. sur le spectre réel d'un anneau quelconque): voir [Brumfiel 3], [Delfs 1], [Schwartz 1]. Les espaces annelés $(\widetilde{S}, \widetilde{\mathscr{S}^0})$ sont essentiellement équivalents aux espaces semi-algébriques affines de [Delfs Knebusch 1]. La notion de point central vient de [Dubois 3]; le théorème des zéros centraux, qui est une généralisation de la première forme donnée par Dubois ([Dubois 2]) du théorème des zéros réels, se trouve dans [Saliba 1]. La première borne sur le nombre d'inégalités nécessaires pour définir un ouvert semi-algébrique de base figure dans [Bröcker 2]. La démonstration est reprise dans [Mahé 2], et une amélioration de la borne (essentiellement le point (ii) de 7.7.13) est dans [Bröcker 4].

Chapitre 8. Fonctions de Nash

Résumé: On définit habituellement les fonctions de Nash comme les fonctions analytiques réelles qui sont algébriques sur l'anneau des polynômes; cette définition ne peut pas s'étendre au cas d'un corps réel clos quelconque R. Nous commençons par montrer un isomorphisme entre l'anneau des germes de fonctions $\mathscr{C}^\infty$ semi-algébriques à l'origine de R^n, l'anneau des séries formelles de $R[[X_1, ..., X_n]]$ algébriques sur les polynômes et (pour $R = \mathbb{R}$) l'anneau des germes de fonctions analytiques-algébriques, ce qui permet de définir les fonctions de Nash comme étant les fonctions $\mathscr{C}^\infty$ semi-algébriques. Dans la deuxième section, l'étude de l'anneau des séries formelles algébriques permet d'établir les propriétés locales des fonctions de Nash, via le théorème de préparation. Nous formulons dans la troisième section le théorème d'approximation des solutions formelles d'un système d'équations de Nash. L'étude globale des fonctions de Nash est grandement simplifiée par la description des fonctions de Nash due à Artin et Mazur, que nous donnons en section 4. Elle permet en particulier d'obtenir le théorème de substitution, outil technique fondamental pour montrer un théorème des zéros et un positivstellensatz pour les fonctions de Nash (section 5). La section 6 est consacrée à l'étude des ensembles de zéros de fonctions de Nash, ainsi qu'aux germes de tels ensembles; nous établissons l'algébricité de ces germes d'ensembles de Nash. La septième section utilise des résultats sur les anneaux henséliens, pour obtenir en particulier que l'anneau des germes de fonctions de Nash à l'origine de R^n est le hensélisé de l'anneau local des germes de fonctions régulières à l'origine; ceci sert pour montrer la noethérianité de l'anneau de fonctions de Nash globales – nous nous limitons pour ce point au cas $R = \mathbb{R}$. La huitième section utilise l'extension des fonctions de Nash au spectre réel pour donner une démonstration du théorème d'approximation des fonctions semi-algébriques continues par les fonctions de Nash dû à Efroymson. Le théorème d'extension du même Efroymson figure en dernière section. Cette section contient aussi une étude des voisinages tubulaires des sous-variétés de Nash.

8.1 Définition des fonctions de Nash

Les fonctions de Nash se définissent habituellement comme étant les fonctions analytiques-algébriques, c'est-à-dire les fonctions analytiques φ solution d'une équation $a_d(x) \varphi^d(x) + ... + a_0(x) = 0$, où les $a_d, ..., a_0$ sont des polynômes non tous nuls [Artin Mazur 1]. Ceci bien sûr ne peut plus se faire quand on travaille sur un corps de base réel clos quelconque, et pas sur $\mathbb{R}$. Il nous faut procéder autrement. Nous allons commencer par donner un résultat qui permet d'identifier des objets a priori différents: germes de fonctions $\mathscr{S}^\infty$, séries formelles algébriques, et (sur $\mathbb{R}$), germes de fonctions analytiques-algébriques. Ceci permettra de dire ce qu'est une fonction de Nash sur un corps réel clos quelconque. Mais même si on ne s'intéresse qu'au cas $R=\mathbb{R}$, cette approche présente un avantage: l'utilisation des séries formelles algébriques nous permettra d'obtenir facilement les propriétés locales des fonctions de Nash.

Dans tout le chapitre R désigne un corps réel clos. On pose $X=(X_1, \ldots, X_n)$. On note $R[[X]]$ l'anneau de séries formelles, et $R((X))$ son corps de fractions.

Avant d'énoncer le résultat, introduisons la notion de fonction régulière étale. Nous nous limiterons aux situations non singulières.

Définition 8.1.1: *Soit $f : V \to W$ une fonction régulière entre ensembles algébriques, t un point non singulier de V tel que $f(t)$ soit un point non singulier de W. On dit que f est étale en t quand la différentielle de f au point t, $f'(t) : T_t(V) \to T_{f(t)}(W)$, est un isomorphisme.*

Proposition 8.1.2: *Soit $f : V \to W$ une fonction régulière entre ensembles algébriques, t un point non singulier de V tel que $f(t)$ soit non singulier dans W. Si f est étale en t, il existe des voisinages semi-algébriques ouverts U et U' de t et $f(t)$ dans V et W tels que $f|U$ soit un $\mathscr{S}^\infty$-difféomorphisme de U sur U'.*

Démonstration: On a des structures de sous-variétés $\mathscr{S}^\infty$ sur des voisinages de t et $f(t)$ d'après 3.3.10. Le fait que f est un $\mathscr{S}^\infty$-difféomorphisme d'un voisinage de t sur un voisinage de $f(t)$ vient du théorème d'inversion locale (2.9.5). □

Rappelons ici quelques faits concernant les *développements de Taylor* des éléments d'un anneau local régulier (cf. [Shafarevich 1] chapitre 2, §2). Soient V un ensemble algébrique irréductible de dimension d, et t un point non singulier de V. Soit $(v_1, \ldots, v_d)$ un système régulier de paramètres de l'anneau local régulier $\mathscr{R}_{V,t}$. Pour tout $h \in \mathscr{R}_{V,t}$ il existe une et une seule série $\tau(h) \in R[[X_1, \ldots, X_d]]$ telle que pour tout entier i, si S_i désigne le polynôme en $X_1, \ldots, X_d$ formé des termes de $\tau(h)$ de degré $\leq i$, alors $h - S_i(v_1, \ldots, v_d)$ appartient à la puissance $(i+1)^{\text{ème}}$ de l'idéal maximal de $\mathscr{R}_{V,t}$. L'application $\tau: \mathscr{R}_{V,t} \to R[[X_1, \ldots, X_d]]$ est un homomorphisme local, et induit par passage au complété un isomorphisme $\hat{\tau}: \hat{\mathscr{R}}_{V,t} \to R[[X_1, \ldots, X_d]]$.

Proposition 8.1.3: *Soit $f: V \to W$ une fonction régulière entre deux ensembles algébriques irréductibles de dimension d. Soit t un point de V tel que $f(t)$ soit un point non singulier de W. Alors les propriétés suivantes sont équivalentes:*
  (i) *Le point t est non singulier dans V, et f est étale en t.*
  (ii) *L'homomorphisme $\hat{\mathscr{R}}_{W,f(t)} \to \hat{\mathscr{R}}_{V,t}$ induit par f sur les complétés des anneaux locaux est un isomorphisme.*

Démonstration:

(i) ⇒ (ii) Puisque f est étale en t, l'homomorphisme local $f^*: \mathscr{R}_{W,f(t)} \to \mathscr{R}_{V,t}$ induit par f envoie un système régulier de paramètres $(w_1, \ldots, w_d)$ de $\mathscr{R}_{W,f(t)}$ sur un système régulier de paramètres de $\mathscr{R}_{V,t}$. Si $\tau: \mathscr{R}_{V,t} \to R[[X_1, \ldots, X_d]]$ est le développement de Taylor par rapport à $(f^*(w_1), \ldots, f^*(w_d))$, alors $\tau \circ f^*$:

8.1 Définition des fonctions de Nash

$\hat{\mathscr{R}}_{W,f(t)} \to R[[X_1, \ldots, X_d]]$ est le développement de Taylor par rapport à $(w_1, \ldots, w_d)$. On obtient par passage aux complétés un diagramme commutatif:

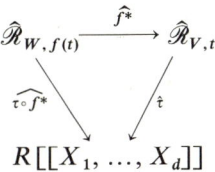

où $\hat{t}$ et $\widehat{\tau \circ f^*}$ sont des isomorphismes. On en déduit que $\hat{f}^*$ est un isomorphisme.

(ii) $\Rightarrow$ (i) (C'est cette implication qui nous servira ensuite). On rappelle que si $\mathfrak{m}_{V,t}$ est l'idéal maximal de $\mathscr{R}_{V,t}$, alors $T_t^{\text{Zar}}(V)$ est canoniquement isomorphe au dual de $\mathfrak{m}_{V,t}/\mathfrak{m}_{V,t}^2$. Si $\hat{\mathscr{R}}_{W,f(t)}$ est isomorphe à $\hat{\mathscr{R}}_{V,t}$, leurs $\mathfrak{m}/\mathfrak{m}^2$ sont isomorphes, et donc aussi les $\mathfrak{m}/\mathfrak{m}^2$ de $\mathscr{R}_{W,f(t)}$ et $\mathscr{R}_{V,t}$. On a donc les égalités suivantes entre dimensions de R-espaces vectoriels:

$$\dim(T_t^{\text{Zar}}(V)) = \dim(\mathfrak{m}_{V,t}/\mathfrak{m}_{V,t}^2) = \dim(\mathfrak{m}_{W,f(t)}/\mathfrak{m}_{W,f(t)}^2) = \dim(T_{f(t)}(W)) = d$$

ce qui montre que t est un point non singulier de V. De plus la différentielle $f'(t): T_t(V) \to T_{f(t)}(W)$ est la duale de l'isomorphisme $\mathfrak{m}_{W,f(t)}/\mathfrak{m}_{W,f(t)}^2 \to \mathfrak{m}_{V,t}/\mathfrak{m}_{V,t}^2$ et donc $f'(t)$ est un isomorphisme. □

Rappelons que la *clôture intégrale* d'un anneau intègre A est le sous-anneau du corps des fractions de A formé des éléments entiers sur A. Si A est une algèbre de type fini sur un corps, alors la clôture intégrale de A est un A-module de type fini. Un anneau est *intégralement clos* quand il est intègre et égal à sa clôture intégrale. Un anneau local régulier est intégralement clos. Si $\bar{A}$ est la clôture intégrale de l'anneau intègre A, et si $f: A \to B$ est un homomorphisme injectif dans un anneau intégralement clos B, alors il existe un unique homomorphisme $\bar{f}: \bar{A} \to B$ tel que $\bar{f}|A = f$. Pour tout ceci, on peut se reporter à [Zariski Samuel 1].

Théorème 8.1.4: *Soit $\sigma \in R[[X_1, \ldots, X_n]]$ une série formelle algébrique sur $R[X_1, \ldots, X_n]$. Alors il existe un ensemble algébrique $V \subset R^{n+p}$, irréductible de dimension n, un point non singulier $t = (0, y)$ de V et une fonction polynomiale $f \in \mathscr{P}(V)$ tels que:*

(i) *Si $\Pi: R^{n+p} \to R^n$ est la projection qui oublie les p derniers facteurs, $\Pi|V: V \to R^n$ est étale au point t (et on a donc d'après 8.1.2 un $\mathscr{S}^\infty$-difféomorphisme s d'un voisinage ouvert U' de 0 dans R^n sur un voisinage ouvert U de t dans V, inverse de $\Pi|U$).*

(ii) *La série σ est la série de Taylor à l'origine du composé $f \circ s$.*

$$\begin{array}{ccc} t \in U \subset V & \xrightarrow{f} & R \\ {\scriptstyle s} \uparrow & {\scriptstyle \Pi|V} \downarrow & \\ 0 \in U' \subset R^n & & \end{array}$$

Démonstration: Soit $\varphi\colon R[X,T]\to R[[X]]$ l'homomorphisme de R-algèbres qui envoie chaque X_i sur X_i et T sur σ. Comme σ est algébrique sur $R[X]$, le noyau $\mathrm{Ker}(\varphi)$ de φ est non nul. Il est clair que $\mathrm{Ker}(\varphi)$ est un idéal premier réel. Montrons qu'il est de hauteur 1. En effet dans le quotient $R[X,T]/\mathrm{Ker}(\varphi)$, les images de $X_1, \ldots, X_n$ sont algébriquement indépendantes sur R, donc le degré de transcendence de ce quotient sur R est égal à n. Posons $W = \mathscr{L}(\mathrm{Ker}(\varphi)) \subset R^{n+1}$. L'ensemble algébrique W est irréductible de dimension n, et $\mathscr{P}(W) = R[X,T]/\mathrm{Ker}(\varphi)$ (4.1.4). Considérons maintenant le normalisé de W: soit A la clôture intégrale de $\mathscr{P}(W)$ dans son corps de fractions $\mathscr{K}(W)$. L'anneau A est une $\mathscr{P}(W)$-algèbre finie, que l'on peut écrire sous la forme

$$A = \mathscr{P}(W)[Z_1, \ldots, Z_{p-1}]/J = R[X,T,Z]/I$$

où I est un idéal premier réel. Posons $V = \mathscr{L}(I) \subset R^{n+p}$. L'ensemble algébrique V est irréductible de dimension n et $A = \mathscr{P}(V)$ (4.1.4).

Comme l'anneau $R[[X]]$ est intégralement clos, l'homomorphisme injectif $\mathscr{P}(W) \to R[[X]]$ induit un unique homomorphisme $\eta\colon A = \mathscr{P}(V) \to R[[X]]$ tel que le diagramme suivant commute:

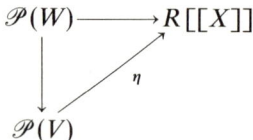

En composant η avec l'homomorphisme canonique $R[[X]] \to R$, on obtient un homomorphisme $\mathscr{P}(V) \to R$, c'est-à-dire un point $t \in V$; t est de la forme $(0, y)$ (où 0 est l'origine de R^n), et l'homomorphisme η se factorise en $\mathscr{P}(V) \to \hat{\mathscr{R}}_{V,t} \xrightarrow{\rho} R[[X]]$. Considérons le diagramme commutatif d'homomorphismes locaux

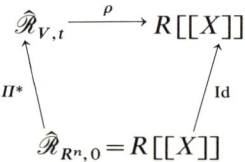

où Π^* est induit par la projection $\Pi|V$ de V sur R^n.

L'anneau local $\mathscr{R}_{V,t}$ est intégralement clos de dimension n. D'après le « Main Theorem » de Zariski ([Zariski Samuel 1], chapitre 8, § 13, théorème 32) $\hat{\mathscr{R}}_{V,t}$ est aussi intégralement clos, donc intègre, et il est de dimension n ([Atiyah Macdonald 1] corollaire 11.19, p. 122). L'homomorphisme $\rho\colon \hat{\mathscr{R}}_{V,t} \to R[[X]]$ est certainement surjectif. S'il n'est pas injectif son noyau n'est pas nul; mais alors, comme $\hat{\mathscr{R}}_{V,t}$ est intègre, sa dimension serait strictement plus grande que n, ce qui est faux. Donc ρ est un isomorphisme, et l'homomorphisme $\Pi^*\colon \hat{\mathscr{R}}_{R^n,0} \to \hat{\mathscr{R}}_{V,t}$ est aussi un isomorphisme, avec $\rho^{-1} = \Pi^*$. D'après 8.1.3 ceci entraîne que $\Pi|V\colon V \to R^n$ est étale en t, et 8.1.2 donne une section $\mathscr{S}^\infty$ $s\colon U' \longrightarrow U$ de $\Pi|V$ définie sur un voisinage de l'origine.

8.1 Définition des fonctions de Nash

Soit f l'image de la coordonnée T dans $\mathscr{P}(V)$. L'homomorphisme η: $\mathscr{P}(V) \to R[[X]]$ envoie f sur σ. Il ne reste plus qu'à constater que cet homomorphisme, qui se factorise en

$$\mathscr{P}(V) \longrightarrow \hat{\mathscr{R}}_{V,t} \xrightarrow{(\Pi^*)^{-1}} R[[X]],$$

associe à toute fonction polynomiale h de $\mathscr{P}(V)$ la série de Taylor de $h \circ s$ à l'origine. □

Notons $R[[X]]_{\text{alg}}$ l'anneau des séries formelles algébriques sur $R[X]$.

Corollaire 8.1.5: *L'homomorphisme qui à un germe de fonction $\mathscr{S}^\infty$ à l'origine de R^n associe sa série de Taylor à l'origine est un isomorphisme de R-algèbres de $\mathscr{S}^\infty_{R^n,0}$ sur $R[[X]]_{\text{alg}}$.*

Démonstration: Il est clair que cet homomorphisme prend bien ses valeurs dans $R[[X]]_{\text{alg}}$ puisqu'une fonction semi-algébrique satisfait une équation polynomiale (2.6.3). On a déjà vu qu'il est injectif (2.9.3). Le théorème 8.1.4 montre qu'il est surjectif. □

Corollaire 8.1.6: $(R = \mathbb{R})$ *Toute série formelle algébrique est le développement en série à l'origine d'un germe de fonction analytique-algébrique.*

Démonstration: Le théorème des fonctions implicites pour les fonctions analytiques nous dit que la section s de $\Pi | V$ dans l'énoncé du théorème 8.1.4 est analytique; $f \circ s$ aussi est analytique. □

Proposition 8.1.7: $(R = \mathbb{R})$ *Soit U un ouvert semi-algébrique de $\mathbb{R}^n$. Une fonction $f: U \to \mathbb{R}$ est dans $\mathscr{S}^\infty(U)$ si et seulement si elle est analytique-algébrique (sur $\mathbb{R}[X_1, ..., X_n]$) sur U.*

Démonstration: Au vu des corollaires 8.1.5 et 8.1.6, il suffit de s'assurer qu'une fonction analytique-algébrique f sur U est semi-algébrique. La fonction f satisfait sur U une équation $g(x, f(x)) = 0$ où $g \in \mathbb{R}[X, Y]$ est un polynôme non identiquement nul. Saucissonnons le polynôme g sur $\mathbb{R}^n$ (2.3.4): on a une partition finie de $\mathbb{R}^n$ en ensembles semi-algébriques A_i et des fonctions semi-algébriques continues $\xi_{i,1} < ... < \xi_{i,l_i}: A_i \to \mathbb{R}$ qui décrivent les zéros de g là où $g(x, Y)$ n'est pas identiquement nul comme polynôme en Y. On peut de plus supposer que les A_i sont connexes, et que U est réunion de certains A_i. Alors forcément, sur un de ces A_i où $g(x, Y)$ n'est pas identiquement nul, f coïncide avec un zéro $\xi_{i,k}$. Soit U' la réunion de ces A_i; U' est dense dans U, et $f | U'$ est semi-algébrique. Le graphe de f, adhérence dans $U \times \mathbb{R}$ du graphe de $f | U'$, est lui aussi semi-algébrique. □

Nous pouvons maintenant donner une définition des fonctions de Nash, valable sur tout corps réel clos, et qui redonne bien les fonctions analytiques-algébriques pour $R = \mathbb{R}$.

Définition 8.1.8: *Soit U un ouvert semi-algébrique de R^n. Une fonction $U \to R$ semi-algébrique $\mathscr{C}^\infty$ sur U sera appelée fonction de Nash sur U. Les fonctions de Nash de U dans R forment un anneau que l'on notera $\mathscr{N}(U)$ (plutôt que $\mathscr{S}^\infty(U)$). Une fonction de U dans R^p est dite de Nash quand toutes ses composantes* sont de Nash. Si U' est un autre ouvert semi-algébrique de R^n, un difféomorphisme de Nash de U sur U' est une bijection de U sur U' qui est de Nash ainsi que son inverse. □

Exemple 8.1.9: Nous avons déjà rencontré des fonctions de Nash. Par exemple, les fonctions qui interviennent pour la séparation des fermés semi-algébriques disjoints (théorème 2.7.2) sont de Nash; les fonctions de $\mathscr{A}(R^n; U)$ (2.7.3) sont de Nash sur U. Un exemple typique de fonction de Nash est $\sqrt{1+x^2}$ sur R. Bien sûr, les fonctions de Nash ne sont pas en général exprimables aux moyens d'opérations algébriques et d'extraction de racines. □

On considère aussi des sous-variétés de Nash de R^n, et des fonctions de Nash sur des ouverts semi-algébriques de ces variétés. Ce sont exactement les sous-variétés $\mathscr{S}^\infty$ définies en 2.9.7; on se contente de changer le nom.

Définition 8.1.10: *Soit M un ensemble semi-algébrique de R^n.*
(i) *L'ensemble M est une sous-variété de Nash de dimension d de R^n quand pour tout point x de M, il existe un difféomorphisme de Nash φ d'un voisinage ouvert semi-algébrique Ω de l'origine de R^n sur un voisinage ouvert semi-algébrique Ω' de x dans R^n tel que $\varphi(0)=x$ et $\varphi(R^d \cap \Omega) = M \cap \Omega'$.*
(ii) *Si M est une sous-variété de Nash de R^n, une fonction $f: M \to R^p$ est dite de Nash quand elle est semi-algébrique et que, pour tout φ comme ci-dessus, $f \circ \varphi | R^d \cap \Omega$ est de Nash. On note $\mathscr{N}(M)$ l'anneau des fonctions de Nash de M dans R. Deux sous-variétés de Nash M et M' sont dites Nash-difféomorphes quand il existe une bijection $f: M \to M'$ qui est de Nash ainsi que son inverse.*

Exemple 8.1.11: Une composante semi-algébriquement connexe d'un ensemble algébrique non singulier de dimension d est une sous-variété de Nash de dimension d. Une sous-variété $\mathscr{C}^\infty$ de $\mathbb{R}^n$ qui est semi-algébrique est une sous-variété de Nash. □

Proposition 8.1.12: *Soit $S \subset R^n$ un ensemble semi-algébrique. Alors S est réunion disjointe d'un nombre fini de sous-variétés de Nash M_i, chacune Nash-difféomorphe à un pavé ouvert $]0,1[^{\dim(M_i)}$.*

Démonstration: On se reporte à ce que l'on a fait à propos du démontage d'un ensemble semi-algébrique (2.3.6), et on raisonne par récurrence sur n. Le résultat est clair pour $n=1$. Supposons le vrai pour n. Alors quand on saucissonne des polynômes $P_1(X, Y), \ldots, P_s(X, Y)$ (où $X=(X_1, \ldots, X_n)$), on peut d'après l'hypothèse de récurrence supposer que les A_i de la partition de R^n sont des sous-variétés de Nash, Nash-difféomorphes à $]0,1[^{d_i}$. On peut supposer que la famille $P_1, \ldots, P_s$ est stable par dérivation par rapport à Y, et alors chaque zéro $\xi_{i,j}$ sur A_i est racine simple d'un des $P_1, \ldots, P_s$, et donc $\xi_{i,j}$ est de Nash d'après le théorème des fonctions implicites (2.9.6). Si l'on reprend la démonstration du théorème 2.3.6 en tenant compte de ceci, on obtient le résultat annoncé. □

Le principe du prolongement analytique est valable pour les fonctions de Nash:

8.1 Définition des fonctions de Nash

Proposition 8.1.13: *Soit $M \subset R^n$ une sous-variété de Nash semi-algébriquement connexe, U un ouvert non vide de M, $f: M \to R$ une fonction de Nash. Si $f|U=0$ alors $f=0$.*

Démonstration: Il suffit de montrer que l'ensemble des points de M où le germe de f est nul est un ensemble semi-algébrique ouvert et fermé de M. C'est bien un ensemble semi-algébrique: on laisse au lecteur le soin d'exprimer le fait que le germe de f en un point x de M est nul au moyen d'une formule du langage du premier ordre des corps ordonnés (2.2.4). Cet ensemble semi-algébrique est ouvert par définition. Il est aussi fermé, parce que les dérivées partielles d'une fonction de Nash (sur un ouvert d'un espace affine) sont continues et que le germe d'une fonction de Nash est déterminé par sa série de Taylor (8.1.5). □

Proposition 8.1.14: *Soit $M \subset R^n$ une sous-variété de Nash semi-algébriquement connexe, soit $f \in \mathcal{N}(M)$, et $Z \subset M$ l'ensemble semi-algébrique des zéros de f. Si f n'est pas identiquement nulle sur M, alors $\dim(Z) < \dim(M)$.*

Démonstration: Si $\dim(Z) = \dim(M)$, l'intérieur dans M de Z est un ouvert non vide de M (utiliser 2.8.12 pour $M \setminus Z$), et la proposition 8.1.13 montre alors que f est identiquement nulle sur M. □

Nous terminons cette section en comparant les germes de fonctions de Nash en $0 \in R$ et les germes de fonctions semi-algébriques continues «juste à droite» de 0. Posons $S = \varinjlim_{\delta > 0} \mathscr{S}^0(]0, \delta[)$; dans les notations de 7.3.4 on a $S = \widetilde{\mathscr{F}}^0_{\tilde{R}, 0_+}$, la fibre du faisceau $\mathscr{F}^0_{\tilde{R}}$ au point $0_+ \in \tilde{R}$. On a un homomorphisme canonique ρ: $\mathcal{N}_{R,0} \to S$, donné par la restriction. Pour la fin de cette section, notons T l'indéterminée. On a vu en 7.3.6 que l'on a un isomorphisme de $R[T]$-algèbres j: $S \to R(T)^\wedge_{\text{alg}}$ (le corps des séries de Puiseux algébriques). Par ailleurs d'après 8.1.5 on a un isomorphisme de $R[T]$-algèbres i: $\mathcal{N}_{R,0} \to R[[T]]_{\text{alg}}$ donné par le développement de Taylor.

Lemme 8.1.15: *L'homomorphisme composé*

$$R[[T]]_{\text{alg}} \xrightarrow{i^{-1}} \mathcal{N}_{R,0} \xrightarrow{\rho} S \xrightarrow{j} R(T)^\wedge_{\text{alg}}$$

est le plongement canonique $R[[T]]_{\text{alg}} \hookrightarrow R(T)^\wedge_{\text{alg}}$.

Démonstration: L'homomorphisme $j \circ \rho \circ i^{-1}$ est un homomorphisme de $R[T]$-algèbres, et il est clairement injectif. Il induit donc un homomorphisme de corps $\varphi: R((T))_{\text{alg}} \to R(T)^\wedge_{\text{alg}}$ tel que $\varphi|R(T)$ soit l'identité. On sait que $R(T)^\wedge_{\text{alg}}$ est la clôture réelle de $R(T)$ pour l'ordre 0_+ qui rend T positif et plus petit que tous les éléments strictement positifs de R. Donc pour montrer que φ coïncide avec le plongement canonique, il suffit de montrer que les deux ordres induits sur $R((T))_{\text{alg}}$ par φ et par le plongement canonique coïncident (on utilise 1.3.2). Ces deux ordres rendent tous les deux T positifs. Or tout élément non nul $f \in R((T))_{\text{alg}}$ s'écrit $f = T^v g$ avec $v \in \mathbb{Z}$ et $g \in R[[T]]_{\text{alg}}$ d'ordre 0, ce qui entraîne que g est soit un carré, soit l'opposé d'un carré dans $R[[T]]_{\text{alg}}$; ceci montre que le signe de f ne dépend que de celui de T, et donc les deux ordres considérés coïncident. □

Proposition 8.1.16: *Soit $g: [0, \delta[\to R$ une fonction semi-algébrique continue. Alors il existe un entier $p \in \mathbb{N}$, $p > 0$, un nombre $\varepsilon \in R$, $0 < \varepsilon \leq \delta^{1/p}$, et une fonction de Nash $f:]-\varepsilon, \varepsilon[\to R$ telle que $f(t) = g(t^p)$ pour tout $t \in [0, \varepsilon[$.*

Démonstration: Notons encore g l'image de g dans S. Alors $j(g) \in R(T)^\wedge_{\text{alg}}$ est une série en $T^{1/p}$ pour un certain $p > 0$, sans terme d'exposant négatif puisque g se prolonge par continuité en 0. D'après le lemme 8.1.15 la proposition sera montrée si l'on montre que $j(g \circ \alpha_p) \in R[[T]]_{\text{alg}}$, où α_p est défini par $\alpha_p(t) = t^p$. L'endomorphisme $\varphi_p: R[T] \to R[T]$ défini par $\varphi_p(T) = T^p$ s'étend d'une manière et d'une seule en un endomorphisme, encore noté $\varphi_p: R(T)^\wedge_{\text{alg}} \to R(T)^\wedge_{\text{alg}}$. L'unicité de l'extension résulte de 1.3.2, et cette unicité montre que $j(h \circ \alpha_p) = \varphi_p(j(h))$ pour tout $h \in S$. En particulier, $j(g \circ \alpha_p) = \varphi_p(j(g)) \in R[[T]]_{\text{alg}}$. □

Proposition 8.1.17 (lemme de sélection des courbes de Nash): *Soit $A \subset R^n$ un ensemble semi-algébrique, $x \in \text{adh}(A)$. Alors il existe une fonction de Nash $\varphi:]-1, +1[\to R^n$ telle que $\varphi(0) = x$ et que $\varphi(]0, 1[) \subset A$.*

Démonstration: On utilise le lemme de sélection des courbes 2.5.5 qui donne une fonction semi-algébrique continue $\gamma: [0, 1] \to R^n$ telle que $\gamma(0) = x$ et $\gamma(]0, 1]) \subset A$. On applique ensuite la proposition 8.1.16 pour chacune des coordonnées de γ, avec un p qui convient pour toutes les coordonnées, ce qui donne une fonction de Nash $\psi:]-\varepsilon, \varepsilon[\to R^n$ telle que $\psi(t) = \gamma(t^p)$. On prend alors φ défini par $\varphi(t) = \psi(\varepsilon t)$. □

8.2 Propriétés locales des fonctions de Nash

Le travail préliminaire à la définition des fonctions de Nash va nous permettre d'obtenir très vite leurs propriétés locales. Il suffit de travailler sur des anneaux de séries formelles algébriques. En effet, d'après les définitions 8.1.8 et 8.1.10 et le corollaire 8.1.5, si M est une sous-variété de Nash de dimension n d'un espace affine sur R, et x un point de M, l'anneau local $\mathcal{N}_{M,x}$ des germes de fonctions de Nash en x est isomorphe à $R[[X_1, \ldots, X_n]]_{\text{alg}}$.

Nous commençons par un théorème de division. Tout d'abord, quelques rappels concernant les séries formelles.

Posons $X = (X_1, \ldots, X_n)$ et $X' = (X_1, \ldots, X_{n-1})$.

Définition 8.2.1: *Une série formelle $f(X', X_n) \in R[[X]]$ est dite régulière d'ordre k en X_n quand on a $f(0, X_n) = X_n^k g(X_n)$ avec $g \in R[[X_n]]$, $g(0) \neq 0$. Un polynôme*

$$a_k X_n^k + a_{k-1} X_n^{k-1} + \ldots + a_0 \in R[[X']][X_n]$$

est distingué quand $a_k = 1$ et $a_0(0) = \ldots = a_{k-1}(0) = 0$.

Théorème 8.2.2 (théorème de division formel): *Soit $f \in R[[X]]$ une série régulière d'ordre k en X_n. Alors toute série $g \in R[[X]]$ peut se mettre sous la forme*

$$g(X) = f(X) h(X) + r_{k-1}(X') X_n^{k-1} + \ldots + r_0(X')$$

avec $h \in R[[X]]$ et $r_i \in R[[X']]$ pour $i = 0, \ldots, k-1$. De plus, cette représentation est unique.

Référence de démonstration: [Zariski Samuel 1], chapitre 7, §1, théorème 5. □

Corollaire 8.2.3 (théorème de préparation formel): *Soit $f \in R[[X]]$ une série régulière d'ordre k en X_n. Alors il existe un unique polynôme distingué $P_f \in R[[X']][X_n]$ de degré k en X_n, tel que l'on ait $f = g P_f$ où $g \in R[[X]]$, $g(0) \neq 0$.*

Démonstration: On applique le théorème de division 8.2.2 en divisant X_n^k par f. □

Nous voulons établir un théorème de division pour les séries formelles algébriques. Nous nous servirons d'une technique de substitution:

Proposition 8.2.4: *Soit $f \in R[[X']][X_n]$ un polynôme distingué de degré k en X_n. Notons K une clôture algébrique de $R((X'))$, et soit y une racine de f dans K: $f(X', y) = 0$. Soit $g \in R[[X]]$. On a par 8.2.2:*

$$g(X) = f(X) h(X) + r_{k-1}(X') X_n^{k-1} + \ldots + r_0(X').$$

Posons

$$g(X', y) = r_{k-1}(X') y^{k-1} + \ldots + r_0(X') \in K.$$

Alors l'application $g(X) \mapsto g(X', y)$ est un homomorphisme de R-algèbres de $R[[X]]$ dans K.

Démonstration: Seule la vérification de $g_1 g_2(X', y) = g_1(X', y) g_2(X', y)$ n'est pas immédiate; ceci est clair pour des polynômes de $R[[X']][X_n]$, et on s'y ramène en remplaçant g_1 et g_2 par leurs restes dans la division par f. □

Proposition 8.2.5 (avec les notations de 8.2.4): *Soit $g \in R[[X]]_{\text{alg}}$ tel que $g(X', y) = 0$. Alors y est algébrique sur $R(X')$.*

Démonstration: Si $g \in R[[X]]_{\text{alg}}$ on a une équation de dépendance algébrique: $a_p(X) g^p(X) + \ldots + a_0(X) = 0$ avec $a_i \in R[X]$, et a_0 non identiquement nul. En substituant y à X_n, il vient $a_0(X', y) = 0$. □

Proposition 8.2.6: *Soit $f \in R[[X']][X_n]$ un polynôme distingué, $f = X_n^k + f_{k-1}(X') X_n^{k-1} + \ldots + f_0(X')$. Supposons qu'il existe $h \in R[[X]]$ tel que $fh \in R[[X]]_{\text{alg}}$. Alors, pour $i = 0, \ldots, k-1$, $f_i \in R[[X']]_{\text{alg}}$ et $h \in R[[X]]_{\text{alg}}$.*

Démonstration: Soit y une racine de f dans K (avec les notations de 8.2.4). Posons $g = fh$. On a $g(X', y) = 0$ et donc d'après 8.2.5 y est algébrique sur $R(X')$. Comme les f_i sont, au signe près, les fonctions symétriques élémentaires des racines de f dans K, les f_i sont algébriques sur $R(X')$, et sont donc dans $R[[X']]_{\text{alg}}$. Puisque f et g sont dans $R[[X]]_{\text{alg}}$, h l'est aussi. □

Corollaire 8.2.7 (théorème de préparation pour les fonctions de Nash): *Soit $f \in R[[X]]_{\text{alg}}$ une série régulière d'ordre k en X_n. Alors il existe un unique polynôme distingué $P_f \in R[[X']]_{\text{alg}}[X_n]$ de degré k en X_n, tel que l'on ait $f = g P_f$ où $g \in R[[X]]_{\text{alg}}, g(0) \neq 0$.* □

Corollaire 8.2.8: *L'anneau $R[[X]]_{\text{alg}}$ est factoriel. Si $f = f_1 \cdots f_p$ est une décomposition de f en produit de facteurs irréductibles dans $R[[X]]_{\text{alg}}$, c'est une décomposition de f en produit de facteurs irréductibles dans $R[[X]]$.*

Démonstration: On sait que $R[[X]]$ est factoriel ([Zariski Samuel 1], chapitre 7, §1, théorème 6). Soit $f \in R[[X]]_{\text{alg}}$. On peut toujours supposer, quitte à effectuer un changement de variables linéaire, que f est régulière en X_n. Dans $R[[X]]$, on peut alors prendre une décomposition en produit de facteurs irréductibles de la forme $f = h g_1 \cdots g_p$ où h est inversible, et $g_1, \ldots, g_p$ sont des polynômes distingués en X_n. Alors 8.2.6 montre que $h, g_1, \ldots, g_p$ sont dans $R[[X]]_{\text{alg}}$, ce qui donne le résultat. □

Théorème 8.2.9 (théorème de division pour les fonctions de Nash): *Soit $f \in R[[X]]_{\text{alg}}$ une série régulière d'ordre k en X_n. Alors toute série $g \in R[[X]]_{\text{alg}}$ peut se mettre sous la forme*

$$g(X) = f(X) h(X) + r_{k-1}(X') X_n^{k-1} + \ldots + r_0(X')$$

avec $h \in R[[X]]_{\text{alg}}$ et $r_i \in R[[X']]_{\text{alg}}$ pour $i = 0, \ldots, k-1$. De plus, cette représentation est unique.

Démonstration: Il suffit de s'assurer que les $r_i(X')$ de 8.2.2 sont, sous les hypothèses que l'on a ici, algébriques. Grâce à 8.2.7 et 8.2.8, on peut supposer que f est un polynôme distingué de degré k en X_n, et qu'il est irréductible (si on a une division par f_1 et par f_2, on a une division par le produit $f_1 f_2$). Soient alors $y_1, \ldots, y_k$ les racines de f dans K. Ces racines sont toutes distinctes. On a, pour $j = 1, \ldots, k$:

$$g(X', y_j) = r_{k-1}(X') y_j^{k-1} + \ldots + r_0(X').$$

Ce système linéaire donne les $r_i(X')$ comme fonctions rationnelles des y_j et des $g(X', y_j)$ (le déterminant du système est un déterminant de Vandermonde, non nul parce que les y_j sont tous distincts). On sait que les y_j sont algébriques sur $R(X')$. Si l'on montre que les $g(X', y_j)$ aussi sont algébriques sur $R(X')$, on a gagné. Montrons le donc: $g(X)$ satisfait une équation de dépendance algébrique $a_p(X) g^p(X) + \ldots + a_0(X) = 0$ avec $a_0, \ldots, a_p \in R[X]$. On peut supposer que les $a_0, \ldots, a_p$ n'ont aucun facteur commun non constant. Si $a_p(X', y_j) = \ldots = a_1(X', y_j) = 0$ alors aussi $a_0(X', y_j) = 0$, ce qui contredit la supposition que l'on vient de faire; $g(X', y_j)$ est donc algébrique sur $R(X')(y_j)$, et aussi sur $R(X')$. □

8.2 Propriétés locales des fonctions de Nash

On peut maintenant obtenir les propriétés locales des fonctions de Nash, avec les arguments standard à partir du théorème de division:

Proposition 8.2.10: *L'anneau $R[[X]]_{\text{alg}}$ est local d'idéal maximal engendré par $X_1, \ldots, X_n$.*

Démonstration: Il faut voir que si $f \in R[[X]]_{\text{alg}}$ et $f(0)=0$, alors $f = \sum_{i=1}^{n} X_i f_i$ avec $f_i \in R[[X]]_{\text{alg}}$. Pour $n=1$ c'est clair. L'étape de récurrence se fait en divisant $f = X_n g + r(X')$, car $r(0)=0$. □

Proposition 8.2.11: *L'anneau $R[[X]]_{\text{alg}}$ est noethérien.*

Démonstration: Pas de problème pour $n=1$ car tout idéal de $R[[X_1]]_{\text{alg}}$ est engendré par une puissance de X_1. Supposons le résultat montré pour $R[[X']]_{\text{alg}}$. Soit I un idéal non nul de $R[[X]]_{\text{alg}}$. On peut toujours supposer que I contient un f régulier en X_n. Soit I' l'ensemble des éléments de I réguliers en X_n. Alors I' engendre I: si $g \in I \setminus I'$, $h = g - f \in I'$ et $g = f + h$. Donc d'après 8.2.7, I est engendré par $I \cap R[[X']]_{\text{alg}}[X_n]$. Comme $R[[X']]_{\text{alg}}[X_n]$ est noethérien, I est finiment engendré. □

Proposition 8.2.12: *Soit A (resp. B) un anneau local noethérien d'idéal maximal $\mathfrak{m}$ (resp. $\mathfrak{n}$), avec $A \subset B \subset \hat{A}$ et $\mathfrak{n} = \mathfrak{m}B$. Alors*
  (i) *B est un A-module fidèlement plat.*
  (ii) *Pour tout $k \geq 1$, $\mathfrak{n}^k = \mathfrak{m}^k B = \hat{\mathfrak{m}}^k \cap B$.*
  (iii) *L'inclusion $A \subset B$ induit un isomorphisme $\hat{A} \to \hat{B}$.*

Référence de démonstration: [Bourbaki 1] chapitre 3, § 3, proposition 11. □

Proposition 8.2.13: *L'anneau local $R[[X_1, \ldots, X_n]]_{\text{alg}}$ est régulier de dimension n; son complété est $R[[X_1, \ldots, X_n]]$.*

Démonstration: D'après 8.2.10, 8.2.11 et 8.2.12 appliqué à

$$A = R[X_1, \ldots, X_n]_{(X_1, \ldots, X_n)} \quad \text{et} \quad B = R[[X_1, \ldots, X_n]]_{\text{alg}},$$

le complété de $R[[X]]_{\text{alg}}$ est $R[[X]]$. Donc $\dim(R[[X_1, \ldots, X_n]]_{\text{alg}}) = \dim(R[[X_1, \ldots, X_n]]) = n$ ([Atiyah Macdonald 1] corollaire 11.19). On a bien que $R[[X]]_{\text{alg}}$ est régulier. □

Corollaire 8.2.14: *Soit $M \subset R^p$ une sous-variété de Nash de dimension n, $x \in M$. L'anneau local $\mathcal{N}_{M,x}$ des germes de fonctions de Nash en x est un anneau local régulier de dimension n.* □

Remarque 8.2.15: Signalons que l'on peut démontrer la régularité (et donc la noethérianité et la factorialité) de $R[[X_1, \ldots, X_n]]_{\text{alg}} = \mathcal{N}_{R^n, 0}$ en utilisant le fait (démontré en 8.7.8) que $\mathcal{N}_{R^n, 0}$ est le hensélisé de $\mathcal{R}_{R^n, 0}$, et en appliquant ensuite la théorie générale de la hensélisation. Toutefois il nous a paru plus naturel d'obtenir ces propriétés à partir d'un théorème de préparation, utile indépendamment. □

8.3 Théorème d'approximation des solutions formelles d'un système d'équations de Nash

Dans toute cette section, X désignera le n-uple $(X_1, \ldots, X_n)$.

Le résultat principal de cette section (théorème 8.3.1) est un théorème d'approximation dû à M. Artin ([Artin M.1]). Nous ne donnerons pas la démonstration de ce théorème et nous nous contenterons de renvoyer le lecteur à la preuve du théorème analogue concernant l'approximation des solutions formelles d'équations analytiques dans [Tougeron 1], qui est de toute façon une lecture à conseiller. La preuve donnée dans ce livre (comme dans [Artin M.1]) fait appel au théorème des fonctions implicites et aux propriétés locales (théorème de division, etc ...) que nous venons d'établir pour les fonctions de Nash. Elle se transpose donc dans le contexte qui nous intéresse ici.

Il faut aussi signaler que le théorème 8.3.1 est un cas particulier du théorème 1.10 de l'article [Artin M.2], qui s'applique aux hensélisations d'une F-algèbre de type fini localisée en un idéal premier (où F est un corps quelconque); nous verrons en 8.7.8 que $R[[X]]_{\text{alg}}$ est le hensélisé du localisé de $R[X]$ en l'idéal $(X_1, \ldots, X_n)$.

Introduisons tout d'abord une notation: si $s_1(x), s_2(x) \in R[[X]]^p$, et si $v \in \mathbb{N}$, nous écrirons $s_1(X) \overset{v}{\simeq} s_2(X)$ quand $s_1(X) - s_2(X)$ a toutes ses dérivées jusqu'à l'ordre v inclus nulles à l'origine, ou, ce qui revient au même, quand les p composantes de $s_1(X) - s_2(X)$ sont dans la puissance $(v+1)^{\text{ème}}$ de l'idéal maximal de $R[[X]]$.

Théorème 8.3.1: *Soit* $f(X, Y) = (f_1(X, Y), \ldots, f_q(X, Y)) \in (R[[X, Y]]_{\text{alg}})^q$, $Y = (Y_1, \ldots, Y_p)$, *tel que* $f(0, 0) = 0$. *Soit* $y(X) \in R[[X]]^p$ *tel que* $y(0) = 0$ *et* $f(X, y(X)) = 0$. *Alors pour tout entier* $v \in \mathbb{N}$, *il existe* $y^v(X) \in (R[[X]]_{\text{alg}})^p$ *tel que* $f(X, y^v(X)) = 0$ *et que* $y(X) \overset{v}{\simeq} y^v(X)$.

Indication de démonstration: [Tougeron 1] chapitre 3, théorème 4.2. □

Corollaire 8.3.2: *Soit* I *un idéal premier (resp. primaire, resp. réel) de* $R[[X]]_{\text{alg}}$. *Alors* $IR[[X]]$ *est un idéal premier (resp. primaire, resp. réel) de* $R[[X]]$. *Si* $R = \mathbb{R}$, *et si* $\mathbb{R}\{X\}$ *est l'anneau des germes de fonctions analytiques à l'origine de* $\mathbb{R}^n$, $I\mathbb{R}\{X\}$ *aussi est un idéal premier (resp. primaire, resp. réel).*

Démonstration: Traitons le cas où I est premier. Celui où I est primaire ou réel se traite de manière similaire. Soit $fg \in IR[[X]]$. D'après le théorème 8.3.1, il existe pour tout $v \in \mathbb{N}$, $f^v, g^v \in R[[X]]_{\text{alg}}$ tels que $f \overset{v}{\simeq} f^v$, $g \overset{v}{\simeq} g^v$ et que $f^v g^v \in I$. Donc il existe une suite $v_i \to \infty$ telle que $f^{v_i} \in I$ (ou que $g^{v_i} \in I$). Alors $f = \lim_{i \to \infty} f^{v_i} \in IR[[X]]$, ce qui montre que $IR[[X]]$ est un idéal premier.

Si maintenant $R = \mathbb{R}$, on a $I\mathbb{R}\{X\} = (I\mathbb{R}[[X]]) \cap \mathbb{R}\{X\}$ par fidèle platitude, et donc $I\mathbb{R}\{X\}$ aussi est premier. □

Corollaire 8.3.3: *Soit* I *un idéal de* $R[[X]]_{\text{alg}}$, $I = \bigcap_{i=1}^{q} I_i$ *une décomposition primaire. Alors* $IR[[X]] = \bigcap_{i=1}^{q} I_i R[[X]]$ *est une décomposition primaire de*

$IR[[X]]$ et si $R=\mathbb{R}$ alors $I\mathbb{R}\{X\} = \bigcap_{i=1}^{q} I_i \mathbb{R}\{X\}$ est une décomposition primaire de $I\mathbb{R}\{X\}$.

Démonstration: Chaque $I_i R[[X]]$ est primaire d'après 8.3.2, et d'après la fidèle platitude de $R[[X]]$ sur $R[[X]]_{\text{alg}}$ on a: $IR[[X]] = \bigcap_{i=1}^{q} I_i R[[X]]$, et pour tout i, $IR[[X]] \neq \bigcap_{j \neq i} I_j R[[X]]$. Le même raisonnement vaut pour $\mathbb{R}\{X\}$. □

Nous reviendrons plus loin sur la signification géométrique de ces corollaires, quand nous étudierons les germes d'ensembles de Nash (section 6).

8.4 La description d'Artin et Mazur des fonctions de Nash

Proposition 8.4.1: *Soit $M \subset R^p$ une sous-variété de Nash de dimension n, semi-algébriquement connexe. Soit $Z = \text{adh}_{\text{Zar}}(M)$ l'adhérence pour la topologie de Zariski de M dans R^p et x un point de M. Alors*

(i) *L'ensemble algébrique Z est irréductible de dimension n.*

(ii) *Le complété $\hat{\mathcal{N}}_{M,x}$ de l'anneau local des germes de fonctions de Nash en x est le quotient du complété $\hat{\mathcal{R}}_{Z,x}$ de l'anneau local des germes de fonctions régulières par un idéal premier minimal.*

Démonstration:

(i) L'idéal $\mathcal{I}(M)$ des polynômes nuls sur M est le noyau de l'homomorphisme canonique $R[X_1, \ldots, X_p] \to \mathcal{N}(M)$. L'anneau $\mathcal{N}(M)$ est intègre d'après le «prolongement analytique» (8.1.14) et donc $\mathcal{I}(M)$ est premier. L'ensemble algébrique Z est irréductible, et de dimension n d'après 2.8.2.

(ii) D'après la définition des sous-variétés de Nash (8.1.10) et 8.2.13, il existe dans $\mathcal{N}_{R^p,x}$ un système régulier de paramètres $f_1, \ldots, f_p$ tel que $\mathcal{N}_{M,x} \simeq \mathcal{N}_{R^p,x}/(f_{n+1}, \ldots, f_p)$. Considérons les diagrammes commutatifs d'homomorphismes locaux:

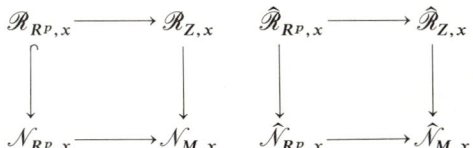

L'homomorphisme $\hat{\mathcal{R}}_{R^p,x} \to \hat{\mathcal{N}}_{R^p,x}$ est un isomorphisme (8.2.13) et $\hat{\mathcal{N}}_{R^p,x} \to \hat{\mathcal{N}}_{M,x}$ est surjectif. Donc $\hat{\mathcal{R}}_{Z,x} \to \hat{\mathcal{N}}_{M,x}$ est surjectif. Comme $\hat{\mathcal{N}}_{M,x}$ est intègre, et que les deux anneaux locaux sont de dimension n, $\hat{\mathcal{N}}_{M,x}$ est quotient de $\hat{\mathcal{R}}_{Z,x}$ par un idéal premier minimal. □

Proposition 8.4.2 (*Les notations sont les mêmes que dans 8.4.1*): *Si Z est normal (c'est-à-dire si, pour tout point y de Z, $\mathcal{R}_{Z,y}$ est intégralement clos), alors M est un ouvert de Z, contenu dans l'ensemble $\text{Reg}(Z)$ des points non singuliers de Z. On a $\hat{\mathcal{R}}_{Z,x} \simeq \hat{\mathcal{N}}_{M,x}$ pour tout x de M.*

Démonstration: Le « Main Theorem » de Zariski ([Zariski Samuel 1], chapitre 8, §13, théorème 32) nous dit que si $\mathscr{R}_{Z,x}$ est intégralement clos, alors $\widehat{\mathscr{R}}_{Z,x}$ aussi. Il est en particulier intègre, et donc d'après 8.4.1 on a $\widehat{\mathscr{R}}_{Z,x} \simeq \widehat{\mathscr{N}}_{M,x}$. Ceci avec 8.2.14 montre que $\widehat{\mathscr{R}}_{Z,x}$, et aussi $\mathscr{R}_{Z,x}$, sont des anneaux locaux réguliers de dimension n. Ainsi $M \subset \text{Reg}(Z)$. L'inclusion $M \subset Z$ est un difféomorphisme de Nash au voisinage de x: M est ouvert dans Z. □

Proposition 8.4.3: *Soit $M \subset R^p$ une sous-variété de Nash semi-algébriquement connexe. Alors l'anneau $\mathscr{N}(M)$ des fonctions de Nash sur M est intégralement clos.*

Démonstration: Nous savons déjà, par le principe du « prolongement analytique » (8.1.14), que $\mathscr{N}(M)$ est intègre. Soient $f, g \in \mathscr{N}(M)$, g non identiquement nulle, telles que f/g soit entier sur $\mathscr{N}(M)$. Alors pour tout point x de M, f/g est entier sur $\mathscr{N}_{M,x}$. Puisque $\mathscr{N}_{M,x}$ est factoriel (8.2.8) il est intégralement clos et donc $f/g \in \mathscr{N}_{M,x}$. Il est clair que $\mathscr{N}(M)$ est, dans son corps de fractions $\text{Fr}(\mathscr{N}(M))$, l'intersection de tous les $\mathscr{N}_{M,x} \cap \text{Fr}(\mathscr{N}(M))$ pour $x \in M$; on a donc bien $f/g \in \mathscr{N}(M)$. □

Théorème 8.4.4 (théorème d'Artin-Mazur): *Soit $M \subset R^p$ une sous-variété de Nash de dimension n, semi-algébriquement connexe. Soit $f: M \to R^k$ une fonction de Nash. Alors il existe un ensemble algébrique $V \subset R^{p+q}$ irréductible non singulier de dimension n, un ouvert semi-algébrique M' de V, un difféomorphisme de Nash $\sigma: M \to M'$, et une fonction polynomiale $g: V \to R^k$ tels que le diagramme suivant commute*

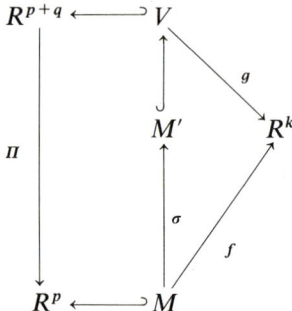

(où Π est la projection qui oublie les q derniers facteurs). De plus, M' est une composante semi-algébriquement connexe de $\Pi^{-1}(M) \cap V$.

Démonstration: Soit G l'adhérence pour la topologie de Zariski du graphe de f dans R^{p+k}. L'idéal $\mathscr{I}(G)$ est le noyau de l'homomorphisme

$$R[X_1, \ldots, X_p, Y_1, \ldots, Y_k] \to \mathscr{N}(M)$$

qui envoie Y_j sur la $j^{\text{ème}}$ composante f_j de f. L'ensemble algébrique G est irréductible de dimension n, et on a un homomorphisme $\mu: \mathscr{P}(G) \to \mathscr{N}(M)$ obtenu par passage au quotient à partir de l'homomorphisme décrit ci-dessus. Soit B la clôture intégrale de $\mathscr{P}(G)$ dans son corps de fractions. On peut écrire B

$= R[X_1, \ldots, X_p, Y_1, \ldots, Y_k, Z_{k+1}, \ldots, Z_q]/I$, où I est un idéal premier réel. Posons $V = \mathscr{Z}(I) \subset R^{p+q}$. L'ensemble V est algébrique irréductible de dimension n, et $\mathscr{P}(V) = B$. On a, puisque l'homomorphisme μ est injectif, et puisque $\mathscr{N}(M)$ est intégralement clos (8.4.3), un diagramme commutatif d'homomorphismes d'anneaux:

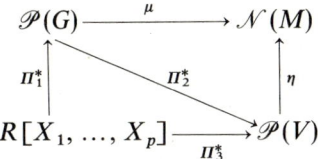

où $\Pi_1: G \to R^p$, $\Pi_2: V \to G$, $\Pi_3: V \to R^p$ sont les projections données par $\Pi_1(x, y) = x$, $\Pi_2(x, y, z) = (x, y)$, $\Pi_3(x, y, z) = x$. Notons encore X_i, Y_j, Z_m les classes de X_i, Y_j, Z_m dans $\mathscr{P}(V)$ et définissons

$$\sigma = (\eta(X_1), \ldots, \eta(X_p), \eta(Y_1), \ldots, \eta(Y_k), \eta(Z_{k+1}), \ldots, \eta(Z_q)) \in \mathscr{N}(M)^{p+q}.$$

La contemplation du diagramme indique que σ est une fonction de Nash de M dans V, telle que $\sigma(x) = (x, f(x), u(x))$ où $u = (\eta(Z_{k+1}), \ldots, \eta(Z_q))$; en particulier on a $\Pi \circ \sigma = \Pi_3 \circ \sigma = \mathrm{Id}_M$. Soit M' l'image de σ. Puisque M' est le graphe de la fonction de Nash $(f, u): M \to R^q$, c'est une sous-variété de Nash, et $\sigma: M \to M'$ est un difféomorphisme de Nash. D'après 8.4.2, M' est un ouvert de V, contenu dans $\mathrm{Reg}(V)$. On peut se ramener au cas où V est non singulier de la manière utilisée en 3.2.10: si $\mathrm{Sing}(V) \neq \emptyset$ on choisit $h \in \mathscr{P}(V)$ tel que $\mathrm{Sing}(V) = \mathscr{Z}_V(h)$ et on remplace V par

$$V_1 = \{(x, y, z, t) \in R^{p+q+1} \mid (x, y, z) \in V \text{ et } t h(x, y, z) = 1\}.$$

La projection de V_1 sur $\mathrm{Reg}(V)$ qui oublie t est un isomorphisme birégulier. Soit maintenant $g: V \to R^k$ défini par $g(x, y, z) = y$. On a bien $g \in \mathscr{P}(V)^k$, et $g \circ \sigma = f$. Enfin, M' est fermé dans $\Pi^{-1}(M)$, et ceci donne la dernière assertion du théorème. □

Remarque 8.4.5: La similitude de l'énoncé et de la démonstration du théorème précédent avec 8.1.4 est évidente. L'énoncé 8.1.4 est en fait une version locale de 8.4.4.

Proposition 8.4.6: *Soit $M \subset R^p$ une sous-variété de Nash semi-algébriquement connexe. Alors M est Nash-difféomorphe à une composante semi-algébriquement connexe d'un ensemble algébrique non singulier $V \subset R^{p+q}$.*

Démonstration: On commence par se ramener au cas où M est fermé. Par définition des sous-variétés de Nash, M est localement fermé. Soit $K = \mathrm{adh}(M) \setminus M$; c'est un fermé semi-algébrique de R^p. Il existe d'après 2.7.4 une fonction $f \in \mathscr{A}(R^p; R^p \setminus K)$ telle que $f^{-1}(0) = K$. Alors $h: R^p \setminus K \to R^{p+1}$, définie par $h(x) = (x, 1/f(x))$ est un difféomorphisme de Nash de $R^p \setminus K$ sur son image, et $h(M)$ est une sous-variété de Nash fermée de R^{p+1}. Supposons maintenant M fermé dans R^p. Alors, avec les notations de 8.4.4, M' est ouvert et fermé dans V. □

Remarque 8.4.7: La proposition précédente soulève naturellement la question de savoir si une sous-variété de Nash est Nash-difféomorphe à un ensemble algébrique non singulier. Cette question est ouverte. Pour $R=\mathbb{R}$ on a les résultats suivants.

(i) La réponse à la question est affirmative pour les sous-variétés compactes (nous le verrons au chapitre 14, c'est un résultat dû à Tognoli).

(ii) Puisque toute composante connexe d'un ensemble algébrique non singulier est $\mathscr{C}^\infty$-difféomorphe à un ensemble algébrique non singulier ([Akbulut King 4]) on en déduit que toute sous-variété de Nash est $\mathscr{C}^\infty$-difféomorphe à un ensemble algébrique non singulier. Toutefois, l'existence d'un $\mathscr{C}^\infty$-difféomorphisme entre sous-variétés de Nash non compactes n'implique pas en général l'existence d'un Nash-difféomorphisme. On connait un exemple de deux ensembles algébriques non singuliers de $\mathbb{R}^n$ $\mathscr{C}^\infty$-difféomorphes mais pas Nash-difféomorphes ([Shiota 4]).

8.5 Le théorème de substitution et ses conséquences: théorème des zéros, positivstellensatz pour les fonctions de Nash

Dans les démonstrations du positivstellensatz et de ses variantes données au chapitre 4, on utilise une propriété que l'on ne mentionne même pas explicitement, tant elle est évidente pour des polynômes: si R est un corps réel clos, $F \supset R$ une extension réelle close, $\varphi: R[X_1, \ldots, X_n] \to F$ un homomorphisme de R-algèbres, alors pour tout $f \in R[X_1, \ldots, X_n]$, $\varphi(f) = f_F(\varphi(X_1), \ldots, \varphi(X_n))$ où $f_F: F^n \to F$ est l'extension de la fonction polynomiale f à F. Si l'on s'intéresse maintenant aux fonctions de Nash, cette propriété de substitution n'est nullement évidente. Nous allons l'établir.

Rappelons que si $f: S \to R$ est une fonction semi-algébrique définie sur un ensemble semi-algébrique S de R^p, et si F est une extension réelle close de R, nous avons défini en 5.3.1 l'extension $f_F: S_F \to F$ de f à F.

Lemme 8.5.1: *Soit $U \subset R^p$ un ouvert semi-algébrique. Soit F un corps réel clos, et $\varphi: \mathcal{N}(U) \to F$ un homomorphisme d'anneaux. On considère F comme extension de R par $\varphi|R: R \hookrightarrow F$. Alors si $f \in \mathscr{A}(R^p; U)$ (cf. 2.7.3) on a*

$$\varphi(f|U) = f_F(\varphi(X_1), \ldots, \varphi(X_p)).$$

Démonstration: On procède par récurrence sur la construction de f à partir des polynômes. La formule est évidente quand f est un polynôme. Si elle est vraie pour g_1 et g_2, elle l'est aussi pour $g_1 + g_2$ et $g_1 g_2$. Si elle est vraie pour $g_1, \ldots, g_p$, si $g = g_1^2 + \ldots + g_p^2$ est strictement positive sur U, et si $f = \sqrt{g}$, on a:

$$\varphi(g|U) = \varphi(f^2|U) = \varphi(f|U)^2.$$

Comme $f|U$ est un carré dans $\mathcal{N}(U)$, on a $\varphi(f|U) \geq 0$, d'où

$$\varphi(f|U) = \sqrt{\varphi(g|U)} = \sqrt{g_F(\varphi(X_1), \ldots, \varphi(X_p))} = f_F(\varphi(X_1), \ldots, \varphi(X_p)). \quad \square$$

8.5 Le théorème de substitution et ses conséquences

Théorème 8.5.2 (théorème de substitution): *Soit $V\subset R^p$ un ensemble algébrique irréductible, M un ouvert semi-algébrique de Reg(V). Soit $\varphi: \mathcal{N}(M)\to F$ un homomorphisme d'anneaux dans un corps réel clos F que l'on considère comme extension de R par $\varphi|R: R \hookrightarrow F$. Alors :*
  (i) $\varphi(X)=(\varphi(X_1),\ldots,\varphi(X_p))\in M_F\subset F^p$.
  (ii) *Pour tout $f\in\mathcal{N}(M)$, $\varphi(f)=f_F(\varphi(X))$.*

Démonstration:
  (i) Soit $U=M\cup(R^p\setminus V)$. D'après 2.7.4, il existe $h\in\mathcal{A}(R^p;U)$ telle que $h>0$ sur U et $h=0$ sur $R^p\setminus U$. D'après le principe de Tarski-Seidenberg (5.2.4) puisque R satisfait: $\forall x\in R^p \; x\in U\Leftrightarrow h(x)>0$,

$$F \text{ satisfait: } \forall x\in F^p \; x\in U_F \Leftrightarrow h_F(x)>0.$$

Or, d'après 8.5.1 appliqué au composé de φ avec l'homomorphisme de restriction $\mathcal{N}(U)\to\mathcal{N}(M)$, on a :

$$\varphi(h|M)=h_F(\varphi(X))$$

et d'autre part, puisque $h|M$ est un carré inversible dans $\mathcal{N}(M)$, $\varphi(h|M)>0$. On en tire $\varphi(X)\in U_F$; comme $\varphi(X)$ satisfait les équations définissant V, on a bien $\varphi(X)\in U_F\cap V_F=M_F$.

  (ii) Si $M_1,\ldots,M_k$ sont les composantes semi-algébriquement connexes de M, on a $\mathcal{N}(M)\simeq\mathcal{N}(M_1)\times\ldots\times\mathcal{N}(M_k)$. On peut se ramener au cas où M est semi-algébriquement connexe. Soit alors $f\in\mathcal{N}(M)$.

D'après la description d'Artin-Mazur des fonctions de Nash (8.4.4), on peut trouver un ensemble algébrique irréductible non singulier $W\subset R^{p+r}$, un ouvert semi-algébrique M' de W, et $q\in\mathcal{P}(W)$ tels que :
  a) $\Pi|M'$ est un difféomorphisme de Nash de M' sur M (où $\Pi: R^{p+r}\to R^p$ est la projection qui oublie les r derniers facteurs), d'inverse σ ;
  b) $f=q\circ\sigma$;
  c) M' est une composante semi-algébriquement connexe de $\Pi^{-1}(M)\cap W$.

Soit $U=M\cup(R^p\setminus V)$. Posons $S=(\Pi^{-1}(M)\cap W)\setminus M'$; M' et S sont deux fermés semi-algébriques disjoints de $\Pi^{-1}(U)$ et d'après le théorème de séparation (2.7.6) il existe $g\in\mathcal{A}(R^{p+r};\Pi^{-1}(U))$ telle que $g|M'>0$ et $g|S<0$. Le corps R satisfait :

$$\forall y\in M \; \forall z\in R^{p+r} \;\; (z=\sigma(y)\Leftrightarrow z\in W \text{ et } \Pi(z)=y \text{ et } g(z)>0),$$

donc d'après le principe de Tarski-Seidenberg (5.2.4) F satisfait

(*) $\quad \forall y\in M_F \; \forall z\in F^{p+r} \;\; (z=\sigma_F(y)\Leftrightarrow z\in W_F \text{ et } \Pi_F(z)=y \text{ et } g_F(z)>0).$

Vérifions que la partie de droite de cette dernière équivalence est satisfaite pour $y=\varphi(X)$ et $z=\varphi(\sigma)=(\varphi(\sigma_1),\ldots,\varphi(\sigma_{p+r}))$. Puisque $\sigma(M)\subset W$, $\varphi(\sigma)$ satisfait les équations de W et $\varphi(\sigma)\in W_F$. Puisque $\Pi\circ\sigma=X$ sur M, et que Π est polynomiale, $\Pi_F(\varphi(\sigma))=\varphi(\Pi\circ\sigma)=\varphi(X)$. Puisque $g\circ\sigma$ est un carré inversible dans $\mathcal{N}(M)$, $\varphi(g\circ\sigma)>0$; d'après 8.5.1 appliqué au composé de φ avec $\mathcal{N}(\Pi^{-1}(U))\xrightarrow{\circ\sigma}\mathcal{N}(M)$, on a $\varphi(g\circ\sigma)=g_F(\varphi(\sigma))$, d'où $g_F(\varphi(\sigma))>0$.

Alors, l'équivalence (∗) nous donne $\varphi(\sigma) = \sigma_F(\varphi(X))$, et donc puisque q est polynomiale:

$$\varphi(f) = \varphi(q \circ \sigma) = q_F(\varphi(\sigma)) = q_F \circ \sigma_F(\varphi(X)) = (q \circ \sigma)_F(\varphi(X)) = f_F(\varphi(X)). \quad \square$$

Théorème 8.5.3: *Soit $M \subset R^p$ une sous-variété de Nash. Soient $(f_j)_{j=1,...,s}$, $(g_k)_{k=1,...,t}$, $(h_l)_{l=1,...,u}$ des familles finies de fonctions de Nash de $\mathcal{N}(M)$. On note P le cône engendré par les $(f_j)_{j=1,...,s}$, M le monoïde multiplicatif engendré par les $(g_k)_{k=1,...,t}$, I l'idéal engendré par les $(h_l)_{l=1,...,u}$. Les propriétés suivantes sont équivalentes:*

(i) *L'ensemble semi-algébrique*

$$S = \{x \in M \,|\, \forall j = 1, ..., s \quad f_j(x) \geq 0 \text{ et } \forall k = 1, ..., t \quad g_k(x) \neq 0$$
$$\text{et } \forall l = 1, ..., u \quad h_l(x) = 0\}$$

est vide.

(ii) *Il existe $f \in P$, $g \in M$, $h \in I$ tels que $f + g^2 + h = 0$.*

Démonstration:

(ii) $\Rightarrow$ (i) est clair (voir si l'on veut la démonstration de 4.4.2).

(i) $\Rightarrow$ (ii) On peut toujours, grâce à 8.4.6, se placer dans les hypothèses du théorème de substitution 8.5.2. Montrons qu'il n'existe pas d'homomorphisme $\varphi: \mathcal{N}(M) \to F$ dans un corps réel clos F tel que $\varphi(f_j) \geq 0$, $\varphi(g_k) \neq 0$, $\varphi(h_l) = 0$ pour $j = 1, ..., s$, $k = 1, ..., t$, $l = 1, ..., u$. Sinon on aurait d'après 8.5.2 $\varphi(X) \in S_F$, et donc d'après le principe de Tarski-Seidenberg (5.1.3) $S \neq \emptyset$. Il suffit ensuite d'appliquer le théorème formel 4.4.1. $\quad \square$

Corollaire 8.5.4: *Soit $M \subset R^p$ une sous-variété de Nash. Soient g, $h_1, ..., h_u \in \mathcal{N}(M)$ tels que pour tout x de M*

$$h_1(x) = ... = h_u(x) = 0 \Rightarrow g(x) = 0.$$

Alors il existe un entier $n \in \mathbb{N}$ et $p_1, ..., p_k \in \mathcal{N}(M)$ tels que

$$g^{2n} + p_1^2 + ... + p_k^2 \in (h_1, ..., h_u)_{\mathcal{N}(M)}. \quad \square$$

Corollaire 8.5.5 (positivstellensatz et variantes): *Soit $M \subset R^p$ une sous-variété de Nash, $g_1, ..., g_t \in \mathcal{N}(M)$, $W = \{x \in M \,|\, g_1(x) \geq 0 \text{ et } ... \text{ et } g_t(x) \geq 0\}$. Soit P le cône de $\mathcal{N}(M)$ engendré par $g_1, ..., g_t$. Soit $f \in \mathcal{N}(M)$. Alors:*

(i) $\forall x \in W \quad f(x) \geq 0 \Leftrightarrow \exists m \in \mathbb{N} \,\exists g, h \in P \quad fg = f^{2m} + h.$

(ii) $\forall x \in W \quad f(x) > 0 \Leftrightarrow \exists g, h \in P \quad fg = 1 + h.$

(iii) $\forall x \in W \quad f(x) = 0 \Leftrightarrow \exists m \in \mathbb{N} \,\exists g \in P \quad f^{2m} + g = 0.$

Démonstration: Facile, on peut se reporter à 4.4.3. $\quad \square$

Proposition 8.5.6 (17e problème de Hilbert pour les fonctions de Nash): *Soit $M \subset R^p$ une sous-variété de Nash semi-algébriquement connexe de dimension n. Soit $f \in \mathcal{N}(M)$. Si f est positif ou nul sur M, f est somme de 2^n carrés dans le corps de fractions de $\mathcal{N}(M)$.*

Démonstration: Le fait que f est somme de carrés dans le corps de fractions de $\mathcal{N}(M)$ peut se déduire du positivstellensatz 8.5.5 (i) (cf. remarque 6.1.2). Pour montrer que le nombre de carrés nécessaires est majoré par 2^n, on utilise 6.3.15. Il faut vérifier que le corps de fractions de $\mathcal{N}(M)$ est de degré de transcendance n sur R. Ce corps est contenu dans le corps de fractions de l'anneau local des germes de fonctions de Nash en un point de M, qui est isomorphe au corps de fractions de l'anneau des séries formelles algébriques en n variables, et donc bien de degré de transcendance n sur R. □

8.6 Ensembles de Nash, germes d'ensembles de Nash

Dans cette section, M désigne une sous-variété de Nash de R^n.

Notation et Définition 8.6.1: *Un ensemble de Nash dans M est un ensemble semi-algébrique de M de la forme*

$$\mathscr{Z}_M(f_1, \ldots, f_p) = \{x \in M \mid f_1(x) = \ldots = f_p(x) = 0\},$$

où $f_1, \ldots, f_p$ est une famille finie de fonctions de Nash de M dans R. De manière générale, si I est une partie de $\mathcal{N}(M)$, on notera

$$\mathscr{Z}_M(I) = \{x \in M \mid \forall f \in I \quad f(x) = 0\}$$

et si A est une partie de M,

$$\mathscr{I}_{\mathcal{N}(M)}(A) = \{f \in \mathcal{N}(M) \mid \forall x \in A \quad f(x) = 0\}. \quad \square$$

La définition précédente ne dit pas que $\mathscr{Z}_M(I)$ est un ensemble de Nash pour tout idéal I de $\mathcal{N}(M)$. Nous allons le montrer; ce résultat peut être considéré comme une version ensembliste de la noethérianité. Quant à la noethérianité de l'anneau $\mathcal{N}(M)$, nous la montrerons dans la section suivante dans le cas $R = \mathbb{R}$.

Proposition 8.6.2: *Soit $I \subset \mathcal{N}(M)$ un idéal. Alors il existe un nombre fini de fonctions de Nash $f_1, \ldots, f_p$ dans I telles que $\mathscr{Z}_M(I) = \mathscr{Z}_M(f_1, \ldots, f_p)$. L'ensemble $\mathscr{Z}_M(I)$ est donc un ensemble de Nash dans M.*

Démonstration: Le résultat découlera du fait suivant: s'il existe un idéal $J \subset \mathcal{N}(M)$, de type fini, $J \subset I$ tel que $\mathscr{Z}_M(J) \setminus \mathscr{Z}_M(I)$ soit contenu dans un ensemble semi-algébrique N de dimension k, alors il existe un idéal de type fini J', $J \subset J' \subset I$, tel que $\mathscr{Z}_M(J') \setminus \mathscr{Z}_M(I)$ soit contenu dans un ensemble semi-algébrique de dimension $< k$. En effet, on peut écrire $N = \bigcup_{j=1}^{l} N_j$ où les N_j sont des sous-variétés de Nash semi-algébriquement connexes (8.1.12); on peut supposer que pour chaque j on a $N_j \not\subset \mathscr{Z}_M(I)$. Alors il existe $g_j \in I$ tel que g_j ne soit pas identiquement nulle sur N_j, et en conséquence $\mathscr{Z}_M(g_j) \cap N_j$ est de dimension strictement inférieure à la dimension de N_j (8.1.14). Il suffit alors de prendre pour J' l'idéal engendré par J et les g_j, $j = 1, \ldots, l$. □

Corollaire 8.6.3: *Tout idéal maximal de $\mathcal{N}(M)$ est l'idéal des fonctions de Nash s'annulant en un point de M.*

Démonstration: Il suffit de vérifier que si I est un idéal propre de $\mathcal{N}(M)$, alors $\mathscr{Z}_M(I)$ est non vide. Soient $f_1, \ldots, f_p \in I$ tels que $\mathscr{Z}_M(I) = \mathscr{Z}_M(f_1, \ldots, f_p)$. Si $\mathscr{Z}_M(I) = \emptyset$, la fonction $f_1^2 + \ldots + f_p^2$ est inversible dans $\mathcal{N}(M)$, et est élément de I; donc l'idéal I n'est pas propre. □

Théorème 8.6.4: *Soit $\mathfrak{p}$ un idéal premier de $\mathcal{N}(M)$. Alors l'ensemble $\mathscr{Z}_M(\mathfrak{p})$ des zéros de $\mathfrak{p}$ est semi-algébriquement connexe.*

Démonstration: Si $\mathscr{Z}_M(\mathfrak{p})$ n'est pas semi-algébriquement connexe, on peut trouver deux fermés semi-algébriques disjoints non vides F_1 et F_2 de M, tels que $\mathscr{Z}_M(\mathfrak{p}) = F_1 \cup F_2$. On peut supposer que M est fermé dans R^n (8.4.6). Le théorème de séparation (2.7.2) nous donne une fonction de Nash g sur M (restriction d'une fonction de Nash sur R^n tout entier) telle que $g|F_1 > 0$ et $g|F_2 < 0$. Soient alors $f_1, \ldots, f_p \in \mathfrak{p}$ tels que $\mathscr{Z}_M(\mathfrak{p}) = \mathscr{Z}_M(f_1, \ldots, f_p)$. Les fonctions

$$h_1 = \sqrt{f_1^2 + \ldots + f_p^2 + g^2} - g \quad \text{et} \quad h_2 = \sqrt{f_1^2 + \ldots + f_p^2 + g^2} + g$$

sont de Nash sur M. Leur produit $h_1 h_2 = f_1^2 + \ldots + f_p^2$ appartient à $\mathfrak{p}$, donc une des fonctions h_i est dans $\mathfrak{p}$; ceci est impossible puisque $\mathscr{Z}_M(h_i) = F_i$ qui est strictement contenu dans $\mathscr{Z}_M(\mathfrak{p})$. □

Théorème 8.6.5 (théorème des zéros pour les fonctions de Nash): *Soit I un idéal de $\mathcal{N}(M)$. Alors $f \in \mathcal{N}(M)$ s'annule sur $\mathscr{Z}_M(I)$ si et seulement si il existe $m \in \mathbb{N}$ et $g_1, \ldots, g_q \in \mathcal{N}(M)$ tels que $f^{2m} + g_1^2 + \ldots + g_q^2 \in I$. Autrement dit, $\mathscr{I}_{\mathcal{N}(M)}(\mathscr{Z}_M(I)) = \sqrt[R]{I}$.*

Démonstration: La proposition 8.6.2 permet de se ramener au corollaire 8.5.4. □

Définition 8.6.6: *Un ensemble de Nash V dans M est dit irréductible quand, à chaque fois que $V = V_1 \cup V_2$ où V_1 et V_2 sont des ensembles de Nash dans M, on a $V = V_1$ ou $V = V_2$.*

Proposition 8.6.7: *Soit V un ensemble de Nash dans M. Alors V est réunion finie d'ensembles de Nash irréductibles.*

Démonstration: Puisque V est semi-algébrique, on a $V = \bigcup_{i=1}^{q} N_i$, où les N_i sont des sous-variétés de Nash semi-algébriquement connexes (8.1.12). Soit alors V_i le plus petit ensemble de Nash de M contenant N_i (la proposition 8.6.2 montre qu'une intersection quelconque d'ensembles de Nash est encore un ensemble de Nash). L'ensemble de Nash V_i est irréductible: si $V_i = W_1 \cup W_2$ avec W_1 et W_2 de Nash, alors $N_i = (N_i \cap W_1) \cup (N_i \cap W_2)$ et donc d'après 8.1.13 on a $W_1 \supset N_i$ ou $W_2 \supset N_i$, d'où $W_1 = V_i$ ou $W_2 = V_i$. Par ailleurs il est clair que $V = \bigcup_{i=1}^{q} V_i$. □

Corollaire 8.6.8: *Soit V un ensemble de Nash dans M. Alors V admet une décomposition unique $V = \bigcup_{i=1}^{q} V_i$ où les V_i sont des ensembles de Nash irréductibles tels que $V_i \not\subset V_j$ pour $i \neq j$. Les V_i sont appelés les composantes Nash-irréductibles de V.*

Démonstration: Comme pour les ensembles algébriques ([Shafarevich 1], chapitre 1, § 3, théorème 2). □

On s'intéresse maintenant aux germes d'ensembles de Nash. Si x est un point de la sous-variété de Nash M, un *germe d'ensemble de Nash* de M au point x est une classe d'équivalence d'ensembles, qui sont de Nash dans un voisinage ouvert semi-algébrique de x dans M, pour la relation d'équivalence $V \equiv W$ quand il existe un voisinage U de x dans M tel que $U \cap V = U \cap W$. On définit de façon habituelle l'irréductibilité d'un germe d'ensemble de Nash.

Proposition 8.6.9: ($R = \mathbb{R}$) *Un germe d'ensemble de Nash est Nash-irréductible si et seulement si il est analytiquement irréductible. Les composantes irréductibles analytiques d'un germe d'ensemble de Nash sont des germes d'ensembles de Nash.*

Démonstration: Soit V_x un germe Nash-irréductible d'ensemble de Nash. Alors l'idéal $\mathscr{I}(V_x) \subset \mathscr{N}_{M,x}$ des germes de fonctions de Nash nulles sur V_x est un idéal premier réel. D'après 8.3.2, $\mathscr{I}(V_x)\mathscr{O}_{M,x}$ (où $\mathscr{O}_{M,x}$ est l'anneau local des germes de fonctions analytiques sur M en x) est un idéal premier réel, et donc d'après le théorème des zéros pour les germes de fonctions analytiques réelles ([Risler 3]) c'est l'idéal des germes de fonctions analytiques nulles sur V_x, et V_x est analytiquement irréductible. La deuxième partie de la proposition découle immédiatement de la première. □

Remarque 8.6.10: La proposition précédente soulève naturellement la question de savoir si le résultat global correspondant est vrai. Un ensemble de Nash est un ensemble analytique réel (c'est-à-dire un ensemble de la forme $f^{-1}(0)$, avec f analytique réel). Un ensemble analytique réel se décompose en une réunion localement finie d'ensembles analytiques irréductibles et une telle décomposition, si elle est non redondante, est unique (cf. [Bruhat Whitney 1], [Narasimhan 1] p. 105, proposition 17). Pour un ensemble de Nash V cette décomposition est finie, ce que l'on montre comme dans 8.6.7 en utilisant le fait qu'une intersection quelconque de sous-ensembles analytiques est encore un ensemble analytique ([Narasimhan 1], p. 105, proposition 16). De plus, chaque composante analytique irréductible de V est semi-algébrique. Si V est compact, ceci vient du résultat local 8.6.9. Si V n'est pas compact, on se ramène au cas compact en utilisant un compactifié d'Alexandrov. Cependant, le problème de savoir si les composantes analytiques irréductibles de V sont des ensembles de Nash reste ouvert. □

Le reste de cette section est consacré au problème de l'algébricité des germes d'ensembles de Nash. On considèrera ici des germes d'ensembles de Nash à l'origine de R^m.

Définition 8.6.11: *Deux germes d'ensembles de Nash V et W à l'origine de R^m sont dits Nash-équivalents quand il existe un difféomorphisme de Nash σ d'un ouvert semi-algébrique $U \ni 0$ de R^m sur un ouvert semi-algébrique $U' \ni 0$ de R^m, $\sigma(0) = 0$, tel que $\sigma(U \cap V) = U' \cap W$.*

Théorème 8.6.12: *Tout germe d'ensemble de Nash à l'origine de R^m est Nash-équivalent à un germe d'ensemble algébrique à l'origine de R^m.*

L'idée de la démonstration consiste à utiliser la description d'Artin-Mazur des fonctions de Nash pour se ramener à une situation algébrique dans un R^{m+p}, puis à redescendre dans R^m au moyen de projections bien choisies. Commençons par examiner cette deuxième étape. On travaille dans le corps algébriquement clos $C = R[i]$.

Rappelons que si $Z \subset \mathbb{P}_n(C)$ est un ensemble algébrique projectif, et $L \subset \mathbb{P}_n(C)$ un sous-espace projectif de dimension $n - m - 1$ tel que $L \cap Z = \emptyset$, si $\Pi_L : \mathbb{P}_n(C) \setminus L \to \mathbb{P}_m(C)$ est la projection de centre L, alors $Z' = \Pi_L(Z)$ est un ensemble algébrique projectif de $\mathbb{P}_m(C)$, et $\Pi = \Pi_L | Z : Z \to Z'$ est un morphisme algébrique fini ([Shafarevich 1], chapitre 1, § 5, théorème 7).

Etant donnés deux points distincts x, y de $\mathbb{P}_n(C)$, on note $\overline{xy}$ la droite projective qui les joint.

Lemme 8.6.13: *Soit $Z \subset \mathbb{P}_n(C)$ un ensemble algébrique projectif, et x un point de Z. Soit L un sous-espace projectif de dimension $n - m - 1$ tel que pour tout y de $Z \setminus \{x\}$, $\overline{xy} \cap L = \emptyset$. Soit Π comme ci-dessus, et $x' = \Pi(x)$. Soit $t_{Z,x}$ le sous-espace projectif contenant x et qui a même espace tangent de Zariski que Z en x. Si $L \cap t_{Z,x} = \emptyset$, alors Π induit un isomorphisme d'anneaux locaux $\Pi^* : \mathcal{R}_{Z',x'} \to \mathcal{R}_{Z,x}$.*

Démonstration: Posons $A = \mathcal{R}_{Z',x'}$ et $B = \mathcal{R}_{Z,x}$. Puisque Π est fini, et que $\Pi^{-1}(x') = \{x\}$, $\Pi^* : A \to B$ est injectif et B est un A-module de type fini. On peut choisir des coordonnées homogènes de telle sorte que $x = (1 : 0 : \ldots : 0)$ et que $t_{Z,x}$ (resp. L) ait comme équations $T_{q+1} = \ldots = T_n = 0$ (resp. $T_0 = \ldots = T_m = 0$). Alors $\mathfrak{m}_B = (t_1, \ldots, t_q)B$ et $\mathfrak{m}_A B = (t_1, \ldots, t_m)B$ où les t_i sont induits par les fonctions coordonnées affines T_i/T_0. Si $L \cap t_{Z,x} = \emptyset$, on a $m \geq q$ et donc $\mathfrak{m}_B = \mathfrak{m}_A B$. Comme par ailleurs $A/\mathfrak{m}_A = B/\mathfrak{m}_B = C$, le lemme de Nakayama donne $A \simeq B$. □

On remarque dans la démonstration de ce lemme que le passage au corps algébriquement clos C est nécessaire ($\Pi^{-1}(x')$ ne doit pas comprendre d'autres points, même «complexes», que x).

Proposition 8.6.14: *Soit $Z \subset \mathbb{P}_n(C)$ un ensemble algébrique projectif, soit d la dimension de l'espace tangent de Zariski à Z en un point $x \in Z$; supposons $\sup(d, \dim(Z) + 1) \leq m < n$. Alors il existe dans la grassmannienne des sous-espaces projectifs de dimension $n - m - 1$ de $\mathbb{P}_n(C)$ un ouvert de Zariski $U \neq \emptyset$ tel que pour tout L de U on ait*
  (i) $L \cap Z = \emptyset$ *(et donc $Z' = \Pi(Z)$ est un ensemble algébrique projectif de $\mathbb{P}_m(C)$, avec les notations ci-dessus),*
  (ii) $\Pi^* : \mathcal{R}_{Z',x'} \to \mathcal{R}_{Z,x}$ *(où $\Pi(x) = x'$) est un isomorphisme d'anneaux locaux.*

8.6 Ensembles de Nash, germes d'ensembles de Nash

Démonstration: Posons $D_x = \{(z, y) \in Z \times \mathbb{P}_n(C) \mid y \in \overline{xz}, z \neq x\}$. L'adhérence de D_x pour la topologie de Zariski est de dimension $1 + \dim(Z) \leq m$, puisque la fibre de D_x au-dessus d'un point $z \in Z$, $z \neq x$, consiste en une droite projective. Soit $p_2 : Z \times \mathbb{P}_n(C) \to \mathbb{P}_n(C)$ la projection sur le deuxième facteur, $D = p_2(D_x)$. Soit A l'adhérence de $Z \cup t_{Z,x} \cup D$ pour la topologie de Zariski (où $t_{Z,x}$ est comme dans le lemme 8.6.13); on a $\dim(A) \leq m$. Donc il existe un ouvert de Zariski U de la grassmannienne des sous-espaces de dimension $n - m - 1$ de $\mathbb{P}_n(C)$ tel que, pour $L \in U$, on ait $L \cap A = \emptyset$. D'après 8.6.13 on a bien les propriétés (i) et (ii) pour un tel L. □

Corollaire 8.6.15 (plongement minimal d'une singularité algébrique): *Soit $Z \subsetneq R^n$ (ou C^n) un ensemble algébrique, x un point de Z, d la dimension de l'espace tangent de Zariski à Z en x, et soit $m = \sup(d, \dim(Z) + 1)$ (si x est un point singulier de Z, $m = d$). Alors il existe un ouvert de Zariski Ω de Z contenant x, un ensemble algébrique $Z' \subset R^m$ (ou C^m) et une fonction régulière $f : \Omega \to Z'$ qui est un isomorphisme birégulier de Ω sur un ouvert de Zariski de Z'. En particulier, l'homomorphisme d'anneaux locaux $f^* : \mathscr{R}_{Z', f(x)} \to \mathscr{R}_{Z, x}$ induit par f est un isomorphisme.*

Démonstration: Soit $\bar{Z}$ l'adhérence pour la topologie de Zariski de Z dans $\mathbb{P}_n(C)$. Il suffit d'appliquer 8.6.14 à $\bar{Z}$, en prenant soin dans le cas $Z \subset R^n$ de choisir un centre de projection L «réel», c'est-à-dire complexifié d'un sous-espace de $\mathbb{P}_n(R)$; on peut sûrement trouver un tel L dans un ouvert de Zariski de la grassmannienne. □

Remarque 8.6.16: Si le point x est non singulier, alors $d = \dim(Z)$ et on ne peut pas avoir en général un isomorphisme birégulier d'un ouvert de Zariski de Z contenant x sur un ouvert de Zariski de R^d.

Démonstration du théorème 8.6.12: Soit V un germe d'ensemble de Nash à l'origine de R^m, $I \subset \mathscr{N}_{R^m, 0}$ l'idéal des germes de fonctions de Nash nulles sur V. Soient $f_1, \ldots, f_k$ des générateurs de I. D'après le théorème d'Artin-Mazur (8.4.4), on peut trouver un ensemble algébrique non singulier $W \subset R^n$, un difféomorphisme de Nash $\sigma : U \to W$ d'un voisinage ouvert semi-algébrique U de l'origine de R^m sur un ouvert semi-algébrique de W, et une fonction polynomiale $p : W \to R^k$ telle que $p \circ \sigma = (f_1, \ldots, f_k)$. Si l'on pose $x = \sigma(0)$, alors $\sigma^* : \mathscr{N}_{W, x} \to \mathscr{N}_{R^m, 0}$ est un isomorphisme et $I = \sigma^*((p_1, \ldots, p_k) \mathscr{N}_{W, x})$. Soit Z l'adhérence pour la topologie de Zariski de $\mathscr{L}_W(p_1, \ldots, p_k) \cap \sigma(U)$ dans $\mathbb{P}_n(C)$. On choisit $L \subset \mathbb{P}_n(R)$ un sous-espace projectif de dimension $n - m - 1$ tel que son complexifié L_C vérifie les conditions (i) et (ii) de 8.6.14 et qui ne rencontre pas le sous-espace projectif $t_{W,x}$ tangent à W en x. Ainsi si $\Pi_{L_C} : \mathbb{P}_n(C) \setminus L_C \to \mathbb{P}_m(C)$ est la projection de centre L_C, $Z' = \Pi_{L_C}(Z)$, $x' = \Pi_{L_C}(x)$, $\Pi = \Pi_{L_C} | Z : Z \to Z'$ induit un isomorphisme d'anneaux locaux $\Pi^* : \mathscr{R}_{Z', x'} \to \mathscr{R}_{Z, x}$; posons $V' = Z' \cap \mathbb{P}_m(R)$. Il existe un voisinage ouvert semi-algébrique $\Omega \subset \sigma(U)$ de x dans W tel que $\Pi | \Omega$ soit un difféomorphisme de Nash sur un voisinage ouvert semi-algébrique de x' dans $\mathbb{P}_m(R)$. On peut supposer que $x' = 0 \in \Pi(\Omega) \subset R^m \subset \mathbb{P}_m(R)$. Alors le difféomorphisme de Nash $\Pi \circ \sigma | \sigma^{-1}(\Omega)$ des voisinages de l'origine de R^m envoie le germe de V sur le germe de V'. □

Remarque 8.6.17: Le théorème d'approximation d'Artin (8.3.1) et le théorème 8.6.12 sont à la base de résultats concernant le problème de l'algébricité des germes d'ensembles analytiques (sur $\mathbb{R}$ ou sur $\mathbb{C}$). Plus précisément, le théorème 8.3.1 (ou ses variantes) est utilisé pour montrer que, sous certaines conditions, un germe d'ensemble analytique dans $\mathbb{R}^n$ (ou $\mathbb{C}^n$) est $\mathscr{C}^v$ ($v \in \mathbb{N}$), ou analytiquement équivalent à un germe d'ensemble de Nash dans $\mathbb{R}^n$ (ou $\mathbb{C}^n$) (avec une définition de l'équivalence comme en 8.6.11). Ensuite, en utilisant 8.6.12 (ou le résultat correspondant sur $\mathbb{C}$), on arrive à l'algébricité. On obtient ainsi les résultats suivants:

a) Tout germe d'ensemble analytique complexe à singularité isolée est holomorphiquement équivalent à un germe d'ensemble algébrique complexe ([Artin M.1], [Tougeron 2]).

b) Pour tout $v \in \mathbb{N}$, tout germe d'ensemble analytique réel cohérent à singularité isolée est $\mathscr{C}^v$-équivalent à un germe d'ensemble algébrique réel [Tougeron 2].

c) Tout germe d'ensemble analytique réel ou complexe est homéomorphiquement équivalent à un germe d'ensemble algébrique réel ou complexe [Mostowski 2].

Remarque 8.6.18: En étudiant la démonstration du théorème 8.6.12 on peut obtenir un résultat plus précis. Si $V = V_1 \cup \ldots \cup V_s \subset R^m$ est un germe d'ensemble de Nash, les V_i étant les composantes Nash-irréductibles de V, alors il existe un difféomorphisme de Nash $\sigma: (R^m, 0) \to (R^m, 0)$ tel que pour tout $i = 1, \ldots, s$ l'idéal de $\mathscr{N}_{R^m, 0}$ des germes de fonctions de Nash nulles sur $\sigma(V_i)$ est engendré par des polynômes (et en particulier chaque $\sigma(V_i)$ est algébrique). Cette précision est utile pour les problèmes d'algébricité de fonctions analytiques. Elle sert dans [Bochnak Kucharz 1] pour montrer un résultat (théorème 4) qui entraîne que tout germe de fonction de Nash $(\mathbb{R}^m, 0) \to \mathbb{R}$ est transformable par un homéomorphisme $(\mathbb{R}^m, 0) \to (\mathbb{R}^m, 0)$ en un germe de fonction polynomiale. La question, liée au théorème 8.6.12, de savoir si cette transformation peut se faire par un difféomorphisme de Nash reste ouverte. Cette amélioration de 8.6.12 est aussi nécessaire pour les problèmes d'algébricité d'ensembles analytiques globaux; en particulier on peut ainsi démontrer que toute hypersurface analytique compacte cohérente semi-algébrique de $\mathbb{R}^m$ n'ayant que des singularités isolées est transformable par un difféomorphisme analytique de $\mathbb{R}^m$ en un ensemble algébrique (ceci résulte directement du théorème 2 de [Bochnak Kucharz Shiota 2] et de la version améliorée de 8.6.12 que l'on vient d'indiquer). Pour plus d'informations sur les questions d'algébricité de fonctions ou d'ensembles analytiques, voir [Bochnak 2].

8.7 Propriétés henséliennes des anneaux de germes de fonctions de Nash. Noethérianité de l'anneau de fonctions de Nash globales

Nous commençons par passer en revue ce dont nous aurons besoin concernant les anneaux locaux henséliens.

8.7 Propriétés henséliennes

Proposition et Définition 8.7.1 : *Soit $\varphi: A \to B$ un homomorphisme local d'anneaux locaux. Les propriétés suivantes sont équivalentes :*

(i) *B est isomorphe comme A-algèbre à une A-algèbre $(A[X_1, \ldots, X_m]/(f_1, \ldots, f_m))_\mathfrak{p}$, où la classe du jacobien $\det\left(\left[\dfrac{\partial f_i}{\partial X_j}\right]\right)$ n'est pas dans l'idéal premier $\mathfrak{p}$.*

(ii) *B est isomorphe comme A-algèbre à une A-algèbre $(A[X]/(f))_\mathfrak{q}$ où f est unitaire et la classe du polynôme dérivé f' n'appartient pas à l'idéal premier $\mathfrak{q}$.*

Quand ces propriétés sont vérifiées, on dit que B est une A-algèbre locale-étale. Si de plus le corps résiduel de B est égal au corps résiduel de A, on dit que B est une A-algèbre locale-étale équirésiduelle.

Indication de démonstration : (ii) $\Rightarrow$ (i) est clair. (i) $\Rightarrow$ (ii) est le théorème de structure locale des algèbres étales ([Raynaud 1], chapitre 5, théorème 1), avec le critère jacobien (ibidem, chapitre 5, théorème 5). $\square$

On peut remarquer que si $\varphi: A \to B$ fait de B une A-algèbre locale-étale, alors φ est plat (cela se voit aisément sur (ii)) et donc, puisqu'il est aussi local, fidèlement plat et injectif ([Bourbaki 1], chapitre 1, § 3, proposition 9).

Proposition 8.7.2 : *Soit $A = \mathscr{R}_{R^n, 0} = R[X_1, \ldots, X_n]_{(X_1, \ldots, X_n)}$. Alors $\varphi: A \to B$ est une A-algèbre locale-étale équirésiduelle si et seulement s'il existe un ensemble algébrique $V \subset R^{n+m}$ et un point non singulier t de V tels que, si $\Pi: R^{n+m} \to R^n$ est la projection donnée par $\Pi(x, y) = x$, on ait : $\Pi(t) = 0$ (l'origine de R^n), $\Pi|V: V \to R^n$ est étale en t (8.1.1), B est isomorphe à $\mathscr{R}_{V, t}$ et φ est l'homomorphisme local induit par $\Pi|V$.*

Démonstration : Si B est une A-algèbre locale-étale équirésiduelle, on peut supposer que $B = (A[Y_1, \ldots, Y_m]/(f_1, \ldots, f_m))_\mathfrak{p}$ comme dans 8.7.1 (i), avec les f_i dans $R[X_1, \ldots, X_n, Y_1, \ldots, Y_m]$. Soit $V = \mathscr{L}(f_1, \ldots, f_m) \subset R^{n+m}$ et soit t le point de V donné par l'homomorphisme de B dans son corps résiduel R. La proposition 3.3.9 (précisément, la démonstration de (iii) $\Rightarrow$ (i)) montre que $B = \mathscr{R}_{V, t}$. Puisque l'homomorphisme canonique $A \to B$ est local, on a $\Pi(t) = 0$ et l'on voit sans peine que $\Pi|V$ est étale en t.

Montrons la réciproque. Puisque $\mathscr{R}_{V, t}$ est un anneau local régulier, de dimension n car $\Pi|V$ est étale en t, on peut trouver $f_1, \ldots, f_m \in R[X_1, \ldots, X_n, Y_1, \ldots, Y_m]$ tels que $\mathscr{R}_{V, t} = \mathscr{R}_{R^{n+m}, t}/(f_1, \ldots, f_m)$ et que le rang de la matrice $\left[\dfrac{\partial f_i}{\partial X_j}(t), \dfrac{\partial f_i}{\partial Y_l}(t)\right]$ soit égal à m (3.3.6 (iii)). Comme $\Pi|V$ est étale en t, la dernière condition équivaut au fait que le rang de la matrice $\left[\dfrac{\partial f_i}{\partial Y_l}(t)\right]$ est égal à m. $\square$

On en vient maintenant à la définition d'anneau local hensélien. Si A est un anneau local de corps résiduel k_A, on dira qu'un polynôme $f \in A[X]$ a une racine simple b dans k_A quand $\bar{f}(b) = 0$ et $\bar{f}'(b) \neq 0$, où $\bar{f}$ est l'image de f dans $k_A[X]$.

Définition 8.7.3 : *Un anneau local A de corps résiduel k_A est dit hensélien quand pour tout polynôme unitaire $f \in A[X]$ possédant une racine simple b dans k_A, il existe une unique racine a de f dans A dont la classe dans k_A est b (de fait, l'unicité est automatique).*

Proposition 8.7.4: *Soit $M \subset R^p$ une sous-variété de Nash, $x \in M$. L'anneau local $\mathcal{N}_{M,x}$ des germes de fonctions de Nash en x est hensélien.*

Démonstration: On peut se ramener à $\mathcal{N}_{R^n,0}$, et l'hensélianité est une conséquence immédiate du théorème des fonctions implicites (2.9.6). □

Proposition 8.7.5: *Un anneau local A est hensélien si et seulement si pour toute A-algèbre locale-étale $\varphi: A \to B$ équirésiduelle, φ est un isomorphisme.*

Démonstration: La suffisance de la condition est claire, modulo la propriété (ii) de 8.7.1. Montrons la nécessité. Soit $(A[X]/(f))_q = B$ une A-algèbre locale-étale équirésiduelle. Considérons le diagramme commutatif:

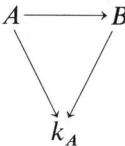

L'image de X dans k_A est racine simple de f dans k_A, et puisque A est hensélien, cette racine simple se relève en une racine a de f dans A. On a $f = (X-a)g$ avec $g \in A[X]$ et $g(a)$ inversible dans A. Alors $X-a$ divise $1 - g/g(a)$, ce qui montre que $(X-a) + (g) = A[X]$. Par le théorème du reste chinois, l'homomorphisme canonique $A[X]/(f) \to (A[X]/(X-a)) \times (A[X]/(g))$ est un isomorphisme. Il est clair que q correspond par cet isomorphisme à l'idéal maximal du facteur direct $A[X]/(X-a) \simeq A$, d'où $B \simeq A$. □

Définition 8.7.6: *Soit A un anneau local. Un hensélisé de A est un anneau local hensélien B, avec un homomorphisme local $\varphi: A \to B$ tel que pour tout homomorphisme local $\psi: A \to C$ dans un anneau local hensélien, il existe un unique homomorphisme local $\bar{\psi}: B \to C$ tel que $\bar{\psi} \circ \varphi = \psi$. Le hensélisé (qui existe toujours, on le verra à la proposition suivante) est unique à isomorphisme près, on le note $^h A$.*

Proposition 8.7.7: *Soit A un anneau local. Les A-algèbres locales-étales équirésiduelles, avec les homomorphismes de A-algèbres locaux, forment un système inductif filtrant dont la limite inductive est le hensélisé $^h A$.*

Démonstration: Remarquons que si B est une A-algèbre locale-étale équirésiduelle, et C une B-algèbre locale-étale équirésiduelle, alors C est une A-algèbre locale-étale équirésiduelle. Soient B et C deux A-algèbres locales-étales équirésiduelles, et considérons le diagramme commutatif:

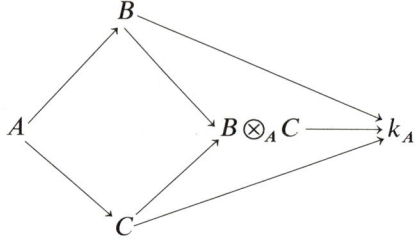

8.7 Propriétés henséliennes

Soit p le noyau de $B\otimes_A C \to k_A$, et $D=(B\otimes_A C)_\mathfrak{p}$. On vérifie (en utilisant par exemple 8.7.1 (ii)) que D est une B-algèbre locale-étale équirésiduelle, et donc une A-algèbre locale-étale équirésiduelle. Soient encore B et C deux A-algèbres locales-étales équirésiduelles, et $f: B\to C$ un homomorphisme local qui fait commuter le diagramme:

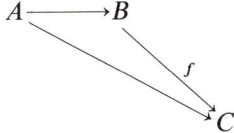

Soit p l'image réciproque de l'idéal maximal de C par l'homomorphisme $B\otimes_A C\to C$ induit par f, et $D=(B\otimes_A C)_\mathfrak{p}$. La C-algèbre D est locale-étale équirésiduelle, et l'homomorphisme $C\to D$ admet une rétraction. Le même raisonnement que dans 8.7.5 montre que $C\simeq D$, et donc f fait de C une B-algèbre locale-étale équirésiduelle.

Ceci établit bien que les A-algèbres locales-étales équirésiduelles, avec les homomorphismes locaux de A-algèbres, forment un système inductif filtrant. Soit alors A' la limite inductive de ce système. La A-algèbre A' est locale de corps résiduel k_A. Si $f\in A'[X]$ est un polynôme unitaire qui a une racine simple b dans k_A, on peut trouver une A-algèbre locale-étale équirésiduelle B contenant les coefficients de f. Soit p le noyau de l'homomorphisme $B[X]/(f)\to k_A$ qui envoie X sur b, et soit $C=(B[X]/(f))_\mathfrak{p}$. La A-algèbre C est locale-étale équirésiduelle, et on a donc un homomorphisme canonique $i_C: C\to A'$ dans la limite inductive. L'image de X par i_C est une racine de f dans A', qui s'envoie sur b. L'anneau A' est hensélien. Soit maintenant H un anneau hensélien et $\psi: A\to H$ un homomorphisme local. Si $B=(A[X]/(f))_\mathfrak{p}$ est une A-algèbre locale-étale équirésiduelle et si a est l'image de X par $B\to k_A$, l'image de f dans $H[X]$ a une unique racine dans H qui s'envoie sur l'image de a dans le corps résiduel k_H de H. On a donc un unique homomorphisme local $B\to H$ qui fait commuter le diagramme:

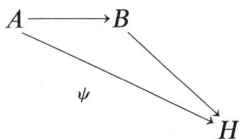

En passant à la limite inductive, on obtient un unique homomorphisme local $\bar\psi: A'\to H$ qui fait commuter le diagramme

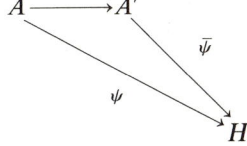

A' est bien le hensélisé de A. □

Corollaire 8.7.8: *L'anneau* $\mathcal{N}_{R^n,0} = R[[X_1, \ldots, X_n]]_{\text{alg}}$ *est le hensélisé de* $\mathcal{R}_{R^n,0} = R[X_1, \ldots, X_n]_{(X_1,\ldots,X_n)}$.

Démonstration: 8.1.4 et 8.7.2 nous disent (en utilisant les mêmes notations) que $R[[X_1, \ldots, X_n]]_{\text{alg}}$ est la limite inductive des $\mathcal{R}_{V,t}$ tels que $(\Pi|V)^*$: $\mathcal{R}_{R^n,0} \to \mathcal{R}_{V,t}$ est une $\mathcal{R}_{R^n,0}$-algèbre locale-étale équirésiduelle. □

On a remarqué après 8.7.1 que si $\varphi: A \to B$ est une A-algèbre locale-étale équirésiduelle, alors φ est injectif. Donc, l'homomorphisme canonique d'un anneau local A dans son hensélisé ${}^hA$ est injectif, ce qui permet d'identifier A à un sous-anneau de ${}^hA$.

Nous admettons maintenant le résultat suivant:

Théorème 8.7.9: *Soit A un anneau local d'idéal maximal $\mathfrak{m}$, ${}^hA$ son hensélisé, d'idéal maximal $\mathfrak{n}$. Alors*

  (i) *Le hensélisé ${}^hA$ est fidèlement plat sur A et $\mathfrak{m}^q({}^hA) = \mathfrak{n}^q$.*

  (ii) *Le hensélisé ${}^hA$ est réduit (resp. intégralement clos) si et seulement si A est réduit (resp. intégralement clos).*

  (iii) *Le hensélisé ${}^hA$ est noethérien si et seulement si A est noethérien, et dans ce cas pour tout idéal premier $\mathfrak{p}$ de A, ${}^hA \otimes_A k(\mathfrak{p})$ est un produit fini de corps extensions algébriques séparables de $k(\mathfrak{p})$.*

Indication de démonstration: C'est le théorème 3 du chapitre 8 de [Raynaud 1]. Les propriétés (i) et (ii) se montrent pour les algèbres locales-étales équirésiduelles, puis on passe à la limite inductive. □

Corollaire 8.7.10: *Soit A un anneau local noethérien, $\mathfrak{p}$ un idéal premier de A. Il n'y a qu'un nombre fini d'idéaux premiers $\mathfrak{q}_1, \ldots, \mathfrak{q}_m$ de ${}^hA$ au-dessus de $\mathfrak{p}$ ($\mathfrak{q}_i \cap A = \mathfrak{p}$) et on a $\mathfrak{p}({}^hA) = \mathfrak{q}_1 \cap \ldots \cap \mathfrak{q}_m$. De plus, la hauteur de $\mathfrak{p}$ est égale à la hauteur de chacun des $\mathfrak{q}_i$.*

Démonstration: Les deux premières assertions sont des conséquences immédiates de 8.7.9 (iii). En effet l'homomorphisme canonique de ${}^hA$ dans ${}^hA \otimes_A k(\mathfrak{p})$ induit une bijection entre les idéaux premiers $\mathfrak{q}$ de ${}^hA$ tels que $\mathfrak{q} \cap A = \mathfrak{p}$ et les idéaux premiers de ${}^hA \otimes_A k(\mathfrak{p})$; les $\mathfrak{q}_1, \ldots, \mathfrak{q}_m$ sont les images réciproques dans ${}^hA$ des idéaux premiers de ${}^hA \otimes_A k(\mathfrak{p})$. De là vient aussi que si $\mathfrak{q}' \subset \mathfrak{q}$ sont des idéaux premiers de ${}^hA$ tels que $\mathfrak{q} \cap A = \mathfrak{q}' \cap A$, alors $\mathfrak{q} = \mathfrak{q}'$. Ceci montre déjà que $\text{ht}(\mathfrak{q}) \leq \text{ht}(\mathfrak{q} \cap A)$. L'inégalité inverse se montre par récurrence sur la hauteur de $\mathfrak{q} \cap A$. Soit $\mathfrak{p}' \subset \mathfrak{q} \cap A$ un idéal premier de A, $\mathfrak{p}' \neq \mathfrak{q} \cap A$. Alors $\mathfrak{p}'({}^hA) = \mathfrak{q}'_1 \cap \ldots \cap \mathfrak{q}'_n$, et les $\mathfrak{q}'_j$ sont les idéaux premiers minimaux contenant $\mathfrak{p}'({}^hA)$. Il y a donc un j tel que $\mathfrak{q}'_j \subsetneq \mathfrak{q}$. Si $\text{ht}(\mathfrak{p}') = \text{ht}(\mathfrak{q} \cap A) - 1$, on a par l'hypothèse de récurrence $\text{ht}(\mathfrak{q}'_j) = \text{ht}(\mathfrak{q} \cap A) - 1$ et donc $\text{ht}(\mathfrak{q}) \geq \text{ht}(\mathfrak{q} \cap A)$. □

Corollaire 8.7.11: *Soit A un anneau local noethérien intégralement clos, ${}^hA$ son hensélisé d'idéal maximal $\mathfrak{n}$. Soit B un anneau local intégralement clos, d'idéal maximal $\mathfrak{m}$, tel que $A \subset B \subset {}^hA$ et que $\mathfrak{m} = \mathfrak{n} \cap B$. Alors ${}^hB \simeq {}^hA$, et B est noethérien et fidèlement plat sur A.*

8.7 Propriétés henséliennes

Démonstration : On a, par la propriété universelle du hensélisé, un diagramme commutatif :

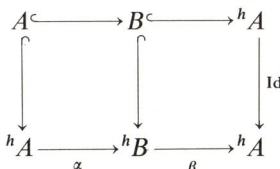

avec $\beta \circ \alpha = \mathrm{Id}$. Puisque A est intégralement clos, ${}^h A$ est intègre par 8.7.9 (ii) et donc le noyau de β est un idéal premier de ${}^h B$, au-dessus de l'idéal (0) de B. Ce noyau est donc un idéal premier minimal de ${}^h B$. Comme B est intégralement clos ${}^h B$ est intègre (toujours 8.7.9 (ii)). Donc β est injectif, et c'est un isomorphisme. D'après 8.7.9 (iii), ${}^h A$, donc ${}^h B$ et aussi B sont noethériens. Puisque ${}^h A$ est fidèlement plat sur A et sur B par 8.7.9 (i), B est fidèlement plat sur A. $\square$

Proposition 8.7.12 : *Soit $M \subset R^p$ une sous-variété de Nash, V son adhérence pour la topologie de Zariski dans R^p, x un point de M ; on note $\mathfrak{m}_x$ l'idéal maximal de $\mathcal{N}(M)$ des fonctions de Nash nulles en x. Alors ${}^h(\mathcal{N}(M)_{\mathfrak{m}_x}) = \mathcal{N}_{M,x}$ $(= {}^h \mathcal{R}_{V,x}$, si $x \in \mathrm{Reg}(V)$), et $\mathcal{N}(M)_{\mathfrak{m}_x}$ est un anneau local noethérien, régulier de dimension $\dim(M)$. Si $x \in \mathrm{Reg}(V)$ et si $\mathfrak{p}$ est un idéal premier de $\mathcal{R}_{V,x}$, il y a un nombre fini d'idéaux premiers $\mathfrak{q}_1, \ldots, \mathfrak{q}_k$ de $\mathcal{N}(M)_{\mathfrak{m}_x}$ au-dessus de $\mathfrak{p}$, chacun de même hauteur que $\mathfrak{p}$, et vérifiant $\mathfrak{p}\mathcal{N}(M)_{\mathfrak{m}_x} = \mathfrak{q}_1 \cap \ldots \cap \mathfrak{q}_k$.*

Démonstration : On peut supposer que M est semi-algébriquement connexe, et quitte à remplacer M par un M' Nash-difféomorphe à M, on peut toujours se placer dans le cas $x \in \mathrm{Reg}(V)$ (8.4.6). Soit alors $f_1, \ldots, f_n$ un système régulier de paramètres pour $\mathcal{R}_{V,x}$ (avec $n = \dim(M)$). D'après 8.7.8 on a $\mathcal{N}_{M,x} \simeq {}^h(R[f_1, \ldots, f_n]_{(f_1, \ldots, f_n)})$. Comme $R[f_1, \ldots, f_n]_{(f_1, \ldots, f_n)} \subset \mathcal{R}_{V,x} \subset \mathcal{N}_{M,x}$ et que les hypothèses de 8.7.11 sont vérifiées, on a $\mathcal{N}_{M,x} = {}^h \mathcal{R}_{V,x}$. On a ainsi les inclusions suivantes : $\mathcal{R}_{V,x} \subset \mathcal{N}(M)_{\mathfrak{m}_x} \subset \mathcal{N}_{M,x} = {}^h \mathcal{R}_{V,x}$.

Puisque $\mathcal{N}(M)$ est intégralement clos (8.4.3), son localisé $\mathcal{N}(M)_{\mathfrak{m}_x}$ est aussi intégralement clos, et alors 8.7.11 nous donne $\mathcal{N}_{M,x} = {}^h(\mathcal{N}(M)_{\mathfrak{m}_x}) = {}^h \mathcal{R}_{V,x}$, et $\mathcal{N}(M)_{\mathfrak{m}_x}$ est noethérien et fidèlement plat sur $\mathcal{R}_{V,x}$. D'après 8.7.10 on a que $\dim(\mathcal{N}(M)_{\mathfrak{m}_x}) = \dim(\mathcal{N}_{M,x}) = \dim(\mathcal{R}_{V,x}) = n$. Enfin $f_1, \ldots, f_n$ engendrent l'idéal maximal de $\mathcal{N}_{M,x}$, donc par platitude ils engendrent aussi $\mathfrak{m}_x \mathcal{N}(M)_{\mathfrak{m}_x}$ (cf. 8.7.9 (i)). Ceci donne la régularité de $\mathcal{N}(M)_{\mathfrak{m}_x}$. En utilisant 8.7.10 et la fidèle platitude de $\mathcal{N}_{M,x}$ sur $\mathcal{N}(M)_{\mathfrak{m}_x}$, on obtient la dernière partie de la proposition. $\square$

Corollaire 8.7.13 : *Soit $M \subset R^p$ une sous-variété de Nash, V son adhérence pour la topologie de Zariski dans R^p, x un point de M tel que $x \in \mathrm{Reg}(V)$. Alors les anneaux locaux :*

$$\mathcal{R}_{V,x} \hookrightarrow \mathcal{N}(M)_{\mathfrak{m}_x} \hookrightarrow \mathcal{N}_{M,x} \hookrightarrow \widehat{\mathcal{N}}_{M,x} = \widehat{\mathcal{R}}_{V,x}$$

sont tous réguliers de dimension $\dim(M)$, et les inclusions sont toutes fidèlement plates. $\square$

Dans le reste de cette section, on suppose que $R=\mathbb{R}$. Nous allons démontrer la noethérianité de l'anneau de fonctions de Nash. La démonstration de ce résultat sur un corps réel clos quelconque pourrait se faire de manière semblable, à condition d'établir pour $R[i]$ les analogues des faits que nous utilisons pour $\mathbb{C}$ (cf. [Cucker 1]).

Proposition 8.7.14: *Soit $V \subset \mathbb{R}^p$ un ensemble algébrique irréductible non singulier de dimension n, M un ouvert semi-algébrique connexe de V. Soit $\mathfrak{p}$ un idéal premier de $\mathscr{P}(V)$. Il existe un nombre fini d'idéaux $\mathfrak{q}_1, \ldots, \mathfrak{q}_k$ de $\mathscr{N}(M)$ tels que $\mathfrak{q}_j \cap \mathscr{P}(V) = \mathfrak{p}$. On a $\mathfrak{p}\mathscr{N}(M) = \mathfrak{q}_1 \cap \ldots \cap \mathfrak{q}_k$, et chacun des $\mathfrak{q}_j$ a même hauteur que $\mathfrak{p}$.*

Démonstration: La conclusion de la proposition vaut d'après 8.7.12 si on localise en un idéal maximal $\mathfrak{m}_x$ de $\mathscr{N}(M)$, $x \in M$, c'est-à-dire d'après 8.6.3 si on localise en n'importe quel idéal maximal de $\mathscr{N}(M)$. Donc pour établir le résultat de manière globale, il suffit de montrer que $\mathfrak{p}\mathscr{N}(M)$ est intersection d'un nombre fini d'idéaux premiers de $\mathscr{N}(M)$.

Soit $V_\mathbb{C}$ le complexifié de V (c'est-à-dire son adhérence pour la topologie de Zariski dans $\mathbb{C}^p$), et $\mathscr{P}(V_\mathbb{C}) = \mathbb{C} \otimes_\mathbb{R} \mathscr{P}(V)$. Soit $k(\mathfrak{p})$ le corps résiduel de $\mathscr{P}(V)$ en $\mathfrak{p}$. Alors $\mathbb{C} \otimes_\mathbb{R} k(\mathfrak{p}) \simeq k(\mathfrak{p})[T]/(T^2+1)$ est un corps si -1 n'est pas un carré dans $k(\mathfrak{p})$, et le produit de deux copies de $k(\mathfrak{p})$ si -1 est un carré dans $k(\mathfrak{p})$. Donc il y a au dessus de $\mathfrak{p}$ dans $\mathscr{P}(V_\mathbb{C})$ deux idéaux premiers $\mathfrak{p}_1$ et $\mathfrak{p}_2$, éventuellement confondus, qui s'échangent par conjugaison, et tels que $\mathfrak{p}\mathscr{P}(V_\mathbb{C}) = \mathfrak{p}_1 \cap \mathfrak{p}_2$. Soit $Z_i \subset V_\mathbb{C}$ l'ensemble des zéros de $\mathfrak{p}_i$, $\Pi_i: W_i \to Z_i$ une normalisation de Z_i ([Shafarevich 1], chapitre 2, § 5, théorème 4): $\mathscr{P}(W_i)$ est la clôture intégrale de $\mathscr{P}(Z_i) = \mathscr{P}(V_\mathbb{C})/\mathfrak{p}_i$ dans son corps de fractions, et on choisit $W_i \subset \mathbb{C}^{p+r}$, Π_i induit par la projection $\Pi: \mathbb{C}^{p+r} \to \mathbb{C}^p$. L'ensemble $W_i \cap \Pi^{-1}(M)$ est semi-algébrique dans $\mathbb{C}^{p+r} \simeq \mathbb{R}^{2(p+r)}$, et a donc un nombre fini de composantes connexes $W_{i,1}, \ldots, W_{i,s}$ (le même s vaut pour les deux, par conjugaison). Pour $i=1, 2$ et $j=1, \ldots, s$ posons $\mathfrak{q}_{i,j} = \{f \in \mathscr{N}(M) | f_\mathbb{C} \circ \Pi | \Pi^{-1}(U_f)$ est nul sur un voisinage de $W_{i,j}$ dans $W_i\}$, où $f_\mathbb{C}$ est l'extension holomorphe canonique de f à un voisinage U_f de M dans $V_\mathbb{C}$, qui est une variété analytique complexe dans un voisinage de V puisqu'on a supposé V non singulier; on peut remarquer que l'on a $\mathfrak{q}_{1,j} = \overline{\mathfrak{q}_{2,j}}$ par conjugaison. Chaque $\mathfrak{q}_{i,j}$ est un idéal premier: puisque W_i est normal, tout point de W_i a un système fondamental de voisinages U_α dans W_i tel que l'ouvert des points non singuliers de U_α est connexe (W_i est analytiquement normal, et on utilise le résultat dans [Mumford 1], chapitre 3, § 9, p. 413). Donc chaque $W_{i,j}$ a un système fondamental de voisinages dans W_i tel que l'ouvert des points non singuliers de chacun de ces voisinages est connexe; ceci entraîne bien que chaque $\mathfrak{q}_{i,j}$ est premier.

Si $f \in \mathfrak{p}\mathscr{N}(M)$, alors $f_\mathbb{C}$ est nul sur l'intersection de Z_i avec un voisinage de M dans $V_\mathbb{C}$, et donc $f_\mathbb{C} \circ \Pi | \Pi^{-1}(U_f)$ est nul sur un voisinage de chaque $W_{i,j}$ dans W_i. Ainsi $f \in \bigcap_{i,j} \mathfrak{q}_{i,j}$.

Réciproquement si $f \in \bigcap_{i,j} \mathfrak{q}_{i,j}$, pour tout x de $\mathscr{Z}_M(\mathfrak{p})$, $f_\mathbb{C} \circ \Pi | \Pi^{-1}(U_f)$ est nul sur un voisinage de $\Pi_i^{-1}(x)$ dans W_i et donc $f_\mathbb{C}$ est nul sur un voisinage de x dans Z_i. Par le théorème des zéros local ([Gunning Rossi 1], chapitre 3, section A, théorème 7) on a $f \in \mathfrak{p} \hat{\mathcal{N}}_{M,x}$ et donc par fidèle platitude (8.7.13) $f \in \mathfrak{p} \mathcal{N}(M)_{\mathfrak{m}_x}$ pour tout x de $\mathcal{L}_M(\mathfrak{p})$. D'après 8.6.3, et par globalisation, on a $f \in \mathfrak{p} \mathcal{N}(M)$. □

Théorème 8.7.15: *Soit $M \subset \mathbb{R}^p$ une sous-variété de Nash. L'anneau $\mathcal{N}(M)$ est noethérien.*

Démonstration: On utilise le résultat suivant :

Lemme 8.7.16: *Soit A un anneau commutatif. Si tout idéal premier de A de hauteur supérieure ou égale à h est finiment engendré, alors tout idéal de A de hauteur supérieure ou égale à h est finiment engendré.*

Démonstration du lemme: En utilisant le lemme de Zorn (ou [Lafon 2], chapitre 2, théorème II.2). □

On peut sans perte de généralité supposer que M est connexe. On raisonne alors par récurrence descendante sur la hauteur des idéaux premiers de $\mathcal{N}(M)$. Soit m la dimension de M. Les idéaux premiers de $\mathcal{N}(M)$ de hauteur $\geq m$ sont les idéaux maximaux de $\mathcal{N}(M)$ qui sont tous de la forme $\mathfrak{m}_x$ pour $x \in M$ (8.6.3); on peut toujours se ramener au cas où l'adhérence pour la topologie de Zariski V de M dans $\mathbb{R}^p$ est non singulière, et alors on a $\mathfrak{m}_x = \mathfrak{n}_x \mathcal{N}(M)$ où $\mathfrak{n}_x = \{f \in \mathcal{P}(V) | f(x) = 0\}$. Les idéaux premiers de hauteur $\geq m$ sont donc bien finiment engendrés. Supposons que tous les idéaux premiers de hauteur $> h$ sont finiment engendrés, et soit $\mathfrak{q}$ un idéal premier de hauteur h de $\mathcal{N}(M)$, $\mathfrak{p} = \mathfrak{q} \cap \mathcal{P}(V)$. Soient $\mathfrak{q}_1 = \mathfrak{q}, \mathfrak{q}_2, \dots, \mathfrak{q}_k$ les idéaux premiers de $\mathcal{N}(M)$ au-dessus de $\mathfrak{p}$. Ils sont tous de hauteur h, et $\mathfrak{p} \mathcal{N}(M) = \mathfrak{q} \cap \mathfrak{q}_2 \cap \dots \cap \mathfrak{q}_k$ (8.7.14). Posons $\tilde{\mathfrak{q}} = \mathfrak{q}_2 \cap \dots \cap \mathfrak{q}_k$. On a une suite exacte

$$0 \to \mathfrak{p} \mathcal{N}(M) \to \mathfrak{q} \oplus \tilde{\mathfrak{q}} \to \mathfrak{q} + \tilde{\mathfrak{q}} \to 0.$$

L'idéal $\mathfrak{p} \mathcal{N}(M)$ est finiment engendré; $\mathfrak{q} + \tilde{\mathfrak{q}}$ qui contient strictement $\mathfrak{q}$ est de hauteur $> h$, donc finiment engendré d'après l'hypothèse de récurrence et le lemme 8.7.16. Donc $\mathfrak{q} \oplus \tilde{\mathfrak{q}}$, et $\mathfrak{q}$ aussi, sont finiment engendrés. □

8.8 Fonctions de Nash sur le spectre réel.
Théorème d'approximation d'Efroymson

Dans cette section, M désigne une sous-variété de Nash de R^p.

Nous commençons cette section par trois résultats (8.8.1, 8.8.2 et 8.8.3) qui concernent les rapports entre les fonctions de Nash et le spectre réel, mais qui ne seront pas utilisés dans la démonstration du théorème d'approximation.

On peut tout d'abord remarquer que le théorème de substitution 8.5.2 a une interprétation naturelle en terme de spectre réel.

Proposition 8.8.1: *L'homomorphisme canonique $R[X_1, \dots, X_p] \to \mathcal{N}(M)$ induit un homéomorphisme de $\mathrm{Spec}_r(\mathcal{N}(M))$ sur $\tilde{M}$.*

Démonstration: Notons $j\colon \operatorname{Spec}_r(\mathcal{N}(M))\to \widetilde{R^p}$ l'application entre les spectres réels donnée par $R[X_1, \ldots, X_p]\to \mathcal{N}(M)$. L'image de j contient $\widetilde{M}$: si $\alpha\in \widetilde{M}$, on a par 7.3.1 un homomorphisme d'évaluation $\operatorname{ev}_\alpha\colon \mathcal{N}(M)\to k(\alpha)$ défini par $\operatorname{ev}_\alpha(f)=f(\alpha)$. Le cône premier $\beta=\{f\in \mathcal{N}(M)\mid f(\alpha)\ge 0\}$ vérifie $j(\beta)=\alpha$. La partie (i) du théorème de substitution 8.5.2 dit exactement que l'image de j est contenue dans $\widetilde{M}$. Quant à la partie (ii), qui dit qu'un homomorphisme $\varphi\colon \mathcal{N}(M)\to F$ à valeurs dans un corps réel clos est entièrement déterminé par le composé $R[X_1, \ldots, X_p]\to \mathcal{N}(M)\to F$, elle entraîne que j est injectif. Enfin j est ouverte puisque l'image d'un ouvert $\widetilde{\mathcal{U}}(f)$ de $\operatorname{Spec}_r(\mathcal{N}(M))$ par j est l'ouvert $\widetilde{\{x\in M\mid f(x)>0\}}$. □

Les fonctions de Nash forment un faisceau sur $\widetilde{M}$.

Proposition 8.8.2: *Il existe un et un seul faisceau d'anneaux $\widetilde{\mathcal{N}}_{\widetilde{M}}$ sur $\widetilde{M}$ tel que pour tout ouvert semi-algébrique U de M on a $\widetilde{\mathcal{N}}_{\widetilde{M}}(\widetilde{U})=\mathcal{N}(U)$.*

Démonstration: Comme pour 7.3.2. □

Si $R=\mathbb{R}$, les fonctions de Nash forment aussi un faisceau sur M. Mais même dans ce cas, la quasi-compacité de $\widetilde{M}$ est utile (cf. 12.7.2).

Proposition 8.8.3: *Soit $\alpha\in \widetilde{M}$. La fibre $\widetilde{\mathcal{N}}_{\widetilde{M},\alpha}=\varinjlim_{\alpha\in \widetilde{U}} \mathcal{N}(U)$ (pour U ouvert semi-algébrique de M) est un anneau local hensélien de corps résiduel $k(\alpha)$.*

Démonstration: La même démonstration que pour 7.3.4 montre que $\widetilde{\mathcal{N}}_{\widetilde{M},\alpha}$ est un anneau local de corps résiduel $k(\alpha)$. Il reste à montrer la hensélianité. Soit $F(T)=T^n+f_1 T^{n-1}+\ldots+f_n\in \widetilde{\mathcal{N}}_{\widetilde{M},\alpha}[T]$. Soit U un ouvert semi-algébrique de M tel que $\alpha\in \widetilde{U}$ et que $f_1, \ldots, f_n$ sont définies sur U. Si $x\in U$, on note

Soit
$$F_x(T)=T^n+f_1(x)\,T^{n-1}+\ldots+f_n(x)\in R[T].$$

$$U'=\{x\in U\mid F_x(T) \text{ a une racine simple}\}$$
et
$$V'=\{(x,t)\in U'\times R\mid t \text{ est racine simple de } F_x(T)\}.$$

Il est clair par le principe de Tarski-Seidenberg (2.2.4) que U' et V' sont des ensembles semi-algébriques. Par le théorème des fonctions implicites (2.9.6), U' est ouvert dans M et la restriction de la projection $\Pi\colon U'\times R\to U'$ à V' est un homéomorphisme local. D'après 9.3.8, dont la démonstration ne repose pas sur cette section, on peut donc trouver un nombre fini d'ouverts semi-algébriques $V_1, \ldots, V_k$ recouvrant V' tels que $\Pi|V_i$ soit un homéomorphisme semi-algébrique sur son image. Sur chaque $\Pi(V_i)$, l'inverse s_i de $\Pi|V_i$ a sa dernière coordonnée g_i qui est une fonction de Nash sur $\Pi(V_i)$ telle que pour tout x de $\Pi(V_i)$ on a $F_x(g_i(x))=0$.

Supposons que $T^n+f_1(\alpha)\,T^{n-1}+\ldots+f_n(\alpha)\in k(\alpha)[T]$ a une racine simple a dans $k(\alpha)$. Le point β de $\widetilde{U'\times R}$ défini par $\widetilde{\Pi}(\beta)=\alpha$, $T(\beta)=a$ appartient à $\widetilde{V}'$, donc par exemple à $\widetilde{V}_1$ (les $\widetilde{V}_i$ recouvrent $\widetilde{V}'$ par (7.2.3)), et $\widetilde{s}_1(\alpha)=\beta$. Donc le germe de g_1 dans $\widetilde{\mathcal{N}}_{\widetilde{M},\alpha}$ vérifie $\operatorname{ev}_\alpha(g_1)=a$ et $F(g_1)=0$. □

8.8 Fonctions de Nash sur le spectre réel

Nous allons maintenant entamer la démonstration du théorème d'approximation d'Efroymson.

Théorème 8.8.4: *Soit $M \subset R^p$ une sous-variété de Nash. Soient g, $\varepsilon \in \mathscr{S}^0(M)$ deux fonctions continues semi-algébriques de M dans R, avec $\varepsilon > 0$. Alors il existe $f \in \mathscr{N}(M)$ telle que $|f-g| < \varepsilon$ sur M.*

Remarque 8.8.5: On peut comparer ce théorème avec le théorème de Stone-Weierstrass qui permet d'approcher une fonction continue sur un compact de $\mathbb{R}^p$ par une fonction polynomiale. Rappelons l'énoncé de ce théorème.

Théorème 8.8.6 (théorème de Stone-Weierstrass):
Soit K un compact de $\mathbb{R}^n$. Soit $g: K \to \mathbb{R}$ une fonction de classe $\mathscr{C}^v$ sur K ($0 \leq v \leq \infty$). Alors pour tout nombre réel $\varepsilon > 0$, et pour tout $k \in \mathbb{N}$, $k \leq v$, il existe un polynôme $f \in \mathbb{R}[X_1, \ldots, X_n]$ tel que, pour tout $a \in K$ et tout multi-indice $\alpha = (\alpha_1, \ldots, \alpha_n)$ de poids $|\alpha| = \alpha_1 + \ldots + \alpha_n \leq k$, on a:

$$\left| \frac{\partial^{|\alpha|} f}{\partial x^\alpha}(a) - \frac{\partial^{|\alpha|} g}{\partial x^\alpha}(a) \right| < \varepsilon.$$

Référence de démonstration: [Fuks Rokhlin 1], p. 190. □

Reprenons le cours de la remarque. La démonstration du théorème de Stone-Weierstrass utilise de façon essentielle l'archimédianité de $\mathbb{R}$, et ne peut pas s'étendre à un corps réel clos quelconque. Considérons par exemple le corps des séries de Puiseux $R = \mathbb{R}(X)^\wedge$ (1.2.3), et montrons qu'il n'existe pas de fonction polynomiale qui approche la fonction $t \mapsto |t|$ sur $[-1, 1]_R = \{t \in R \mid -1 \leq t \leq 1\}$ à X près (X est un élément de R, positif et plus petit que tous les nombres réels positifs). Supposons qu'un tel polynôme $f(T) = a_0(X) + a_1(X) T + \ldots + a_d(X) T^d$ existe; les $a_i(X)$ sont des séries de Puiseux, et on notera $a_i(0)$ leurs termes constants. Pour tout nombre réel $t \in [0, 1]$, on doit avoir $|a_0(X) + (a_1(X) - 1) t + a_2(X) t^2 + \ldots + a_d(X) t^d| < X$, et donc $a_0(0) + (a_1(0) - 1) t + a_2(0) t^2 + \ldots + a_d(0) t^d = 0$, d'où $a_1(0) = 1$; en considérant les nombres réels de $[-1, 0]$, on arrive à $a_1(0) = -1$. Par contre, comme le dit le théorème 8.8.4, on peut approcher la fonction $t \mapsto |t|$ à X près par une fonction de Nash, à savoir la fonction $t \mapsto \sqrt{t^2 + X^2}$. □

Commençons la démonstration de 8.8.4 par quelques lemmes techniques.

Lemme 8.8.7: *Soit α un point fermé de $\tilde{M}$, $a \in k(\alpha)$. Alors il existe une fonction continue semi-algébrique globale $h \in \mathscr{S}^0(M)$ telle que $h(\alpha) = a$.*

Démonstration: Il existe un ouvert semi-algébrique U de M, $\tilde{U} \ni \alpha$ et $h_1 \in \mathscr{S}^0(U)$ tels que $h_1(\alpha) = a$ (7.3.5). Par 7.1.24 (i), tout point fermé de $\tilde{M}$ admet une base de voisinages fermés constructibles. Soit donc F un fermé semi-algébrique de M avec $\alpha \in \tilde{F} \subset \tilde{U}$. On prend alors pour h une fonction de $\mathscr{S}^0(M)$ telle que $h|F = h_1|F$ (ce qui existe d'après 2.6.9). □

Lemme 8.8.8: *Soient A et B deux fermés disjoints de $\tilde{M}$, φ, $\psi \in \mathscr{S}^0(M)$ deux fonctions continues semi-algébriques (resp. strictement positives sur M). Alors* *il existe une fonction de Nash $f \in \mathcal{N}(M)$ (resp. strictement positive sur M) telle que $f < \varphi$ sur A (ce qui veut dire bien sûr que pour tout α de A, $f(\alpha) < \varphi(\alpha)$ dans $k(\alpha)$) et $f > \psi$ sur B.*

Démonstration: Les fermés A et B sont tous deux intersections de fermés constructibles de $\tilde{M}$. Par compacité de $\tilde{M}$ pour la topologie constructible, on peut donc trouver deux fermés semi-algébriques disjoints F et G de M tels que $A \subset \tilde{F}$ et que $B \subset \tilde{G}$. Le théorème de séparation de Mostowski (2.7.6) nous donne $g \in \mathcal{N}(M)$, strictement négative sur F et strictement positive sur G. On peut (en se ramenant au cas où M est fermé dans R^p) obtenir une fonction $h \in \mathcal{N}(M)$, strictement positive sur M, avec $h > |\varphi/g|$ sur F et $h > |\psi/g|$ sur G (grâce à 2.6.2); il suffit alors de poser $f = gh$. Le cas où l'on considère des fonctions strictement positives se ramène au cas que l'on vient de traiter par le difféomorphisme de Nash $x \mapsto x + \sqrt{1 + x^2}$ qui envoie R sur $]0, +\infty[$. $\square$

Lemme 8.8.9 (pseudo-partition de l'unité): *Soit $(U_i)_{i=1,\ldots,k}$ un recouvrement fini de M par des ouverts semi-algébriques, $\eta \in \mathcal{N}(M)$, $\eta > 0$. Alors il existe des fonctions $\varphi_i \in \mathcal{N}(M)$, $i = 1, \ldots, k$, avec $\varphi_i > 0$ sur M, $\varphi_i < \eta$ sur $M \setminus U_i$ et $\sum_{i=1}^{k} \varphi_i = 1$.*

Démonstration: Soit $h_i(x) = d(x, M \setminus U_i)$ la distance de $x \in M$ à $M \setminus U_i$, et $F_i = \{x \in M \mid h_i(x) = \sup(h_1(x), \ldots, h_k(x))\}$. Les F_i sont des fermés semi-algébriques qui recouvrent M, et on a $F_i \subset U_i$. D'après 8.8.8 on peut trouver $\psi_i \in \mathcal{N}(M)$, $\psi_i > 0$, avec $\psi_i > 1$ sur F_i et $\psi_i < \eta$ sur $M \setminus U_i$. On pose alors $\varphi_i = \psi_i \left(\sum_{j=1}^{k} \psi_j \right)^{-1}$. $\square$

Proposition 8.8.10: *Soit α un point fermé de $\tilde{M}$. Alors l'image de l'homomorphisme d'évaluation ev_α de $\mathcal{N}(M)$ dans $k(\alpha)$ est dense: pour tout $a \in k(\alpha)$, et tout $\varepsilon \in k(\alpha)$, $\varepsilon > 0$, il existe une fonction de Nash globale $f \in \mathcal{N}(M)$ telle que $|f(\alpha) - a| < \varepsilon$.*

Démonstration: Le corps $k(\alpha)$ est algébrique sur l'image de $R[X_1, \ldots, X_p]$ dans $k(\alpha)$, donc a fortiori sur l'image de $\mathcal{N}(M)$ dans $k(\alpha)$. Soit $p(T) = g_0 T^n + \ldots + g_n \in \mathcal{N}(M)[T]$ un polynôme dont l'image dans $k(\alpha)[T]$ est un polynôme minimal de a sur $\mathrm{ev}_\alpha(\mathcal{N}(M))$ (on dira pour simplifier que $p(T)$ est un polynôme minimal de a sur $\mathcal{N}(M)$).

Lemme 8.8.11: *Supposons qu'il existe deux fonctions de Nash ρ, $\theta \in \mathcal{N}(M)$ telles que $\rho < \theta$ sur M, $\rho(\alpha) < a < \theta(\alpha)$ et que le polynôme dérivé p' ne s'annule pas sur le segment $[\rho(\alpha), \theta(\alpha)] \subset k(\alpha)$. Alors il existe $f \in \mathcal{N}(M)$ telle que $|f(\alpha) - a| < \varepsilon$.*

Démonstration du lemme: On peut supposer que p' est strictement positif sur $[\rho(\alpha), \theta(\alpha)]$. On a donc $p(\rho(\alpha)) < 0$ et $p(\theta(\alpha)) > 0$. Soit F le fermé semi-algébrique de M, complémentaire de

$$\{x \in M \mid p(\rho(x)) < 0 \text{ et } p(\theta(x)) > 0 \text{ et } \forall y \in [\rho(x), \theta(x)], p'(y) > 0\}.$$

8.8 Fonctions de Nash sur le spectre réel

D'après 8.8.8, on peut choisir u et v dans $\mathcal{N}(M)$, $u, v > 0$ tels que sur F on ait :

$$u(x) > |p(\rho(x))|, \quad v(x) > |p(\theta(x))|$$

et

$$v(x) > (\theta(x) - \rho(x)) |\inf(\{p'(y) | y \in [\rho(x), \theta(x)]\})|$$

et que d'autre part

$$\sup(u(\alpha), v(\alpha)) < (\inf(\{p'(y) | y \in [\rho(\alpha), \theta(\alpha)]\})) \varepsilon.$$

Posons alors $q = p + (u+v)\dfrac{T-\rho}{\theta-\rho} - u \in \mathcal{N}(M)[T]$. On a $q(\rho) = p(\rho) - u$, $q(\theta) = p(\theta) + v$ et $q'(y) = p'(y) + \dfrac{u+v}{\theta-\rho}$. Le polynôme modifié q vérifie, pour tout x de M, $q(\rho(x)) < 0$, $q(\theta(x)) > 0$ et $q'(y) > 0$ pour tout $y \in [\rho(x), \theta(x)]$. On a donc une unique fonction $f: M \to R$, $\rho < f < \theta$, telle que $q(f(x)) = 0$; f est de Nash d'après le théorème des fonctions implicites (2.9.6). Enfin d'après le théorème des accroissements finis on a $p(f(\alpha)) = (f(\alpha) - a) p'(c)$ pour un $c \in [\rho(\alpha), \theta(\alpha)]$ et comme $-v < p(f) = u - (u+v)\dfrac{f-\rho}{\theta-\rho} < u$, il vient $|f(\alpha) - a| < (p'(c))^{-1} \sup(u(\alpha), v(\alpha)) < \varepsilon$. □

Reprenons alors la démonstration de la proposition : il nous faut prouver l'existence des ρ et θ du lemme, ce que nous faisons par récurrence sur le degré du polynôme minimal p de a. Si p est du premier degré, soit $h \in \mathcal{S}^0(M)$ telle que $h(\alpha) = a$ (lemme 8.8.7) et soit $\theta \in \mathcal{N}(M)$, $\theta > 0$, telle que $\theta(\alpha) > |h(\alpha)|$ (lemme 8.8.8); on pose $\rho = -\theta$, et les hypothèses du lemme sont bien vérifiées. Supposons maintenant que la proposition est montrée pour les $b \in k(\alpha)$ dont le polynôme minimal sur $\mathcal{N}(M)$ est de degré $< n$, et soit $a \in k(\alpha)$ de polynôme minimal $p(T)$ de degré n. Soit $b \in k(\alpha)$ la plus petite racine de $p'(T)$ supérieure à a, si elle existe, et soit $\varphi \in \mathcal{N}(M)$, $\varphi > 0$, telle que $\varphi(\alpha) < (b-a)/4$ (lemmes 8.8.7 et 8.8.8). D'après l'hypothèse de récurrence, on peut trouver $\mu \in \mathcal{N}(M)$ telle que $|\mu(\alpha) - b| < \varphi(\alpha)$; on pose alors $\theta_1 = \mu - 2\varphi$. Si b n'existe pas, on prend $\theta_1 \in \mathcal{N}(M)$ telle que $\theta_1(\alpha) > a + 1$ (par 8.8.7 et 8.8.8). En travaillant ensuite de la même façon en dessous de a, on trouve $\rho \in \mathcal{N}(M)$ tel que $\rho(\alpha) < a < \theta_1(\alpha)$ et que p' ne s'annule pas sur $[\rho(\alpha), \theta_1(\alpha)]$. Soit H le fermé semi-algébrique de M où $\rho \geq \theta_1$, et soit $\eta \in \mathcal{N}(M)$, $\eta > 0$, telle que $\eta > \rho - \theta_1$ sur H et $\eta(\alpha) < b - \theta_1(\alpha)$ si b existe. Posons $\theta = \theta_1 + \eta \in \mathcal{N}(M)$; on a encore $\rho(\alpha) < a < \theta(\alpha)$, p' ne s'annule pas sur $[\rho(\alpha), \theta(\alpha)]$ et cette fois-ci $\theta > \rho$ sur M tout entier. Les hypothèses du lemme, et donc la conclusion de la proposition, sont vérifiées pour a. □

Démonstration du théorème d'approximation 8.8.4: D'après la proposition 8.8.10, pour tout point fermé α de $\tilde{M}$, il existe $f_\alpha \in \mathcal{N}(M)$ tel que $|f_\alpha(\alpha) - g(\alpha)| < \varepsilon(\alpha)/2$. Soit U_α l'ouvert semi-algébrique de M où $|f_\alpha - g| < \varepsilon/2$. Les $\tilde{U}_\alpha$ recouvrent les points fermés de $\tilde{M}$ et donc $\tilde{M}$ en entier. Grâce à la quasi-compacité de $\tilde{M}$, on peut trouver un recouvrement fini de M par des ouverts semi-algébriques $U_1, \ldots, U_k$ (extrait du recouvrement $(U_\alpha)_\alpha$), et des fonctions $f_1, \ldots, f_k$ de

$\mathcal{N}(M)$ tels que $|f_i - g| < \varepsilon/2$ sur U_i. Le lemme 8.8.9 nous donne une pseudo-partition de l'unité $\varphi_1, \ldots, \varphi_k$ avec $\varphi_i \in \mathcal{N}(M)$, $\varphi_i > 0$, $\varphi_i < \dfrac{\varepsilon}{2}\left(1 + k|g| + \sum_{i=1}^{k}|f_i|\right)^{-1}$ sur $M \setminus U_i$ et $\sum_{i=1}^{k}\varphi_i = 1$. On pose $f = \sum_{i=1}^{k}\varphi_i f_i$; on a $|f - g| \le \sum_{i=1}^{k}\varphi_i|f_i - g|$ et pour tout x de M

$$\sum_{\{i \mid x \in U_i\}} \varphi_i(x)|f_i(x) - g(x)| < \varepsilon(x)/2, \qquad \sum_{\{i \mid x \in M \setminus U_i\}} \varphi_i(x)|f_i(x) - g(x)| < \varepsilon(x)/2$$

et donc $|f - g| < \varepsilon$. □

Remarque 8.8.12: Le problème de l'approximation de fonctions $\mathcal{S}^r$ avec leurs dérivées par des fonctions de Nash est traité dans [Shiota 5].

8.9 Voisinage tubulaire. Approximation des fonctions $\mathcal{C}^\infty$. Théorème d'extension

Nous commençons par établir quelques résultats sur les voisinages tubulaires pour les sous-variétés de Nash. Précisons d'abord la notion d'espace tangent d'une sous-variété de Nash.

Définition 8.9.1: *Soit $M \subset R^n$ une sous-variété de Nash de dimension m, et soit x un point de M. L'espace tangent à M en x, noté $T_x(M)$, est le sous-espace vectoriel $\varphi'(R^m) \subset R^n$, où φ' est la différentielle en $0 \in R^m$ d'un difféomorphisme φ de Nash d'un voisinage ouvert semi-algébrique de 0 dans R^m sur un voisinage ouvert semi-algébrique de x dans M, avec $\varphi(0) = x$. L'espace tangent $T_x(M)$ ne dépend pas du choix de φ.*

Notation et Proposition 8.9.2: *Soit $M \subset R^n$ une sous-variété de Nash de dimension m. On pose*

$$E = \{(x, y) \in M \times R^n \mid y \text{ est orthogonal à l'espace tangent } T_x(M)\},$$

et $\Pi: E \to M$ la projection définie par $\Pi(x, y) = x$. Alors E est une sous-variété de Nash de dimension n, et il existe un recouvrement fini de M par des ouverts semi-algébriques $M = \bigcup_{i=1}^{p} U_i$, avec des difféomorphismes de Nash $\theta_i: U_i \times R^{n-m} \to \Pi^{-1}(U_i)$ tels que $\Pi \circ \theta_i$ soit la projection de $U_i \times R^{n-m}$ sur U_i et que pour tout x de U_i, $\theta_i|\{x\} \times R^{n-m}$ soit R-linéaire (dans la terminologie que nous introduirons dans le chapitre 12, (E, Π, M) est un fibré vectoriel fortement de Nash; c'est le fibré normal de M).

Démonstration: Nous faisons appel à un résultat que nous verrons au chapitre suivant, mais dont la démonstration ne repose pas sur le contenu de cette section: le corollaire 9.3.9. Il nous dit que l'on peut trouver un recouvrement fini de M par des ouverts semi-algébriques $U_1, \ldots, U_p$ tel que pour chaque U_i on ait des fonctions $f_{i,m+1}, \ldots, f_{i,n}$ de Nash sur un voisinage ouvert semi-algébrique V_i de U_i dans R^n, avec $U_i = \{x \in V_i | f_{i,m+1}(x) = \ldots = f_{i,n}(x) = 0\}$, et pour tout x de U_i les vecteurs $\mathrm{grad}(f_{i,m+1}(x)), \ldots, \mathrm{grad}(f_{i,n}(x))$ linéairement indépendants. En posant

$$\theta_i(x, z) = (x, z_1 \, \mathrm{grad}(f_{i,m+1}(x)) + \ldots + z_{n-m} \, \mathrm{grad}(f_{i,n}(x)))$$

pour $(x, z) \in U_i \times R^{n-m}$ on a bien que $\theta_i(U_i \times R^{n-m}) = \Pi^{-1}(U_i)$. On vérifie aisément que E est une sous-variété de Nash (la semi-algébricité est facile, puisque chacun des $\Pi^{-1}(U_i)$ est semi-algébrique) et que les θ_i sont des difféomorphismes de Nash. □

Dans la proposition suivante on utilise les notations de 8.9.2.

Proposition 8.9.3: *Soit $\varphi: E \to R^n$ définie par $\varphi(x, y) = x + y$; φ est une fonction de Nash. Alors il existe un voisinage ouvert semi-algébrique T de $M \times \{0\}$ dans E tel que $\varphi | T$ est un difféomorphisme de Nash sur $\varphi(T)$ et que pour tout (x, y) de T et tout $t \in [0, 1]$, on a encore $(x, t y) \in T$.*

Démonstration: Soit W l'ouvert semi-algébrique de E où la différentielle de φ est injective. $M \times \{0\}$ est contenu dans W. Posons, pour $x \in M$:

$$\psi(x) = \inf(\{r \in R | \exists y \in R^n \quad (x, y) \in E \, \exists (z, u) \in E \quad (\|u\| \leq \|y\| = r$$
$$\text{et } \varphi(x, y) = \varphi(z, u) \text{ et } x \neq z)\}).$$

La fonction ψ est semi-algébrique. D'autre part, pour tout x de M, le théorème des fonctions implicites nous dit que φ est injective sur un voisinage de $(x, 0)$ dans E, disons $E \cap B_{2n}((x, 0), c_x)$; alors ψ est minorée par $c_x/4$ sur $M \cap B_n(x, c_x)$. On fait alors appel au résultat suivant.

Lemme 8.9.4: *Si M est un ensemble semi-algébrique localement fermé, et $\psi: M \to R$ une fonction semi-algébrique, localement minorée par des constantes positives, alors ψ est minorée par une fonction semi-algébrique continue strictement positive sur M.*

Soit donc f semi-algébrique continue, $f > 0$ sur M et telle que $f < \psi$ et que pour tout $x \in M$ $f(x) < d(x, E \setminus W)$. On pose $T = \{(x, y) \in E | \|y\| < f(x)\}$. Alors T est un voisinage ouvert semi-algébrique de $M \times \{0\}$ dans E, la fonction $\varphi | T$ est injective et, d'après le théorème d'inversion locale, c'est un difféomorphisme sur son image. □

Démonstration du lemme 8.9.4: On se ramène au cas où M est fermé; on peut supposer $0 \in M$ et $\psi \leq 1$. On définit la fonction $v: [0, \infty[\to R$ par $v(r) = \inf(\{\psi(x) | x \in M \text{ et } \|x\| \leq r\})$. La fonction v est semi-algébrique décroissante. Elle est aussi strictement positive: en effet, supposons $v(r) = 0$ et soit $A = \{(x, \varepsilon) \in M \times R | \|x\| \leq r \text{ et } \psi(x) = \varepsilon\}$; alors, si $\Pi: M \times R \to R$ est la projection, on a $0 \in \mathrm{adh}(\Pi(A))$ et donc $0 \in \Pi(\mathrm{adh}(A))$ d'après 2.5.8 appliqué à $\mathrm{adh}(A)$ qui est fermé borné. On trouve ainsi un $x \in M$ tel que $(x, 0)$ est dans l'adhérence du graphe de ψ; mais ceci est contradictoire avec le fait que ψ est minoré par une constante strictement positive sur un voisinage de x. Puisque v est strictement positive, on peut utiliser la proposition 2.6.1 pour $1/v$, ce qui, joint à la décroissance de v, fournit une fonction semi-algébrique continue sur $[0, +\infty[$, strictement positive, qui minore v, ce qui donne ensuite la minoration de ψ. □

Corollaire 8.9.5 (voisinage tubulaire): *Soit $M \subset R^n$ une sous-variété de Nash. Il existe un voisinage ouvert semi-algébrique U de M dans R^n, avec une rétraction de Nash $\rho: U \to M$.*

Démonstration: On prend $U = \varphi(T)$, et $\rho = \Pi \circ (\varphi | T)^{-1}$. □

Corollaire 8.9.6: *Soient $M \subset R^n$, $N \subset R^p$ deux sous-variétés de Nash. Soit $g: M \to N$ une fonction semi-algébrique continue, $\varepsilon: M \to R$ une fonction semi-algébrique continue strictement positive. Alors il existe une fonction de Nash $f: M \to N$ telle que $\|f - g\| < \varepsilon$ sur M.*

Démonstration: On utilise un voisinage tubulaire de N, avec le théorème d'approximation 8.8.4. □

Si M et N sont deux variétés $\mathscr{C}^\infty$, notons par $\mathscr{C}^\infty(M, N)$ l'ensemble des fonctions $\mathscr{C}^\infty$ de M dans N, muni de la topologie $\mathscr{C}^\infty$ si M est compact (cf. [Hirsch 1], chapitre 2).

Corollaire 8.9.7: *($R = \mathbb{R}$) Soient $M \subset \mathbb{R}^n$, $N \subset \mathbb{R}^p$ deux sous-variétés de Nash, avec M compacte. Soit $g: M \to N$ une fonction $\mathscr{C}^\infty$. Alors dans tout voisinage de g dans $\mathscr{C}^\infty(M, N)$ pour la topologie $\mathscr{C}^\infty$, il existe une fonction de Nash.*

Démonstration: On utilise un voisinage tubulaire de N, avec le théorème de Stone-Weierstrass 8.8.6. □

Remarque 8.9.8: Ce dernier corollaire, qui est un résultat de densité, permet d'employer les fonctions de Nash pour l'étude des fonctions $\mathscr{C}^\infty$ (en le combinant avec le fait, que nous verrons plus loin (14.1.8), que toute variété $\mathscr{C}^\infty$ compacte est $\mathscr{C}^\infty$-difféomorphe à une sous-variété de Nash). C'est ce qui est fait dans [Artin Mazur 1], pour l'étude des points périodiques des $\mathscr{C}^\infty$-difféomorphismes d'une variété $\mathscr{C}^\infty$ compacte sur elle-même. □

Corollaire 8.9.9: *($R = \mathbb{R}$) Soient $M \subset \mathbb{R}^n$, $N \subset \mathbb{R}^p$ deux sous-variétés de Nash compactes. Si M et N sont $\mathscr{C}^\infty$-difféomorphes, elles sont Nash-difféomorphes.*

Démonstration: Résulte de 8.9.7, avec le fait que l'ensemble des $\mathscr{C}^\infty$-difféomorphismes est ouvert dans $\mathscr{C}^\infty(M, N)$. □

Remarque 8.9.10: Nous avons déjà signalé (8.4.7) que le résultat précédent est faux sans hypothèse de compacité (cf. [Shiota 4]). □

Nous pouvons maintenant passer au théorème d'extension.

Lemme 8.9.11: *Soit $M \subset R^n$ une sous-variété de Nash, $v \in \mathscr{N}(M)$, $V = \mathscr{Z}_M(v)$. Soit $f \in \mathscr{S}^0(M)$ telle que $f | V = 0$, et soit $\varepsilon \in \mathscr{S}^0(M)$, $\varepsilon > 0$. Alors il existe $g \in v \mathscr{N}(M)$ telle que $|f - g| < \varepsilon$ sur M.*

Démonstration: Quitte à remplacer v par v^2, on peut supposer $v \geq 0$ sur M. Soit $g_1 \in \mathscr{N}(M)$, avec $|f - g_1| < \varepsilon/4$ (8.8.4). L'ensemble $F = \{x \in M \mid |g_1(x)| \geq \varepsilon/2\}$ est un fermé semi-algébrique de M, disjoint de V, et donc $v/|g_1|$ ne s'annule pas sur F. Par 8.8.8, on peut trouver $\eta \in \mathscr{N}(M)$, $\eta > 0$, tel que $\eta < v \varepsilon/|g_1|$ sur F. Alors $g = 2 v g_1 / (2v + \eta)$ convient (calcul facile). □

Théorème 8.9.12: *Soit $M \subset R^n$ une sous-variété de Nash, $v \in \mathcal{N}(M)$, $V = \mathscr{Z}_M(v)$. Soit $f: U \to R$ une fonction de Nash, où U est un voisinage ouvert semi-algébrique de V dans M. Alors il existe une fonction de Nash $g \in \mathcal{N}(M)$, telle que $g - f \in v \mathcal{N}(U)$ (et donc $g|V = f|V$).*

Démonstration: On se ramène tout d'abord au cas où V est semi-algébriquement connexe. En effet, supposons que $V = V_1 \cup V_2$ où V_1 et V_2 sont des fermés semi-algébriques disjoints dans M. Alors d'après le théorème de séparation 2.7.6, il existe $\varphi \in \mathcal{N}(M)$ telle que $\varphi(V_1) > 0$ et $\varphi(V_2) < 0$. Posons $v_1 = \sqrt{v^2 + \varphi^2} - \varphi$, $v_2 = \sqrt{v^2 + \varphi^2} + \varphi$; on a $\mathscr{Z}_M(v_i) = V_i$. Si on a $g_i \in \mathcal{N}(M)$, $g_i - f \in v_i \mathcal{N}(U)$ pour $i = 1, 2$, alors $g = \dfrac{g_1 v_2 + g_2 v_1}{v_1 + v_2}$ convient puisque $g - f = \dfrac{(g_1 - f) v_2 + (g_2 - f) v_1}{v_1 + v_2} \in v \mathcal{N}(U)$.

On peut donc supposer que V est semi-algébriquement connexe, et aussi que U est semi-algébriquement connexe (car un ensemble semi-algébrique semi-algébriquement connexe a une base de voisinages ouverts semi-algébriquement connexes).

La description d'Artin-Mazur des fonctions de Nash (8.4.4) nous donne alors un ensemble algébrique irréductible non singulier $Z \subset R^{n+p}$, un ouvert semi-algébrique U' de Z, un difféomorphisme de Nash $\sigma: U \to U'$ et une fonction polynomiale $h: Z \to R$ tels que le diagramme suivant commute:

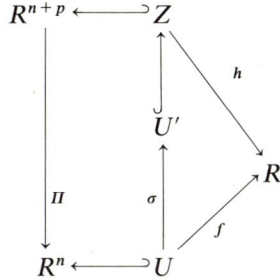

où Π est la projection donnée par $\Pi(x, y) = x$. Soient $p_1, \ldots, p_m$ des générateurs de l'idéal $\mathscr{I}(Z) \subset R[X, Y]$. Soit $q: M \times R^p \to R^{n+p+m}$ la fonction de Nash donnée par $q(x, y) = (x, v(x)y, p_1(x, y), \ldots, p_m(x, y))$.

On peut toujours supposer qu'il existe une section semi-algébrique continue $\bar{\sigma}: M \to R^{n+p}$ de Π telle que $\bar{\sigma}|U = \sigma$, quitte à rétrécir U: il suffit de considérer un voisinage fermé semi-algébrique F de V dans U, et d'étendre (2.6.9) les p dernières coordonnées de $\sigma|F$ en des fonctions semi-algébriques continues sur M. Soit alors $\Gamma = \bar{\sigma}(M) \subset R^{n+p}$. Pour tout x de M, le rang de la différentielle $q'(\bar{\sigma}(x))$ est $d + p$ (où $d = \dim(M)$). On peut trouver un voisinage ouvert semi-algébrique Ω de Γ dans $M \times R^p$ tel que $q|\Omega$ soit un plongement de Nash de Ω dans R^{n+p+m}. En effet posons

$$\varepsilon_1(x) = \sup(\{r \in R \mid r \leq 1 \text{ et } q|(M \times R^p) \cap B_{n+p}(\bar{\sigma}(x), r) \text{ est injective,}$$
$$\text{de rang } d + p \text{ et ouverte sur son image}\}).$$

La fonction ε_1 est semi-algébrique sur M, localement minorée par des constantes strictement positives; on a donc d'après 8.9.4 un $\varepsilon \in \mathscr{S}^0(M)$, $0 < \varepsilon < \varepsilon_1$. On prend alors $\Omega = \{(x,y) \in M \times R^p \mid \|(x,y) - \bar{\sigma}(x)\| < \varepsilon(x)\}$, et on vérifie bien que $q|\Omega$ est un plongement de Nash. On peut alors appliquer le corollaire 8.9.5 à la sous-variété de Nash $q(\Omega)$ de R^{n+p+m}: il existe un voisinage ouvert semi-algébrique W de $q(\Omega)$ dans R^{n+p+m}, et une rétraction de Nash $\rho: W \to q(\Omega)$. Considérons maintenant les $p+m$ dernières coordonnées de la fonction $q \circ \bar{\sigma}$: $M \to q(\Omega) \subset R^{n+p+m}$. Ce sont des fonctions continues semi-algébriques qui s'annulent sur V. On peut leur appliquer le lemme 8.9.11 de façon à obtenir une fonction de Nash $\tau: M \to W$, avec $\tau(x) = (x, \tau_1(x))$ et $\tau_1(x) \in \bigoplus_{p+m} v\mathcal{N}(M)$.

On pose alors $g = \bar{h} \circ (q|\Omega)^{-1} \circ \rho \circ \tau: M \to R$, où $\bar{h}: R^{n+p} \to R$ est une fonction polynomiale telle que $\bar{h}|Z = h$. On a bien $g \in \mathcal{N}(M)$, et, sur U, $g - f = \bar{h} \circ (q|\Omega)^{-1} \circ \rho \circ \tau - \bar{h} \circ (q|\Omega)^{-1} \circ \rho \circ q \circ \sigma \in v\mathcal{N}(U)$ car $\tau - q \circ \sigma \in \bigoplus_{n+p+m} v\mathcal{N}(U)$.

Corollaire 8.9.13: *Soit $M \subset R^n$ une sous-variété de Nash, $V \subset M$ un ensemble de Nash qui est une sous-variété de Nash. Soit $f: V \to R$ une fonction de Nash sur V. Alors il existe une fonction de Nash $g \in \mathcal{N}(M)$ telle que $g|V = f$.*

Démonstration: En composant f avec une rétraction de Nash d'un voisinage ouvert semi-algébrique de V dans M sur V obtenue par 8.9.5, on se place dans les hypothèses du théorème 8.9.12. □

Remarque 8.9.14: La question de savoir si, de manière générale, une sous-variété de Nash est un ensemble de Nash est ouverte. On a une réponse positive quand $R = \mathbb{R}$ et que la sous-variété est compacte (cf. [Shiota 4]).

Note bibliographique: L'association du nom de J. Nash aux fonctions analytiques-algébriques réelles vient de l'article [Nash 1]. [Artin Mazur 1] précise la notion de variété de Nash, et donne la description des fonctions de Nash qui fait l'objet de notre quatrième section. Pour ce qui est des propriétés locales des fonctions de Nash, nous avons suivi très fidèlement [Lafon 1], qui traite de manière générale des séries formelles algébriques; on peut voir aussi [Lazzeri Tognoli 1] pour ces propriétés locales. Les résultats d'approximations de solutions formelles d'équations viennent de [Artin M.1] (voir aussi [Tougeron 1, 2]). Le théorème de substitution et ses conséquences sont dus à G. Efroymson ([Efroymson 2], [Bochnak Efroymson 1]); la preuve via la description d'Artin-Mazur vient de [Coste 1]. L'article [Mostowski 1] contient des démonstrations du théorème des zéros 8.5.4 et du 17e problème de Hilbert pour les fonctions de Nash 8.5.6, avec quelques trous et quelques erreurs (néanmoins cet article a joué un rôle important dans le développement de la théorie des fonctions de Nash globales). Le théorème 8.6.4 est dans [Risler 2]. L'algébricité des germes d'ensembles de Nash est dans [Bochnak Kucharz 1]. Le lemme 8.6.13 vient de [Roberts 1]. La noethérianité de l'anneau des fonctions de Nash globales est dans [Risler 2] et [Efroymson 1], nous avons suivi ici la deuxième démonstration. La construction du faisceau de fonctions de Nash sur le spectre réel vient de [Roy 1]. Les théorèmes d'approximation et d'extension de la fin du chapitre viennent de [Efroymson 3]; nous avons suivi les démonstrations de

[Pecker 1]. Le contre-exemple de 8.8.5 est dans [Brumfiel 3]. En plus des applications topologiques ou analytiques des fonctions de Nash signalées dans ce chapitre, mentionnons l'application à l'étude des fonctions composées $\mathscr{C}^\infty$ ([Bierstone Milman 1, 2], [Tougeron 3]). Nous n'avons parlé que de sous-variétés de Nash de R^n. Les variétés de Nash générales (définies avec des cartes) sont peu étudiées, les résultats existants concernent surtout l'existence de structures de Nash non isomorphes compatibles avec une même structure $\mathscr{C}^\infty$ donnée ([Chillingworth Hubbard 1], [Shiota 6]). Les variétés de Nash seront étudiées systématiquement dans un livre de Shiota, intitulé «Nash manifolds», à paraître dans la série Lecture Notes in Mathematics chez Springer.

Chapitre 9. Stratifications

Résumé: Ce chapitre prolonge l'étude des ensembles semi-algébriques faite au chapitre 2. Il commence par la construction de stratifications possédant des propriétés agréables, en particulier quant au comportement pour les projections successives $R^k \to R^{k-1}$; ceci permet des raisonnements par récurrence sur la dimension. Ainsi on établit dans la deuxième section que tout ensemble semi-algébrique fermé borné est semi-algébriquement triangulable. Puis, en section 3, que toute fonction semi-algébrique continue est triviale au-dessus d'une partition semi-algébrique finie de l'ensemble d'arrivée; ceci permet d'obtenir entre autres le théorème de structure conique locale des ensembles semi-algébriques. La quatrième section est une étude des demi-branches de courbes algébriques. La cinquième section présente un énoncé semi-algébrique du théorème de Sard, ainsi qu'un théorème de Bertini. La sixième section traite des conditions a et b de Whitney.

Dans tout ce chapitre, R désigne un corps réel clos.

9.1 Familles stratifiantes de polynômes

Avant d'énoncer la définition de famille stratifiante, il est bon de rappeler une convention. On dira qu'une famille $\mathscr{F}$ de polynômes est stable par dérivation par rapport à la variable T si pour tout $f \in \mathscr{F}$, ou bien $\dfrac{\partial f}{\partial T} = 0$, ou bien $\dfrac{\partial f}{\partial T} \in \mathscr{F}$.

La raison de cette convention est que le polynôme nul est, pour ce que nous voulons faire, indésirable. Par ailleurs, afin que la définition suivante soit sans ambiguïté, rappelons qu'un polynôme $f \in R[X_1, \ldots, X_i]$ est unitaire en X_i quand il s'écrit

$$f = X_i^d + g_{d-1}(X_1, \ldots, X_{i-1}) X_i^{d-1} + \ldots + g_0(X_1, \ldots, X_{i-1}).$$

En particulier le seul polynôme unitaire de degré 0 en X_i est 1.

Définition 9.1.1: *Une famille stratifiante de polynômes est une famille de polynômes non nuls $(f_{i,j})_{i=1,\ldots,n;\, j=1,\ldots,l_i}$ à coefficients dans R telle que:*

(i) *Pour i fixé, la famille $(f_{i,j})_{j=1,\ldots,l_i}$ est une famille de polynômes de $R[X_1, \ldots, X_i]$, dont chacun est produit d'un polynôme unitaire par rapport à la variable X_i par une constante non nulle de R, stable par dérivation par rapport à la variable X_i.*

(ii) *Pour* $k>1$ *fixé, la famille* $(f_{i,j})_{i<k,j=1,\ldots,l_i}$ *saucissonne la famille* $(f_{k,j})_{j=1,\ldots,l_k}$ (cf. 2.3.4).

Toute famille de polynômes peut, moyennant un changement linéaire de variables, être complétée en une famille stratifiante:

Proposition 9.1.2: *Soient* $g_1, \ldots, g_s$ *des polynômes non nuls de* $R[T_1, \ldots, T_n]$. *Alors il existe un automorphisme linéaire* $u: R^n \to R^n$ *et une famille stratifiante* $(f_{i,j})_{i=1,\ldots,n;j=1,\ldots,l_i}$ *telle que* $f_{n,j}(X) = g_j(u(X))$ *pour* $j=1, \ldots, s$.

Démonstration: On procède par récurrence sur n. Pour $n=1$, il suffit d'ajouter aux polynômes $g_1, \ldots, g_s$ toutes leurs dérivées non nulles à tous les ordres, et $u: R \to R$ est l'identité. Supposons le résultat montré pour $n-1$, avec $n>1$. On peut toujours se ramener à des polynômes unitaires en la dernière variable à un facteur constant près au moyen d'un changement de variables donné par une transformation bien choisie du genre $v: R^n \to R^n$,

$$v(y_1, \ldots, y_n) = (y_1 + a_1 y_n, \ldots, y_{n-1} + a_{n-1} y_n, y_n);$$

on pose $h_j(Y) = g_j(v(Y))$ pour $j=1, \ldots, s$. On ajoute à la famille des polynômes $h_1, \ldots, h_s$ toutes leurs dérivées non nulles à tous les ordres par rapport à la dernière variable Y_n. On obtient ainsi une famille $h_1, \ldots, h_{l_n}$ dont tous les polynômes sont unitaires (à un facteur constant près) par rapport à Y_n. Le théorème 2.3.1 nous donne une famille de polynômes $p_1, \ldots, p_t \in R[Y_1, \ldots, Y_{n-1}]$ qui saucissonne la famille $h_1, \ldots, h_{l_n}$. En appliquant l'hypothèse de récurrence à cette famille $p_1, \ldots, p_t$ on trouve un automorphisme linéaire $u': R^{n-1} \to R^{n-1}$ et une famille stratifiante $(f_{i,j})_{i=1,\ldots,n-1;j=1,\ldots,l_i}$ tels que $f_{n-1,j}(X_1, \ldots, X_{n-1}) = p_j(u'(X_1, \ldots, X_{n-1}))$ pour $j=1, \ldots, t$. On pose alors $u = v \circ (u' \times \mathrm{Id}_R): R^n \to R^n$, et $f_{n,j}(X) = h_j(u'(X_1, \ldots, X_{n-1}), X_n)$ pour $j=1, \ldots, l_n$. La famille $(f_{i,j})_{i=1,\ldots,n;j=1,\ldots,l_i}$ est bien stratifiante, et on a $f_{n,j}(X) = g_j(u(X))$ pour $j=1, \ldots, s$. □

Nous nous intéressons maintenant à la façon dont les familles stratifiantes de polynômes découpent l'espace.

Notations 9.1.3: Soit $(f_{i,j})_{i=1,\ldots,n;j=1,\ldots,l_i}$ une famille stratifiante de polynômes. Soit k un entier, $1 \le k \le n$. On désigne par $\mathscr{C}_k$ la famille des ensembles semi-algébriques non vides de R^k de la forme

$$C = \bigcap_{i=1}^{k} \bigcap_{j=1}^{l_i} \{x \in R^k \mid \mathrm{sign}(f_{i,j}(x)) = \varepsilon(i,j)\}$$

où ε est une application de l'ensemble $\{(i,j) \mid 1 \le i \le k, 1 \le j \le l_i\}$ dans l'ensemble $\{-1, 0, +1\}$. La famille $\mathscr{C}_k$ est une partition semi-algébrique finie de R^k. Soit $\mathscr{A}_k$ l'ensemble des $C \in \mathscr{C}_k$ tels qu'il existe un $f_{k,j}$, $1 \le j \le l_k$, nul sur C, $\mathscr{B}_k = \mathscr{C}_k \setminus \mathscr{A}_k$, $\Pi_k: R^k \to R^{k-1}$ la projection qui oublie le dernier facteur (pour $k>1$).

Théorème 9.1.4: *Soit* $(f_{i,j})_{i=1,\ldots,n;j=1,\ldots,l_i}$ *une famille stratifiante de polynômes. Alors, avec les notations précédentes:*

(i) *Pour tout k, $1 < k \leq n$, et tout $C \in \mathscr{C}_k$, $\Pi_k(C) \in \mathscr{C}_{k-1}$.*

(ii) *Pour tout k, $1 \leq k \leq n$, et tout $C \in \mathscr{C}_k$, C est une sous-variété de Nash de R^k.*

(iii) *Pour tout k, $1 < k \leq n$, si $C \in \mathscr{A}_k$ alors C est le graphe d'une fonction de Nash $\xi_C \colon \Pi_k(C) \to R$.*

(iv) *Pour tout k, $1 < k \leq n$, si $C \in \mathscr{B}_k$ alors il existe un difféomorphisme de Nash $\theta_C \colon \Pi_k(C) \times \,]0,1[\to C$ tel que pour tout $(x,t) \in \Pi_k(C) \times \,]0,1[$, $\Pi_k(\theta_C(x,t)) = x$.*

(v) *Pour tout k, $1 \leq k \leq n$, tout $C \in \mathscr{C}_k$ est l'image d'un plongement de Nash $\varphi_C \colon \,]0,1[^{\dim(C)} \to R^k$ (avec $]0,1[^0 =$ un point) qui vérifie si $k > 1$*

$$\varphi_C = (\mathrm{Id}_{R^{k-1}}, \xi_C) \circ \varphi_{\Pi_k(C)} \quad et \quad \dim(C) = \dim(\Pi_k(C)) \quad quand\ C \in \mathscr{A}_k,$$

$$\varphi_C = \theta_C \circ (\varphi_{\Pi_k(C)} \times \mathrm{Id}_{]0,1[}) \quad et \quad \dim(C) = \dim(\Pi_k(C)) + 1 \quad quand\ C \in \mathscr{B}_k.$$

(vi) *Pour tout k, $1 \leq k \leq n$ et tout $C \in \mathscr{C}_k$, l'adhérence de C dans R^k s'obtient en relâchant les inégalités strictes : si*

$$C = \bigcap_{i=1}^{k} \bigcap_{j=1}^{l_i} \{x \in R^k \mid \mathrm{sign}(f_{i,j}(x)) = \varepsilon(i,j)\},$$

alors

$$\mathrm{adh}(C) = \bigcap_{i=1}^{k} \bigcap_{j=1}^{l_i} \{x \in R^k \mid \mathrm{sign}(f_{i,j}(x)) \in \overline{\varepsilon(i,j)}\}$$

où $\overline{0} = \{0\}$, $\overline{-1} = \{-1,0\}$ et $\overline{+1} = \{0,+1\}$. L'adhérence de C est donc réunion d'éléments de $\mathscr{C}_k$.

(vii) *Pour tout k, $1 \leq k \leq n$ et tous $C, D \in \mathscr{C}_k$, si $D \subset \mathrm{adh}(C)$, $D \neq C$, alors $\dim(D) < \dim(C)$.*

(viii) *Pour tout k, $1 < k \leq n$ et tout $C \in \mathscr{A}_k$, ξ_C se prolonge en une fonction semi-algébrique continue $\overline{\xi}_C \colon \mathrm{adh}(\Pi_k(C)) \to R$. Si $D \in \mathscr{C}_k$, $D \subset \mathrm{adh}(C)$, alors $D \in \mathscr{A}_k$ et $\xi_D = \overline{\xi}_C | \Pi_k(D)$.*

(ix) *Pour tout k, $1 < k \leq n$ et tout $D \in \mathscr{A}_k$, si $C' \in \mathscr{C}_{k-1}$, $\mathrm{adh}(C') \supset \Pi_k(D)$, alors il existe $C \in \mathscr{A}_k$ tel que $\Pi_k(C) = C'$ et $\mathrm{adh}(C) \supset D$.*

Démonstration : On procède par récurrence sur k. Pour $k=1$, le lemme de Thom (2.5.4) nous dit que les éléments de $\mathscr{C}_1$ sont des points ou des intervalles ouverts (ce qui donne (ii), (v), et (vii)), et aussi que (vi) est vérifié. Supposons maintenant $k > 1$, et que les propriétés du théorème sont vérifiées pour $k-1$. Le saucissonnage nous donne immédiatement (i), et nous donne aussi les fonctions ξ_C de (iii) (2.3.1); il faut vérifier que ces fonctions ξ_C sont bien de Nash, et ceci est vrai parce que ξ_C est racine simple d'un des polynômes $f_{k,j}$. La démonstration de 2.3.5 nous donne, pour $C \in \mathscr{B}_k$, les difféomorphismes de Nash θ_C. Tout ceci montre (ii), (iii), (iv) et (v) (on n'a fait ici rien de plus qu'en 8.1.12). La propriété (viii) est exactement, pour la première partie, le lemme 2.5.6 ; la deuxième partie de cette propriété est la conséquence de la première. On a même que si $D' \in \mathscr{C}_{k-1}$, $D' \subset \mathrm{adh}(\Pi_k(C))$, il existe $D \in \mathscr{A}_k$ tel que $\xi_D = \overline{\xi}_C | D'$ et alors $D = \mathrm{adh}(C) \cap \Pi_k^{-1}(D')$. Montrons maintenant la propriété (vi). On note

9.1 Familles stratifiantes de polynômes

$$E = \bigcap_{i=1}^{k} \bigcap_{j=1}^{l_i} \{x \in R^k \mid \text{sign}(f_{i,j}(x)) \in \overline{\varepsilon(i,j)}\}$$

et

$$E' = \bigcap_{i=1}^{k-1} \bigcap_{j=1}^{l_i} \{x' \in R^{k-1} \mid \text{sign}(f_{i,j}(x')) \in \overline{\varepsilon(i,j)}\}.$$

D'après l'hypothèse de récurrence on a $E' = \text{adh}(\Pi_k(C))$. Il est clair que $\text{adh}(C) \subset E$. Soit x' un point de E'. Si $C \in \mathcal{A}_k$ alors d'après le lemme de Thom $\Pi_k^{-1}(x') \cap E$ est soit vide, soit un point, et donc coïncide avec le point $(x', \bar{\xi}_C(x'))$ qui est l'intersection de $\Pi_k^{-1}(x')$ avec $\text{adh}(C)$; la propriété (vi) est vérifiée dans ce cas. Si $C \in \mathcal{B}_k$, C est bordé par un graphe $A \in \mathcal{A}_k$, $\Pi_k(A) = \Pi_k(C)$ ou alors $C = \Pi_k(C) \times R$. Dans les deux cas $\Pi_k^{-1}(x') \cap \text{adh}(C)$ est non vide. Toujours d'après le lemme de Thom $\Pi_k^{-1}(x') \cap E$ est soit vide, soit un point, soit un intervalle fermé d'intérieur non vide; dans ce dernier cas, si (x', x_n) est dans cet intérieur on a $\text{sign}(f_{k,j}(x', x_n)) = \varepsilon(k, j) \neq 0$ pour $j = 1, \ldots, l_n$ et donc $(x'', x_n) \in C$ pour tout $x'' \in \Pi_k(C)$ suffisamment proche de x', d'où $(x', x_n) \in \text{adh}(C)$. On conclut ici aussi que $E = \text{adh}(C)$. La propriété (vii) est facile: puisque $D \subset \text{adh}(C) \setminus C$, on a d'après 2.8.12 que $\dim(D) < \dim(C)$. Enfin, la propriété (ix) vient tout simplement du fait que ξ_D est racine simple d'un $f_{k,j}$, et du théorème des fonctions implicites. □

Définition 9.1.5: *On conserve les notations de 9.1.3. Soit E un sous-ensemble semi-algébrique de R^n qui est réunion d'une sous-famille de $\mathcal{C}_n$. Alors la famille des $C \in \mathcal{C}_n$ contenus dans E est appelée stratification de E donnée par la famille stratifiante de polynômes $(f_{i,j})_{i,j}$. Si $C \in \mathcal{C}_n$, $C \subset E$ et $\dim(C) = d$ on dit que C est une d-strate de cette stratification.*

Théorème 9.1.6: *Soit E un sous-ensemble semi-algébrique de R^n de dimension d. Alors il existe un automorphisme linéaire $v: R^n \to R^n$ et une famille stratifiante de polynômes $(f_{i,j})$ avec $i = 1, \ldots, n, j = 1, \ldots, l_i$ tels que*
  (i) *$v(E)$ admet une stratification donnée par la famille $(f_{i,j})_{i,j}$,*
  (ii) *avec les notations de 9.1.3 et si $\Pi_{n,d}: R^n \to R^d$ est la projection qui oublie les $n-d$ derniers facteurs, alors pour toute strate $C \in \mathcal{C}_n$, $C \subset v(E)$, $\Pi_{n,d} | \text{adh}(C)$ est un homéomorphisme sur $\text{adh}(\Pi_{n,d}(C))$.*

De plus, si $(F_\lambda)_\lambda$ est une famille finie de sous-ensembles semi-algébriques de E, on peut choisir v et la famille $(f_{i,j})_{i,j}$ de telle sorte que chaque $v(F_\lambda)$ soit réunion de strates de la stratification donnée par la famille $(f_{i,j})_{i,j}$.

Démonstration: (i), ainsi que la précision concernant les F_λ, résulte immédiatement de 9.1.2. Pour montrer (ii), on reprend la démonstration de 9.1.2. On s'aperçoit alors, au cours de la construction de la famille stratifiante, que pour $d < k \leq n$, $\Pi_{n,k}(v(E))$ est contenu dans la réunion des zéros des polynômes $f_{k,1}, \ldots, f_{k,l_k}$ (où $\Pi_{n,k}: R^n \to R^k$ est la projection qui oublie les $n-k$ derniers facteurs). Donc pour tout $C \in \mathcal{C}_k$, $C \subset \Pi_{n,k}(v(E))$, on a $C \in \mathcal{A}_k$. Les propriétés 9.1.4 (iii) et (viii) donnent alors le résultat. □

Les stratifications données par une famille stratifiante de polynômes sont bien des stratifications au sens de [Whitney 3], dans le contexte des fonctions de Nash.

Illustrons ce qui précède par l'exemple de la sphère. La famille réduite au seul polynôme $g = X^2 + Y^2 + Z^2 - 1$ se complète comme suit en une famille stratifiante:

$$g = f_{3,1} = X^2 + Y^2 + Z^2 - 1 \quad f_{3,2} = 2Z$$

$$f_{2,1} = X^2 + Y^2 - 1 \quad f_{2,2} = 2Y$$

$$f_{1,1} = X^2 - 1 \quad f_{1,2} = 2X.$$

Voici alors le dessin des stratifications $\mathscr{C}_3$, $\mathscr{C}_2$, $\mathscr{C}_1$ obtenues.

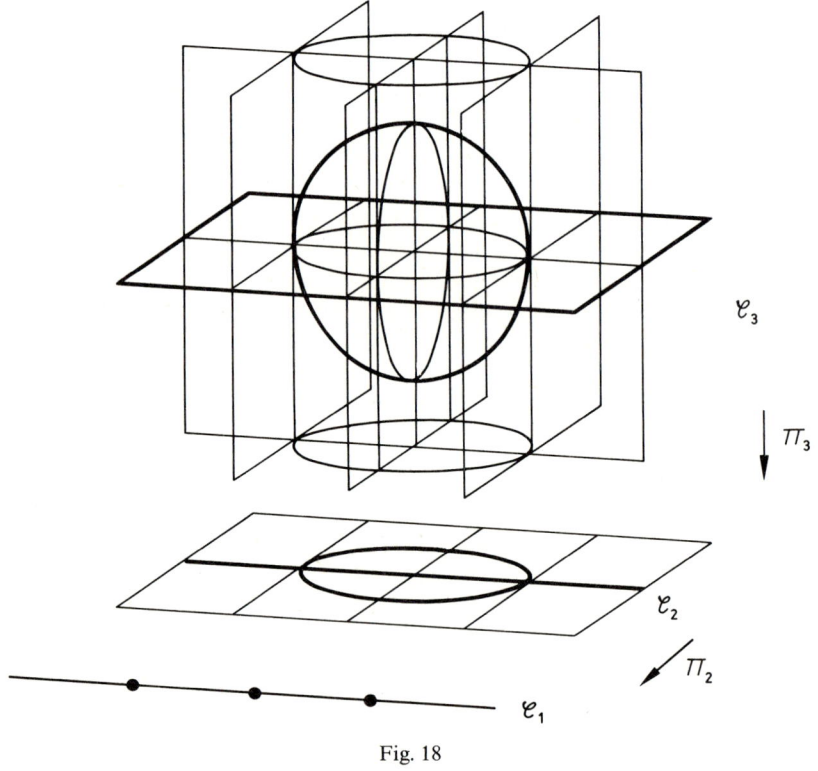

Fig. 18

Définition 9.1.7: *Soit E un sous-ensemble semi-algébrique de R^n. Une stratification de Nash de E est une partition finie $(E_\alpha)_\alpha$ de E où chaque E_α est une sous-variété de Nash semi-algébriquement connexe de R^n et qui vérifie: si $E_\alpha \cap \mathrm{adh}(E_\beta) \neq \emptyset$,*

9.1 Familles stratifiantes de polynômes

$\alpha \neq \beta$, alors $E_\alpha \subset \operatorname{adh}(E_\beta)$ et $\dim(E_\alpha) < \dim(E_\beta)$. Les E_α s'appellent les *strates de la stratification* et si $d = \dim(E_\alpha)$ on dit que E_α est une *d-strate*.

Proposition 9.1.8: *Soit E un sous-ensemble semi-algébrique de R^n, $(F_\lambda)_\lambda$ une famille finie de sous-ensembles semi-algébriques de E. Alors il existe une stratification de Nash $(E_\alpha)_\alpha$ de E, telle que chaque F_λ soit réunion de strates de cette stratification.*

Démonstration: C'est une conséquence immédiate de 9.1.6. □

Nous aurons besoin de propriétés spéciales des stratifications données par des familles stratifiantes de polynômes.

Proposition 9.1.9: *Les notations sont celles de 9.1.3. Soit $(f_{i,j})_{i=1,\ldots,n;\,j=1,\ldots,l_i}$ une famille stratifiante de polynômes. Alors pour tout k, $1 \leq k \leq n$, et pour tout d, $0 \leq d \leq k$, la réunion des strates C de $\mathscr{C}_k$ telles que $\dim(C) \leq d$ est un ensemble algébrique.*

Démonstration: On procède par récurrence sur k. Le résultat est clair pour $k=1$. Supposons $k>1$ et $0<d<k$. Alors

$$\{C \in \mathscr{C}_k \mid \dim(C) \leq d\} = \{C \in \mathscr{A}_k \mid \dim(\Pi_k(C)) \leq d\} \cup \{C \in \mathscr{C}_k \mid \dim(\Pi_k(C)) \leq d-1\}.$$

Soit

$$V = \bigcup \{C \in \mathscr{A}_k\}, \quad W_d = \bigcup \{C \in \mathscr{C}_{k-1} \mid \dim(C) \leq d\},$$
$$W_{d-1} = \bigcup \{C \in \mathscr{C}_{k-1} \mid \dim(C) \leq d-1\}.$$

L'ensemble V est algébrique par définition de $\mathscr{A}_k$, W_d et W_{d-1} sont des ensembles algébriques d'après l'hypothèse de récurrence. Donc

$$\bigcup \{C \in \mathscr{C}_k \mid \dim(C) \leq d\} = (V \cap \Pi_k^{-1}(W_d)) \cup \Pi_k^{-1}(W_{d-1})$$

est algébrique. Les cas $d=0$ et $d=k$ sont triviaux. □

La proposition suivante ne nous servira pas. Cependant, nous la donnons ici car sa signification géométrique est intéressante: la stratification donnée par une famille stratifiante de polynômes est localement triviale, ce qui veut dire que chaque strate C a un voisinage ouvert semi-algébriquement homéomorphe à un produit $C \times F$.

Proposition 9.1.10: *Soit $(f_{i,j})_{i=1,\ldots,n;\,j=1,\ldots,l_i}$ une famille stratifiante de polynômes. Pour k, $1 \leq k \leq n$, et pour $C \in \mathscr{C}_k$ on pose $U_C = \bigcup \{D \in \mathscr{C}_k \mid C \subset \operatorname{adh}(D)\}$; U_C est un voisinage ouvert semi-algébrique de C dans R^k. Alors il existe un ensemble semi-algébrique F, avec un point distingué $x_C \in F$, et pour chaque $D \in \mathscr{C}_k$ avec $D \subset U_C$ et $D \neq C$ un sous-ensemble semi-algébrique $F_D \subset F$, et un homéomorphisme semi-algébrique $\rho: C \times F \to U_C$ tels que $\rho(C \times \{x_C\}) = C$ et $\rho(C \times F_D) = D$.*

Démonstration: On procède par récurrence sur k. Si $k=1$ alors soit C est un intervalle ouvert, auquel cas $U_C = C$, $F = \{x_C\}$, soit C est un point et U_C

comprend, outre ce point, les deux intervalles ouverts dont il est une borne; dans ce cas $F = U_C$.

Supposons maintenant $k > 1$, et que la conclusion de 9.1.10 est vérifiée pour $k-1$. Si on pose $C' = \Pi_k(C)$, on a F', $x'_{C'} \in F'$, $F'_{D'} \subset F'$ pour $D' \in \mathscr{C}_{k-1}$, $D' \neq C'$, adh$(D') \supset C'$, et $\rho' : C' \times F' \longrightarrow U_{C'}$. On remarque que $\Pi_k(U_C) = U_{C'}$. Pour établir le résultat, deux cas sont à envisager.

a) $C \in \mathscr{B}_k$. On s'aperçoit que si $D \subset U_C$, alors $D \in \mathscr{B}_k$. Supposons par exemple C bordé dans $\Pi_k^{-1}(C')$ par deux strates A_1 et A_2 dans $\mathscr{A}_k$, $\xi_{A_1} < \xi_{A_2}$. Soit $D' \in \mathscr{C}_{k-1}$, $D' \subset U_{C'}$, $D' \neq C'$; soit E_1 (resp. E_2) la plus haute (resp. la plus basse) strate dans $\mathscr{A}_k$ contenue dans $\Pi_k^{-1}(D')$ telle que $A_1 \subset \text{adh}(E_1)$ (resp. $A_2 \subset \text{adh}(E_2)$). Alors $U_C \cap \Pi_k^{-1}(D')$ est la strate de $\mathscr{B}_k$ comprise entre E_1 et E_2. On a ainsi un homéomorphisme semi-algébrique $\theta : U_{C'} \times]0, 1[\to U_C$ tel que si $D \subset U_C$, $\theta | \Pi_k(D) \times]0, 1[= \theta_D$ (avec la notation de 9.1.4 (iv)). On prend alors $F = F'$, $x_C = x'_{C'}$, $F_D = F'_{\Pi_k(D)}$, et

$$\rho : C \times F \xrightarrow{\alpha} (C' \times]0, 1[) \times F \simeq (C' \times F') \times]0, 1[\xrightarrow{\beta} U_{C'} \times]0, 1[\xrightarrow{\theta} U_C$$

où $\alpha = \theta_C^{-1} \times \text{Id}_F$ et $\beta = \rho' \times \text{Id}_{]0,1[}$.

b) $C \in \mathscr{A}_k$. On peut supposer $x'_{C'} \in C'$, $F' \subset U_{C'}$ et que pour tout y' de F', $\rho'(x'_{C'}, y') = y'$. On pose alors: $F = \Pi_k^{-1}(F') \cap U_C$, $x_C = (x'_{C'}, \xi_C(x'_{C'}))$, $F_D = F \cap D$ pour $D \subset U_C$, $D \neq C$. Il reste à construire $\rho : C \times F \to U_C$. Soit donc $(x, y) \in C \times F$ et posons $x' = \Pi_k(x) \in C'$, $y' = \Pi_k(y) \in F'$. Si $y = x_C$, $\rho(x, x_C) = x$. Si $y \in D$, $D \neq C$, alors dans le cas où $D \in \mathscr{A}_k$, $\rho(x, y) = (\rho'(x', y'), \xi_D(\rho'(x', y')))$; dans le cas où $D \in \mathscr{B}_k$, avec $y = \theta_D(y', t)$ pour $t \in]0, 1[$, $\rho(x, y) = \theta_D(\rho'(x', y'), t)$. Le ρ ainsi défini vérifie bien ce qu'on attend de lui. $\square$

On revient maintenant à des propriétés moins fines du découpage de l'espace par une famille stratifiante de polynômes, pour voir que ce découpage nous donne immédiatement des décompositions cellulaires semi-algébriques. Voici la définition d'une telle décomposition, calquée sur la définition habituelle des décompositions cellulaires ([Milnor Stasheff 1], définition 6.1).

Définition 9.1.11: *Soit S un ensemble semi-algébrique fermé borné. Une décomposition cellulaire semi-algébrique de S est la donnée d'une partition finie de S en ensembles semi-algébriques $C_1, \ldots, C_p$, et pour chaque $i = 1, \ldots, p$ d'une fonction semi-algébrique continue $f_i : \bar{B}_{\dim(C_i)} \to S$ d'une boule fermée dans S telles que*

(i) $f_i | B_{\dim(C_i)}$ *est un homéomorphisme sur C_i,*

(ii) *si $x \in \text{adh}(C_i) \setminus C_i$, alors $x \in C_j$ avec $\dim(C_j) < \dim(C_i)$.*

Les C_i sont appelées les cellules de la décomposition cellulaire, et f_i est appelée fonction caractéristique de la cellule C_i.

Proposition 9.1.12: *Soit S un ensemble semi-algébrique fermé borné. Alors S admet une décomposition cellulaire semi-algébrique, telle que l'adhérence de chaque cellule est une réunion de cellules. De plus, si $(S_j)_{j=1,\ldots,k}$ est une famille finie de sous-ensembles semi-algébriques de S, on peut choisir la décomposition cellulaire de telle façon que chaque S_j soit réunion de cellules.*

Démonstration: On peut toujours supposer que S et les S_j sont donnés par des combinaisons booléennes de conditions de signe portant sur des polynômes d'une famille stratifiante de $R[X_1, ..., X_n]$, grâce à 9.1.2. Les cellules de la décomposition cellulaire semi-algébrique de S sont les strates C de $\mathscr{C}_n$ (avec les notations de 9.1.3) qui sont contenues dans S. La condition (ii) de 9.1.11 est vérifiée d'après 9.1.4 (vii), et 9.1.4 (vi) montre que l'adhérence d'une cellule est réunion de cellules. Il reste à obtenir les fonctions caractéristiques des cellules. Par 9.1.4 (v), on a pour chaque cellule C un homéomorphisme semi-algébrique $\varphi_C:]0,1[^{\dim(C)} \to C$.

Lemme 9.1.13 (*avec les notations de 9.1.4*): *Pour tout k, $1 \le k \le n$, si $C \in \mathscr{C}_k$ est borné, l'homéomorphisme $\varphi_C:]0,1[^{\dim(C)} \to C$ se prolonge en une fonction semi-algébrique continue $\bar{\varphi}_C: [0,1]^{\dim(C)} \to \mathrm{adh}(C)$.*

Démonstration: On procède par récurrence sur k. Le résultat est clair pour $k=1$ puisqu'alors C est soit un point, soit un intervalle ouvert borné. Supposons $k>1$, et le résultat montré pour $k-1$. Si $C \in \mathscr{A}_k$, on prend

$$\bar{\varphi}_C = (\mathrm{Id}_{R^{k-1}}, \bar{\xi}_C) \circ \bar{\varphi}_{\Pi_k(C)}.$$

Si $C \in \mathscr{B}_k$, puisque C est borné, C est une tranche comprise entre deux strates A_1 et A_2 de $\mathscr{A}_k$, avec $\Pi_k(C) = \Pi_k(A_1) = \Pi_k(A_2)$ et on prend $\bar{\varphi}_C: [0,1]^{\dim(C)-1} \times [0,1] \to \mathrm{adh}(C)$ défini par $\bar{\varphi}_C(t, u) = (x, (1-u)\bar{\xi}_{A_1}(x) + u\bar{\xi}_{A_2}(x))$ où $x = \bar{\varphi}_{\Pi_k(C)}(t)$. On vérifie immédiatement dans les deux cas que $\bar{\varphi}_C|]0,1[^{\dim(C)} = \varphi_C$. □

Si $d = \dim(C)$ on a un homéomorphisme semi-algébrique $h_d: \bar{B}_d \to [0,1]^d$. On prend pour fonction caractéristique de la cellule C la fonction $\bar{\varphi}_C \circ h_d$. □

La proposition suivante, qui est une propriété de structure conique des stratifications données par des familles stratifiantes de polynômes, nous servira au chapitre 11 pour le calcul de la caractéristique d'Euler-Poincaré locale.

Proposition 9.1.14: *On conserve les notations de 9.1.3. Soit $\{a\}$ une 0-strate de $\mathscr{C}_k$, et soit $U_a = \bigcup \{C \in \mathscr{C}_k | a \in \mathrm{adh}(C)\}$. Alors*:
(i) *Il existe un ensemble semi-algébrique fermé borné $G \subset U_a$ et une surjection semi-algébrique continue $\eta: G \times [0,1[\to U_a$ tels que pour tout z de G, $\eta(z, 0) = a$, $\eta(z, 1/2) = z$, que $\eta|G \times]0,1[$ soit un homéomorphisme semi-algébrique sur $U_a \setminus \{a\}$ et que $\eta((G \cap C) \times]0,1[) = C$ pour chaque $C \in \mathscr{C}_k$, $C \subset U_a$, $C \ne \{a\}$.*
(ii) *Les ensembles $G \cap C$ comme ci-dessus sont les cellules d'une décomposition cellulaire semi-algébrique de G, et $\dim(G \cap C) = \dim(C) - 1$.*

Démonstration: On raisonne par récurrence sur k. Pour $k = 1$, U_a se compose du point a et de deux intervalles ouverts, de part et d'autre de a. On prend alors pour G deux points, un dans chaque intervalle ouvert et η est facile à construire.

Supposons maintenant $k > 1$, et que le résultat est montré pour $k-1$. Soit $a' = \Pi_k(a) \in R^{k-1}$ (on utilise ici, comme dans la suite de la démonstration, les notations 9.1.3 et 9.1.4). On a $U'_{a'} \subset R^{k-1}$, $G' \subset U'_{a'}$ et $\eta': G' \times [0,1[\to U'_{a'}$ vérifiant les propriétés de l'énoncé. On va alors construire G et η par morceaux: pour chaque strate $C \ne \{a\}$ de $\mathscr{C}_k$ contenue dans U_a, un morceau $G_C \subset C$ et un homéomorphisme semi-algébrique $\eta_C: G_C \times]0,1[\to C$. Plusieurs cas sont à considérer:

a) La strate C est dans $\mathcal{A}_k$. On prend alors

$$G_C = \{(x', \xi_C(x')) | x' \in G' \cap \Pi_k(C)\}$$

et η_C est défini par

$$\eta_C((x', \xi_C(x')), t) = (\eta'(x', t), \xi_C(\eta'(x', t))).$$

b) La strate C est dans $\mathcal{B}_k$, $\Pi_k(C) \neq \{a'\}$ et $\mathrm{adh}(C) \cap (\{a'\} \times R) = \{a\}$. Alors C est bordée par deux strates A_1 et A_2 de $\mathcal{A}_k$ contenues dans U_a, avec $\Pi_k(A_1) = \Pi_k(A_2) = \Pi_k(C)$. On prend

$$G_C = \{\theta_C(x', u) | x' \in G' \cap \Pi_k(C) \text{ et } u \in]0, 1[\}$$

et η_C est défini par

$$\eta_C(\theta_C(x', u), t) = \theta_C(\eta'(x', t), u).$$

c) La strate C est l'intervalle ouvert I_1 (resp. I_2) de $\{a'\} \times R$ situé juste au-dessous (resp. au-dessus) de a. On prend

$$G_{I_1} = \{b_1\} = \{\theta_{I_1}(a', 1/2)\} \quad (\text{resp. } G_{I_2} = \{b_2\} = \{\theta_{I_2}(a', 1/2)\})$$

et η_{I_1} (resp. η_{I_2}) est défini par

$$\eta_{I_1}(b_1, t) = \theta_{I_1}(a', 1-t) \quad (\text{resp. } \eta_{I_2}(b_2, t) = \theta_{I_2}(a', t)).$$

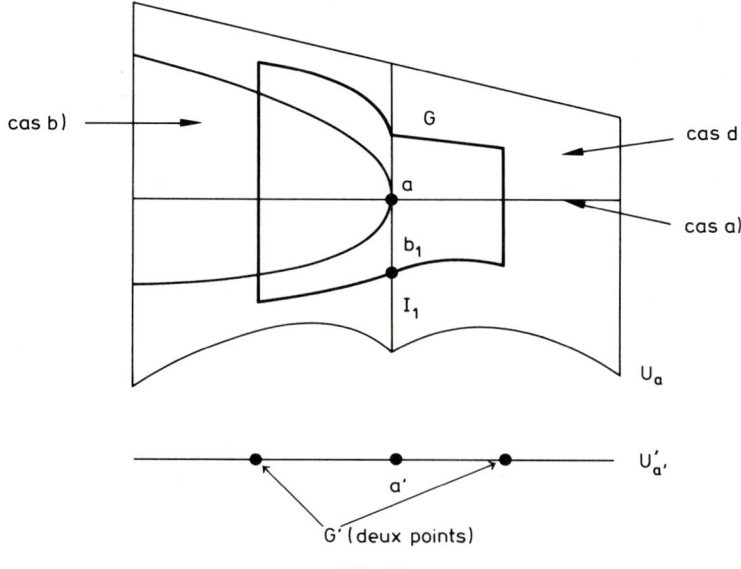

Fig. 19

d) La strate C est dans $\mathscr{B}_k$, $\Pi_k(C) \neq \{a'\}$ et $\mathrm{adh}(C) \cap (\{a'\} \times R)$ contient I_1 (resp. I_2). Dans le cas $I_1 \subset \mathrm{adh}(C)$, on prend

$$G_C = \{\theta_C(\eta'(x', u), v) \mid x' \in G' \cap \Pi_k(C), (0 < u \leq 1/2 \text{ et } v = 1/2)$$
$$\text{ou } (u = 1/2 \text{ et } 1/2 \leq v < 1)\}$$

et η_C est défini par

$$\eta_C(\theta_C(\eta'(x', u), v), t) = \theta_C(\eta'(x', 2tu), 1 - 2t(1-v)).$$

On laisse au lecteur les formules dans le cas $I_2 \subset \mathrm{adh}(C)$.

Les formules que l'on vient de donner se comprennent plus facilement à l'aide d'un petit dessin (cf. figure 19).

G est la réunion des G_C que l'on vient de construire, et $\eta | G \times]0, 1[$ s'obtient en recollant les η_C. On se convainc aisément que ces morceaux se recollent bien et que les propriétés (i) et (ii) sont vérifiées; les détails seraient fastidieux. □

9.2 Triangulation des ensembles semi-algébriques

Nous allons maintenant montrer qu'un ensemble semi-algébrique fermé borné peut être triangulé. Fixons quelques notations: si $a_0, \ldots, a_k$ sont $k+1$ points linéairement indépendants dans R^n (le sous-espace affine qu'ils engendrent est de dimension k), le *k-simplexe* $[a_0, \ldots, a_k]$ est l'ensemble des $x \in R^n$ tels qu'il existe $\lambda_0, \ldots, \lambda_k \in R$ tous positifs ou nuls avec $\sum_{i=0}^{k} \lambda_i = 1$ et $x = \sum_{i=0}^{k} \lambda_i a_i$; les nombres $\lambda_0, \ldots, \lambda_k$ sont les coordonnées barycentriques de x. Si $\{a_{i_0}, \ldots, a_{i_l}\}$ est une partie non vide de $\{a_0, \ldots, a_k\}$, le l-simplexe $[a_{i_0}, \ldots, a_{i_l}]$ est appelé une *face* (l-face, si l'on veut préciser) de $[a_0, \ldots, a_k]$. Si σ est un simplexe, *on notera σ^0 la partie de σ formée des points dont aucune des coordonnées barycentriques n'est nulle* (c'est-à-dire des points qui ne sont sur aucune des faces propres de σ). Un *complexe simplicial fini* de R^n est une union finie de simplexes $K = \bigcup_{i=1}^{p} \sigma_i$ telle que pour tous i, j compris entre 1 et p, $\sigma_i \cap \sigma_j$ est soit vide, soit une face de σ_i et de σ_j. Dans la suite on conviendra, quand on écrit $K = \bigcup_{i=1}^{p} \sigma_i$, que la famille $(\sigma_i)_{i=1,\ldots,p}$ contient les faces de chacun des σ_i.

Théorème 9.2.1 (triangulation): *Tout ensemble semi-algébrique fermé borné $S \subset R^n$ est semi-algébriquement triangulable: il existe un complexe simplicial fini $K = \bigcup_{i=1}^{p} \sigma_i$ et un homéomorphisme semi-algébrique $\Phi: K \to S$. Si de plus $(S_j)_{j=1,\ldots,q}$ est une famille finie de sous-ensembles semi-algébriques de S, on peut trouver une triangulation semi-algébrique $\Phi: K = \bigcup_{i=1}^{p} \sigma_i \to S$, $K \subset R^n$, telle que pour chaque j, l'ensemble $\Phi^{-1}(S_j)$ soit réunion de certains σ_i^0.*

Ce théorème est, d'après 9.1.2, une version affaiblie du lemme technique suivant.

Lemme 9.2.2: *Soit $S \subset R^n$ ($n > 1$) un ensemble semi-algébrique fermé borné, $(S_j)_{j=1,\ldots,q}$ une famille finie de sous-ensembles semi-algébriques de S; on suppose que S et les S_j sont donnés par des combinaisons booléennes de conditions de signe portant sur des polynômes d'une famille stratifiante. Soit $\Pi_n: R^n \to R^{n-1}$ la projection qui oublie le dernier facteur, $T = \Pi_n(S)$. Il existe alors des triangulations semi-algébriques:*

$$\Phi: K = \bigcup_{i=1}^{p} \sigma_i \to S, \quad K \subset R^n$$

$$\Psi: L = \bigcup_{i=1}^{r} \tau_k \to T, \quad L \subset R^{n-1}$$

telles que pour tout i, $\Pi_n(\sigma_i)$ soit un simplexe de L, que $\Pi_n \circ \Phi = \Psi \circ \Pi_n | K$ et que pour tout j, $\Phi^{-1}(S_j)$ soit réunion de certains σ_i^0.

Démonstration: On procède par récurrence sur n. Le théorème 9.2.1 ne pose aucun problème pour $n = 1$. Supposons $n > 1$, et le théorème 9.2.1 montré pour $n-1$; on établit alors le lemme 9.2.2 pour n, ce qui nous donne aussi 9.2.1 pour n. Reprenons les notations introduites pour les familles stratifiantes de polynômes (9.1.3 et 9.1.4). L'ensemble S et les S_j sont réunions de strates de $\mathscr{C}_n$, et T est réunion de strates de $\mathscr{C}_{n-1}$. D'après l'hypothèse de récurrence, puisque T est fermé borné dans R^{n-1}, il existe une triangulation semi-algébrique Ψ:
$L = \bigcup_{k=1}^{r} \tau_k \to T$, $L \subset R^{n-1}$ telle que chaque strate de $\mathscr{C}_{n-1}$ contenue dans T soit l'image par Ψ d'une réunion de certains τ_k^0. On a sur chaque $\Psi(\tau_k^0)$ les fonctions $\xi_C | \Psi(\tau_k^0)$ pour $C \in \mathscr{A}_n$, $C \subset S$ tel que $\Pi_n(C) \supset \Psi(\tau_k^0)$. Ces fonctions se prolongent par continuité sur $\Psi(\tau_k)$ en $\bar{\xi}_C | \Psi(\tau_k)$. On peut toujours supposer, quitte à faire une subdivision barycentrique de L ([Eilenberg Steenrod 1], p. 61) que deux fonctions $\bar{\xi}_C$ et $\bar{\xi}_{C'}$ distinctes prennent des valeurs différentes en l'image par Ψ d'au moins un des sommets de τ_k.

On met alors un ordre total sur l'ensemble des sommets de L. On construit K et Φ au-dessus de chaque τ_k, de façon à avoir une triangulation Φ_k: $K_k \to S \cap (\Pi_n^{-1}(\Psi(\tau_k)))$. Soient $a_0, \ldots, a_d \in R^{n-1}$ les sommets de τ_k, énumérés dans l'ordre. Si $C \in \mathscr{A}_n$, $C \subset S$, $\Pi_n(C) \supset \Psi(\tau_k^0)$, posons $b_{t,C} = (a_t, \bar{\xi}_C(\Psi(a_t)))$ pour $t = 0, \ldots, d$. Le complexe K_k est la réunion des simplexes $[b_{0,C}, \ldots, b_{d,C}]$ et des tranches fermées entre les simplexes $[b_{0,C}, \ldots, b_{d,C}]$ et $[b_{0,C'}, \ldots, b_{d,C'}]$ quand ξ_C et $\xi_{C'}$ sont deux fonctions consécutives telles que la strate de $\mathscr{B}_n$ comprise entre C et C' est contenue dans S; cette tranche elle-même est réunion des $d+1$-simplexes $[b_{0,C}, \ldots, b_{t,C}, b_{t,C'}, \ldots, b_{d,C'}]$ où $b_{t,C} \neq b_{t,C'}$. La fonction Φ_k envoie $[b_{0,C}, \ldots, b_{d,C}]$ sur $C \cap \Pi_n^{-1}(\Psi(\tau_k))$ par

$$\Phi_k(\lambda_0 b_{0,C} + \ldots + \lambda_d b_{d,C}) = (\Psi(\lambda_0 a_0 + \ldots + \lambda_d a_d), \bar{\xi}_C(\Psi(\lambda_0 a_0 + \ldots + \lambda_d a_d)))$$

9.3 Trivialité semi-algébrique

et envoie la tranche entre $[b_{0,C}, ..., b_{d,C}]$ et $[b_{0,C'}, ..., b_{d,C'}]$ sur la tranche entre $\mathrm{adh}(C) \cap \Pi_n^{-1}(\Psi(\tau_k))$ et $\mathrm{adh}(C') \cap \Pi_n^{-1}(\Psi(\tau_k))$, en envoyant de façon affine le segment «vertical» entre $\sum_{t=0}^{d} \lambda_t b_{t,C}$ et $\sum_{t=0}^{d} \lambda_t b_{t,C'}$ sur le segment «vertical» au-dessus de $\Psi\left(\sum_{t=0}^{d} \lambda_t a_t\right)$ compris entre $\bar{\xi}_C\left(\Psi\left(\sum_{t=0}^{d} \lambda_t a_t\right)\right)$ et $\bar{\xi}_{C'}\left(\Psi\left(\sum_{t=0}^{d} \lambda_t a_t\right)\right)$. La fonction Φ_k est un homéomorphisme semi-algébrique et $\Phi_k^{-1}(S_j)$ est réunion de certains σ_j^0 parmi les simplexes σ_j de K_k. Si $\tau_{k'}$ est une face de τ_k, $K_{k'}$ est un sous-complexe de K_k et $\Phi_k | K_{k'} = \Phi_{k'}$. On pose alors $K = \bigcup_{k=1}^{r} K_k$ et Φ est l'homéomorphisme tel que $\Phi | K_k = \Phi_k$. □

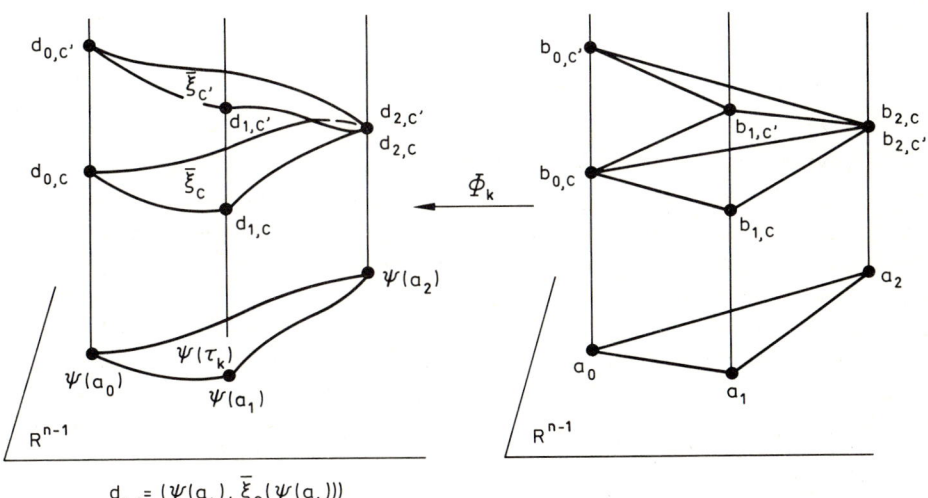

Fig. 20

Remarque 9.2.3: La démonstration qui vient d'être faite montre que l'on peut en plus demander à la triangulation $\Phi: K \to S$ de vérifier la propriété suivante: la restriction de Φ à chaque σ_i^0, pour σ_i simplexe de K, est un plongement de Nash.

9.3 Trivialité semi-algébrique des fonctions semi-algébriques

Théorème 9.3.1 (théorème de trivialité semi-algébrique): *Soient S et T deux ensembles semi-algébriques, $f: S \to T$ une fonction semi-algébrique continue, $(S_j)_{j=1,...,q}$ une famille finie de sous-ensembles semi-algébriques de S. Il existe une partition finie de T en ensembles semi-algébriques $T = \bigcup_{l=1}^{r} T_l$, et pour chaque*

l un ensemble semi-algébrique F_l, des sous-ensembles semi-algébriques $(F_{l,j})_{j=1,...,q}$ de F_l et un homéomorphisme semi-algébrique θ_l: $T_l \times F_l \to f^{-1}(T_l)$ tels que $f \circ \theta_l$ soit la projection $T_l \times F_l \to T_l$ et que $\theta_l(T_l \times F_{l,j}) = S_j \cap f^{-1}(T_l)$.

Démonstration: On peut toujours supposer que S est un ensemble semi-algébrique borné de R^{m+n}, et f la restriction à S de la projection $\Pi: R^{m+n} \to R^m$ qui oublie les n derniers facteurs: S et T peuvent être rendus bornés par des homéomorphismes semi-algébriques du genre $x \to x/(1+\|x\|)$, et on peut ensuite remplacer S par le graphe de f qui lui est semi-algébriquement homéomorphe. On raisonne alors par induction sur l'ordre lexicographique des couples (m,n).

Les ensembles S et S_j sont donnés par des combinaisons booléennes de conditions de signe portant sur un nombre fini de polynômes $f_i(X,Y)$ où $X = (X_1, ..., X_m)$ et $Y = (Y_1, ..., Y_n)$. Quitte à faire un changement de variables linéaires sur les Y seulement, on peut supposer que chaque f_i s'écrit

$$f_i(X,Y) = Y_n^{d_i} g_{0,i}(X) + Y_n^{d_i-1} g_{1,i}(X,Y') + ... + g_{d_i,i}(X,Y')$$

où $Y' = (Y_1, ..., Y_{n-1})$. L'ensemble semi-algébrique $A = \{x \in T \mid \prod_i g_{0,i}(x) = 0\}$ est de dimension strictement plus petite que m. On peut l'écrire d'après 2.3.6 comme réunion finie d'ensembles de la forme $\varphi(]0,1[^k)$ où φ est un homéomorphisme semi-algébrique et $k < m$. En prenant l'image réciproque par φ, le problème sur $\varphi(]0,1[^k)$ se ramène à un problème au-dessus de R^k, que l'on sait résoudre d'après l'hypothèse d'induction.

Il reste à s'intéresser à ce qui se passe en dehors de A. Le changement de variables $Z_n = Y_n \prod_i g_{0,i}(X)$ réalise un homéomorphisme de $S \setminus (A \times R^n)$ sur un ensemble semi-algébrique borné $S' \subset R^{m+n}$; notons S'_j l'image de $S_j \setminus (A \times R^n)$ par cet homéomorphisme. Maintenant, les ensembles S' et S'_j sont donnés par des combinaisons booléennes de conditions de signe portant sur des polynômes qui sont tous soit unitaires en la dernière variable Z_n, soit sans la variable Z_n. Modulo un changement de variables linéaire portant uniquement sur les variables X, Y', on peut supposer que S' et les S'_j sont données par des combinaisons booléennes de conditions de signe sur des polynômes d'une famille stratifiante. D'apres 9.1.4 (vi), adh(S') aussi est donné par une combinaison booléenne de conditions de signe sur ces mêmes polynômes. Si on résout le problème pour adh(S') avec comme sous-ensembles semi-algébriques S' et les S'_j, alors on a gagné. On peut appliquer le lemme 9.2.2 à la projection $\Pi_{m+n}: R^{m+n} \to R^{m+n-1}$ qui oublie le dernier facteur. Tout ceci permet finalement de se ramener à la situation suivante: S est fermé borné, et on a des triangulations semi-algébriques:

$$\Phi: \quad K = \bigcup_{i=1}^{p} \sigma_i \to S, \qquad K \subset R^{m+n}$$

$$\Psi: \quad L = \bigcup_{k=1}^{s} \tau_k \to \Pi_{m+n}(S), \qquad L \subset R^{m+n-1}$$

telles que $\Pi_{m+n} \circ \Phi = \Psi \circ \Pi_{m+n} | K$, et que chaque S_j soit réunion de certains $\Phi(\sigma_i^0)$. On peut alors appliquer l'hypothèse d'induction à $\Pi_{m+n}(S)$, avec les parties $\Psi(\tau_k^0)$, et à la projection $\Pi': R^{m+n-1} \to R^m$. On obtient ainsi une partition finie de R^m en ensembles semi-algébriques $(T_l)_{l=1,\ldots,r}$ et pour T_l des ensembles semi-algébriques $G_l, G_{l,1}, \ldots, G_{l,s}$ avec $G_{l,k} \subset G_l$ et un homéomorphisme semi-algébrique $\rho_l: T_l \times G_l \to \Pi'^{-1}(T_l) \cap \Pi_{m+n}(S)$ tels que $\Pi' \circ \rho_l$ soit la projection $T_l \times G_l \to T_l$ et que pour tout k, $\rho_l(T_l \times G_{l,k}) = \Pi'^{-1}(T_l) \cap \Psi(\tau_k^0)$. Fixons l, et soit x^1 un point de T_l. On peut supposer que $G_l = \Pi'^{-1}(x^1) \cap \Pi_{m+n}(S)$ et que si $(x^1, y') \in G_l$, $\rho_l(x^1, (x^1, y')) = (x^1, y')$. Posons alors $F_l = \Pi^{-1}(x^1) \cap S$, et $F_{l,j} = \Pi^{-1}(x^1) \cap S_j$. Il reste à construire $\theta_l: T_l \times F_l \to \Pi^{-1}(T_l) \cap S$. Soit $x \in T_l$ et $(x^1, y') \in G_l$; (x^1, y') appartient à un des $\Psi(\tau_k^0)$, par exemple $\Psi(\tau_1^0)$, et $\rho_l(x, (x^1, y')) \in \Psi(\tau_1^0)$. D'après les propriétés des triangulations Φ et Ψ, les traces des $\Phi(\sigma_i)$ découpent $\Pi_{m+n}^{-1}(x^1, y') \cap S$ et $\Pi_{m+n}^{-1}(\rho_l(x, (x^1, y'))) \cap S$ de la même façon; θ_l envoie de façon affine le segment (éventuellement réduit à un point, ou vide) $\{x\} \times (\Pi_{m+n}^{-1}(x^1, y') \cap \Phi(\sigma_i)) \subset T_l \times F_l$ sur le segment $\Pi_{m+n}^{-1}(\rho_l(x, (x^1, y'))) \cap \Phi(\sigma_i)$. Nous laissons au lecteur le soin de se convaincre que le θ_l ainsi construit est un homéomorphisme semi-algébrique, et que $\theta_l(T_l \times F_{l,j}) = \Pi^{-1}(T_l) \cap S_j$. □

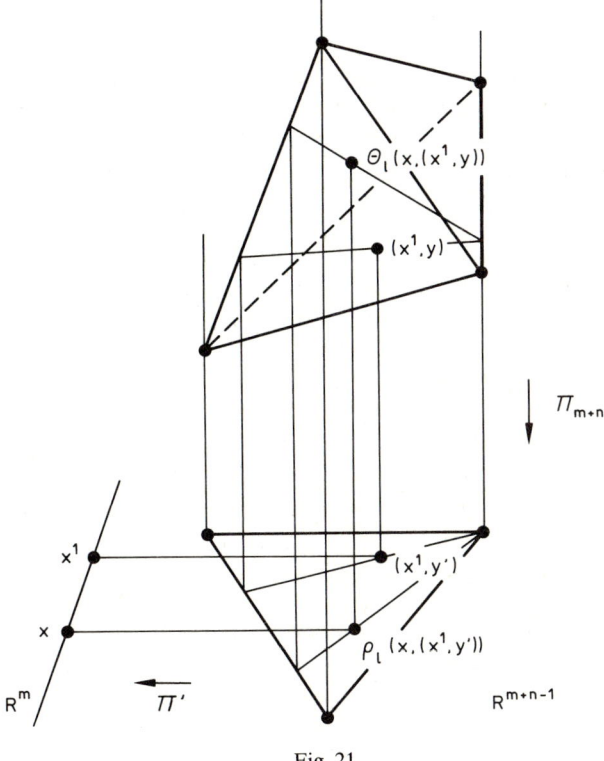

Fig. 21

Voici maintenant une récompense pour ceux que la section 4 du chapitre 7 n'a pas rebuté, mais à qui la démonstration précédente donne des maux de tête.

Deuxième démonstration du théorème 9.3.1: On peut comme pour la démonstration précédente supposer que S est un sous-ensemble semi-algébrique borné de $R^m \times R^n$, et que f est la restriction de la projection $R^m \times R^n \to R^m$. Si l'on sait montrer le théorème pour adh(S) avec les sous-ensembles S et $S_1, \ldots, S_q$ et pour R^m comme ensemble d'arrivée, on a aussi le résultat pour S et T. On suppose donc que S est fermé borné et que $T = R^m$.

Soit $\alpha \in \widetilde{R^m}$. La fibre $S_\alpha \subset k(\alpha)^n$ est fermée (7.4.6) et bornée, et on a d'après 9.2.1 une triangulation semi-algébrique $\Phi: K \to S_\alpha$ telle que chaque fibre $(S_j)_\alpha$ soit l'image par Φ d'une réunion G_j de «simplexes ouverts» σ^0 de K. On peut bien sûr choisir les sommets du complexe $K \subset k(\alpha)^n$ avec des coordonnées dans $\mathbb{Z}$ (et donc dans R), ce qui montre que K et les G_j sont les extensions à $k(\alpha)$ de sous-ensembles semi-algébriques F et F_j de R^n. D'après 7.4.2, K et les G_j sont les fibres en α des familles constantes $R^m \times F$ et $R^m \times F_j$. Le corollaire 7.4.10 nous dit que l'on peut trouver un ensemble semi-algébrique $T^\alpha \subset R^m$ tel que $\alpha \in \widetilde{T^\alpha}$, et un homéomorphisme semi-algébrique $\theta: T^\alpha \times F \to S \cap (T^\alpha \times R^n)$ commutant avec la projection sur T^α et dont Φ est la fibre en α. Quitte à restreindre T^α, on a $\theta(T^\alpha \times F_j) = S_j \cap (T^\alpha \times R^n)$ puisque l'égalité vaut pour les fibres. Les $\widetilde{T^\alpha}$ recouvrent $\widetilde{R^m}$, et par compacité de la topologie constructible (7.1.12) R^m est recouvert par un nombre fini de T^α. □

Corollaire 9.3.2: *Soient S et T deux ensembles semi-algébriques, $f: S \to T$ une fonction semi-algébrique continue. Il existe un ensemble semi-algébrique V fermé dans T, de dimension strictement plus petite que celle de T, tel que f soit semi-algébriquement trivial au-dessus de chaque composante semi-algébriquement connexe de $T \setminus V$: si T_l est une telle composante, on a un ensemble semi-algébrique F_l et un homéomorphisme semi-algébrique $\theta_l: T_l \times F_l \to f^{-1}(T_l)$ tel que $f \circ \theta_l$ est la projection $T_l \times F_l \to T_l$.*

Démonstration: Il suffit dans 9.3.1 de raffiner la partition semi-algébrique de T en une stratification de Nash (9.1.8). On prend ensuite pour V la réunion des strates de dimensions strictement plus petites que celle de T. □

Remarque 9.3.3:

a) On conserve les notations de 9.3.1. La conclusion de ce théorème entraîne que si y et z sont dans le même sous-ensemble T_l de T, alors il existe un homéomorphisme semi-algébrique $\varphi: f^{-1}(y) \to f^{-1}(z)$ tel que $\varphi(f^{-1}(y) \cap S_j) = f^{-1}(z) \cap S_j$.

b) Le théorème 9.3.1 et son corollaire 9.3.2 ne sont plus valables sans l'hypothèse de continuité de la fonction f. Soit par exemple $f: R^2 \to R$ la fonction semi-algébrique donnée par $f(x, y) = 1/y$ si $y \neq 0$ et $f(x, y) = x$ si $y = 0$. Le corollaire 9.3.2 nous donnerait un $M > 0$ tel que $f^{-1}([M, +\infty[)$ soit semi-algébriquement homéomorphe à $[M, +\infty[\times f^{-1}(M)$. Or $f^{-1}([M, +\infty[)$ est semi-algébriquement connexe tandis que $f^{-1}(M)$ est la somme disjointe d'une droite et d'un point.

Le seul endroit où l'on a utilisé la continuité de f dans la démonstration est le remplacement de S par le graphe de f; ce dernier n'est pas homéomorphe à S si f n'est pas continue. Il reste néanmoins que pour tout $x \in T$, la fibre $f^{-1}(x)$ est homéomorphe à la fibre $\Pi^{-1}(x) \cap \text{graphe}(f)$ de la projection. On obtient donc, dans le cas où f n'est pas continue, le résultat plus faible suivant : on peut trouver une partition finie de T en ensembles semi-algébriques T_l telle que les fibres $f^{-1}(x)$ et $f^{-1}(x')$ en deux points quelconques d'un même T_l soient semi-algébriquement homéomorphes. □

Le théorème de trivialité semi-algébrique 9.3.1 permet de montrer facilement la finitude du nombre de types topologiques de sous-ensembles algébriques de R^n quand on fixe le degré maximum des équations.

Théorème 9.3.4: *Soient n et d deux entiers strictement positifs. Soit $\mathcal{M}(n, d)$ la famille des sous-ensembles algébriques $V \subset R^n$ tels qu'il existe des polynômes $f_1, \ldots, f_k \in R[X_1, \ldots, X_n]$ de degré $\leq d$ avec $V = \mathcal{Z}(f_1, \ldots, f_k)$. Alors il existe un nombre fini de sous-ensembles algébriques $V_1, \ldots, V_s$ de R^n dans $\mathcal{M}(n, d)$, tels que pour tout V dans $\mathcal{M}(n, d)$ il existe i, $1 \leq i \leq s$, et un homéomorphisme semi-algébrique $\varphi: R^n \to R^n$ avec $\varphi(V_i) = V$.*

Démonstration: La famille $\mathcal{M}(n, d)$ est contenue dans la famille $\mathcal{F}$ des sous-ensembles algébriques de R^n donnés par une seule équation de degré $\leq 2d$, car $\mathcal{Z}(f_1, \ldots, f_k) = \mathcal{Z}(f_1^2 + \ldots + f_k^2)$. On paramètre la famille $\mathcal{F}$ par l'espace R^N (avec $N = \binom{n+2d}{n}$) des coefficients de l'équation; par abus de notation, f désigne le point de R^N dont les coordonnées sont les coefficients de f. Soit alors $S = \{(f, x) \in R^N \times R^n \mid f(x) = 0\}$. L'ensemble S est algébrique. Soit $\Pi: R^N \times R^n \to R^N$ la projection canonique. On a $\Pi^{-1}(f) \cap S = \{f\} \times \mathcal{Z}(f)$. Le théorème 9.3.1 appliqué à la projection $\Pi: R^N \times R^n \to R^N$ et au sous-ensemble S de $R^N \times R^n$, avec la remarque 9.3.3 a), donne le résultat annoncé. □

Une autre conséquence du théorème 9.3.1 est le théorème de structure conique locale des ensembles semi-algébriques, illustré par la figure 22.

Théorème 9.3.5 (théorème de structure conique locale): *Soit E un sous-ensemble semi-algébrique de R^n, x un point non isolé de E. Alors il existe $\varepsilon \in R$, $\varepsilon > 0$ et un homéomorphisme semi-algébrique $\varphi: \bar{B}_n(x, \varepsilon) \to \bar{B}_n(x, \varepsilon)$ tels que:*
  (i) $\|\varphi(y) - x\| = \|y - x\|$ pour tout $y \in \bar{B}_n(x, \varepsilon)$,
  (ii) $\varphi | S^{n-1}(x, \varepsilon)$ est l'identité,
  (iii) $\varphi(E \cap \bar{B}_n(x, \varepsilon))$ est un cône de sommet x et de base $E \cap S^{n-1}(x, \varepsilon)$.

Démonstration: On applique 9.3.1 avec $S = R^n$, $S_1 = E$ et $f: S \to R$ défini par $f(y) = \|y - x\|$. On trouve alors $\varepsilon > 0$ et un homéomorphisme semi-algébrique $\theta: \,]0, \varepsilon] \times S^{n-1}(x, \varepsilon) \to \bar{B}_n(x, \varepsilon) \setminus \{x\}$ tel que, pour tout y de $S^{n-1}(x, \varepsilon)$, $\|\theta(t, y) - x\| = t$ pour $t \in \,]0, \varepsilon]$, $\theta(\varepsilon, y) = y$ et $\theta(\,]0, \varepsilon] \times (E \cap S^{n-1}(x, \varepsilon))) = E \cap \bar{B}_n(x, \varepsilon) \setminus \{x\}$. La construction de φ est alors facile. □

Corollaire 9.3.6: *Soit S un sous-ensemble semi-algébrique fermé de R^n. Il existe $r \in R$, $r > 0$ tel que $S \cap \bar{B}_n(0, r)$ soit retract par déformation semi-algébrique de S: il existe une fonction semi-algébrique continue $h: [0, 1] \times S \to S$ telle que $h(0, -)$ soit l'identité de S, que $h(1, -)$ soit à valeurs dans $S \cap \bar{B}_n(0, r)$ et que pour tout $t \in [0, 1]$, et pour tout x de $S \cap \bar{B}_n(0, r)$, $h(t, x) = x$.*

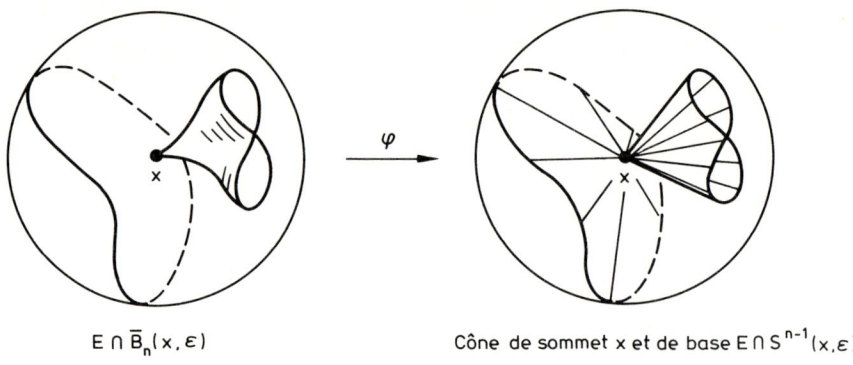

$E \cap \bar{B}_n(x, \varepsilon)$ Cône de sommet x et de base $E \cap S^{n-1}(x, \varepsilon)$

Fig. 22

Démonstration: Supposons S non borné. Par une inversion φ: $R^n \setminus \{0\} \to R^n \setminus \{0\}$, $\varphi(x) = x/\|x\|^2$, on se ramène à la propriété de structure conique locale pour $\varphi(S) \cup \{0\}$ en 0. □

Remarque 9.3.7: Le résultat précédent, avec 2.2.9 et 2.5.8, montre que pour tout ensemble semi-algébrique localement fermé $S \subset R^n$, il existe un ensemble semi-algébrique fermé borné $K \subset S$ qui est retract par déformation semi-algébrique de S. En utilisant la triangulation, on peut obtenir le même résultat sans supposer S localement fermé (cf. [Delfs Knebusch 2]).

Proposition 9.3.8: *Soit $f: S \to T$ une fonction semi-algébrique qui est un homéomorphisme local. Il existe un recouvrement fini $S = \bigcup_{i=1}^{n} U_i$ de S par des ensembles semi-algébriques U_i ouverts dans S, tels que pour tout i, $f|U_i$ soit un homéomorphisme.*

Démonstration: On applique 9.3.1 pour f. On peut en plus supposer que T est borné et que la partition $T = \bigcup_{l=1}^{r} T_l$ est induite par une triangulation semi-algébrique $\Phi: K = \bigcup_{l=1}^{s} \sigma_l \to \mathrm{adh}(T)$ telle que $T_l = \Phi(\sigma_l^0)$. On peut alors remplacer T par $Z = \bigcup_{l=1}^{r} \sigma_l^0$ et poser $g = \Phi^{-1} \circ f$. On a des homéomorphismes θ_l: $\sigma_l^0 \times F_l \to g^{-1}(\sigma_l^0)$ tels que $g \circ \theta_l$ soit la projection $\sigma_l^0 \times F_l \to \sigma_l^0$. Chaque F_l est formé d'un nombre fini de points, puisque g est un homéomorphisme local. Nous noterons ces points $x_{l,1}, \ldots, x_{l,p_l}$. Remarquons que si $\sigma_l^0 \subset Z$, $\sigma_{l'}^0 \subset Z$, σ_l est une face de $\sigma_{l'}$ et $x_{l,\lambda} \in F_l$ alors il existe un unique point $x_{l',\lambda'} = \beta_{l,l'}(x_{l,\lambda}) \in F_{l'}$ tel que $\theta_l(\sigma_l^0 \times \{x_{l,\lambda}\})$ soit égal à $\mathrm{adh}(\theta_{l'}(\sigma_{l'}^0 \times \{x_{l',\lambda'}\})) \cap g^{-1}(\sigma_l^0)$.

Fixons alors l et λ et posons

$$V_{l,\lambda} = \bigcup \{\theta_{l'}(\sigma_{l'}^0 \times \{\beta_{l,l'}(x_{l,\lambda})\}) \mid \sigma_{l'}^0 \subset Z \text{ et } \sigma_l \text{ est une face de } \sigma_{l'}\}.$$

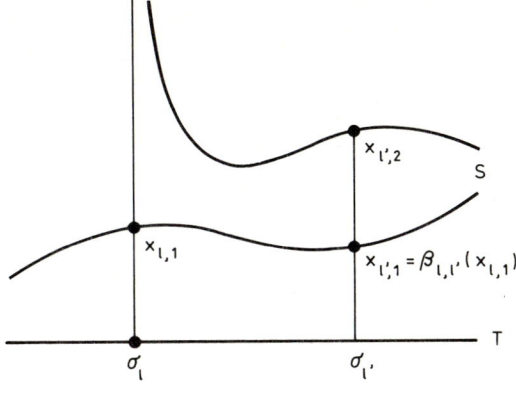

Fig. 23

Grâce à la remarque précédente, on s'aperçoit que $g|V_{l,\lambda}$ est un homéomorphisme sur l'union des $\sigma_{l'}^0 \subset Z$ tels que σ_l soit une face de $\sigma_{l'}$. Comme les $V_{l,\lambda}$ forment un recouvrement ouvert fini de S, la proposition est montrée. □

Corollaire 9.3.9: *Soit M une sous-variété de Nash de R^n de dimension d. Il existe un recouvrement fini de M par des ouverts semi-algébriques M_i, tels que pour chaque M_i on peut trouver $j_1, \ldots, j_d \in \{1, \ldots, n\}$ de telle façon que la restriction à M_i de la projection $(x_1, \ldots, x_n) \mapsto (x_{j_1}, \ldots, x_{j_d})$ de R^n sur R^d soit un difféomorphisme de Nash sur son image (autrement dit sur chaque M_i on peut exprimer $n-d$ coordonnées comme fonctions de Nash des d autres coordonnées).*

Démonstration: Soit $\Pi: R^n \to R^d$ la projection qui oublie les $n-d$ derniers facteurs, et $M' \subset M$ l'ensemble des points x tels que Π induise un isomorphisme de l'espace tangent $T_x(M)$ sur R^d. La fonction $\Pi|M'$ est un homéomorphisme local, on peut donc d'après 9.3.8, recouvrir M' par les images d'un nombre fini de sections continues semi-algébriques de $\Pi|M'$, définies sur des ouverts semi-algébriques de R^d; ces sections sont de Nash d'après le théorème des fonctions implicites. On recommence ensuite avec les projections de R^n sur R^d qui oublient d'autres facteurs. □

9.4 Demi-branches de courbes algébriques

La structure topologique d'une courbe algébrique (c.-à-d. un ensemble algébrique de dimension 1) au voisinage d'un de ses points est facile à décrire.

Proposition et Définition 9.4.1: *Soit $\Gamma \subset R^n$ une courbe algébrique, et soit $a \in \Gamma$. Alors il existe un voisinage ouvert semi-algébrique U de a dans Γ tel que $U \setminus \{a\}$ ait un nombre fini de composantes semi-algébriquement connexes $B_1, \ldots, B_k$, chacune homéomorphe à un intervalle ouvert par un homéomorphisme semi-algébrique $f_i: B_i \to]0,1[$ qui se prolonge en un homéomorphisme $\bar{f}_i: \{a\} \cup B_i \to [0,1[$.*

Les germes $(B_i)_a$, qui ne dépendent pas du choix de U, sont appelés les demi-branches de la courbe Γ centrées en a.

Démonstration: La proposition résulte immédiatement du théorème de structure conique locale 9.3.5. □

Nous allons maintenant montrer que le nombre de demi-branches de Γ centrées en a est pair. La stratégie consiste à se ramener au cas d'une courbe algébrique plane, et nous aurons besoin pour cela d'un résultat concernant les projections, intéressant en lui-même, et que nous formulons dans un cadre plus large que celui des courbes. Commençons par introduire quelques notations. Si x et y sont deux points distincts de R^n, on notera $\widehat{xy} \in \mathbb{P}_{n-1}(R)$ la droite vectorielle engendrée par le vecteur $y-x$. Si $v \in \mathbb{P}_{n-1}(R)$, on note Π_v la projection orthogonale sur l'hyperplan vectoriel de R^n orthogonal à v.

Lemme 9.4.2: *Soit $A \subset R^n$ un ensemble semi-algébrique de dimension $d > 0$. Posons*

$$S = \{v \in \mathbb{P}_{n-1}(R) \mid \text{il existe une infinité de couples } (x, y) \in A \times A$$
$$\text{tels que } x \neq y \text{ et } \Pi_v(x) = \Pi_v(y)\}.$$

Alors S est un sous-ensemble semi-algébrique de $\mathbb{P}_{n-1}(R)$ de dimension $< 2d$.

Démonstration: Soit $\Delta \subset A \times A$ la diagonale et soit $\varphi: A \times A \setminus \Delta \to \mathbb{P}_{n-1}(R)$ la fonction semi-algébrique continue définie par $\varphi(x, y) = \widehat{xy}$. On remarque que

$$S = \{v \in \mathbb{P}_{n-1}(R) \mid \dim(\varphi^{-1}(v)) \geq 1\}.$$

Le théorème de trivialité semi-algébrique 9.3.1, appliqué à la fonction φ, montre que S est un ensemble semi-algébrique, et aussi que $\dim(\varphi^{-1}(S)) \geq \dim(S) + 1$ si S est non vide. Comme on a surement $\dim(\varphi^{-1}(S)) \leq \dim(A \times A \setminus \Delta) = 2d$, le lemme est montré. □

Lemme 9.4.3: *Soit $A \subset R^n$ un ensemble semi-algébrique de dimension $d > 0$, et soit $a \in A$. Posons*

$$T = \{v \in \mathbb{P}_{n-1}(R) \mid \exists \varepsilon > 0 \ \forall \eta > 0 \ \exists x \in A \ \|a - x\| \geq \varepsilon \text{ et } \|\Pi_v(a) - \Pi_v(x)\| < \eta\}.$$

Alors T est un sous-ensemble semi-algébrique de $\mathbb{P}_{n-1}(R)$ de dimension $\leq d$.

Démonstration: Posons $B = \text{adh}(\{\widehat{ax} \in \mathbb{P}_{n-1}(R) \mid x \in A \setminus \{a\}\})$; cet ensemble, qui est l'adhérence de l'image par la fonction φ du lemme précédent de $\{a\} \times (A \setminus \{a\})$, est visiblement de dimension $\leq d$. Pour montrer le lemme, il suffit de montrer que $T \subset B$. Soit donc $v \in T$. On a:

$$\exists \varepsilon > 0 \ \forall \eta > 0 \ \exists x \in A \ \|a - x\| \geq \varepsilon \text{ et } \|\Pi_v(a) - \Pi_v(x)\| < \eta.$$

Quand $\Pi_v(x)$ tend vers $\Pi_v(a)$ avec $\|a - x\| \geq \varepsilon$, alors $\widehat{ax}$ tend vers v; ceci montre que $v \in B$. □

Proposition 9.4.4: *Soit $A \subset R^n$ un ensemble semi-algébrique de dimension d avec $0 < 2d < n$, et soit $a \in A$. Alors il existe une application linéaire $\Pi : R^n \to R^{2d}$, un voisinage semi-algébrique U de a dans A, un voisinage semi-algébrique V de $\Pi(a)$ dans $\Pi(A)$ et un ensemble fini de points $B \subset A$ tels que $\Pi|U$ soit un homéomorphisme sur V et que $\Pi|A \setminus B$ soit injectif.*

Démonstration : Pour montrer la proposition il suffit de trouver, sous les hypothèses indiquées, une application linéaire $\Pi_1 : R^n \to R^{n-1}$, un voisinage semi-algébrique U_1 de a dans A, un voisinage semi-algébrique V_1 de $\Pi_1(a)$ dans $\Pi_1(A)$ et un ensemble fini de points $B_1 \subset A$ tels que $\Pi_1|U_1$ soit un homéomorphisme sur V_1 et que $\Pi_1|A \setminus B_1$ soit injectif. Si $n-1 > 2d$, on recommence en remplaçant R^n par R^{n-1}, A par $\Pi_1(A)$ et a par $\Pi_1(a)$.

Supposons A fermé dans R^n. D'après les lemmes 9.4.2 et 9.4.3 et l'hypothèse $2d < n$, on peut trouver $v \in \mathbb{P}_{n-1}(R) \setminus (S \cup T)$ où S et T sont définis respectivement en 9.4.2 et 9.4.3. Puisque $v \notin S$ il existe un ensemble fini de points $B_1 \subset A$ tel que $\Pi_v|A \setminus B_1$ soit injectif. On peut toujours supposer que $a \notin B_1$. Soit U_0 un voisinage semi-algébrique fermé borné de a dans A avec $U_0 \subset A \setminus B_1$ (on peut en trouver car A est fermé). Puisque $v \notin T$ il existe un voisinage semi-algébrique V_0 de $\Pi_v(a)$ dans l'hyperplan orthogonal à v tel que $\Pi_v^{-1}(V_0) \cap A \subset U_0$; on peut supposer V_0 fermé. Soit $U_1 = \Pi_v^{-1}(V_0) \cap A$, $V_1 = \Pi_v(U_1) = V_0 \cap \Pi_v(A)$. Alors U_1 est un voisinage semi-algébrique fermé borné de a dans A et comme $\Pi_v|U_1$ est une bijection semi-algébrique continue sur V_1, c'est un homéomorphisme sur V_1.

Dans le cas où A n'est pas fermé, on utilise ce que l'on vient de faire pour l'adhérence de A et on en déduit le résultat pour A. □

Proposition 9.4.5: *Soit $\Gamma \subset R^n$ une courbe algébrique et soit $a \in \Gamma$. Alors il existe une application linéaire $\Pi : R^n \to R^2$, une courbe algébrique $C \subset R^2$ telle que $\Pi(a) \in C$, un voisinage U de a dans Γ et un voisinage V de $\Pi(a)$ dans C tels que $\Pi|U$ soit un homéomorphisme sur V.*

Démonstration : D'après la proposition précédente on peut trouver une application linéaire $\Pi : R^n \to R^2$, un voisinage U de a dans Γ, un voisinage V de $\Pi(a)$ dans $\Pi(\Gamma)$ et un ensemble fini de points $B \subset \Gamma$ tels que $\Pi|U$ soit un homéomorphisme sur V et que $\Pi|\Gamma \setminus B$ soit injectif. Cette dernière propriété entraîne d'après le lemme 11.3.4 que $\text{adh}_{\text{Zar}}(\Pi(\Gamma)) \setminus \Pi(\Gamma)$ n'a qu'un nombre fini de points, et donc V est un voisinage de $\Pi(a)$ dans $\text{adh}_{\text{Zar}}(\Pi(\Gamma))$. Il suffit de prendre $C = \text{adh}_{\text{Zar}}(\Pi(\Gamma))$. □

Théorème 9.4.6: *Soit $\Gamma \subset R^n$ une courbe algébrique, et soit $a \in \Gamma$. Alors le nombre de demi-branches de Γ centrées en a est pair.*

Démonstration : La proposition 9.4.5 nous permet de supposer que Γ est une courbe algébrique plane, c.-à-d. que $n = 2$. Si a est un point non singulier de Γ, alors Γ est Nash-difféomorphe à un intervalle ouvert de R au voisinage de a et le nombre de demi-branches est 2. Examinons le cas où $a = (b, c)$ est un point singulier de Γ. Soit $f(X, Y)$ une équation sans facteur multiple de Γ. Quitte à changer l'axe des Y, on peut supposer que f est unitaire en Y et que a est le seul point singulier de Γ sur la droite $X = b$. Le discriminant de

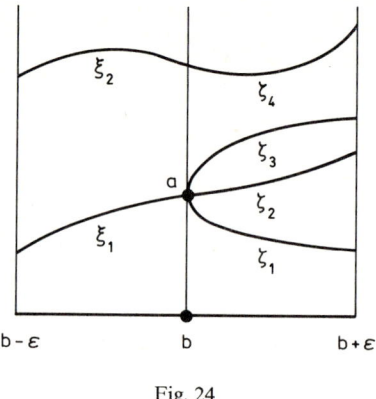

Fig. 24

f ne s'annule pas sur des intervalles $]b-\varepsilon, b[$ et $]b, b+\varepsilon[$. Les racines réelles de $f(x, Y)$ sur ces intervalles sont donnés respectivement par des fonctions de Nash $\xi_1 < \ldots < \xi_r$ et $\zeta_1 < \ldots < \zeta_s$, et r et s ont même parité que le degré de f en Y. Donc $r+s$ est pair.

Puisque f est unitaire en Y, les fonctions ξ_i et ζ_j ont des limites finies quand x tend vers b. Si cette limite est $d \neq c$, le point (b, d) est un point non singulier de Γ. Comme le nombre de demi-branches centrées en un point non singulier est 2, on a bien que le nombre de demi-branches centrées en a est pair. $\square$

Remarque 9.4.7:

a) Les *demi-branches d'un germe de courbe de Nash* se définissent de la même façon que pour les courbes algébriques, et elles sont aussi en nombre pair. En effet le théorème 8.6.12 permet de se ramener au cas d'une courbe algébrique.

b) On peut aussi parler des *demi-branches à l'infini* d'une courbe algébrique Γ. Il suffit pour cela de choisir un compactifié d'Alexandrov algébrique $\dot{\Gamma}$ de Γ (cf. 3.5.3), et de considérer les demi-branches de $\dot{\Gamma}$ centrées au point ajouté. Ces demi-branches à l'infini sont en nombre pair.

9.5 Théorèmes de Sard et de Bertini

Commençons par le théorème du rang constant, qui se démontre pour les fonctions de Nash comme pour les fonctions $\mathscr{C}^\infty$, à partir du théorème des fonctions implicites (cf. [Dieudonné 1]).

Théorème 9.5.1: *Soit f une fonction de Nash d'un ouvert semi-algébrique A de R^n dans R^m telle que le rang de la différentielle $f'(x)$ soit constant et égal à p sur A; soit a un point de A. Alors il existe un voisinage ouvert semi-algébrique $U \subset A$ de a, et un difféomorphisme de Nash $u: U \to]-1, 1[^n$, un ouvert semi-algébrique $V \supset f(U)$ et un difféomorphisme de Nash $v:]-1, 1[^m \to V$ tels que $f|U = v \circ g \circ u$, où $g:]-1, 1[^n \to]-1, 1[^m$ est la projection $(x_1, \ldots, x_n) \mapsto (x_1, \ldots, x_p, 0, \ldots, 0)$.* $\square$

Voici maintenant la version semi-algébrique du théorème de Sard. Si $f: N \to M$ est une fonction de Nash entre deux sous-variétés de Nash N et M, un *point critique* de f est un point x de N où le rang de la différentielle $f'(x): T_x(N) \to T_{f(x)}(M)$ est strictement plus petit que la dimension de M; une *valeur critique* de f est l'image par f d'un point critique.

Théorème 9.5.2 (théorème de Sard): *Soit $f: N \to M$ une fonction de Nash entre deux sous-variétés de Nash. L'ensemble des valeurs critiques de f est un sous-ensemble semi-algébrique de M, de dimension strictement inférieure à la dimension de M.*

Démonstration: Grâce à 9.3.9, on peut supposer que M est un ouvert semi-algébrique de R^m. Soit $S \subset N$ l'ensemble des points critiques de f. Puisque les dérivées partielles de f sont des fonctions de Nash, S est un ensemble semi-algébrique. D'après 8.1.12, S est réunion finie d'ensembles semi-algébriques S_i qui sont les images de plongements de Nash $\varphi_i:]0, 1[^{d_i} \to N$. Le composé $f \circ \varphi_i$ est de rang $<m$. Il reste à voir que l'image de $f \circ \varphi_i$ est de dimension $<m$.

Lemme 9.5.3: *Soit $g:]0, 1[^d \to R^m$ une fonction de Nash telle que le rang de la différentielle $g'(x)$ soit partout $<m$. Alors la dimension de l'image de g est $<m$.*

Démonstration du lemme: Supposons que $\dim(g(]0, 1[^d)) = m$. En appliquant 9.3.2 à g, on peut trouver un ouvert semi-algébrique U de R^m, contenu dans $g(]0, 1[^d)$, et un homéomorphisme semi-algébrique $\theta: U \times F \to g^{-1}(U)$ tel que $g \circ \theta$ soit la projection de $U \times F$ sur U. Si $x \in g^{-1}(U)$, l'image de tout voisinage ouvert semi-algébrique de x par g est un voisinage ouvert semi-algébrique de $g(x)$, et est donc de dimension m. Si on choisit pour x un point où le rang de $g'(x)$ est maximal (parmi les valeurs prises sur $g^{-1}(U)$), on a une contradiction avec le théorème du rang constant. □ □

Enfin, voici un théorème de Bertini «réel».

Théorème 9.5.4 (théorème de Bertini): *Soit $V \subset R^n$ un ensemble algébrique non singulier (resp. $M \subset R^n$ une sous-variété de Nash), L un sous-espace affine de dimension $n-2$ de R^n ne rencontrant pas V (resp. M). Alors, sauf pour un nombre fini d'hyperplans, l'intersection d'un hyperplan H de R^n passant par L avec V est non singulière (resp. avec M est une sous-variété de Nash).*

Démonstration: D'après 3.3.7, on peut se ramener au cas où V est donné par les équations $f_1(x) = \ldots = f_k(x) = 0$, $f_i \in R[X_1, \ldots, X_n]$, avec pour tout $x \in V$, $\text{rang}(f'_1(x), \ldots, f'_k(x)) = k$ (puisque V peut être recouvert par un nombre fini d'ouverts de Zariski où cela est vrai). On paramètre alors la famille des hyperplans passant par L par $\Phi_0(x) + t\Phi_1(x) = 0$, où $t \in R$ et Φ_0 et Φ_1 sont les équations de deux hyperplans distincts H_0 et H_1 passant par L. Le point y est un point singulier de l'intersection de V avec l'hyperplan d'équation $\Phi_0(x) + t\Phi_1(x) = 0$ si et seulement si $\Phi'_0(y) + t\Phi'_1(y)$ s'annule sur le noyau de $(f'_1(y), \ldots, f'_k(y))$, c'est-à-dire si et seulement si y est un point critique de la fonction $x \mapsto -\Phi_0(x)/\Phi_1(x)$ de $V \setminus H_1$ dans R. Le théorème de Sard (9.5.2) nous dit que les valeurs critiques de cette fonction sont en nombre fini. Le raisonnement dans le cas d'une sous-variété de Nash M est le même, à ceci près que l'on fait appel à 9.3.9 pour la réduction initiale, et que les $f_1, \ldots, f_k$ sont de Nash. $\square$

9.6 Les conditions a et b de Whitney

Nous établissons dans cette section l'existence de stratifications de Nash vérifiant les conditions a et b de Whitney. Nous n'aurons pas à utiliser ces conditions dans la suite, mais elles jouent un rôle important dans des problèmes qui dépassent le cadre de ce livre, par exemple dans la démonstration de la densité des fonctions différentiables topologiquement stables ([Mather 1, 2], [Gibson et al. 1]).

Les conditions de Whitney font intervenir des limites d'espaces tangents. Il est bon de rappeler que les grassmanniennes $\mathbb{G}_{n,k}(R)$ sont en tant que variétés algébriques réelles munies d'une topologie euclidienne (3.2.15), et que les limites qui interviennent sont des limites pour cette topologie. Voici la formulation classique des conditions a et b, dans le cas où l'on travaille sur $\mathbb{R}$.

Définition 9.6.1: *Soient X et Y deux sous-variétés de Nash connexes de $\mathbb{R}^n$, disjointes, et telles que $Y \subset \mathrm{adh}(X)$. Soit $y \in Y$. Soit k la dimension de X.*

a) On dit que le couple (X, Y) vérifie la condition a au point y quand pour toute suite $(x_\nu)_{\nu \in \mathbb{N}}$ de points de X qui tend vers y, et telle que la suite des espaces tangent $T_{x_\nu}(X)$ a une limite τ dans $\mathbb{G}_{n,k}(\mathbb{R})$, τ contient $T_y(Y)$.

b) On dit que le couple (X, Y) vérifie la condition b au point y quand pour toute suite $(x_\nu)_{\nu \in \mathbb{N}}$ de points de X qui tend vers y, et telle que la suite des espaces tangents $T_{x_\nu}(X)$ a une limite τ dans $\mathbb{G}_{n,k}(\mathbb{R})$, et pour toute suite $(y_\nu)_{\nu \in \mathbb{N}}$ de points de Y qui tend vers y et telle que la suite des droites vectorielles $\widehat{x_\nu y_\nu}$ a une limite δ dans $\mathbb{P}_{n-1}(\mathbb{R})$, τ contient δ.

Pour voir ce que signifient ces conditions a et b, examinons des exemples où elles ne sont pas vérifiées.

Exemples 9.6.2:

a) Soit $X = \{(x, y, z) \in \mathbb{R}^3 \mid x^3 - z(x^2 + y^2) = 0 \text{ et } y > 0\}$; X est un morceau de la toile du parapluie. Soit $Y \subset \mathbb{R}^3$ la droite $x = z$, $y = 0$. Le couple (X, Y) ne vérifie pas la condition a à l'origine. En effet, quand on approche l'origine le long du demi-axe des y avec $y > 0$ qui est contenu dans X, le plan tangent à X reste constamment le plan $z = 0$ qui ne contient pas la droite Y (cf. 3.1.2, figure 7d).

b) Soit $X = \{(x, y, z) \in \mathbb{C}^3 \mid x^3 + y^2 - z^2 x^2 = 0 \text{ et } x \neq 0\}$, et soit $Y \subset \mathbb{C}^3$ l'axe des z. Les ensembles X et Y peuvent être vus comme sous-variétés de Nash *connexes* de $\mathbb{R}^6 \simeq \mathbb{C}^3$. Le couple (X, Y) vérifie la condition a à l'origine, mais pas la condition b comme le montre le dessin où l'on a représenté les parties réelles de X et Y, c'est-à-dire leurs intersections avec $\mathbb{R}^3 \subset \mathbb{C}^3$ (cf. figure 25). $\square$

Voici maintenant une formulation plus semi-algébrique des conditions a et b. Cette formulation permet de transposer les conditions a et b au cas d'un corps réel clos quelconque R, et nous travaillerons dorénavant dans ce cadre.

9.6 Les conditions a et b de Whitney

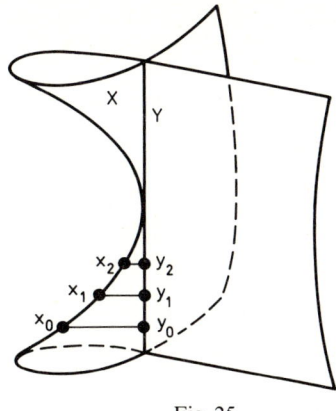

Fig. 25

Elle permet aussi de voir que l'ensemble des points où la condition a (ou la condition b) n'est pas vérifiée est un ensemble semi-algébrique.

Définition 9.6.3: *Soient X et Y deux sous-variétés de Nash semi-algébriquement connexes de R^n, disjointes, et telles que $Y \subset \mathrm{adh}(X)$. Soit k la dimension de X. On pose:*

$$F_a(X) = \{(x, T) \in R^n \times \mathbb{G}_{n,k}(R) \mid x \in X \text{ et } T = T_x(X)\},$$

$$F_b(X, Y) = \{(x, T, y, d) \in F_a(X) \times R^n \times \mathbb{P}_{n-1}(R) \mid y \in Y \text{ et } d = \widehat{xy}\}.$$

a) *Le couple (X, Y) vérifie la condition a au point $y \in Y$ si et seulement si pour tout $\tau \in \mathbb{G}_{n,k}(R)$*

$$(y, \tau) \in \mathrm{adh}(F_a(X)) \Rightarrow \tau \supset T_y(Y).$$

b) *Le couple (X, Y) vérifie la condition b au point $y \in Y$ si et seulement si pour tous $\tau \in \mathbb{G}_{n,k}(R)$ et $\delta \in \mathbb{P}_{n-1}(R)$,*

$$(y, \tau, y, \delta) \in \mathrm{adh}(F_b(X, Y)) \Rightarrow \tau \supset \delta. \quad \square$$

Il est immédiat de vérifier que les deux définitions 9.6.1 et 9.6.3 coïncident dans le cas $R = \mathbb{R}$.

Proposition 9.6.4: *On conserve les notations de 9.6.3.*
(i) *Les ensembles $F_a(X)$ et $F_b(X, Y)$ sont semi-algébriques.*
(ii) *Si $S_a(X, Y)$ (resp. $S_b(X, Y)$) désigne l'ensemble des points $y \in Y$ où le couple (X, Y) ne vérifie pas la condition a (resp. la condition b), alors $S_a(X, Y)$ (resp. $S_b(X, Y)$) est semi-algébrique.*

Démonstration:
(i) est clair une fois que l'on a vérifié (par un raisonnement analogue à celui de 3.4.10) que la fonction $x \mapsto T_x(X)$ de X dans $\mathbb{G}_{n,k}(R)$ est de Nash, ainsi que la fonction $(x, y) \mapsto \widehat{xy}$ de $X \times Y$ dans $\mathbb{P}_{n-1}(R)$.
(ii) est une conséquence immédiate de (i) et de la définition 9.6.3. $\quad \square$

Le point crucial de cette section est la démonstration du fait que l'ensemble des points où les conditions a et b ne sont pas vérifiées est «petit».

Théorème 9.6.5: *On conserve les notations de 9.6.3 et 9.6.4. Alors*

$$\dim(S_a(X, Y)) < \dim(Y) \quad et \quad \dim(S_b(X, Y)) < \dim(Y).$$

La démonstration de ce théorème demande quelques préparations. Tout d'abord nous transformons légèrement la formulation des conditions a et b.

Proposition 9.6.6: *On garde les notations de 9.6.3, et on se donne en plus un voisinage tubulaire V de Y avec sa rétraction orthogonale $\rho: V \to Y$ (cf. 8.9.5). On pose*

$$F_{b'}(X, Y) = \{(x, T, d) \in F_a(X) \times \mathbb{P}_{n-1}(R) | x \in V \text{ et } d = \widehat{x \rho(x)}\}.$$

On dit que le couple (X, Y) vérifie la condition b' au point $y \in Y$ si et seulement si pour tous $\tau \in \mathbb{G}_{n,k}(R)$ et $\delta \in \mathbb{P}_{n-1}(R)$,

$$(y, \tau, \delta) \in \mathrm{adh}(F_{b'}(X, Y)) \Rightarrow \tau \supset \delta.$$

Alors le couple (X, Y) vérifie la condition b au point $y \in Y$ si et seulement s'il vérifie les conditions a et b' au point y.

Démonstration: Il est clair que la condition b est plus forte que la condition b'. Montrons aussi que la condition b entraîne la condition a; supposons pour cela que la condition a n'est pas vérifiée au point $y \in Y$. Alors il existe une fonction semi-algébrique continue $\gamma: [0, 1] \to R^n \times \mathbb{G}_{n,k}(R)$ telle que $\gamma(t) = (\gamma_1(t), T_{\gamma_1(t)}(X))$ avec $\gamma_1(t) \in X$ pour tout $t > 0$ et $\gamma(0) = (y, \tau)$ avec $\tau \not\supset T_y(Y)$. Soit $\varphi:]-\varepsilon, \varepsilon[\to Y$ une fonction de Nash telle que $\varphi(0) = y$ et que $\varphi'(0)$ est un vecteur de $T_y(Y)$ qui n'appartient pas à τ. On peut toujours supposer (quitte à effectuer une reparamétrisation de γ pour que l'exposant du premier terme du développement en série de Puiseux de $\gamma_1(t) - y$ soit > 2) que $\|\gamma_1(t) - y\| \le t^2$ pour t suffisamment petit. Ainsi la limite de la droite vectorielle $\widehat{\gamma_1(t) \varphi(t)}$ quand t tend vers 0 est la droite vectorielle δ engendrée par $\varphi'(0)$. Alors $(y, \tau, y, \delta) \in \mathrm{adh}(F_b(X, Y))$ et $\delta \not\subset \tau$, donc la condition b n'est pas vérifiée au point y.

Il reste à montrer la réciproque; supposons les conditions a et b' vérifiées au point $y \in Y$, et soit $(y, \tau, y, \delta) \in \mathrm{adh}(F_b(X, Y))$. On a donc une fonction semi-algébrique continue $\gamma: [0, 1] \to R^n \times \mathbb{G}_{n,k}(R) \times R^n \times \mathbb{P}_{n-1}(R)$ telle que $\gamma(t) = (\gamma_1(t), T_{\gamma_1(t)}(X), \gamma_2(t), \widehat{\gamma_1(t) \gamma_2(t)})$ avec $\gamma_1(t) \in X$ et $\gamma_2(t) \in Y$ pour $t > 0$, et que $\gamma(0) = (y, \tau, y, \delta)$. D'après la condition a, $\tau \supset T_y(Y)$ et d'après la condition b', τ contient aussi la limite de la droite vectorielle $\widehat{\gamma_1(t) \rho(\gamma_1(t))}$ quand t tend vers 0 (cette limite existe par 2.5.3); par ailleurs, si $\rho(\gamma_1(t))$ et $\gamma_2(t)$ ne coïncident pas pour t petit, la limite de la droite vectorielle $\widehat{\rho(\gamma_1(t)) \gamma_2(t)}$ quand t tend vers 0 (qui existe, toujours d'après 2.5.3) est certainement contenue dans $T_y(Y)$. Ceci montre que δ, qui est limite de la droite vectorielle $\widehat{\gamma_1(t) \gamma_2(t)}$, est contenue dans τ. La condition b est bien vérifiée au point y. □

9.6 Les conditions a et b de Whitney

Remarquons que la proposition précédente dit en particulier que la condition b entraîne la condition a.

La démonstration de théorème 9.6.5 utilisera des « ailes de Nash ».

Définition 9.6.7: *Soit Y une sous-variété de Nash de R^n, soit T un voisinage tubulaire de Y avec la rétraction orthogonale $\rho: T \to Y$. Une aile de Nash d'axe Y est une fonction de Nash*

$$w: \,]-1, 1[\, \times Y \to R^n$$

qui est un homéomorphisme sur son image et qui vérifie pour tout $y \in Y$ les propriétés suivantes:

(i) $w(0, y) = y$,

(ii) *pour tout* $t \in \,]-1, 1[$, $w(t, y) \in T$ *et* $\rho(w(t, y)) = y$,

(iii) *pour tout* $t \in \,]-1, 1[$, *si* $t \neq 0$ *alors* $\dfrac{\partial w}{\partial t}(t, y) \neq 0$,

(iv) $\dfrac{\partial^i w}{\partial t^i}(0, y) = 0$ *pour* $0 < i < q$ *et* $\dfrac{\partial^q w}{\partial t^q}(0, y) \neq 0$, *avec q ne dépendant pas de y.*

Proposition 9.6.8: *Soit w une aile de Nash d'axe Y, et soit $X = w(\,]0, 1[\, \times Y)$. Alors le couple (X, Y) vérifie les conditions a et b en tout point $y \in Y$.*

Démonstration: On peut, en prenant des coordonnées locales, supposer que Y est un ouvert de R^p et que ρ est la restriction de la projection de R^n sur R^p (où l'on identifie R^p à $\{0\} \times R^p \subset R^n$). Remarquons que X est bien une sous-variété de Nash de dimension $p+1$. L'espace vectoriel tangent $T_x(X)$ au point $x = w(t, y)$ est engendré par les vecteurs $\dfrac{\partial w}{\partial t}(t, y)$, $\dfrac{\partial w}{\partial y_1}(t, y)$, ..., $\dfrac{\partial w}{\partial y_p}(t, y)$. Quand x tend vers $y^0 \in Y$, c.-à-d. quand (t, y) tend vers $(0, y^0)$, le vecteur $\dfrac{(q-1)!}{t^{q-1}} \dfrac{\partial w}{\partial t}(t, y)$ tend vers $\dfrac{\partial^q w}{\partial t^q}(0, y^0)$ tandis que les vecteurs $\dfrac{\partial w}{\partial y_i}(t, y)$ tendent vers les vecteurs de la base canonique de R^p. Le seul sous-espace vectoriel $\tau \in \mathbb{G}_{n, p+1}(R)$ tel que $(y^0, \tau) \in \mathrm{adh}(F_a(X))$ est donc celui engendré par $\dfrac{\partial^q w}{\partial t^q}(0, y^0)$ et R^p. Ceci montre déjà que la condition a est vérifiée au point y^0. Enfin, comme le vecteur $\dfrac{q!}{t^q} \overrightarrow{x \, \rho(x)} = \dfrac{q!}{t^q} (w(0, y) - w(t, y))$ tend vers $-\dfrac{\partial^q w}{\partial t^q}(0, y^0)$ quand x tend vers y^0, la condition b' est aussi vérifiée au point y^0. D'après la proposition 9.6.6, on a bien le résultat annoncé. □

Il nous faut maintenant un théorème d'existence d'ailes de Nash. Ce théorème sera une version paramétrée du lemme de sélection des courbes de Nash. Nous l'obtiendrons grâce à un petit travail sur les familles semi-algébriques de fonctions qui sont des fonctions de Nash. Nous reprenons donc ici l'étude commencée au chapitre 7, section 4.

Proposition 9.6.9: *Soit $\alpha \in \widetilde{R^p}$ et soit $S \subset R^p$ un ensemble semi-algébrique tel que $\alpha \in \widetilde{S}$. Soit U un ouvert semi-algébrique de $R^m \times S$, et soit $f: U \to R \times S$ une* famille semi-algébrique de fonctions indexée par S. Si pour tout $t\in S$ la fibre $f_t\colon U_t\to R$ est une fonction de Nash, alors la fibre $f_\alpha\colon U_\alpha\to k(\alpha)$ est elle aussi une fonction de Nash.

Démonstration: Pour tout entier k on décrit par une formule de $\mathscr{L}(R)$ le fait que f_t est de classe $\mathscr{C}^k$ sur U_t (c'est possible, mais pénible). En appliquant 7.2.2 (iii), on a que f_α est de classe $\mathscr{C}^k$ sur U_α pour tout k, et donc que f_α est une fonction de Nash. □

Lemme 9.6.10: *Soit $\alpha\in\widetilde{R^p}$. Alors l'ultrafiltre des ensembles semi-algébriques $S\subset R^p$ tels que $\alpha\in\widetilde{S}$ admet une base formée de sous-variétés de Nash de R^p: pour tout ensemble semi-algébrique $S\subset R^p$ tel que $\alpha\in\widetilde{S}$ il existe une sous-variété de Nash $M\subset R^p$ telle que $M\subset S$ et que $\alpha\in\widetilde{M}$.*

Démonstration: Notons $d=\dim(\alpha)$. Soit $V=\mathscr{Z}(\mathrm{supp}(\alpha))$; c'est un ensemble algébrique irréductible de dimension d. Posons $M=\mathrm{int}(S\cap\mathrm{Reg}(V))$, où l'intérieur est pris dans V. Il est clair que M est une sous-variété de Nash. Par ailleurs puisque $\dim((V\cap S)\setminus M)<d$, on a d'après 7.5.8 que $\alpha\in\widetilde{M}$. □

Proposition 9.6.11: *Soit $\alpha\in\widetilde{R^p}$, soit Ω un ouvert semi-algébrique de $k(\alpha)^m$, et soit $\varphi\colon\Omega\to k(\alpha)$ une fonction de Nash. Alors il existe une sous-variété de Nash $M\subset R^p$, $\alpha\in\widetilde{M}$, un ouvert semi-algébrique $U\subset R^m\times M$, et une famille semi-algébrique de fonctions $f\colon U\to R\times M$ indexée par M, tels que $U_\alpha=\Omega$, que $f_\alpha=\varphi$ et que f est une fonction de Nash.*

Démonstration: On peut supposer Ω connexe. D'après la description d'Artin-Mazur des fonctions de Nash (8.4.4), il existe un ensemble algébrique $V\subset k(\alpha)^m\times k(\alpha)^q$ irréductible non singulier et de dimension m, un ouvert semi-algébrique Ω' de V, un difféomorphisme de Nash $\sigma\colon\Omega\to\Omega'$ et une fonction polynomiale $\gamma\colon V\to k(\alpha)$ tels que le diagramme suivant commute:

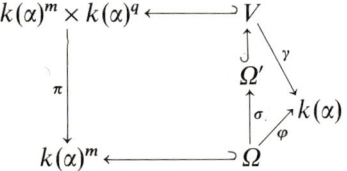

(où π est la projection qui oublie les q derniers facteurs). On a donc des polynômes $\psi_1,\ldots,\psi_r\in k(\alpha)[X_1,\ldots,X_m,Y_1,\ldots,Y_q]$ tels que $\psi_i(\sigma(x))=0$ et que la matrice $\left[\dfrac{\partial\psi_i}{\partial Y_j}(\sigma(x))\right]_{i=1,\ldots,r;\,j=1,\ldots,q}$ soit de rang q pour tout $x\in\Omega$: on prend des générateurs de l'idéal $\mathscr{I}(V)$. On peut écrire $\gamma=g(X,Y,a)$ et $\psi_i=h_i(X,Y,a)$ pour $i=1,\ldots,r$, où $a\in k(\alpha)^n$, $g,h_1,\ldots,h_r\in\mathbb{Z}[X,Y,T]$, $X=(X_1,\ldots,X_m)$, $Y=(Y_1,\ldots,Y_q)$, $T=(T_1,\ldots,T_n)$. On sait d'après 8.8.3 que $a=\theta(\alpha)$ pour une fonction de Nash $\theta\colon\Lambda\to R^n$ définie sur un ouvert semi-algébrique Λ de R^p tel que $\alpha\in\widetilde{\Lambda}$. En appliquant 7.4.6, 7.4.8 et le lemme 9.6.10, on peut trouver une sous-variété de Nash M de R^p, avec $\alpha\in\widetilde{M}$ et $M\subset\Lambda$, un ouvert semi-algébrique $U\subset R^m\times M$, des fonctions semi-algébriques continues $s\colon U\to R^m\times R^q\times R^p$ et $f\colon U\to R\times R^p$ qui sont des familles semi-algébriques de fonctions indexées par M tels que $U_\alpha=\Omega$, $s_\alpha=\sigma$

9.6 Les conditions *a* et *b* de Whitney

et $f_\alpha = \varphi$. Grâce à 7.2.2 (iii), on sait que l'on peut prendre M suffisamment petit pour que $s(U)$ soit contenu dans

$$W = \{(x, y, t) \in R^m \times R^q \times R^p \mid h_i(x, y, \theta(t)) = 0, i = 1, \ldots, r\},$$

que le diagramme suivant commute:

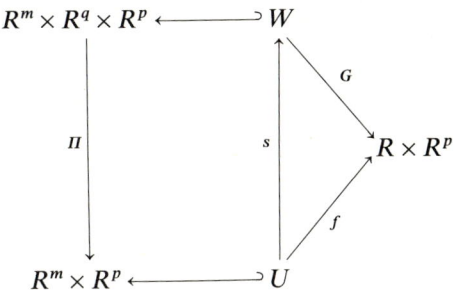

(où Π est la projection évidente et $G(x, y, t) = (g(x, y, \theta(t)), t))$ et que la matrice

$$\left[\frac{\partial H_i}{\partial Y_j}(s(x, t))\right]_{i=1,\ldots,r; j=1,\ldots,q}$$

soit de rang q pour tout $(x, t) \in U$ (où $H_i(x, y, t) = h_i(x, y, \theta(t))$). Puisque les H_i sont des fonctions de Nash, cette dernière condition montre que s est une fonction de Nash, et comme G est restriction d'une fonction de Nash on arrive bien à la conclusion que f est une fonction de Nash. □

Remarque 9.6.12: Soient U un ouvert semi-algébrique de $R^m \times S$ et $f: U \to R \times S$ une famille semi-algébrique de fonctions telle que $f_t: U_t \to R$ est une fonction de Nash pour tout $t \in S$. Alors grâce à 9.6.9 et 9.6.11, on peut écrire S comme réunion finie $S = \bigcup_{i=1}^{k} M_i$ de sous-variétés de Nash telle que $f \mid (U \cap (R^m \times M_i))$ soit de Nash pour $i = 1, \ldots, k$.

Théorème 9.6.13 (lemme de l'aile): *Soit $Y \subset R^n$ une sous-variété de Nash, et soit $S \subset R^n$ un ensemble semi-algébrique tel que $Y \cap S = \emptyset$ et $Y \subset \mathrm{adh}(S)$. Alors il existe un nombre fini d'ouverts semi-algébriques $U_1, \ldots, U_k$ de Y tels que $\dim\left(Y \setminus \bigcup_{i=1}^{k} U_i\right) < \dim(Y)$ et que pour chaque $i = 1, \ldots, k$ on ait une aile de Nash d'axe U_i:*

$$w_i: \,]{-1}, 1[\times U_i \to R^n$$

telle que $w_i(]0, 1[\times U_i) \subset S$.

Démonstration: On peut supposer en prenant des coordonnées locales (avec un nombre fini de cartes grâce à 9.3.9) que Y est un ouvert semi-algébrique de R^p, identifié à $\{0\} \times R^p \subset R^m \times R^p = R^n$. Soit $\alpha \in \tilde{Y}$ de dimension p. Considérons la fibre S_α de $S \subset R^m \times R^p$ considéré comme famille semi-algébrique d'ensembles paramétrée par R^p. Alors $0 \in k(\alpha)^m$ est un point adhérent à S_α. Si ce n'était pas le cas, on trouverait un ouvert semi-algébrique $W \subset k(\alpha)^m$ avec $0 \in W$ et $W \cap S_\alpha = \emptyset$. Mais alors d'après 7.4.6 et 7.4.1 on aurait un ouvert semi-algébrique

$T \subset R^p$, avec $\alpha \in \tilde{T}$, et un ouvert semi-algébrique $V \subset R^m \times T$ tel que $\{0\} \times T \subset V$ et que $V \cap S = \emptyset$, ce qui serait en contradiction avec l'hypothèse $Y \subset \mathrm{adh}(S)$.

On peut donc appliquer le lemme de sélection des courbes de Nash (8.1.17), qui nous donne une fonction de Nash $\omega : \,]-1,1[_{k(\alpha)} \to k(\alpha)^m$ telle que $\omega(0) = 0$ et que $\omega(t) \in S_\alpha$ pour tout $t \in \,]0,1[_{k(\alpha)}$. Comme ω n'est pas constant, on peut supposer que ω est un homéomorphisme sur son image, que $\dfrac{d\omega}{dt}(t) \neq 0$ pour tout $t \neq 0$, et que $\dfrac{d^i \omega}{dt^i}(0) = 0$ pour $0 < i < q$, $\dfrac{d^q \omega}{dt^q}(0) \neq 0$. D'après la proposition 9.6.11, on peut trouver un ouvert semi-algébrique U^α de R^p tel que $\alpha \in \widetilde{U^\alpha}$, et une fonction de Nash

$$w : \,]-1,1[\times U^\alpha \to R^m \times R^p = R^n$$

qui est une famille semi-algébrique de fonctions indexée par U^α telle que $w_\alpha = \omega$. En prenant U^α suffisamment petit, on aura aussi que w est un homéomorphisme sur son image, que $w(0, y) = y$, que $\dfrac{\partial w}{\partial t}(t, y) \neq 0$ pour $t \neq 0$, que $\dfrac{\partial^i w}{\partial t^i}(0, y) = 0$ pour $0 < i < q$ et $\dfrac{\partial^q w}{\partial t^q}(0, y) \neq 0$ pour tout $y \in U^\alpha$. Donc w est une aile de Nash d'axe U^α. Enfin, quitte à diminuer U^α, on aura aussi $w(t, y) \in S$ pour tout $t \in \,]0,1[$ et tout $y \in U^\alpha$. Les $\widetilde{U^\alpha}$ recouvrent l'ensemble des points de dimension p de $\tilde{Y}$ qui est compact (c'est un ouvert-fermé de l'espace des ordres sur le corps de fractions rationnelles à p variables sur R). Par compacité, on peut choisir parmi les U^α un nombre fini d'ouverts $U_1, \ldots, U_k$ tels que $\dim\left(Y \setminus \bigcup_{i=1}^{k} U_i\right) < p$. $\square$

Les préparatifs sont maintenant terminés.

Démonstration du théorème 9.6.5: On note $S_{b'}(X, Y)$ l'ensemble des points de Y où la condition b' n'est pas vérifiée; c'est clairement un ensemble semi-algébrique. D'après la proposition 9.6.6, il suffit de montrer que $S_a(X, Y)$ et $S_{b'}(X, Y)$ sont tous deux de dimension strictement inférieure à celle de Y.

Nous pouvons supposer, comme nous l'avons déjà fait plusieurs fois, que Y est un ouvert semi-algébrique de R^p que l'on identifie à $\{0\} \times R^p \subset R^n$. La rétraction orthogonale ρ (cf. 9.6.6) est alors la projection canonique $R^n \to R^p$.

L'identification de $\mathbb{G}_{n,l}(R)$ à un sous-ensemble algébrique de R^{n^2} (3.4.4) nous fournit une fonction distance $d : \mathbb{G}_{n,l}(R) \times \mathbb{G}_{n,l}(R) \to R$. Si $l \leq k$, on définit une fonction distance notée encore $d : \mathbb{G}_{n,l}(R) \times \mathbb{G}_{n,k}(R) \to R$ par

$$d(\delta, \tau) = \inf(\{d(\delta, \gamma) \mid \gamma \in \mathbb{G}_{n,l}(R), \gamma \subset \tau\}).$$

Cette fonction est semi-algébrique continue, et on a $d(\delta, \tau) = 0 \Leftrightarrow \delta \subset \tau$ (remarquer que $\{\gamma \in \mathbb{G}_{n,l}(R) \mid \gamma \subset \tau\}$ est fermé borné).

Posons pour $y \in Y$ et $t \in R$, $t > 0$:

$$\varphi(y, t) = \sup(\{d(R^p, T_x(X)) \mid x \in X \text{ et } \|x - y\| \leq t\}).$$

9.6 Les conditions a et b de Whitney

Pour y fixé la fonction $\varphi(y, t)$ est une fonction semi-algébrique bornée de t, qui se prolonge (d'après 2.5.3) par continuité en $t=0$ par une valeur $f(y) \in R$. La fonction $f: Y \to R$ est semi-algébrique et $y \in S_a(X, Y) \Leftrightarrow f(y) \neq 0$. Supposons que $\dim(S_a(X, Y)) = p$. Alors on peut trouver $c \in R$, $c > 0$, et un ouvert semi-algébrique $U \subset Y$ tel que $f > c$ sur U (car f est continue par morceaux sur Y). Posons maintenant

$$S = \{x \in X \mid d(R^p, T_x(X)) \geq c\}.$$

On a $U \subset \mathrm{adh}(S)$ et on peut alors appliquer le lemme de l'aile, qui nous fournit une aile de Nash $w: \,]-1, 1[\times U' \to R^n$ dont l'axe U' est un ouvert de U et tel que $w(]0, 1[\times U') \subset S$. La proposition 9.6.8 dit que le couple $(U', w(]0, 1[\times U'))$ satisfait la condition a en tout point de U', ce qui est contraire à la définition de S. Donc $\dim(S_a(X, Y)) < p$. Pour montrer que $\dim(S_{b'}(X, Y)) < p$, on raisonne exactement de la même manière, en remplaçant la fonction φ par la fonction ψ définie par:

$$\psi(y, t) = \sup(\{d(\widehat{x\rho(x)}, T_x(X)) \mid x \in X \text{ et } \|x-y\| \leq t\}). \quad \square$$

Soit maintenant $(E_i)_i$ une stratification de Nash d'un sous-ensemble semi-algébrique $E = \bigcup_i E_i$ de R^n. On dit que *la stratification $(E_i)_i$ vérifie la condition a (resp. la condition b)* quand tout couple de strates distinctes (E_i, E_j) avec $E_j \subset \mathrm{adh}(E_i)$ vérifie la condition a (resp. la condition b) en chacun des points de E_j.

Théorème 9.6.14: *Soit $(E_i)_i$ une stratification de Nash de l'ensemble semi-algébrique $E = \bigcup_i E_i$. Alors il existe une stratification de Nash $(F_\lambda)_\lambda$ de E qui vérifie les conditions a et b et qui est plus fine que la stratification $(E_i)_i$ (c'est-à-dire que chaque strate E_i est réunion de strates F_λ).*

Démonstration: On fait un raisonnement par récurrence. Supposons que pour un entier k on a la propriété suivante:

(∗) pour tout couple de strates distinctes (E_i, E_j) tel que $E_j \subset \mathrm{adh}(E_i)$ et $\dim(E_j) > k$, $S_a(E_i, E_j) = S_b(E_i, E_j) = \emptyset$.

Si E_j est une k-strate, posons

$$T_j = \mathrm{adh}(\bigcup \{S_b(E_i, E_j) \mid E_j \subset \mathrm{adh}(E_i), E_j \neq E_i\}) \cap E_j.$$

La proposition 9.6.5 nous dit que $\dim(T_j) < k$. Grâce à une stratification de Nash adéquate de la réunion des T_j et des strates E_l de dimension $< k$ (9.1.8), on obtient une stratification de Nash de E plus fine que $(E_i)_i$, qui a mêmes strates de dimension $> k$ que $(E_i)_i$ et dont les strates de dimension k sont les composantes connexes des $E_j \setminus T_j$. Cette nouvelle stratification vérifiera la propriété (∗) pour $k-1$. $\square$

Note bibliographique: La notion de famille stratifiante de polynômes, et les propriétés de la stratification donnée par une telle famille remontent à deux sources: d'une part le lemme de séparation (ou lemme de Thom généralisé) de [Efroymson 2], revu par Houdebine ([Coste 2]) et d'autre part la technique de stratification utilisée par Hardt ([Hardt 1]) pour l'étude des ensembles algébriques ou semi-algébriques. Le premier résultat de triangulation des ensembles algébriques se trouve dans [van der Waerden 1]. [Łojasiewicz 3] et [Giesecke 1] traitent de la triangulation des ensembles semi-analytiques. [Hironaka 2] donne une démonstration plus simple dans le cadre semi-algébrique. [Delfs Knebusch 2] contient une preuve valable pour un corps réel clos quelconque de la triangulation des ensembles semi-algébriques, ainsi que la trivialité semi-algébrique des fonctions semi-algébriques. Ce résultat, dû à [Hardt 2] prolonge des résultats précédents de [Varčenko 1] et [Wallace 2]. La structure conique locale des ensembles algébriques se trouve dans [Milnor 4] pour l'étude des singularités isolées. Une version quantitative du théorème de Sard semi-algébrique est due à Yomdin, qui l'utilise dans l'étude des singularités des applications différentiables ([Yomdin 1, 2]). Les conditions a et b sur les stratifications sont introduites dans [Whitney 3], qui donne aussi un lemme de l'aile; celui qui figure en 9.6.13 est plus proche de [Robson 1].

Le travail [Shiota Yokoi 1] contient plusieurs résultats concernant la stratification des ensembles semi-algébriques; en particulier il donne un exemple de deux sous-ensembles semi-algébriques compacts de $\mathbb{R}^n$ homéomorphes mais pas semi-algébriquement homéomorphes.

Chapitre 10. Places réelles

Résumé: On expose dans ce chapitre les relations entre les ordres sur un corps et les anneaux de valuation de ce corps. Le résultat principal, et classique, est le suivant: soit B un anneau de valuation d'un corps K, et supposons le corps résiduel de B ordonné; alors cet ordre peut se relever en un ordre sur K, pour lequel B est convexe, et le nombre de ces relèvements ne dépend que du groupe de valuation. Ce résultat est utilisé pour l'étude des spécialisations dans le spectre réel, plus particulièrement des spécialisations de codimension 1; les renseignements que l'on en tire seront fort utiles pour obtenir des propriétés topologiques des ensembles algébriques réels. On montre aussi, si V est une courbe algébrique sur $\mathbb{R}$, que les points du spectre réel $\tilde V$ autres que les «vrais» points de V s'interprètent de façon naturelle comme les demi-branches de V. Enfin on établit l'invariance birationnelle du nombre de composantes semi-algébriquement connexes pour les ensembles algébriques irréductibles bornés non singuliers.

10.1 Places réelles et ordres

Nous commençons par rappeler les notions élémentaires de la théorie des valuations. Pour plus de détails, le lecteur pourra consulter [Lang 2], chapitre 13, § 4 ou [Bourbaki 1], chapitre 6.

Définition 10.1.1: *Soit K un corps commutatif.*
(i) *Un anneau de valuation de K est un sous-anneau B de K tel que:*

$$\forall x \in K, \quad x \neq 0 \Rightarrow x \in B \quad ou \quad x^{-1} \in B.$$

(ii) *Si k est un corps, on étend partiellement l'addition et la multiplication de k à $k \cup \{\infty\}$ par: $x + \infty = \infty$ si $x \in k$, $x\infty = \infty$ si $x \in k \cup \{\infty\}$ et $x \neq 0$. Une place de K est une application $\lambda: K \to k \cup \{\infty\}$ qui vérifie $\lambda(x+y) = \lambda(x) + \lambda(y)$, $\lambda(xy) = \lambda(x)\lambda(y)$ chaque fois que les termes de droite sont définis, et $\lambda(1) = 1$.*

(iii) *Notons K^* le groupe multiplicatif de K. Une valuation de K est une application $v: K^* \to \Gamma$ dans un groupe commutatif totalement ordonné Γ, noté additivement, telle que:*

$$v(xy) = v(x) + v(y), \quad v(x+y) \geq \inf(v(x), v(y)) \quad si \quad x + y \neq 0. \quad \square$$

Proposition 10.1.2:

(i) *Un anneau de valuation B d'un corps K est un anneau local. On notera $\mathfrak{m}_B$ son idéal maximal, $B^* = B \setminus \mathfrak{m}_B$ le groupe multiplicatif de ses éléments inversibles, $k_B = B/\mathfrak{m}_B$ son corps résiduel. L'application $\lambda_B \colon K \to k_B \cup \{\infty\}$ telle que $\lambda_B|B$ est la surjection canonique de B sur k_B et $\lambda_B(x) = \infty$ si $x \notin B$, est une place de K. L'application canonique $v_B \colon K^* \to \Gamma_B = K^*/B^*$, où Γ_B est ordonné par $v_B(x) \leq v_B(y) \Leftrightarrow yx^{-1} \in B$, est une valuation de K.*

(ii) *Si $\lambda \colon K \to k \cup \{\infty\}$ est une place de K, $B = \{x \in K \mid \lambda(x) \neq \infty\}$ est un anneau de valuation de K et il existe un unique homomorphisme de corps $i \colon k_B \to k$ tel que $\lambda = \bar{i} \circ \lambda_B$ (où $\bar{i} \colon k_B \cup \{\infty\} \to k \cup \{\infty\}$ est le prolongement évident de i).*

(iii) *Si $v \colon K^* \to \Gamma$ est une valuation de K, $B = \{x \in K \mid x = 0 \text{ ou } v(x) \geq 0\}$ est un anneau de valuation de K, et il existe un unique homomorphisme injectif de groupes ordonnés $j \colon \Gamma_B \to \Gamma$ tel que $v = j \circ v_B$.* □

Les résultats rappelés ci-dessus précisent en quel sens les données d'un anneau de valuation, d'une place ou d'une valuation sont équivalentes. On appellera *anneau de valuation de la place λ* (resp. *de la valuation v*) l'anneau B défini au (ii) (resp. (iii)) de 10.1.2.

Définitions 10.1.3:

(i) *Un anneau de valuation B d'un corps K est dit réel si son corps résiduel k_B est réel. Une place (resp. une valuation) de K est dite réelle quand son anneau de valuation est réel.*

(ii) *Soit β le cône positif d'un ordre sur K; on note $\leq_\beta$ cet ordre. Un sous-anneau A de K est dit β-convexe quand $x, y \in \beta$, $x + y \in A \Rightarrow x \in A$ (autrement dit $0 \leq_\beta x \leq_\beta z$, $z \in A \Rightarrow x \in A$). L'ordre $\leq_\beta$ est dit compatible avec une place de K (resp. une valuation de K) quand l'anneau de valuation de cette dernière est β-convexe.*

Proposition 10.1.4: *Soit $(K, \leq_\beta)$ un corps ordonné, B un anneau de valuation de K. Les propriétés suivantes sont équivalentes*

(i) *B est β-convexe.*

(ii) *$\mathfrak{m}_B$ est $(\beta \cap B)$-convexe (cf. définition 4.2.3).*

(iii) *$\forall x \in \mathfrak{m}_B$, $1 + x >_\beta 0$.*

Démonstration:

(i) $\Rightarrow$ (iii) Si $1 + x \leq_\beta 0$, on a $0 \leq_\beta -x^{-1} \leq_\beta 1$ et donc puisque B est β-convexe $x^{-1} \in B$. Donc $x \notin \mathfrak{m}_B$.

(iii) $\Rightarrow$ (ii) Soient $x, y \in \beta \cap B$ avec $x + y \in \mathfrak{m}_B$. Si $x \notin \mathfrak{m}_B$ alors $x^{-1} \in B$ et $x^{-1}(x+y) = 1 + x^{-1}y \in \mathfrak{m}_B$. D'après (iii), $1 - (1 + x^{-1}y) = -x^{-1}y >_\beta 0$, ce qui est impossible. Donc $x \in \mathfrak{m}_B$.

(ii) $\Rightarrow$ (i) Si B n'est pas β-convexe, on peut trouver $x \in B$, $y \notin B$ tels que $0 \leq_\beta y \leq_\beta x$. Alors $y^{-1} \in \mathfrak{m}_B$ et $1 \leq_\beta y^{-1}x \in \mathfrak{m}_B$ d'où par (ii) $1 \in \mathfrak{m}_B$, ce qui est absurde. □

10.1 Places réelles et ordres

Exemple 10.1.5: Soit $K = \mathbb{R}(X)$, et soit β le cône positif de l'ordre déterminé par la coupure 0_+ (1.1.2). Soit B le localisé $\mathbb{R}[X]_{(X)} = \mathcal{R}_{\mathbb{R},0}$. C'est un anneau de valuation β-convexe. Cela se voit facilement avec la propriété (iii) de 10.1.4.

Proposition 10.1.6: *Soit $(K, \leq_\beta)$ un corps ordonné, B un anneau de valuation β-convexe de K. Alors il existe un ordre et un seul sur le corps résiduel k_B tel que pour tout x de B^*, $\lambda_B(x) > 0$ (pour cet ordre) si et seulement si $x \underset{\beta}{>} 0$. En conséquence, B est un anneau de valuation réel.*

Démonstration: On vérifie d'abord que si $x, x' \in B^*$ et $\lambda_B(x) = \lambda_B(x')$ alors x et x' ont même signe pour β: en effet $y = x' - x \in \mathfrak{m}_B$, et $x' = x(1 + x^{-1}y)$ avec $1 + x^{-1}y \underset{\beta}{>} 0$ d'après le (iii) de 10.1.4. Il est ensuite clair que la propriété de la proposition donne bien un ordre sur k_B. □

Notation 10.1.7: Sous les hypothèses de la proposition 10.1.6, on notera $\bar{\beta} = \{y \in k_B \mid y = 0 \text{ ou } y = \lambda_B(x), x \in B^* \text{ et } x \underset{\beta}{>} 0\}$. L'ordre dont le cône positif est $\bar{\beta}$ sera appelé *l'ordre induit par $\leq_\beta$ sur k_B.*

Proposition 10.1.8: *Soit K un corps, B un anneau de valuation réel de K. Soit γ le cône positif d'un ordre sur k_B. Alors il existe au moins un ordre sur K, de cône positif β, compatible avec la place λ_B et tel que $\gamma = \bar{\beta}$ (l'ordre $\leq_\gamma$ est l'ordre induit par $\leq_\beta$).*

Démonstration: Soit $P = \{x \in K \mid \exists y \in K \ \exists z \in B^* \ \lambda_B(z) \underset{\gamma}{>} 0 \text{ et } x = y^2 z\}$. L'ensemble P est un cône propre de K. En effet, les propriétés $x \in P, y \in P \Rightarrow xy \in P$ et $x \in K \Rightarrow x^2 \in P$ sont claires. Si $-1 \in P$, alors il existe $y \in K$, $z \in B^*$ tels que $\lambda_B(z) \underset{\gamma}{>} 0$ et $z = -y^{-2}$; comme on a forcément $\lambda_B(-y^{-2}) \underset{\gamma}{\leq} 0$ ou $\lambda_B(-y^{-2}) = \infty$, on aboutit à une contradiction. Il reste à montrer $P + P \subset P$. Soit $x_i = z_i y_i^2$ avec $z_i \in B^*$, $\lambda_B(z_i) \underset{\gamma}{>} 0$ pour $i = 1, 2$. On suppose $y_2 y_1^{-1} \in B$ (sinon $y_1 y_2^{-1} \in B$). Alors $x_1 + x_2 = z_1 y_1^2 (1 + z_1^{-1} z_2 y_1^{-2} y_2^2)$. On a

$$\lambda_B(z_1^{-1} z_2 y_1^{-2} y_2^2) = (\lambda_B(z_1))^{-1} \lambda_B(z_2) (\lambda_B(y_2 y_1^{-1}))^2,$$

et donc si $z = 1 + z_1^{-1} z_2 y_1^{-2} y_2^2$, alors $\lambda_B(z) > 0$. Ainsi $x_1 + x_2 = (z_1 z) y_1^2 \in P$. Il existe donc un ordre sur K dont le cône positif β contient P (1.1.7). Il est clair que B est β-convexe (on utilise 10.1.4 (iii)), et que $\bar{\beta} = \gamma$. □

Corollaire 10.1.9: *Si un corps K a un anneau de valuation réel, alors K est réel.* □

Théorème 10.1.10: *Soit B un anneau de valuation réel du corps K; soit γ le cône positif d'un ordre sur k_B. Il y a bijection entre l'ensemble des ordres $\leq_\beta$ sur K compatibles avec la place λ_B et qui induisent l'ordre $\leq_\gamma$ sur k_B, et l'ensemble des homomorphismes de groupes du groupe de valuation Γ_B dans $\mathbb{Z}/2$.*

Démonstration: D'après 10.1.8, on sait qu'il y a un cône positif β_0 d'ordre sur K tel que B soit β_0-convexe et que $\gamma = \overline{\beta_0}$. Si β est un cône positif d'ordre sur K qui a les mêmes propriétés, on définit $\langle \beta_0, \beta \rangle \in \mathrm{Hom}(\Gamma_B, \mathbb{Z}/2)$ par $\langle \beta_0, \beta \rangle(v_B(x)) = 0$ si x a même signe pour $\leq_\beta$ et pour $\leq_{\beta_0}$, et $\langle \beta_0, \beta \rangle(v_B(x)) = 1$ sinon. Il est clair que $x \mapsto \langle \beta_0, \beta \rangle(v_B(x))$ est un homomorphisme du groupe multiplicatif K^* dans $\mathbb{Z}/2$; le noyau de cet homomorphisme contient B^*. En effet si $x \in B^*$ alors $\lambda_B(x) \underset{\gamma}{>} 0$ ou $\lambda_B(x) \underset{\gamma}{<} 0$, et donc pour tout β tel que $\overline{\beta} = \gamma$ on a dans le premier cas $x \underset{\beta}{>} 0$ et dans le deuxième $x \underset{\beta}{<} 0$. Ainsi on a bien défini un homomorphisme de groupes $\langle \beta_0, \beta \rangle \colon \Gamma_B \to \mathbb{Z}/2$. L'application $\beta \mapsto \langle \beta_0, \beta \rangle$ est injective puisque la connaissance de $\langle \beta_0, \beta \rangle$ permet de reconstituer β à partir de β_0. Il n'y a plus qu'à voir la surjectivité de cette application: soit $\varphi \in \mathrm{Hom}(\Gamma_B, \mathbb{Z}/2)$. On pose

$$\beta = \{x \in K \mid x = 0 \text{ ou } (\varphi(v_B(x)) = 0 \text{ et } x \in \beta_0) \text{ ou } (\varphi(v_B(x)) = 1 \text{ et } x \in -\beta_0)\}.$$

Montrons que β est le cône positif d'un ordre sur K, tel que B soit β-convexe et que $\overline{\beta} = \gamma$; par définition de β, on aura bien $\varphi = \langle \beta_0, \beta \rangle$. Le seul point non immédiat dans la vérification du fait que β est un cône positif d'ordre est $\beta + \beta \subset \beta$. Soient $x, y \in \beta \setminus \{0\}$; supposons que $x^{-1}y \in B$ (sinon, $y^{-1}x \in B$). Si $x^{-1}y \in \mathfrak{m}_B$ on a $v_B(1 + x^{-1}y) = 0$ et $1 + x^{-1}y \in \beta_0$, donc $x + y = x(1 + x^{-1}y) \in \beta$. Si $x^{-1}y \in B^*$, on a $x^{-1}y \in \beta$ et $v_B(x^{-1}y) = 0$, donc $x^{-1}y \in \beta_0$. On en déduit $1 + x^{-1}y \in B^* \cap \beta_0$, et comme $B^* \cap \beta_0 \subset \beta$, $x + y = x(1 + x^{-1}y) \in \beta$. Enfin, le fait que B est β-convexe se voit facilement avec la propriété (iii) de 10.1.4, et $\overline{\beta} = \gamma$ est clair. $\square$

Définition et Proposition 10.1.11: *Soit $(K, \leq_\beta)$ un corps ordonné, A un sous-anneau de K. L'enveloppe β-convexe de A dans K est $B = \{x \in K \mid \exists a \in A, -a \underset{\beta}{\leq} x \underset{\beta}{\leq} a\}$.*

C'est un sous-anneau de K, et c'est le plus petit anneau de valuation β-convexe de K contenant A.

Démonstration: Le fait que B est un sous-anneau de K se vérifie sans difficulté. C'est un anneau de valuation de K, car pour tout x de K^*, on a $-1 \underset{\beta}{\leq} x \underset{\beta}{\leq} 1$ ou $-1 \underset{\beta}{\leq} x^{-1} \underset{\beta}{\leq} 1$. Vu sa définition, B est β-convexe, et il est clair que tout anneau de valuation β-convexe de K qui contient A contient B. $\square$

10.2 Places réelles et spécialisation dans le spectre réel

Rappelons d'abord la notion de centre d'une place.

Définition 10.2.1: *Soit $\lambda \colon K \to k \cup \{\infty\}$ une place du corps K, A un sous-anneau de K. La place λ est dite finie sur A quand $A \subset \lambda^{-1}(k)$ (A est contenu dans l'anneau de valuation de la place λ). Si λ est finie sur A, le centre de λ (dans A) est l'idéal premier $\lambda^{-1}(0) \cap A$ de A.*

Remarques 10.2.2:
a) Si λ est une place réelle finie sur A, son centre est un idéal premier réel de A.

b) Un idéal premier $\mathfrak{p}$ de A est le centre d'une place λ si et seulement si l'anneau de valuation B de λ domine l'anneau local $A_\mathfrak{p}$ (c'est-à-dire que $\mathfrak{m}_B \cap A_\mathfrak{p} = \mathfrak{p} A_\mathfrak{p}$).

Proposition 10.2.3: *Soit A un anneau intègre, K son corps de fractions, β le cône positif d'un ordre sur K, $\beta' = \beta \cap A \in \mathrm{Spec}_r(A)$.*

(i) *Soit $\alpha \in \mathrm{Spec}_r(A)$ une spécialisation de β', B l'enveloppe β-convexe de l'anneau local $A_{\mathrm{supp}(\alpha)}$ dans K. Le centre de la place λ_B dans A est $\mathrm{supp}(\alpha)$, et l'ordre $\leq_{\bar{\beta}}$ sur k_B induit par $\leq_\beta$ étend l'ordre $\leq_\alpha$ sur $k(\mathrm{supp}(\alpha))$; de plus $(k_B, \leq_{\bar{\beta}})$ est une extension ordonnée archimédienne de $(k(\mathrm{supp}(\alpha)), \leq_\alpha)$:*

$$\forall x \in k_B, \exists y \in k(\mathrm{supp}(\alpha)) \quad -y \leq_{\bar{\beta}} x \leq_{\bar{\beta}} y.$$

(ii) *Soit B un anneau de valuation β-convexe contenant A, $\mathfrak{p}$ le centre de la place λ_B dans A. L'image réciproque par l'homomorphisme $\lambda_B | A: A \to k_B$ du cône positif $\bar{\beta}$ est une spécialisation de β' dans $\mathrm{Spec}_r(A)$, de support $\mathfrak{p}$.*

Démonstration:
(i) Montrons que $\mathfrak{m}_B \cap A = \mathrm{supp}(\alpha)$. Puisque $B \supset A_{\mathrm{supp}(\alpha)}$ il est clair que $\mathfrak{m}_B \cap A \subset \mathrm{supp}(\alpha)$. Soit $x \in \mathrm{supp}(\alpha)$; on peut supposer $x >_\beta 0$. Considérons un élément quelconque de $A_{\mathrm{supp}(\alpha)}$; il est de la forme yz^{-1} avec $y, z \in A$, $z \notin \mathrm{supp}(\alpha)$, et on peut supposer $z(\alpha) > 0$. Comme $xy \in \mathrm{supp}(\alpha)$ on a $xy(\alpha) = 0 < z(\alpha)$ et donc puisque α est spécialisation de β' (7.1.18) $xy(\beta') < z(\beta')$, c'est-à-dire $xy <_\beta z$ et aussi $0 <_\beta z$. Il vient donc $yz^{-1} <_\beta x^{-1}$, ce qui montre que $x^{-1} \notin B$, c'est-à-dire que $x \in \mathfrak{m}_B$. Puisque $z(\alpha) > 0$ entraîne $z \in B^*$ et $z >_\beta 0$, et donc $\lambda_B(z) >_{\bar{\beta}} 0$, c'est que l'ordre $\leq_{\bar{\beta}}$ étend l'ordre $\leq_\alpha$. L'extension est archimédienne par définition de l'enveloppe β-convexe.

(ii) Posons $\alpha = \lambda_B^{-1}(\bar{\beta}) \cap A \in \mathrm{Spec}_r(A)$. Soit $x \in A$; alors $x(\alpha) > 0 \Leftrightarrow \lambda_B(x) >_{\bar{\beta}} 0 \Rightarrow x >_\beta 0$, ce qui montre que α est une spécialisation de β' dans $\mathrm{Spec}_r(A)$. □

On peut signaler ici que la notion de point central (7.6.1) est en rapport avec celle de centre d'une place:

Proposition 10.2.4: *Soit R un corps réel clos, $V \subset R^n$ un ensemble algébrique irréductible. Soit $\mathfrak{p}$ un idéal premier de $\mathscr{P}(V)$. Alors les propriétés suivantes sont équivalentes:*

(i) $\mathfrak{p}$ *est le centre dans $\mathscr{P}(V)$ d'une place réelle de $\mathscr{K}(V)$ finie sur $\mathscr{P}(V)$.*

(ii) $\mathfrak{p} = \mathscr{I}_{\mathscr{P}(V)}(\mathscr{Z}_V(\mathfrak{p}) \cap \mathrm{Cent}(V))$.

En particulier, $x \in \mathrm{Cent}(V)$ si et seulement si son idéal maximal est le centre d'une place réelle de $\mathscr{K}(V)$ finie sur $\mathscr{P}(V)$.

Démonstration: Le corollaire 7.6.6 nous dit que (ii) est équivalent au fait que $\mathfrak{p}$ est $(\Sigma \mathcal{K}(V)^2 \cap \mathcal{P}(V))$-convexe; d'après 4.2.9, ceci est équivalent au fait qu'il existe un ordre sur $\mathcal{K}(V)$, de cône positif β, tel que $\mathfrak{p}$ est $(\beta \cap \mathcal{P}(V))$-convexe. D'après 4.3.8, ceci revient à dire qu'il existe $\alpha \in \mathrm{Spec}_r(\mathcal{P}(V))$ et un ordre sur $\mathcal{K}(V)$ de cône positif β tels que $\mathrm{supp}(\alpha) = \mathfrak{p}$ et que α est une spécialisation de $\beta \cap \mathcal{P}(V)$. Enfin, d'après 10.1.8 et 10.2.3, cette dernière propriété est équivalente à (i). □

Proposition 10.2.5: *Avec les notations de 10.2.4, $\mathrm{Cent}(V)$ est fermé borné si et seulement si toute place réelle de $\mathcal{K}(V)$ finie sur R est finie sur $\mathcal{P}(V)$.*

Démonstration: Supposons $\mathrm{Cent}(V)$ fermé borné, et soit $f \in \mathcal{P}(V)$. Il existe $c \in R$ tel que $-c \leq f \leq c$ sur $\mathrm{Cent}(V)$. Alors si λ est une place réelle de $\mathcal{K}(V)$, et β le cône positif d'un ordre compatible avec λ on a $-c \underset{\beta}{\leq} f \underset{\beta}{\leq} c$, donc si λ est finie sur R, $\lambda(f) \neq \infty$. Réciproquement, supposons que toute place réelle de $\mathcal{K}(V)$ finie sur R est finie sur $\mathcal{P}(V)$. Soit β le cône positif d'un ordre sur $\mathcal{K}(V)$; l'enveloppe β-convexe de R est aussi l'enveloppe β-convexe de $\mathcal{P}(V)$, et donc si $f \in \mathcal{P}(V)$, il existe $c_\beta \in R$ tel que $-c_\beta \underset{\beta}{\leq} f \underset{\beta}{\leq} c_\beta$. L'ensemble des $\gamma \in \mathrm{Spec}_r(\mathcal{K}(V))$ tel que $-c_\beta \underset{\gamma}{\leq} f \underset{\gamma}{\leq} c_\beta$ est un ouvert fermé de $\mathrm{Spec}_r(\mathcal{K}(V))$ et par compacité de $\mathrm{Spec}_r(\mathcal{K}(V))$ il existe $c \in R$ tel que pour tout $\beta \in \mathrm{Spec}_r(\mathcal{K}(V))$, $-c \underset{\beta}{\leq} f \underset{\beta}{\leq} c$. D'après 7.6.2 on a alors $-c \leq f \leq c$ sur $\mathrm{Cent}(V)$, ce qui montre que $\mathrm{Cent}(V)$ est fermé borné. □

Nous allons maintenant explorer en détail le cas de la codimension 1, d'abord pour un espace affine puis pour un ensemble algébrique irréductible quelconque.

Soit R un corps réel clos, $\mathfrak{p}$ un idéal premier de hauteur 1 (de dimension $n-1$) de $R[X_1, \ldots, X_n]$; $\mathfrak{p}$ est un idéal principal engendré par un polynôme irréductible f. Si $g \in R(X_1, \ldots, X_n)^*$ on peut écrire $g = f^{v(g)} p/q$, avec $v(g) \in \mathbb{Z}$, $p, q \in R[X_1, \ldots, X_n]$ et f ne divisant ni p ni q; $v: R(X_1, \ldots, X_n)^* \to \mathbb{Z}$ est une valuation (appelée *valuation $\mathfrak{p}$-adique*), et son anneau de valuation est le localisé $R[X_1, \ldots, X_n]_\mathfrak{p}$. Cette valuation est réelle quand $\mathfrak{p}$ est réel, c'est-à-dire quand f change de signe sur R^n (4.5.1).

Proposition 10.2.6: *Soit $\alpha \in \widetilde{R^n} = \mathrm{Spec}_r(R[X_1, \ldots, X_n])$, $\dim(\alpha) = n-1$. Alors il existe exactement deux β dans $\widetilde{R^n}$ tels que α soit une spécialisation de β et que $\dim(\beta) = n$.*

Démonstration: On a $\dim(\beta) = n$ si et seulement s'il existe un cône positif γ d'ordre sur $R(X)$ (où $X = (X_1, \ldots, X_n)$) tel que $\beta = \gamma \cap R[X]$. Soit γ le cône positif d'un ordre sur $R(X)$ tel que α soit une spécialisation de $\gamma \cap R[X]$. Alors d'après 10.2.3, l'enveloppe γ-convexe de $R[X]_{\mathrm{supp}(\alpha)}$ domine $R[X]_{\mathrm{supp}(\alpha)}$ qui est déjà un anneau de valuation; cette enveloppe γ-convexe est donc $R[X]_{\mathrm{supp}(\alpha)}$ lui-même, et l'ordre induit $\leq_{\bar\gamma}$ n'est autre que l'ordre $\leq_\alpha$. Nous avons vu que le groupe de valuation est $\mathbb{Z}$, donc d'après 10.1.10 il y a exactement deux ordres sur $R(X)$ compatibles avec la valuation $\mathrm{supp}(\alpha)$-adique et induisant l'ordre $\leq_\alpha$

sur $k(\mathrm{supp}(\alpha))$; d'après 10.2.3 si γ est le cône positif d'un tel ordre, α est une spécialisation de $\gamma \cap R[X]$. Ceci donne le résultat. □

Exemple 10.2.7: Considérons R^{n-1} plongé dans R^n comme l'hyperplan d'équation $X_n = 0$. Soit $\alpha \in \widetilde{R^{n-1}}$ de dimension $n-1$. Soit $\mathscr{F}$ l'ultrafiltre des ensembles semi-algébriques S de R^{n-1} tels que $\alpha \in \tilde{S}$. Soit $\mathscr{G}_1$ (resp. $\mathscr{G}_2$) l'ultrafiltre des ensembles semi-algébriques de R^n qui contiennent un semi-algébrique du genre $\{(y, u) \in S \times R \mid 0 < u < f(y)$ (resp. $f(y) < u < 0)\}$ où $s \in \mathscr{F}$ et $f : S \to R$ est semi-algébrique strictement positive (resp. négative). Les β_i de $\widetilde{R^n}$ correspondant à ces ultrafiltres $\mathscr{G}_i$ sont les deux points de $\widetilde{R^n}$ de dimension n dont α est spécialisation. Si D_1 (resp. D_2) est le demi-espace supérieur (resp. inférieur) délimité par R^{n-1} dans R^n, on a $\beta_i \in \tilde{D}_i$ pour $i = 1, 2$. On peut se reporter aux dessins de 7.5.4 pour «voir» la situation.

Corollaire 10.2.8: *Soit $V \subset R^p$ un ensemble algébrique irréductible de dimension n, $\alpha \in \widetilde{\mathrm{Reg}(V)}$ de dimension $n-1$. Alors il existe exactement deux β dans $\tilde{V}$ tels que $\dim(\beta) = n$ et que α soit une spécialisation de β.*

Démonstration: On sait d'après 9.3.9 recouvrir $\mathrm{Reg}(V)$ par un nombre fini d'ouverts semi-algébriques $U_1, \ldots, U_m$ chacun homéomorphe semi-algébriquement à un ouvert semi-algébrique de R^n. Comme $\widetilde{\mathrm{Reg}(V)} = \tilde{U}_1 \cup \ldots \cup \tilde{U}_m$, il existe $i \in \{1, \ldots, m\}$ tel que $\alpha \in \tilde{U}_i$. Si $\varphi_i : U_i \to W_i$ est l'homéomorphisme semi-algébrique sur un ouvert de R^n, $\tilde{\varphi}_i : \tilde{U}_i \to \tilde{W}_i$ préserve la relation de spécialisation, et préserve aussi la dimension (par 7.5.8 (ii)). On est donc ramené à 10.2.6. □

Avant de passer au cas où $\alpha \in \tilde{V}$ (et pas nécessairement $\alpha \in \widetilde{\mathrm{Reg}(V)}$), rappelons une partie du résultat principal sur les prolongements de valuation à une extension algébrique finie ([Bourbaki 1], chapitre 6, § 8, théorème 1).

Proposition 10.2.9: *Soit K un corps, L une extension de degré fini de K, B' un anneau de valuation de K. Soit I l'ensemble des anneaux de valuation B de L tels que $B \cap K = B'$. Pour $B \in I$, on note $e(B/B')$ (indice de ramification) l'indice du groupe $\Gamma_{B'}$ dans le groupe Γ_B, et $f(B/B')$ (degré résiduel) le degré $[k_B : k_{B'}]$ de l'extension des corps résiduels. Alors*

   (i) *I est fini et pour chaque $B \in I$ les nombres $e(B/B')$ et $f(B/B')$ sont finis.*

   (ii) *Les B de I sont deux à deux non comparables pour la relation d'inclusion.* □

Théorème 10.2.10: *Soit $V \subset R^p$ un ensemble algébrique irréductible de dimension n, et $\alpha \in \tilde{V}$ de dimension $n-1$. On note $g(\alpha)$ le nombre de $\beta \in \tilde{V}$ tels que $\dim(\beta) = n$ et que α est une spécialisation de β. On note $\mathscr{B}(\mathrm{supp}(\alpha))$ l'ensemble des anneaux de valuation B de $\mathscr{K}(V)$, contenant $\mathscr{P}(V)$, et tels que le centre de la place λ_B dans $\mathscr{P}(V)$ soit $\mathrm{supp}(\alpha)$. Si $B \in \mathscr{B}(\mathrm{supp}(\alpha))$ on note $m(B, \alpha)$ le nombre d'ordres sur k_B qui sont extension de l'ordre $\leq_\alpha$ sur $k(\mathrm{supp}(\alpha))$. Alors $\mathscr{B}(\mathrm{supp}(\alpha))$ est fini, pour chaque $B \in \mathscr{B}(\mathrm{supp}(\alpha))$ le nombre $m(B, \alpha)$ est fini et on a*

$$g(\alpha) = \sum_{B \in \mathscr{B}(\mathrm{supp}(\alpha))} 2 m(B, \alpha).$$

En particulier $g(\alpha)$ est pair.

Démonstration: Par le lemme de normalisation d'Emmy Noether ([Zariski Samuel 1], vol. 1 p. 267), on peut trouver un homomorphisme injectif de R-algèbres $i: R[Y_1, \ldots, Y_n] \hookrightarrow \mathscr{P}(V)$ tel que $\mathscr{P}(V)$ soit entier sur $R[Y]$ (avec $Y = (Y_1, \ldots, Y_n)$). Soit $\alpha' = i^{-1}(\alpha) \in \mathrm{Spec}_r(R[Y])$; α' est aussi de dimension $n-1$, puisque $k(\mathrm{supp}(\alpha))$ est une extension algébrique de $k(\mathrm{supp}(\alpha'))$. Soit $B \in \mathscr{B}(\mathrm{supp}(\alpha))$ et $B' = i^{-1}(B)$ (où l'on note encore par $i: R(Y) \hookrightarrow \mathscr{K}(V)$ le prolongement aux corps de fractions). L'anneau B' est un anneau de valuation qui domine $R[Y]_{\mathrm{supp}(\alpha')}$, donc $B' = R[Y]_{\mathrm{supp}(\alpha')}$. D'après 10.2.9 (i), $\mathscr{B}(\mathrm{supp}(\alpha))$ est fini; $\Gamma_{B'} = \mathbb{Z}$ est d'indice fini dans Γ_B, donc Γ_B aussi est isomorphe à $\mathbb{Z}$; enfin $[k_B : k(\mathrm{supp}(\alpha))]$ qui divise $[k_B : k(\mathrm{supp}(\alpha'))]$ est fini, et donc $m(B, \alpha)$ est fini (1.3.7). De plus 10.2.9 (ii) montre que si β est un cône positif d'ordre sur $\mathscr{K}(V)$, avec α spécialisation de $\beta \cap \mathscr{P}(V)$, il existe un seul anneau de valuation β-convexe dans $\mathscr{B}(\mathrm{supp}(\alpha))$. D'après 10.1.10, étant donnés $B \in \mathscr{B}(\mathrm{supp}(\alpha))$ et un ordre $\leq_\gamma$ sur k_B, il existe exactement deux ordres sur $\mathscr{K}(V)$, compatibles avec λ_B qui induisent $\leq_\gamma$. Tout ceci mis ensemble grâce à 10.2.3 donne la formule $g(\alpha) = \sum\limits_{B \in \mathscr{B}(\mathrm{supp}(\alpha))} 2m(B, \alpha)$. □

Corollaire 10.2.11: *On garde les notations de 10.2.10; soit α' un autre point de $\tilde{V}$, de dimension $n-1$, tel que $\mathrm{supp}(\alpha) = \mathrm{supp}(\alpha')$. Alors $g(\alpha) \equiv g(\alpha') \pmod 4$.*

Démonstration: On a $\mathscr{B}(\mathrm{supp}(\alpha)) = \mathscr{B}(\mathrm{supp}(\alpha'))$ et, si $B \in \mathscr{B}(\mathrm{supp}(\alpha))$, $m(B, \alpha) \equiv [k_B : k(\mathrm{supp}(\alpha))] \equiv m(B, \alpha') \pmod 2$ d'après 1.3.7. □

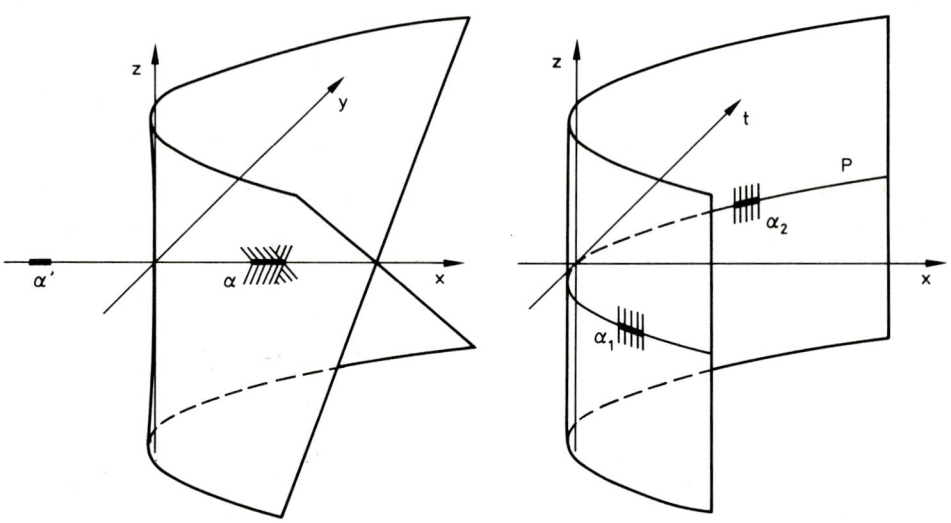

Fig. 26

Remarque et exemple 10.2.12: Nous reviendrons au chapitre 11 sur la signification géométrique des résultats que nous venons d'établir. Nous pouvons ici donner un exemple. Soit $V \subset R^3$ le parapluie de l'exemple 3.5.9, d'équation $z^2 x = y^2$. Soit α (resp. α') dans $\tilde{V}$, de support l'idéal de l'axe des x, avec $x(\alpha) > 0$ (resp. $x(\alpha') < 0$). Ici $\mathscr{B}(\mathrm{supp}(\alpha))$ n'a qu'un seul élément. On peut le voir en considérant le cylindre parabolique d'équation $x = t^2$, birationnellement équivalent à

10.2 Places réelles et spécialisation dans le spectre réel

V par $t = y/z$; ce cylindre est obtenu par éclatement du manche de V (cf. 3.5.9). L'anneau de valuation qui est dans $\mathscr{B}(\mathrm{supp}(\alpha))$ est l'anneau local de la parabole P, section du cylindre par le plan $z = 0$; soit B cet anneau. L'ordre $\leq_\alpha$ peut s'étendre en deux ordres sur k_B, correspondant à deux points α_1 et α_2 de $\tilde{P}$ au-dessus de α; chaque α_i est spécialisation de deux points de dimension 2. On a $g(\alpha) = 4$. Par contre $\leq_{\alpha'}$ ne peut pas s'étendre à k_B: il n'y a pas de point de $\tilde{P}$ au-dessus de α'; on a $g(\alpha') = 0$ (cf. figure 26). □

Nous terminons cette section en donnant la démonstration, promise dans la section 7 du chapitre 7, du fait suivant.

Proposition 10.2.13: *Il n'existe pas d'entier $k < n$ tel que l'ouvert semi-algébrique de base*

$$U = \{x = (x_1, \ldots, x_n) \in R^n \mid x_1 > 0 \text{ et } \ldots \text{ et } x_n > 0\}$$

soit de la forme

$$\mathscr{U}(f_1, \ldots, f_k) = \{x \in R^n \mid f_1(x) > 0 \text{ et } \ldots \text{ et } f_k(x) > 0\}$$

avec $f_1, \ldots, f_k \in R[X_1, \ldots, X_n]$.

Démonstration: Considérons la place $\lambda: R(X_1, \ldots, X_n) \to R \cup \{\infty\}$ qui est la composée des places $\lambda_i: R(X_1, \ldots, X_i) \to R(X_1, \ldots, X_{i-1}) \cup \{\infty\}$ d'anneaux de valuation $R[X_1, \ldots, X_i]_{(X_i)}$ pour $i = n, \ldots, 1$. Le groupe de valuation de la place λ est le groupe libre engendré par $v(X_n), \ldots, v(X_1)$, isomorphe à $\mathbb{Z}^n$, et ordonné par l'ordre lexicographique. Le théorème 10.1.10 montre qu'il existe 2^n ordres sur $R(X_1, \ldots, X_n)$ compatibles avec la place λ, et on voit par récurrence sur n que chacun de ces ordres est caractérisé par les signes qu'il donne à $X_1, \ldots, X_n$. Notons F l'ensemble de ces ordres. Il existe en particulier un et un seul ordre dans F qui rende $X_1, \ldots, X_n$ positifs; autrement dit (en considérant F comme sous-ensemble de $\widetilde{R^n}$), $F \cap \tilde{U}$ a exactement un élément. La proposition sera montrée si l'on montre le lemme suivant.

Lemme 10.2.14: *Soit $f_1, \ldots, f_k \in R[X_1, \ldots, X_n]$. Le nombre d'ordres $\beta \in F$ tels que $f_1 \underset{\beta}{>} 0, \ldots, f_k \underset{\beta}{>} 0$ est divisible par 2^{n-k}.*

Démonstration du lemme: Supposons qu'il existe $\beta_0 \in F$ tel que $f_i \underset{\beta_0}{>} 0$ pour $i = 1, \ldots, k$. On a montré en 10.1.10 que l'application

$$F \to \mathrm{Hom}(\mathbb{Z}^n, \mathbb{Z}/2)$$

$$\beta \mapsto \langle \beta_0, \beta \rangle$$

définie par:

$$\langle \beta_0, \beta \rangle(v(f)) = 0 \Leftrightarrow f \text{ a même signe pour } \beta \text{ et } \beta_0$$

est une bijection. Cette bijection envoie l'ensemble des $\beta \in F$ tels que $f_i \underset{\beta}{>} 0$ (pour i fixé) sur l'ensemble des homomorphismes $\varphi \in \mathrm{Hom}(\mathbb{Z}^n, \mathbb{Z}/2)$ tels que $\varphi(v(f_i)) = 0$.

Ce dernier ensemble est soit $\mathrm{Hom}(\mathbb{Z}^n, \mathbb{Z}/2)$ tout entier, soit un $\mathbb{Z}/2$-hyperplan vectoriel de cet espace qui est de dimension n sur $\mathbb{Z}/2$. La conclusion est alors claire. $\square$ $\square$

10.3 De nouveau les demi-branches de courbes algébriques

Nous voyons dans cette section que certains points du spectre réel s'identifient aux demi-branches de courbes algébriques introduites dans la section 4 du chapitre 9.

Proposition 10.3.1: *Soit $\Gamma \subset R^n$ une courbe algébrique et soit $a \in \Gamma$. Alors il existe une bijection canonique entre l'ensemble des demi-branches de Γ centrées en a et l'ensemble des points $\alpha \in \tilde{\Gamma}$ différents de a et qui ont a pour spécialisation.*

Démonstration: Rappelons (cf. 9.4.1) qu'il existe un voisinage ouvert semi-algébrique U de a dans Γ tel que $U \setminus \{a\}$ a un nombre fini de composantes semi-algébriquement connexes $B_1, \ldots, B_k$ avec des homéomorphismes semi-algébriques $\varphi_i \colon [0,1[\to \{a\} \cup B_i$, $\varphi_i(0) = a$, et que les demi-branches de Γ centrées en a sont les germes $(B_i)_a$. Si $\alpha \in \tilde{\Gamma} \setminus \{a\}$ admet a pour spécialisation, alors certainement $\alpha \in \widetilde{U} \setminus \{a\}$, et donc α appartient à un $\widetilde{B_i}$ et un seul. On sait (par 10.2.7 par exemple) que $0_+ \in \widetilde{]0,1[}$ est le seul point de $]0,1[$ qui admette 0 comme spécialisation. L'homéomorphisme semi-algébrique φ_i induit un homéomorphisme $\tilde{\varphi}_i \colon \widetilde{[0,1[} \to \{a\} \cup \widetilde{B_i}$ (7.2.8), et donc $\widetilde{B_i}$ contient exactement un point qui admette a comme spécialisation. $\square$

10.3.2: Une nouvelle démonstration de la parité du nombre de demi-branches de Γ centrées en a (9.4.6).

On peut supposer sans perte de généralité que la courbe Γ est irréductible. Le théorème 10.2.10 nous dit que le nombre de points $\tilde{\Gamma}$ de dimension 1 qui ont a pour spécialisation est pair, et on applique 10.3.1. $\square$

Dans le cas où $R = \mathbb{R}$, on arrive à une description simple de tous les points de $\tilde{\Gamma}$.

Proposition 10.3.3: *Soit $\Gamma \subset \mathbb{R}^n$ une courbe algébrique. Il y a une bijection canonique entre l'ensemble des points de dimension 1 de $\tilde{\Gamma}$ et l'ensemble de toutes les demi-branches (centrées en un point de Γ ou à l'infini) de Γ.*

Démonstration: On peut supposer que Γ est compact, quitte à remplacer Γ par un compactifié d'Alexandrov algébrique (3.5.3), ce qui ne change ni l'ensemble des points de dimension 1 de $\tilde{\Gamma}$ ni l'ensemble des demi-branches de Γ. Pour établir la proposition, au vu de 10.3.1, il suffit de montrer que tout point de dimension 1 de $\tilde{\Gamma}$ admet un point de Γ comme spécialisation (ce point sera bien unique par 7.1.22). On peut sans perte de généralité supposer que Γ est irréductible. Alors un point $\alpha \in \tilde{\Gamma}$ de dimension 1 s'identifie à un ordre sur le corps de fractions rationnelles $\mathcal{K}(\Gamma)$. D'après 10.2.5, l'enveloppe α-convexe B de $\mathbb{R}$ dans $\mathcal{K}(\Gamma)$ contient $\mathcal{P}(\Gamma)$, ce qui nous donne par 10.2.3 (ii) une spécialisation de α dans $\tilde{\Gamma}$; cette spécialisation est bien un point de Γ, car le corps résiduel de B est $\mathbb{R}$ (c'est une extension ordonnée archimédienne de $\mathbb{R}$). $\square$

10.3 De nouveau les demi-branches de courbes algébriques

Remarque 10.3.4: Dans le cas où $R \neq \mathbb{R}$, le dernier argument de la démonstration précédente n'est plus valable. Il se peut que $B = \mathcal{K}(\Gamma)$ et que l'ordre α fasse de $\mathcal{K}(\Gamma)$ une extension ordonnée archimédienne de R. C'est le cas par exemple, quand $R = \mathbb{R}_{\text{alg}}$, des ordres sur $\mathbb{R}_{\text{alg}}(X)$ donnés par l'évaluation en un nombre transcendant (cf. 7.5.2); les points de dimension 1 de $\widetilde{\mathbb{R}_{\text{alg}}}$ correspondent aux demi-branches de la droite réelle algébrique et aux nombres transcendants.

Remarque 10.3.5: Revenons maintenant au cas $R = \mathbb{R}$. Dans $\widetilde{\mathbb{R}^n}$, les points de dimension 0 sont les points de $\mathbb{R}^n$. D'après la proposition 10.3.3, un point $\alpha \in \widetilde{\mathbb{R}^n}$ de dimension 1 s'identifie à une demi-branche de la courbe algébrique $\mathscr{L}(\operatorname{supp}(\alpha)) \subset \mathbb{R}^n$. On peut figurer ces points comme sur le dessin (a) où l'on a représenté les quatre demi-branches de la cubique d'équation $x^3 + x^2 = y^2$ centrées au point double.

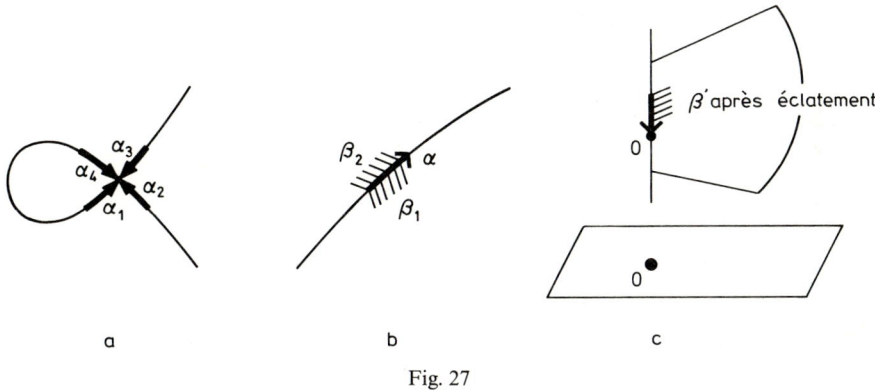

Fig. 27

A partir de la dimension 2, la situation est beaucoup plus compliquée. Indiquons quelques exemples de points de dimension 2 dans $\widetilde{\mathbb{R}^2}$. Il y a ceux qui ont une spécialisation de dimension 1; ils sont deux à avoir la même demi-branche de courbe algébrique comme spécialisation, et on peut les voir comme les deux «côtés» de cette demi-branche, et les dessiner comme en (b). Mais il y a bien d'autres points de dimension 2 que ceux-là. Par exemple

$$\beta = \{f \in \mathbb{R}[X, Y] \mid \exists \, \varepsilon > 0 \;\; \forall t \in \,]0, \varepsilon[\quad f(t, e^t) \geq 0\},$$

que l'on peut interpréter comme une demi-branche du graphe de l'exponentielle ou

$$\beta' = \{f \in \mathbb{R}[X, Y] \mid \exists \, \varepsilon > 0 \;\; \forall u \in \,]0, \varepsilon[\;\; \exists \, \eta > 0 \;\; \forall x \in \,]0, \eta[\quad f(x, ux) \geq 0\}$$

qui, après éclatement de centre l'origine, se spécialise en une demi-branche de la droite au-dessus de l'origine (dessin (c)).

Ni β ni β' n'ont de spécialisation de dimension 1 dans $\widetilde{\mathbb{R}^2}$. Ceci peut se voir en considérant les anneaux de valuation de $\mathbb{R}(X, Y)$ qui sont convexes pour β (resp. β'). Dans le premier cas, il n'y a que $\mathbb{R}(X, Y)$, et l'anneau de valuation de la valuation discrète de rang un qui à f associe l'ordre de la série $f(t, e^t)$ en t; la seule spécialisation de β différente de β est le point $(0, 1) \in \mathbb{R}^2$. Dans le deuxième cas, il y a $\mathbb{R}(X, Y)$, l'anneau de valuation de la place canonique $\lambda_1 \colon \mathbb{R}(X, Y) = \mathbb{R}(X, Y/X) \to \mathbb{R}(Y/X) \cup \{\infty\}$, et l'anneau de valuation de la place composée $\lambda_2 \colon \mathbb{R}(X, Y) \xrightarrow{\lambda_1} \mathbb{R}(Y/X) \cup \{\infty\} \to \mathbb{R} \cup \{\infty\}$. Les places λ_1 et λ_2 ont même centre dans $\mathbb{R}[X, Y]$, à savoir l'idéal maximal (X, Y). La seule spécialisation de β' différente de β' est le point $(0, 0)$ de $\mathbb{R}^2$.

10.4 L'invariance birationnelle du nombre de composantes semi-algébriquement connexes

Nous allons voir comment les composantes connexes d'un ensemble algébrique irréductible borné non singulier peuvent être lues dans son corps de fractions rationnelles. Soit R un corps réel clos, $V \subset R^n$ un ensemble algébrique irréductible de dimension d. On identifiera $\operatorname{Spec}_r(\mathcal{K}(V))$ à l'ensemble des points de dimension d de $\tilde{V} = \operatorname{Spec}_r(\mathcal{P}(V))$.

Définition 10.4.1: *Soient* $\alpha, \beta \in \operatorname{Spec}_r(\mathcal{K}(V))$. *On dit que* α *et* β *sont contigus quand il existe un anneau de valuation* B *de* $\mathcal{K}(V)$ *contenant* R *tel que*
  (i) α *et* β *sont compatibles avec la place* λ_B,
  (ii) α *et* β *induisent le même ordre sur* k_B.

Proposition 10.4.2: *Supposons* V *borné. Alors si* α *et* β *de* $\operatorname{Spec}_r(\mathcal{K}(V))$ *sont contigus, ils ont une spécialisation commune dans* $\tilde{V}$.

Démonstration: Soit B un anneau de valuation de $\mathcal{K}(V)$, $B \supset R$, avec les propriétés (i) et (ii) de 10.4.1. D'après 10.2.5 on a $\mathcal{P}(V) \subset B$. Soit $\bar{\alpha}$ le cône positif de l'ordre sur k_B induit par $\leq_\alpha$ (ou $\leq_\beta$), et posons $\gamma = \lambda_B^{-1}(\bar{\alpha}) \cap \mathcal{P}(V) \in \tilde{V}$. D'après 10.2.3 (ii), γ est spécialisation à la fois de α et de β. □

On a vu en 7.6.3 que l'application φ définie par $\varphi(S) = \tilde{S} \cap \operatorname{Spec}_r(\mathcal{K}(V))$ est une bijection de la famille des ensembles semi-algébriques fermés de $\operatorname{Cent}(V)$ tels que $S = \operatorname{adh}(\operatorname{int}(S))$ sur la famille des ouverts fermés de $\operatorname{Spec}_r(\mathcal{K}(V))$.

Proposition 10.4.3: *Supposons* V *non singulier borné. Soit* F *un fermé semi-algébrique de* V, *tel que* $F = \operatorname{adh}(\operatorname{int}(F))$. *Les propriétés suivantes sont équivalentes:*
  (i) F *est ouvert.*
  (ii) $\varphi(F)$ *est tel que, pour tous* α *et* β *contigus de* $\operatorname{Spec}_r(\mathcal{K}(V))$,
$\alpha \in \varphi(F) \Leftrightarrow \beta \in \varphi(F)$.

Démonstration:
(i) $\Rightarrow$ (ii) Soient α et β contigus de $\operatorname{Spec}_r(\mathcal{K}(V))$. Par 10.4.2, α et β ont une spécialisation commune γ dans $\tilde{V}$. Si $\alpha \in \varphi(F)$, on a $\gamma \in \tilde{F}$ puisque $\tilde{F}$ est fermé, et $\beta \in \varphi(F)$ puisque $\tilde{F}$ est ouvert (7.1.21); de même pour la réciproque.
(ii) $\Rightarrow$ (i) Soit $F' = \operatorname{adh}(V \setminus F)$, $G = F \cap F'$. Nous avons à montrer que G est vide. Si G n'est pas vide, soit $x \in G$. Puisque V est non singulier, x a un voisinage ouvert semi-algébrique Ω semi-algébriquement homéomorphe à une boule ouverte de R^d; on a $\Omega \cap \operatorname{int}(F) \neq \emptyset$, $\Omega \cap \operatorname{int}(F') \neq \emptyset$ et donc d'après 4.5.2 $\dim(\Omega \cap G) \geq d - 1$. Comme $G = \operatorname{adh}(\operatorname{int}(F)) \setminus \operatorname{int}(F)$, d'après 2.8.12 on a exacte-

ment $\dim(G) = d-1$. Soit alors $\gamma \in \tilde{G}$ de dimension $d-1$ (7.5.8). D'après 10.2.8, il y a exactement deux points α et β de $\tilde{V}$ de dimension d qui ont γ pour spécialisation, et 10.2.10 montre que α et β sont contigus ($\mathcal{B}(\text{supp}(\gamma))$ a un seul élément B, et $m(B, \gamma) = 1$). Comme $\gamma \in \text{adh}(\widehat{\text{int}(F)}) \cap \text{adh}(\widehat{\text{int}(F')})$, on doit avoir d'après 7.1.20 $\alpha \in \widehat{\text{int}(F)}$ et $\beta \in \widehat{\text{int}(F')}$ ou vice-versa; on n'a donc pas $\alpha \in \varphi(F) \Leftrightarrow \beta \in \varphi(F)$. □

Définition 10.4.4: *Un ouvert fermé A non vide de $\text{Spec}_r(\mathcal{K}(V))$ est appelé un feuillet quand:*

(i) *pour tous α et β contigus de $\text{Spec}_r(\mathcal{K}(V))$, $\alpha \in A \Leftrightarrow \beta \in A$,*

(ii) *si $A = A_1 \cup A_2$, où A_1 et A_2 sont des ouverts fermés non vides de $\text{Spec}_r(\mathcal{K}(V))$, $A_1 \cap A_2 = \emptyset$, alors il existe α et β contigus de $\text{Spec}_r(\mathcal{K}(V))$ tels que $\alpha \in A_1$ et $\beta \in A_2$.*

Théorème 10.4.5: *Soit $V \subset R^n$ un ensemble algébrique irréductible, non singulier, borné. Soit F un fermé semi-algébrique de V tel que $F = \text{adh}(\text{int}(F))$. Alors F est une composante semi-algébriquement connexe de V si et seulement si $\varphi(F)$ est un feuillet de $\text{Spec}_r(\mathcal{K}(V))$.*

Démonstration: Immédiat avec 10.4.3 et la définition des feuillets. □

Corollaire 10.4.6: *Soit V et V' deux ensembles algébriques irréductibles non singuliers, bornés, birationnellement équivalents ($\mathcal{K}(V)$ est R-isomorphe à $\mathcal{K}(V')$). Alors V et V' ont même nombre de composantes semi-algébriquement connexes.* □

L'hypothèse que V et V' sont bornés est bien sûr indispensable, comme le montre l'exemple de l'ellipse et de l'hyperbole.

Note bibliographique: Les relations entre ordres et valuations sur un corps sont présentes au tout début de la théorie générale des valuations, dans les articles de [Baer 1] et de [Krull 1]. Le concept de place réelle vient de [Lang 1]. Le théorème 10.1.10 est déjà dans les travaux de Baer et Krull, mais la formulation qu'on en donne ici vient de [Brown 1]. Le lecteur pourra consulter l'article de synthèse de [Becker 1] pour plus d'informations sur les places réelles. Une description géométrique des ordres sur $R(X, Y)$, plus complète que celle ébauchée en 10.3.5, est dans [Brumfiel 1], §8.12; d'autres renseignements sont dans [Alonso et al. 1]. Une autre démonstration de l'invariance birationnelle du nombre de composantes connexes, dont l'idée est due à Colliot-Thélène, se trouve dans [Delfs Knebusch 1], §13.

Chapitre 11. Topologie des ensembles algébriques sur un corps réel clos

Résumé: On commence, dans la première section, par établir des propriétés topologiques combinatoires concernant les sous-ensembles algébriques de codimension 1 d'un ensemble algébrique; la plus simple et la plus importante de ces propriétés est le fait que, si V est un ensemble algébrique borné de dimension d, alors pour toute triangulation semi-algébrique de V et tout $(d-1)$-simplexe σ de la triangulation, le nombre de d-simplexes de la triangulation dont σ est une face est pair. A partir de cette propriété, et en utilisant une stratification adéquate, on montre dans la deuxième section le fait que pour tout point a d'un ensemble algébrique V, la caractéristique d'Euler-Poincaré locale $\chi(V, V\setminus a)$ est impaire; ce résultat, dû à Sullivan, fournit une condition nécessaire, de type combinatoire, pour l'algébricité des polyèdres. Toujours grâce à la propriété mentionnée plus haut, on obtient dans la troisième section l'existence de la classe fondamentale d'un ensemble algébrique, pour l'homologie à coefficients dans $\mathbb{Z}/2$. Ceci conduit aux groupes d'homologie algébrique, formés des classes représentées par des sous-ensembles algébriques; ces groupes jouent un rôle important, par exemple pour les problèmes d'approximation d'objets $\mathscr{C}^\infty$ par des objets algébriques. On donne une construction d'ensembles algébriques non singuliers dont l'homologie n'est pas entièrement algébrique. Dans la quatrième section, on utilise les classes fondamentales pour montrer qu'une fonction régulière injective d'un ensemble algébrique irréductible non singulier dans lui-même est surjective; c'est l'analogue d'un résultat bien connu en géométrie algébrique complexe (sans hypothèse de non singularité), mais les méthodes de démonstration sont totalement différentes. La cinquième section contient la majoration de la somme des nombres de Betti d'un ensemble algébrique, d'après Milnor. La sixième section est consacrée aux courbes algébriques dans le plan projectif. On y donne le théorème d'Harnack sur le nombre maximum de composantes connexes d'une courbe non singulière de degré donné, et aussi quelques indications sur la première partie du seizième problème de Hilbert, sans donner la preuve du résultat crucial (la congruence modulo 8, théorème 11.6.4) qui est de nature topologique et fait intervenir une forme quadratique sur un espace vectoriel d'homologie à coefficients dans $\mathbb{Z}/2$.

On utilise dans ce chapitre des groupes d'homologie. Si le lecteur ne s'intéresse qu'aux ensembles algébriques de $\mathbb{R}^n$ (le «vrai» $\mathbb{R}$), il peut lire le chapitre en prenant pour H_i les groupes d'homologie singulière usuels, et pour H_i^{BM} les groupes d'homologie de Borel-Moore pour les espaces localement compacts. Pour étendre les résultats au cas d'un corps réel clos quelconque, il faut disposer d'une théorie de l'homologie pour les ensembles semi-algébriques, avec les propriétés de l'homologie singulière habituelle (du moins, celles dont on a besoin). On indique dans l'appendice de ce chapitre comment construire une telle théorie; cette construction est assez sommaire, le but recherché n'étant que de convaincre le lecteur que, pour ce dont on a besoin, cette théorie homologique fonctionne comme l'homologie singulière.

On utilise donc, dans les sections 2 à 6, une théorie de l'homologie des ensembles semi-algébriques sur un corps réel clos qui ne sera introduite qu'à l'appendice (section 7). Cet appendice peut se lire avant les autres sections, ou être consulté au fur et à mesure de leur lecture. On peut également s'y reporter pour ce qui concerne l'homologie de Borel-Moore, utilisée en section 4; dans le contexte semi-algébrique, on n'a pas besoin de toutes les finesses de cette théorie.

Dans ce chapitre, R désigne comme d'habitude un corps réel clos.

11.1 Propriétés combinatoires des ensembles algébriques en codimension 1

Théorème 11.1.1: *Soit $V \subset R^n$ un ensemble algébrique de dimension d.*

(i) Supposons V borné, et soit $\Phi: K \to V$ une triangulation semi-algébrique de V. Si σ est un $(d-1)$-simplexe de K, notons $g(\sigma)$ le nombre de d-simplexes τ de K tels que σ soit une face de τ. Alors $g(\sigma)$ est pair.

(ii) On se donne une stratification de V par une famille stratifiante de polynômes (après un changement linéaire de variables convenable, cf. 9.1.6 (i)). Si C est une strate de dimension $d-1$ de V, on note $g(C)$ le nombre de strates D de dimension d de V telles que $C \subset \mathrm{adh}(D)$. Alors $g(C)$ est pair.

Démonstration: On commence par montrer que les énoncés (i) et (ii) sont équivalents. On peut toujours se ramener au cas où V est borné pour (i), en prenant un compactifié d'Alexandrov algébrique par exemple (3.5.3). Si $\Phi: K \to V$ est une triangulation semi-algébrique de V, alors on a une stratification de V donnée par une famille stratifiante de polynômes qui raffine la triangulation (9.1.6), et vice-versa (9.2.1). Il faut vérifier que si σ est un $(d-1)$-simplexe de K et C une $(d-1)$-strate de la stratification avec $C \subset \sigma^0$ (resp. $\sigma^0 \subset C$) alors $g(C) = g(\sigma)$. Le cas $C \subset \sigma^0$ est clair, et le cas $\sigma^0 \subset C$ le devient une fois que l'on a remarqué que si C et D sont des strates, de dimension $d-1$ et d respectivement, d'une stratification de R^n donnée par une famille stratifiante de polynômes avec $C \subset \mathrm{adh}(D)$, alors il existe un homéomorphisme semi-algébrique $\psi: [0, 1[\times]0, 1[^{d-1} \to C \cup D$ tel que $C = \psi(\{0\} \times]0, 1[^{d-1})$; ce ψ s'obtient par induction sur n en recollant les φ_C et φ_D de 9.1.4, avec un éventuel changement de l'ordre des variables.

Pour démontrer le théorème il suffit donc de montrer soit (i), soit (ii). Nous allons donner deux démonstrations différentes, une pour (i) qui utilise les résultats établis au chapitre précédent et l'autre pour (ii) qui se ramène à ce qui a été vu pour les demi-branches. Le lecteur pourra choisir entre les deux suivant son goût.

(i) Par passage au tilda, on obtient un homéomorphisme $\tilde{\Phi}: \tilde{K} \to \tilde{V}$ (7.2.8). Puisque $\dim(\sigma) = d - 1$, il existe $\alpha \in \tilde{\sigma}$ de dimension $d - 1$ (7.5.8 (i)). D'après 10.2.6 et 10.2.7 il y a exactement un β de dimension d, $\beta \in \tilde{\tau}$, avec α spécialisation de β, pour chaque d-simplexe τ dont σ est une face. Pour compter ces β, on se transporte par $\tilde{\Phi}$ dans $\tilde{V}$; $\tilde{\Phi}$ conserve la dimension des points, d'après la caractérisation 7.5.8 (ii). Soient $V_1, \ldots, V_k$ les composantes irréductibles de V de dimension d, et notons $g_i(\tilde{\Phi}(\alpha))$ (pour $i = 1, \ldots, k$) le nombre de points de dimension d de $\tilde{V}_i$ dont $\tilde{\Phi}(\alpha)$ est spécialisation. D'après 10.2.10, chaque $g_i(\tilde{\Phi}(\alpha))$ est pair; par ailleurs, il est clair qu'un point de dimension d de $\tilde{V}$ appartient à un $\tilde{V}_i$ et un seul. Donc $g(\sigma) = \sum_{i=1}^{k} g_i(\tilde{\Phi}(\alpha))$, et $g(\sigma)$ est pair.

(ii) Sans perte de généralité on peut supposer que la stratification de V est telle que, si $\Pi: R^n \to R^d$ est la projection qui oublie les $n - d$ derniers facteurs, alors pour toute strate A de V la restriction $\Pi | \text{adh}(A)$ est un homéomorphisme sur $\text{adh}(\Pi(A))$ (cf. 9.1.6). Choisissons $x \in C$ et $L \subset R^d$ une droite affine passant par $\Pi(x)$ et transverse à $\Pi(C)$ (qui est, rappelons-le, une sous-variété de Nash de dimension $d - 1$; cf. 9.1.4 (i), (ii)). Alors $\Gamma = \Pi^{-1}(L) \cap V$ est un ensemble algébrique de dimension ≤ 1. Si Γ est une courbe, il y a une bijection canonique entre l'ensemble de ses demi-branches centrées en x et l'ensemble des d-strates D de la stratification de V telles que $C \subset \text{adh}(D)$. La parité du nombre de demi-branches (9.4.6) donne la parité de $g(C)$. □

Théorème 11.1.2: *Soit $V \subset R^n$ un ensemble algébrique de dimension d, $W \subset V$ un sous-ensemble algébrique irréductible de dimension $d - 1$. Alors, avec les hypothèses et les notations de 11.1.1:*
  (i) *Si σ et σ' sont deux $(d-1)$-simplexes de K tels que $\Phi(\sigma) \subset W$ et $\Phi(\sigma') \subset W$, alors $g(\sigma) \equiv g(\sigma') \pmod{4}$.*
  (ii) *Si C et C' sont deux $(d-1)$-strates de V contenues dans W, alors $g(C) \equiv g(C') \pmod{4}$.*

Démonstration: (i) Choisissons α dans $\tilde{\sigma}$, α' dans $\tilde{\sigma}'$, tous deux de dimension $d - 1$. Si $\mathfrak{p}$ est l'idéal de W dans $\mathscr{P}(V)$, on a $\text{supp}(\tilde{\Phi}(\alpha)) = \text{supp}(\tilde{\Phi}(\alpha')) = \mathfrak{p}$. D'après 10.2.11, on a, avec les notations de la démonstration de 11.1.1 (i), $g_i(\tilde{\Phi}(\alpha)) \equiv g_i(\tilde{\Phi}(\alpha')) \pmod{4}$ pour $i = 1, \ldots, k$, d'où $g(\sigma) \equiv g(\sigma') \pmod{4}$. Le raisonnement pour (ii) est similaire. □

Exemple 11.1.3: Soit K le complexe

$$[b, c, d] \cup [c, d, a] \cup [d, a, b] \cup [a, b, c] \cup [b, e] \cup [e, a] \cup [b, f] \cup [f, a].$$

Le sous-complexe $L = [a, b] \cup [b, e] \cup [e, a]$ est semi-algébriquement homéomorphe à un cercle, et K est semi-algébriquement homéomorphe à la réunion d'une sphère avec un cercle qui la coupe en deux points (cf. figure 28).

Pourtant il n'existe pas d'homéomorphisme semi-algébrique Φ de K sur un ensemble algébrique V tel que $\Phi(L)$ soit algébrique. Si un tel Φ existait, $\Phi(L)$ serait algébrique irréductible (pour une courbe, 9.4.6 entraîne qu'un point est l'extrémité d'un nombre pair de demi-branches, et donc une courbe algébrique semi-algébriquement homéomorphe à un cercle est irréductible). Ceci est impossible d'après 11.1.2 puisque $g([e, a]) = 0$ et $g([a, b]) = 2$.

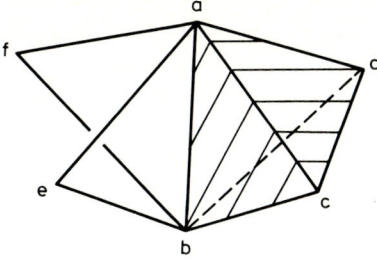

Fig. 28

Voici une autre conséquence que l'on peut tirer de 11.1.2. Quel que soit l'homéomorphisme semi-algébrique $\Phi: K \to V$ sur un ensemble algébrique V, $A = \Phi([b,e] \cup [e,a] \cup [b,f] \cup [f,a])$ est presque algébrique dans le sens que $\dim(\mathrm{adh}_{\mathrm{Zar}}(A)\setminus A) < \dim A$, c'est-à-dire que $\mathrm{adh}_{\mathrm{Zar}}(A)\setminus A$ se compose d'un nombre fini de points. Sinon, choisissons une triangulation semi-algébrique de V telle que A et $\mathrm{adh}_{\mathrm{Zar}}(A)$ soient images de sous-complexes, et choisissons un 1-simplexe σ d'image contenue dans A, un 1-simplexe σ' d'image contenue dans $\mathrm{adh}_{\mathrm{Zar}}(A)\setminus A$ (un tel σ' existe puisque $\dim(\mathrm{adh}_{\mathrm{Zar}}(A)\setminus A) = 1$); alors $g(\sigma) = 0$, $g(\sigma') = 2$, ce qui contredit 11.1.2 (puisque l'on peut choisir σ dans la même composante irréductible de $\mathrm{adh}_{\mathrm{Zar}}(A)$ que σ'). □

On peut améliorer les résultats de cet exemple dans le cas $R = \mathbb{R}$, en remplaçant «homéomorphisme semi-algébrique» par «homéomorphisme» dans les assertions ci-dessus. Nous avons signalé dans la note bibliographique du chapitre 9 qu'il y a des ensembles semi-algébriques homéomorphes mais pas semi-algébriquement homéomorphes; il faut donc prendre des précautions avant de passer d'une affirmation concernant les homéomorphismes semi-algébriques aux homéomorphismes quelconques. Cependant on peut le faire ici; il suffit de constater (en comptant par exemple les composantes connexes de voisinages pointés) que si $h: K \to V$ est n'importe quel homéomorphisme et si $x \in K$, $\dim(K_x) = \dim(V_{h(x)})$.

Remarque 11.1.4: Il y a moyen de démontrer les théorèmes 11.1.1 et 11.1.2 en normalisant V et en faisant ensuite des raisonnements «génériques» le long de sous-ensembles algébriques de codimension 1 de V, en utilisant le fait qu'un ensemble algébrique normal est non-singulier en codimension 1. Contrairement aux apparences ceci n'est pas très éloigné des démonstrations données ici de 11.1.1 (i) et 11.1.2; l'utilisation des places, à travers 10.2.10 et 10.2.11, joue le rôle de la normalisation et les raisonnements génériques se font de manière naturelle en termes de points du spectre réel.

11.2 Caractéristique locale d'Euler-Poincaré des ensembles algébriques

Soit A un sous-ensemble semi-algébrique de R^n. Les nombres de Betti de A sont les $b_r(A) = \dim_{\mathbb{Q}}(H_r(A, \mathbb{Q}))$; $b_r(A)$ est fini, et nul si $r > \dim(A)$. La caractéristique d'Euler-Poincaré de A est $\chi(A) = \sum_r (-1)^r b_r(A)$. Si $a \in A$, la caractéristique d'Euler-Poincaré locale $\chi(A, A\setminus a)$ est la somme alternée

$$\chi(A, A\setminus a) = \sum_r (-1)^r \dim_{\mathbb{Q}}(H_r(A, A\setminus a; \mathbb{Q}))$$

(c'est aussi $\chi(A) - \chi(A\setminus a)$ cf. 11.7.16). Voyons comment ce nombre se lit sur une triangulation de A, ou sur une stratification donnée par une famille stratifiante de polynômes.

Proposition 11.2.1:
(i) Soit K un complexe simplicial fini dans R^n, a un sommet de K. Soit m_r le nombre de r-simplexes de K dont a est un sommet. Alors $\chi(K, K\setminus a) = \sum_r (-1)^r m_r$.

(ii) Soit A un sous-ensemble semi-algébrique localement fermé de R^n et $a \in A$. On suppose que A a une stratification donnée par une famille stratifiante de polynômes (9.1.5), telle que a soit une 0-strate. Soit m_r le nombre de r-strates C de A telles que $a \in \mathrm{adh}(C)$. Alors $\chi(A, A\setminus a) = \sum_r (-1)^r m_r$.

Démonstration:
(i) est tout à fait classique. Il suffit de remarquer que $K\setminus a$ se rétracte par déformation semi-algébrique sur le sous-complexe L réunion des simplexes qui ne contiennent pas a:

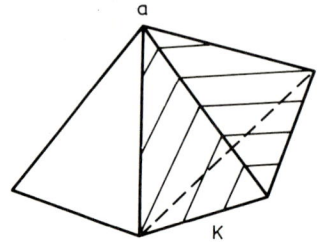

Fig. 29

Alors $\chi(K, K\setminus a) = \chi(K) - \chi(L)$, et la caractéristique d'Euler-Poincaré de K (ou de L) se calcule comme la somme alternée des nombres de r-simplexes.

(ii) On utilise ici la structure conique de la stratification (proposition 9.1.14). Si U_a est la réunion des strates C de A telles que $a \in \mathrm{adh}(C)$, il existe un ensemble semi-algébrique G fermé borné, $G \subset U_a$, et une surjection semi-algébrique continue $\eta: G \times [0, 1[\to U_a$ tels que pour tout $z \in G$, $\eta(z, 0) = a$ et $\eta(z, 1/2) = z$ et que $\eta | G \times]0, 1[$ soit un homéomorphisme sur $U_a \setminus a$. On a alors $H_0(A, A\setminus a; \mathbb{Q}) = \mathbb{Q}$ et $H_{r+1}(A, A\setminus a; \mathbb{Q}) = H_r(G, \mathbb{Q})$ (11.7.16). La proposition 9.1.14 dit aussi que les $G \cap C$, pour C strate de A contenue dans U_a, $C \neq \{a\}$, sont les cellules d'une décomposition cellulaire semi-algébrique de G, avec $\dim(G \cap C) = \dim(C) - 1$. Le calcul combinatoire de $1 - \chi(G) = \chi(A, A\setminus a)$ donne le résultat annoncé. $\square$

Théorème 11.2.2: *Soit $V \subset R^n$ un ensemble algébrique, $a \in V$. Alors $\chi(V, V\setminus a)$ est impair.*

11.2 Caractéristique locale d'Euler-Poincaré

Démonstration: On va montrer le résultat par récurrence sur la dimension $d=\dim(V)$. Explicitons d'abord ce que signifie le résultat dans le cas d'une triangulation de V dont a est un sommet (on peut se ramener à V borné algébrique par 3.5.3), ou d'une stratification de V donnée par une famille stratifiante de polynômes. Avec les notations de 11.2.1, on a toujours $m_0=1$ (ceci correspond à a lui-même). Donc $\chi(V,V\setminus a)$ impair veut dire que $\sum_{r>0}(-1)^r m_r$ est pair ou ce qui revient au même que $\sum_{r>0} m_r$ est pair: le nombre total de simplexes de la triangulation (ou de strates de la stratification) qui touchent a, et qui sont différents de a, est pair. Si la dimension d vaut 1, le théorème 11.2.2 ne dit pas autre chose que le théorème 9.4.6. Le résultat est donc connu pour $d=1$. Supposons maintenant $d>1$, et le résultat montré pour les ensembles algébriques de dimension strictement inférieure à d. D'après 9.1.6, on peut supposer que V a une stratification donnée par une famille stratifiante de polynômes, de telle façon que a soit une 0-strate et que si $\Pi_{n,d}:R^n\to R^d$ est la projection qui oublie les $n-d$ derniers facteurs, alors, pour toute strate C de V, $\Pi_{n,d}|\mathrm{adh}(C)$ est un homéomorphisme sur $\mathrm{adh}(\Pi_{n,d}(C))$. Rappelons que la famille stratifiante de polynômes nous donne aussi une stratification $\mathscr{C}_d$ de R^d, et que $\Pi_{n,d}(C)$ est une strate de $\mathscr{C}_d$ (se reporter à 9.1.4). Pour $k\leq d$, soit V_k la réunion des strates de dimension au plus k de V. D'après 9.1.9, chaque V_k est algébrique. D'après l'hypothèse de récurrence on a pour $k<d$, $\chi(V_k,V_k\setminus a)$ impair, ce qui veut dire $\sum_{r=1}^k m_r$ pair (toujours avec les notations de 11.2.1). On a donc m_r pair, pour $0<r<d$. Il suffit de montrer que m_d est pair.

Soit $b=\Pi_{n,d}(a)$; on note U_b la réunion des strates C' de la stratification $\mathscr{C}_d$ de R^d telles que $b\in\mathrm{adh}(C')$, $\mathscr{E}_r$ l'ensemble des r-strates de $\mathscr{C}_d$ contenues dans U_b et e_r le nombre d'éléments de $\mathscr{E}_r$, pour $0\leq r\leq d$. Le même raisonnement que ci-dessus montre que e_r est pair pour $0<r<d$. Comme $R^d\setminus b$ se rétracte par déformation semi-algébrique sur une sphère de dimension $d-1$, et que $\chi(S^{d-1})=0$ si d est pair, 2 sinon, on obtient $\chi(R^d,R^d\setminus b)=(-1)^d$. Ceci entraîne que $\sum_{0<r\leq d} e_r$ est pair, et donc que e_d est pair. Pour $C'\in\mathscr{E}_d$ notons $n(C')$ le nombre de d-strates C de V telles que $\Pi_{n,d}(C)=C'$ et $a\in\mathrm{adh}(C)$. Comme l'image par $\Pi_{n,d}$ d'une d-strate de V est une d-strate, on a $m_d=\sum_{C'\in\mathscr{E}_d} n(C')$. On va maintenant montrer que tous les $n(C')$ ont même parité. Comme on sait que e_d, qui est le cardinal de $\mathscr{E}_d$, est pair, ceci démontrera le résultat.

Commençons d'abord par le cas de deux strates C'_1 et C'_2 de $\mathscr{E}_d$ telles qu'il existe une $(d-1)$-strate D' avec $D'\subset\mathrm{adh}(C'_1)\cap\mathrm{adh}(C'_2)$ (on dira dans ce cas que C'_1 et C'_2 sont contiguës). Soit D une $(d-1)$-strate de V telle que $\Pi_{n,d}(D)=D'$; alors le nombre de d-strates de V auxquelles la strate D est adhérente est pair d'après 11.1.1, et si C est une telle d-strate de V on a $\Pi_{n,d}(C)=C'_1$ ou C'_2. Si l'on considère toutes les strates D au-dessus de D', il vient que $n(C'_1)+n(C'_2)$ est pair, et donc $n(C'_1)$ et $n(C'_2)$ ont même parité (cf. figure 30).

Si maintenant C' et C'' sont quelconques dans $\mathscr{E}_d$, on peut trouver une suite $C'=C'_0, C'_1, \ldots, C'_k=C''$ dans $\mathscr{E}_d$ telle que C'_{i-1} et C'_i soient contiguës pour

$i=1, \ldots, k$. Dans le cas contraire, on aurait une réunion disjointe $\mathscr{E}_d = \mathscr{X} \cup \mathscr{Y}$ avec $\mathscr{X}$ et $\mathscr{Y}$ non vides, telle qu'aucun élément de $\mathscr{X}$ ne soit contigu à un élément de $\mathscr{Y}$; les adhérences dans U_b de $\bigcup_{D \in \mathscr{X}} D$ et $\bigcup_{D \in \mathscr{Y}} D$ auraient alors pour réunion U_b, et pour intersection un ensemble semi-algébrique de dimension strictement plus petite que $d-1$, ce qui est impossible d'après 4.5.2. Donc $n(C')$ et $n(C'')$ ont même parité, ce qui achève la démonstration. □

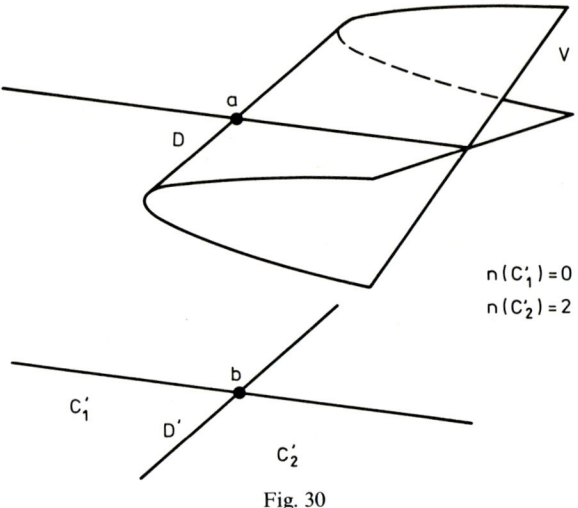

Fig. 30

Exemple 11.2.3: Si K est le complexe de l'exemple 11.1.3, on a $\chi(K, K \setminus a) = -1$; on sait que K est homéomorphe à un ensemble algébrique. Si par contre K est le complexe de 11.2.1, alors $\chi(K, K \setminus a) = 0$, et donc K n'est homéomorphe à aucun ensemble algébrique.

Remarque 11.2.4: La condition sur la caractéristique locale d'Euler-Poincaré est une condition nécessaire pour qu'un complexe simplicial soit homéomorphe à un ensemble algébrique. On peut montrer ([Akbulut King 5], [Benedetti Dedò 1]) qu'elle est suffisante pour les complexes simpliciaux de dimension au plus 2, mais il y a dans [King 2] un contre exemple à la suffisance en dimension 3. C'est la suspension de X:

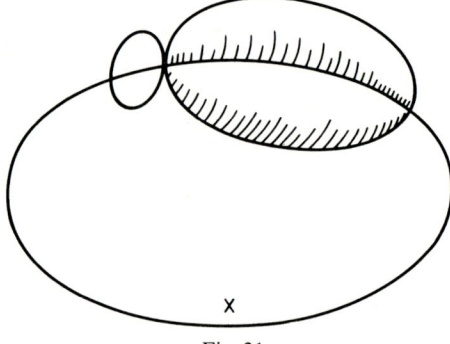

Fig. 31

L'ensemble X lui-même peut être réalisé algébriquement, comme le compactifié d'Alexandrov algébrique (3.5.3) de la réunion du parapluie d'équation $y^2 x = z^2$ avec un cercle:

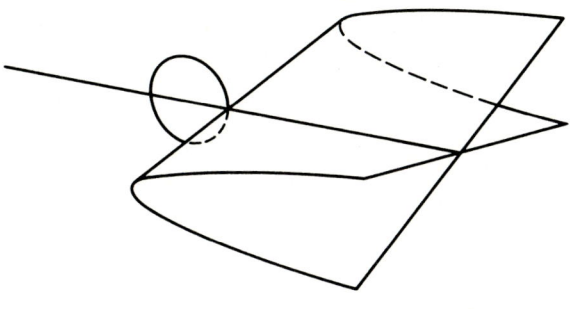

Fig. 32

Remarque 11.2.5: Le théorème 11.2.2, joint au théorème de structure conique locale (9.3.5), montre qu'il existe $\varepsilon > 0$ tel que $V \cap \bar{B}_n(a, \varepsilon)$ soit semi-algébriquement homéomorphe à un cône sur $V \cap S^{n-1}(a, \varepsilon)$ qui est de caractéristique d'Euler-Poincaré paire.

11.3 La classe fondamentale d'un ensemble algébrique. Homologie algébrique

Définition et Proposition 11.3.1: Soit $V \subset R^n$ un ensemble algébrique borné de dimension d, et soit $\Phi: K \to V$ une triangulation semi-algébrique de V. La somme des d-simplexes de K est un cycle à coefficients dans $\mathbb{Z}/2$, qui représente un élément non nul de $H_d(V, \mathbb{Z}/2)$. Cet élément, indépendant de la triangulation choisie, est appelé classe fondamentale de V, et noté $[V]$.

Démonstration: Le fait que la somme des d-simplexes de K soit un cycle à coefficients dans $\mathbb{Z}/2$ est une conséquence immédiate de 11.1.1 (i), et il est clair que ce cycle n'est pas un bord. Le fait que $[V]$ ne dépend pas de la triangulation choisie peut s'obtenir à partir de la remarque que, pour tout point a de V non singulier en dimension d, l'image de $[V]$ dans $H_d(V, V \setminus a; \mathbb{Z}/2) \simeq \mathbb{Z}/2$ est l'élément non nul. □

Soit $V \subset R^n$ un ensemble algébrique borné. Si W est un sous-ensemble algébrique de V de dimension k, la classe fondamentale de W donne par l'homomorphisme $i_*: H_k(W, \mathbb{Z}/2) \to H_k(V, \mathbb{Z}/2)$ induit par l'inclusion $i: W \hookrightarrow V$ un élément du groupe d'homologie $H_k(V, \mathbb{Z}/2)$. Il est clair que les éléments de $H_k(V, \mathbb{Z}/2)$ obtenus de cette manière forment un sous-groupe de $H_k(V, \mathbb{Z}/2)$.

Définition 11.3.2: Soit $V \subset R^n$ un ensemble algébrique borné de dimension d. Pour $k \leq d$, on note $H_k^{\mathrm{alg}}(V, \mathbb{Z}/2)$ le sous-groupe de $H_k(V, \mathbb{Z}/2)$ dont les éléments sont les classes d'homologie de la forme $i_*([W])$, où $W \xhookrightarrow{i} V$ est un sous-ensemble algébrique de dimension k. Par abus de notation, on notera encore $[W]$ l'élément $i_*([W])$ de $H_k(V, \mathbb{Z}/2)$. On dit qu'une telle classe d'homologie est représentable par un ensemble algébrique. □

Il est des cas où toute l'homologie est algébrique, c'est-à-dire où $H_*^{\text{alg}}(V, \mathbb{Z}/2) = H_*(V, \mathbb{Z}/2)$.

Proposition 11.3.3: *L'homologie des grassmanniennes est entièrement algébrique:* $H_*^{\text{alg}}(\mathbb{G}_{n,k}(R), \mathbb{Z}/2) = H_*(\mathbb{G}_{n,k}(R), \mathbb{Z}/2)$.

Démonstration: Commençons par rappeler la décomposition cellulaire de $\mathbb{G}_{n,k}(R)$ donnée par les cellules de Schubert (cf. [Milnor Stasheff 1], § 6). On a une chaîne d'inclusions $R \subset R^2 \subset \ldots \subset R^n$, chaque R^j étant plongé dans R^n par $R^j \simeq R^j \times \{0\} \hookrightarrow R^n$. Soit $\sigma = (\sigma_1, \ldots, \sigma_k)$ une suite d'entiers avec $1 \leq \sigma_1 < \sigma_2 < \ldots < \sigma_k \leq n$. Soit $e(\sigma) \subset \mathbb{G}_{n,k}(R)$ l'ensemble des sous-espaces vectoriels X de dimension k de R^n tels que

$$\dim(X \cap R^{\sigma_i - 1}) = i - 1, \quad \dim(X \cap R^{\sigma_i}) = i \quad \text{pour} \quad i = 1, \ldots, k.$$

Les $e(\sigma)$ forment une partition finie de $\mathbb{G}_{n,k}(R)$ en ensembles semi-algébriques, et chaque $e(\sigma)$ est semi-algébriquement homéomorphe à une boule ouverte $B_{d(\sigma)}$ de dimension $d(\sigma) = (\sigma_1 - 1) + \ldots + (\sigma_k - k)$ (la semi-algébricité découle immédiatement des calculs explicites de [Milnor Stasheff 1]). L'homéomorphisme $q: B_{d(\sigma)} \to e(\sigma)$ se prolonge en une application continue surjective $\bar{q}: \bar{B}_{d(\sigma)} \to \bar{e}(\sigma) = \text{adh}(e(\sigma))$. On vérifie que

$$\bar{e}(\sigma) = \bigcup \{e(\tau) | \forall i = 1, \ldots, k \quad \tau_i \leq \sigma_i\}.$$

Montrons que $\bar{e}(\sigma)$ est algébrique. Pour cela on fait appel à l'identification (3.4.4):

$$\mathbb{G}_{n,k}(R) = \{A \in \mathbb{M}_{n,n}(R) | A = A^2 = {}^tA, \text{trace}(A) = k\}.$$

Rappelons que l'on identifie ainsi un sous-espace vectoriel X de dimension k de R^n à la matrice A de la projection orthogonale sur X. Notons $A'_j \in \mathbb{M}_{n,j}(R)$ la matrice formée des j premières colonnes de la matrice $A' = \text{Id}_n - A$. Alors

$$\bar{e}(\sigma) = \{A \in \mathbb{G}_{n,k}(R) | \forall i = 1, \ldots, k \quad \text{rang}(A'_{\sigma_i}) \leq \sigma_i - i\}.$$

L'homologie de la grassmannienne se calcule au moyen de la décomposition cellulaire fournie par les cellules de Schubert, et puisque l'adhérence de chaque cellule de Schubert $\bar{e}(\sigma)$ est algébrique, toute classe d'homologie dans $H_*(\mathbb{G}_{n,k}(R), \mathbb{Z}/2)$ est représentable par un ensemble algébrique.

Il est intéressant de considérer plus précisément le cas de l'espace projectif $\mathbb{P}_n(R) = \mathbb{G}_{n+1,1}(R)$. On a alors exactement une cellule en chaque dimension, et les images des cellules fermées donnent une chaîne d'inclusions $\mathbb{P}_0(R) \subset \mathbb{P}_1(R) \subset \ldots \subset \mathbb{P}_n(R)$. On a $H_i(\mathbb{P}_n(R), \mathbb{Z}/2) = H_i^{\text{alg}}(\mathbb{P}_n(R), \mathbb{Z}/2) = \mathbb{Z}/2$ pour $i = 0, \ldots, n$, la classe d'homologie non nulle étant représentée par un sous-espace projectif. □

11.3 La classe fondamentale d'un ensemble algébrique

On va maintenant exhiber des ensembles algébriques dont l'homologie n'est pas entièrement algébrique. Le cas qui nous intéressera principalement sera celui de l'homologie en codimension 1. La technique de fabrication de ces exemples repose sur le lemme suivant.

Lemme 11.3.4: *Soit V un ensemble algébrique irréductible; soient $f: V \to R^p$ une fonction régulière et $Z \subset V$ un sous-ensemble algébrique propre tels que $f|V \setminus Z$ soit injective. Soit $W = \mathrm{adh}_{\mathrm{Zar}}(f(V))$ l'adhérence pour la topologie de Zariski de $f(V)$ dans R^p. Alors $\dim(W \setminus f(V)) < \dim(V) = \dim(W)$.*

Démonstration: W est un ensemble algébrique irréductible de même dimension que V puisque $\dim(V) = \dim(V \setminus Z) = \dim(f(V \setminus Z))$ d'après 2.8.8. La fonction f induit une extension $\mathcal{K}(W) \hookrightarrow \mathcal{K}(V)$ de degré fini. On peut remplacer V par le graphe de f, ce qui nous ramène au cas où V est un ensemble algébrique de $R^n \times R^p$, et f la restriction de la projection canonique $R^n \times R^p \to R^p$. Notons respectivement V_C et W_C les adhérences pour la topologie de Zariski de V et W dans $C^n \times C^p$ et C^p (où $C = R[i]$), et $f_C: V_C \to W_C$ la restriction de la projection $C^n \times C^p \to C^p$. D'après [Shafarevich 1], théorème 7 p. 117, l'ensemble des points $y \in W_C$ où le nombre de points de $f_C^{-1}(y)$ est égal au degré de l'extension $[\mathcal{K}(V_C): \mathcal{K}(W_C)] = [\mathcal{K}(V): \mathcal{K}(W)]$ contient un ouvert de Zariski non vide de W_C. Si $y \in W$, les points de $f_C^{-1}(y) \cap (V_C \setminus V)$ vont deux par deux, par conjugaison. Donc il existe un ouvert de Zariski non vide U de W tel que, pour tout $y \in W$, le nombre de points de $f^{-1}(y)$ soit congru à $[\mathcal{K}(V): \mathcal{K}(W)]$ modulo 2. D'après l'hypothèse, l'ensemble des $y \in W$ tels que $f^{-1}(y)$ ait exactement un point est Zariski-dense dans W. Ainsi, pour $y \in U$, le nombre d'éléments de $f^{-1}(y)$ est impair, d'où $U \subset f(V)$, ce qui prouve le lemme. □

On peut donner une démonstration de 11.3.4 qui évite la complexification. On remarque d'abord que l'hypothèse entraîne que l'application $\mathrm{Spec}_r(\mathcal{K}(V)) \to \mathrm{Spec}_r(\mathcal{K}(W))$ induite par f est injective, ce qui entraîne d'après 1.3.7 que tout $\beta \in \mathrm{Spec}_r(\mathcal{K}(W))$ admet une extension à $\mathrm{Spec}_r(\mathcal{K}(V))$. Puisque $W \setminus f(V)$ ne contient aucun ordre sur $\mathcal{K}(W)$, c'est (par 7.5.8) que $\dim(W \setminus f(V)) < \dim(W)$.

Nous utiliserons aussi un résultat qui sera démontré au chapitre 12 (12.4.10), et qui montre bien le lien entre l'homologie algébrique et les problèmes d'approximation des sous-variétés différentiables par des sous-ensembles algébriques. Il faut d'abord préciser ce qu'on entend par approximation.

Jusqu'à la fin de cette section, on ne considère que le cas $R = \mathbb{R}$. Si X et Y sont deux variétés $\mathscr{C}^\infty$ avec X compacte, on rappelle que $\mathscr{C}^\infty(X, Y)$ désigne l'ensemble des fonctions $\mathscr{C}^\infty$ de X dans Y, avec la topologie $\mathscr{C}^\infty$ ([Hirsch 1], chapitre 2).

Définition 11.3.5: *Soit $V \subset \mathbb{R}^p$ un ensemble algébrique non singulier, X une sous-variété $\mathscr{C}^\infty$ compacte de V. On dit que X admet une approximation algébrique dans V si, pour tout voisinage ouvert Ω de l'inclusion $X \hookrightarrow V$ dans $\mathscr{C}^\infty(X, V)$, il existe $h \in \Omega$ tel que $h(X)$ soit un sous-ensemble algébrique non singulier de V.*

Il est bon de rappeler ici quelques notions de topologie différentielle. Si X et Y sont des variétés $\mathscr{C}^\infty$, une *isotopie* de X dans Y est une application $\mathscr{C}^\infty$ $F: X \times [0, 1] \to Y$ telle que pour tout $t \in [0, 1]$ l'application $F_t: X \to Y$ définie par $F_t(x) = F(x,t)$ est un plongement. Si X_0 et X_1 sont des sous-variétés $\mathscr{C}^\infty$ de Y on dit qu'elles sont *isotopes* s'il existe une isotopie F de X_0 dans Y telle que F_0 est l'inclusion $X_0 \hookrightarrow Y$ et $X_1 = F_1(X_0)$. Une *difféotopie* de Y est une isotopie F de Y dans Y telle que $F_0 = \mathrm{Id}_Y$ et que chaque F_t est un difféomorphisme de Y. Si X_0 et X_1 sont des sous-variétés $\mathscr{C}^\infty$ de Y, on dit qu'elles sont *difféotopes* s'il existe une difféotopie F de Y telle que $X_1 = F_1(X_0)$.

On remarque que, si dans la définition 11.3.5 Ω est choisi suffisamment petit, tout h de Ω est un plongement et que les sous-variétés X et $h(X)$ sont difféotopes dans V (cf. [Hirsch 1] p. 38 et p. 180).

Rappelons encore que si X est une variété $\mathscr{C}^\infty$ compacte de dimension p, elle possède une *classe fondamentale* $[X]$ qui est un élément de $H_p(X, \mathbb{Z}/2)$ (cf. [Greenberg 1] p. 122). Si X est une sous-variété d'une variété $\mathscr{C}^\infty$ Y, en notant $i: X \hookrightarrow Y$ l'inclusion, on appellera encore par abus de langage classe fondamentale de X son image $i_*([X])$ dans $H_p(Y, \mathbb{Z}/2)$, et on notera aussi $[X]$ cette dernière.

Voici maintenant une partie de l'énoncé 12.4.10:

Soit V un ensemble algébrique compact non singulier de dimension d. Soit X une sous-variété $\mathscr{C}^\infty$ compacte de dimension $d-1$ de V. Alors les propriétés suivantes sont équivalentes:

(i) $[X] \in H_{d-1}^{\mathrm{alg}}(V, \mathbb{Z}/2)$.

(ii) X admet une approximation algébrique dans V.

Théorème 11.3.6: *Soit n un entier strictement positif, et soit M la somme connexe (cf. [Hirsch 1], chapitre 9, §1) de k copies de $S^n \times S^1$, $k \geq 1$. Alors il existe un ensemble algébrique non singulier $V \subset \mathbb{R}^{n+4}$ et une sous-variété $\mathscr{C}^\infty$ X de V tels que V est $\mathscr{C}^\infty$-difféomorphe à M, X est $\mathscr{C}^\infty$-difféomorphe à S^n et $[X] \notin H_n^{\mathrm{alg}}(V, \mathbb{Z}/2)$.*

Démonstration: Soit

$$C = \{(x_1, \ldots, x_{n+1}) \in \mathbb{R}^{n+1} \mid x_1^4 - 4x_1^2 + 1 + x_2^2 + \ldots + x_{n+1}^2 = 0\}.$$

L'ensemble C est algébrique non singulier irréductible avec deux composantes connexes C_1 et C_2, toutes deux $\mathscr{C}^\infty$-difféomorphes à S^n. Choisissons une sous-variété $\mathscr{C}^\infty$ compacte B de S^2, avec un bord $\partial B = S$ qui a k composantes connexes $S_1, \ldots, S_k$, chaque S_i étant un ensemble algébrique non singulier $\mathscr{C}^\infty$-difféomorphe à S^1. On choisit $y \in S_1$, et on pose $W = C \times S^2 \subset \mathbb{R}^{n+4}$, $D = C_1 \times \{y\} \subset W$. Alors D n'admet pas d'approximation algébrique dans W.

Voici la démonstration de cette assertion. Notons $\Pi : W \to C$ la projection canonique. Alors si $h \in \mathscr{C}^\infty(D, W)$ est suffisamment proche de l'inclusion $D \hookrightarrow W$ pour la topologie $\mathscr{C}^\infty$, $h(D)$ est $\mathscr{C}^\infty$-difféomorphe à S^n, $\Pi | h(D)$ est une injection et $\Pi(h(D)) = C_1$. Si $h(D)$ est algébrique, il est forcément irréductible, et on arrive à une contradiction avec le lemme 11.3.4. Remarquons que l'on a montré en fait que pour tout $h \in \mathscr{C}^\infty(D, W)$ suffisamment proche de l'inclusion $D \hookrightarrow W$, $h(D)$ n'admet pas d'approximation algébrique dans W.

On remarque que $Z = C_1 \times S \subset W$ est une sous-variété $\mathscr{C}^\infty$ de W, $\mathscr{C}^\infty$-difféomorphe à la réunion disjointe de k copies de $S^n \times S^1$, contenant D et qui borde la sous-variété $\mathscr{C}^\infty$ compacte $C_1 \times B \subset W$. On peut alors fabriquer

11.3 La classe fondamentale d'un ensemble algébrique

à partir de Z une hypersurface $\mathscr{C}^\infty$ N de W, $\mathscr{C}^\infty$-difféomorphe à M (qui est la somme connexe de k copies de $S^n \times S^1$), contenant D et qui borde une sous variété $\mathscr{C}^\infty$ compacte de W. Cette dernière condition entraine qu'il existe une fonction $\mathscr{C}^\infty$ $f: W \to \mathbb{R}$ dont 0 est valeur régulière et telle que $N = f^{-1}(0)$. D'après le théorème de Stone-Weierstrass (8.8.6), on peut choisir une fonction $g \in \mathscr{P}(W)$, arbitrairement proche de f pour la topologie $\mathscr{C}^\infty$. On choisit g suffisamment proche de f pour que 0 soit une valeur régulière de g, et que l'on ait un difféomorphisme $h: N \to g^{-1}(0) = V$ suffisamment proche de l'inclusion $N \hookrightarrow W$ pour que $h(D) = X$ n'admette pas d'approximation algébrique dans W (l'existence de ce difféomorphisme est assurée par le théorème d'isotopie de Thom (cf. [Abraham Robbin 1], théorème 20.2); on pourrait aussi l'obtenir par un raisonnement direct). Alors X n'admet pas non plus d'approximation algébrique dans V, et donc d'après 12.4.10 annoncé plus haut, $[X] \notin H_n^{\text{alg}}(V, \mathbb{Z}/2)$. □

Théorème 11.3.7: *Soit n un entier strictement positif, et soit M la somme connexe de k copies de $S^n \times S^1$ ($k \geq 1$) et de l copies de $\mathbb{P}_{n+1}(\mathbb{R})$ ($l \geq 0$). Alors la conclusion de 11.3.6 reste valable, sauf l'inclusion $V \subset \mathbb{R}^{n+4}$.*

Démonstration: Par 11.3.6 on a un ensemble algébrique non singulier V_1 et une sous-variété $\mathscr{C}^\infty$ X_1 de V_1 tels que V_1 est $\mathscr{C}^\infty$-difféomorphe à la somme connexe de k copies de $S^n \times S^1$, X_1 est $\mathscr{C}^\infty$-difféomorphe à S^n et $[X_1] \notin H_n^{\text{alg}}(V_1, \mathbb{Z}/2)$. On choisit alors l points $t_1, \ldots, t_l$ de V_1 qui ne sont pas dans X_1 et l'on construit l'éclatement de V_1 de centre $\{t_1, \ldots, t_l\}$

$$\sigma: V = E(V_1, \{t_1, \ldots, t_l\}) \to V_1$$

(cf. 3.5.7). L'ensemble algébrique V est $\mathscr{C}^\infty$-difféomorphe à la somme connexe de V_1 avec l copies de $\mathbb{P}_{n+1}(\mathbb{R})$ (cf. 3.5.12), et donc $\mathscr{C}^\infty$-difféomorphe à M. La restriction $\sigma|V \setminus \sigma^{-1}(\{t_1, \ldots, t_l\})$ est un isomorphisme birégulier sur $V_1 \setminus \{t_1, \ldots, t_l\}$ donc $X = \sigma^{-1}(X_1)$ est une sous-variété $\mathscr{C}^\infty$ de V, et $\sigma|X: X \to X_1$ un $\mathscr{C}^\infty$-difféomorphisme. Il reste à montrer que X n'admet pas d'approximation algébrique dans V. Supposons le contraire. Alors on peut trouver $h \in \mathscr{C}^\infty(X, V)$ suffisamment proche de l'inclusion $X \hookrightarrow V$ pour que X et $h(X)$ soient isotopes dans $V \setminus \sigma^{-1}(\{t_1, \ldots, t_l\})$ et que $h(X)$ soit un ensemble algébrique. L'isotopie de $\sigma(X) = X_1$ sur $\sigma(h(X))$ dans V_1 se prolonge en une difféotopie de V_1 qui envoie X_1 sur $\sigma(h(X))$ ([Hirsch 1], chapitre 8, §1, théorème 1.4) et donc $[X_1] = [\sigma(h(X))]$ dans $H_n(V_1, \mathbb{Z}/2)$. Par ailleurs la différence entre $\sigma(h(X))$ et son adhérence pour la topologie de Zariski dans V_1 ne comprend qu'un nombre fini de points, parmi $\{t_1, \ldots, t_l\}$. Ceci montre $[\sigma(h(X))] \in H_n^{\text{alg}}(V, \mathbb{Z}/2)$, ce qui donne la contradiction recherchée. □

Remarque 11.3.8: Le théorème 11.3.7 englobe (pour $n = 1$) le cas de toutes les surfaces $\mathscr{C}^\infty$ compactes connexes sans bord, sauf la sphère, le plan projectif réel et la bouteille de Klein. Dans le cas de la sphère, on a $H_1(S^2, \mathbb{Z}/2) = 0$ et donc pour tout ensemble algébrique non singulier V $\mathscr{C}^\infty$-difféomorphe à S^2, $H_1(V, \mathbb{Z}/2) = H_1^{\text{alg}}(V, \mathbb{Z}/2) = 0$. On verra au chapitre 12 (12.4.9) que si V est un ensemble algébrique non singulier non orientable compact de dimension d, alors $H_{d-1}^{\text{alg}}(V, \mathbb{Z}/2) \neq 0$. En particulier si V est $\mathscr{C}^\infty$-difféomorphe à $\mathbb{P}_2(\mathbb{R})$ alors $H_1(V, \mathbb{Z}/2) = H_1^{\text{alg}}(V, \mathbb{Z}/2) = \mathbb{Z}/2$. Seul reste ouvert le cas de la bouteille de Klein.

Remarque 11.3.9: On peut obtenir une généralisation du lemme 11.3.4, où la condition d'injectivité est remplacée par la condition que les fibres de la fonction régulière aient une caractéristique d'Euler-Poincaré impaire ([Akbulut King 6], lemme 5.1). Par ce moyen, Akbulut et King construisent des exemples d'ensembles algébriques non singuliers avec homologie non entièrement algébrique en codimension >1.

11.4 Fonctions régulières injectives d'un ensemble algébrique dans lui-même

Nous avons besoin dans cette section de l'homologie de Borel-Moore qui sera notée H_*^{BM}. Dans le cas semi-algébrique, on peut définir et calculer cette homologie de façon combinatoire, sans référence à la théorie générale de [Borel Moore 1], en utilisant le fait qu'un ensemble semi-algébrique localement fermé a un compactifié d'Alexandrov semi-algébrique (2.5.9). Cette définition, donnée en 11.7.13, montre immédiatement que si Y est un ensemble semi-algébrique localement fermé, $\dim H_*^{BM}(Y, \mathbb{Z}/2) < \infty$.

L'homologie de Borel-Moore permet de définir la classe fondamentale d'un ensemble algébrique non borné.

Définition 11.4.1: *Soit $V \subset R^n$ un ensemble algébrique non borné de dimension d, et $(\dot{V}, i: V \to \dot{V})$ un compactifié d'Alexandrov algébrique de V (3.5.3). La classe fondamentale de V dans $H_d^{BM}(V, \mathbb{Z}/2)$, notée $[V]$, est l'image de $[\dot{V}]$ par l'homomorphisme canonique*

$$H_d(\dot{V}, \mathbb{Z}/2) \to H_d(\dot{V}, \dot{V} \setminus i(V); \mathbb{Z}/2) = H_d^{BM}(V, \mathbb{Z}/2). \quad \square$$

Voici maintenant le résultat auquel cette section est consacrée.

Théorème 11.4.2: *Soit $V \subset R^n$ un ensemble algébrique irréductible non singulier, et soit $f: V \to V$ une fonction régulière. Alors si f est injective, f est surjective.*

Démonstration: Posons $X = f(V)$, $Y = V \setminus X$. Il nous faut montrer que Y est vide. Supposons Y non vide; voyons alors ce qu'on peut en dire.

(i) Y est semi-algébrique: clair.

(ii) Y est fermé dans V. Ceci vient du théorème sur l'invariance du domaine, qui affirme pour $R = \mathbb{R}$ qu'une fonction continue injective de $\mathbb{R}^n$ dans $\mathbb{R}^n$ est ouverte. La démonstration, qui utilise des méthodes homologiques via le théorème de Jordan, peut se faire aussi pour R quelconque, avec une fonction continue semi-algébrique injective. Pour une démonstration complète, le lecteur peut se reporter à [Delfs Knebusch 2], théorème 5.13.

(iii) $\dim(Y) < \dim(V)$. En effet puisque f est injective, $\dim(f(V)) = \dim(V)$ (par 2.8.8) et puisque V est irréductible, V est l'adhérence pour la topologie de Zariski de $f(V)$. Il suffit alors d'appliquer le lemme 11.3.4.

(iv) Soit Z l'adhérence pour la topologie de Zariski de Y. Alors $\dim(Z \setminus Y) < \dim(Y)$. Choisissons une composante irréductible Z' de Z de dimension $\dim(Y)$, et montrons que $\dim(f^{-1}(Z')) < \dim(Y)$, ce qui établira l'assertion. Si on avait $\dim(f^{-1}(Z'))=\dim(Y)$, il y aurait une composante irréductible T de $f^{-1}(Z')$ de dimension $\dim(Y)$. Alors Z' serait l'adhérence pour la topologie de Zariski de $f(T)$, et donc on aurait $\dim(Z'\setminus f(T))<\dim(Y)=\dim(Z')$. Mais $Y\cap Z'$, qui est contenu dans $Z'\setminus f(T)$, ne pourrait être Zariski-dense dans Z': contradiction.

Itérons la fonction f. Posons $X_k=f^k(V)\subset V$, et $Y_k=V\setminus X_k$ (ainsi, $X_1=X$ et $Y_1=Y$). Comme f^k a les mêmes propriétés que f, Y_k possède les propriétés (i), (ii), (iii), (iv) ci-dessus. De plus, comme $Y_{k+1}=f^k(Y)\cup Y_k$, où la réunion est disjointe, $\dim(Y_{k+1}\setminus Y_k)=\dim(f^k(Y))=\dim(Y)$. Notons maintenant d la dimension de Y. Soit Z_k l'adhérence pour la topologie de Zariski de Y_k. Si Z_k est borné, considérons une triangulation semi-algébrique de Z_k telle que Y_k soit réunion d'images de simplexes. Alors puisque $\dim(Z_k\setminus Y_k)<d$, tous les d-simplexes de la triangulation ont leur image contenue dans Y_k et la somme de ces d-simplexes représente une classe d'homologie non nulle dans $H_d(Y_k,\mathbb{Z}/2)$, dont l'image dans $H_d(Z_k,\mathbb{Z}/2)$ est $[Z_k]$; notons $[Y_k]$ cette classe. Dans le cas général, si Z_k n'est pas borné, on passe au compactifié d'Alexandrov algébrique de Z_k et on obtient une classe non nulle $[Y_k]$ dans $H_d^{\mathrm{BM}}(Y_k,\mathbb{Z}/2)$. Les inclusions $H_d^{\mathrm{BM}}(Y_k,\mathbb{Z}/2)\hookrightarrow H_d^{\mathrm{BM}}(Y_{k+1},\mathbb{Z}/2)$ permettent d'identifier $[Y_l]$ à un élément non nul de $H_d^{\mathrm{BM}}(Y_k,\mathbb{Z}/2)$ pour $k\geq l$.

Lemme 11.4.3: *Les classes* $[Y_1], \ldots, [Y_k]$ *sont linéairement indépendantes (sur* $\mathbb{Z}/2$) *dans* $H_d^{\mathrm{BM}}(Y_k,\mathbb{Z}/2)$.

Démonstration du lemme: On peut considérer une triangulation semi-algébrique de Z_k (ou du compactifié d'Alexandrov de Z_k), telle que les Y_l (ou leurs adhérences dans le compactifié d'Alexandrov) soient réunions d'images de simplexes, pour $l\leq k$. On sait que les $Y_{l+1}\setminus Y_l$ sont tous disjoints et de dimension d, et donc $[Y_1], [Y_2]-[Y_1], \ldots, [Y_k]-[Y_{k-1}]$ sont linéairement indépendants. □

Nous en arrivons à la fin de la démonstration du théorème. La suite exacte longue pour l'homologie de Borel-Moore (11.7.15) nous donne

$$\ldots\to H_{d+1}^{\mathrm{BM}}(X_k,\mathbb{Z}/2)\xrightarrow{u} H_d^{\mathrm{BM}}(Y_k,\mathbb{Z}/2)\xrightarrow{v} H_d^{\mathrm{BM}}(V,\mathbb{Z}/2)\to\ldots$$

avec $\mathrm{Im}(u)=\mathrm{Ker}(v)$. Comme f^k est une bijection continue et ouverte de V sur X_k, X_k est semi-algébriquement homéomorphe à V et $H_{d+1}^{\mathrm{BM}}(X_k,\mathbb{Z}/2)\simeq H_{d+1}^{\mathrm{BM}}(V,\mathbb{Z}/2)$. On a donc

$$\dim(H_d^{\mathrm{BM}}(Y_k,\mathbb{Z}/2))=\dim(\mathrm{Im}(v))+\dim(\mathrm{Ker}(v))=\dim(\mathrm{Im}(v))+\dim(\mathrm{Im}(u))$$
$$\leq\dim(H_d^{\mathrm{BM}}(V,\mathbb{Z}/2))+\dim(H_{d+1}^{\mathrm{BM}}(V,\mathbb{Z}/2))<\infty$$

(où les dimensions sont celles d'espaces vectoriels sur $\mathbb{Z}/2$), ce qui est contradictoire avec le lemme 11.4.3 qui entraîne que $\dim(H_d^{\mathrm{BM}}(Y_k,\mathbb{Z}/2))\geq k$ quel que soit k. L'ensemble Y est donc vide. □

Remarque 11.4.4: Le théorème 11.4.2 n'est pas vrai sur un corps réel quelconque, comme le montre l'exemple de la fonction $f(x)=x^3$ de $\mathbb{Q}$ dans $\mathbb{Q}$.

11.5 Majoration de la somme des nombres de Betti d'un ensemble algébrique

Il s'agit ici d'obtenir une majoration de la somme des nombres de Betti d'un ensemble algébrique V de R^n, en fonction de n et du degré des polynômes donnant V. On va d'abord obtenir cette majoration pour $R=\mathbb{R}$, en utilisant la théorie de Morse, puis transférer cette majoration au cas d'un corps réel clos quelconque. Pour la première étape, nous suivrons [Milnor 2] et pour la seconde [Delfs Knebusch 2].

Si X est un sous-ensemble semi-algébrique de R^n, et Λ un corps (usuellement $\Lambda = \mathbb{Q}$, ou $\Lambda = \mathbb{Z}/2$) le $i^{\text{ème}}$ nombre de Betti $b_i(X, \Lambda)$ sera la dimension de l'espace vectoriel $H_i(X, \Lambda)$ sur Λ. Cette dimension est finie, et b_i est nul quand i dépasse la dimension de X. La somme des nombres de Betti de X est donc toujours finie. Pour abréger, on notera dans cette section $H_i(X)$ au lieu de $H_i(X, \Lambda)$.

Proposition 11.5.1: *Soit $W \subset \mathbb{R}^n$ une hypersurface algébrique non singulière compacte, d'équation $f=0$ où f est un polynôme de degré $2d$. Alors la somme des nombres de Betti de W est inférieure ou égale à $2d(2d-1)^{n-1}$.*

Démonstration: Soit $\eta: W \to S^{n-1}$ la fonction définie par $\eta(x) = \operatorname{grad}(f(x))/\|\operatorname{grad}(f(x))\|$. D'après le théorème de Sard (9.5.2), l'ensemble des valeurs critiques de η est de dimension au plus $n-2$, et donc on peut trouver deux points diamétralement opposés de S^{n-1} qui ne sont ni l'un ni l'autre valeur critique de η. Après rotation, on peut supposer que ces points sont les points $(0, \ldots, 0, 1)$ et $(0, \ldots, 0, -1)$. Alors la fonction «hauteur» $h: W \to \mathbb{R}$ définie par $h(x_1, \ldots, x_n) = x_n$ n'a pas de point critique dégénéré. Soit $y \in W$ un point critique de h. Ceci revient à dire que $\eta(y) = (0, \ldots, 0, \pm 1)$. On peut choisir au voisinage de y le système de coordonnées locales $(u_1, \ldots, u_{n-1})$ donné par $u_i = x_i$. Alors pour tout $i=1, \ldots, n-1$, $\dfrac{\partial f}{\partial x_i} = -\dfrac{\partial f}{\partial x_n} \dfrac{\partial h}{\partial u_i}$ sur W au voisinage de y, et

$$\eta(u_1, \ldots, u_{n-1}) = \pm \left(\frac{\partial h}{\partial u_1}, \ldots, \frac{\partial h}{\partial u_{n-1}}, -1 \right) \Big/ \sqrt{1 + \sum_{i=1}^{n-1} \left(\frac{\partial h}{\partial u_i} \right)^2}$$

d'où $\dfrac{\partial \eta_j}{\partial u_i}(y) = \dfrac{\partial^2 h}{\partial u_j \partial u_i}(y)$, ce qui montre que la matrice $\left[\dfrac{\partial^2 h}{\partial u_j \partial u_i}(y) \right]$ est non singulière. En appliquant la théorie de Morse à la fonction $h: W \to \mathbb{R}$ ([Milnor 1], théorème 5.2, p. 29), on obtient que la somme des nombres de Betti de W est inférieure ou égale au nombre de points critiques de h. Ces points critiques sont les solutions du système:

$$f = 0, \frac{\partial f}{\partial x_1} = 0, \ldots, \frac{\partial f}{\partial x_{n-1}} = 0.$$

La matrice jacobienne de ce système est inversible pour chaque solution du système. En effet, si y est une solution du système, c.-à-d. un point critique de h, on obtient (avec les notations introduites ci-dessus) pour $1 \leq i, j \leq n-1$,

11.5 Majoration de la somme des nombres de Betti

$$\frac{\partial^2 f}{\partial x_j \partial x_i}(y) = -\frac{\partial f}{\partial x_n}(y) \frac{\partial^2 h}{\partial u_j \partial u_i}(y) \text{ car } \frac{\partial f}{\partial x_1}(y) = \ldots = \frac{\partial f}{\partial x_{n-1}}(y) = 0 \text{ et comme par}$$

ailleurs $\frac{\partial f}{\partial x_n}(y) \neq 0$, la matrice jacobienne en y est bien de rang n. Mais alors le théorème de Bézout ([van der Waerden 2], §83) montre que le nombre de points critiques de h ne dépasse pas le produit des degrés des équations du système, c'est-à-dire $2d(2d-1)^{n-1}$. □

Théorème 11.5.2: *Soit $V \subset \mathbb{R}^n$ un ensemble algébrique donné par des équations de degré au plus d. Alors la somme des nombres de Betti de V est inférieure ou égale à $d(2d-1)^{n-1}$.*

Démonstration: On sait qu'il existe $r \in \mathbb{R}$ positif suffisamment grand pour que $V \cap \bar{B}_n(0, r)$ soit retract par déformation de V (9.3.6). Il suffit donc de majorer la somme des nombres de Betti de $V \cap \bar{B}_n(0, r)$. Supposons que $V = \mathscr{Z}(f_1, \ldots, f_p)$. Posons $\Phi(x, \varepsilon) = f_1^2 + \ldots + f_p^2 + \varepsilon(\|x\|^2 - r^2)$. Aucun zéro de Φ avec $\varepsilon > 0$ n'est un point critique de Φ, donc d'après le théorème de Bertini (9.5.4), on peut trouver $a \in \mathbb{R}$, $a > 0$, tel que pour tout $\varepsilon \in]0, a[$ l'ensemble $W_\varepsilon = \{x \in \mathbb{R}^n \mid \Phi(x, \varepsilon) = 0\}$ soit une hypersurface non singulière de $\mathbb{R}^n$. Par ailleurs, W_ε est contenu dans $\bar{B}_n(0, r)$, et W_ε est le bord du compact $K_\varepsilon = \{x \in \mathbb{R}^n \mid \Phi(x, \varepsilon) \leq 0\}$. D'après 11.5.1, la somme des nombres de Betti de W_ε est majorée par $2d(2d-1)^{n-1}$.

Lemme 11.5.3: *La somme des nombres de Betti de W_ε est le double de la somme des nombres de Betti de K_ε.*

Démonstration du lemme: Posons $E_\varepsilon = \mathbb{R}^n \setminus K_\varepsilon$, $\bar{E}_\varepsilon = E_\varepsilon \cup W_\varepsilon$. La suite exacte de Mayer-Vietoris pour l'homologie réduite (notée $\tilde{H}_*$) donne, puisque $\tilde{H}_*(\mathbb{R}^n) = 0$: $\tilde{H}_i(W_\varepsilon) \simeq \tilde{H}_i(K_\varepsilon) \oplus \tilde{H}_i(\bar{E}_\varepsilon)$, et $\tilde{H}_i(\bar{E}_\varepsilon) \simeq \tilde{H}_i(E_\varepsilon)$ puisque W_ε a un collier dans $\bar{E}_\varepsilon$. La dualité d'Alexander-Poincaré nous donne ([Spanier 1], chapitre 6, section 2, théorème 16): $\tilde{H}_i(E_\varepsilon) \simeq H^{n-i-1}(K_\varepsilon)$. En calculant la somme des dimensions des $\tilde{H}_i(W_\varepsilon)$, on obtient

$$c_n = 0 \quad \text{et} \quad b_0 - 1 + \sum_{1 \leq i < n} b_i = c_0 - 1 + \sum_{1 \leq i < n} c_i + \sum_{0 \leq i < n} c_i$$

(où b_i et c_i sont les nombres de Betti de W_ε et K_ε respectivement), d'où l'assertion du lemme. □

Le lemme entraîne que la somme des nombres de Betti de K_ε est majorée par $d(2d-1)^{n-1}$. Comme $V \cap \bar{B}_n(0, r) = \bigcap_{\varepsilon \in]0, a[} K_\varepsilon$ et que tous ces ensembles sont triangulables, on a $H_i(V \cap \bar{B}_n(0, r)) = \varprojlim \tilde{H}_i(K_\varepsilon)$ ([Eilenberg Steenrod 1] chapitre 10, §3, théorème 3.1). Ceci donne la majoration voulue pour la somme des nombres de Betti de $V \cap \bar{B}_n(0, r)$. □

Il reste maintenant à voir que cette majoration est valable pour n'importe quel corps réel clos.

Proposition 11.5.4: *Soit R un corps réel clos quelconque, $V \subset R^n$ un ensemble algébrique donné par des équations de degré au plus d. Alors la somme des nombres de Betti de V est inférieure ou égale à $d(2d-1)^{n-1}$.*

Démonstration: On travaille d'abord sur $\mathbb{R}_{\text{alg}}$, le plus petit corps réel clos. On considère l'espace des coefficients des systèmes de k polynômes de degré au plus d en n variables, soit $\mathbb{R}_{\text{alg}}^N$, où $N = k\binom{n+d}{n}$; on notera $(f_1, \ldots, f_k)$ un point de cet espace. Soit

$$X = \{(f_1, \ldots, f_k, x) \in \mathbb{R}_{\text{alg}}^N \times \mathbb{R}_{\text{alg}}^n \mid f_1(x) = \ldots = f_k(x) = 0\}$$

et $\Pi: X \to \mathbb{R}_{\text{alg}}^N$ la projection canonique. Le théorème de trivialité semi-algébrique (9.3.1) nous dit qu'il existe une partition finie de $\mathbb{R}_{\text{alg}}^N$ en ensembles semi-algébriques $A_1, \ldots, A_p$, des ensembles semi-algébriques $F_1, \ldots, F_p$ contenues dans $\mathbb{R}_{\text{alg}}^n$ et des homéomorphismes semi-algébriques $\theta_i: \Pi^{-1}(A_i) \to A_i \times F_i$ pour $i = 1, \ldots, p$, tels que le composé de θ_i avec la projection $A_i \times F_i \to A_i$ soit $\Pi \mid \Pi^{-1}(A_i)$; en fait les F_i sont des ensembles algébriques de $\mathbb{R}_{\text{alg}}^n$ donnés par k équations de degré au plus d. D'après 11.5.2 la somme des nombres de Betti de $(F_i)_{\mathbb{R}}$ est majorée par $d(2d-1)^{n-1}$, et d'après l'invariance des groupes d'homologie par extension de corps réels clos (11.7.9), la somme des nombres de Betti de F_i est aussi majorée par $d(2d-1)^{n-1}$. Soit maintenant $V \subset R^n$ donné par k équations $f_1, \ldots, f_k$ de degré au plus d à coefficients dans R; ceci revient à dire que $\Pi_R^{-1}(f_1, \ldots, f_k) = \{(f_1, \ldots, f_k)\} \times V$. Le point $(f_1, \ldots, f_k) \in R^N$ est dans un certain $(A_i)_R$, et l'homéomorphisme semi-algébrique $(\theta_i)_R$ induit un homéomorphisme semi-algébrique de V sur $(F_i)_R$. De nouveau d'après l'invariance des groupes d'homologie par extension de corps réels clos, la somme des nombres de Betti de $(F_i)_R$ est majorée par $d(2d-1)^{n-1}$, et il en est de même pour la somme des nombres de Betti de V. $\square$

Remarque 11.5.5: Ce résultat de majoration de la somme des nombres de Betti fournit une majoration du nombre des composantes semi-algébriquement connexes, qui est b_0. C'est en fait la seule majoration utilisable dans le cas général. Elle sert dans des minorations de complexité d'algorithmes [Ben-Or 1].

11.6 Courbes algébriques non singulières dans le plan projectif réel

Le problème de la description des types topologiques des courbes algébriques non singulières dans le plan projectif réel (première partie du $16^{\text{ème}}$ problème de Hilbert) a suscité de nombreux travaux. Les méthodes employées dans ces travaux sont essentiellement topologiques. Nous nous contenterons dans cette section de donner un bref aperçu.

Soit Γ une courbe algébrique non singulière dans $\mathbb{P}_2(R)$. Γ est une union finie de composantes semi-algébriquement connexes, qui sont chacune semi-algébriquement homéomorphe à un cercle. Il y a deux possibilités pour un plongement semi-algébrique p du cercle S^1 dans $\mathbb{P}_2(R)$: ou bien $\mathbb{P}_2(R) \setminus p(S^1)$ a deux composantes semi-algébriquement connexes, l'une semi-algébriquement homéomorphe à un disque ouvert (l'intérieur) et l'autre, semi-algébriquement homéomorphe à une bande de Möbius (l'extérieur); ou bien $\mathbb{P}_2(R) \setminus p(S^1)$ est semi-algébriquement connexe et semi-algébriquement homéomorphe à un disque ouvert. On dit dans le premier cas que $p(S^1)$ est un *ovale*, et dans le deuxième que c'est une *pseudo-droite*. L'image réciproque d'un ovale par le revêtement canonique $S^2 \to \mathbb{P}_2(R)$ a deux composantes semi-algébriquement connexes, l'image réciproque d'une pseudo-droite n'en a qu'une. Tout ceci peut se voir de manière combinatoire, de la même manière pour un corps réel clos quelconque R que pour $\mathbb{R}$.

Proposition 11.6.1: *Soit d le degré de la courbe algébrique non singulière Γ de $\mathbb{P}_2(R)$.*

(i) *Si d est pair, toutes les composantes semi-algébriquement connexes de Γ sont des ovales, et la classe $[\Gamma]$ est nulle dans $H_1(\mathbb{P}_2(R), \mathbb{Z}/2)$.*

(ii) *Si d est impair, une des composantes semi-algébriquement connexes de Γ est une pseudo-droite, et les autres sont des ovales. La classe $[\Gamma]$ est l'élément non nul du groupe $H_1(\mathbb{P}_2(R), \mathbb{Z}/2)$.*

Démonstration: Comme le complémentaire d'une pseudo-droite dans $\mathbb{P}_2(R)$ est semi-algébriquement homéomorphe au plan affine, il est clair qu'une courbe algébrique non singulière ne peut pas avoir plus d'une pseudo-droite parmi ses composantes semi-algébriquement connexes. Par ailleurs, si F est une forme de degré d en 3 variables, F a même signe en des points diamétralement opposés de S^2 si et seulement si d est pair. En comptant les changements de signe, on s'aperçoit qu'une courbe algébrique non singulière dans le plan projectif est de degré pair si et seulement si elle n'a que des ovales comme composantes semi-algébriquement connexes. □

Théorème 11.6.2 (théorème de Harnack): *Une courbe algébrique non singulière du plan projectif, de degré d, a au plus $g(d)+1$ composantes semi-algébriquement connexes, où $g(d)=(d-1)(d-2)/2$.*

Démonstration: On peut supposer $d>2$. Il suffit aussi de s'intéresser aux courbes irréductibles, car l'inégalité

$$g(d_1)+1+g(d_2)+1 \leq g(d_1+d_2)+1$$

vaut dès que $d_1>1$ ou $d_2>1$. On raisonne alors par l'absurde. Soit Γ une courbe irréductible non singulière de degré d, qui a strictement plus de $g(d)+1$ composantes semi-algébriquement connexes. La courbe Γ comprend $p=g(d)+1$ ovales $\Omega_1, \ldots, \Omega_p$ et au moins une autre composante semi-algébriquement connexe. On va fabriquer une courbe Δ de degré $d-2$; il faut pour cela se donner $\frac{1}{2}d(d-1)-1$ points par lesquels Δ doit passer. Puisque, pour $d>2$, on a $\frac{1}{2}d(d-1)-1 \geq g(d)+1$ on peut choisir p points, un sur chacun des ovales $\Omega_1, \ldots, \Omega_p$, et les autres sur une autre composante semi-algébriquement connexe de Γ. On obtient bien ainsi une courbe Δ de degré $d-2$. Puisque Γ est irréductible, et Δ de degré strictement inférieur à d, Γ et Δ n'ont aucune composante irréductible commune. D'après le théorème de Bézout, le nombre de points d'intersection de Γ et Δ, comptés avec leurs ordres de multiplicité, ne devrait pas dépasser $d(d-2)$. Or quand Δ coupe un ovale de Γ, ou bien la multiplicité d'intersection est plus grande que 1, ou bien cette multiplicité vaut 1 (Δ coupe transversalement) et alors Δ recoupe l'ovale en un autre point (Δ doit ressortir de l'intérieur de l'ovale – on peut s'en convaincre en triangulant et en utilisant le fait qu'en tout sommet de la triangulation de Δ arrivent un nombre pair d'arêtes). On trouve donc que le nombre de points d'intersection de Γ et Δ, comptés avec leurs multiplicités, est au moins $\frac{1}{2}d(d-1)-1+g(d)+1=(d-1)^2$, qui est strictement plus grand que $d(d-2)$. On a la contradiction voulue. □

Proposition 11.6.3: *La borne $g(d)+1$ est atteinte: pour chaque d, il existe une courbe non singulière de degré d dans $\mathbb{P}_2(R)$ dont le nombre de composantes semi-algébriquement connexes est exactement $g(d)+1$.*

Indication de construction: On choisit une droite L de $\mathbb{P}_2(R)$. On construit par récurrence à partir de $d=2$ une courbe Γ_d non singulière de degré d de $\mathbb{P}_2(R)$ qui a exactement $g(d)+1$ composantes semi-algébriquement connexes et qui possède en plus les propriétés suivantes:

(i) Γ_d a une composante semi-algébriquement connexe C_d qui coupe L en d points distincts $a_1, \ldots, a_d$;

(ii) on peut choisir une orientation de L et une orientation de C_d telles que les points $a_1, \ldots, a_d$ soient «dans l'ordre» à la fois sur L et sur C_d;

(iii) pour $i=1, \ldots, d-1$, la réunion des intervalles $[a_i, a_{i+1}]$ respectivement sur L et sur C_d forme un ovale (bien sûr non lisse) dans $\mathbb{P}_2(R)$.

Pour $d=2$, on peut prendre pour Γ_d une conique non singulière qui coupe L en deux points distincts. Supposons que l'on ait obtenu Γ_d avec les propriétés requises. Voici comment l'on construit Γ_{d+1}: on choisit sur L des points distincts $b_1, \ldots, b_{d+1}$ tels que $a_1, \ldots, a_d$ soient dans une composante semi-algébriquement connexes de $L\setminus\{b_1, b_{d+1}\}$ et $b_2, \ldots, b_d$ soient dans l'autre, rangés dans l'ordre. On choisit des droites $L_1, \ldots, L_{d+1}$ passant respectivement par $b_1, \ldots, b_{d+1}$ et distinctes de L. La courbe Γ_{d+1} va être une légère perturbation de la réunion $\Gamma_d \cup L$. En identifiant les formes aux courbes dont elles sont les équations, on prend:

$$\Gamma_{d+1} = L\Gamma_d + \varepsilon \prod_{i=1}^{d+1} L_i$$

où $\varepsilon \in R$ est choisi suffisamment petit, et son signe est l'opposé du signe de $L\Gamma_d \big/ \prod_{i=1}^{d+1} L_i$ sur l'intérieur des ovales entre a_i et a_{i+1}, de façon à ce que ceux-ci se rétractent vers l'intérieur. Les ovales de Γ_d qui ne coupent pas L ne bougent presque pas, et la perturbation de $C_d \cup L$ donne donc $d-1$ ovales, plus une composante semi-algébriquement connexe C_{d+1} qui coupe L en $b_1, \ldots, b_{d+1}$ de façon à ce que (ii) et (iii) soient vérifiés. La courbe Γ_{d+1} comprend bien $g(d)+1+d-1=g(d+1)+1$ composantes semi-algébriquement connexes. La figure 33 illustre ce qui se passe pour $d=3$. □

On a l'habitude d'appeler *M-courbes* les courbes présentant le maximum de composantes semi-algébriquement connexes autorisé par le théorème de Harnack. Ce théorème ne donne pas de renseignement sur les positions relatives

11.6 Courbes algébriques non singulières

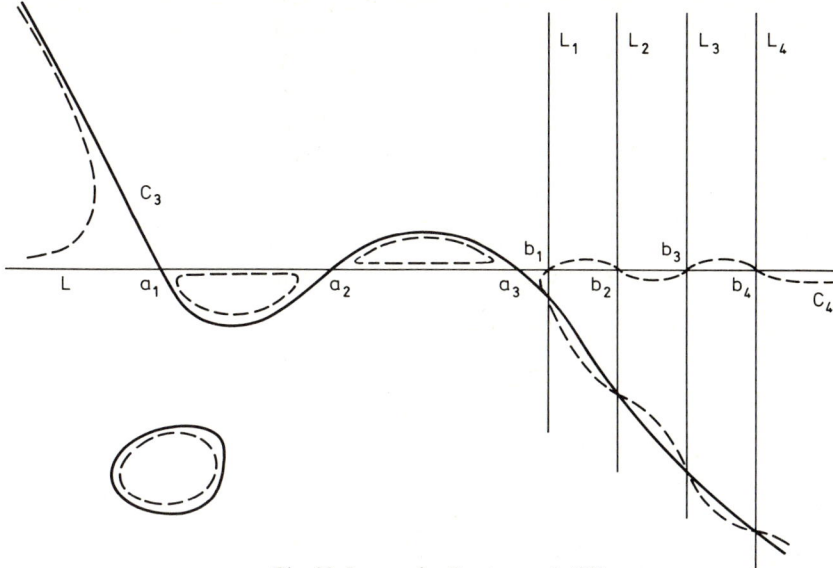

Fig. 33 La courbe Γ_4' est en pointillés

possibles de ces composantes. Cette question est la première partie du seizième problème de Hilbert. La disposition relative des ovales d'une courbe non singulière se décrit au moyen de la notion d'emboîtement. Un ovale est emboîté dans un autre quand il est contenu dans son intérieur; le niveau d'emboîtement d'un ovale de Γ est le nombre d'ovales de Γ qui le contiennent dans leurs intérieurs. Le théorème de Bézout limite les possibilités d'emboîtement: ainsi, pour une M-courbe de degré 4, qui a 4 ovales, on ne peut avoir d'emboîtement; en effet, si une telle courbe avait un ovale Ω contenu dans un ovale Ω', n'importe quelle droite joignant un point de l'intérieur de Ω à un point de l'intérieur d'un ovale différent de Ω et Ω' couperait la courbe en au moins six points. La seule configuration possible pour une M-courbe de degré 4 est donc quatre ovales sans emboîtement.

Ce simple argument ne suffit pas à répondre complètement à la question. Le premier cas difficile, celui des M-courbes de degré 6, n'a été élucidé complètement qu'en 1971. Ces M-courbes ont 11 ovales. L'argument du théorème de Bézout montre que l'on ne peut pas avoir d'ovale de niveau d'emboîtement 2, et aussi qu'il n'y a pas plus d'un ovale en contenant d'autres à l'intérieur. La construction de Harnack (11.6.3) donne une M-courbe qui a la configuration suivante: un ovale contenant un autre à l'intérieur, les neuf restant à l'extérieur sans relation d'emboîtement; on note cette configuration $\frac{1}{1}9$. Une construction de [Hilbert 2] donne une configuration différente, notée $\frac{9}{1}1$: un ovale en contenant neuf à l'intérieur, l'ovale restant à l'extérieur. On a longtemps douté de l'existence d'autres configurations pour les M-courbes de degré 6, avant la construction par Gudkov d'une telle courbe de configuration $\frac{5}{1}5$ [Gudkov 1].

Les trois configurations obtenues sont les seules possibles pour les M-courbes de degré 6. Ceci découle de la congruence suivante, conjecturée par Gudkov et démontrée par Rokhlin:

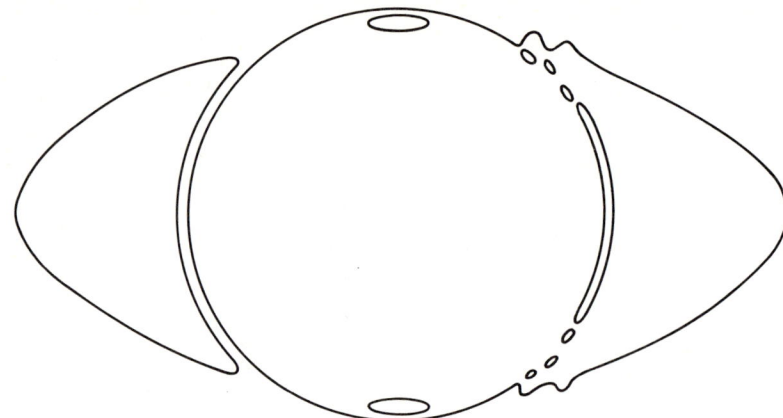

Fig. 34 Une M-courbe de degré 6 de configuration $\frac{9}{1}1$

Théorème 11.6.4: *Soit Γ une M-courbe de degré d pair. On note aussi Γ une équation de cette courbe choisie de façon à ce que $B_+ = \{(x:y:z) \in \mathbb{P}_2(R) | \Gamma(x,y,z) \geq 0\}$ ne contienne pas la composante de $\mathbb{P}_2(R) \setminus \Gamma$ extérieure à tous les ovales de Γ. Alors la caractéristique d'Euler-Poincaré $\chi(B_+)$ est congrue à $(d/2)^2$ modulo 8.*

Référence de démonstration: [Wilson 1]. □

La caractéristique d'Euler-Poincaré $\chi(B_+)$ peut se calculer de la façon suivante. Un ovale de Γ est dit pair (resp. impair) s'il a un niveau pair (resp. impair) d'emboîtement. On note P le nombre d'ovales pairs de Γ, et I le nombre d'ovales impairs. Alors $\chi(B_+) = P - I$. Pour une M-courbe de degré 6, on doit avoir $P + I = 11$ et $P - I \equiv 9 \pmod{8}$ d'après 11.6.4. Les seules possibilités sont $P = 10$, $I = 1$ ou $P = 6$, $I = 5$, ou $P = 2$, $I = 9$; avec le fait que l'on ne peut avoir ici de niveau d'emboîtement supérieur ou égal à 2, on a bien que les trois configurations trouvées sont les seules possibles.

11.7 Appendice: Homologie des ensembles semi-algébriques sur un corps réel clos

Dans cette section, R désigne comme d'habitude un corps réel clos, et Λ désigne un corps. La façon la plus immédiate de définir des groupes d'homologie $H_r(A, \Lambda)$, pour A sous-ensemble semi-algébrique de R^n, consiste à se ramener à des complexes simpliciaux finis, via la triangulation.

Définition 11.7.1: *Si $K \subset R^n$ est un complexe simplicial fini, $H_r(K, \Lambda)$ est le groupe d'homologie, calculé à la manière combinatoire habituelle pour les complexes simpliciaux. Si $A \subset R^n$ est un ensemble semi-algébrique fermé borné, et $\Phi: K \to A$ une triangulation semi-algébrique de A, $H_r(A, \Lambda)$ est par définition $H_r(K, \Lambda)$. Si $B \subset R^n$ est un ensemble semi-algébrique quelconque, et A un retract* par déformation semi-algébrique (9.3.6, 9.3.7) de B qui est fermé borné, $H_r(B, \Lambda)$ est, toujours par définition, $H_r(A, \Lambda)$.

Cette définition n'a de sens que si on vérifie que les groupes d'homologie ainsi définis ne dépendent pas du choix de la triangulation ou de la rétraction. Pour $R = \mathbb{R}$ ceci est bien connu et résulte de l'isomorphisme entre l'homologie simpliciale et l'homologie singulière pour un complexe simplicial fini, ainsi que des propriétés générales de l'homologie singulière. Pour un corps réel clos quelconque, il faut montrer cette indépendance; ceci va être fait en utilisant la cohomologie de Čech de l'espace $\tilde{B}$ (7.2.2). On note comme d'habitude $\check{H}^*$ la cohomologie de Čech. (Signalons que si B est un ensemble semi-algébrique, les groupes de cohomologie de Čech $\check{H}^r(\tilde{B}, \Lambda)$ coïncident avec les groupes de cohomologie $H^r(\tilde{B}, \Lambda)$ donnés par les foncteurs dérivés du foncteur «sections globales» (cf. [Carral Coste 1])).

Nous allons commencer par établir que deux fonctions homotopes induisent les mêmes homomorphismes entre groupes de cohomologie de Čech. Ceci doit être formulé dans le cadre semi-algébrique. Notons $[0, 1]_R = \{t \in R \mid 0 \leq t \leq 1\}$.

Définition 11.7.2: *Deux fonctions semi-algébriques continues $f_0, f_1 : A \to B$ sont dites semi-algébriquement homotopes s'il existe une fonction semi-algébrique continue $h: A \times [0, 1]_R \to B$ telle que pour tout x de A*

$$h(x, 0) = f_0(x) \quad et \quad h(x, 1) = f_1(x).$$

Proposition 11.7.3: *Soient $f_0, f_1 : A \to B$ deux fonctions semi-algébriques continues semi-algébriquement homotopes. Les homomorphismes $\tilde{f}_0^*, \tilde{f}_1^* : \check{H}^*(\tilde{B}, \Lambda) \to \check{H}^*(\tilde{A}, \Lambda)$ induits sur la cohomologie de Čech par f_0 et f_1 sont les mêmes.*

Indication de démonstration: On suit la démonstration de [Eilenberg Steenrod 1], chapitre 9, théorème 5.1. On se ramène au cas où $B = A \times [0, 1]_R$, $f_0(x) = (x, 0)$, $f_1(x) = (x, 1)$. Le résultat qui remplace le lemme 5.6 de la référence (sur l'existence de «stacked coverings») est le suivant:

Lemme 11.7.4: *Soit $(V_j)_{j=1,\ldots,p}$ un recouvrement fini de $A \times [0, 1]_R$ par des ouverts semi-algébriques. Alors il existe un recouvrement fini $(U_i)_{i=1,\ldots,q}$ de A par des ouverts semi-algébriques, et pour chaque $i = 1, \ldots, q$ des fonctions semi-algébriques continues $0 = \varphi_{i,0} < \ldots < \varphi_{i,k} < \ldots < \varphi_{i,r_i} = 1$ de U_i dans R tels que pour tout j, $1 \leq j \leq p$, il existe un couple (i, k), $1 \leq i \leq q$ et $1 \leq k \leq r_i$, avec*

$$\{(x, t) \in A \times [0, 1]_R \mid x \in U_i \text{ et } \varphi_{i,k-1}(x) \leq t \leq \varphi_{i,k}(x)\} \subset V_j.$$

Démonstration: Soit α un point de $\tilde{A}$. La fibre en α de la famille semi-algébrique constante $A \times [0, 1]_R$ est $[0, 1]_{k(\alpha)}$ (7.4.2), et les fibres $(V_j)_\alpha$ forment un recouvrement ouvert semi-algébrique de $[0, 1]_{k(\alpha)}$. On peut trouver une suite finie d'éléments de $k(\alpha)$, $0 = b_0^\alpha < \ldots < b_k^\alpha < \ldots < b_{r_\alpha}^\alpha = 1$, telle que pour tout j, $1 \leq j \leq p$, il existe k, $1 \leq k \leq r_\alpha$ avec $[b_{k-1}^\alpha, b_k^\alpha] \subset (V_j)_\alpha$. D'après 7.3.5, il existe un ouvert semi-algébrique U^α de A avec $\alpha \in \tilde{U}^\alpha$ et des fonctions semi-algébriques continues $\varphi_1^\alpha, \ldots, \varphi_{r_\alpha - 1}^\alpha : U^\alpha \to R$ telles que $\varphi_k^\alpha(\alpha) = b_k^\alpha$; on prend $\varphi_0^\alpha = 0$ et $\varphi_{r_\alpha}^\alpha = 1$. Quitte

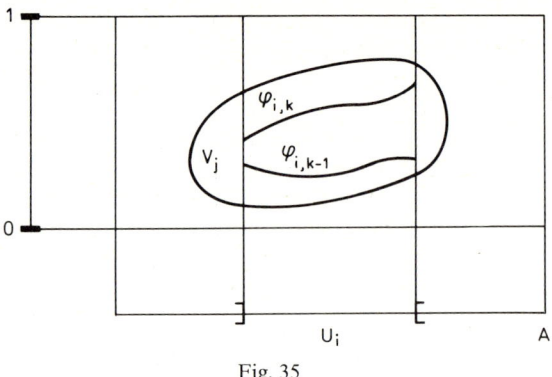

Fig. 35

à restreindre U^α, on a

$$0 = \varphi_0^\alpha < \ldots < \varphi_k^\alpha < \ldots < \varphi_{r_\alpha}^\alpha = 1$$

et pour tout j, $1 \leq j \leq p$, il existe k, $1 \leq k \leq r_\alpha$ avec

$$\{(x, t) \in U^\alpha \times [0, 1]_R \mid \varphi_{k-1}^\alpha(x) < t < \varphi_k^\alpha(x)\} \subset V_j$$

puisque ceci a lieu en α. Comme les $\widetilde{U}^\alpha$ recouvrent $\widetilde{A}$, on peut en extraire un recouvrement fini, ce qui nous donne les $U_1, \ldots, U_q$ de l'énoncé du lemme. □

Remarque 11.7.5: Dans la situation semi-algébrique on tient absolument à conserver la finitude des recouvrements; ceci explique pourquoi on considère, au lieu des vrais rectangles des «stacked coverings», des rectangles «tordus» dont les côtés horizontaux sont des graphes de fonctions semi-algébriques continues. Par ailleurs, on peut donner une démonstration du lemme sans spectre réel, en utilisant le saucissonnage; c'est sans difficulté, mais assez fastidieux.

Théorème 11.7.6: *Soit B un sous-ensemble semi-algébrique de R^n, A un ensemble semi-algébrique fermé borné qui est rétract par déformation de B, et soit $\Phi: K \to A$ une triangulation semi-algébrique de A. Alors $H_r(K, \Lambda)$ (calculé à la manière combinatoire sur le complexe simplicial fini K) est isomorphe au dual de $\check{H}^r(\widetilde{B}, \Lambda)$.*

Démonstration: La proposition 11.7.3 montre que $\check{H}^r(\widetilde{B}, \Lambda)$ est isomorphe à $\check{H}^r(\widetilde{A}, \Lambda)$, et $\check{H}^r(\widetilde{A}, \Lambda)$ est isomorphe à $\check{H}^r(\widetilde{K}, \Lambda)$ puisqu'on a un homéomorphisme $\widetilde{\Phi}: \widetilde{K} \to \widetilde{A}$ (7.2.8). Il suffit donc d'établir la dualité entre $\check{H}^r(\widetilde{K}, \Lambda)$ et $H_r(K, \Lambda)$. Si σ est un simplexe de K, notons U_σ le «star» de σ dans la première subdivision barycentrique K' de K:

$$U_\sigma = \bigcup \{(\sigma')^0 \mid \sigma' \text{ simplexe de } K', \sigma' \cap \sigma \neq \emptyset\}.$$

On a $U_\sigma \cap U_\tau = U_{\sigma \cap \tau}$ et, pour $p > 0$, $\check{H}^p(\widetilde{U}_\sigma, \Lambda) = 0$ puisque U_σ se rétracte par déformation semi-algébrique sur un point. Soit $\mathscr{U}$ le recouvrement de K formé par les U_σ. Alors $\check{H}^r(\widetilde{\mathscr{U}}, \Lambda)$ est dual de $H_r(K, \Lambda)$ calculé combinatoirement, car $\widetilde{\mathscr{U}}$ et K ont le même nerf, et d'après [Godement 1], chapitre 2, § 5, corollaire du théorème 5.4.1, $\check{H}^r(\widetilde{\mathscr{U}}, \Lambda)$ coïncide avec $\check{H}^r(\widetilde{K}, \Lambda)$. □

Corollaire 11.7.7: *La définition de $H_r(B, \Lambda)$ donnée en 11.7.1 a bien un sens ($H_r(B, \Lambda)$ ne dépend pas du choix de la rétraction ni de celui de la triangulation), et $H_r(B, \Lambda)$ est dual de $\check{H}^r(\tilde{B}, \Lambda)$.* □

Remarque 11.7.8: La dualité entre $H_r(B, \Lambda)$ et $\check{H}^r(\tilde{B}, \Lambda)$ montre aussi le caractère fonctoriel de l'homologie des ensembles semi-algébriques sur un corps réel clos. Si $f: B \to C$ est une fonction semi-algébrique continue entre deux ensembles semi-algébriques, la fonction continue $\tilde{f}: \tilde{B} \to \tilde{C}$ induit un homomorphisme $\tilde{f}^*: \check{H}^r(\tilde{C}, \Lambda) \to \check{H}^r(\tilde{B}, \Lambda)$ entre espaces vectoriels de cohomologie de Čech, d'où par dualité un homomorphisme $f_*: H_r(B, \Lambda) \to H_r(C, \Lambda)$. □

L'homologie que l'on vient de définir est invariante par extension du corps de base.

Proposition 11.7.9: *Soit R' un corps réel clos extension de R. Alors $H_r(B_{R'}, \Lambda) = H_r(B, \Lambda)$ pour tout ensemble semi-algébrique $B \subset R^n$.*

Démonstration: La définition 11.7.1 permet de se ramener au cas d'un complexe simplicial; en effet, l'extension à R' d'une triangulation est une triangulation, et l'extension à R' d'un rétract par déformation semi-algébrique est un rétract par déformation semi-algébrique (cf. chapitre 5, section 3). Dans le cas d'un complexe simplicial, le calcul combinatoire n'est pas affecté par le changement de corps de base. □

Remarque 11.7.10: Pour calculer les groupes d'homologie, on pourra aussi effectuer des calculs combinatoires sur des décompositions cellulaires semi-algébriques (en particulier celles données par des familles stratifiantes de polynômes, cf. 9.1.12). En effet, on peut toujours se ramener à des calculs combinatoires sur des complexes simpliciaux finis au moyen d'une triangulation semi-algébrique compatible avec la décomposition cellulaire. □

Dans la section 4, on utilise aussi l'homologie de Borel-Moore pour les ensembles semi-algébriques localement fermés. Pour avoir une telle homologie pour un corps réel clos quelconque, on commence par définir des groupes d'homologie relative $H_r(A, B; \Lambda)$ où $B \subset A$ sont deux ensembles semi-algébriques fermés bornés.

Définition 11.7.11: Soit $\Phi: K \to A$ une triangulation semi-algébrique de A telle que $\Phi^{-1}(B) = L$ est un sous-complexe de K. Alors le groupe d'homologie relative $H_r(A, B; \Lambda)$ est le groupe d'homologie $H_r(K, L; \Lambda)$ calculé combinatoirement.

Il faut vérifier que le groupe d'homologie ainsi défini ne dépend pas de la triangulation (ici aussi, cela est bien connu si $R = \mathbb{R}$). Pour cela, on peut utiliser l'argument suivant: étant données deux triangulations semi-algébriques $\Phi_1: K_1 \to A$ et $\Phi_2: K_2 \to A$, il existe une troisième triangulation semi-algébrique $\Phi_3: K_3 \to A$ et des homéomorphismes $\theta_1: K_3 \to K_1$ et $\theta_2: K_3 \to K_2$ tels que, pour $i = 1, 2$, $\Phi_i \circ \theta_i = \Phi_3$ et que chaque simplexe de K_i soit réunion d'images de simplexes de K_3 par θ_i (ceci découle facilement de 9.2.1).

On remarque que $H_r(A, \emptyset; \Lambda)$ est bien le groupe d'homologie $H_r(A, \Lambda)$ défini précédemment.

Proposition 11.7.12: *Soient $C \subset B \subset A$ des ensembles semi-algébriques fermés bornés. Alors on a une suite exacte longue:*

$$\ldots \to H_{r+1}(A, B; \Lambda) \to H_r(B, C; \Lambda) \to H_r(A, C; \Lambda) \to H_r(A, B; \Lambda) \to \ldots.$$

Démonstration: On se ramène à des complexes simpliciaux finis en choisissant une triangulation semi-algébrique de A qui fait de B et C des images de sous-complexes. □

L'homologie de Borel-Moore d'un ensemble semi-algébrique localement fermé S va être définie à partir de l'homologie relative, en écrivant S comme différence de deux ensembles semi-algébriques fermés bornés. On utilise (pour S non fermé borné) le compactifié d'Alexandrov semi-algébrique de S.

Définition 11.7.13: *Soit S un ensemble semi-algébrique localement fermé. On définit l'homologie de Borel-Moore $H_*^{BM}(S, \Lambda)$ par*

$$H_*^{BM}(S, \Lambda) = H_*(S, \Lambda) \text{ si } S \text{ est fermé borné},$$

$$H_*^{BM}(S, \Lambda) = H_*(\dot{S}, \dot{S} \setminus \eta(S); \Lambda) \text{ si } S \text{ n'est pas fermé borné},$$

($(\dot{S}, \eta)$ est le compactifié d'Alexandrov semi-algébrique de S (2.5.9)).

Proposition 11.7.14: *Soient $B \subset A$ deux ensembles semi-algébriques fermés bornés. Alors $H_r^{BM}(A \setminus B, \Lambda) = H_r(A, B; \Lambda)$.*

Démonstration: Si $A \setminus B$ est aussi fermé borné, il n'y a pas de problème. Sinon, soit $(\dot{S}, \eta)$ le compactifié d'Alexandrov semi-algébrique de $S = A \setminus B$, et soit $\varphi: A \to \dot{S}$ la fonction semi-algébrique continue définie par $\varphi|S = \eta$ et $\varphi(B) = \dot{S} \setminus \eta(S)$ (2.5.10). On peut supposer que l'on a sur A une décomposition cellulaire semi-algébrique donnée par une famille stratifiante de polynômes et compatible avec B (9.1.12). L'image par φ de cette décomposition cellulaire donne une décomposition cellulaire semi-algébrique de $\dot{S}$, et le calcul combinatoire donne $H_r(A, B; \Lambda) = H_r(\dot{S}, \dot{S} \setminus \eta(S); \Lambda)$. □

Proposition 11.7.15: *Soit S un ensemble semi-algébrique localement fermé, T un fermé semi-algébrique de S. On a une suite exacte longue:*

$$\ldots \to H_{r+1}^{BM}(S \setminus T, \Lambda) \to H_r^{BM}(T, \Lambda) \to H_r^{BM}(S, \Lambda) \to H_r^{BM}(S \setminus T, \Lambda) \to \ldots.$$

Démonstration: On se ramène, grâce au compactifié d'Alexandrov, à $S = A \setminus C$ où $C \subset A$ sont des ensembles semi-algébriques fermés bornés. On pose $B = C \cup T$, et la suite exacte longue de 11.7.12 donne le résultat voulu. □

11.7.16. Homologie locale: Il reste encore un petit point à régler: on utilise dans les sections précédentes l'homologie locale $H_*(V, V \setminus a; \Lambda)$, qui ne rentre pas dans le cadre de l'homologie relative pour les paires d'ensembles semi-algébriques fermés bornés. On peut, sans faire une théorie générale de l'homologie relative, traiter ce cas par une méthode ad hoc. Soit S un ensemble semi-algébrique localement fermé et a un point de S. On choisit un voisinage semi-

algébrique fermé borné A de a dans S, et une fonction semi-algébrique continue $\theta: G \times [0, 1] \to A$ (où G est la frontière de A dans S) qui vérifie
  (i) pour tout x de G, $\theta(x, 1) = x$,
  (ii) $\theta | G \times]0, 1]$ est un homéomorphisme sur $A \backslash a$,
  (iii) pour tout x de G, $\theta(x, 0) = a$

(autrement dit θ donne à A une structure conique de base G et de sommet a). Une telle structure conique s'obtient par exemple au moyen de 9.3.5. On pose alors $H_r(S, S \backslash a; \Lambda) = H_r(A, G; \Lambda)$. En partant d'une triangulation semi-algébrique $\Phi: K \to G$, on obtient en utilisant la structure conique de A, une triangulation semi-algébrique $\Psi: L \to A$ où L est un cône de base K. Le calcul combinatoire donne alors $H_0(S, S \backslash a; \Lambda) = \Lambda$ et $H_{r+1}(S, S \backslash a; \Lambda) = H_r(G, \Lambda)$. Il faut voir que l'homologie locale ainsi définie est indépendante du choix de A et de sa structure conique. On peut pour cela suivre [Seifert Threlfall 1] chapitre 5, § 32, théorème 1, pour montrer que si on a un autre $(A', \theta': G' \times [0, 1] \to A')$ avec les mêmes propriétés, alors on a une équivalence d'homotopie semi-algébrique entre G et G'. Par ailleurs, en remarquant que G est rétract par déformation semi-algébrique de $A \backslash a$, on obtient facilement la suite exacte longue

$$\ldots \to H_{r+1}(S, S \backslash a; \Lambda) \to H_r(S \backslash a, \Lambda) \to H_r(S, \Lambda) \to H_r(S, S \backslash a; \Lambda) \to \ldots.$$

Note bibliographique: Le théorème 11.1.1 se trouve dans [Thom 2]; le théorème 11.1.2 est dans [Coste 3]. Le théorème 11.2.2 figure dans [Sullivan 1] pour les ensembles analytiques réels; nous avons suivi la démonstration de [Hardt 1], une autre est donnée dans [Burghelea Verona 1]. L'existence de la classe fondamentale (pour un ensemble analytique réel) est établie dans [Borel Haefliger 1], sans l'utilisation de triangulations. Le lemme 11.3.4 est dû à [Benedetti Tognoli 2]. Des exemples d'ensembles algébriques avec homologie non entièrement algébrique sont donnés dans [Benedetti Tognoli 3], [Risler 5], [Silhol 1]; la construction donnée ici vient de [Kucharz 1]. Le théorème 11.4.2 est dû à [Białynicki-Birula Rosenlicht 1] pour $V = \mathbb{R}^n$ et à [Borel 1] pour V non singulier. A côté de la majoration de la somme des nombres de Betti donnée en 11.5.2 et due à [Milnor 2], il faut signaler celle de [Thom 3]; la proposition 11.5.1 est essentiellement contenue dans [Oleinik 1]; le transfert à un corps réel clos quelconque vient de [Delfs Knebusch 2]. Le théorème de Harnack est sûrement un des plus vieux résultats de géométrie algébrique réelle; l'article [Harnack 1] date de 1876. Le lecteur intéressé par la première partie du 16$^\text{e}$ problème de Hilbert est invité à consulter [Gudkov 2], [Wilson 1], [Risler 4] ou [A'Campo 1]. L'homologie des ensembles semi-algébriques sur un corps réel clos quelconque est étudiée dans [Delfs Knebusch 2]. La proposition 11.3.3 est contenue dans [Ehresmann 1].

Chapitre 12. Fibrés vectoriels algébriques

Résumé: Dans la première section, on définit les fibrés R-vectoriels algébriques sur une variété algébrique réelle affine X; on est conduit, entre autres pour avoir une équivalence avec les modules projectifs de type fini sur l'anneau $\mathscr{R}(X)$ des fonctions régulières sur X, à se restreindre à la sous-classe des fibrés vectoriels fortement algébriques, c.-à-d. isomorphes à un sous-fibré algébrique d'un fibré trivial. La deuxième section consiste essentiellement en des rappels concernant le groupe des classes de diviseurs d'un anneau, avec des applications à la factorialité de $\mathscr{R}(X)$. Dans la troisième section on utilise le théorème de Stone-Weierstrass pour comparer, dans le cas où X est un sous-ensemble algébrique compact de $\mathbb{R}^n$, les fibrés vectoriels fortement algébriques sur X et les fibrés vectoriels topologiques sur X. Toujours dans le même contexte, on s'intéresse dans la quatrième section aux fibrés vectoriels de rang 1, et on fait le lien entre le problème de l'approximation algébrique d'une sous-variété $\mathscr{C}^\infty$ de codimension 1 d'un ensemble algébrique compact non singulier X et l'homologie algébrique en codimension 1 de X. La cinquième section contient la caractérisation des fibrés vectoriels topologiques sur X isomorphes à des fibrés vectoriels fortement algébriques, quand X est une courbe ou une surface algébrique sur $\mathbb{R}$, compacte et non singulière; ceci permet de comparer la K-théorie algébrique de $\mathscr{R}(X)$ et la K-théorie topologique de X. La sixième section traite des fibrés $\mathbb{C}$-vectoriels algébriques et fortement algébriques, avec particulièrement des exemples de ce qui se passe pour des surfaces. Enfin la septième section est consacrée aux fibrés vectoriels de Nash et semi-algébriques; ici l'outil principal est le théorème d'approximation d'Efroymson. On arrive à une caractérisation purement topologique de la factorialité de l'anneau des fonctions de Nash d'une sous-variété de Nash.

Dans tout ce chapitre on suppose connues les notions de fibré vectoriel topologique ou $\mathscr{C}^\infty$, de morphismes topologiques ou $\mathscr{C}^\infty$ entre ces fibrés, etc. (cf. [Milnor Stasheff 1] ou [Husemoller 1]).

12.1 Fibrés vectoriels algébriques et fortement algébriques

Dans toute cette section, X est une variété algébrique réelle affine sur un corps réel clos R (3.2.9).

Définition 12.1.1: *Un fibré R-vectoriel algébrique sur X est un triplet $\xi = (E, p, X)$ où:*

12.1 Fibrés vectoriels algébriques et fortement algébriques

(i) *E est une variété algébrique réelle (non nécessairement affine), et $p: E \to X$ une fonction régulière,*

(ii) *pour chaque $x \in X$ la fibre $p^{-1}(x)$ a une structure de R-espace vectoriel de dimension finie,*

(iii) *il existe un recouvrement fini $(U_i)_{i \in I}$ de X par des ouverts de Zariski, et pour chaque $i \in I$ un entier n et un isomorphisme birégulier $\varphi_i : U_i \times R^n \to p^{-1}(U_i)$ tel que $p \circ \varphi_i$ soit la projection canonique de $U_i \times R^n$ sur U_i, et qui est R-linéaire sur les fibres.*

Si $\xi = (E, p, X)$ et $\xi' = (E', p', X)$ sont deux fibrés R-vectoriels algébriques sur X, un morphisme algébrique $\psi : \xi \to \xi'$ est une fonction régulière $\psi : E \to E'$, telle que $p' \circ \psi = p$ et que ψ est R-linéaire sur les fibres. Les fibrés ξ et ξ' sont algébriquement isomorphes (ce que l'on note $\xi \simeq_{\text{alg}} \xi'$) quand il existe des morphismes algébriques $\psi : \xi \to \xi'$ et $\varphi : \xi' \to \xi$ tels que $\varphi \circ \psi = \text{Id}_\xi$ et que $\psi \circ \varphi = \text{Id}_{\xi'}$.

Une section algébrique de ξ est une fonction régulière $s : X \to E$ telle que $p \circ s = \text{Id}_X$. □

D'après (iii), la fonction de X dans $\mathbb{N}$ qui à $x \in X$ associe la dimension de $p^{-1}(x)$ comme R-espace vectoriel est localement constante pour la topologie de Zariski. On appelle cette fonction le *rang* du fibré R-vectoriel ξ. Si X est connexe pour la topologie de Zariski, le rang d'un fibré R-vectoriel algébrique sur X est toujours constant. Dans la suite, on se ramènera dans les démonstrations au cas où X est connexe pour la topologie de Zariski; ceci est plus commode et ne fait pas une différence notable dans la mesure où se donner un fibré R-vectoriel algébrique sur X revient à se donner de tels fibrés sur chacune de ses composantes connexes pour la topologie de Zariski.

On omettra le «R», et on parlera de fibrés vectoriels algébriques. Quand on considérera des fibrés avec une structure vectorielle sur un corps autre que R (essentiellement $C = R[i]$, cf. 12.6), on le précisera explicitement.

On notera ε^n_X (ou ε^n, quand il n'y a pas de confusion à craindre) le fibré vectoriel algébrique $(X \times R^n, \pi, X)$ où π est la projection canonique. Un fibré vectoriel algébrique est dit *algébriquement trivial* s'il est algébriquement isomorphe à ε^n pour un certain n.

Si $f : Y \to X$ est une application régulière entre variétés algébriques réelles affines sur R, et $\xi = (E, p, X)$ un fibré vectoriel algébrique sur X, *l'image réciproque* $f^*(\xi) = (E \times_X Y, p', Y)$

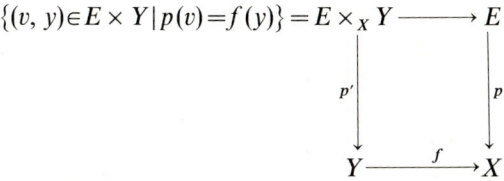

a une structure de fibré vectoriel algébrique canonique. Si Y est une sous-variété algébrique de X, et f l'inclusion de Y dans X, on notera $\xi | Y$ l'image réciproque (*restriction du fibré ξ à Y*).

La propriété (iii) de la définition dit que pour tout fibré vectoriel ξ sur X, il existe un recouvrement ouvert fini $(U_i)_{i \in I}$ de X par des ouverts de Zariski tels que $\xi|U_i$ soit algébriquement isomorphe à $\varepsilon_{U_i}^n$ pour tout i. Un ouvert de Zariski U de X tel que $\xi|U$ soit algébriquement trivial est dit *ouvert trivialisant* de ξ, et un isomorphisme algébrique $\varphi\colon \varepsilon_U^n \to \xi|U$ est appelé une *trivialisation locale algébrique* de ξ. Etant donnée une famille de trivialisations locales algébriques $\varphi_i\colon \varepsilon_{U_i}^n \to \xi|U_i$, où les U_i sont des ouverts de Zariski recouvrant X, on obtient une famille de fonctions régulières

$$g_{ij}\colon U_i \cap U_j \to GL(n, R)$$

telles que, pour tout $x \in U_i \cap U_j$ et $v \in R^n$,

$$\varphi_i^{-1} \circ \varphi_j(x, v) = (x, g_{ij}(x) \cdot v).$$

Ces fonctions vérifient $g_{ij}(x) \cdot g_{jk}(x) = g_{ik}(x)$ pour tout $x \in U_i \cap U_j \cap U_k$. Réciproquement, si on se donne un recouvrement de X par des ouverts de Zariski $(U_i)_{i \in I}$ (on peut supposer I fini), et une famille de fonctions régulières $g_{ij}\colon U_i \cap U_j \to GL(n, R)$ telle que $g_{ii}(x)$ est la matrice identité pour tout $x \in U_i$ et $g_{ij}(x) \cdot g_{jk}(x) = g_{ik}(x)$ pour tout $x \in U_i \cap U_j \cap U_k$, il existe un fibré vectoriel algébrique ξ sur X, unique à isomorphisme algébrique près, qui redonne la famille (g_{ij}) par la construction ci-dessus. Il suffit de recoller les $U_i \times R^n$ le long des isomorphismes biréguliers

$$U_j \times R^n \supset (U_i \cap U_j) \times R^n \to (U_i \cap U_j) \times R^n \subset U_i \times R^n$$

qui envoient (x, v) sur $(x, g_{ij}(x) \cdot v)$, pour obtenir une variété algébrique réelle E avec une projection $p\colon E \to X$. Les g_{ij} seront appelées *fonctions de transition* du fibré ξ (pour la famille de trivialisations locales donnée).

Si ξ et ξ' sont deux fibrés vectoriels algébriques sur X, les fibrés vectoriels *somme de Whitney* $\xi \oplus \xi'$, *produit tensoriel* $\xi \otimes \xi'$, les *puissances extérieures* $\bigwedge^k \xi$ ainsi que le *fibré vectoriel dual* $\xi^\vee$, ont canoniquement une structure de fibré vectoriel algébrique. On peut le voir en utilisant des fonctions de transition g_{ij} et g'_{ij} pour ξ et ξ' (pour une famille de trivialisations locales algébriques sur des ouverts trivialisant à la fois ξ et ξ'). Les fonctions de transition des fibrés vectoriels construits à partir de ξ et ξ' s'obtiennent en composant respectivement avec les fonctions

$$GL(n, R) \times GL(n', R) \xrightarrow{\oplus} GL(n+n', R)$$
$$GL(n, R) \times GL(n', R) \xrightarrow{\otimes} GL(nn', R)$$
$$GL(n, R) \xrightarrow{\bigwedge^k} GL\left(\binom{n}{k}, R\right)$$
$$GL(n, R) \xrightarrow{(^t(-))^{-1}} GL(n, R) \text{ (transposition suivie de l'inversion)}$$

qui sont toutes régulières. Le fibré $\mathrm{Hom}(\xi, \xi')$ a aussi une structure de fibré vectoriel algébrique canonique, avec $\mathrm{Hom}(\xi, \xi') \simeq_{\mathrm{alg}} \xi^\vee \otimes \xi'$.

Soient $\xi = (E, p, X)$ et $\xi' = (E', p', X)$ deux fibrés vectoriels algébriques sur X. On dit que ξ' est un *sous-fibré vectoriel algébrique* de ξ quand E' est contenu dans E, que $p' = p|E'$, et que l'inclusion $i: E' \hookrightarrow E$ est un morphisme algébrique de ξ' dans ξ. On vérifie sans peine qu'alors E' est fermé dans E pour la topologie de Zariski.

Si $\psi: \eta \to \xi$ est un morphisme algébrique injectif, alors l'image de ψ est un sous-fibré vectoriel algébrique de ξ. Supposons plus généralement ψ de rang constant (c'est-à-dire qu'il existe un entier k tel que pour tout $x \in X$, l'application linéaire de la fibre de η en x vers la fibre de ξ en x induite par ψ est de rang k). Alors les fibrés vectoriels $\mathrm{Ker}(\psi)$, $\mathrm{Im}(\psi)$ et $\mathrm{Coker}(\psi)$ ont une structure de fibré vectoriel algébrique canonique qui fait de $\mathrm{Ker}(\psi)$ (resp. $\mathrm{Im}(\psi)$) un sous-fibré vectoriel algébrique de η (resp. ξ), et qui fait du morphisme surjectif $\xi \to \mathrm{Coker}(\psi)$ un morphisme algébrique (on dit que $\mathrm{Coker}(\psi)$ est un *fibré vectoriel quotient algébrique* de ξ).

Les vérifications sont laissées au lecteur, qui peut s'assurer que les arguments de [Husemoller 1] chapitre 3, §8, se transposent bien dans le cadre algébrique.

L'équivalence classique entre les fibrés vectoriels et les faisceaux localement libres est valable ici:

Définition 12.1.2: *Soit X une variété algébrique réelle affine, $\mathscr{R}_X$ son faisceau de fonctions régulières. Un faisceau algébrique localement libre de type fini sur X est un faisceau $\mathscr{F}$ de $\mathscr{R}_X$-modules tel qu'il existe un recouvrement de X par des ouverts de Zariski $(U_i)_{i \in I}$ et pour chaque $i \in I$ un entier n tel que $\mathscr{F}|U_i$ soit isomorphe à $\mathscr{R}_{U_i}^n$.*

Proposition 12.1.3: *Soit ξ un fibré vectoriel algébrique sur la variété algébrique réelle affine X. On note $\mathscr{L}_{\mathrm{alg}}(\xi)$ le faisceau de $\mathscr{R}_X$-modules qui à un ouvert de Zariski U de X associe le $\mathscr{R}(U)$-module des sections algébriques de $\xi|U$. Alors $\mathscr{L}_{\mathrm{alg}}$ est une équivalence entre la catégorie des fibrés vectoriels algébriques sur X et la catégorie des faisceaux algébriques localement libres de type fini sur X.*

Indication de démonstration: On peut reprendre ici les arguments de [Shafarevich 1] chapitre 6, §1, théorème 2. □

Nous allons maintenant décrire des fibrés vectoriels algébriques sur les grassmanniennes qui joueront, comme nous le verrons plus loin, le rôle de fibrés universels. Il sera commode d'identifier ici $\mathbb{G}_{n,k}(R)$, la grassmannienne des sous-espaces vectoriels de dimension k de R^n, à l'ensemble des matrices de projections orthogonales:

$$\mathbb{G}_{n,k}(R) = \{A \in \mathbb{M}_{n,n}(R) | {}^t A = A, A^2 = A \text{ et } \mathrm{trace}(A) = k\}.$$

Rappelons, pour justifier cette identification, que nous avons établi en 3.4.4 que $\mathbb{G}_{n,k}(R)$ est birégulièrement isomorphe à cet ensemble de matrices.

Définition et Proposition 12.1.4: *Soient*

$$E_{n,k} = \{(A, v) \in \mathbb{G}_{n,k}(R) \times R^n | A \cdot v = v\},$$
$$E_{n,k}^\perp = \{(A, v) \in \mathbb{G}_{n,k}(R) \times R^n | A \cdot v = 0\},$$

$p_{n,k}$ (resp. $p_{n,k}^\perp$) *la projection canonique de* $E_{n,k}$ (*resp.* $E_{n,k}^\perp$) *sur* $\mathbb{G}_{n,k}(R)$. *Alors* $\gamma_{n,k} = (E_{n,k}, p_{n,k}, \mathbb{G}_{n,k}(R))$ *et* $\gamma_{n,k}^\perp = (E_{n,k}^\perp, p_{n,k}^\perp, \mathbb{G}_{n,k}(R))$ *sont deux fibrés vectoriels algébriques sur* $\mathbb{G}_{n,k}(R)$ *de rangs respectivement* k *et* $n-k$, *qui vérifient* $\gamma_{n,k} \oplus \gamma_{n,k}^\perp \simeq_{\text{alg}} \varepsilon^n$.

Démonstration: L'ensemble $E_{n,k}$ est algébrique. Donnons des trivialisations locales algébriques pour $\gamma_{n,k}$. Soit $\sigma = \{\sigma_1, \ldots, \sigma_k\} \subset \{1, \ldots, n\}$ et soit V_σ le sous-espace vectoriel de dimension k de R^n engendré par $e_{\sigma_1}, \ldots, e_{\sigma_k}$ (où $(e_1, \ldots, e_n)$ est la base canonique de R^n). On note U_σ l'ouvert de Zariski de $\mathbb{G}_{n,k}(R)$ formé des A dont la restriction à V_σ est injective (autrement dit, le sous-espace de R^n image de A rencontre l'orthogonal de V_σ seulement à l'origine). Notons $i: R^k \to V_\sigma$ un isomorphisme linéaire. Alors la fonction

$$\psi_\sigma: U_\sigma \times R^k \to p_{n,k}^{-1}(U_\sigma)$$

définie par $\psi_\sigma(A, x) = (A, A \cdot i(x))$ est un isomorphisme birégulier, linéaire sur les fibres. Les U_σ sont des ouverts trivialisant $\gamma_{n,k}$, et ils recouvrent $\mathbb{G}_{n,k}(R)$.

En ce qui concerne $\gamma_{n,k}^\perp$, il suffit de remarquer que $\gamma_{n,k}^\perp$ s'identifie canoniquement à l'image réciproque de $\gamma_{n,n-k}$ par l'isomorphisme birégulier canonique $\mathbb{G}_{n,k}(R) \to \mathbb{G}_{n,n-k}(R)$ (3.4.7).

Enfin, l'isomorphisme algébrique de la dernière assertion est donnée par $((A, v_1), (A, v_2)) \mapsto (A, v_1 + v_2)$. □

La catégorie de tous les fibrés R-vectoriels algébriques n'a pas les bonnes propriétés que l'on pourrait souhaiter. Voici un exemple qui en montrera les défauts:

Exemple 12.1.5: On va exhiber un fibré R-vectoriel algébrique de rang 1 sur R^2 qui n'est pas engendré par ses sections globales. Soit $P = X^2(X-1)^2 + Y^2 \in R[X, Y]$. Le polynôme irréductible P n'a que deux zéros $c_1 = (0, 0)$ et $c_2 = (1, 0)$ dans R^2. Posons $U_i = R^2 \setminus \{c_i\}$. La fonction de transition $g_{1,2}: U_1 \cap U_2 \to GL(1, R) = R^*$ définie par $g_{1,2}(x, y) = P(x, y)$ nous donne un fibré vectoriel algébrique ξ de rang 1 sur R^2. Une section algébrique globale de ce fibré est décrite, au moyen des trivialisations locales algébriques sur U_1 et U_2, par un couple (s_1, s_2) où s_i est une fonction régulière de U_i dans R, et $s_1 = g_{1,2} s_2$. Ecrivons $s_i = f_i/h_i$ sous forme de quotient de deux polynômes premiers entre eux. On a alors $f_1 h_2 = P f_2 h_1$. Le polynôme P ne divise pas h_2 et donc $f_1 = \lambda P f_2$, $h_2 = \lambda^{-1} h_1$ avec $\lambda \in R^*$. Ceci montre que toute section globale algébrique du fibré ξ est nulle en c_2: la fibre en c_2 n'est certainement pas engendrée par les valeurs des sections globales en c_2. Ceci montre bien sûr que ξ n'est pas algébriquement trivial (il l'est topologiquement). On remarque aussi que le faisceau $\mathscr{L}_{\text{alg}}(\xi)$ des sections algébriques de ξ est un faisceau algébrique localement libre de type fini qui n'est pas engendré par ses sections globales: on n'a pas, comme pour les corps algébriquement clos, de «théorème A» ([Serre 1], chapitre 2, § 3, théorème 2). □

Une des propriétés agréables, dans le cas où l'on travaille sur un corps algébriquement clos, est la correspondance entre fibrés vectoriels algébriques et modules projectifs de type fini, qui est une particularisation de la correspondance entre faisceaux algébriques cohérents et modules de type fini (cf. [Serre

12.1 Fibrés vectoriels algébriques et fortement algébriques

1], chapitre 2, § 4). Si M est un $\mathscr{R}(X)$-module, on note $\mathscr{R}_X \otimes_{\mathscr{R}(X)} M$ le faisceau de $\mathscr{R}_X$-modules associé au préfaisceau $U \mapsto \mathscr{R}(U) \otimes_{\mathscr{R}(X)} M$. Si M est un module projectif de type fini, alors $\mathscr{R}_X \otimes_{\mathscr{R}(X)} M$ est un faisceau algébrique localement libre de type fini; on peut employer ici les mêmes arguments que dans [Serre 1], fin du chapitre 2. A tout module projectif M de type fini sur $\mathscr{R}(X)$ est donc associé un fibré vectoriel algébrique ξ sur X, défini à isomorphisme algébrique près, tel que $\mathscr{L}_{\text{alg}}(\xi) \simeq \mathscr{R}_X \otimes_{\mathscr{R}(X)} M$. Un tel fibré vectoriel sera bien sûr engendré par ses sections globales, et donc le fibré vectoriel de l'exemple 12.1.5 n'est pas associé à un module projectif de type fini sur $\mathscr{R}(R^2)$. Pourtant le module de ses sections algébriques globales est projectif, et même isomorphe à $\mathscr{R}(R^2)$ par l'application $(s_1, s_2) \mapsto s_2 = f_2/h_2$, puisque $h_2 = \lambda^{-1} h_1$ ne s'annule pas sur R^2.

Nous allons donc introduire une sous-catégorie de la catégorie des fibrés vectoriels algébriques, formée des fibrés vectoriels algébriques associés à un module projectif de type fini sur $\mathscr{R}(X)$.

Définition 12.1.6: *Un fibré vectoriel algébrique ξ sur X est dit fortement algébrique quand il existe un morphisme algébrique injectif de ξ dans un fibré trivial ε_X^n (autrement dit, quand ξ est algébriquement isomorphe à un sous-fibré vectoriel algébrique d'un fibré trivial).*

Théorème 12.1.7: *Soit $\xi = (E, p, X)$ un fibré vectoriel algébrique de rang k sur X. Alors les propriétés suivantes sont équivalentes:*

(i) *ξ est fortement algébrique.*

(ii) *Pour tout x de X, il existe des sections algébriques globales $s_1, \ldots, s_k$ de ξ telles que $s_1(x), \ldots, s_k(x)$ engendrent la fibre $p^{-1}(x)$ comme R-espace vectoriel.*

(iii) *Il existe un morphisme algébrique surjectif d'un fibré trivial ε_X^n sur ξ (autrement dit, ξ est algébriquement isomorphe à un quotient algébrique d'un fibré trivial).*

(iv) *Il existe un fibré vectoriel algébrique ξ' sur X tel que $\xi \oplus \xi'$ soit algébriquement isomorphe à un fibré trivial ε_X^n (autrement dit, ξ est facteur direct algébrique d'un fibré trivial).*

(v) *Il existe une fonction régulière $f: X \to \mathbb{G}_{n,k}(R)$ dans une grassmannienne telle que ξ soit algébriquement isomorphe à $f^*(\gamma_{n,k})$.*

(vi) *Il existe un module projectif de type fini M sur $\mathscr{R}(X)$ tel que $\mathscr{L}_{\text{alg}}(\xi)$ soit isomorphe à $\mathscr{R}_X \otimes_{\mathscr{R}(X)} M$.*

Démonstration:

(i) $\Rightarrow$ (v) Soit $\varphi: \xi \to \varepsilon_X^n$ un morphisme algébrique injectif. On prend pour f la fonction de X dans $\mathbb{G}_{n,k}(R)$ qui à un point $x \in X$ associe le sous-espace vectoriel $f(x)$ de dimension k de R^n tel que $\{x\} \times f(x) = \varphi(p^{-1}(x))$. Il suffit de montrer que la fonction f est régulière. Pour cela, on peut se restreindre à un ouvert de Zariski U de X sur lequel on a une trivialisation locale algébrique $\psi: \varepsilon_U^k \to \xi|U$. Si $(e_1, \ldots, e_k)$ est la base canonique de R^k, et i un entier, $1 \leq i \leq k$, soit $\varphi_i: U \to R^n$ la fonction régulière définie par $(x, \varphi_i(x)) = \varphi(\psi(x, e_i))$ pour tout x de U. Puisque $f(x)$ est engendré par les $\varphi_i(x)$, la proposition 3.4.9, appliquée à ces fonctions φ_i, montre que $f|U$ est régulière.

(v) $\Rightarrow$ (iv) Puisque $\gamma_{n,k} \oplus \gamma_{n,k}^\perp = \varepsilon^n$, on a $f^*(\gamma_{n,k}) \oplus f^*(\gamma_{n,k}^\perp) = \varepsilon_X^n$.

(iv) $\Rightarrow$ (vi) On a $\mathscr{L}_{\text{alg}}(\xi) \oplus \mathscr{L}_{\text{alg}}(\xi') \simeq \mathscr{R}_X^n$. Soit Π le composé

$\mathcal{R}_X^n \to \mathcal{L}_{\text{alg}}(\xi) \to \mathcal{R}_X^n$. On a $\Pi^2 = \Pi$ (Π est un projecteur), et l'image de Π est isomorphe à $\mathcal{L}_{\text{alg}}(\xi)$. Sur les sections globales, Π induit un projecteur $\Pi(X)$: $\mathcal{R}(X)^n \to \mathcal{R}(X)^n$, qui vérifie $\mathcal{R}_X \otimes_{\mathcal{R}(X)} \Pi(X) = \Pi$. L'image de $\Pi(X)$ est un module projectif de type fini M sur $\mathcal{R}(X)$, et $\mathcal{R}_X \otimes_{\mathcal{R}(X)} M$ est l'image de $\Pi = \mathcal{R}_X \otimes_{\mathcal{R}(X)} \Pi(X)$. Donc $\mathcal{L}_{\text{alg}}(\xi)$ est isomorphe à $\mathcal{R}_X \otimes_{\mathcal{R}(X)} M$.

(vi) $\Rightarrow$ (ii) Si $\mathcal{L}_{\text{alg}}(\xi)$ est isomorphe à $\mathcal{R}_X \otimes_{\mathcal{R}(X)} M$, alors il est engendré par ses sections globales; comme $p^{-1}(x) \simeq \mathcal{L}_{\text{alg}}(\xi)_x / \mathfrak{m}_{X,x} \mathcal{L}_{\text{alg}}(\xi)_x$ (où $\mathfrak{m}_{X,x}$ est l'idéal maximal de $\mathcal{R}_{X,x}$), on a bien que $p^{-1}(x)$ est engendré comme R-espace vectoriel par les valeurs des sections algébriques globales de ξ en x.

(ii) $\Rightarrow$ (iii) Les éléments $s_1(x), \ldots, s_k(x)$ forment une base de $p^{-1}(x)$. Soit $\varphi : \varepsilon_U^k \to \xi | U$ une trivialisation locale algébrique de ξ, avec U ouvert de Zariski de X contenant x. Alors $s_1(y), \ldots, s_k(y)$ forment une base de $p^{-1}(y)$ pour tout y appartenant à un ouvert de Zariski contenant x et contenu dans U (on peut considérer le déterminant de $s_1(y), \ldots, s_k(y)$, qui est une fonction régulière sur U). L'ensemble X est recouvert par un nombre fini de tels ouverts, et on obtient ainsi une famille finie de sections algébriques globales $s_1, \ldots, s_n$ de ξ telles que $(s_1(x), \ldots, s_n(x))$ engendrent $p^{-1}(x)$ pour tout x de X. Ces sections globales algébriques induisent un morphisme algébrique surjectif du fibré trivial ε_X^n sur ξ.

(iii) $\Rightarrow$ (i) Si l'on a un morphisme algébrique surjectif $\varepsilon_X^n \to \xi$, on obtient par transposition un morphisme algébrique injectif: $\xi^\vee \to (\varepsilon_X^n)^\vee \simeq_{\text{alg}} \varepsilon_X^n$ et ainsi le fibré dual $\xi^\vee$ est fortement algébrique. D'après ce que l'on vient de voir, $\xi^\vee$ est facteur direct algébrique du fibré trivial ε_X^n. Mais alors il en est de même pour ξ, ce qui entraîne que ξ est fortement algébrique. $\square$

Mentionnons quelques propriétés immédiates des fibrés vectoriels fortement algébriques.

Proposition 12.1.8:

(i) *Les fibrés $\gamma_{n,k}$ et $\gamma_{n,k}^\perp$ sur $\mathbf{G}_{n,k}(R)$ sont fortement algébriques.*

(ii) *Si ξ est un fibré vectoriel fortement algébrique sur X, et $f : Y \to X$ une application régulière, alors $f^*(\xi)$ est fortement algébrique.*

(iii) *Si ξ et η sont deux fibrés vectoriels fortement algébriques sur X, alors $\xi \oplus \eta$, $\xi \otimes \eta$, $\xi^\vee$, $\bigwedge^q \xi$, $\mathrm{Hom}(\xi, \eta)$ sont des fibrés vectoriels fortement algébriques.*

Démonstration: (i) et (ii) sont immédiats d'après la définition; de même pour (iii), en ce qui concerne $\xi \oplus \eta$ et $\xi \otimes \eta$. Pour $\xi^\vee$ cela a été vu au cours de la démonstration du théorème 12.1.7; pour $\bigwedge^q \xi$ on peut utiliser la surjection canonique $\bigotimes^q \xi \to \bigwedge^q \xi$, le fait que $\bigotimes^q \xi$ est fortement algébrique, et la propriété (iii) de 12.1.7; pour $\mathrm{Hom}(\xi, \eta)$ on utilise l'isomorphisme algébrique $\mathrm{Hom}(\xi, \eta) \simeq_{\text{alg}} \xi^\vee \otimes \eta$. $\square$

Proposition 12.1.9: *Soit $V \subset R^n$ un ensemble algébrique non singulier de dimension k. Alors le fibré tangent et le fibré normal de V sont fortement algébriques.*

Démonstration: Le fibré tangent à V est $\tau_V^*(\gamma_{n,k})$, où $\tau_V : V \to \mathbf{G}_{n,k}(R)$ est la fonction régulière définie par $\tau_V(x) = T_x(V)$ pour $x \in V$ (cf. 3.4.10). De même, le fibré normal de V dans R^n est $\tau_V^*(\gamma_{n,k}^\perp)$. $\square$

12.1 Fibrés vectoriels algébriques et fortement algébriques

Le lemme suivant fournit un procédé de construction de fibrés vectoriels fortement algébriques qui nous sera utile.

Lemme 12.1.10: *Soit $(U_i)_{i=1,\ldots,q}$ un recouvrement de la variété algébrique réelle affine X par des ouverts de Zariski. Soient $h_{ij}: U_j \to \mathbb{M}_{k,k}(R)$ des fonctions régulières telles que $h_{ij}(U_i \cap U_j) \subset GL(k, R)$, que $h_{ii}(x)$ est la matrice identité et $h_{ij} \cdot h_{jl} = h_{il}$ sur $U_j \cap U_l$ pour tous i, j, l compris entre 1 et q. Soit $\xi = (E, p, X)$ où $E = \{(x, v_1, \ldots, v_q) \in X \times (R^k)^q \mid v_i = h_{ij}(x) \cdot v_j \text{ si } x \in U_j \text{ pour tout } i = 1, \ldots, q\}$ et $p(x, v_1, \ldots, v_q) = x$.*

Alors ξ est un fibré vectoriel fortement algébrique, qui admet les U_i comme ouverts trivialisants avec les $h_{ij}|U_i \cap U_j$ comme fonctions de transition.

On note bien que l'on demande dans l'énoncé que les fonctions h_{ij} soient définies sur U_j et pas seulement sur $U_i \cap U_j$.

Démonstration: Pour s'apercevoir que E est une variété algébrique réelle, il suffit de vérifier que $E \cap (U_i \times (R^k)^q)$ est fermé pour la topologie de Zariski dans $U_i \times (R^k)^q$. Les fonctions

$$(x, v) \mapsto (x, h_{1j}(x) \cdot v, \ldots, h_{qj}(x) \cdot v)$$

sont des isomorphismes biréguliers de $U_j \times R^k$ sur $p^{-1}(U_j)$ pour $j = 1, \ldots, q$. Elles fournissent donc des trivialisations locales algébriques de ξ. Par construction, ξ est un sous-fibré algébrique du fibré trivial ε_X^{kq}. Le fibré ξ est donc bien fortement algébrique. □

Le théorème 12.1.7 permet d'établir la correspondance entre fibrés vectoriels fortement algébriques et modules projectifs de type fini.

Proposition 12.1.11: *Si ξ est un fibré vectoriel algébrique sur X, notons $\Gamma_{\text{alg}}(\xi)$ le $\mathcal{R}(X)$-module des sections algébriques globales de ξ. Alors Γ_{alg} est une équivalence entre la catégorie des fibrés vectoriels fortement algébriques sur X, et la catégorie des modules projectifs de type fini sur $\mathcal{R}(X)$.*

Démonstration: Il suffit d'après le théorème 12.1.7 (propriété (vi)) de vérifier que si M est un module projectif de type fini sur $\mathcal{R}(X)$, alors le module des sections globales de $\mathcal{R}_X \otimes_{\mathcal{R}(X)} M$ est isomorphe à M. On s'en convainc facilement en écrivant M comme facteur direct d'un module libre de type fini $\mathcal{R}(X)^n$. □

Remarque 12.1.12: L'équivalence de catégories de la proposition précédente préserve les constructions usuelles. Si ξ et η sont deux fibrés vectoriels fortement algébriques, alors $\Gamma_{\text{alg}}(\xi \oplus \eta) = \Gamma_{\text{alg}}(\xi) \oplus \Gamma_{\text{alg}}(\eta)$, $\Gamma_{\text{alg}}(\xi \otimes \eta) = \Gamma_{\text{alg}}(\xi) \otimes \Gamma_{\text{alg}}(\eta)$, $\Gamma_{\text{alg}}(\xi^{\vee}) = \Gamma_{\text{alg}}(\xi)^{\vee}$, $\Gamma_{\text{alg}}(\bigwedge^q \xi) = \bigwedge^q \Gamma_{\text{alg}}(\xi)$ et $\Gamma_{\text{alg}}(\text{Hom}(\xi, \eta)) = \text{Hom}(\Gamma_{\text{alg}}(\xi), \Gamma_{\text{alg}}(\eta))$.

Remarque 12.1.13: Observons que l'espace total d'un fibré vectoriel fortement algébrique sur une variété algébrique réelle affine est lui-même une variété algébrique réelle affine. Toutefois il n'y a pas de raison de croire que c'est toujours le cas pour un fibré vectoriel algébrique. De fait [Marinari Raimondo 1] affirme qu'un fibré vectoriel algébrique dont l'espace total est affine est fortement algébrique.

12.2 Fibrés vectoriels fortement algébriques de rang 1 et classes de diviseurs de l'anneau de fonctions régulières

L'essentiel de cette section consiste en des rappels sur les diviseurs, pour lesquels nous faisons référence à [Bourbaki 1]. Le lecteur peut aussi se reporter à [Bass 1], chapitre 3, § 7 ou à [Hartshorne 1], chapitre 2, § 6.

Soit A un anneau commutatif quelconque. L'ensemble des classes d'isomorphisme de modules projectifs de rang 1 sur A (aussi appelés *modules inversibles*), muni du produit tensoriel, est un groupe commutatif que nous noterons $\mathrm{Pic}(A)$ car il est souvent appelé groupe de Picard de A (cf. [Bourbaki 1], chapitre 2, § 5, proposition 7). On peut signaler que l'inverse de la classe d'un module inversible M est la classe du module dual $M^\vee$.

Si X est une variété algébrique réelle affine, nous noterons $V^1_{\mathrm{alg}}(X)$ l'ensemble des classes d'isomorphisme algébrique de fibrés vectoriels fortement algébriques de rang 1 sur X.

Proposition 12.2.1: *Soit X une variété algébrique réelle affine. Alors $V^1_{\mathrm{alg}}(X)$, muni du produit tensoriel, est un groupe commutatif isomorphe au groupe $\mathrm{Pic}(\mathcal{R}(X))$ des classes d'isomorphisme de $\mathcal{R}(X)$-modules inversibles.*

Démonstration: C'est une conséquence immédiate de 12.1.11. □

Supposons maintenant A intègre, et soit K son corps de fractions. Un *idéal fractionnaire* de A est un sous-A-module M de K tel qu'il existe $b \in K^*$ avec $bM \subset A$. Un *idéal fractionnaire principal* de A est un idéal fractionnaire de la forme bA, $b \in K^*$. Un *idéal fractionnaire inversible* de A est un idéal fractionnaire M tel que M est un A-module de type fini, et que pour tout idéal maximal $\mathfrak{m}$ de A le $A_\mathfrak{m}$-module $M_\mathfrak{m}$ est de la forme $b_\mathfrak{m} A_\mathfrak{m}$, $b_\mathfrak{m} \in K^*$. Les idéaux fractionnaires inversibles forment un groupe pour la multiplication (souvent appelé groupe de Cartier de A); tout idéal fractionnaire inversible est un A-module inversible, et le quotient du groupe des idéaux fractionnaires inversibles par le sous-groupe des idéaux fractionnaires principaux (appelé *groupe des classes d'idéaux fractionnaires inversibles* de A) est isomorphe au groupe $\mathrm{Pic}(A)$ (cf. [Bourbaki 1], chapitre 2, § 5, n° 6 et 7).

On suppose maintenant que A est un anneau de Krull; si A est noethérien, ceci revient à dire que A est intégralement clos. Un *idéal fractionnaire divisoriel* de A est un idéal fractionnaire M de A tel que $M = A:(A:M)$ (si N est un sous-A-module de K, alors $A:N = \{b \in K \mid bN \subset A\}$). Ces idéaux fractionnaires divisoriels forment un groupe pour la multiplication, appelé groupe des diviseurs de A; ce groupe des diviseurs est canoniquement isomorphe au groupe commutatif libre engendré par les idéaux premiers de hauteur 1 de A. Le quotient de ce groupe des diviseurs par le sous-groupe des idéaux fractionnaires principaux est appelé *groupe des classes de diviseurs* de A, et noté $\mathrm{Cl}(A)$ ([Bourbaki 1], chapitre 7, § 1).

Proposition 12.2.2: *Soit A un anneau de Krull (par exemple un anneau noethérien intégralement clos). Alors*
  (i) *A est factoriel si et seulement si $\mathrm{Cl}(A) = 0$,*
  (ii) *si S est une partie multiplicative de A ne contenant pas 0, l'homomorphisme*

canonique $\mathrm{Cl}(A) \to \mathrm{Cl}(S^{-1}A)$ *est surjectif et son noyau est engendré par les classes d'idéaux premiers de hauteur* 1 *de A qui rencontrent S*.

Références de démonstration:

(i) est en fait la définition de la factorialité dans [Bourbaki 1], chapitre 7, § 3, définition 1, et l'équivalence avec la notion « naïve » de factorialité est la proposition 2 au même endroit.

(ii) [Bourbaki 1], chapitre 7, § 2, proposition 17. □

Venons-en maintenant à la comparaison entre groupe de Picard et groupe de classes de diviseurs. Un idéal fractionnaire inversible est divisoriel, et ainsi Pic(A) s'identifie à un sous-groupe de Cl(A). Il n'y a pas égalité en général, néanmoins les deux groupes coïncident dans un cas intéressant du point de vue géométrique. Un anneau intègre A est dit *localement factoriel* quand pour tout idéal maximal $\mathfrak{m}$ de A, le localisé $A_\mathfrak{m}$ est factoriel. Un anneau intègre noethérien localement factoriel est intégralement clos (donc est un anneau de Krull).

Proposition 12.2.3: *Soit A un anneau intègre noethérien localement factoriel. Alors tout idéal fractionnaire divisoriel de A est inversible. En conséquence le groupe* Pic(A) *est égal au groupe* Cl(A) *des classes de diviseurs de A*.

Référence de démonstration: [Bourbaki 1], chapitre 7, § 3, proposition 1. □

Corollaire 12.2.4: *Soit X une variété algébrique réelle affine irréductible. On suppose que pour tout x de X, l'anneau local $\mathcal{R}_{X,x}$ est factoriel (c'est le cas si X est non singulière). Alors le groupe $V^1_{\mathrm{alg}}(X)$ est isomorphe au groupe* Cl($\mathcal{R}(X)$) *des classes de diviseurs de $\mathcal{R}(X)$.* □

Remarque 12.2.5: Il est bon d'illustrer ce résultat par la construction explicite d'un fibré vectoriel fortement algébrique de rang 1 dont la classe dans $V^1_{\mathrm{alg}}(X)$ est l'image de la classe d'un idéal fractionnaire inversible I de $\mathcal{R}(X)$ par l'isomorphisme Cl($\mathcal{R}(X)$) $\to V^1_{\mathrm{alg}}(X)$, dans le cas où X satisfait les hypothèses de 12.2.4.

Il existe un recouvrement fini $(U_i)_{i=1,\ldots,q}$ de X par des ouverts de Zariski, et pour $i=1,\ldots,q$ des $f_i \in I$ tels que $I\mathcal{R}(U_i) = f_i \mathcal{R}(U_i)$. Soit $\eta = (E, p, X)$ où

$$E = \{(x, v_1, \ldots, v_q) \in X \times R^q \mid v_i = (f_i/f_j)(x) v_j \text{ pour } i=1,\ldots,q \text{ si } x \in U_j\}$$

et $p(x, v_1, \ldots, v_q) = x$.

Alors η est un fibré vectoriel fortement algébrique d'après 12.1.10. Le fibré dual $\xi = \eta^\vee$ est aussi fortement algébrique, et de rang un. Les fonctions de transition de ξ sont $g_{ij} = f_j/f_i$. La classe de ξ est l'image de la classe de I par l'isomorphisme Cl($\mathcal{R}(X)$) $\to V^1_{\mathrm{alg}}(X)$. Il suffit pour cela de montrer que $\Gamma_{\mathrm{alg}}(\xi)$ est isomorphe comme $\mathcal{R}(X)$-module à I. Une section algébrique de ξ est donnée par $(s_1, \ldots, s_q)$ avec $s_i \in \mathcal{R}(U_i)$ et $s_i f_i = s_j f_j$ pour tous i,j. Si $h = s_1 f_1 = \ldots = s_q f_q$, alors $h \in \bigcap_{i=1}^{q} I\mathcal{R}(U_i) = I$, et l'homomorphisme qui à $(s_1, \ldots, s_q)$ fait correspondre h est un isomorphisme de $\Gamma_{\mathrm{alg}}(\xi)$ sur I. □

Corollaire 12.2.6: *Soit X une variété algébrique réelle affine irréductible. Alors les propriétés suivantes sont équivalentes:*

(i) $\mathcal{R}(X)$ est factoriel.

(ii) Pour tout x de X l'anneau local $\mathcal{R}_{X,x}$ est factoriel, et tout fibré vectoriel fortement algébrique de rang 1 sur X est algébriquement trivial. □

Il peut arriver qu'une propriété géométrique de X entraîne la non trivialité de $V^1_{\text{alg}}(X)$, d'où la non factorialité de $\mathcal{R}(X)$. C'est le cas si X est non orientable.

Proposition 12.2.7 ($R = \mathbb{R}$): Soit X une variété algébrique réelle affine non singulière de dimension d. Si X, en tant que variété $\mathscr{C}^\infty$, est non orientable, alors $V^1_{\text{alg}}(X) \neq 0$.

Démonstration: Puisque X est non orientable, le fibré $\bigwedge^d T(X)$ (où $T(X)$ est le fibré tangent de X) n'est pas topologiquement trivial. Le fibré $T(X)$ est fortement algébrique par 12.1.9, et donc $\bigwedge^d T(X)$ l'est aussi par 12.1.8 (iii). Le fibré $\bigwedge^d T(X)$ est fortement algébrique de rang 1, non algébriquement trivial. Ceci montre que $V^1_{\text{alg}}(X) \neq 0$. □

Corollaire 12.2.8 ($R = \mathbb{R}$): Soit X une variété algébrique réelle affine non singulière et non orientable en tant que variété $\mathscr{C}^\infty$. Alors $\mathcal{R}(X)$ n'est pas factoriel. □

Remarque 12.2.9: Il serait intéressant de savoir si la proposition 12.2.7 reste encore valable quand X est à la fois une variété algébrique réelle affine éventuellement avec des singularités et une variété topologique non orientable.

12.3 Approximation des sections continues d'un fibré vectoriel fortement algébrique par des sections algébriques

Dans toute cette section nous supposons que $R = \mathbb{R}$, et que X est une variété algébrique réelle affine compacte (on peut, à isomorphisme birégulier près, supposer que X est un ensemble algébrique borné d'un certain $\mathbb{R}^q$). La raison de ceci est que l'on va utiliser le théorème d'approximation de Stone-Weierstrass.

Théorème 12.3.1: Soit $\xi = (E, p, X)$ un fibré vectoriel fortement algébrique. Soit $\sigma: X \to E$ une section continue du fibré ξ. Alors, quel que soit l'ouvert U de E contenant $\sigma(X)$, il existe une section algébrique $s: X \to E$ de ξ telle que $s(X) \subset U$.

Démonstration: On sait (12.1.7 (iii)) que l'on peut trouver des sections algébriques globales $s_1, \ldots, s_n$ de ξ telles que pour tout point x de X, $s_1(x), \ldots, s_n(x)$ engendrent la fibre $p^{-1}(x)$ sur $\mathbb{R}$. Fixons un point x, et soit k le rang de ξ. On peut trouver k sections parmi $s_1, \ldots, s_n$, disons $s_1, \ldots, s_k$, telles que $s_1(x), \ldots, s_k(x)$ forment une base de $p^{-1}(x)$. Alors $s_1(y), \ldots, s_k(y)$ forment une base de $p^{-1}(y)$ pour tout y dans un voisinage ouvert V_x de x. La section continue $\sigma|V_x$ peut alors s'écrire: $\sigma|V_x = \alpha_{1,x} s_1|V_x + \ldots + \alpha_{k,x} s_k|V_x$ où les $\alpha_{i,x}$ sont des fonctions continues de V_x dans $\mathbb{R}$. En recouvrant X par des V_x, et en utilisant une partition continue de l'unité, on arrive à

$$\sigma = \alpha_1 s_1 + \ldots + \alpha_n s_n$$

où $\alpha_1, ..., \alpha_n$ sont des fonctions continues de X dans $\mathbb{R}$. On peut alors faire appel au théorème de Stone-Weierstrass (8.8.6) pour trouver des fonctions régulières $\beta_1, ..., \beta_n$ de X dans $\mathbb{R}$ suffisamment proches de $\alpha_1, ..., \alpha_n$ pour que la section algébrique $s = \beta_1 s_1 + ... + \beta_n s_n$ ait son image contenue dans U. □

Théorème 12.3.2: *On suppose que la variété algébrique réelle affine compacte X est non singulière. Soit $\xi = (E, p, X)$ un fibré vectoriel fortement algébrique. Soit $\sigma: X \to E$ une section $\mathscr{C}^\infty$ du fibré ξ. Alors dans tout voisinage de σ dans $\mathscr{C}^\infty(X, E)$ pour la topologie $\mathscr{C}^\infty$ il existe une section algébrique de ξ.*

Démonstration: On répète celle de 12.3.1 dans le cadre différentiel. □

Le théorème d'approximation 12.3.1 va nous permettre de comparer les fibrés vectoriels topologiques et les fibrés vectoriels fortement algébriques sur X.

On notera $\xi \simeq_{\text{top}} \eta$ l'isomorphisme topologique entre fibrés vectoriels, et $\xi \simeq_{\mathscr{C}^\infty} \eta$ l'isomorphisme $\mathscr{C}^\infty$ entre fibrés vectoriels $\mathscr{C}^\infty$ (pour de tels fibrés on a en fait $\xi \simeq_{\mathscr{C}^\infty} \eta \Leftrightarrow \xi \simeq_{\text{top}} \eta$).

Théorème 12.3.3: *Soient ξ et η deux fibrés vectoriels fortement algébriques sur X. Si $\xi \simeq_{\text{top}} \eta$, alors $\xi \simeq_{\text{alg}} \eta$.*

Démonstration: Soit $\varphi: \xi \to \eta$ un isomorphisme topologique. Alors φ donne une section continue σ du fibré $\text{Hom}(\xi, \eta)$, dont l'image est contenue dans l'ouvert $\text{Iso}(\xi, \eta)$ des isomorphismes $\xi \to \eta$. On sait que $\text{Hom}(\xi, \eta)$ est fortement algébrique (12.1.8 (iii)), et donc d'après 12.3.1 il existe une section algébrique de $\text{Hom}(\xi, \eta)$ contenue dans $\text{Iso}(\xi, \eta)$, ce qui montre $\xi \simeq_{\text{alg}} \eta$. □

Si A est un anneau, notons $\text{Proj}(A)$ l'ensemble des classes d'isomorphisme de A-modules projectifs de type fini.

Corollaire 12.3.4: *L'application canonique $\text{Proj}(\mathscr{R}(X)) \to \text{Proj}(\mathscr{C}^0(X))$ (où $\mathscr{C}^0(X)$ est l'anneau des fonctions continues $X \to \mathbb{R}$) induite par l'inclusion $\mathscr{R}(X) \hookrightarrow \mathscr{C}^0(X)$ est injective.*

Démonstration: On utilise 12.3.3, 12.1.11 et l'équivalence bien connue entre la catégorie des fibrés vectoriels sur X et celle des modules projectifs de type fini sur $\mathscr{C}^0(X)$ ([Swan 1]). □

La surjectivité de l'application $\text{Proj}(\mathscr{R}(X)) \to \text{Proj}(\mathscr{C}^0(X))$ se teste sur les $\tilde{K}_0$ de ces deux anneaux. Rappelons ici comment sont construits ces groupes de K-théorie réduite $\tilde{K}_0$. Soit A un anneau commutatif. On définit sur l'ensemble des modules projectifs de type fini sur A une relation d'équivalence par $M \sim N$ quand il existe $m, n \in \mathbb{N}$ tels que $M \oplus A^m \simeq N \oplus A^n$. L'ensemble des classes d'équivalence de modules projectifs de type fini, avec l'opération $\oplus$, forme un groupe commutatif: c'est $\tilde{K}_0(A)$. De même, en définissant une relation d'équivalence entre fibrés vectoriels topologiques sur X par $\xi \sim \eta$ quand il existe $m, n \in \mathbb{N}$ tels que $\xi \oplus \varepsilon_X^m \simeq_{\text{top}} \eta \oplus \varepsilon_X^n$, on construit un groupe commutatif $\widetilde{KO}(X)$. On a $\widetilde{KO}(X) \simeq \tilde{K}_0(\mathscr{C}^0(X))$ (cf. [Swan 1]). De façon analogue, en remplaçant dans la définition de $\widetilde{KO}(X)$ les fibrés vectoriels topologiques par les fibrés vectoriels fortement algébriques et $\simeq_{\text{top}}$ par $\simeq_{\text{alg}}$, on obtient un groupe isomorphe à $\tilde{K}_0(\mathscr{R}(X))$ (grâce à 12.1.11). Le fibré ξ est dit *stablement trivial* quand sa classe dans $\widetilde{KO}(X)$ est nulle; ceci revient à dire qu'il existe m, $n \in \mathbb{N}$ avec $\xi \oplus \varepsilon_X^m \simeq_{\text{top}} \varepsilon_X^n$.

Proposition 12.3.5: *Soit ξ un fibré vectoriel topologique sur X.*

(i) *Si la classe de ξ dans $\widetilde{KO}(X)$ est représentée par un fibré vectoriel fortement algébrique, alors ξ est topologiquement isomorphe à un fibré vectoriel fortement algébrique.*

(ii) *S'il existe deux fibrés vectoriels fortement algébriques ζ et η tels que $\xi \oplus \zeta \simeq_{\text{top}} \eta$, alors ξ est topologiquement isomorphe à un fibré vectoriel fortement algébrique.*

Démonstration: Il suffit de montrer (ii). Notons (i,j): $\xi \oplus \zeta \to \eta$ l'isomorphisme. L'application j détermine une section continue du fibré vectoriel fortement algébrique $\text{Hom}(\zeta, \eta)$. En approchant suffisamment cette section par une section algébrique (12.3.1) on obtient un morphisme algébrique j': $\zeta \to \eta$ tel que (i,j'): $\xi \oplus \zeta \to \eta$ soit encore un isomorphisme. Alors ξ est topologiquement isomorphe au fibré vectoriel $\text{coker}(j')$, qui est fortement algébrique. □

Théorème 12.3.6:

(i) *L'homomorphisme canonique $\tilde{K}_0(\mathcal{R}(X)) \to \tilde{K}_0(\mathcal{C}^0(X))$ est injectif.*

(ii) *Si tout élément de $\widetilde{KO}(X)$ est la classe d'un fibré vectoriel fortement algébrique, alors tout fibré vectoriel topologique sur X est topologiquement isomorphe à un fibré vectoriel fortement algébrique. Autrement dit, si $\tilde{K}_0(\mathcal{R}(X)) \to \tilde{K}_0(\mathcal{C}^0(X))$ est surjectif, alors $\text{Proj}(\mathcal{R}(X)) \to \text{Proj}(\mathcal{C}^0(X))$ est surjectif.*

Démonstration: (i) vient de 12.3.4, et (ii) de 12.3.5. □

Si X est un ensemble algébrique, l'homomorphisme $\tilde{K}_0(\mathcal{P}(X)) \to \tilde{K}_0(\mathcal{C}^0(X))$ n'est pas en général injectif: un contre-exemple $X = \{(y,z) \in \mathbb{R}^2 \mid y^2 + z^2 + z^4 = 1\}$ est donné dans [Evans 1] (observons que X est non singulier et homéomorphe à S^1).

Exemples 12.3.7:

a) Tout fibré vectoriel topologique sur la sphère S^n est topologiquement isomorphe à un fibré vectoriel fortement algébrique. En effet pour $n \not\equiv 0, 1, 2, 4 \pmod 8$ on a $\widetilde{KO}(S^n) = 0$ ([Husemoller 1], p. 109), c.-à-d. que dans ce cas tout fibré vectoriel topologique est stablement trivial. Pour $n \equiv 0, 1, 2, 4 \pmod 8$, [Fossum 1] montre que l'homomorphisme $\tilde{K}_0(\mathcal{P}(S^n)) \to \tilde{K}_0(\mathcal{C}^0(S^n))$ est surjectif (il est aussi injectif d'après [Swan 3]), ce qui implique bien sûr la surjectivité de $\tilde{K}_0(\mathcal{R}(S^n)) \to \tilde{K}_0(\mathcal{C}^0(S^n))$. L'hypothèse de 12.3.6 (ii) est donc vérifiée pour les sphères *standard*.

b) On peut se demander si tout fibré vectoriel topologique sur une variété algébrique réelle affine X homéomorphe à S^n est encore isomorphe à un fibré vectoriel fortement algébrique. Si $n \not\equiv 0, 1, 2, 4 \pmod 8$ la réponse est positive pour la même raison que dans a). Pour $n \equiv 0, 1, 2, 4 \pmod 8$ la réponse n'est pas toujours positive (sauf pour $n = 1, 2$; cf. section 5 de ce chapitre). En effet, pour tout $k \in \mathbb{N} \setminus \{0\}$ on peut construire une hypersurface algébrique non singulière $X_{4k} \subset \mathbb{R}^{4k+1}$ (resp. $\Sigma_{2k} \subset \mathbb{R}^{2k+1}$), difféomorphe à S^{4k} (resp. S^{2k}) telle que tout fibré $\mathbb{R}$- (resp. $\mathbb{C}$-) vectoriel fortement algébrique sur X_{4k} (resp. Σ_{2k}) est stablement trivial ([Bochnak Buchner Kucharz 1]). Signalons que nous verrons en 12.6.12 qu'il existe un ensemble algébrique réel $\Sigma \subset \mathbb{R}^5$ homéomorphe à S^2 et tel que les seuls fibrés $\mathbb{C}$-vectoriels topologiques sur Σ isomorphes à des fibrés $\mathbb{C}$-vectoriels fortement algébriques sont les fibrés triviaux.

c) Tout fibré vectoriel topologique sur $\mathbb{P}_n(\mathbb{R})$ est isomorphe à un fibré vectoriel fortement algébrique. En effet, si X est une variété algébrique réelle affine homéomorphe à $\mathbb{P}_n(\mathbb{R})$, les conditions suivantes sont équivalentes:

(i) Tout fibré vectoriel topologique sur X est topologiquement isomorphe à un fibré vectoriel fortement algébrique.

(ii) Il existe un fibré vectoriel fortement algébrique non orientable sur X.

L'implication (ii) $\Rightarrow$ (i) résulte immédiatement de 12.3.6 et du fait que tout fibré vectoriel topologique sur X a même classe dans $\widetilde{KO}(X)$ que la somme de Whitney d'un certain nombre de copies du fibré non trivial de rang 1 sur X (cf. [Husemoller 1] p. 223, théorème 12.7). La condition (ii) est évidemment vérifiée par le fibré universel $\gamma_{n,1}$ sur $\mathbb{P}_n(\mathbb{R})$. Par ailleurs si X est non singulière et homéomorphe à $\mathbb{P}_{2k}(\mathbb{R})$, la condition (ii) est vérifiée par le fibré tangent $T(X)$. Signalons toutefois qu'il existe une variété algébrique affine non singulière difféomorphe à $\mathbb{P}_3(\mathbb{R})$ pour laquelle les conditions (i) et (ii) ne sont pas vérifiées ([Bochnak Buchner Kucharz 1]). $\square$

Remarque 12.3.8: Nous verrons à la prochaine section (exemple 12.4.14) que la compacité de X est absolument nécessaire pour 12.3.3 et 12.3.4. Dans cet ordre d'idées, nous ne savons pas si un fibré fortement algébrique sur $\mathbb{R}^n$ est toujours algébriquement trivial (autrement dit, si tout module projectif de type fini sur $\mathscr{R}(\mathbb{R}^n)$ est libre). On sait que $\widetilde{K}_0(\mathscr{R}(\mathbb{R}^n)) = \widetilde{K}_0(\mathscr{P}(\mathbb{R}^n)) = 0$ [Lam T.Y.2] et donc un fibré fortement algébrique ξ sur $\mathbb{R}^n$ est algébriquement stablement trivial (il existe $p, q \in \mathbb{N}$ tels que $\xi \oplus \varepsilon^p \simeq_{\text{alg}} \varepsilon^q$). $\square$

12.4 Approximation algébrique des sous-variétés $\mathscr{C}^\infty$ de codimension 1

On s'intéresse plus particulièrement dans cette section au cas des fibrés vectoriels de rang 1. Si S est un espace topologique, on désigne par $V^1(S)$ le groupe (pour l'opération $\otimes$) des classes d'isomorphisme de fibrés vectoriels de rang 1 sur S. Si S est une variété $\mathscr{C}^\infty$, on obtient un groupe canoniquement isomorphe en prenant les classes d'isomorphisme $\mathscr{C}^\infty$ de fibrés vectoriels $\mathscr{C}^\infty$ de rang 1.

Nous commençons par donner explicitement deux isomorphismes canoniques, de $V^1(S)$ sur $H^1(S, \mathbb{Z}/2)$ (quand S est paracompact) et de $V^1(S)$ sur $H_{d-1}(S, \mathbb{Z}/2)$ (quand S est une variété $\mathscr{C}^\infty$ compacte de dimension d). Ceci est bien sûr tout à fait classique, même si on a du mal à trouver une référence explicite pour le deuxième isomorphisme.

Rappel 12.4.1: Décrivons l'isomorphisme $V^1(S) \to H^1(S, \mathbb{Z}/2)$. On suppose que S est un espace paracompact.

Soit ξ un fibré vectoriel de rang 1 sur S, donné par un recouvrement d'ouverts trivialisants $(U_i)_{i \in I}$, avec les fonctions de transition continues $g_{ij}: U_i \cap U_j \to \mathbb{R}^*$. Les g_{ij} forment un cocycle de Čech pour le recouvrement $(U_i)_{i \in I}$, à coefficients dans le faisceau $\mathscr{C}^*$ des fonctions continues inversibles, et le fibré ξ est trivial si et seulement si ce cocycle est un cobord. Ceci permet d'identifier $V^1(S)$ à

$H^1(S, \mathscr{C}^*)$. Considérons la suite exacte

$$0 \to \mathscr{C}^+ \to \mathscr{C}^* \to \mathbb{Z}/2 \to 0$$

où $\mathscr{C}^+$ est le faisceau de fonctions continues strictement positives. Le faisceau $\mathscr{C}^+$ est mou (ce qui veut dire qu'une fonction continue strictement positive sur un fermé de S se prolonge en une fonction continue strictement positive sur S) et donc $H^i(S, \mathscr{C}^+) = 0$ pour $i > 0$ ([Godement 1] p. 174). Ceci nous donne l'isomorphisme :

$$w_1 : V^1(S) \simeq H^1(S, \mathscr{C}^*) \to H^1(S, \mathbb{Z}/2).$$

Avec les notations ci-dessus, cet isomorphisme envoie la classe du fibré ξ sur la classe dans $H^1(S, \mathbb{Z}/2)$ du $\mathbb{Z}/2$-cocycle $(c_{ij})_{i,j}$, $c_{ij} : U_i \cap U_j \to \mathbb{Z}/2$, défini par $c_{ij}(x) = 0$ quand $g_{ij}(x) > 0$ et $c_{ij}(x) = 1$ quand $g_{ij}(x) < 0$. Nous noterons $w_1 : V^1(S) \to H^1(S, \mathbb{Z}/2)$ cet isomorphisme, car l'image de la classe de ξ dans $H^1(S, \mathbb{Z}/2)$ est la première classe de Stiefel-Whitney de ξ (cf. [Osborn 1] p. 227, lemme 3.1). □

On suppose maintenant que S est une variété $\mathscr{C}^\infty$ compacte de dimension d. Nous allons donner une description explicite, qui nous servira dans la suite, d'un isomorphisme entre $V^1(S)$ et $H_{d-1}(S, \mathbb{Z}/2)$. On pourrait montrer que cet isomorphisme est celui obtenu en composant w_1 avec l'isomorphisme de $H^1(S, \mathbb{Z}/2)$ sur $H_{d-1}(S, \mathbb{Z}/2)$ donné par la dualité de Poincaré. Commençons par introduire une notation. Soient ξ un fibré vectoriel sur S, s une section de ξ ; on note $\mathscr{Z}_S(s) = \{x \in S \mid s(x) = 0\}$ (où 0 désigne l'élément nul de la fibre de ξ en x). Si ξ est un fibré vectoriel $\mathscr{C}^\infty$ de rang 1, on peut trouver une section $\mathscr{C}^\infty$ s de ξ, transverse à la section nulle (pour la notion de transversalité, cf. [Hirsch 1]). Alors $\mathscr{Z}_S(s)$ est une sous-variété $\mathscr{C}^\infty$ compacte de dimension $d-1$ de S ; comme d'habitude nous notons sa classe fondamentale $[\mathscr{Z}_S(s)] \in H_{d-1}(S, \mathbb{Z}/2)$.

Théorème 12.4.2:

(i) *Soit ξ un fibré vectoriel $\mathscr{C}^\infty$ de rang 1 sur S, s une section $\mathscr{C}^\infty$ de ξ transverse à la section nulle. Alors l'élément $[\mathscr{Z}_S(s)] \in H_{d-1}(S, \mathbb{Z}/2)$ ne dépend que de la classe de ξ dans $V^1(S)$, et pas du choix de s.*

(ii) *L'application $\phi : V^1(S) \to H_{d-1}(S, \mathbb{Z}/2)$ ainsi définie est un isomorphisme de groupes.*

Démonstration : On commence par une observation. Soient ξ_1 et ξ_2 deux fibrés vectoriels $\mathscr{C}^\infty$ de rang 1 sur S, et s_i une section $\mathscr{C}^\infty$ de ξ_i pour $i = 1, 2$. Soit s la section $s_1 \otimes s_2$ de $\xi_1 \otimes \xi_2$. Alors

$$\mathscr{Z}_S(s) = \mathscr{Z}_S(s_1) \cup \mathscr{Z}_S(s_2).$$

Montrons (i). Soient s_1, s_2 deux sections $\mathscr{C}^\infty$ de ξ, transverses à la section nulle. Le théorème d'isotopie de Thom ([Abraham Robbin 1], théorème 20.2) montre qu'une petite perturbation de s_2 ne change pas la classe $[\mathscr{Z}_S(s_2)] \in H_{d-1}(S, \mathbb{Z}/2)$; on peut supposer que $\mathscr{Z}_S(s_1)$ est transverse à $\mathscr{Z}_S(s_2)$. Comme $V^1(S)$ est un $\mathbb{Z}/2$-

12.4 Approximation algébrique des sous-variétés $\mathscr{C}^\infty$

espace vectoriel d'après 12.4.1, on a $\xi \otimes \xi \simeq_{\mathscr{C}^\infty} \varepsilon_S^1$, et donc si $\xi \otimes \xi = (E, p, S)$ il existe une fonction $\mathscr{C}^\infty$ $h: E \to \mathbb{R}$ dont la restriction à chaque fibre $p^{-1}(x)$ est un isomorphisme linéaire. Posons $f = h \circ (s_1 \otimes s_2): S \to \mathbb{R}$. On a $f^{-1}(0) = \mathscr{Z}_S(s_1) \cup \mathscr{Z}_S(s_2)$ et $[\mathscr{Z}_S(s_1)] + [\mathscr{Z}_S(s_2)] = [f^{-1}(0)] = 0$ car, comme f change de signe en traversant $\mathscr{Z}_S(s_1)$ et $\mathscr{Z}_S(s_2)$, $f^{-1}(0)$ est le bord de $f^{-1}(]0, +\infty[)$. On a donc $[\mathscr{Z}_S(s_1)] = [\mathscr{Z}_S(s_2)]$.

Venons-en à (ii). Commençons par montrer que ϕ est un homomorphisme de groupes. Soient donc ξ_1 et ξ_2 deux fibrés vectoriels $\mathscr{C}^\infty$ de rang 1 sur S, $\xi_3 = \xi_1 \otimes \xi_2$, et s_i une section $\mathscr{C}^\infty$ de ξ_i pour $i = 1, 2, 3$. Par le même argument que ci-dessus on peut supposer $\mathscr{Z}_S(s_1)$, $\mathscr{Z}_S(s_2)$ et $\mathscr{Z}_S(s_3)$ en position générale. En considérant $\xi_1 \otimes \xi_2 \otimes \xi_3 \simeq_{\mathscr{C}^\infty} \varepsilon_S^1$, et en appliquant le même argument que pour (i), on arrive à

$$[\mathscr{Z}_S(s_1)] + [\mathscr{Z}_S(s_2)] + [\mathscr{Z}_S(s_3)] = 0.$$

Il reste à voir que ϕ est une bijection. On sait que $V^1(X)$ et $H_{d-1}(X, \mathbb{Z}/2)$ sont des ensembles finis de même cardinal (grâce à 12.4.1 et à la dualité de Poincaré); il suffit donc de vérifier que ϕ est injective. Soient ξ un fibré vectoriel $\mathscr{C}^\infty$ de rang 1 sur S, s une section $\mathscr{C}^\infty$ de ξ transverse à la section nulle, et supposons $[\mathscr{Z}_S(s)] = 0$. Soit A une sous-variété compacte de S qui a $\mathscr{Z}_S(s)$ pour bord. Pour chaque $x \in S$, on peut trouver un voisinage U_x de x dans S et une équation locale $h_x: U_x \to \mathbb{R}$ de $\mathscr{Z}_S(s) \cap U_x$, telle que h_x est >0 (resp. <0) sur $(A \setminus \mathscr{Z}_S(s)) \cap U_x$ (resp. $(S \setminus A) \cap U_x$). En choisissant une partition $\mathscr{C}^\infty$ de l'unité $(\eta_x)_{x \in S}$ subordonnée au recouvrement $(U_x)_{x \in S}$, on obtient en prenant

$$h = \sum_{x \in S} \eta_x h_x$$

un générateur de l'idéal des fonctions de $\mathscr{C}^\infty(X)$ nulles sur $\mathscr{Z}_S(s)$. Mais alors s/h est une section $\mathscr{C}^\infty$ de ξ qui ne s'annule jamais, et donc ξ est trivial. $\square$

Remarque 12.4.3: Le théorème 12.4.2 montre que tout élément de $H_{d-1}(S, \mathbb{Z}/2)$ peut être représenté par une hypersurface $\mathscr{C}^\infty$ compacte de S, ce qui est un des résultats (parmi les plus faciles!) de [Thom 1].

Remarque 12.4.4: Soit Y une sous-variété $\mathscr{C}^\infty$ fermée de dimension $d-1$ de S. Au moyen d'équations locales de Y, on peut, par un procédé analogue à celui de 12.2.5, fabriquer un fibré vectoriel $\mathscr{C}^\infty$ ξ de rang 1 sur S et une section $\mathscr{C}^\infty$ s de ξ, transverse à la section nulle, et telle que $Y = \mathscr{Z}_S(s)$. Si maintenant ξ' est un fibré vectoriel $\mathscr{C}^\infty$ de rang 1 sur S dont la classe a pour image $[Y]$ par ϕ, alors 12.4.2 montre que $\xi \simeq_{\mathscr{C}^\infty} \xi'$, et donc ξ' a une section $\mathscr{C}^\infty$ s' transverse à la section nulle telle que $Y = \mathscr{Z}_S(s')$. $\square$

On suppose maintenant, comme dans la section précédente, que X est une *variété algébrique réelle affine sur $\mathbb{R}$, compacte*. On s'intéresse alors à la version algébrique des isomorphismes que nous venons de décrire.

Proposition 12.4.5: *L'homomorphisme canonique $V^1_{\mathrm{alg}}(X) \to V^1(X)$ est injectif. L'image du composé de cet homomorphisme avec l'isomorphisme $w_1: V^1(X) \to H^1(X, \mathbb{Z}/2)$ est donc un sous-groupe de $H^1(X, \mathbb{Z}/2)$ isomorphe à $V^1_{\mathrm{alg}}(X)$, que nous noterons $H^1_{\mathrm{alg}}(X, \mathbb{Z}/2)$.*

Démonstration: Il suffit d'appliquer 12.3.3. □

Nous allons bientôt montrer que l'isomorphisme ϕ de 12.4.2 envoie $V^1_{\text{alg}}(X)$ sur l'homologie algébrique $H^{\text{alg}}_{d-1}(X, \mathbb{Z}/2)$ définie en 11.3.2. Nous aurons besoin pour cela d'un résultat intéressant en lui-même.

Proposition 12.4.6: *Supposons X non singulière irréductible de dimension d. Soient $\mathfrak{p}_1, \ldots, \mathfrak{p}_q$ des idéaux premiers de hauteur 1 de $\mathcal{R}(X)$, et posons $Z_i = \mathcal{Z}_X(\mathfrak{p}_i)$. Si $\sum_{i=1}^{q} n_i[Z_i] = 0$ dans $H_{d-1}(X, \mathbb{Z}/2)$, où $n_1, \ldots, n_q$ sont des entiers positifs, alors l'idéal $\mathfrak{p}_1^{n_1} \cdots \mathfrak{p}_q^{n_q}$ est principal.*

Démonstration: Puisque X est non singulier, et que les $\mathfrak{p}_i$ sont de hauteur 1, on peut trouver un recouvrement fini de X par des ouverts de Zariski U_l tels que pour tout $i = 1, \ldots, q$ il existe $f_{il} \in \mathfrak{p}_i$ qui engendre $\mathfrak{p}_i \mathcal{R}(U_l)$. On choisit pour chaque l des sous-ensembles semi-algébriques de X: $F'_l \subset U'_l \subset F_l \subset U_l$ où F_l et F'_l sont fermés et U'_l ouvert, tels que les F'_l recouvrent X. On sait alors trouver une triangulation semi-algébrique (9.2.1)

$$\Phi: K \longrightarrow X$$

compatible avec les F'_l, U'_l, F_l et les Z_i. Par abus de notation, on identifiera un simplexe σ de K à son image par Φ. Soit σ un d-simplexe de K. On pose

$$S(\sigma) = \bigcup \{\tau \mid \tau \text{ simplexe de } K, \tau \cap \sigma \neq \emptyset\}.$$

Si $\sigma \subset F'_l$, alors $S(\sigma) \subset F_l$. Pour chaque d-simplexe σ et pour $i = 1, \ldots, q$ on peut choisir $f_{i\sigma} \in \mathfrak{p}_i$ tel que pour tout point x de $S(\sigma)$, $f_{i\sigma}$ engendre $\mathfrak{p}_i \mathcal{R}_{X,x}$; il suffit de prendre $f_{i\sigma} = f_{il}$ pour un l tel que $\sigma \subset F'_l$.

Remarquons que si τ est un $(d-1)$-simplexe de K contenu dans $S(\sigma)$, alors $f_{i\sigma}$ change de signe en traversant τ si et seulement si $\tau \subset Z_i$. En effet si $\tau \not\subset Z_i$ alors $f_{i\sigma}$ a même signe des deux côtés de τ, et si $\tau \subset Z_i$, τ contient nécessairement des zéros de $f_{i\sigma}$ où le gradient ne s'annule pas.

Soient $\tau_1, \ldots, \tau_s$ les $(d-1)$-simplexes de K contenus dans un Z_i pour un i tel que n_i soit impair. On sait (11.3.1) que la chaîne $\tau_1 + \ldots + \tau_s$ est un cycle, et dire que $\sum_{i=1}^{q} n_i[Z_i] = 0$ dans $H_{d-1}(X, \mathbb{Z}/2)$ revient à dire que $\tau_1 + \ldots + \tau_s$ est un bord. On choisit alors des d-simplexes $\sigma_1, \ldots, \sigma_t$ de K tels que $\tau_1 + \ldots + \tau_s$ soit le bord de la chaîne $\sigma_1 + \ldots + \sigma_t$. On pose $f_\sigma = \pm f_{1\sigma}^{n_1} \cdots f_{q\sigma}^{n_q}$, où le signe de f_σ est choisi de façon à ce que f_σ soit positif sur σ si σ figure parmi $\sigma_1, \ldots, \sigma_t$ et négatif sinon. Avec ce choix, et grâce à la remarque faite plus haut, on a $f_\sigma / f_{\sigma'} > 0$ sur $S(\sigma) \cap S(\sigma')$. On va recoller les f_σ au moyen d'une pseudo-partition de l'unité donnée par des fonctions régulières pour obtenir un générateur de l'idéal $I = \mathfrak{p}_1^{n_1} \cdots \mathfrak{p}_q^{n_q}$.

Pour tous d-simplexes σ et σ' notons $h_{\sigma\sigma'} = f_\sigma / f_{\sigma'}$; remarquons que pour $x \in \sigma'$ on a $h_{\sigma\sigma'} \in \mathcal{R}_{X,x}$ puisque $f_{\sigma'}$ engendre $I\mathcal{R}_{X,x}$. Soit ε un nombre réel positif tel que pour tous d-simplexes σ et σ' et pour tout $x \in \sigma'$ on ait $r|h_{\sigma\sigma'}(x)| \leq 1/\varepsilon$ où r est le nombre total de d-simplexes de K. D'après le théorème de Stone-

12.4 Approximation algébrique des sous-variétés $\mathscr{C}^\infty$

Weierstrass on peut trouver des fonctions régulières $\varphi_\sigma \in \mathscr{R}(X)$ pour chaque d-simplexe σ, telles que $\varphi_\sigma > 0$ sur X, $\varphi_\sigma > 1$ sur σ, et $\varphi_\sigma < \varepsilon$ en dehors de $S(\sigma)$. Soit alors $f = \sum_\sigma \varphi_\sigma f_\sigma$. Pour tout point x de X, f engendre $I\mathscr{R}_{X,x}$. En effet soit σ' un d-simplexe tel que $x \in \sigma'$. Soit

$$L_1 = \{\sigma | \sigma\ d\text{-simplexe de } K,\ x \in S(\sigma)\}$$
$$L_2 = \{\sigma | \sigma\ d\text{-simplexe de } K,\ x \notin S(\sigma)\}.$$

On a
$$f(x) = f_{\sigma'}(x)(\sum_{\sigma \in L_1} \varphi_\sigma(x) h_{\sigma\sigma'}(x) + \sum_{\sigma \in L_2} \varphi_\sigma(x) h_{\sigma\sigma'}(x)).$$

Si $\sigma \in L_1$, $h_{\sigma\sigma'}(x)$ est strictement positif, et donc $\sum_{\sigma \in L_1} \varphi_\sigma(x) h_{\sigma\sigma'}(x) > 1$. Grâce au choix de ε on a $\sum_{\sigma \in L_2} \varphi_\sigma(x) |h_{\sigma\sigma'}(x)| < 1$. Ainsi $f/f_{\sigma'}$ est inversible dans $\mathscr{R}_{X,x}$, ce qui montre l'assertion. Il est alors facile de conclure que f engendre I: si $g \in I$, $g/f \in \mathscr{R}_{X,x}$ pour tout x de X et donc (3.2.3) $g/f \in \mathscr{R}(X)$. □

La proposition précédente a un corollaire qui concerne le problème de trouver une fonction régulière qui change de signe sur un ensemble donné. Si $f \in \mathscr{R}(X)$, on dit que f *change de signe au point* $x \in X$ quand dans tout voisinage de x dans X il existe des points y_1 et y_2 tels que $f(y_1) f(y_2) < 0$.

Corollaire 12.4.7: *Soit X une variété algébrique réelle affine compacte, non singulière et de dimension d. Soit Z un sous-ensemble algébrique de X. Alors $[Z] = 0$ dans $H_{d-1}(X, \mathbb{Z}/2)$ si et seulement s'il existe une fonction $f \in \mathscr{R}(X)$ telle que l'ensemble $Z^{(d-1)}$ des points x de Z où $\dim(Z_x) = d-1$ coïncide avec l'ensemble des points de X où f change de signe.*

Démonstration: Si $Z^{(d-1)}$ est l'ensemble des points où $f \in \mathscr{R}(X)$ change de signe, alors $Z^{(d-1)}$ est le bord de $f^{-1}(]0, +\infty[)$ et donc $[Z] = [Z^{(d-1)}] = 0$ dans $H_{d-1}(X, \mathbb{Z}/2)$. Réciproquement, supposons que $[Z] = 0$ dans $H_{d-1}(X, \mathbb{Z}/2)$; on peut se placer dans le cas où toutes les composantes irréductibles de Z sont de dimension $d-1$ puisqu'enlever des composantes irréductibles de dimension strictement inférieure à $d-1$ ne change ni $[Z]$, ni $Z^{(d-1)}$. Alors d'après 12.4.6 $\mathscr{I}_{\mathscr{R}(X)}(Z)$ est principal. Soit $f \in \mathscr{R}(X)$ un générateur de $\mathscr{I}_{\mathscr{R}(X)}(Z)$. L'ensemble des points où f change de signe est fermé dans Z, contient les points non singuliers de Z et est de dimension locale $d-1$ en chacun des points (cf. 4.5.1 (iv) $\Rightarrow$ (v)); cet ensemble est bien $Z^{(d-1)}$. □

Théorème 12.4.8: *Supposons que la variété algébrique réelle affine compacte X est non singulière de dimension d. Soit α un élément de $H_{d-1}(X, \mathbb{Z}/2)$. Les propriétés suivantes sont équivalentes:*

(i) *α est l'image par $\phi: V^1(X) \to H_{d-1}(X, \mathbb{Z}/2)$ de la classe d'un fibré vectoriel fortement algébrique de rang 1.*

(ii) *Il existe un sous-ensemble algébrique $Y \subset X$, non singulier et de dimension $d-1$, tel que $\alpha = [Y]$.*

(iii) *$\alpha \in H_{d-1}^{\text{alg}}(X, \mathbb{Z}/2)$.*

En conséquence, ϕ induit un isomorphisme

$$H^1_{\text{alg}}(X, \mathbb{Z}/2) \simeq V^1_{\text{alg}}(X) \to H^{\text{alg}}_{d-1}(X, \mathbb{Z}/2).$$

Démonstration: On peut se ramener au cas où X est irréductible.

(i) $\Rightarrow$ (ii). Soit ξ un fibré vectoriel fortement algébrique de rang 1 sur X, dont la classe a pour image α par ϕ. On peut trouver une section algébrique s de ξ transverse à la section nulle; il suffit pour cela de choisir n'importe quelle section $\mathscr{C}^\infty$ de ξ transverse à la section nulle, et de l'approcher suffisamment près pour la topologie $\mathscr{C}^\infty$ par une section algébrique (12.3.2). Alors $Y = \mathscr{Z}_X(s)$ est un ensemble algébrique non singulier de dimension $d-1$, et $[Y] = \alpha$ par définition de ϕ.

(ii) $\Rightarrow$ (iii) est évident.

(iii) $\Rightarrow$ (i). On va construire un homomorphisme de groupes

$$\psi: H^{\text{alg}}_{d-1}(X, \mathbb{Z}/2) \to V^1_{\text{alg}}(X).$$

Si $\alpha \in H^{\text{alg}}_{d-1}(X, \mathbb{Z}/2)$, il existe un sous-ensemble algébrique Y de dimension $d-1$ de X tel que $\alpha = [Y]$. Soient $Z_1, \ldots, Z_q$ les composantes irréductibles de dimension $d-1$ de Y, et posons $\mathfrak{p}_i = \mathscr{I}_{\mathscr{R}(X)}(Z_i)$ pour $i = 1, \ldots, q$. On a $[Y] = [Z_1] + \ldots + [Z_q]$. L'idéal $\mathfrak{p}_1 \cdots \mathfrak{p}_q$ représente une classe de diviseurs de $\text{Cl}(\mathscr{R}(X))$, et $\psi(\alpha)$ est l'image de cette classe par l'isomorphisme canonique (12.2.4 et 12.2.5)

$$\text{Cl}(\mathscr{R}(X)) \to V^1_{\text{alg}}(X).$$

Il faut déjà vérifier que ψ est bien défini. Supposons que $[Y] = [Y']$ où Y' est un autre sous-ensemble algébrique de dimension $d-1$ de X, et soient $Z'_1, \ldots, Z'_r$ les composantes irréductibles de dimension $d-1$ de Y'. Posons $\mathfrak{p}'_j = \mathscr{I}_{\mathscr{R}(X)}(Z'_j)$ pour $j = 1, \ldots, r$. Alors puisque $[Y] + [Y'] = 0$ dans $H_{d-1}(X, \mathbb{Z}/2)$, la proposition 12.4.6 nous dit que l'idéal $\mathfrak{p}_1 \cdots \mathfrak{p}_q \mathfrak{p}'_1 \cdots \mathfrak{p}'_r$ représente la classe nulle de $\text{Cl}(\mathscr{R}(X))$, et donc que $\mathfrak{p}_1 \cdots \mathfrak{p}_q$ et $\mathfrak{p}'_1 \cdots \mathfrak{p}'_r$ représentent la même classe.

Vérifions que $\psi \circ \phi | V^1_{\text{alg}}(X)$ est l'identité de $V^1_{\text{alg}}(X)$. Soit ξ un fibré vectoriel fortement algébrique de rang 1 sur X. On a $\phi(\xi) = [\mathscr{Z}_X(s)]$ où s est une section algébrique de ξ transverse à la section nulle. Si $(U_i)_{i=1,\ldots,q}$ est un recouvrement de X par des ouverts trivialisants pour ξ, avec les fonctions de transition $g_{ij} \in \mathscr{R}(U_i \cap U_j)$, s est donnée par $(s_1, \ldots, s_q)$ avec $s_i \in \mathscr{R}(U_i)$ et $s_i = g_{ij} s_j$. Toutes les composantes irréductibles $Z_1, \ldots, Z_r$ de $\mathscr{Z}_X(s)$ sont non singulières de dimension $d-1$. Si $\mathfrak{q}_l = \mathscr{I}_{\mathscr{R}(X)}(Z_l)$ et $I = \mathfrak{q}_1 \cdots \mathfrak{q}_r$, alors $I \mathscr{R}(U_i) = s_i \mathscr{R}(U_i)$ et d'après 12.2.5 l'image par l'isomorphisme canonique $\text{Cl}(\mathscr{R}(X)) \to V^1_{\text{alg}}(X)$ de la classe de I est la classe du fibré qui a pour fonctions de transition $h_{ij} = s_j/s_i = g_{ji}$, c'est-à-dire la classe du fibré dual $\xi^\vee$. L'image par $\psi \circ \phi$ de la classe de ξ est la classe de $\xi^\vee$, et comme $\xi \otimes \xi^\vee \simeq_{\text{alg}} \varepsilon^1_X$ la classe de $\xi^\vee$ dans $V^1_{\text{alg}}(X)$ est égale à celle de ξ.

Il ne reste plus, pour montrer que $\phi | V^1_{\text{alg}}(X)$ est un isomorphisme sur $H^{\text{alg}}_{d-1}(X, \mathbb{Z}/2)$ ayant ψ pour inverse, qu'à vérifier que ψ est injectif. Si $\psi([Y]) = 0$ c'est (avec les notations ci-dessus) que l'idéal $\mathfrak{p}_1 \cdots \mathfrak{p}_q$ est principal. Soit alors $f \in \mathscr{R}(V)$ un générateur de $\mathfrak{p}_1 \cdots \mathfrak{p}_q$. Choisissons une triangulation semi-algébri-

12.4 Approximation algébrique des sous-variétés $\mathscr{C}^\infty$

que $\Phi: K \longrightarrow X$ compatible avec Y. On identifie les simplexes de K à leurs images par Φ. Soient $\tau_1, \ldots, \tau_s$ les $(d-1)$-simplexes contenus dans Y, $\sigma_1, \ldots, \sigma_t$ les d-simplexes où f est positif. Alors le cycle $\tau_1 + \ldots + \tau_s$ est le bord de la chaîne $\sigma_1 + \ldots + \sigma_t$ et donc $[Y]$ qui est la classe de $\tau_1 + \ldots + \tau_s$ dans $H^{\mathrm{alg}}_{d-1}(X, \mathbb{Z}/2)$ est nul. □

Corollaire 12.4.9: *Si X est non singulière de dimension d compacte et non orientable, alors $H^{\mathrm{alg}}_{d-1}(X, \mathbb{Z}/2) \neq 0$.* □

Il serait intéressant de savoir (comme en 12.2.9) si le résultat ci-dessus reste valable quand X est à la fois une variété algébrique réelle affine éventuellement avec des singularités et une variété topologique non orientable.

Venons-en maintenant au résultat central de cette section, qui concerne l'approximation algébrique des sous-variétés $\mathscr{C}^\infty$ compactes de codimension 1 d'une variété algébrique réelle affine non singulière. On rappelle la définition de l'approximation algébrique donnée en 11.3.5. Une sous-variété $\mathscr{C}^\infty$ fermée Y de X admet une approximation algébrique dans X si pour tout voisinage ouvert Ω de l'inclusion $Y \hookrightarrow X$ dans $\mathscr{C}^\infty(Y, X)$ (pour la topologie $\mathscr{C}^\infty$), il existe $h \in \Omega$ tel que $h(Y)$ est un sous-ensemble algébrique non singulier de X.

Théorème 12.4.10: *Soit X une variété algébrique réelle affine compacte non singulière de dimension d, et soit Y une hypersurface $\mathscr{C}^\infty$ compacte de X. Alors les conditions suivantes sont équivalentes:*

(i) *La classe fondamentale $[Y]$ de Y appartient à $H^{\mathrm{alg}}_{d-1}(X, \mathbb{Z}/2)$.*

(ii) *Y admet une approximation algébrique dans X.*

(iii) *Il existe une difféotopie $\mathscr{C}^\infty$ de X, arbitrairement proche de l'identité, qui envoie Y sur un sous-ensemble algébrique non singulier de codimension 1 de X.*

Démonstration:

(i) ⇒ (ii). Si $[Y] \in H^{\mathrm{alg}}_{d-1}(X, \mathbb{Z}/2)$, alors d'après 12.4.8 $[Y]$ est l'image par ϕ de la classe d'un fibré vectoriel de rang 1 fortement algébrique ξ. D'après 12.4.4 on sait qu'il existe une section $\mathscr{C}^\infty$ σ de ξ, transverse à la section nulle, telle que $Y = \mathscr{Z}_X(\sigma)$. Grâce à 12.3.2, on peut choisir une section algébrique s de ξ, arbitrairement proche de σ pour la topologie $\mathscr{C}^\infty$. Si l'on fixe un voisinage ouvert Ω de l'inclusion $Y \hookrightarrow X$ dans $\mathscr{C}^\infty(Y, X)$, on peut choisir s suffisamment proche de σ pour que l'ensemble $\mathscr{Z}_X(s)$, qui est bien sûr algébrique, soit non singulier et qu'il existe un difféomorphisme $h: Y \to \mathscr{Z}_X(s)$ contenu dans Ω.

(ii) ⇒ (iii) est une affaire de topologie différentielle, pour laquelle on peut renvoyer le lecteur à [Hirsch 1], théorème 1.6, page 181.

(iii) ⇒ (i) est trivial. □

Le résultat précédent a déjà été utilisé au chapitre 11, pour donner des exemples d'ensembles algébriques non singuliers dont l'homologie en codimension 1 n'est pas entièrement algébrique (11.3.7). Ces mêmes exemples fournissent aussi, grâce à 12.4.8, des exemples où $V^1_{\mathrm{alg}}(X) \neq V^1(X)$:

Proposition 12.4.11: *Soit n un entier strictement positif, et soit M la somme connexe de k copies de $S^n \times S^1$, $k \geq 1$. Alors il existe un ensemble algébrique non singulier $X \subset \mathbb{R}^q$ qui est $\mathscr{C}^\infty$-difféomorphe à M, tel que $V^1_{\mathrm{alg}}(X) \neq V^1(X)$.* □

Ce résultat dit qu'il existe des variétés algébriques réelles affines compactes non singulières ayant des fibrés vectoriels topologiques non isomorphes à des fibrés vectoriels fortement algébriques. Toutefois un théorème de [Benedetti Tognoli 2] dit ceci: pour toute variété $\mathscr{C}^\infty$ compacte M, il existe un ensemble algébrique non singulier $X \subset \mathbb{R}^q$, difféomorphe à M, et tel que tout fibré vectoriel topologique sur X soit topologiquement isomorphe à un fibré vectoriel fortement algébrique.

Faisons maintenant un petit retour sur la factorialité de $\mathscr{R}(X)$. L'isomorphisme $H^1_{\mathrm{alg}}(X, \mathbb{Z}/2) \simeq H^{\mathrm{alg}}_{d-1}(X, \mathbb{Z}/2)$ permet de compléter l'énoncé 12.2.6.

Proposition 12.4.12: *Supposons la variété algébrique réelle affine compacte X non singulière irréductible de dimension d. Alors les propriétés suivantes sont équivalentes:*
  (i) $\mathscr{R}(X)$ *est factoriel.*
  (ii) $H^{\mathrm{alg}}_{d-1}(X, \mathbb{Z}/2) = 0$. □

Ce résultat montre en particulier que, sous les mêmes hypothèses, la nullité de $H_{d-1}(X, \mathbb{Z}/2)$ est suffisante pour la factorialité de $\mathscr{R}(X)$. Cependant, la factorialité de $\mathscr{R}(X)$ n'est pas une affaire purement topologique, comme le montre l'exemple suivant.

Exemple 12.4.13: Pour $n \geq 2$ on a $H_n(S^1 \times S^n, \mathbb{Z}/2) \simeq \mathbb{Z}/2$, et la classe d'homologie non nulle est représentée par l'ensemble algébrique $\{x\} \times S^n$, $x \in S^1$. Donc $H^{\mathrm{alg}}_n(S^1 \times S^n, \mathbb{Z}/2) \neq 0$ et $\mathscr{R}(S^1 \times S^n)$ n'est pas factoriel. Par contre on sait d'après 11.3.7 qu'il existe une variété algébrique affine non singulière (et forcément irréductible) X, $\mathscr{C}^\infty$-difféomorphe à $S^1 \times S^n$, et telle que $H^{\mathrm{alg}}_n(X, \mathbb{Z}/2) \neq H_n(X, \mathbb{Z}/2)$. Comme $H_n(X, \mathbb{Z}/2) \simeq H_n(S^1 \times S^n, \mathbb{Z}/2) \simeq \mathbb{Z}/2$, on a $H^{\mathrm{alg}}_n(X, \mathbb{Z}/2) = 0$ et donc $\mathscr{R}(X)$ est factoriel. □

Nous allons terminer cette section en montrant que l'hypothèse de compacité sur X est absolument nécessaire pour les résultats que nous avons obtenus (ainsi que pour ceux de la section précédente).

Exemple 12.4.14: Il existe une variété algébrique réelle affine V irréductible, non singulière de dimension 2 telle que
  (i) V a deux composantes connexes, chacune difféomorphe à $\mathbb{R}^2$ (et donc $H^1(V, \mathbb{Z}/2) = H_1(V, \mathbb{Z}/2) = 0$),
  (ii) $\mathrm{Cl}(\mathscr{R}(V)) \neq 0$ (et donc $\mathscr{R}(V)$ n'est pas factoriel, et $V^1_{\mathrm{alg}}(V) \neq 0$).

Voici la construction de V. Supposons que l'on ait une variété algébrique réelle affine compacte X non singulière, avec un $\mathscr{C}^\infty$-difféomorphisme $\varphi: S^1 \times S^1 \to X$, tel que $Z_1 = \varphi(S^1 \times \{x_1\})$, $Z_2 = \varphi(\{x_2\} \times S^1)$ et $Z = \varphi(\{x_3, x_4\} \times S^1)$ soient des sous-ensembles algébriques non singuliers irréductibles de X (avec x_1, x_2, x_3, x_4 quatre points distincts de S^1 donnés à l'avance). Soit V l'ouvert de Zariski $X \setminus (Z_1 \cup Z)$. La propriété (i) est vérifiée. Montrons (ii).

Posons $\mathfrak{p}_i = \mathscr{I}_{\mathscr{R}(X)}(Z_i)$ pour $i = 1, 2$, $\mathfrak{p} = \mathscr{I}_{\mathscr{R}(X)}(Z)$. Le groupe $H^{\mathrm{alg}}_1(X, \mathbb{Z}/2)$ est isomorphe à $\mathbb{Z}/2 \times \mathbb{Z}/2$, et il est engendré par $[Z_1]$ et $[Z_2]$; de plus $[Z] = 0$. Donc, en utilisant l'isomorphisme $H^{\mathrm{alg}}_1(X, \mathbb{Z}/2) \to V^1_{\mathrm{alg}}(X) \to \mathrm{Cl}(\mathscr{R}(X))$, le groupe $\mathrm{Cl}(\mathscr{R}(X))$ est isomorphe à $\mathbb{Z}/2 \times \mathbb{Z}/2$ et est engendré par les classes de $\mathfrak{p}_1$ et de $\mathfrak{p}_2$; de plus la classe de $\mathfrak{p}$ est nulle. Comme $\mathscr{R}(V)$ est l'anneau de fractions de $\mathcal{R}(X)$ pour la partie multiplicative

$$S = \{f \in \mathcal{R}(X) \mid \mathcal{Z}_X(f) \subset Z_1 \cap Z\}$$

on sait d'après 12.2.2 que l'homomorphisme canonique $\mathrm{Cl}(\mathcal{R}(X)) \to \mathrm{Cl}(\mathcal{R}(V))$ est surjectif et que son noyau est engendré par les classes d'idéaux premiers de hauteur 1 de $\mathcal{R}(X)$ qui rencontrent S. Les seuls idéaux premiers de hauteur 1 qui rencontrent S sont $\mathfrak{p}_1$, $\mathfrak{p}$ et des idéaux premiers non réels, dont la classe est nulle. Le noyau de l'homomorphisme $\mathrm{Cl}(\mathcal{R}(X)) \to \mathrm{Cl}(\mathcal{R}(V))$ est donc engendré par la classe de $\mathfrak{p}_1$, et ainsi $\mathrm{Cl}(\mathcal{R}(V))$ est isomorphe à $\mathbb{Z}/2$.

Il reste à construire X avec les propriétés requises. On peut trouver une sous-variété $\mathscr{C}^\infty$ de S^3, X', avec un $\mathscr{C}^\infty$-difféomorphisme $\varphi': S^1 \times S^1 \to X'$ tel que $Z_1 = \varphi'(S^1 \times \{x_1\})$, $Z_2 = \varphi'(\{x_2\} \times S^1)$ et $Z = \varphi'(\{x_3, x_4\} \times S^1)$ soient des sous-ensembles algébriques irréductibles non singuliers de S^3. Il existe une fonction $\mathscr{C}^\infty$ $h': S^3 \to \mathbb{R}$ telle que 0 soit une valeur régulière de h' et que $h'^{-1}(0) = X'$ (car $H^1(S^3, \mathbb{Z}/2) = 0$). Soient $P_1, \ldots, P_k$ des fonctions polynomiales sur S^3 qui engendrent $\mathscr{I}_{\mathcal{R}(S^3)}(Z_1 \cup Z_2 \cup Z)$. Puisque Z_1, Z_2 et Z sont non singuliers et qu'ils se coupent transversalement, on peut trouver des fonctions $h'_1, \ldots, h'_k$ $\mathscr{C}^\infty$ sur S^3 telles que $h' = \sum_{j=1}^{k} h'_j P_j$. En choisissant grâce au théorème de Stone-Weierstrass des polynômes h_j suffisamment proches des h'_j, et en posant $h = \sum_{j=1}^{k} h_j P_j$, on obtient un $X = h^{-1}(0)$ $\mathscr{C}^\infty$-difféomorphe à X' et qui contient Z_1, Z_2 et Z. □

12.5 Fibrés vectoriels sur les courbes et les surfaces algébriques

Dans toute cette section, X désigne une *variété algébrique réelle affine sur* $\mathbb{R}$, *compacte et non singulière*. Nous allons caractériser les fibrés vectoriels topologiques sur X qui sont isomorphes à des fibrés vectoriels fortement algébriques, dans le cas où X est une courbe ou une surface.

Théorème 12.5.1: *Soit X une courbe algébrique affine réelle compacte non singulière. Alors tout fibré vectoriel topologique de rang constant sur X est topologiquement isomorphe à un fibré vectoriel fortement algébrique.*

Démonstration: Puisque X est de dimension 1, tout fibré vectoriel topologique ξ de rang $n+1$ sur X peut s'écrire $\xi \simeq_{\mathrm{top}} \xi_1 \oplus \varepsilon_X^n$ où ε_X^n est un fibré trivial et ξ_1 un fibré vectoriel de rang 1. Il suffit donc de montrer l'assertion pour les fibrés vectoriels topologiques de rang 1. On sait que le groupe $V^1(X)$ des classes d'isomorphisme de fibrés vectoriels de rang 1 sur X est isomorphe à $H_0(X, \mathbb{Z}/2)$, et $H_0(X, \mathbb{Z}/2) = H_0^{\mathrm{alg}}(X, \mathbb{Z}/2)$ puisqu'un ensemble fini de points est toujours algébrique. Donc d'après 12.4.5 et 12.4.8 l'homomorphisme canonique $V^1_{\mathrm{alg}}(X) \to V^1(X)$ est un isomorphisme. □

Corollaire 12.5.2: *Soit X une courbe algébrique affine réelle compacte non singulière connexe. Alors $\tilde{K}_0(\mathcal{R}(X))$ est isomorphe à $\mathbb{Z}/2$.*

Démonstration: D'après 12.5.1 l'homomorphisme canonique $\tilde{K}_0(\mathcal{R}(X)) \to \tilde{K}_0(\mathcal{C}^0(X)) \simeq \widetilde{KO}(X)$ est un isomorphisme, et $\widetilde{KO}(X)$ est isomorphe à $\mathbb{Z}/2$ puisque X est homéomorphe à un cercle. □

L'étude des fibrés vectoriels sur les surfaces algébriques utilisera quelques propriétés concernant les classes de Stiefel-Whitney. Nous renvoyons pour la définition et les propriétés de ces classes de Stiefel-Whitney à [Milnor Stasheff 1]. Si ξ est un fibré vectoriel sur X, la k^{eme} classe de Stiefel-Whitney $w_k(\xi)$ de ξ est un élément de $H^k(X, \mathbb{Z}/2)$. Nous aurons essentiellement besoin de savoir que si ε est un fibré trivial sur X, alors $w_k(\varepsilon) = 0$ pour $k > 0$, et de connaître la formule du produit de Whitney :

$$w_1(\xi \oplus \eta) = w_1(\xi) + w_1(\eta),$$
$$w_2(\xi \oplus \eta) = w_2(\xi) + w_1(\xi) \cup w_1(\eta) + w_2(\eta),$$

où $\cup$ désigne le cup-produit (loc. cit. p. 37).

La description de la première classe de Stiefel-Whitney est facile (cf. [Osborn 1] p. 227, lemme 3.1). Soit ξ un fibré vectoriel de rang k sur X. Alors $\bigwedge^k \xi$ est un fibré vectoriel de rang 1 et $w_1(\xi)$ est l'élément de $H^1(X, \mathbb{Z}/2)$ qui correspond à la classe de $\bigwedge^k \xi$ par l'isomorphisme $w_1 : V^1(X) \to H^1(X, \mathbb{Z}/2)$ de 12.4.1. Si ξ est un fibré vectoriel fortement algébrique sur X, alors d'après 12.1.8 (iii), $\bigwedge^k \xi$ est aussi fortement algébrique et donc $w_1(\xi) \in H^1_{\text{alg}}(X, \mathbb{Z}/2)$. Dans le cas des surfaces compactes non singulières, cette propriété caractérise les fibrés vectoriels topologiques de rang constant isomorphes à des fibrés vectoriels fortement algébriques.

Théorème 12.5.3: *Soit X une surface algébrique affine réelle compacte non singulière. Soit ξ un fibré vectoriel topologique de rang constant sur X. Alors ξ est topologiquement isomorphe à un fibré vectoriel fortement algébrique sur X si et seulement si $w_1(\xi) \in H^1_{\text{alg}}(X, \mathbb{Z}/2)$.*

Le reste de la section va être consacré à la démonstration de ce résultat. Indiquons-en d'abord quelques conséquences immédiates.

Corollaire 12.5.4: *Soit X comme dans le théorème 12.5.3 et connexe. Alors :*

(i) *Tout fibré vectoriel topologique orientable sur X est topologiquement isomorphe à un fibré vectoriel fortement algébrique.*

(ii) *Tout fibré vectoriel topologique sur X est topologiquement isomorphe à un fibré vectoriel fortement algébrique si et seulement si $H_1(X, \mathbb{Z}/2) = H_1^{\text{alg}}(X, \mathbb{Z}/2)$.*

Démonstration:

(i) Un fibré ξ est orientable si et seulement si $w_1(\xi) = 0$ (cf. [Milnor Stasheff 1], p. 148).

(ii) Cela résulte de 12.4.8 et 12.5.3. □

La première étape vers le théorème 12.5.3 va être un résultat (12.5.7) reliant les sous-ensembles algébriques de codimension 2 et les fibrés vectoriels fortement algébriques de rang 2.

12.5 Fibrés vectoriels sur les courbes

Lemme 12.5.5 (théorème de Stone-Weierstrass relatif): *Soit X une variété algébrique réelle affine sur $\mathbb{R}$, compacte et non singulière. Soit Y un sous-ensemble algébrique non singulier de X. Soit $g \in \mathscr{C}^\infty(X)$ avec $g|Y=0$. Alors dans tout voisinage de g pour la topologie $\mathscr{C}^\infty$ il existe une fonction $f \in \mathscr{R}(X)$ avec $f|Y=0$.*

Démonstration: Soient $h_1, \ldots, h_p$ des générateurs de l'idéal $\mathscr{I}_{\mathscr{R}(X)}(Y)$. Puisque Y est non singulier on peut au voisinage de tout point $x \in X$ écrire g sous la forme $g = \lambda_{1,x} h_1 + \ldots + \lambda_{p,x} h_p$, avec $\lambda_{i,x}$ fonction $\mathscr{C}^\infty$ au voisinage de x. On recolle ensuite au moyen d'une partition de l'unité ces écritures locales en une écriture globale $g = \lambda_1 h_1 + \ldots + \lambda_p h_p$ avec $\lambda_i \in \mathscr{C}^\infty(X)$. Il suffit maintenant d'appliquer le théorème de Stone-Weierstrass aux fonctions λ_i. □

Lemme 12.5.6: *Soient X et Y comme dans 12.5.5 et soit k la codimension de Y dans X. Si le fibré normal de Y dans X est topologiquement trivial, alors il existe k fonctions régulières $f_1, \ldots, f_k \in \mathscr{R}(X)$ telles que 0 soit valeur régulière de $f = (f_1, \ldots, f_k): X \to \mathbb{R}^k$ et que $f^{-1}(0) = Y \cup Y'$ où Y' est un sous-ensemble algébrique non singulier de codimension k de X, disjoint de Y.*

Démonstration: En utilisant un voisinage tubulaire de Y dans X et le fait que le fibré normal de Y dans X est trivial, on obtient k fonctions $g_1, \ldots, g_k$ définies et $\mathscr{C}^\infty$ sur un voisinage U de Y dans X, telles que 0 soit valeur régulière de $g = (g_1, \ldots, g_k): U \to \mathbb{R}^k$ et que $g^{-1}(0) = Y$. On peut remplacer les fonctions g_i par des fonctions $\bar{g}_i$ qui sont $\mathscr{C}^\infty$ sur X, qui coïncident avec les g_i sur un voisinage de Y dans X contenu dans U, et telles que 0 soit toujours valeur régulière de $\bar{g} = (\bar{g}_1, \ldots, \bar{g}_k): X \to \mathbb{R}^k$. Avec le théorème de Stone-Weierstrass relatif (12.5.5) on obtient k fonctions $f_1, \ldots, f_k \in \mathscr{R}(X)$ telles que 0 soit valeur régulière de $f = (f_1, \ldots, f_k): X \to \mathbb{R}^k$ et que $f|Y=/$. Les précisions concernant $Y' = f^{-1}(0) \setminus Y$ sont données par la proposition 3.3.16. □

Proposition 12.5.7: *Soit X une variété algébrique réelle affine compacte et non singulière. Soit $Y \subset X$ un sous-ensemble algébrique non singulier de codimension 2 dans X. Si le fibré normal de Y dans X est topologiquement trivial, alors il existe un fibré vectoriel fortement algébrique ξ de rang 2 sur X, orientable (c.-à-d. $\bigwedge^2 \xi \simeq_{\text{top}} \varepsilon_X^1$), et une section algébrique s de ξ, transverse à la section nulle, telle que $Y = \mathscr{Z}_X(s)$.*

Démonstration: D'après le lemme 12.5.6 on sait qu'il existe une fonction régulière $f = (f_1, f_2): X \to \mathbb{R}^2$ telle que 0 est valeur régulière de f et que $f^{-1}(0) = Y \cup Y'$ où Y' est un sous-ensemble algébrique de X disjoint de Y. On choisit deux fonctions ψ_1 et ψ_2 dans $\mathscr{R}(X)$ telles que $Y = \psi_1^{-1}(0)$ et $Y' = \psi_2^{-1}(0)$. L'idéal $\mathscr{I}_{\mathscr{R}(X)}(Y \cup Y')$ des fonctions régulières nulles sur $Y \cup Y'$ est engendré par f_1 et f_2, et donc il existe $h_1, h_2 \in \mathscr{R}(X)$ telles que $\psi_1 \psi_2 = h_1 f_1 + h_2 f_2$. Considérons les fonctions régulières $g_{2,1}: U_1 = X \setminus Y \to \mathbb{M}_{2,2}(\mathbb{R})$ et $g_{1,2}: U_2 = X \setminus Y' \to \mathbb{M}_{2,2}(\mathbb{R})$ définies par:

$$g_{2,1} = \begin{bmatrix} f_1 \psi_2 \psi_1^{-1} & -h_2 \psi_1^{-2} \\ f_2 \psi_2 \psi_1^{-1} & h_1 \psi_1^{-2} \end{bmatrix}, \quad g_{1,2} = \begin{bmatrix} h_1 \psi_2^{-2} & h_2 \psi_2^{-2} \\ -f_2 \psi_1 \psi_2^{-1} & f_1 \psi_1 \psi_2^{-1} \end{bmatrix}.$$

Pour tout $x \in U_1 \cap U_2$ on a $g_{1,2}(x) = (g_{2,1}(x))^{-1}$. Le lemme 12.1.10 nous dit alors que le fibré $\xi = (E, p, X)$ où

$$E = \{(x, v_1, v_2) \in X \times \mathbb{R}^2 \times \mathbb{R}^2 \mid v_1 = g_{1,2}(x) \cdot v_2 \text{ si } x \in U_2 \text{ et } v_2 = g_{2,1}(x) \cdot v_1 \text{ si } x \in U_1\}$$

et $p(x, v_1, v_2) = x$ est un fibré vectoriel fortement algébrique. Il est orientable car $\det(g_{1,2}) = \psi_1^2 / \psi_2^2$ est strictement positif sur $U_1 \cap U_2$. La section algébrique s de ξ définie par

$$s = (\mathrm{Id}_X, (\psi_1, 0), (f_1 \psi_2, f_2 \psi_2))$$

est transverse à la section nulle de ξ, et $Y = \{x \in X \mid s(x) = 0\}$. □

Corollaire 12.5.8: *Soient X et Y comme dans la proposition 12.5.7, avec le fibré normal de Y dans X topologiquement trivial. Alors il existe un fibré vectoriel fortement algébrique ξ, orientable et de rang 2 sur X tel que $w_2(\xi) \in H^2(X, \mathbb{Z}/2)$ correspond par la dualité de Poincaré à la classe d'homologie $[Y] \in H_{d-2}(X, \mathbb{Z}/2)$ (où $d = \dim(X)$).*

Démonstration: Il est connu que si ξ est un fibré vectoriel $\mathscr{C}^\infty$ orientable de rang 2 sur X et s une section $\mathscr{C}^\infty$ transverse à la section nulle de ξ, alors $w_2(\xi)$ correspond par la dualité de Poincaré à $[\mathscr{Z}_X(s)] \in H_{d-2}(X, \mathbb{Z}/2)$ ([Shiota 3] p. 1006, lemme 3). Dans le cas qui nous intéresse plus particulièrement, à savoir le cas $\dim(X) = 2$, l'ensemble Y est fini et le résultat que nous venons de citer peut se voir directement en utilisant les faits suivants. Soit X une surface $\mathscr{C}^\infty$ compacte et connexe; alors:

(i) Si X est non orientable, il existe exactement deux fibrés vectoriels $\mathscr{C}^\infty$ orientables de rang 2 non isomorphes sur X. Celui qui est non trivial est caractérisé par l'existence d'une section $\mathscr{C}^\infty$ transverse à la section nulle et ayant un nombre impair de zéros.

(ii) Si X est orientable, les fibrés vectoriels $\mathscr{C}^\infty$ orientables ξ de rang 2 sont classifiés par les entiers positifs ou nuls $|\langle e(\xi), \mu \rangle|$ où $e(\xi) \in H^2(X, \mathbb{Z})$ est la classe d'Euler de ξ ([Milnor Stasheff 1] p. 98) et $\mu \in H_2(X, \mathbb{Z})$ est un générateur de $H_2(X, \mathbb{Z}) \simeq \mathbb{Z}$. De plus $\langle e(\xi), \mu \rangle$ est congru modulo 2 au nombre de zéros d'une section de ξ transverse à la section nulle.

Dans les deux cas, on obtient bien que $w_2(\xi)$ correspond par la dualité de Poincaré à $[\mathscr{Z}_X(s)]$. □

Démonstration du théorème 12.5.3: Soit ξ un fibré vectoriel topologique sur X tel que $w_1(\xi) \in H^1_{\mathrm{alg}}(X, \mathbb{Z}/2)$. D'après la définition même de $H^1_{\mathrm{alg}}(X, \mathbb{Z}/2)$, il existe un fibré vectoriel fortement algébrique η_1 de rang 1 sur X tel que $w_1(\xi) = w_1(\eta_1)$. Considérons la classe $w_2(\xi) + w_1(\xi) \cup w_1(\xi)$ dans $H^2(X, \mathbb{Z}/2)$; son image dans $H_0(X, \mathbb{Z}/2)$ par la dualité de Poincaré est représentée par un ensemble fini de points Y. On peut donc appliquer le corollaire 12.5.8 qui nous donne un fibré vectoriel fortement algébrique η_2 orientable de rang 2 sur X tel que $w_2(\eta_2) = w_2(\xi) + w_1(\xi) \cup w_1(\xi)$. Puisque η_2 est orientable, on a $w_1(\eta_2) = 0$ (cf. [Milnor Stasheff 1] p. 148, ou la description de w_1 donnée plus haut). Par la formule du produit de Whitney il vient $w_1(\xi \oplus \eta_1 \oplus \eta_2) = 0$ et $w_2(\xi \oplus \eta_1 \oplus \eta_2) = 0$. Puisque X est de dimension 2, on a $\xi \oplus \eta_1 \oplus \eta_2 \simeq_{\mathrm{top}} \zeta \oplus \varepsilon$ où ε est un fibré trivial et

ζ un fibré vectoriel topologique de rang 2. Pour montrer que ξ est isomorphe à un fibré vectoriel fortement algébrique, il suffit de montrer que ζ est isomorphe à un fibré vectoriel fortement algébrique d'après la proposition 12.3.5 (ii). On va en fait montrer qu'il est stablement trivial, ce qui suffit d'après 12.3.5 (i). Pour obtenir ceci, on remarque que $w_1(\zeta) = w_1(\zeta \oplus \varepsilon) = 0$, $w_2(\zeta) = w_2(\zeta \oplus \varepsilon) = 0$ et on utilise le lemme purement topologique suivant.

Lemme 12.5.9: *Soit ζ un fibré vectoriel topologique de rang 2 sur une variété $\mathscr{C}^\infty$ compacte X de dimension 2. Si $w_1(\zeta) = 0$ et $w_2(\zeta) = 0$, alors ζ est stablement trivial (c.-à-d. qu'il existe deux fibrés vectoriels triviaux ε et ε' tels que $\zeta \oplus \varepsilon \simeq_{\mathrm{top}} \varepsilon'$).*

Démonstration: Puisque $w_1(\zeta) = 0$, le fibré ζ est orientable. On choisit une orientation de ζ, et on note $e(\zeta) \in H^2(X, \mathbb{Z})$ la classe d'Euler de ce fibré orienté ([Milnor Stasheff 1] p. 98). Puisque $w_2(\zeta) = 0$, on a $e(\zeta) = 2u$ pour un $u \in H^2(X, \mathbb{Z})$ (loc. cit. p. 99). On choisit une application continue $f: X \to S^2$ telle que $f^*(v) = u$, où v est un générateur de $H^2(S^2, \mathbb{Z}) = \mathbb{Z}$. On choisit une orientation du fibré tangent $T(S^2)$ telle que $e(T(S^2)) = 2v$. Alors $e(\zeta) = 2u = f^*(2v) = e(f^*(T(S^2)))$. Puisque ζ et $f^*(T(S^2))$ sont deux fibrés vectoriels de rang 2 qui ont même classe d'Euler, ils sont isomorphes. Enfin $f^*(T(S^2))$ est stablement trivial puisque $T(S^2)$ l'est. □ □

Corollaire 12.5.10: *Soit X une surface algébrique affine réelle non singulière compacte connexe. Alors on a une suite exacte*

$$0 \to \tilde{K}_0(\mathscr{R}(X)) \to \widetilde{KO}(X) \xrightarrow{\rho} H^1(X, \mathbb{Z}/2)/H^1_{\mathrm{alg}}(X, \mathbb{Z}/2) \to 0.$$

Démonstration: Il nous faut décrire l'homomorphisme ρ. Un élément α de $\widetilde{KO}(X)$ est la classe d'un fibré vectoriel ξ. Alors $\rho(\alpha)$ est la classe de $w_1(\xi) \in H^1(X, \mathbb{Z}/2)$ modulo $H^1_{\mathrm{alg}}(X, \mathbb{Z}/2)$. L'application ρ est bien définie, est un homomorphisme de groupes, et est surjective. On sait que l'homomorphisme canonique $\tilde{K}_0(\mathscr{R}(X)) \to \tilde{K}_0(\mathscr{C}^0(X)) \simeq \widetilde{KO}(X)$ est injectif d'après 12.3.6. Enfin, le théorème 12.5.3 dit précisément que le noyau de ρ est égal à l'image de l'homomorphisme $\tilde{K}_0(\mathscr{R}(X)) \to \widetilde{KO}(X)$. □

Remarque 12.5.11: L'analyse de la démonstration du théorème 12.5.3 montre que les hypothèses sur la surface X peuvent être affaiblies. Il suffit de supposer que X est un ensemble algébrique homéomorphe à une surface $\mathscr{C}^\infty$ compacte (X lui-même peut avoir des singularités). La raison en est que dans le cas des surfaces, l'ensemble Y apparaissant dans la démonstration est un ensemble fini de points, que l'on peut toujours supposer contenu dans $X \setminus \mathrm{Sing}(X)$.

12.6 Fibrés $\mathbb{C}$-vectoriels algébriques et fortement algébriques

Comme d'habitude R désigne un corps réel clos et $C = R[i]$ sa clôture algébrique.

Notation 12.6.1: Si $\mathscr{F}$ est l'une des classes de fonctions $\mathscr{P}$ (polynomiales), $\mathscr{R}$ (régulières), $\mathscr{C}^0$ (continues) et si X est un ensemble adéquat, alors $\mathscr{F}(X, C)$ désigne la C-algèbre des fonctions de classe $\mathscr{F}$ à valeurs dans $C \simeq R \times R$. On a $\mathscr{F}(X, C) \simeq \mathscr{F}(X) \otimes_R C$. □

On peut de manière analogue à ce qui a été fait dans la section 1, définir les fibrés C-vectoriels algébriques et fortement algébriques sur les variétés algébriques réelles affines. On doit alors utiliser les fonctions régulières à valeurs dans C, et les grassmanniennes $\mathbb{G}_{n,k}(C)$ (cf. 3.4.8). Les résultats obtenus dans les sections 1 et 2 pour les fibrés R-vectoriels et les anneaux $\mathcal{R}(X)$ restent valables mutatis mutandis pour les fibrés C-vectoriels et les anneaux $\mathcal{R}(X, C)$. En particulier la catégorie des fibrés C-vectoriels fortement algébriques sur une variété algébrique réelle affine X est équivalente à la catégorie des modules projectifs de type fini sur $\mathcal{R}(X, C)$. Toutefois les résultats utilisant le fibré tangent d'une variété algébrique réelle affine non singulière (12.1.9, 12.2.7, 12.2.8) sont sans contrepartie dans le cas des fibrés C-vectoriels. Les résultats de la section 3, obtenus au moyen du théorème de Stone-Weierstrass sous les hypothèses $R=\mathbb{R}$ et X compact se traduisent bien pour les fibrés $\mathbb{C}$-vectoriels; ainsi quand X est compact l'homomorphisme canonique $\tilde{K}_0(\mathcal{R}(X, \mathbb{C})) \to \tilde{K}_0(\mathscr{C}^0(X, \mathbb{C})) \simeq \tilde{K}(X)$ (le groupe de K-théorie réduite) est injectif.

Exemple 12.6.2: Tout fibré $\mathbb{C}$-vectoriel topologique sur $S^n \subset \mathbb{R}^{n+1}$ (la n-sphère standard) est isomorphe à un fibré $\mathbb{C}$-vectoriel fortement algébrique. Puisque $\tilde{K}(S^{2k+1})=0$ (cf. [Husemoller 1] p. 109) ceci est évident pour les sphères de dimension impaire. Ceci est vrai aussi pour les sphères de dimension paire puisque d'après [Fossum 1] et [Swan 3] l'homomorphisme canonique $\tilde{K}_0(\mathscr{P}(S^{2k}, \mathbb{C})) \to \tilde{K}_0(\mathscr{C}^0(S^{2k}, \mathbb{C})) \simeq \tilde{K}(S^{2k})$ est un isomorphisme. Evidemment la propriété reste vérifiée par les variétés algébriques affines homéomorphes à S^{2k+1}, mais nous verrons en 12.6.12 qu'elle ne l'est pas en général pour les variétés algébriques affines homéomorphes à S^{2k}. □

On a vu que si X est une variété algébrique réelle affine irréductible sur $\mathbb{R}$, compacte et non singulière, alors la condition $H^1(X, \mathbb{Z}/2)=0$ entraîne que l'anneau $\mathcal{R}(X)$ est factoriel. Voyons ce qui se passe pour la factorialité de $\mathcal{R}(X, \mathbb{C})$. Introduisons d'abord de nouvelles notations.

Notations 12.6.3:

(i) Soit X une variété algébrique réelle affine sur un corps réel clos R. On note $V^1_{C\text{-alg}}(X)$ le groupe des classes d'isomorphisme algébrique de fibrés C-vectoriels fortement algébriques sur X, avec le produit tensoriel.

(ii) Soit X un espace topologique. On note $V^1_{\mathbb{C}}(X)$ le groupe des classes d'isomorphisme de fibrés $\mathbb{C}$-vectoriels topologiques sur X. On sait (cf. [Hirzebruch 1] p. 49) que $V^1_{\mathbb{C}}(X)$ est canoniquement isomorphe à $H^2(X, \mathbb{Z})$. □

Supposons que X est une variété algébrique réelle affine sur R, non singulière. Alors (comme en 12.2.4) le groupe $V^1_{C\text{-alg}}(X)$ est isomorphe au groupe $\text{Cl}(\mathcal{R}(X, C))$ des classes de diviseurs de $\mathcal{R}(X, C)$. Si de plus $R=\mathbb{R}$ et X est compacte, alors (comme en 12.4.5) l'homomorphisme canonique $V^1_{\mathbb{C}\text{-alg}}(X) \to V^1_{\mathbb{C}}(X) \simeq H^2(X, \mathbb{Z})$ est injectif. Le résultat suivant est une conséquence immédiate de ces faits.

Proposition 12.6.4: *Soit X une variété algébrique réelle affine irréductible non singulière sur un corps réel clos R. Alors:*

(i) *L'anneau $\mathcal{R}(X, C)$ est factoriel si et seulement si $V^1_{C\text{-alg}}(X)=0$.*

12.6 Fibrés $\mathbb{C}$-vectoriels algébriques

(ii) *Dans le cas où $R = \mathbb{R}$ et où X est compacte, l'anneau $\mathscr{R}(X, \mathbb{C})$ est factoriel si $H^2(X, \mathbb{Z}) = 0$.* □

Dans le reste de cette section, nous nous intéressons uniquement aux fibrés $\mathbb{C}$-vectoriels, sur des variétés algébriques réelles affines sur $\mathbb{R}$.

Théorème 12.6.5: *Soit X une variété algébrique réelle affine sur $\mathbb{R}$ non singulière. Alors la projection $\pi \colon X \times S^1 \to X$ induit un isomorphisme $\tilde{K}_0(\mathscr{R}(X, \mathbb{C})) \to \tilde{K}_0(\mathscr{R}(X \times S^1, \mathbb{C}))$.*

Démonstration: On peut commencer par supposer que X est un sous-ensemble algébrique de $\mathbb{R}^n$. On peut se ramener au cas où X est irréductible car, puisque X est non singulier, il est réunion disjointe d'ensembles algébriques irréductibles. Enfin on peut supposer que $\mathscr{P}(X, \mathbb{C})$ est un anneau régulier grâce au lemme suivant.

Lemme 12.6.6: *Soit $X \subset \mathbb{R}^n$ un ensemble algébrique non singulier. Alors il existe un ensemble algébrique $X' \subset \mathbb{R}^{n+1}$ birégulièrement isomorphe à X, tel que le complexifié $X'_\mathbb{C} \subset \mathbb{C}^{n+1}$ (adhérence de X' pour la topologie de Zariski) soit non singulier; en particulier l'anneau $\mathscr{P}(X') \otimes_\mathbb{R} \mathbb{C} \simeq \mathscr{P}(X', \mathbb{C})$ est régulier.*

Démonstration du lemme: Soit $\mathscr{I}_{\mathscr{P}(\mathbb{R}^n)}(X) = (f_1, \ldots, f_k)$, et soit d la dimension de X. Notons g la somme des carrés des mineurs $d \times d$ de la matrice jacobienne $\left[\dfrac{\partial f_i}{\partial x_j} \right] i = 1, \ldots, k, j = 1, \ldots, n$. On prend alors

$$X' = \{(x, y) \in \mathbb{R}^{n+1} \mid f_1(x) = \ldots = f_k(x) = 0, y g(x) = 1\}. \quad \square$$

Le point clé de la démonstration consiste à remarquer que $\mathscr{P}(X \times S^1, \mathbb{C})$ est isomorphe en tant que $\mathscr{P}(X, \mathbb{C})$-algèbre à $\mathscr{P}(X, \mathbb{C})[T, T^{-1}]$. Puisque

$$\mathscr{P}(X \times S^1, \mathbb{C}) \simeq \mathscr{P}(X \times S^1) \otimes_\mathbb{R} \mathbb{C} \simeq \mathscr{P}(X) \otimes_\mathbb{R} \mathscr{P}(S^1) \otimes_\mathbb{R} \mathbb{C} \simeq \mathscr{P}(X, \mathbb{C}) \otimes_\mathbb{C} \mathscr{P}(S^1, \mathbb{C}),$$

ceci est conséquence du lemme suivant:

Lemme 12.6.7: *Les deux $\mathbb{C}$-algèbres $\mathscr{P}(S^1, \mathbb{C})$ et $\mathbb{C}[T, T^{-1}]$ sont isomorphes.*

Démonstration du lemme: On a que $\mathscr{P}(S^1, \mathbb{C}) = \mathbb{C}[U, V]/(U^2 + V^2 - 1)$ et on fait le changement de variable $T = U + iV$, $T^{-1} = U - iV$. □

Choisissons un point $a \in S^1$ et notons $i \colon X \to X \times S^1$ l'injection définie par $i(x) = (x, a)$. Contemplons le diagramme commutatif

$$\begin{array}{ccccc}
\tilde{K}_0(\mathscr{P}(X, \mathbb{C})) & \xrightarrow{\tilde{K}_0(\pi^*)} & \tilde{K}_0(\mathscr{P}(X \times S^1, \mathbb{C})) & \xrightarrow{\tilde{K}_0(i^*)} & \tilde{K}_0(\mathscr{P}(X, \mathbb{C})) \\
{\scriptstyle \alpha} \downarrow & & {\scriptstyle \beta} \downarrow & & {\scriptstyle \alpha} \downarrow \\
\tilde{K}_0(\mathscr{R}(X, \mathbb{C})) & \xrightarrow{\tilde{K}_0(\pi^*)} & \tilde{K}_0(\mathscr{R}(X \times S^1, \mathbb{C})) & \xrightarrow{\tilde{K}_0(i^*)} & \tilde{K}_0(\mathscr{R}(X, \mathbb{C}))
\end{array}$$

où π^* et i^* sont les homomorphismes induits par π et i, et α et β sont donnés par les homomorphismes canoniques $\mathscr{P}(X, \mathbb{C}) \hookrightarrow \mathscr{R}(X, \mathbb{C})$ et

$\mathscr{P}(X \times S^1, \mathbb{C}) \hookrightarrow \mathscr{R}(X \times S^1, \mathbb{C})$. On utilise des résultats classiques de K-théorie algébrique.

Théorème 12.6.8: *Soit A un anneau noethérien intègre régulier. Alors:*

(i) *Si S est une partie multiplicative de A qui ne contient pas 0, l'homomorphisme canonique $\tilde{K}_0(A) \to \tilde{K}_0(S^{-1}A)$ est surjectif.*

(ii) *Les homomorphismes canoniques $A \to A[T] \to A[T, T^{-1}]$ induisent des isomorphismes $\tilde{K}_0(A) \to \tilde{K}_0(A[T]) \to \tilde{K}_0(A[T, T^{-1}])$.*

Références de démonstration: [Bass 1], théorème 6.5 p. 499 pour (i) et théorème 3.1 p. 636 pour (ii). □

La définition d'anneau régulier dans [Bass 1] est relativement compliquée. Il nous suffit de savoir ici que si $X_\mathbb{C}$ est non singulier, alors $\mathscr{P}(X, \mathbb{C})$ est régulier. Le résultat 12.6.8 (ii) nous dit que

$$\tilde{K}_0(\pi^*): \tilde{K}_0(\mathscr{P}(X, \mathbb{C})) \to \tilde{K}_0(\mathscr{P}(X \times S^1, \mathbb{C})) \simeq \tilde{K}_0(\mathscr{P}(X, \mathbb{C})[T, T^{-1}])$$

est un isomorphisme. Le résultat 12.6.8 (i) appliqué à

$$\mathscr{P}(X \times S^1, \mathbb{C}) \hookrightarrow \mathscr{R}(X \times S^1, \mathbb{C}) \simeq S^{-1}\mathscr{P}(X \times S^1, \mathbb{C})$$

(avec $S = \{f \in \mathscr{P}(X \times S^1) \mid \mathscr{Z}_{X \times S^1}(f) = \emptyset\}$) nous dit que β est surjectif. On en déduit que $\tilde{K}_0(\pi^*): \tilde{K}_0(\mathscr{R}(X, \mathbb{C})) \to \tilde{K}_0(\mathscr{R}(X \times S^1, \mathbb{C}))$ est surjectif. Enfin puisque $\pi \circ i = \mathrm{Id}_X$, le composé $\tilde{K}_0(i^*) \circ \tilde{K}_0(\pi^*)$ est l'identité de $\tilde{K}_0(\mathscr{R}(X, \mathbb{C}))$. On aboutit ainsi à la conclusion que $\tilde{K}_0(\pi^*): \tilde{K}_0(\mathscr{R}(X, \mathbb{C})) \to \tilde{K}_0(\mathscr{R}(X \times S^1, \mathbb{C}))$ est un isomorphisme. □ □

Corollaire 12.6.9: *Notons T^n le produit $S^1 \times \ldots \times S^1$ (n facteurs). Alors $\tilde{K}_0(\mathscr{R}(T^n, \mathbb{C})) = 0$.* □

Corollaire 12.6.10: *Tout fibré $\mathbb{C}$-vectoriel fortement algébrique sur $S^1 \times S^1$ est trivial.*

Démonstration: L'anneau $\mathscr{P}(S^1 \times S^1, \mathbb{C})$ est d'après 12.6.7 isomorphe à $\mathbb{C}[T, U, T^{-1}, U^{-1}]$, et donc $\mathscr{R}(S^1 \times S^1, \mathbb{C})$ est factoriel. Il en résulte (cf. 12.6.4 (i)) que $V^1_{\mathbb{C}\text{-alg}}(S^1 \times S^1) = 0$, ce qui implique le corollaire puisque $S^1 \times S^1$ est de dimension 2. □

Remarque 12.6.11: Soit ξ un fibré $\mathbb{R}$-vectoriel topologique de rang 2 orientable et non trivial sur $S^1 \times S^1$. On peut alors trouver un fibré $\mathbb{C}$-vectoriel topologique η sur $S^1 \times S^1$ qui est isomorphe à ξ en tant que fibré $\mathbb{R}$-vectoriel. Par ailleurs, d'après le théorème 12.5.3, ξ est isomorphe à un fibré $\mathbb{R}$-vectoriel fortement algébrique. Le corollaire 12.6.10 nous dit que l'on ne peut pas avoir les deux en même temps; on a ainsi un exemple de fibré $\mathbb{R}$-vectoriel fortement algébrique qui admet une structure de fibré $\mathbb{C}$-vectoriel topologique, mais n'admet pas de structure de fibré $\mathbb{C}$-vectoriel fortement algébrique.

Exemple 12.6.12: Il existe un ensemble algébrique $X \subset \mathbb{R}^5$, homéomorphe à S^2, tel que tout fibré $\mathbb{C}$-vectoriel fortement algébrique sur X est trivial. Soit $a \in S^1$, et soit $Y = (\{a\} \times S^1) \cup (S^1 \times \{a\}) \subset S^1 \times S^1$. Soit $X = S^1 \times S^1/Y$ l'ensemble algébrique obtenu par écrasement de Y sur un point y (3.5.5) (on remarque que X est un compactifié d'Alexandrov algébrique de $\mathbb{R}^2$, non birégulièrement isomorphe au compactifié « standard » S^2). Notons Φ: $S^1 \times S^1 \to X$ la fonction régulière qui réalise l'écrasement, avec $\Phi(Y) = \{y\}$ et $\Phi | S^1 \times S^1 \setminus Y$ isomorphisme birégulier sur $X \setminus \{y\}$. Il est clair que Φ induit un isomorphisme Φ^*: $H^2(X, \mathbb{Z}) \to H^2(S^1 \times S^1, \mathbb{Z})$. Soit ξ un fibré $\mathbb{C}$-vectoriel fortement algébrique sur X et soit $c_1(\xi) \in H^2(X, \mathbb{Z})$ sa première classe de Chern [Milnor Stasheff 1]. Alors, d'après 12.6.10, on a $\Phi^*(c_1(\xi)) = c_1(\Phi^*(\xi)) = 0$, d'où $c_1(\xi) = 0$ et donc, puisque X est de dimension 2, ξ est trivial. □

Les résultats suivants utilisent les propriétés du nombre d'auto-intersection modulo 2, noté $\#_2(Z, Z; Y)$, d'une sous-variété $\mathscr{C}^\infty$ compacte Z de dimension m dans une variété Y de dimension $2m$ (cf. [Hirsch 1] p. 132–133).

Théorème 12.6.13: *Soit X une surface algébrique affine non singulière sur $\mathbb{R}$, compacte, connexe et non orientable. Supposons qu'il existe une courbe algébrique non singulière $\Gamma \subset X$ telle que $\#_2(\Gamma, \Gamma; X) = 1$. Alors tout fibré $\mathbb{C}$-vectoriel topologique sur X est topologiquement isomorphe à un fibré $\mathbb{C}$-vectoriel fortement algébrique.*

Démonstration: Il suffit de montrer le résultat pour les fibrés $\mathbb{C}$-vectoriels de rang 1 puisque X est de dimension 2. Comme on sait que $H^2(X, \mathbb{Z}) = \mathbb{Z}/2$, il suffit d'exhiber un fibré $\mathbb{C}$-vectoriel fortement algébrique de rang 1 sur X qui n'est pas topologiquement trivial. Soit maintenant ξ le fibré $\mathbb{R}$-vectoriel fortement algébrique de rang 1 qui correspond par l'isomorphisme $V_{\text{alg}}^1(X) \to H_1^{\text{alg}}(X, \mathbb{Z}/2)$ à la classe d'homologie $[\Gamma] \in H_1^{\text{alg}}(X, \mathbb{Z}/2)$ (cf. 12.4.8). Soit $\Gamma' \subset M$ une courbe $\mathscr{C}^\infty$ difféotope et transverse à Γ dans M; il existe deux sections $\mathscr{C}^\infty$, σ et σ', du fibré ξ transverses à la section nulle et telles que $\sigma^{-1}(0) = \Gamma$ et $\sigma'^{-1}(0) = \Gamma'$ (cf. 12.4.4). Alors (σ, σ') est une section $\mathscr{C}^\infty$ du fibré $\xi \oplus \xi$, transverse à la section nulle et telle que $(\sigma, \sigma')^{-1}(0) = \Gamma \cap \Gamma'$. Il s'ensuit que le nombre d'Euler $\chi(\xi \oplus \xi) = \#_2(M, M; \xi \oplus \xi)$ de $\xi \oplus \xi$ est 1. Ainsi $\xi \oplus \xi$ n'est pas topologiquement trivial. Par conséquent le fibré $\mathbb{C}$-vectoriel fortement algébrique $\xi \otimes_{\mathbb{R}} \mathbb{C}$, qui est isomorphe à $\xi \oplus \xi$ comme fibré $\mathbb{R}$-vectoriel, n'est pas non plus topologiquement trivial. □

Corollaire 12.6.14: *Soit X une surface algébrique affine non singulière sur $\mathbb{R}$, compacte, connexe et non orientable. Alors la conclusion du théorème 12.6.13 est valable dans chacun des cas suivants:*
  (i) $H_1(X, \mathbb{Z}/2) = H_1^{\text{alg}}(X, \mathbb{Z}/2)$.
  (ii) *Le genre de X est impair.*

Démonstration:
(i) Il existe d'après 12.4.10 une courbe algébrique non singulière Γ dans X qui a une bande de Möbius comme voisinage tubulaire. Alors $\#_2(\Gamma, \Gamma; X) = 1$.
(ii) Soit g le genre de X. On peut choisir g cercles $\mathscr{C}^\infty$ disjoints $\Gamma_1, \ldots, \Gamma_g$ dans X, chaque Γ_i ayant une bande de Möbius comme voisinage tubulaire, de telle façon que $M \setminus \bigcup_{i=1}^{g} \Gamma_i$ soit orientable (cf. [Hirsch 1] p. 206); posons Γ

$= \bigcup_{i=1}^{g} \Gamma_i$. Il est alors clair que $[\Gamma] \in H_1(X, \mathbb{Z}/2)$ correspond dans la dualité de Poincaré à $w_1(T(X)) \in H^1_{\text{alg}}(X, \mathbb{Z}/2)$ (où $T(X)$ est le fibré tangent à X). Par 12.4.8 on a donc $[\Gamma] \in H^{\text{alg}}_1(X, \mathbb{Z}/2)$, et par 12.4.10 on peut supposer que Γ est une courbe algébrique non singulière. Comme $\#_2(\Gamma, \Gamma; X) \equiv g \pmod 2$ et que g est impair, on a bien $\#_2(\Gamma, \Gamma; X) = 1$. □

Les résultats de cette section seront utiles pour l'étude de l'ensemble $\mathcal{R}(X, S^n)$ dans le chapitre suivant.

12.7 Fibrés vectoriels de Nash et fibrés vectoriels semi-algébriques

La définition des fibrés vectoriels de Nash ou semi-algébriques est sans surprise. Nous éviterons d'introduire la notion de variété de Nash abstraite, ou d'espace semi-algébrique abstrait, qui ne nous servirait pas ailleurs; nous travaillerons donc avec des atlas de trivialisations locales. *Dans cette section, on travaille sur un corps réel clos R quelconque.*

Définition 12.7.1: *Soit $M \subset R^n$ une sous-variété de Nash (resp. un ensemble semi-algébrique). Supposons M semi-algébriquement connexe. Soit $\xi = (E, p, M)$ un fibré R-vectoriel de rang k sur M. On dira qu'une famille de trivialisations locales $(U_i, \varphi_i : U_i \times R^k \to p^{-1}(U_i))_{i \in I}$ est un atlas de Nash (resp. semi-algébrique) de ξ quand la famille $(U_i)_{i \in I}$ est un recouvrement fini de M par des ouverts semi-algébriques et que pour tout couple $(i,j) \in I \times I$, la fonction $\varphi_i^{-1} \circ \varphi_j | (U_i \cap U_j) \times R^k$ est une fonction de Nash (resp. semi-algébrique continue). Deux atlas de Nash (resp. semi-algébriques) sont équivalents si leur réunion est encore un atlas de Nash (resp. semi-algébrique). Un fibré vectoriel de Nash (resp. semi-algébrique) est un fibré vectoriel $\xi = (E, p, M)$ muni d'une classe d'équivalence d'atlas de Nash (resp. semi-algébriques). Soient $(\xi, (U_i, \varphi_i)_{i \in I})$ et $(\xi', (U'_j, \varphi'_j)_{j \in J})$ deux fibrés vectoriels de Nash (resp. semi-algébriques) sur M. Un morphisme $\psi : \xi \to \xi'$ de fibrés vectoriels est dit de Nash (resp. semi-algébrique) quand pour tout couple $(i,j) \in I \times J$ la fonction $(\varphi'_j)^{-1} \circ \psi \circ \varphi_i | (U_i \cap U'_j) \times R^k$ est de Nash (resp. semi-algébrique continue). Une section s de ξ est dite de Nash (resp. semi-algébrique) si pour tout $i \in I$, la fonction $\varphi_i^{-1} \circ s | U_i : U_i \to U_i \times R^k$ est de Nash (resp. semi-algébrique continue).*

Si maintenant M n'est pas semi-algébriquement connexe, la donnée d'un fibré vectoriel de Nash (resp. semi-algébrique) sur M revient à celle de tels fibrés sur chacune des composantes semi-algébriquement connexes de M, le rang pouvant varier d'une composante à l'autre. □

Par abus de notation, nous désignerons par $\xi = (E, p, M)$ un fibré vectoriel de Nash (resp. semi-algébrique), sans préciser l'atlas qui lui donne sa structure. Pour simplifier nous supposerons dans les démonstrations que M est semi-algébriquement connexe. Nous faisons maintenant une liste des propriétés des fibrés vectoriels de Nash ou semi-algébriques, dont la vérification ne pose pas de problème.

12.7 Fibrés vectoriels de Nash

La donnée d'un atlas de Nash (resp. semi-algébrique) revient à la donnée d'une famille de fonctions de transition :

$$g_{ij} \colon U_i \cap U_j \to GL(k, R)$$

pour un recouvrement fini $(U_i)_{i \in I}$ d'ouverts semi-algébriques de M, où les g_{ij} sont des fonctions de Nash (resp. semi-algébriques continues). Si ξ et ξ' sont deux fibrés vectoriels de Nash (resp. semi-algébriques) sur M, alors les fibrés vectoriels $\xi \oplus \xi'$, $\xi \otimes \xi'$, $\xi^\vee$, $\bigwedge^l \xi$, $\operatorname{Hom}(\xi, \xi')$ ont une structure de fibré vectoriel de Nash (resp. semi-algébrique) canonique. Si $f \colon N \to M$ est une fonction de Nash (resp. semi-algébrique continue) entre deux sous-variétés de Nash (resp. deux ensembles semi-algébriques) et si ξ est un fibré vectoriel de Nash (resp. semi-algébrique) sur M, alors le fibré vectoriel image réciproque $f^*(\xi)$ a une structure de Nash (resp. semi-algébrique) canonique.

Si V est un sous-ensemble algébrique de R^n et M un ouvert semi-algébrique de $\operatorname{Reg}(V)$, et si ξ est un fibré vectoriel algébrique sur V, alors $\xi | M$ a une structure canonique de fibré vectoriel de Nash. Par ailleurs un fibré vectoriel de Nash a une structure sous jacente de fibré vectoriel semi-algébrique.

Si M est une sous-variété de Nash de R^n, son fibré tangent et son fibré normal dans R^n ont une structure canonique de fibré vectoriel de Nash ; on le vérifie en utilisant 9.3.9 et en adaptant 3.4.10 aux fonctions de Nash.

Venons maintenant à la correspondance entre fibrés vectoriels et faisceaux de modules localement libres de type fini. La condition de finitude imposée aux atlas nous amène à parler de faisceaux non pas sur M, mais sur l'espace quasi-compact $\tilde{M}$ (7.2.2) ; sans cela, on ne pourrait d'ailleurs même pas parler de faisceau de fonctions semi-algébriques continues (7.3.3). Soient alors M une sous-variété de Nash (resp. un ensemble semi-algébrique) et ξ un fibré vectoriel de Nash (resp. semi-algébrique) sur M. On note $\Gamma_{\text{Nash}}(\xi)$ (resp. $\Gamma_{\text{s.a.}}(\xi)$) l'ensemble des sections de Nash (resp. semi-algébriques) de ξ. On note $\mathscr{L}_{\text{Nash}}(\xi)$ (resp. $\mathscr{L}_{\text{s.a.}}(\xi)$) le faisceau sur $\tilde{M}$ dont les sections sur un ouvert $\tilde{U}$ sont $\Gamma_{\text{Nash}}(\xi|U)$ (resp. $\Gamma_{\text{s.a.}}(\xi|U)$) ; $\mathscr{L}_{\text{Nash}}(\xi)$ est un faisceau de $\tilde{\mathscr{N}}$-modules (8.8.2) et $\mathscr{L}_{\text{s.a.}}(\xi)$ est un faisceau de $\tilde{\mathscr{S}}^0$-modules (7.3.2). Grâce à la quasi-compacité de $\tilde{M}$, on obtient l'équivalence suivante.

Proposition 12.7.2 : *La correspondance $\xi \mapsto \mathscr{L}_{\text{Nash}}(\xi)$ (resp. $\xi \mapsto \mathscr{L}_{\text{s.a.}}(\xi)$) est une équivalence de catégories entre la catégorie des fibrés vectoriels de Nash (resp. semi-algébriques) sur M et la catégorie des faisceaux de $\tilde{\mathscr{N}}$-modules (resp. $\tilde{\mathscr{S}}^0$-modules) localement libres de type fini sur $\tilde{M}$.* □

Nous portons maintenant notre attention sur les fibrés vectoriels semi-algébriques. Nous allons montrer qu'ils se comportent absolument comme les fibrés vectoriels topologiques ordinaires sur des espaces compacts. Nous aurons besoin de partitions de l'unité semi-algébriques continues.

Lemme 12.7.3 : *Soit M un ensemble semi-algébrique et soit $(U_i)_{i=1,\ldots,l}$ un recouvrement fini de M par des ouverts semi-algébriques. Alors il existe des fonctions semi-algébriques continues $\lambda_i \colon M \to R$ telles que pour tout $i = 1, \ldots, l$ on a $0 \le \lambda_i \le 1$*

et $\mathrm{adh}(\{x\in M\,|\,\lambda_i(x)>0\})\subset U_i$ et que $\sum_{i=1}^{l}\lambda_i=1$. On dit alors que $(\lambda_i)_{i=1,\ldots,l}$ est une partition de l'unité semi-algébrique subordonnée au recouvrement $(U_i)_{i=1,\ldots,l}$.

Démonstration: Soit $h_i(x)=d(x,M\setminus U_i)$ la distance de $x\in M$ à $M\setminus U_i$. Posons $V_i=\{x\in M\,|\,h_i(x)>\sup(h_1(x),\ldots,h_l(x))/2\}$. Les V_i sont des ouverts semi-algébriques de M qui recouvrent M, et l'adhérence de V_i dans M est contenue dans U_i puisque sur cette adhérence on a $h_i(x)\geq\sup(h_1(x),\ldots,h_l(x))/2$ et donc $h_i(x)>0$. On prend alors $g_i(x)=d(x,M\setminus V_i)$ et $\lambda_i=g_i\Big/\sum_{j=1}^{l}g_j$. □

Proposition 12.7.4: *Soit $\xi=(E,p,M)$ un fibré vectoriel semi-algébrique. Alors il existe un nombre fini de sections semi-algébriques $s_1,\ldots,s_p$ de ξ telles que pour tout $x\in M$, la fibre $\xi_x=p^{-1}(x)$ est engendrée en tant que R-espace vectoriel par $s_1(x),\ldots,s_p(x)$.*

Démonstration: Soit $(U_i,\varphi_i)_{i=1,\ldots,l}$ un atlas semi-algébrique de ξ, avec $\varphi_i: U_i\times R^k\longrightarrow p^{-1}(U_i)$. On choisit une partition de l'unité semi-algébrique $(\lambda_i)_{i=1,\ldots,l}$ subordonnée au recouvrement $(U_i)_{i=1,\ldots,l}$. Pour $1\leq i\leq l$ et $1\leq j\leq k$, soit s_{ij} la section de ξ qui est nulle en dehors de U_i et qui est définie par $s_{ij}(x)=\varphi_i(x,\lambda_i(x)e_j)$ pour $x\in U_i$ (où e_j est le $j^{\text{ème}}$ vecteur de la base canonique de R^k). Alors les sections s_{ij} sont continues et semi-algébriques, et en chaque point de M leurs valeurs engendrent la fibre de ξ comme R-espace vectoriel. □

Corollaire 12.7.5: *Soit ξ un fibré vectoriel semi-algébrique de rang k sur un ensemble semi-algébrique M. Alors*
  (i) *il existe un fibré vectoriel semi-algébrique ξ' sur M tel que $\xi\oplus\xi'$ soit semi-algébriquement isomorphe à un fibré trivial ε_M^n;*
  (ii) *il existe une fonction semi-algébrique continue $f:M\to\mathbb{G}_{n,k}(R)$ de M dans une grassmannienne telle que ξ soit semi-algébriquement isomorphe à $f^*(\gamma_{n,k})$;*
  (iii) *il existe un module projectif de type fini P sur $\mathscr{S}^0(M)$ tel que $\mathscr{L}_{\mathrm{s.a.}}(\xi)$ soit isomorphe au faisceau $\mathscr{S}^0\otimes_{\mathscr{S}^0(M)}P$.*

Démonstration: Il suffit de reprendre la démonstration de 12.1.7 pour montrer que la propriété de l'énoncé de 12.7.4 entraîne les trois propriétés ci-dessus. Les adaptations nécessaires ne posent pas de problème. □

Corollaire 12.7.6: *Le foncteur $\xi\mapsto\Gamma_{\mathrm{s.a.}}(\xi)$ est une équivalence de catégories entre la catégorie des fibrés vectoriels semi-algébriques sur M et la catégorie des modules projectifs de type fini sur $\mathscr{S}^0(M)$.*

Démonstration: Comme pour 12.1.11. □

Proposition 12.7.7: *Soit ξ un fibré vectoriel semi-algébrique sur un ensemble semi-algébrique M. Soient $f,g:N\to M$ deux fonctions semi-algébriques continues semi-algébriquement homotopes (11.7.2). Alors les deux fibrés vectoriels $f^*(\xi)$ et $g^*(\xi)$ sont semi-algébriquement isomorphes.*

Démonstration: On recopie la démonstration de [Husemoller 1] chapitre 3, théorème 4.3, en faisant les changements suivants: on remplace dans le lemme 4.1

(loc. cit.) les produits $A \times [a, b]$ par des ensembles $\{(x, t) | x \in A$ et $\varphi(x) \le t \le \psi(x)\}$ où φ et ψ sont deux fonctions semi-algébriques continues de A dans R avec $\varphi < \psi$, et on utilise le lemme 11.7.4. □

Proposition 12.7.8 ($R = \mathbb{R}$): *Soit M un sous-ensemble semi-algébrique de $\mathbb{R}^n$. Alors tout fibré vectoriel topologique sur M est isomorphe à un fibré vectoriel semi-algébrique, et deux fibrés vectoriels sont semi-algébriquement isomorphes si et seulement s'ils sont topologiquement isomorphes. Autrement dit, l'homomorphisme canonique $\mathscr{S}^0(M) \hookrightarrow \mathscr{C}^0(M)$ induit une bijection entre les ensembles de classes d'isomorphisme de modules projectifs de type fini sur $\mathscr{S}^0(M)$ et $\mathscr{C}^0(M)$.*

Démonstration: On sait (9.3.6 et 9.3.7) qu'un ensemble semi-algébrique admet un rétract par déformation semi-algébrique qui est compact. Grâce à 12.7.7, il suffit de montrer le résultat annoncé dans le cas où M est compact. Si $f: M \to \mathbb{G}_{n,k}(\mathbb{R})$ est une fonction continue quelconque, le théorème de Stone-Weierstrass et l'existence d'un voisinage tubulaire de $\mathbb{G}_{n,k}(\mathbb{R})$ avec une rétraction de Nash nous donnent une fonction semi-algébrique continue $g: M \to \mathbb{G}_{n,k}(\mathbb{R})$ aussi proche de f que l'on veut. Ceci montre que tout fibré vectoriel topologique sur M est isomorphe à un fibré vectoriel semi-algébrique. Soient maintenant ξ et ξ' deux fibrés vectoriels semi-algébriques sur M et supposons qu'ils sont topologiquement isomorphes. Le fibré vectoriel semi-algébrique $\text{Hom}(\xi, \xi')$ a donc une section continue σ à valeurs dans l'ouvert $\text{Iso}(\xi, \xi')$ des isomorphismes $\xi \to \xi'$. En utilisant 12.7.4 et le raisonnement de 12.3.1 on sait approcher σ par des sections semi-algébriques; ceci nous donne un isomorphisme semi-algébrique entre ξ et ξ'. □

Passons maintenant aux fibrés vectoriels de Nash. On se trouve confronté ici au même problème que pour les fibrés vectoriels algébriques: certains fibrés vectoriels de Nash ne sont pas engendrés par leurs sections globales.

Exemple 12.7.9: On va construire un fibré vectoriel de Nash de rang 1 sur $\mathbb{R}$ qui n'est pas engendré par ses sections globales. Ce fibré vectoriel ξ est donné par les deux ouverts trivialisants $U_1 =]-\infty, 1[$ et $U_2 =]-1, +\infty[$ et la fonction de transition $g_{1,2}: U_1 \cap U_2 \to \mathbb{R}^*$ définie par $g_{1,2}(x) = (2 + \sqrt{1-x^2})/\sqrt{3+x^2}$. On remarque que $g_{1,2}^{-1}(x) = (2 - \sqrt{1-x^2})/\sqrt{3+x^2}$. Une section de Nash de ξ est donnée par deux fonctions de Nash $s_1: U_1 \to \mathbb{R}$ et $s_2: U_2 \to \mathbb{R}$ telles que $s_1 = g_{1,2} s_2$. Examinons ce qui arrive à la détermination de la fonction analytique-algébrique s_1 quand on parcourt dans le plan de la variable complexe un circuit comme ceci:

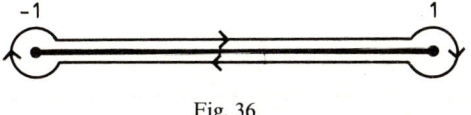

Fig. 36

On sait que s_1 est définie sur un voisinage de $]-\infty, 1[$, et s_2 sur un voisinage de $]-1, +\infty[$. Quand on tourne autour de 1, il n'arrive rien à s_2 et $g_{1,2}$ se change en $g_{1,2}^{-1}$; donc $s_1 = g_{1,2} s_2$ se change en $s_1 g_{1,2}^{-2}$. Quand on tourne autour de -1, $s_1 g_{1,2}^{-2}$ se change en $s_1 g_{1,2}^2$; on se retrouve donc avec $s_1 g_{1,2}^2$ au bout d'un tour de circuit. Au bout de m tours, on se retrouve avec $s_1 g_{1,2}^{2m}$. Or s_1 est une fonction algébrique, elle ne peut pas avoir une infinité de déterminations distinctes. La seule possibilité est que s_1 soit identiquement nulle, et alors s_2 l'est aussi. Ceci montre que ξ n'a pas d'autre section de Nash globale que la section nulle. □

Comme dans le cas des fibrés vectoriels algébriques, on restreint la classe des fibrés vectoriels que l'on considère.

Définition 12.7.10: *Soit M une sous-variété de Nash. Un fibré vectoriel de Nash ξ sur M est dit fortement de Nash quand il existe un morphisme de Nash injectif de ξ dans un fibré vectoriel trivial.*

Nous laissons à l'infatigable lecteur le soin d'énoncer et de vérifier les propriétés des fibrés vectoriels fortement de Nash. Donnons tout de même une version du théorème 12.1.7.

Proposition 12.7.11: *Soit M une sous-variété de Nash, ξ un fibré vectoriel de Nash de rang k sur M. Alors les propriétés suivantes sont équivalentes:*
  (i) *Le fibré ξ est fortement de Nash.*
  (ii) *Il existe des sections de Nash globales $s_1, \ldots, s_p$ de ξ telles que pour tout x de M la fibre ξ_x est engendrée comme R-espace vectoriel par $s_1(x), \ldots, s_p(x)$.*
  (iii) *Il existe une fonction de Nash $f: M \to \mathbb{G}_{n,k}(R)$ dans une grassmannienne telle que ξ soit Nash-isomorphe à $f^*(\gamma_{n,k})$.*
  (iv) *Il existe un module projectif de type fini P sur $\mathcal{N}(M)$ tel que $\tilde{\mathcal{L}}_{\text{Nash}}(\xi)$ soit isomorphe au faisceau $\tilde{\mathcal{N}} \otimes_{\mathcal{N}(M)} P$.* □

Corollaire 12.7.12: *Le foncteur $\xi \mapsto \Gamma_{\text{Nash}}(\xi)$ est une équivalence de catégorie entre la catégorie des fibrés vectoriels fortement de Nash sur M et la catégorie des modules projectifs de type fini sur $\mathcal{N}(M)$.* □

On remarque que si $\xi = (E, p, M)$ est un fibré vectoriel fortement de Nash, alors (par 12.7.11 (iii)) E a une structure de sous-variété de Nash, les trivialisations locales de l'atlas étant des isomorphismes de Nash. On peut donc parler sans problème d'ouvert semi-algébrique de E, sans avoir besoin de faire de recollements.

On en vient maintenant à des problèmes d'approximation de sections, comme en 12.3.1. Ici, c'est le théorème d'approximation d'Efroymson qui va jouer le rôle que tenait le théorème de Stone-Weierstrass.

Proposition 12.7.13: *Soient M une sous-variété de Nash, $\xi = (E, p, M)$ un fibré vectoriel fortement de Nash.*
  (i) *Soit $\sigma: M \to E$ une section semi-algébrique continue du fibré ξ. Alors quel que soit l'ouvert semi-algébrique U de E contenant $\sigma(M)$, il existe une section de Nash $s: M \to E$ de ξ telle que $s(M) \subset U$.*
  (ii) *Si $R = \mathbb{R}$, M est compact, et si $\sigma: M \to E$ est une section $\mathscr{C}^\infty$ alors σ peut être approchée dans la topologie $\mathscr{C}^\infty$ par des sections de Nash.*

Démonstration: On raisonne comme en 12.3.1 en utilisant 12.7.11 (ii), les partitions de l'unité semi-algébriques continues (12.7.3) et le théorème d'approximation d'Efroymson (8.8.4) pour l'assertion (i), et le théorème de Stone-Weierstrass dans sa version $\mathscr{C}^\infty$ pour l'assertion (ii). □

Théorème 12.7.14: *Soit M une sous-variété de Nash. Alors tout fibré vectoriel semi-algébrique sur M est semi-algébriquement isomorphe à un fibré vectoriel fortement de Nash. Si ξ et ξ' sont deux fibrés vectoriels fortement de Nash sur M, alors ils sont Nash-isomorphes si et seulement s'ils sont semi-algébriquement isomorphes. Autrement dit, l'homomorphisme canonique $\mathcal{N}(M) \hookrightarrow \mathscr{S}^0(M)$ induit une bijection entre les ensembles de classes d'isomorphisme de modules projectifs de type fini sur $\mathcal{N}(M)$ et sur $\mathscr{S}^0(M)$.*

Démonstration: Soit $f: M \to \mathbb{G}_{n,k}(R)$ une fonction semi-algébrique continue. Alors l'existence d'un voisinage tubulaire de $\mathbb{G}_{n,k}(R)$ avec une rétraction de Nash et le théorème d'approximation d'Efroymson permettent d'approcher f par une fonction de Nash $g: M \to \mathbb{G}_{n,k}(R)$ avec $\|g-f\|$ plus petit qu'une fonction semi-algébrique continue positive donnée à l'avance. Si cette fonction est choisie suffisamment petite, on aura une homotopie semi-algébrique entre f et g. Ceci montre que tout fibré vectoriel semi-algébrique est semi-algébriquement isomorphe à un fibré vectoriel fortement de Nash. Si ξ et ξ' sont deux fibrés vectoriels fortement de Nash sur M, semi-algébriquement isomorphes, alors le fibré vectoriel fortement de Nash $\text{Hom}(\xi, \xi')$ admet une section semi-algébrique σ à valeurs dans l'ouvert $\text{Iso}(\xi, \xi')$ des isomorphismes $\xi \to \xi'$. D'après 12.7.13 (i) on peut approcher σ par une section de Nash s également à valeurs dans $\text{Iso}(\xi, \xi')$. On obtient ainsi un isomorphisme de Nash entre ξ et ξ'. □

Corollaire 12.7.15 ($R = \mathbb{R}$): *Soit M une sous-variété de Nash de $\mathbb{R}^n$. Alors tout fibré vectoriel topologique sur M est topologiquement isomorphe à un fibré vectoriel fortement de Nash. Si ξ et ξ' sont deux fibrés vectoriels fortement de Nash sur M, alors ils sont Nash-isomorphes si et seulement s'ils sont topologiquement isomorphes. Autrement dit, l'homomorphisme canonique $\mathcal{N}(M) \hookrightarrow \mathscr{C}^0(M)$ induit une bijection entre les ensembles de classes d'isomorphisme de modules projectifs de type fini sur $\mathcal{N}(M)$ et sur $\mathscr{C}^0(M)$.*

Démonstration: On met bout à bout 12.7.14 et 12.7.8. □

Corollaire 12.7.16 ($R = \mathbb{R}$): *Soit M une sous-variété de Nash compacte de $\mathbb{R}^n$, et soit Y une hypersurface $\mathscr{C}^\infty$ compacte de M. Alors il existe une difféotopie $\mathscr{C}^\infty$ de M, arbitrairement proche de l'identité, qui envoie Y sur une sous-variété de Nash de M.*

Démonstration: On copie la démonstration de 12.4.10 (i) $\Rightarrow$ (iii) en utilisant 12.7.15 et 12.7.13 (ii). □

Corollaire 12.7.17 ($R = \mathbb{R}$): *Soit M une sous-variété de Nash connexe de $\mathbb{R}^n$. Alors l'anneau $\mathcal{N}(M)$ des fonctions de Nash sur M est factoriel si et seulement si $H^1(M, \mathbb{Z}/2) = 0$.*

Démonstration: On sait que l'anneau $\mathcal{N}(M)$ est localement factoriel (8.7.12). Donc le groupe $\text{Cl}(\mathcal{N}(M))$ des classes de diviseurs de $\mathcal{N}(M)$ est isomorphe au groupe $\text{Pic}(\mathcal{N}(M))$ des classes d'isomorphisme de $\mathcal{N}(M)$-modules inversibles (12.2.3). D'après 12.7.12, le groupe $\text{Pic}(\mathcal{N}(M))$ est isomorphe au groupe $V^1_{\text{Nash}}(M)$

des classes d'isomorphisme de Nash de fibrés vectoriels fortement de Nash de rang 1 sur M. D'après 12.7.15, le groupe $V^1_{\text{Nash}}(M)$ est isomorphe au groupe $V^1(M)$, et ce dernier est isomorphe à $H^1(M, \mathbb{Z}/2)$ (12.4.1). Au total, on a un isomorphisme entre les groupes $\text{Cl}(\mathcal{N}(M))$ et $H^1(M, \mathbb{Z}/2)$, d'où l'on déduit le résultat annoncé. □

Remarque 12.7.18: Le résultat précédent est encore valable sur un corps réel clos R quelconque, à condition d'utiliser la cohomologie décrite en 11.7; on montre dans ce cas que le groupe des classes d'isomorphisme semi-algébrique de fibrés vectoriels semi-algébriques de rang 1 sur un ensemble semi-algébrique S est isomorphe au groupe $\check{H}^1(\widetilde{S}, \mathbb{Z}/2)$.

Note bibliographique: La notion de fibré vectoriel fortement algébrique a été introduite dans [Benedetti Tognoli 2]; ce papier contient aussi la plupart des résultats décrits dans la section 1, ainsi que les théorèmes 12.3.2 et 12.3.3. L'exemple 12.1.5 se trouve dans [Tognoli 2]. La proposition 12.4.6 et l'exemple 12.4.14 sont dans [Shiota 2]. Le théorème 12.4.10 a été démontré indépendamment par plusieurs auteurs, parmi lesquels [Benedetti Tognoli 3]. Les résultats de la section 5 sur les fibrés vectoriels fortement algébriques sur les surfaces sont dus à [Kucharz 2]; son papier contient également l'étude des fibrés sur les variétés algébriques non singulières de dimension 3. Les résultats de la section 6 sont contenus dans [Bochnak Kucharz 2]. Le théorème 12.6.5 dans le cas polynomial est dans [Loday 1]. L'exemple 12.7.9 est dans [Hubbard 1]. Le corollaire 12.7.17 est dû à [Bochnak 1] (condition suffisante) et [Shiota 1] (condition nécessaire). Le fait que pour une variété algébrique X compacte sur $\mathbb{R}$ l'homomorphisme $\widetilde{K}_0(\mathcal{R}(X)) \to \widetilde{K}_0(\mathcal{C}^0(X))$ est injectif est contenu dans [Evans 1]. L'étude de l'homomorphisme $\widetilde{K}_0(\mathcal{P}(X)) \to \widetilde{K}_0(\mathcal{C}^0(X))$ est faite dans [Fossum 1] et [Swan 3] pour $X = S^n$ (cf. exemple 12.3.7) et dans [Geramita Roberts 1] pour $X = \mathbb{P}_n(\mathbb{R})$ et $\mathbb{P}_n(\mathbb{C})$. Le théorème 12.7.15 est lié aux résultats de [Lønsted 1] et [Swan 2] concernant la recherche d'anneaux noethériens $\mathcal{A}(X) \subset \mathcal{C}^0(X)$ les plus petits possible et tels que $\text{Proj}(\mathcal{A}(X)) \to \text{Proj}(\mathcal{C}^0(X))$ soit bijectif.

Une étude assez complète de $\widetilde{K}_0(\mathcal{R}(X))$ et $\widetilde{K}_0(\mathcal{R}(X, \mathbb{C}))$ pour les hypersurfaces algébriques compactes génériques X de $\mathbb{R}^n$ se trouve dans [Bochnak Buchner Kucharz 1].

Chapitre 13. Fonctions polynomiales ou régulières à valeurs dans les sphères

Résumé: La question centrale de ce chapitre est la suivante: étant donné un ensemble algébrique réel X, comparer l'ensemble des fonctions polynomiales ou régulières $X \to S^k$ à l'ensemble de toutes les fonctions $\mathscr{C}^0$ ou éventuellement $\mathscr{C}^\infty$. Les résultats de ce chapitre montrent la diversité des situations. La première section traite de l'existence de fonctions polynomiales non constantes de S^n dans S^k, en faisant essentiellement appel à la théorie des formes quadratiques. On montre le théorème de Wood qui dit que si n est une puissance de 2 et $k<n$, alors toute fonction polynomiale $S^n \to S^k$ est constante. Les fonctions polynomiales $S^n \to S^k$ les mieux connues sont les formes de Hopf; dans la deuxième section on étudie de près leur géométrie, ce qui donne des renseignements sur les cas d'existence de telles formes. La troisième section contient des résultats sur la densité de l'ensemble des fonctions régulières à valeurs dans S^1, S^2 ou S^4 dans l'espace des fonctions $\mathscr{C}^0$ ou $\mathscr{C}^\infty$. On se sert du fait que S^1, S^2 et S^4 sont birégulièrement isomorphes aux droites projectives réelle, complexe et quaternionique, et on utilise la théorie des fibrés vectoriels fortement algébriques exposée au chapitre précédent; ainsi par exemple du fait que tout fibré ($\mathbb{R}$, $\mathbb{C}$ ou $\mathbb{H}$) vectoriel topologique de rang 1 sur S^n est isomorphe à un fibré vectoriel fortement algébrique, on déduit que $\mathscr{R}(S^n, S^k)$ est dense dans $\mathscr{C}^\infty(S^n, S^k)$ pour $k=1, 2, 4$. La quatrième section est consacrée à l'étude du sous-ensemble des l'ensemble des classes d'homotopie de fonctions $X \to S^k$ (en particulier du groupe $\pi_n(S^k)$) formé des classes représentées par des fonctions régulières. On obtient ici des résultats intéressants quand k est impair, en particulier (quand en plus $n<2k-1$) le fait que tout élément de $2\pi_n(S^k) \subset \pi_n(S^k)$ peut être représenté par une fonction régulière. Enfin la dernière section contient la caractérisation des n-uples $q_1, \ldots, q_n$ tels que toute fonction régulière $S^{q_1} \times \ldots \times S^{q_n} \to S^{q_1 + \ldots + q_n}$ soit homotope à une constante; on utilise ici un peu de K-théorie.

Dans tout ce chapitre on travaillera sur le corps des réels $\mathbb{R}$ (signalons tout de même que les résultats des sections 1 et 2 restent pour la plupart valables sur un corps réel clos quelconque). *Tous les ensembles algébriques et toutes les variétés algébriques réelles affines considérées dans ce chapitre sont donc sur $\mathbb{R}$.*

13.1 Fonctions polynomiales de S^n dans S^k

Cette section est consacrée au problème de l'existence de fonctions polynomiales non constantes de S^n dans S^k. Ce problème ne se pose bien sûr que si $k<n$, puisque l'inclusion canonique $S^n \hookrightarrow S^k$ pour $k \geq n$ fournit une fonction polyno-

miale non constante. Commençons tout de suite par deux observations. La première est que le cas fondamental est le cas où $k = n-1$.

Lemme 13.1.1: *Il y a une fonction polynomiale non constante de S^n dans S^k (avec $k<n$) si et seulement si pour chaque $i = 0, 1, \ldots, n-k-1$ il y a une fonction polynomiale non constante de S^{n-i} dans S^{n-i-1}.*

Démonstration: On remarque d'abord que si $f: S^n \to S^p$ et $g: S^p \to S^q$ sont deux fonctions polynomiales non constantes, alors on peut trouver une transformation orthogonale $\beta: S^p \to S^p$ telle que $g \circ \beta \circ f$ soit non constante. En utilisant la remarque faite plus haut sur les inclusions de sphères, on arrive sans peine au résultat. □

La deuxième observation est que le problème de l'existence d'une fonction polynomiale non constante se ramène à un problème sur les formes. Une fonction $h: S^n \to S^k$ sera appelée une *forme* (de degré d) quand il existe des polynômes $H_1, \ldots, H_{k+1}: \mathbb{R}^{n+1} \to \mathbb{R}$ homogènes de degré d tels que $h(x) = (H_1(x), \ldots, H_{k+1}(x))$ pour tout $x \in S^n$.

Lemme 13.1.2: *S'il existe une fonction polynomiale non constante de S^n dans S^k, alors il existe une forme non constante de S^n dans S^k.*

Démonstration: Soit $q: S^n \to S^n$ la forme quadratique donnée par

$$q(x) = (x_1^2 - x_2^2 - \ldots - x_{n+1}^2, 2x_1 x_2, \ldots, 2x_1 x_{n+1}).$$

La forme q induit un difféomorphisme d'un voisinage ouvert du point $(1, 0, \ldots, 0)$ dans S^n sur un autre voisinage ouvert de ce même point dans S^n. Si $f: S^n \to S^k$ est une fonction polynomiale non constante, alors $f \circ q: S^n \to S^k$ est aussi non constante. Dans la fonction polynomiale $f \circ q$ n'interviennent que des monômes de degré pair. En multipliant chacun de ces monômes par une puissance convenable de $\|x\|^2 = x_1^2 + x_2^2 + \ldots + x_{n+1}^2$ (ce qui ne change pas la valeur sur S^n), on obtient une forme non constante de S^n dans S^k. □

Observons que, si $n > k$, toute forme $S^n \to S^k$ est nécessairement de degré pair. Ceci résulte du théorème bien connu de non existence de fonction continue $h: S^n \to S^k$ satisfaisant $h(-x) = -h(x)$ pour tout $x \in S^n$, si $n > k$ (cf. [Munkres 1], théorème 68.5, p. 404).

Il existe un procédé classique de construction de formes de degré 2 de S^n dans S^k: c'est la construction de Hopf-Whitehead.

Définition 13.1.3: *On dit qu'une forme bilinéaire $F: \mathbb{R}^p \times \mathbb{R}^q \to \mathbb{R}^k$ est normée quand elle vérifie $\|F(x, y)\| = \|x\| \|y\|$ pour tout $(x, y) \in \mathbb{R}^p \times \mathbb{R}^q$. La forme de Hopf associée à une forme bilinéaire normée $F: \mathbb{R}^p \times \mathbb{R}^q \to \mathbb{R}^k$ est la forme $\varphi: S^{p+q-1} \to S^k$ de degré 2 définie par*

$$\varphi(x, y) = (\|x\|^2 - \|y\|^2, 2F(x, y)).$$

Exemple 13.1.4: La multiplication des nombres complexes, des quaternions et des octaves de Cayley donne des formes bilinéaires normées $\mathbb{R}^k \times \mathbb{R}^k \to \mathbb{R}^k$ pour $k = 2, 4, 8$ respectivement. Les formes de Hopf associées sont les classiques fibrations de Hopf $S^{2k-1} \to S^k$ pour $k = 2, 4, 8$ (cf. [Milnor 4], p. 102). □

13.1 Fonctions polynomiales de S^n dans S^k

Une forme de Hopf est évidemment non constante. La recherche de fonctions polynomiales non constantes de S^n dans S^k nous amène ainsi à la question de l'existence de formes bilinéaires normées de $\mathbb{R}^p \times \mathbb{R}^q$ dans $\mathbb{R}^k$ (avec $p+q=n+1$). Remarquons que cette dernière question est équivalente à celle de l'existence d'une formule pour le produit de sommes de carrés du type:

$$(x_1^2 + \ldots + x_p^2)(y_1^2 + \ldots + y_q^2) = (\phi_1(x,y))^2 + \ldots + (\phi_k(x,y))^2$$

où $\phi_1, \ldots, \phi_k$ sont des formes bilinéaires en (x, y) à coefficients dans $\mathbb{R}$.

Notation 13.1.5: Soient p et q deux entiers positifs. On note $p * q$ le plus petit entier positif k tel qu'il existe une forme bilinéaire normée de $\mathbb{R}^p \times \mathbb{R}^q$ dans $\mathbb{R}^k$. □

La théorie des formes quadratiques nous donne le résultat classique de Hurwitz-Radon.

Théorème 13.1.6 (théorème de Hurwitz-Radon): *Pour tout entier positif k écrit sous la forme $k = 2^{4a+b} d$ avec $a, b, d \in \mathbb{N}$, d impair et $0 \leq b \leq 3$, on pose $\rho(k) = 8a + 2^b$ (la fonction ρ est appelée fonction de Hurwitz-Radon). Alors l'égalité $r * k = k$ a lieu si et seulement si $r \leq \rho(k)$.*

Référence de démonstration: [Lam T.Y.1] théorème 5.11, p. 137. □

Ce résultat, joint au fait qu'une forme bilinéaire normée $\mathbb{R}^r \times \mathbb{R}^k \to \mathbb{R}^k$ induit une forme bilinéaire normée $\mathbb{R}^r \times \mathbb{R}^k \to \mathbb{R}^{k+q}$ pour tout $q \in \mathbb{N}$, se traduit en une condition suffisante d'existence de forme de Hopf.

Corollaire 13.1.7: *Pour tous $r, k, q \in \mathbb{N}$ avec $0 < k$ et $0 < r \leq \rho(k)$, il existe une forme de Hopf de S^{r+k-1} dans S^{k+q}.* □

Voici maintenant un cas particulier plus explicite, qui concerne le cas crucial des fonctions de S^n dans S^{n-1} (cf. 13.1.1).

Corollaire 13.1.8: *Si $n = 2^c d$ avec $0 \leq c \leq 3$ et d impair, $d \neq 1$, alors il existe une forme de Hopf de S^n dans S^{n-1}.*

Démonstration: On cherche r, k et q satisfaisant les hypothèses du corollaire 13.1.7 et tels que $r+k-1=n$ et $k+q=n-1$. Ceci revient à choisir k avec $0 < k < n$ et $n-k+1 \leq \rho(k)$. On prend $k = n - 2^c = 2^c(d-1)$. Puisque $d-1$ est pair on a $\rho(k) \geq 2$ si $c=0$, $\rho(k) \geq 4$ si $c=1$, $\rho(k) \geq 8$ si $c=2$ et $\rho(k) \geq 9$ si $c=3$. □

On ne peut pas aller plus loin puisque $\rho(2^5) = 10$ et que $2^4 + 1 > 10$. Nous verrons en 13.2.16 c) que pour $n = 2^4 \cdot 3$, il n'existe pas de forme de Hopf $S^n \to S^{n-1}$.

Nous nous tournons maintenant vers le cas, laissé de côté par le corollaire 13.1.8, où n est une puissance de 2. Ce cas est entièrement et négativement réglé par le résultat suivant.

Théorème 13.1.9: *Si n est une puissance de 2 et si $k < n$, alors toute fonction polynomiale de S^n dans S^k est constante.*

Démonstration: D'après les lemmes 13.1.1 et 13.1.2, il suffit de montrer que si n est une puissance de 2, alors toute forme de S^n dans S^{n-1} est constante.

Soit $h: S^n \to S^{n-1}$ une forme de degré d, donnée par les polynômes homogènes $H_1, \ldots, H_n$ en les variables $x_1, \ldots, x_{n+1}$. Ces polynômes vérifient: $\|H\|^2 = H_1^2 + \ldots + H_n^2 = (x_1^2 + \ldots + x_{n+1}^2)^d = \|x\|^{2d}$. Supposons que h est une forme non constante; on a alors nécessairement $d > 0$. On peut toujours se ramener au cas où $H_1, \ldots, H_n$ ne sont pas tous divisibles par $\|x\|^2$. On écrit H sous la forme

$$H(x_1, \ldots, x_{n+1}) = P(x_1, \ldots, x_n, x_{n+1}^2) + x_{n+1} Q(x_1, \ldots, x_n, x_{n+1}^2)$$

où $P(x_1, \ldots, x_n, u)$ et $Q(x_1, \ldots, x_n, u)$ sont des n-uples de polynômes. De l'égalité $\|H\|^2 = \|x\|^{2d}$, on tire:

(1) $\|P\|^2 + u \|Q\|^2 = (x_1^2 + \ldots + x_n^2 + u)^d$

et

(2) $P \cdot Q = \sum_{i=1}^{n} P_i Q_i = 0$.

Substituons $-(x_1^2 + \ldots + x_n^2)$ à u dans l'égalité (1). Il vient

$$\|F\|^2 - (x_1^2 + \ldots + x_n^2) \|G\|^2 = 0$$

où $F(x_1, \ldots, x_n) = P(x_1, \ldots, x_n, -(x_1^2 + \ldots + x_n^2))$ et $G(x_1, \ldots, x_n) = Q(x_1, \ldots, x_n, -(x_1^2 + \ldots + x_n^2))$. Le n-uple G n'est pas identiquement nul car sinon F aussi serait identiquement nul, ce qui voudrait dire que $u + x_1^2 + \ldots + x_n^2$ divise toutes les composantes de P et de Q, et donc que $x_1^2 + \ldots + x_n^2 + x_{n+1}^2$ divise $H_1, \ldots, H_n$. On peut donc écrire $x_1^2 + \ldots + x_n^2 = \|F\|^2 / \|G\|^2$ dans $\mathbb{R}(x_1, \ldots, x_n)$.

L'égalité (2) nous donne par substitution $F \cdot G = 0$, et donc on a

$$x_1^2 + \ldots + x_n^2 + x_{n+1}^2 = \|F + x_{n+1} G\|^2 / \|G\|^2.$$

Si l'on pose $V = (F + x_{n+1} G) / \|G\|^2$, on obtient:

$$x_1^2 + \ldots + x_n^2 + x_{n+1}^2 = \|V\|^2 \|G\|^2.$$

Puisque n est une puissance de 2 et que $\|V\|^2$ et $\|G\|^2$ sont des sommes de n carrés dans le corps $\mathbb{R}(x_1, \ldots, x_{n+1})$, leur produit $\|V\|^2 \|G\|^2$ est aussi une somme de n carrés dans $\mathbb{R}(x_1, \ldots, x_{n+1})$ (corollaire 6.3.12). Mais on sait que $x_1^2 + \ldots + x_{n+1}^2$ ne peut pas être une somme de n carrés dans $\mathbb{R}(x_1, \ldots, x_{n+1})$ (corollaire 6.3.7). C'est donc que l'hypothèse que la forme h est non constante est fausse. □

Le corollaire 13.1.8 et le théorème 13.1.9 règlent donc le problème de l'existence de fonctions polynomiales non constantes de S^n dans S^k pour tous les n jusqu'à $48 = 2^4 \cdot 3$ non compris.

Corollaire 13.1.10: *Soient n et k deux entiers positifs, avec $n > k$. Considérons les deux propriétés suivantes:*
   (i) *Il existe une fonction polynomiale non constante de S^n dans S^k.*
   (ii) *Il existe un entier r avec $2^r \leq k < n < 2^{r+1}$.*
Alors on a toujours (i) $\Rightarrow$ (ii). De plus, si $n \leq 47$, on a (ii) $\Rightarrow$ (i). □

13.1 Fonctions polynomiales de S^n dans S^k

La question de savoir si (ii) $\Rightarrow$ (i) reste ouverte. Le tableau ci-dessous permet de visualiser la situation. Le signe + (resp. −) marque l'existence (resp. la non existence) d'une fonction polynomiale non constante de S^n dans S^k, et le signe ? indique les cas inconnus.

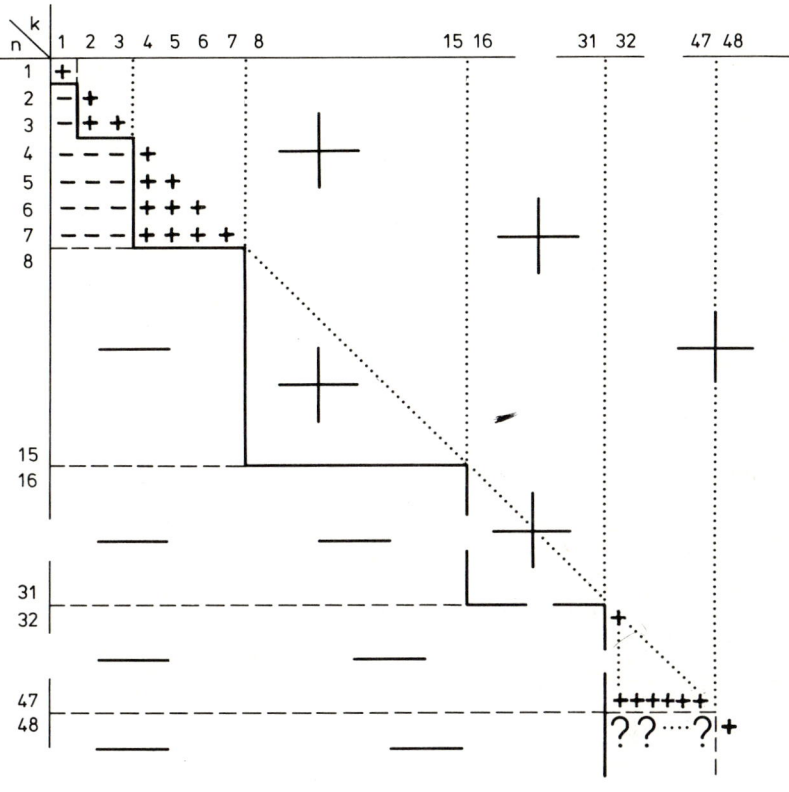

Fig. 37

Le cas $S^{48} \to S^{47}$ est ainsi le premier cas qui reste ouvert. Même si l'on ne sait pas ce qui se passe pour les fonctions polynomiales ou les formes en général, nous verrons dans la section suivante que l'on dispose de beaucoup plus de renseignements sur les formes de Hopf. Le résultat suivant montre que la connaissance des formes de Hopf apporte des informations sur les formes de degré 2 générales.

Théorème 13.1.11: *Soit $q: S^n \to S^k$ une forme non constante de degré 2. Alors il existe des transformations orthogonales $\beta_1: S^n \to S^n$ et $\beta_2: S^k \to S^k$ et une forme de Hopf $\varphi: S^n \to S^k$ telles que $\beta_2 \circ q \circ \beta_1$ et φ soient homotopes.*

Démonstration: La forme q de degré 2 est induite par un $(k+1)$-uple $Q = (Q_1, \ldots, Q_{k+1})$ de polynômes homogènes de degré 2 qui vérifie, pour tout $x \in \mathbb{R}^{n+1}$: $Q_1(x)^2 + \ldots + Q_{k+1}(x)^2 = \|Q(x)\|^2 = \|x\|^4$. Donc le coefficient de x_i^2 (pour $i = 1, \ldots, n+1$) dans Q est un vecteur unitaire de $\mathbb{R}^{k+1}$. On effectue une transformation orthogonale β_2 sur $\mathbb{R}^{k+1}$ de telle façon que le vecteur coefficient de x_1^2 devienne le vecteur $(1, 0, \ldots, 0)$. On peut donc supposer que la première coordonnée de Q s'écrit

$$Q_1(x) = x_1^2 + x_1 L(x_2, \ldots, x_{n+1}) + C(x_2, \ldots, x_{n+1})$$

où L et C sont respectivement des formes linéaires et quadratiques, et que les autres coordonnées ne contiennent pas de terme en x_1^2. En comparant alors les coefficients de x_1^3 dans l'égalité $\|Q(x)\|^2 = \|x\|^4$, il vient $L = 0$. On effectue alors une transformation orthogonale sur les variables $x_2, \ldots, x_{n+1}$ qui diagonalise la forme C; cette transformation donne le β_1 de l'énoncé. Ceci nous ramène au cas où la première coordonnée de Q s'écrit:

$$Q_1(x) = x_1^2 + \lambda_2 x_2^2 + \ldots + \lambda_{n+1} x_{n+1}^2$$

avec $|\lambda_i| \leq 1$ pour $i = 2, \ldots, n+1$. Les λ_i ne sont pas tous égaux à 1, car sinon on aurait $Q_i = 0$ pour $i > 1$ et la forme q serait constante. Après permutation et renommage des variables, Q_1 s'écrit donc:

$$Q_1(y, z) = y_1^2 + \ldots + y_r^2 + \mu_1 z_1^2 + \ldots + \mu_s z_s^2 = \|y\|^2 + K(z)$$

avec $0 < r$, $0 < s$, $r + s = n+1$ et $-1 \leq \mu_i < 1$ pour $i = 1, \ldots, s$.

Les k autres coordonnées de Q s'écrivent comme le vecteur $A(y) + B(z) + 2 G(y, z)$ où A et B sont quadratiques en y et z respectivement, et G bilinéaire en y et z. L'égalité $\|Q(y, z)\|^2 = (\|y\|^2 + \|z\|^2)^2$ montre que $A = 0$, et que l'on a les relations suivantes:
  (1) $\|B(z)\|^2 + K(z)^2 = \|z\|^4$,
  (2) $B(z) \cdot G(y, z) = 0$,
  (3) $2 \|G(y, z)\|^2 + \|y\|^2 K(z) = \|y\|^2 \|z\|^2$.

On en vient maintenant à l'homotopie qui doit transformer q en une forme de Hopf. Il suffit d'exhiber une homotopie dans $\mathbb{R}^{k+1} \setminus \{0\}$. On commence par amener Q_1 à $\|y\|^2 - \|z\|^2$ et B à 0, en posant

$$H(t, y, z) = (\|y\|^2 + t K(z) - (1 - t) \|z\|^2, t B(z) + 2 G(y, z)).$$

On a $H(1, y, z) = Q(y, z)$. Vérifions que si $t \in [0, 1]$ et $(y, z) \in S^n$, alors $H(t, y, z) \in \mathbb{R}^{k+1} \setminus \{0\}$. Supposons que $H(t, y, z) = 0$. D'après (2), $B(z)$ et $G(y, z)$ sont orthogonaux et on doit donc avoir $t B(z) = 0$ et $G(y, z) = 0$. Si $t \neq 0$, alors $B(z) = 0$ et la relation (1) avec les inégalités $\mu_i < 1$ nous donnent $z = 0$, donc $\|y\|^2 = 1$ et $H(t, y, z) = (1, 0, \ldots, 0)$. Si $t = 0$, alors de $G(y, z) = 0$ et (3) on déduit, en utilisant encore $\mu_i < 1$, que $y = 0$ ou $z = 0$ et donc que $H(t, y, z) = (\pm 1, 0, \ldots, 0)$. Dans les deux cas on aboutit à une contradiction, ce qui montre que $H(t, y, z)$ ne s'annule pas. La dernière étape consiste à passer de $H(0, y, z) = (\|y\|^2 - \|z\|^2, 2 G(y, z))$ à une forme de Hopf, ce qui se fait en passant de G à une forme bilinéaire normée. On remarque que (3) se réécrit:

$$2 \|G(y, z)\|^2 = \|y\|^2 ((1 - \mu_1) z_1^2 + \ldots + (1 - \mu_s) z_s^2).$$

13.1 Fonctions polynomiales de S^n dans S^k

On fabrique alors $F(t, y, z)$ en remplaçant dans $G(y, z)$ la variable z_i par $z_i\sqrt{2}/\sqrt{2-(1-t)(1+\mu_i)}$ pour $i=1, \ldots, s$. On a bien sûr $F(1, y, z) = G(y, z)$. On remarque que :

$$\|F(t, y, z)\|^2 = \|y\|^2 \sum_{i=1}^{s} (1-\mu_i) z_i^2 / (2-(1-t)(1+\mu_i)),$$

ce qui montre que $F(0, y, z)$ est une forme bilinéaire normée et que pour tout $t \in [0, 1]$, $F(t, y, z)$ n'est nul que si $y=0$ ou $z=0$. Ainsi $(\|y\|^2 - \|z\|^2, 2F(t, y, z))$ ne s'annule jamais pour $t \in [0, 1]$ et $(y, z) \in S^n$. La forme de Hopf $\varphi(y, z) = (\|y\|^2 - \|z\|^2, 2F(0, y, z))$ est homotope à q dans $\mathbb{R}^{k+1} \setminus \{0\}$ et donc dans S^k. Le théorème est démontré. □

Un critère pour qu'une forme $q: S^n \to S^k$ non constante de degré 2 soit une forme de Hopf à des transformations orthogonales près est donné dans [Yiu 1].

Remarque 13.1.12 : Le théorème précédent n'est certainement pas valable pour des formes de degré quelconque. Par exemple examinons le cas $S^{31} \to S^{16}$. Le corollaire 13.1.7 nous assure de l'existence de formes de Hopf $S^{31} \to S^{24}$ et $S^{24} \to S^{16}$ et donc de l'existence d'une forme non constante $S^{31} \to S^{16}$ de degré 4. Par contre il n'existe pas de forme de Hopf (ni, d'après le théorème précédent de forme non constante de degré 2) de S^{31} dans S^{16}. En effet, la remarque facile que $r * s \geq \sup(r, s)$ montre qu'une telle forme ne pourrait provenir que d'une forme bilinéaire normée de $\mathbb{R}^{16} \times \mathbb{R}^{16}$ dans $\mathbb{R}^{16}$. Or, comme $\rho(16) = 9$, le théorème de Hurwitz-Radon interdit l'existence d'une telle forme bilinéaire normée. □

Les résultats sur l'existence de fonctions polynomiales non constantes contenus dans cette section ne concernent que les *sphères standard*, et ils ne sont pas valables en général pour des ensembles algébriques birégulièrement isomorphes à des sphères. En effet les techniques de formes quadratiques utilisées ne s'appliquent pas si l'ensemble algébrique n'est pas donné par une équation quadratique. Voici maintenant un exemple de ce qui peut se produire avec des « fausses » sphères.

Lemme 13.1.13 : *Pour tout ensemble algébrique $M \subset \mathbb{R}^p$ qui a plus d'un point, il existe une fonction régulière non constante $M \to S^k$ pour tout entier positif k.*

Démonstration : On peut certainement trouver une application linéaire $\mathbb{R}^p \to \mathbb{R}^k$ qui n'est pas constante sur M, et on compose avec l'inverse de la projection stéréographique $\mathbb{R}^k \to S^k$. □

Lemme 13.1.14 : *Soient M et X deux ensembles algébriques, $f: M \to X$ une fonction régulière. Alors il existe un ensemble algébrique M', un isomorphisme birégulier $g: M \to M'$ et une fonction polynomiale $h: M' \to X$ tels que $f = h \circ g$.*

Démonstration : On prend pour M' le graphe de f, $g: M \to M'$ défini par $g(u) = (u, f(u))$ et $h: M' \to X$ défini par $h(u, x) = x$. □

Proposition 13.1.15: *Soient n et k deux entiers positifs avec $k \leq n/2$. Alors il existe un ensemble algébrique Σ^n birégulièrement isomorphe à S^n tel que*
  (i) *il existe une fonction polynomiale non constante $\Sigma^n \to S^k$,*
  (ii) *pour toute fonction polynomiale $f: S^n \to \Sigma^n$ on a $\dim(f(S^n)) < n$; en particulier une fonction polynomiale $S^n \to \Sigma^n$ n'est jamais surjective, et donc est de degré topologique 0.*

Démonstration: Le point (i) vient des lemmes 13.1.13 et 13.1.14. Le point (ii) est une conséquence du (i). En effet si $g: \Sigma^n \to S^k$ est une fonction polynomiale non constante et si $f: S^n \to \Sigma^n$ est une fonction polynomiale avec $\dim(f(S^n)) = n$, alors $g \circ f: S^n \to S^k$ est non constante; vu que $k \leq n/2$, ceci est en contradiction avec le corollaire 13.1.10. □

Remarque 13.1.16: Nous verrons dans la section 3 que pour $n = 2, 4$ et Σ^n comme ci-dessus, l'ensemble $\mathcal{R}(S^n, \Sigma^n)$ des fonctions régulières de S^n dans Σ^n est dense dans l'ensemble des fonctions $\mathscr{C}^\infty$. C'est donc très différent de ce qui se passe pour les fonctions polynomiales.

13.2 Formes de Hopf et formes bilinéaires non singulières

Nous allons dans cette section étudier de manière plus approfondie les formes de Hopf, de façon à obtenir des conditions nécessaires d'existence de telles formes. Cette étude fera intervenir une classe de formes bilinéaires plus large que celle des formes bilinéaires normées; il s'agit des formes bilinéaires non singulières.

Définition et Notation 13.2.1: *Une forme bilinéaire $f: \mathbb{R}^r \times \mathbb{R}^s \to \mathbb{R}^k$ est dite non singulière quand $f(x, y) = 0$ entraîne $x = 0$ ou $y = 0$. Si r et s sont deux entiers positifs, on note $r \# s$ le plus petit entier positif k tel qu'il existe une forme bilinéaire non singulière de $\mathbb{R}^r \times \mathbb{R}^s$ dans $\mathbb{R}^k$.*

Proposition 13.2.2: *Pour tous les entiers positifs r et s on a:*
  (i) $\sup(r, s) \leq r \# s \leq r * s$;
  (ii) $r \# s \leq r + s - 1$.

Démonstration: (i) est clair. Pour (ii), on considère $\mathbb{R}^r$ (resp. $\mathbb{R}^s$) comme l'espace des coefficients de polynômes de degré au plus $r - 1$ (resp. $s - 1$). Alors le produit des polynômes, qui donne un polynôme de degré au plus $r + s - 2$, fournit une forme bilinéaire non singulière $\mathbb{R}^r \times \mathbb{R}^s \to \mathbb{R}^{r+s-1}$. □

Des méthodes topologiques donnent les résultats suivants sur $r \# s$.

Théorème 13.2.3 (condition de Stiefel-Hopf): *Si $r \# s \leq k$, alors le coefficient binomial $\binom{k}{i}$ est pair à chaque fois que $k - r < i < s$.*

Référence de démonstration: [James 1] p. 141. Le résultat est obtenu en «projectivisant» une forme bilinéaire non singulière de $\mathbb{R}^r \times \mathbb{R}^s$ dans $\mathbb{R}^k$ en une application de $\mathbb{P}_{r-1}(\mathbb{R}) \times \mathbb{P}_{s-1}(\mathbb{R})$ dans $\mathbb{P}_{k-1}(\mathbb{R})$, et en considérant l'application induite sur la cohomologie à coefficients dans $\mathbb{Z}/2$. □

Théorème 13.2.4: *Etant donnés deux entiers positifs r et k, les trois propriétés suivantes sont équivalentes:*
  (i) $r \# k = k$.
  (ii) $r * k = k$.
  (iii) $r \leq \rho(k)$.

Référence de démonstration: [Shapiro 1] corollaire 2.7. Le point à montrer en plus du théorème de Hurwitz-Radon est (i) $\Rightarrow$ (ii). □

L'étude de la géométrie des formes de Hopf va nous révéler l'existence d'une famille de formes bilinéaires non singulières «cachées» sous une forme de Hopf. Nous suivons ici [Lam K.Y.3] très fidèlement. La première étape consiste à généraliser une propriété des fibrations de Hopf (13.1.4): c'est le fait que les fibres sont des sphères découpées par des sous-espaces vectoriels.

Exemple 13.2.5: Pour la fibration $\varphi: S^3 \to S^2$ induite par la multiplication complexe, donnée par:

$$\varphi(z_1, z_2) = (|z_1|^2 - |z_2|^2, 2 z_1 z_2) \quad \text{pour} \quad (z_1, z_2) \in S^3 \subset \mathbb{C} \times \mathbb{C} \simeq \mathbb{R}^4$$

on a $\varphi(z_1, z_2) = \varphi(z'_1, z'_2)$ si et seulement s'il existe $t \in \mathbb{R}$ tel que $z'_1 = e^{it} z_1$ et $z'_2 = e^{-it} z_2$. Les fibres de $\varphi: S^3 \to S^2$ sont donc des grands cercles de S^3. □

Lemme 13.2.6: *Pour toute forme bilinéaire normée* $f: \mathbb{R}^2 \times \mathbb{R}^2 \to \mathbb{R}^3$, *l'image de* f *est un sous-espace vectoriel de dimension* 2 *de* $\mathbb{R}^3$. *De plus il existe une isométrie* $\beta: \mathbb{R}^2 \to \mathbb{R}^2$ *et une isométrie* $\mu: \mathrm{Im}(f) \to \mathbb{R}^2$ *telles que le composé:*

$$g: \mathbb{R}^2 \times \mathbb{R}^2 \xrightarrow{\beta \times \mathrm{Id}} \mathbb{R}^2 \times \mathbb{R}^2 \xrightarrow{f} \mathrm{Im}(f) \xrightarrow{\mu} \mathbb{R}^2$$

coïncide avec la multiplication complexe:

$$g((x_1, x_2), (y_1, y_2)) = (x_1 y_1 - x_2 y_2, x_1 y_2 + x_2 y_1).$$

Démonstration: Notons e_1, e_2 la base canonique de $\mathbb{R}^2$ et posons pour $y \in \mathbb{R}^2$, $\hat{e}_i(y) = f(e_i, y)$. Les $\hat{e}_i$ sont des plongements isométriques de $\mathbb{R}^2$ dans $\mathbb{R}^3$, et au moyen d'une transformation orthogonale sur $\mathbb{R}^3$ on peut supposer que l'on a:

$$\hat{e}_1((y_1, y_2)) = (y_1, y_2, 0),$$

$$\hat{e}_2((y_1, y_2)) = (a y_1 + b y_2, a' y_1 + b' y_2, a'' y_1 + b'' y_2).$$

En utilisant toujours le fait que f est normée, il vient que les deux vecteurs $\hat{e}_1((y_1, y_2))$ et $\hat{e}_2((y_1, y_2))$ sont perpendiculaires et que $\|\hat{e}_2((y_1, y_2))\|^2 = y_1^2 + y_2^2$ pour tout $(y_1, y_2) \in \mathbb{R}^2$. Le calcul nous donne $a = b' = 0$, $b = -a'$, $b^2 = 1$ et $a'' = b'' = 0$. Quitte à effectuer la symétrie qui amène e_2 sur $-e_2$, on peut supposer que $\hat{e}_2((y_1, y_2)) = (-y_2, y_1, 0)$. □

Remarque 13.2.7: La propriété précédente n'est pas vérifiée en général par une forme bilinéaire non singulière, comme le montre l'exemple de la «multiplication des polynômes» $f: \mathbb{R}^2 \times \mathbb{R}^2 \to \mathbb{R}^3$ donné par

$$f((x_1, x_2), (y_1, y_2)) = (x_1 y_1, x_1 y_2 + x_2 y_1, x_2 y_2).$$

D'autre part, le lemme 13.2.6 n'est pas non plus vérifié si on remplace $\mathbb{R}^3$ par $\mathbb{R}^4$. On considère pour s'en convaincre la restriction de la multiplication des quaternions $\mathbb{R}^4 \times \mathbb{R}^4 \to \mathbb{R}^4$ à $W_1 \times W_2$, où W_1 (resp. W_2) est le $\mathbb{R}$-espace vectoriel engendré par 1 et i (resp. i et k); l'image de $W_1 \times W_2$ engendre $\mathbb{R}^4$ sur $\mathbb{R}$. □

Théorème 13.2.8: *Soit* $f: \mathbb{R}^r \times \mathbb{R}^s \to \mathbb{R}^k$ *une forme bilinéaire normée, et soit* $\varphi: S^{r+s-1} \to S^k$ *la forme de Hopf associée à f. Alors pour tout point $z \in S^k$, l'image réciproque $\varphi^{-1}(z)$ est une sous-sphère de S^{r+s-1} découpée par un sous-espace vectoriel W de $\mathbb{R}^r \times \mathbb{R}^s$: $\varphi^{-1}(z) = W \cap S^{r+s-1}$.*

Démonstration: Le cas $z = (\pm 1, 0, \ldots, 0)$ est facile à régler, car $\varphi^{-1}(1, 0, \ldots, 0) = (\mathbb{R}^r \times \{0\}) \cap S^{r+s-1}$ et $\varphi^{-1}(-1, 0, \ldots, 0) = (\{0\} \times \mathbb{R}^s) \cap S^{r+s-1}$. Supposons donc $z \neq (\pm 1, 0, \ldots, 0)$. Supposons aussi que $\varphi^{-1}(z)$ est non vide, et que $\varphi^{-1}(z)$ n'est pas composé de deux points diamétralement opposés, cas correspondant respectivement à $\dim(W) = 0$ et $\dim(W) = 1$. Soient (x, y) et (x', y') dans $\varphi^{-1}(z)$ avec $(x', y') \neq \pm(x, y)$. Alors x et x' ne sont pas colinéaires. En effet, puisque $\|x\|^2 + \|y\|^2 = \|x'\|^2 + \|y'\|^2 = 1$ et $\|x\|^2 - \|y\|^2 = \|x'\|^2 - \|y'\|^2$ on a $\|x\| = \|x'\|$; si x et x' sont colinéaires, c'est donc que $x' = \pm x$. Puisque f est non singulière et que $f(x, y) = f(x', y')$, il viendrait $(x', y') = \pm(x, y)$. Ainsi x et x' engendrent un sous-espace vectoriel W_1 de $\mathbb{R}^r$ de dimension 2. De même, y et y' engendrent un sous-espace vectoriel W_2 de $\mathbb{R}^s$ de dimension 2. L'image de $W_1 \times W_2$ par f est contenue dans le sous-espace V de $\mathbb{R}^k$ engendré par $f(x, y)$, $f(x, y')$, $f(x', y)$ et $f(x', y')$. Puisque $f(x, y) = f(x', y')$, le sous-espace V est de dimension au plus 3, et alors le lemme 13.2.6 dit que V est en fait de dimension 2 et que la forme bilinéaire normée $\bar{f}: W_1 \times W_2 \to V$ induite par f est, à des isométries près, la multiplication complexe. On a déjà remarqué (13.2.5) que les fibres de la fibration de Hopf $S^3 \to S^2$ associée à la multiplication complexe sont des grands cercles, donc le grand cercle passant par (x, y) et (x', y') est tout entier contenu dans $\varphi^{-1}(z)$. De cette propriété on déduit que $\varphi^{-1}(z)$ est l'intersection de S^{r+s-1} avec un sous-espace vectoriel de $\mathbb{R}^{r+s}$. □

Voici maintenant apparaître la famille de formes bilinéaires non singulières cachée derrière une forme de Hopf.

Théorème 13.2.9: *Soient f, φ, z et W comme dans le théorème 13.2.8, avec z dans l'image de φ. Soit $W^\perp$ le sous-espace de $\mathbb{R}^r \times \mathbb{R}^s$ orthogonal à W, et notons comme d'habitude $T_z(S^k)$ l'espace tangent à S^k en z et $\varphi'(w)$ la différentielle de la forme de Hopf $\varphi: S^{r+s-1} \to S^k$ au point $w \in S^{r+s-1}$. Définissons l'application*

$$g_z: W \times W^\perp \to T_z(S^k)$$

par $g_z(\lambda w, t) = \lambda \varphi'(w)(t)$ pour $w \in \varphi^{-1}(z) = W \cap S^{r+s-1}$, $\lambda \in \mathbb{R}$, $\lambda \geq 0$. Alors g_z est une forme bilinéaire non singulière.

Démonstration: On vérifie d'abord que g_z est bien définie, puisqu'un vecteur orthogonal à W est tangent à S^{r+s-1} en tout point de $W \cap S^{r+s-1}$. En posant

$w = (x, y) \in W \subset \mathbb{R}^r \times \mathbb{R}^s$ et $t = (u, v) \in W^\perp \subset \mathbb{R}^r \times \mathbb{R}^s$, on peut donner pour g_z la formule explicite suivante

$$g_z((x, y), (u, v)) = (2x \cdot u - 2y \cdot v, 2f(x, v) + 2f(u, y)),$$

qui montre clairement la bilinéarité de g_z.

Il reste à montrer que g_z est non singulière. Supposons que $(x, y) \neq (0, 0)$, $(u, v) \neq (0, 0)$, mais que $g_z((x, y), (u, v)) = 0$. On peut se ramener à $(x, y) \in \varphi^{-1}(z)$, avec $\varphi'(x, y)(u, v) = 0$. Soit W_1 (resp. W_2) le sous-espace vectoriel de $\mathbb{R}^r$ (resp. $\mathbb{R}^s$) engendré par x et u (resp. y et v), soit V le sous-espace vectoriel de $\mathbb{R}^k$ engendré par $f(W_1 \times W_2)$ et soit $\bar{f}: W_1 \times W_2 \to V$ la forme bilinéaire normée restriction de f. Si $\dim(W_1) = \dim(W_2) = 2$, comme $f(x, v) + f(u, y) = 0$ on peut raisonner comme pour 13.2.8, et on obtient que $\dim(V) = 2$ et que $\bar{f}$ est, à des isométries près, la multiplication complexe. La fibration de Hopf $\bar{\varphi}: S^3 \to S^2$ associée à $\bar{f}$ est une submersion et puisque $\bar{\varphi}'(x, y)(u, v) = 0$, le vecteur (u, v) est tangent au grand cercle $\bar{\varphi}^{-1}(z) \subset \varphi^{-1}(z)$. Ceci entraîne que $(u, v) \in W$, d'où la contradiction recherchée. Si $x = 0$, alors $z = (-1, 0, \ldots, 0)$, $W = \{0\} \times \mathbb{R}^s$, donc puisque $(u, v) \in W^\perp$ on a $v = 0$; la condition $g_z((x, y), (u, v)) = 0$ devient $f(u, y) = 0$ et le fait que f est non singulière entraîne que $u = 0$ d'où de nouveau une contradiction. Si $y = 0$, on raisonne de manière analogue. Il reste le cas $x \neq 0$, $y \neq 0$ et $\dim(W_1) = 1$ ou $\dim(W_2) = 1$. Alors $\bar{f}$ est, à des isométries près, soit la multiplication de $\mathbb{R}$ ($\mathbb{R} \times \mathbb{R} \to \mathbb{R}$), soit la multiplication d'un vecteur de $\mathbb{R}^2$ par un scalaire ($\mathbb{R} \times \mathbb{R}^2 \to \mathbb{R}^2$ ou $\mathbb{R}^2 \times \mathbb{R} \to \mathbb{R}^2$); un calcul direct sur la forme de Hopf associée $\bar{\varphi}$ montre que $\bar{\varphi}'(x, y)$ est un isomorphisme, donc $\bar{\varphi}'(x, y)(u, v) = 0$ entraîne $(u, v) = 0$. $\square$

Corollaire 13.2.10: *Avec les notations du théorème 13.2.9, on a les propriétés suivantes:*

(i) *Pour tout $w \in \varphi^{-1}(z)$, le noyau de la différentielle $\varphi'(w): T_w(S^{r+s-1}) \to T_z(S^k)$ est exactement $W \cap (\mathbb{R}w)^\perp$.*

(ii) *Si $\dim(W^\perp) = q$, alors la forme de Hopf $\varphi: S^{r+s-1} \to S^k$ est de rang q en tout point $w \in \varphi^{-1}(z)$.*

(iii) *Si $z \in S^k$ est un point quelconque de l'image de φ, il existe une forme bilinéaire non singulière $g_z: \mathbb{R}^{r+s-q} \times \mathbb{R}^q \to \mathbb{R}^k$ où q est le rang de φ en un point (et donc en tout point) de $\varphi^{-1}(z)$.* $\square$

Théorème 13.2.11:

(i) *S'il existe une forme de Hopf surjective $\varphi: S^n \to S^k$, alors $n \geq k$ et $\rho(k) \geq n - k + 1$.*

(ii) *S'il existe une forme de degré 2 de S^n dans S^k qui représente un élément non trivial du groupe d'homotopie $\pi_n(S^k)$, alors $n \geq k$ et $\rho(k) \geq n - k + 1$.*

Démonstration:

(i) Si φ est surjective, alors par le théorème de Sard son rang maximal est égal à k. D'après le corollaire 13.2.10, il existe donc une forme bilinéaire non singulière de $\mathbb{R}^{n+1-k} \times \mathbb{R}^k$ dans $\mathbb{R}^k$, et on a $(n+1-k) \# k = k$. On applique alors le théorème 13.2.4.

(ii) On utilise le théorème 13.1.11 pour se ramener à (i), en remarquant qu'une application dans S^k qui n'est pas homotope à une application constante est nécessairement surjective. $\square$

Exemple 13.2.12: Si k est impair et $k<n$, alors toute forme de degré 2 de S^n dans S^k est homotope à une application constante. □

Remarque 13.2.13: La condition $n \geq k$ et $\rho(k) \geq n-k+1$ n'est pas une condition suffisante pour l'existence d'une forme de degré 2 de S^n dans S^k non homotope à une application constante. Prenons par exemple $k=n$, k pair; alors toute forme $\alpha: S^k \to S^k$ de degré pair est homotopiquement nulle puisque $\alpha(x) = \alpha(-x)$. L'existence de fonctions polynomiales de S^k dans S^k, k pair, de degré *topologique* différent de $-1, 0$ ou 1 est de ce fait peu vraisemblable, et en tout cas inconnue. Par ailleurs la forme de Hopf $S^{k+\rho(k)-1} \to S^k$, associée à la forme bilinéaire normée $\mathbb{R}^k \times \mathbb{R}^{\rho(k)} \to \mathbb{R}^k$ donnée par la construction d'Hurwitz-Radon, n'est pas homotope à une application constante (ce fait est contenu implicitement dans [Baum 1], comme nous l'a communiqué K.Y. Lam). □

En vue d'autres applications du corollaire 13.2.10, il est utile de comparer le rang maximal d'une forme de Hopf avec celui de la forme bilinéaire normée dont elle est issue. C'est l'objet du lemme suivant.

Lemme 13.2.14: *Soit* $f: \mathbb{R}^r \times \mathbb{R}^s \to \mathbb{R}^k$ *une forme bilinéaire normée,* $\varphi: S^{r+s-1} \to S^k$ *la forme de Hopf associée à* f. *Alors le rang maximal de* φ *sur* S^{r+s-1} *est supérieur ou égal au rang maximal de* f *sur* $\mathbb{R}^r \times \mathbb{R}^s$.

Démonstration: Le rang maximal de f est sûrement atteint en un point $(x, y) \in \mathbb{R}^r \times \mathbb{R}^s$ tel que $x \neq 0$ et $y \neq 0$, et par la bilinéarité de f on peut en plus supposer que $\|x\|^2 = \|y\|^2 = 1/2$. On note $S_0^{r-1} \times S_0^{s-1}$ le sous-ensemble algébrique non singulier de codimension 1 de S^{r+s-1} défini par $\|x\|^2 = \|y\|^2 = 1/2$, et on restreint φ à $\varphi_0: S_0^{r-1} \times S_0^{s-1} \to S_1^{k-1}$ où S_1^{k-1} est l'équateur de S^k, formé des points de première coordonnée nulle. En tout point $(x, y) \in S_0^{r-1} \times S_0^{s-1}$, le vecteur $(-x, y)$ est tangent à S^{r+s-1} et normal à $S_0^{r-1} \times S_0^{s-1}$. Par ailleurs

$$\varphi'(x, y)(-x, y) = (2x \cdot (-x) - 2y \cdot y, 2f(x, y) + 2f(-x, y)) = (-2, 0)$$

qui est un vecteur normal à S_1^{k-1} dans $\mathbb{R}^{k+1}$. On a donc, pour tout $(x, y) \in S_0^{r-1} \times S_0^{s-1}$, $\text{rang}(\varphi'(x, y)) = 1 + \text{rang}(\varphi_0'(x, y))$. Maintenant, comme $f'(x, y)(x, y) = 2f(x, y)$ qui est normal à $T_{2f(x,y)}(S^{k-1})$, $f'(x, y)(-x, y) = 0$ et $\varphi_0(x, y) = (0, 2f(x, y))$, on a $\text{rang}(f'(x, y)) = 1 + \text{rang}(\varphi_0'(x, y))$. Des deux égalités on déduit $\text{rang}(f'(x, y)) = \text{rang}(\varphi'(x, y))$ pour tout $(x, y) \in S_0^{r-1} \times S_0^{s-1}$, ce qui montre le lemme. □

Théorème 13.2.15: *Soit* $f: \mathbb{R}^r \times \mathbb{R}^s \to \mathbb{R}^k$ *une forme bilinéaire normée. On a les propriétés suivantes.*

(i) *Le rang maximal de* f *est supérieur ou égal à* $r \# s$.

(ii) *Il existe au moins une forme bilinéaire non singulière de* $\mathbb{R}^{r+s-q} \times \mathbb{R}^q$ *dans* $\mathbb{R}^k$ *avec* $r \# s \leq q \leq k$.

Démonstration:

(i) Soit V un sous-espace vectoriel de $\mathbb{R}^k$ de dimension maximale avec la propriété $V \cap f(\mathbb{R}^r \times \mathbb{R}^s) = \{0\}$, et soit $\Pi: \mathbb{R}^k \to V^\perp$ la projection orthogonale. Il est clair que $\Pi \circ f$ est une forme bilinéaire non singulière. Par ailleurs la maximalité de V entraîne que $\Pi \circ f$ est surjective. Ainsi le rang maximal de f, qui est supérieur ou égal à celui de $\Pi \circ f$, est supérieur ou égal à la dimension de $V^\perp$, et cette dernière est supérieure ou égale à $r \# s$.

(ii) C'est une conséquence de (i) en appliquant le lemme 13.2.14 et le corollaire 13.2.10 (iii). □

Exemples 13.2.16:

a) Si $r \# s = r * s$ alors $r + s - (r * s) \leq \rho(r * s)$; il suffit en effet d'appliquer le théorème 13.2.15 (ii) à une forme bilinéaire normée de $\mathbb{R}^r \times \mathbb{R}^s$ dans $\mathbb{R}^{r*s}$, et d'utiliser le théorème 13.2.4. En particulier si $r \# s = r * s$ et est impair, alors $r * s = r + s - 1$, en utilisant 13.2.2 (ii).

b) On connaît pour $1 \leq r \leq 9$ les valeurs de $r * s$, et on a dans ce cas $r \# s = r * s$ (cf. [Lam K.Y.3]). Le premier cas inconnu est $10 * 11$. On peut montrer par des méthodes topologiques que $10 \# 11 = 17$ (cf. [Lam K.Y.1]), ce qui donne une première minoration $10 * 11 \geq 17$. Mais si $10 * 11$ était 19 ou moins, alors le théorème 13.2.15 (ii) nous donnerait une forme bilinéaire non singulière de $\mathbb{R}^{21-q} \times \mathbb{R}^q$ dans $\mathbb{R}^{19}$ avec $17 \leq q \leq 19$. Or ceci est exclu par la condition de Stiefel-Hopf (13.2.3). On a donc $10 * 11 \geq 20$, et ceci fournit le premier exemple où $r * s > r \# s$.

c) Il n'y a pas de forme de degré 2 non constante de S^{48} dans S^{47} (ce qui bien sûr ne résout pas la question pour les fonctions polynomiales). Il suffit de voir d'après le théorème 13.1.11 qu'il n'existe pas de forme bilinéaire normée $\mathbb{R}^r \times \mathbb{R}^{49-r} \to \mathbb{R}^{47}$. Des considérations topologiques (classes de Stiefel-Whitney, condition de Stiefel-Hopf, etc ...) montrent que la seule valeur possible pour r est 17. Ainsi par exemple on vérifie que $\binom{47}{i}$ est impair pour $i \geq 32$, et donc la condition de Stiefel-Hopf interdit l'existence de forme bilinéaire non singulière $\mathbb{R}^r \times \mathbb{R}^{49-r} \to \mathbb{R}^{47}$ pour $r \leq 16$. Supposons que l'on ait une forme bilinéaire normée $\mathbb{R}^{17} \times \mathbb{R}^{32} \to \mathbb{R}^{47}$. On sait, d'après le théorème 13.2.4, que $17 \# 32 > 32$; le théorème 13.2.15 (ii) nous donnerait donc une forme bilinéaire non singulière $\mathbb{R}^{49-q} \times \mathbb{R}^q \to \mathbb{R}^{47}$ avec $32 < q \leq 47$. On vient de voir que ceci est interdit par la condition de Stiefel-Hopf.

13.3 Approximation des fonctions à valeurs dans S^1, S^2, S^4 par des fonctions régulières

Le rôle particulier joué par S^1, S^2, S^4 vient du fait que ces sphères sont birégulièrement isomorphes aux espaces projectifs $\mathbb{P}_1(\mathbb{R})$, $\mathbb{P}_1(\mathbb{C})$, $\mathbb{P}_1(\mathbb{H})$ (où $\mathbb{H}$ désigne le corps des quaternions). Nous avons vu cela (3.5.2), sauf pour le cas des quaternions; dans ce dernier cas la non commutativité alourdit l'écriture. Nous nous contenterons de mentionner le cas des quaternions sans le traiter explicitement. Nous admettrons aussi (il n'est pas difficile de s'en convaincre) que la théorie des fibrés $\mathbb{H}$-vectoriels algébriques et fortement algébriques se développe parallèlement à celle des fibrés $\mathbb{R}$ ou $\mathbb{C}$-vectoriels, avec en particulier, quand la base du fibré est compacte, la propriété d'approximation des sections continues ou $\mathscr{C}^\infty$ d'un fibré $\mathbb{H}$-vectoriel fortement algébrique par des sections algébriques. Dans cette section $\mathbb{F}$ désignera un des corps $\mathbb{R}$, $\mathbb{C}$ ou $\mathbb{H}$.

Théorème 13.3.1: *Soit X une variété algébrique réelle affine compacte (resp. de plus non singulière). Soit $f: X \to \mathbb{G}_{m,p}(\mathbb{F})$ une fonction continue (resp. $\mathscr{C}^\infty$). Comme d'habitude, $\gamma_{m,p}(\mathbb{F})$ désigne le fibré $\mathbb{F}$-vectoriel universel sur $\mathbb{G}_{m,p}(\mathbb{F})$. Alors les conditions suivantes sont équivalentes:*

(i) *Le $\mathbb{F}$-fibré vectoriel image réciproque $f^*(\gamma_{m,p}(\mathbb{F}))$ est topologiquement isomorphe à un fibré $\mathbb{F}$-vectoriel fortement algébrique.*

(ii) *La fonction f peut être approchée dans la topologie $\mathscr{C}^0$ (resp. $\mathscr{C}^\infty$) par des fonctions régulières $X \to \mathbb{G}_{m,p}(\mathbb{F})$.*

(iii) *La fonction f est homotope à une fonction régulière $X \to \mathbb{G}_{m,p}(\mathbb{F})$.*

Démonstration: Les implications (ii) $\Rightarrow$ (iii) $\Rightarrow$ (i) sont claires. Montrons (i) $\Rightarrow$ (ii); on traitera le cas $\mathscr{C}^0$, le cas $\mathscr{C}^\infty$ étant semblable. Le fibré $f^*(\gamma_{m,p}(\mathbb{F}))$ est un sous-fibré topologique du fibré trivial $X \times \mathbb{F}^m = \varepsilon^m$; notons $i: f^*(\gamma_{m,p}(\mathbb{F})) \hookrightarrow \varepsilon^m$ l'inclusion. Par ailleurs, d'après l'hypothèse on a un isomorphisme topologique $\varphi: \xi \to f^*(\gamma_{m,p}(\mathbb{F}))$, où ξ est un fibré $\mathbb{F}$-vectoriel fortement algébrique. Considérons le composé $\psi = i \circ \varphi: \xi \to \varepsilon^m$; pour $x \in X$, le morphisme ψ envoie la fibre ξ_x sur $\{x\} \times f(x) \subset \{x\} \times \mathbb{F}^m$. Le morphisme ψ détermine une section continue σ du fibré $\mathbb{F}$-vectoriel Hom(ξ, ε^m) et puisque ce dernier est fortement algébrique (12.1.8 (iii) pour $\mathbb{F} = \mathbb{R}$), on peut approcher σ par une section algébrique s (12.3.1 pour $\mathbb{F} = \mathbb{R}$). Cette section s détermine un morphisme algébrique $h: \xi \to \varepsilon^m$ qui est injectif si s est suffisamment proche de σ. On définit alors la fonction $g: X \to \mathbb{G}_{m,p}(\mathbb{F})$ par $h(\xi_x) = \{x\} \times g(x) \subset \{x\} \times \mathbb{F}^m$. La fonction g est régulière (3.4.9 pour $\mathbb{F} = \mathbb{R}$), et il est clair que g approche f quand s approche σ. $\square$

Corollaire 13.3.2: *Soit X comme dans le théorème 13.3.1. Si tout fibré $\mathbb{F}$-vectoriel topologique de rang p sur X est topologiquement isomorphe à un $\mathbb{F}$-fibré vectoriel fortement algébrique, alors $\mathscr{R}(X, \mathbb{G}_{m,p}(\mathbb{F}))$ est dense dans $\mathscr{C}^0(X, \mathbb{G}_{m,p}(\mathbb{F}))$ (resp. $\mathscr{C}^\infty(X, \mathbb{G}_{m,p}(\mathbb{F}))$).* $\square$

Exemple 13.3.3: L'ensemble $\mathscr{R}(\mathbb{P}_k(\mathbb{R}), \mathbb{G}_{m,p}(\mathbb{R}))$ est dense dans $\mathscr{C}^\infty(\mathbb{P}_k(\mathbb{R}), \mathbb{G}_{m,p}(\mathbb{R}))$ quel que soit k, m, $p \in \mathbb{N}$. En effet, tout fibré $\mathbb{R}$-vectoriel topologique sur $\mathbb{P}_k(\mathbb{R})$ est topologiquement isomorphe à un $\mathbb{R}$-fibré vectoriel fortement algébrique (12.3.7 c)).

Théorème 13.3.4: *Soit X une variété algébrique réelle affine compacte (resp. de plus non singulière). Soit $f: X \to S^k$ une fonction continue (resp. $\mathscr{C}^\infty$) avec $k = 1$, 2 ou 4. Alors les conditions suivantes sont équivalentes:*

(i) *La fonction f peut être approchée dans la topologie $\mathscr{C}^0$ (resp. $\mathscr{C}^\infty$) par des fonctions régulières $X \to S^k$.*

(ii) *La fonction f est homotope à une fonction régulière $X \to S^k$.*

Démonstration: L'équivalence est une conséquence immédiate du théorème 13.3.1 quand on sait que S^k pour $k = 1$, 2, 4 est birégulièrement isomorphe à $\mathbb{P}_1(\mathbb{F}) = \mathbb{G}_{2,1}(\mathbb{F})$, avec $\mathbb{F} = \mathbb{R}, \mathbb{C}, \mathbb{H}$. $\square$

Passons maintenant à une étude plus précise des fonctions régulières à valeurs dans S^1, puis dans S^2.

Théorème 13.3.5: *Soit X une variété algébrique réelle affine compacte non singulière, de dimension d. Alors les conditions suivantes sont équivalentes:*

(i) $\mathcal{R}(X, S^1)$ est dense dans $\mathscr{C}^\infty(X, S^1)$.

(ii) Toute fonction $\mathscr{C}^\infty$ de X dans S^1 est homotope à une fonction régulière.

(iii) $H^{nt}_{d-1}(X, \mathbb{Z}/2) \subset H^{alg}_{d-1}(X, \mathbb{Z}/2)$ (où $H^{nt}_{d-1}(X, \mathbb{Z}/2)$ est le sous-ensemble de $H_{d-1}(X, \mathbb{Z}/2)$ des classes d'homologie représentées par une hypersurface $\mathscr{C}^\infty$ compacte de X dont le fibré normal dans X est trivial).

Démonstration:

(i) $\Rightarrow$ (iii) Soit Y une hypersurface $\mathscr{C}^\infty$ compacte de X dont le fibré normal dans X est trivial. Alors on peut trouver une fonction $\mathscr{C}^\infty f: X \to S^1$ et $a \in S^1$ tels que a soit valeur régulière de f et que $Y = f^{-1}(a)$. Choisissons alors une fonction régulière $g: X \to S^1$ proche de f. D'après le théorème d'isotopie de Thom, l'hypersurface algébrique non singulière $g^{-1}(a)$ est difféotope à Y dans X, et donc $[Y] = [g^{-1}(a)] \in H^{alg}_{d-1}(X, \mathbb{Z}/2)$.

(iii) $\Rightarrow$ (ii) Soit $f \in \mathscr{C}^\infty(X, S^1)$; on suppose f surjective, car sinon le problème est réglé. Soit $a \in S^1$ une valeur régulière de f. Soit γ_1 le fibré $\mathbb{R}$-vectoriel fortement algébrique de rang 1 non trivial sur S^1 (image réciproque du fibré universel $\gamma_{2,1}$ sur $\mathbb{P}_1(\mathbb{R}) = \mathbb{G}_{2,1}(\mathbb{R})$ par l'isomorphisme birégulier $S^1 \to \mathbb{P}_1(\mathbb{R})$). On choisit une section algébrique s de γ_1, transverse à la section nulle, telle que $s^{-1}(0) = a$. Soit $\sigma = f^*(s)$ la section de $f^*(\gamma_1)$ obtenue par image réciproque; on a $\sigma(x) = (x, s(f(x))$. Il est clair que σ est une section transverse à la section nulle, et que $\sigma^{-1}(0) = f^{-1}(a)$. Or d'après l'hypothèse (iii) et le fait que $f^{-1}(a)$ est une hypersurface $\mathscr{C}^\infty$ compacte de X dont le fibré normal dans X est trivial, on a $[\sigma^{-1}(0)] = [f^{-1}(a)] \in H^{alg}_{d-1}(X, \mathbb{Z}/2)$. Donc d'après 12.4.8 on a $w_1(f^*(\gamma_1)) \in H^1_{alg}(X, \mathbb{Z}/2)$, et $f^*(\gamma_1)$ est isomorphe à un fibré $\mathbb{R}$-vectoriel fortement algébrique sur X. Le théorème 13.3.1 nous dit alors que f est homotope à une fonction régulière.

(ii) $\Rightarrow$ (i) est contenu dans le théorème 13.3.4. $\square$

Remarque 13.3.6: De façon évidente, chacune des conditions du théorème 13.3.5 est équivalente à la condition suivante (où T^n désigne le produit $S^1 \times \ldots \times S^1$ n fois):

(iv) Pour tout $n \in \mathbb{N}$, $\mathcal{R}(X, T^n)$ est dense dans $\mathscr{C}^\infty(X, T^n)$.

Exemple 13.3.7:

a) Supposons la variété algébrique réelle non singulière X homéomorphe à la bouteille de Klein. Alors $\mathcal{R}(X, S^1)$ est dense dans $\mathscr{C}^\infty(X, S^1)$. En effet $H^{nt}_1(X, \mathbb{Z}/2)$ est ici le sous-groupe engendré par $\phi(\bigwedge^2 T(X))$ (cf. 12.4.8(i)) et donc $H^{nt}_1(X, \mathbb{Z}/2) \subset H^{alg}_1(X, \mathbb{Z}/2)$.

b) Soit X une surface algébrique réelle affine, non singulière, compacte et orientable. Alors $\mathcal{R}(X, S^1)$ est dense dans $\mathscr{C}^\infty(X, S^1)$ si et seulement si $H_1(X, \mathbb{Z}/2) = H^{alg}_1(X, \mathbb{Z}/2)$. En effet toute courbe $\mathscr{C}^\infty$ de X a un fibré normal dans X trivial, c.-à-d. $H_1(X, \mathbb{Z}/2) = H^{nt}_1(X, \mathbb{Z}/2)$.

Proposition 13.3.8: *Soit X une variété algébrique réelle affine compacte (resp. de plus non singulière) avec $H^1(X, \mathbb{Z}/2) = 0$. Alors $\mathcal{R}(X, S^1)$ est dense dans $\mathscr{C}^0(X, S^1)$ (resp. dans $\mathscr{C}^\infty(X, S^1)$).*

Démonstration: L'hypothèse veut dire que tout fibré $\mathbb{R}$-vectoriel topologique de rang 1 sur X est trivial, et donc isomorphe à un fibré vectoriel fortement algébrique. On applique alors le corollaire 13.3.2. $\square$

Dans le cas des fonctions régulières dans S^2, on peut se servir du fait que le groupe $V_{\mathbb{C}}^1(X)$ des classes d'isomorphisme de fibrés $\mathbb{C}$-vectoriels topologiques de rang 1 sur X est canoniquement isomorphe à $H^2(X, \mathbb{Z})$.

Théorème 13.3.9: *Soit X une variété algébrique réelle affine compacte (resp. de plus non singulière), avec $H^2(X, \mathbb{Z}) = 0$. Alors $\mathscr{R}(X, S^2)$ est dense dans $\mathscr{C}^0(X, S^2)$ (resp. dans $\mathscr{C}^\infty(X, S^2)$).*

Démonstration: L'hypothèse veut dire que tout fibré $\mathbb{C}$-vectoriel topologique de rang 1 sur X est trivial, et donc topologiquement isomorphe à un fibré $\mathbb{C}$-vectoriel fortement algébrique de rang 1 sur X. On applique le corollaire 13.3.2. □

Voici maintenant un théorème récapitulatif qui fait le tour des informations sur les fonctions régulières d'une sphère ou d'une variété algébrique réelle affine homéomorphe à une sphère à valeurs dans S^1, S^2 ou S^4.

Théorème 13.3.10:
(i) *Pour tout $n \in \mathbb{N}$ et pour $k = 1, 2, 4$ l'ensemble $\mathscr{R}(S^n, S^k)$ est dense dans $\mathscr{C}^\infty(S^n, S^k)$.*
(ii) *Soit X une variété algébrique réelle (resp. de plus non singulière) homéomorphe à S^n. Alors $\mathscr{R}(X, S^k)$ est dense dans $\mathscr{C}^0(X, S^k)$ (resp. $\mathscr{C}^\infty(X, S^k)$) dans les cas suivants:*

$$k = 1; \quad k = 2 \ et \ n \neq 2; \quad k = 4 \ et \ n \equiv 1, 2, 3, 7 \pmod 8.$$

Démonstration:
Cas $k = 1$. Si $n > 1$ le théorème résulte de 13.3.8 et si $n = 1$ de 12.5.1 et 13.3.2.
Cas $k = 2$. Si $n \neq 2$ le théorème est une conséquence de 13.3.9. Considérons maintenant l'assertion (i) pour $n = 2$. On sait que $V_{\mathbb{C}}^1(S^2) \simeq \mathbb{Z}$ admet pour générateur la classe du «fibré de Hopf» γ qui est le fibré image réciproque du fibré universel $\gamma_{2,1}(\mathbb{C})$ sur $\mathbb{G}_{2,1}(\mathbb{C})$ par l'isomorphisme birégulier $S^2 \to \mathbb{G}_{2,1}(\mathbb{C})$. Donc tout fibré $\mathbb{C}$-vectoriel topologique de rang 1 sur S^2 est topologiquement isomorphe à un fibré $\mathbb{C}$-vectoriel fortement algébrique, et on applique le corollaire 13.3.2.
Observons ici que l'énoncé (ii) est faux en général pour $n = k = 2$, comme nous le verrons dans l'exemple 13.3.12.
Cas $k = 4$. (i) Tous les fibrés $\mathbb{H}$-vectoriels topologiques sur S^n sont topologiquement isomorphes à des fibrés $\mathbb{H}$-vectoriels fortement algébriques [Swan 2]. Il suffit donc d'appliquer le corollaire 13.3.2.
(ii) Si $n \equiv 1, 2, 3, 7 \pmod 8$ tout fibré $\mathbb{H}$-vectoriel topologique sur S^n est stablement trivial (cf. [Husemoller 1] p. 109). Donc tout fibré $\mathbb{H}$-vectoriel topologique sur X est stablement trivial, et par conséquent topologiquement isomorphe à un fibré $\mathbb{H}$-vectoriel fortement algébrique sur X (12.3.5). On applique alors de nouveau le corollaire 13.3.2. □

Le théorème 13.3.10 laisse le problème de la densité de $\mathscr{R}(S^n, S^k)$ dans $\mathscr{C}^\infty(S^n, S^k)$ sans réponse pour $k \neq 1, 2, 4$. Mais rien que pour ces cas, on peut constater la profonde différence de comportement entre les fonctions polynomiales (cf. 13.1.9) et les fonctions régulières.

13.3 Approximation de fonctions

Nous terminons cette section en portant notre attention sur le cas des fonctions régulières d'une surface algébrique compacte connexe dans la sphère S^2.

Supposons X compacte connexe de dimension 2; notons $[X, S^2]$ l'ensemble des classes d'homotopie de fonctions continues de X dans S^2. Notons encore γ le fibré de Hopf sur S^2 (cf. la démonstration de 13.3.10). Le théorème de classification de Hopf (cf. [Spanier 1] p. 431) nous dit que l'application

$$[X, S^2] \ni [f] \longrightarrow f^*(\gamma) \in V^1_{\mathbb{C}}(X) \simeq H^2(X, \mathbb{Z})$$

est une bijection. Ceci nous permet d'avoir, dans ce cas, une réciproque au corollaire 13.3.2.

Proposition 13.3.11: *Soit X une variété algébrique réelle affine compacte connexe (resp. de plus non singulière) de dimension 2. Alors les propriétés suivantes sont équivalentes:*

(i) $\mathscr{R}(X, S^2)$ *est dense dans $\mathscr{C}^0(X, S^2)$ (resp. $\mathscr{C}^\infty(X, S^2)$).*

(ii) *Tout fibré $\mathbb{C}$-vectoriel topologique de rang 1 sur X est topologiquement isomorphe à un fibré $\mathbb{C}$-vectoriel fortement algébrique.* □

Exemple 13.3.12: En reprenant l'exemple 12.6.12 (un ensemble algébrique X homéomorphe à S^2 et tel que $V^1_{\mathbb{C}\text{-alg}}(X)=0$), on voit qu'il existe un ensemble algébrique X homéomorphe à S^2 et tel que toute fonction de $\mathscr{R}(X, S^2)$ est homotope à une fonction constante. En particulier $\mathscr{R}(X, S^2)$ n'est pas dense dans $\mathscr{C}^0(X, S^2)$. Le problème de la densité de $\mathscr{R}(X, S^2)$ dans $\mathscr{C}^\infty(X, S^2)$ quand X est non singulier, difféomorphe mais non birégulièrement isomorphe à S^2, est plus compliqué. On peut toutefois montrer que pour tout $k \in \mathbb{N} \setminus \{0\}$ il existe une hypersurface algébrique non singulière $\Sigma_{2k} \subset \mathbb{R}^{2k+1}$, difféomorphe à S^{2k} et telle que toute fonction de $\mathscr{R}(\Sigma_{2k}, S^{2k})$ est homotope à une fonction constante ([Bochnak Kucharz 2]). □

Voici une autre conséquence du théorème de classification de Hopf.

Proposition 13.3.13: *Soit X une variété algébrique réelle affine compacte connexe non singulière de dimension 2. Alors les conditions suivantes sont équivalentes:*

(i) $V^1_{\mathbb{C}\text{-alg}}(X)=0$ *(tout fibré $\mathbb{C}$-vectoriel fortement algébrique de rang 1 sur X est trivial).*

(ii) *Tout $f \in \mathscr{R}(X, S^2)$ est homotope à une fonction constante.*

(iii) *L'anneau $\mathscr{R}(X, \mathbb{C})$ est factoriel.*

Démonstration: (i) ⇔ (iii) est connu (cf. 12.6.4 (i)). Pour (i) ⇔ (ii) on utilise le fait que tout élément de $V^1_{\mathbb{C}}(X)$ est représenté par un $f^*(\gamma)$ avec $f \in \mathscr{C}^0(X, S^2)$ déterminé à homotopie près (théorème de classification de Hopf), et on invoque le théorème 13.3.1. □

Ce qui a été fait dans la section 6 du chapitre 12 pour le cas des surfaces non orientables trouve une application ici.

Théorème 13.3.14: *Soit X une variété algébrique réelle affine compacte connexe non singulière non orientable de dimension 2. Supposons que:*

(i) *il existe une courbe algébrique non singulière* $\Gamma \subset X$ *telle que*
$$\#_2(\Gamma, \Gamma; X) = 1.$$
Alors $\mathcal{R}(X, S^2)$ *est dense dans* $\mathcal{C}^\infty(X, S^2)$. *La condition* (i) *est vérifiée dans chacun des cas suivants:*
   (ii) $H_1(X, \mathbb{Z}/2) = H_1^{\mathrm{alg}}(X, \mathbb{Z}/2)$.
   (iii) *Le genre de* X *est impair.*

Démonstration: On applique le théorème 12.6.13 et son corollaire 12.6.14, et bien entendu le corollaire 13.3.2. □

Remarque 13.3.15: Pour tout $n \geq 1$ il existe une surface algébrique compacte connexe X non singulière non orientable de genre $2n$ avec $\mathcal{R}(X, S^2)$ non dense dans $\mathcal{C}^\infty(X, S^2)$ [Bochnak Kucharz 2].

13.4 Représentation des éléments des groupes de cohomotopie d'un ensemble algébrique réel ou des groupes d'homotopie des sphères par des fonctions polynomiales ou régulières

Soit (X, x_0) un espace pointé, où X est un espace topologique et $x_0 \in X$. On note $\pi^k(X) = \pi^k(X, x_0)$ l'ensemble des classes d'homotopie d'applications continues $(X, x_0) \to (S^k, s_0)$. L'application naturelle $\pi^k(X) \to [X, S^k]$, où $[X, S^k]$ est l'ensemble des classes d'homotopie d'applications continues $X \to S^k$, est bijective. Si $X = S^n$ alors $\pi^k(S^n)$ est l'ensemble sous-jacent du $n^{\mathrm{ème}}$ groupe d'homotopie $\pi_n(S^k)$. Sous des conditions convenables sur X (comme par exemple d'être un espace compact triangulable de dimension $n < 2k - 1$), l'ensemble $\pi^k(X)$ a une structure de groupe abélien appelé le $k^{\mathrm{ème}}$ *groupe de cohomotopie* de X. Ce groupe est utile dans l'étude des applications $X \to S^k$. Si $n < 2k - 1$, alors $\pi_n(S^k) = \pi^k(S^n)$ en tant que groupe. Toutes les informations nécessaires sur $\pi^k(X)$ peuvent se trouver dans [Hu 1], chapitre 7, sections 5 et 12.

Dans cette section X sera toujours une variété algébrique réelle affine, compacte, connexe et de dimension n.

Notation 13.4.1: On note $\pi_{\mathrm{alg}}^k(X)$ (resp. $\pi_n^{\mathrm{alg}}(S^k)$) le sous-ensemble de $\pi^k(X)$ (resp. $\pi_n(S^k)$) des classes d'homotopie représentées par des fonctions régulières $X \to S^k$ (resp. $S^n \to S^k$).

On ne sait pas en général si $\pi_{\mathrm{alg}}^k(X)$ est un sous-groupe de $\pi^k(X)$ pour $n < 2k - 1$.

Proposition 13.4.2: *Soit* X *une variété algébrique réelle affine compacte, connexe et de dimension* 2. *Alors* $\pi_{\mathrm{alg}}^2(X)$ *est un sous-groupe de* $\pi^2(X)$, *isomorphe à* $V_{\mathbb{C}\text{-alg}}^1(X)$.

Démonstration: Dans le cas que l'on considère, l'application
$$\pi^2(X) \ni [f] \longrightarrow f^*(\gamma) \in V_{\mathbb{C}}^1(X) \simeq H^2(X, \mathbb{Z})$$

est, d'après le théorème de classification de Hopf, un isomorphisme de groupes. L'image de $\pi^2_{\text{alg}}(X)$ par cet isomorphisme est, d'après le théorème 13.3.1, le sous-groupe $V^1_{\mathbb{C}\text{-alg}}(X)$ des fibrés $\mathbb{C}$-vectoriels fortement algébriques de rang 1. Ceci démontre la proposition. □

Remarque 13.4.3: Si X est une surface non singulière orientable, alors $\pi^2_{\text{alg}}(X)$ est un sous-groupe de $\pi^2(X) = \mathbb{Z}$. On ne sait pas s'il existe une surface avec $0 \neq \pi^2_{\text{alg}}(X) \neq \pi^2(X)$. On connaît par contre le résultat suivant.

Proposition 13.4.4: *On a* $\pi^2_{\text{alg}}(S^1 \times S^1) = 0$.

Démonstration: On applique la proposition 13.3.13 et le corollaire 12.6.10. □

Nous allons maintenant nous intéresser au sous-ensemble $\pi^k_{\text{alg}}(X)$ du groupe $\pi^k(X)$ dans le cas où k est *impair* et $\dim(X) < 2k - 1$. Le résultat principal auquel nous allons aboutir sera le théorème 13.4.13.

Nous utiliserons le lemme topologique suivant.

Lemme 13.4.5: *Soit Y un espace compact triangulable de dimension $n < 2k - 1$. Si $f: Y \to S^k$ et $\varphi: S^k \to S^k$ sont des applications continues, alors $[\varphi \circ f] = (\deg(\varphi))[f]$ dans le groupe de cohomotopie $\pi^k(Y)$ ($\deg(\varphi)$ est le degré topologique de l'application φ).*

Référence de démonstration: [Hu 1], chapitre 7, proposition 5.4 p. 213. □

Proposition 13.4.6: *Soient $f, g: S^n \to S^k \subset \mathbb{R}^{k+1}$ des applications continues, avec $n < 2k - 1$ et k impair. Alors $h = -f + 2(f \cdot g)g$, où $f \cdot g = \sum_{i=1}^{k+1} f_i g_i$, envoie aussi S^n dans S^k, et la classe d'homotopie $[h] \in \pi_n(S^k)$ est donnée par $[h] = -[f] + 2[g]$.*

Démonstration: On vérifie que h envoie S^n dans S^k en calculant $\|h\|^2 = \|f\|^2 + 4(f \cdot g)^2 \|g\|^2 - 4(f \cdot g)^2 = 1$. Puisque la classe d'homotopie de h ne dépend que des classes d'homotopie de f et g, on peut supposer que f (resp. g) est constante sur l'hémisphère supérieur (resp. inférieur) de S^n, et que cette valeur constante est $(1, 0, \ldots, 0)$. Sur l'hémisphère supérieur on a alors:

$$h = (2g_1^2 - 1, 2g_1 g_2, \ldots, 2g_1 g_{k+1}).$$

Le terme de droite est le composé $q \circ g$ où q est la forme quadratique $S^k \to S^k$ définie par:

$$q(x) = (x_1^2 - x_2^2 - \ldots - x_{k+1}^2, 2x_1 x_2, \ldots, 2x_1 x_{k+1}).$$

Puisque k est impair le degré topologique de q est 2. En utilisant la propriété $\pi_n(S^k) = \pi^k(S^n)$ et le lemme 13.4.5, il vient que h représente $2[g]$ sur l'hémisphère supérieur de S^n. Sur l'hémisphère inférieur, h s'écrit:

$$h = (f_1, -f_2, \ldots, -f_{k+1}),$$

et donc représente $-[f]$ comme k est impair (en utilisant de nouveau le lemme 13.4.5). Enfin, par définition de l'addition dans les groupes d'homotopie, h représente $-[f]+2[g]$. □

Corollaire 13.4.7: Si $\alpha, \beta \in \pi_n^{\text{alg}}(S^k)$, avec $n < 2k-1$ et k impair, alors $-\alpha + 2\beta \in \pi_n^{\text{alg}}(S^k)$. □

Remarque 13.4.8: Si dans le corollaire 13.4.7 α et β sont représentés par des fonctions polynomiales (resp. des formes), alors $-\alpha + 2\beta$ est aussi représentée par une fonction polynomiale (resp. une forme). Ceci est clair dans le cas des fonctions polynomiales. Dans le cas des formes, on remarque que si f et g sont des formes de degré (algébrique) l et m respectivement, alors $h = -f + 2(f \cdot g)g = -\|g\|^2 f + 2(f \cdot g)g$ est une forme de degré $l + 2m$.

Théorème 13.4.9: Si k est impair, tout élément du groupe $\pi_k(S^k) \simeq \mathbb{Z}$ correspondant à l'entier $d \in \mathbb{Z}$ peut être représenté par une $|d|$-forme $S^k \to S^k$.

Démonstration: L'assertion est vraie si $d = \pm 1$ (on peut prendre dans ces cas des applications linéaires $S^k \to S^k$), et si $d = 2$ (en prenant la forme q de la démonstration de 13.4.6). Le théorème vient alors de 13.4.7 et de la remarque précédente pour $k > 1$; pour $k = 1$, il est clair. □

Lemme 13.4.10: Soit X une variété algébrique réelle affine compacte, connexe de dimension n, et soit k un entier positif impair, $n < 2k - 1$. Soit $\varphi: X \to S^k$ une application continue, et soit $\varphi^*: \pi^k(S^k) \to \pi^k(X)$ l'homomorphisme induit sur les groupes de cohomotopie. Si $\alpha, \beta \in \pi_{\text{alg}}^k(X) \cap \text{Im}(\varphi^*)$, alors $-\alpha + 2\beta \in \pi_{\text{alg}}^k(X)$.

Démonstration: Choisissons $f_1, g_1: S^k \to S^k$ continues et $f_2, g_2 \in \mathcal{R}(X, S^k)$ telles que $\alpha = [f_1 \circ \varphi] = [f_2]$ et $\beta = [g_1 \circ \varphi] = [g_2]$. Si $h = -f_1 + 2(f_1 \cdot g_1)g_1$ on a, d'après la proposition 13.4.6, $[h] = -[f_1] + 2[g_1]$ dans $\pi_k(S^k) = \pi^k(S^k)$; il vient donc $\varphi^*([h]) = -\varphi^*([f_1]) + 2\varphi^*([g_1]) = -\alpha + 2\beta$. Par ailleurs $\varphi^*([h]) = [h \circ \varphi] = [-f_2 + 2(f_2 \cdot g_2)g_2] \in \pi_{\text{alg}}^k(X)$. □

L'exemple suivant joue un rôle important.

Exemple 13.4.11: Soit $\theta: \mathbb{P}_m(\mathbb{R}) \to S^m$ la fonction régulière définie par

$$\theta(x_1 : x_2 : \ldots : x_{m+1}) = \|x\|^{-2}\left(2x_1 x_{m+1}, \ldots, 2x_m x_{m+1}, \sum_{i=1}^{m} x_i^2 - x_{m+1}^2\right).$$

On remarque que le diagramme

$$\begin{array}{ccc} \mathbb{P}_m(\mathbb{R}) & \xrightarrow{\theta} & S^m \\ \uparrow{\varphi} & & \uparrow \\ \mathbb{R}^m & \xrightarrow{\Pi_N^{-1}} & S^m \setminus \{P_N\} \end{array}$$

commute, où $P_N = (0, \ldots, 0, 1)$ est le pôle nord de S^m, Π_N la projection stéréographique de centre le pôle nord (cf. 3.5.1) et φ le plongement défini par

$\varphi(y_1, \ldots, y_m) = (y_1 : \ldots : y_m : 1)$. On peut considérer θ comme un prolongement de Π_N^{-1}. Ceci montre que $\deg(\theta) = 1$ pour m impair et $\deg_2(\theta) = 1$ (degré topologique modulo 2) pour m pair. Il s'ensuit que $\pi_{\text{alg}}^m(\mathbb{P}_m(\mathbb{R})) = \pi^m(\mathbb{P}_m(\mathbb{R}))$ en utilisant 13.4.5 et 13.4.9 pour m impair, et de façon immédiate si m est pair. □

Proposition 13.4.12: *Soit X une variété algébrique réelle affine compacte, connexe et de dimension n, et soit k un entier positif impair vérifiant $n < 2k - 1$. Alors $2\alpha \in \pi_{\text{alg}}^k(X)$ pour tout $\alpha \in \pi^k(X)$.*

Démonstration: Soit $\alpha = [f]$ où $f: X \to S^k$ est continue. Considérons le composé $g: X \xrightarrow{f} S^k \xrightarrow{j} \mathbb{R}^{k+1} \setminus \{0\} \xrightarrow{\Pi} \mathbb{P}_k(\mathbb{R}) \xrightarrow{\theta} S^k$ où Π est la surjection canonique, θ la fonction régulière de l'exemple 13.4.11 et j l'inclusion. Le théorème de Stone-Weierstrass montre que $j \circ f$ est homotope à une fonction régulière $f': X \to \mathbb{R}^{k+1} \setminus \{0\}$. Puisque k est impair, le degré topologique $\Pi \circ j$ est 2, et donc d'après l'exemple 13.4.11 celui de $\theta \circ \Pi \circ j$ est aussi 2. Il vient, en utilisant le lemme 13.4.5, que $2\alpha = [g]$, et $[g]$ est représentée par la fonction régulière $\theta \circ \Pi \circ f'$. □

Si G est un groupe commutatif, on note $2G$ le sous-groupe
$$2G = \{\beta \in G \mid \exists \alpha \in G \ \beta = 2\alpha\}.$$

Théorème 13.4.13: *Soit X une variété algébrique réelle affine, compacte, connexe et de dimension n, et soit k un entier positif impair vérifiant $n < 2k - 1$. Alors*

(i) $2\pi^k(X) \subset \pi_{\text{alg}}^k(X)$.

(ii) *Si $\pi^k(X)$ est cyclique et soit infini, soit fini d'ordre pair, alors $\pi_{\text{alg}}^k(X) = \pi^k(X)$ ou $\pi_{\text{alg}}^k(X) = 2\pi^k(X)$.*

(iii) *Si $\pi^k(X)$ est cyclique fini d'ordre impair, alors $\pi_{\text{alg}}^k(X) = \pi^k(X)$.*

Démonstration:

(i) n'est autre que la proposition 13.4.12.

(ii) Supposons d'abord $\pi^k(X)$ cyclique infini, et identifions ses éléments avec les entiers. Soit $\varphi: X \to S^k$ tel que $[\varphi] = 1$. L'homomorphisme $\varphi^*: \pi^k(S^k) \to \pi^k(X)$ induit par φ est un isomorphisme. Il s'ensuit d'après le lemme 13.4.10 que si $\alpha, \beta \in \pi_{\text{alg}}^k(X)$, alors $-\alpha + 2\beta \in \pi_{\text{alg}}^k(X)$. Supposons que $\pi_{\text{alg}}^k(X) \neq 2\pi^k(X) = 2\mathbb{Z}$; c'est qu'il existe $f \in \mathcal{R}(X, S^k)$ avec $[f]$ correspondant à un entier impair, disons $[f] = 2l - 1$ dans $\pi^k(X)$. Choisissons (cf. 13.4.9) une fonction régulière $g: S^k \to S^k$ de degré topologique $2l + 1$. On a, d'après le lemme 13.4.5, $[g \circ f] = 4l^2 - 1$ dans $\pi^k(X)$. Comme $2l^2 \in \pi_{\text{alg}}^k(X)$ on a $1 = -[g \circ f] + 2(2l^2) \in \pi_{\text{alg}}^k(X)$; donc, en utilisant de nouveau 13.4.5 et 13.4.9, on arrive à $\pi_{\text{alg}}^k(X) = \pi^k(X)$.

Le raisonnement dans le cas où $\pi^k(X)$ est cyclique fini d'ordre pair est semblable et laissé au lecteur.

(iii) Si $\pi^k(X)$ est cyclique fini d'ordre impair, on a $\pi^k(X) = 2\pi^k(X)$, et on conclut grâce à (i). □

Remarque et exemple 13.4.14: On ne sait pas si dans la propriété (ii) du théorème le cas $\pi_{\text{alg}}^k(X) = 2\pi^k(X)$ peut se présenter. Voici un exemple pour des produits de sphères. Soient p, q deux entiers positifs avec $p < \rho(q)$ (où ρ est la fonction d'Hurwitz-Radon, cf. théorème 13.1.6); on construit explicitement une fonction polynomiale $S^p \times S^q \to S^{p+q}$ de degré topologique 1 de la façon suivante. Soit $F: \mathbb{R}^{p+1} \times \mathbb{R}^q \to \mathbb{R}^q$ une forme bilinéaire normée; on définit $f: S^p \times S^q \to S^{p+q}$, $f(x, y) = z$, par $(1-z_0) = (1-x_0)(1-y_0)/2$; $z_i = x_i(1-y_0)/2$ pour $i = 1, \ldots, p$; $z_{p+j} = F_j(1-x_0, x_1, \ldots, x_p, y_1, \ldots, y_q)/2$ pour $j = 1, \ldots, q$. Il est commode pour vérifier que f arrive bien dans S^{p+q} de poser $x'_0 = 1 - x_0$ (l'équation de S^p devenant $x'^2_0 + x_1^2 + \ldots + x_p^2 = 2x'_0$, etc.). Par ailleurs on observe que f envoie $S^p \vee S^q = (S^p \times \{*\}) \cup (\{*\} \times S^q) \subset S^p \times S^q$ sur $\{*\} \in S^{p+q}$ (où $*$ désigne le point $(1, 0, \ldots, 0)$ de la sphère appropriée), et que $f|((S^p \times S^q) \setminus (S^p \vee S^q))$ est un difféomorphisme sur $S^{p+q} \setminus \{*\}$; ceci montre que le degré topologique de f est bien 1. Il s'ensuit par exemple que $\pi^{2m+1}_{\text{alg}}(S^1 \times S^{2m}) = \pi^{2m+1}(S^1 \times S^{2m})$; d'un autre côté on ne sait pas si $\pi^5_{\text{alg}}(S^2 \times S^3) = \pi^5(S^2 \times S^3)$. □

Le remplacement de $\pi^k(S^n)$ par $\pi_n(S^k)$ dans le théorème 13.4.13 nous donne immédiatement le résultat suivant.

Théorème 13.4.15: *Soient n et k des entiers positifs, k impair, $n < 2k - 1$. Alors:*
  (i) $2\pi_n(S^k) \subset \pi^{\text{alg}}_n(S^k)$.
  (ii) *Si $\pi_n(S^k)$ est cyclique d'ordre pair alors $\pi^{\text{alg}}_n(S^k) = \pi_n(S^k)$ ou* $\pi^{\text{alg}}_n(S^k) = 2\pi_n(S^k)$.
  (iii) *Si $\pi_n(S^k)$ est cyclique d'ordre impair alors $\pi^{\text{alg}}_n(S^k) = \pi_n(S^k)$.* □

Exemple 13.4.16: $\pi^{\text{alg}}_{2p+14}(S^{2p+1}) = \pi_{2p+14}(S^{2p+1}) = \mathbb{Z}/3$ pour tout $p \geq 7$. □

Pour $k = 3$ ou 7, le théorème précédent peut être généralisé.

Proposition 13.4.17: *Si $k = 3$ ou 7, alors les propriétés* (i), (ii) *et* (iii) *du théorème 13.4.15 sont vérifiées pour tout entier positif n.*

Démonstration: On sait que si $f: S^n \to S^k$ et $\varphi: S^k \to S^k$ sont des applications continues, avec $k = 3$ ou 7 et n n'importe quel entier positif, alors $[\varphi \circ f] = (\deg(\varphi))[f]$ dans $\pi_n(S^k)$ (cf. [Whitehead 1] chapitre 10, corollaire 8.4). En utilisant ce fait à la place du lemme 13.4.5, on arrive à la conclusion en suivant la démonstration du théorème 13.4.13. □

Exemple 13.4.18: $\pi^{\text{alg}}_9(S^3) = \pi_9(S^3) = \mathbb{Z}/3$; $\pi^{\text{alg}}_{10}(S^3) = \pi_{10}(S^3) = \mathbb{Z}/15$. □

Théorème 13.4.19: *Soit X une variété algébrique réelle affine compacte, connexe, non singulière, orientée et de dimension impaire n. Alors pour chaque entier pair p il existe $f \in \mathcal{R}(X, S^n)$ de degré topologique p. De plus s'il existe une fonction régulière $X \to S^n$ de degré topologique impair, alors toute fonction continue $X \to S^n$ est homotope à une fonction régulière.*

Démonstration: On a ici $\pi^n(X) \simeq \mathbb{Z}$. On applique le théorème 13.4.13 pour $n > 1$. Le cas $n = 1$ est réglé par 13.3.5. □

Remarque 13.4.20:
  (i) Il peut se passer des choses très différentes de ce qui est indiqué en 13.4.19 quand X est de dimension *paire* (cf. proposition 13.4.4 et aussi la section suivante).
  (ii) Dans le théorème 13.4.19 on peut remplacer l'hypothèse «X non singulière» par l'hypothèse plus faible «X localement homéomorphe à $\mathbb{R}^n$». □

Nous allons terminer cette section en donnant une méthode simple et efficace de construction d'éléments de $\pi_n^{\mathrm{alg}}(S^k)$: la suspension de formes $S^n \to S^k$. Pour la suspension, voir [Steenrod 1] p. 111.

Proposition 13.4.21: *Soit $h: S^n \to S^k$ une d-forme. Alors la suspension $\Sigma h: S^{n+1} \to S^{k+1}$ est homotope à une fonction régulière; autrement dit, $[\Sigma h] \in \pi_{n+1}^{\mathrm{alg}}(S^{k+1})$.*

Démonstration: Soit $u = (x, y) = (x_1, \ldots, x_{n+1}, y) \in S^{n+1}$. On définit $\Sigma h: S^{n+1} \to S^{k+1}$ par

$$\Sigma h(u) = ((1-y)^d + (1+y)^d)^{-1}(2H(x), -(1-y)^d + (1+y)^d)$$

où $H: \mathbb{R}^{n+1} \to \mathbb{R}^{k+1}$ est une fonction polynomiale homogène de degré d dont h est restriction. Un calcul élémentaire montre que Σh envoie bien S^{n+1} dans S^{k+1}, et il est clair que Σh définit la suspension de h. □

Corollaire 13.4.22: *Pour tout entier $n \in \mathbb{N}$, toute fonction continue $S^n \to S^n$ est homotope à une fonction régulière; autrement dit, $\pi_n(S^n) = \pi_n^{\mathrm{alg}}(S^n)$.*

Démonstration: On utilise le théorème 13.4.9 pour n impair, et on passe au cas n pair par suspension grâce à la proposition 13.4.21. □

Exemple 13.4.23: Pour tout entier $n \in \mathbb{N}$ de la forme $n = 2p$ avec p impair on a $\pi_{n+1}(S^n) = \pi_{n+1}^{\mathrm{alg}}(S^n)$, $\pi_{n+2}(S^{n+1}) = \pi_{n+2}^{\mathrm{alg}}(S^{n+1})$ et $\pi_{n+2}(S^n) = \pi_{n+2}^{\mathrm{alg}}(S^n)$. On a déjà dit en 13.2.13 que, si $\varphi_n: S^{n+\rho(n)-1} \to S^n$ est la forme de Hopf associée à la forme bilinéaire normée $\mathbb{R}^n \times \mathbb{R}^{\rho(n)} \to \mathbb{R}^n$ donnée par la construction de Hurwitz-Radon, alors $[\varphi_n] \in \pi_{n+\rho(n)-1}(S^n)$ est non nul. Puisque $\pi_{k+1}(S^k) \simeq \mathbb{Z}/2$ pour $k \geq 3$ et que $\rho(n) = 2$, on en déduit que $[\varphi_n]$ engendre $\pi_{n+1}(S^n)$ pour $n > 2$ et que $[\Sigma \varphi_n]$ engendre $\pi_{n+2}(S^{n+1})$ pour $n \geq 2$ (en utilisant le théorème de suspension, cf. [Hu 1] p. 312). Puisque, d'après 13.4.21, $\Sigma \varphi_n \in \mathscr{R}(S^{n+2}, S^{n+1})$ et que $[\varphi_n \circ \Sigma \varphi_n]$ engendre $\pi_{n+2}(S^n) \simeq \mathbb{Z}/2$ pour $n \geq 2$ (cf. [Whitehead 1], théorème 2.8 p. 550), on obtient la conclusion annoncée dans tous les cas, sauf pour $\pi_3(S^2) \simeq \mathbb{Z}$. Mais ce dernier cas est réglé par le théorème 13.3.10. □

Exemple 13.4.24: Le générateur de $\pi_8(S^5) = \mathbb{Z}/24$ est représenté par la fonction régulière $\Sigma \varphi_4: S^8 \to S^5$, suspension de la fibration de Hopf $\varphi_4: S^7 \to S^4$ (cf. [Hu 1], théorème 16.4 p. 330). Il s'ensuit, en utilisant le théorème 13.4.13 (ii) que $\pi_8(S^5) = \pi_8^{\mathrm{alg}}(S^5)$. D'un autre côté on sait par le théorème 13.1.9 que $\mathscr{P}(S^8, S^5)$ ne contient que des fonctions constantes. □

Pour terminer cette section, rappelons que la question de savoir si $\pi_n(S^k) = \pi_n^{\mathrm{alg}}(S^k)$ pour n, k quelconques, reste ouverte.

13.5 Fonctions régulières d'un produit de sphères dans une sphère

Nous avons vu en 13.4.4 que toute fonction régulière $S^1 \times S^1 \to S^2$ a une classe d'homotopie nulle. Le but de cette section est de montrer un théorème qui englobe ce résultat.

Théorème 13.5.1: *Soit $q_1, \ldots, q_n$ un n-uple d'entiers positifs, $n \geq 2$, et soit $k = q_1 + \ldots + q_n$. Alors les conditions suivantes sont équivalentes:*

(i) *Toute fonction régulière $f: S^{q_1} \times \ldots \times S^{q_n} \to S^k$ est homotope à une fonction constante.*

(ii) *L'entier k est pair et au moins un des entiers q_i est impair.*

Nous aurons besoin du lemme topologique suivant.

Lemme 13.5.2: *Soit X une variété $\mathscr{C}^\infty$ compacte, connexe, orientable de dimension $2k$ et soit $f: X \to S^{2k}$ une fonction $\mathscr{C}^\infty$. Si l'homomorphisme induit $\tilde{K}(f): \tilde{K}(S^{2k}) \to \tilde{K}(X)$ est nul, alors f est homotope à une fonction constante.*

Démonstration: On utilise le caractère de Chern, qui est un homomorphisme d'anneaux

$$\mathrm{Ch}(X): \tilde{K}(X) \to \tilde{H}^{\mathrm{pair}}(X, \mathbb{Q}) = \bigoplus_{i=0}^{\infty} \tilde{H}^{2i}(X, \mathbb{Q})$$

(où $\tilde{H}$ est la cohomologie réduite) défini dans [Karoubi 2], p. 283. Si $X = S^{2k}$, alors $\mathrm{Ch}(S^{2k})$ est injectif et son image est $\tilde{H}^{\mathrm{pair}}(S^{2k}, \mathbb{Z}) \simeq \mathbb{Z} \subset \tilde{H}^{\mathrm{pair}}(S^{2k}, \mathbb{Q}) \simeq \mathbb{Q}$ (cf. [Karoubi 2], théorème 3.25 p. 283). Considérons le diagramme commutatif:

$$\begin{array}{ccc} \mathbb{Z} \simeq \tilde{K}(S^{2k}) & \xrightarrow{\mathrm{Ch}(S^{2k})} & \tilde{H}^{\mathrm{pair}}(S^{2k}, \mathbb{Q}) \simeq \mathbb{Q} \\ {\scriptstyle \tilde{K}(f)} \downarrow & & \downarrow {\scriptstyle \tilde{H}(f)} \\ \tilde{K}(X) & \xrightarrow{\mathrm{Ch}(X)} & \tilde{H}^{\mathrm{pair}}(X, \mathbb{Q}) \end{array}$$

ou $\tilde{H}(f)$ est l'homomorphisme induit par f. Si $\tilde{K}(f) = 0$, alors on a aussi $\tilde{H}(f) = 0$; comme $\tilde{H}(f): \tilde{H}^{2k}(S^{2k}, \mathbb{Q}) \simeq \mathbb{Q} \to \tilde{H}^{2k}(X, \mathbb{Q}) \simeq \mathbb{Q}$ est simplement la multiplication par le degré topologique de f, ce dernier doit être nul. □

Théorème 13.5.3: *Soit X une variété algébrique réelle affine compacte, connexe, non singulière et orientable, de dimension impaire $n < 2k$. Alors toute fonction régulière $X \times S^{2k-n} \to S^{2k}$ est homotope à une fonction constante.*

Démonstration: On montre d'abord le résultat pour X de dimension $2k-1$. Soient $f: X \times S^1 \to S^{2k}$ une fonction régulière et $i: X \to X \times S^1$ l'inclusion définie par $i(x) = (x, a)$ où a est un point choisi de S^1. Considérons le diagramme commutatif d'homomorphismes d'anneaux

$$\begin{array}{ccc} & \mathscr{R}(S^{2k}, \mathbb{C}) \xrightarrow{\eta_1} \mathscr{C}^0(S^{2k}, \mathbb{C}) & \\ {\scriptstyle (f \circ i)^*} \swarrow \quad {\scriptstyle f^*} \downarrow & & \downarrow {\scriptstyle f^*} \\ \mathscr{R}(X, \mathbb{C}) \xleftarrow{i^*} \mathscr{R}(X \times S^1, \mathbb{C}) & \xrightarrow{\eta_2} & \mathscr{C}^0(X \times S^1, \mathbb{C}) \end{array}$$

13.5 Fonctions régulières d'un produit de sphères dans une sphère

où f^*, i^*, etc. sont les homomorphismes induits par f, i, etc. et η_1, η_2 les inclusions. Appliquons le foncteur $\tilde{K}_0$ à ce diagramme; on obtient le diagramme commutatif suivant

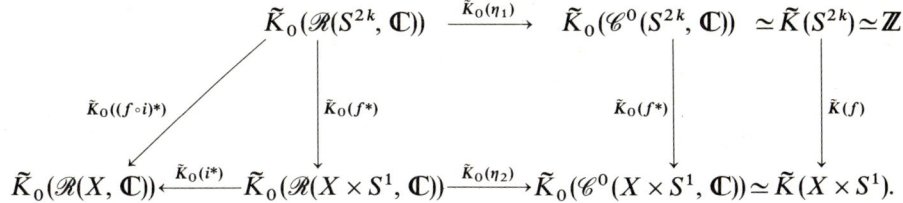

On observe que:
  (i) $\tilde{K}_0(\eta_1)$ est un isomorphisme (cf. 12.6.2),
  (ii) $\tilde{K}_0(i^*)$ est un isomorphisme (cf. 12.6.5),
  (iii) puisque $\dim(X) < 2k$, $f \circ i : X \to S^{2k}$ est homotope à une fonction constante et donc $\tilde{K}_0((f \circ i)^*) = 0$.

On en déduit que $\tilde{K}(f) = 0$, et donc d'après le lemme 13.5.2 que f est homotope à une fonction constante.

Passons maintenant au cas général, où $\dim(X) = n < 2k$, n impair. Soit $f: X \times S^{2k-n} \to S^{2k}$ une fonction régulière. Utilisant le théorème 13.4.19 choisissons $\varphi: S^{2k-n-1} \times S^1 \to S^{2k-n}$ régulière de degré topologique 2 et considérons la fonction régulière

$$f \circ (\mathrm{Id}_X \times \varphi): X \times S^{2k-n-1} \times S^1 \to S^{2k}.$$

Son degré topologique est 0 d'après la première partie de la démonstration, et d'autre part il est égal à $2 \deg(f)$; il s'ensuit que $\deg(f) = 0$, ce qui achève la démonstration. □

Lemme 13.5.4: *Soit p un entier positif pair. Alors la fonction polynomiale $\varphi: S^p \times S^q \to S^{p+q}$ définie par*

$$\varphi(x_0, x_1, \ldots, x_p; y_0, y_1, \ldots, y_q) = (x_0 y_0, x_1 y_0, \ldots, x_p y_0, y_1, \ldots, y_q)$$

est de degré topologique 2.

Démonstration: On observe que $\varphi = \varphi \circ h$ où h est la symétrie $h(x_0, \ldots, x_p; y_0, \ldots, y_q) = (-x_0, \ldots, -x_p; -y_0, y_1, \ldots, y_q)$ de degré topologique $(-1)^{p+2} = 1$. Si $y_0 \neq 0$ on a $\varphi^{-1}(\varphi(x, y)) = \{(x, y), h(x, y)\}$ et les différentielles $\varphi'(x, y)$ et $\varphi'(h(x, y))$ sont des isomorphismes qui préservent l'orientation (si les sphères sont munies de leur orientation standard). Donc φ est de degré topologique 2. □

Démonstration du théorème 13.5.1: (i) ⇒ (ii) L'hypothèse (i) et le théorème 13.4.19 entraînent que k doit être pair. Si maintenant tous les q_i étaient pairs, le lemme 13.5.4 nous fournirait par récurrence sur n une fonction régulière (même polynomiale) $S^{q_1} \times \ldots \times S^{q_n} \to S^k$ de degré topologique 2^{n-1}; donc les q_i ne sont pas tous pairs.

(ii) ⇒ (i) C'est une conséquence immédiate du théorème 13.5.3. □

Remarque 13.5.5: On ne sait pas s'il existe toujours une fonction régulière $S^{q_1} \times \ldots \times S^{q_n} \to S^{q_1 + \ldots + q_n}$ (avec tous les q_i pairs) de degré topologique 1. C'est le cas pour $S^2 \times S^4 \to S^6$, mais on ne le sait pas pour $S^2 \times S^2 \to S^4$.

Remarque 13.5.6: L'implication (ii) ⇒ (i) pour les fonctions polynomiales et pour $n=2$ est due à [Loday 1]. Il faut insister à ce sujet sur le fait qu'un résultat sur les fonctions polynomiales ne reste pas forcément vrai pour les fonctions régulières. Ainsi, d'après [Loday 1], toute fonction polynomiale $S^1 \times \ldots \times S^1 (k \text{ fois}) \to S^k$ est homotope à une fonction constante quand $k \geq 2$. Le théorème 13.5.1 entraîne que cela reste vrai pour les fonctions régulières quand k est pair, mais d'après le théorème 13.4.19 c'est faux quand k est impair.

Note bibliographique: Les théorèmes 13.1.9 et 13.1.11 sont dus à [Wood 1]. Les formes de Hopf apparaissent pour la première fois dans [Hopf 1]. La majorité des résultats de la section 2 se trouve (au moins implicitement) dans [Lam K.Y.3]. On peut trouver d'autres informations sur l'étude des formes bilinéaires normées ou non singulières dans [Shapiro 1] et dans [Lam K.Y.2]; ces deux articles contiennent aussi une excellente bibliographie sur le sujet. La plupart des résultats des sections 3 à 5 se trouvent dans [Bochnak Kucharz 2]. Signalons toutefois que les théorèmes 13.3.1 et 13.3.4 (pour $\mathbb{F} = \mathbb{R}$) sont dans [Ivanov 1]; que la proposition 13.4.6 (pour $n=k$) et le théorème 13.4.9 sont dus à [Wood 1]; que l'exemple 13.4.14 et le lemme 13.5.4 sont dus à [Loday 1]. De même le théorème 13.5.1 (ii) ⇒ (i) (dans le cas $n=2$ et f polynomiale) et le théorème 13.5.3 (dans le cas $n=2k-1$ et f polynomiale) sont dus à [Loday 1]. Une étude assez détaillée de l'ensemble $\mathscr{R}(X, S^{2k})$ pour les hypersurfaces algébriques non singulières compactes génériques $X \subset \mathbb{R}^{2k+1}$, ainsi que d'autres résultats concernant $\mathscr{R}(X, S^{2k})$ se trouvent dans [Bochnak Kucharz 2].

Chapitre 14. Modèles algébriques de variétés $\mathscr{C}^\infty$

Résumé: Le résultat central de ce chapitre est le théorème de Nash-Tognoli qui dit que toute variété $\mathscr{C}^\infty$ compacte est difféomorphe à un ensemble algébrique réel. La première section est consacrée à la démonstration de ce théorème ainsi qu'à ses variantes. La deuxième section présente quelques résultats concernant la caractérisation topologique des ensembles algébriques réels et qui reposent sur le théorème de Nash-Tognoli.

14.1 Modèles algébriques de variétés $\mathscr{C}^\infty$

Le but de cette section est de montrer le théorème de Nash-Tognoli qui affirme que toute variété $\mathscr{C}^\infty$ compacte est difféomorphe à un ensemble algébrique non singulier. L'un des outils principaux est le théorème d'isotopie de Thom; nous aurons besoin ici d'une version assez précise, que nous formulons explicitement. Rappelons que deux sous-ensembles A et B d'une variété $\mathscr{C}^\infty$ X sont dits difféotopes s'il existe une famille $(\sigma_t)_{t\in[0,1]}$ de difféomorphismes de X telle que $\sigma: [0,1] \times X \to X$ défini par $\sigma(t, x) = \sigma_t(x)$ soit une fonction $\mathscr{C}^\infty$, que σ_0 soit l'identité de X et que $\sigma_1(A) = B$.

Théorème 14.1.1: *Soient X et Y des variétés $\mathscr{C}^\infty$, avec X compacte et éventuellement avec bord ∂X. Soit $Z \subset Y$ une sous-variété $\mathscr{C}^\infty$ compacte. Soit $f: X \to Y$ une fonction $\mathscr{C}^\infty$ transverse à Z et telle que $f^{-1}(Z) \cap \partial X = \emptyset$. Alors il existe un voisinage Ω de f dans $\mathscr{C}^\infty(X, Y)$ tel que pour toute fonction $\mathscr{C}^\infty$ $g: X \to Y$ dans Ω, g est transverse à Z et l'ensemble $g^{-1}(Z) \subset X \setminus \partial X$ est une sous-variété $\mathscr{C}^\infty$ difféotope à $f^{-1}(Z)$ par une difféotopie $(\sigma_t)_{t \in [0,1]}$. De plus, en choisissant Ω suffisamment petit, on peut avoir σ_t arbitrairement proche de l'identité, et égal à l'identité sur l'ensemble $\{x \in X \mid f(x) = g(x)\}$ et en dehors d'un voisinage donné à l'avance de $f^{-1}(Z)$.*

Référence de démonstration: [Abraham Robbin 1], p. 51. □

Nous aurons aussi besoin de précisions sur les points non singuliers d'ensembles algébriques.

Lemme 14.1.2: *Soient $W \subset \mathbb{R}^m$ et $Z \subset \mathbb{R}^n$ deux ensembles algébriques avec Z non singulier de dimension s. Soit $f: W \to \mathbb{R}^n$ une fonction régulière. Soit $x \in f^{-1}(Z)$ un point non singulier en dimension r de W (cf. 3.3.9) et supposons f transverse à Z en x. Alors x est un point non singulier en dimension $r+s-n$ de l'ensemble algébrique $f^{-1}(Z)$.*

Démonstration: Puisque Z est non singulier de dimension s, il existe $g_1, \ldots, g_{n-s} \in \mathscr{R}_{\mathbb{R}^n, f(x)}$ tels que la matrice jacobienne $\left[\dfrac{\partial g_i}{\partial y_j}\right]$ $(i=1, \ldots, n-s;\ j=1, \ldots, n)$ soit de rang $n-s$ en $f(x)$ et que $\mathscr{R}_{Z, f(x)} = \mathscr{R}_{\mathbb{R}^n, f(x)}/(g_1, \ldots, g_{n-s})$ (cf. 3.3.9). Le fait que f soit transverse à Z en x revient à dire que le rang de la différentielle $(g \circ f)'(x)\colon T_x(W) \to \mathbb{R}^{n-s}$ est égal à $n-s$. Alors $\mathscr{R}_{f^{-1}(Z), x} = \mathscr{R}_{W, x}/(g_1 \circ f, \ldots, g_{n-s} \circ f)$ est un anneau local régulier de dimension $r-(n-s)$, ce qui démontre le lemme. $\square$

Le résultat suivant, dû à [Seifert 1], est sans doute le premier concernant l'existence de modèles algébriques de variétés $\mathscr{C}^\infty$.

Théorème 14.1.3: *Soit $V \subset \mathbb{R}^n$ un ensemble algébrique non singulier, et soit $M \subset V$ une sous-variété $\mathscr{C}^\infty$ compacte dont le fibré normal dans V est trivial. Alors M est difféotope, par une difféotopie arbitrairement proche de l'identité, à une union de composantes connexes non singulières (c.-à-d. contenues dans l'ouvert des points non singuliers) d'un sous-ensemble algébrique de V.*

Démonstration: On choisit un voisinage tubulaire compact T de M dans V, qui est une variété $\mathscr{C}^\infty$ avec bord. On choisit aussi une fonction $\mathscr{C}^\infty$ $f\colon T \to \mathbb{R}^{v-m}$ (où $v = \dim(V)$ et $m = \dim(M)$) telle que $0 \in \mathbb{R}^{v-m}$ est valeur régulière de f et $f^{-1}(0) = M$. On choisit enfin un voisinage Ω de f dans $\mathscr{C}^\infty(T, \mathbb{R}^{v-m})$ comme dans l'énoncé de 14.1.1 (avec $Z = \{0\}$). D'après le théorème de Stone-Weierstrass, il existe une fonction polynomiale $g\colon V \to \mathbb{R}^{v-m}$ telle que $g|T \in \Omega$. Alors, d'après 14.1.1, $g^{-1}(0) \cap T$ est difféotope à $M = f^{-1}(0)$; par ailleurs il est clair que $g^{-1}(0) \cap T$ est une union de composantes connexes non singulières de l'ensemble algébrique $g^{-1}(0) \subset V$. $\square$

En général l'ensemble algébrique $g^{-1}(0)$ de la démonstration de 14.1.3 a d'autres composantes connexes en dehors de T, qui ne peuvent pas être enlevées. C'est certainement le cas si la classe d'homologie $[M] \in H_m(V, \mathbb{Z}/2)$ n'appartient pas à $H_m^{\text{alg}}(V, \mathbb{Z}/2)$ (cf. chapitre 11 section 3). Cependant on peut se débarrasser des composantes connexes parasites dans le cas important suivant.

Théorème 14.1.4: *Soit $M \subset \mathbb{R}^n$ une sous-variété $\mathscr{C}^\infty$ compacte orientable de codimension ≤ 2. Alors M est difféotope, par une difféotopie arbitrairement proche de l'identité, à un ensemble algébrique non singulier de $\mathbb{R}^n$.*

Démonstration: L'hypothèse implique que le fibré normal de M dans $\mathbb{R}^n$ est trivial [Massey 1]. Considérons M comme plongé dans S^n et soit $\varphi\colon S^n \to S^k$ ($k = \mathrm{codim}(M)$) une fonction $\mathscr{C}^\infty$ telle que $M = \varphi^{-1}(a)$ pour une valeur régulière $a \in S^k$. Approchons φ par une fonction régulière $\psi\colon S^n \to S^k$ (cf. théorème 13.3.10). D'après 14.1.1 M et $\psi^{-1}(a)$ sont difféotopes, si ψ est suffisamment proche de φ. $\square$

Une conséquence du théorème précédent est que chaque noeud $\mathscr{C}^\infty$ dans $\mathbb{R}^3$ est difféotope à un noeud algébrique de $\mathbb{R}^3$.

Voici le résultat technique qui nous servira pour trouver des modèles algébriques de variétés $\mathscr{C}^\infty$.

14.1 Modèles algébriques de variétés $\mathscr{C}^\infty$

Proposition 14.1.5: *Soient $A \subset K \subset \mathbb{R}^m$, $W \subset \mathbb{R}^n$, où A et W sont des ensembles algébriques non singuliers et K est une sous-variété $\mathscr{C}^\infty$ compacte, éventuellement avec bord. Soit $f: K \to W$ une fonction $\mathscr{C}^\infty$ telle que $f|A$ est une fonction régulière. Alors, pour tout voisinage Ω de f dans $\mathscr{C}^\infty(K, W)$, il existe un ensemble algébrique $Z \subset \mathbb{R}^m \times \mathbb{R}^n$ de dimension m, une fonction régulière $h: Z \to W$, et une fonction $\mathscr{C}^\infty$ $\varphi: K \to \mathbb{R}^n$ tels que:*

(i) *L'image de la fonction $\sigma: K \to \mathbb{R}^m \times \mathbb{R}^n$ définie par $\sigma(x) = (x, \varphi(x))$ est contenue dans $\mathrm{Reg}(Z)$.*

(ii) *La fonction composée $h \circ \sigma: K \to W$ est dans Ω.*

(iii) *Pour tout $x \in A$, on a $\varphi(x) = 0$ et $h \circ \sigma(x) = f(x)$.*

(iv) *Il existe $\varepsilon > 0$ tel que l'image de σ soit l'ensemble*

$$Z \cap (K \times \{y \in \mathbb{R}^n \mid \|y\| < \varepsilon\}).$$

Démonstration: On choisit un voisinage tubulaire T de W dans $\mathbb{R}^n$ de rayon ε, avec la rétraction orthogonale $\rho: T \to W$. D'après le théorème de Stone-Weierstrass relatif (12.5.5) on peut choisir une fonction polynomiale $g: \mathbb{R}^m \to \mathbb{R}^n$ arbitrairement proche de f sur K (pour la topologie $\mathscr{C}^\infty$) et telle que $g|A = f|A$; en particulier on peut supposer $g(K) \subset T$. Alors $U = g^{-1}(T)$ est un voisinage ouvert semi-algébrique de K dans $\mathbb{R}^m$. Pour $x \in U$, posons $\bar{\varphi}(x) = \rho(g(x)) - g(x)$ et $\bar{\sigma}(x) = (x, \bar{\varphi}(x))$; notons $\varphi = \bar{\varphi}|K$ et $\sigma = \bar{\sigma}|K$.

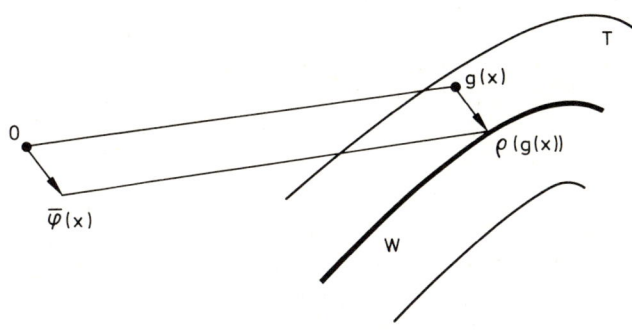

Fig. 38

Soit maintenant Z l'adhérence pour la topologie de Zariski de $\bar{\sigma}(U)$. L'ensemble algébrique Z est de dimension m car, puisque $\bar{\sigma}$ est une bijection semi-algébrique, $\dim(\bar{\sigma}(U)) = \dim(U) = m$ (cf. 2.8.2). On pose enfin $h(x, y) = g(x) + y$ pour $(x, y) \in Z \subset \mathbb{R}^m \times \mathbb{R}^n$. Il reste à vérifier les propriétés (i) à (iv) de l'énoncé. La propriété (iii) est immédiate, et (ii) est vérifiée si l'on choisit g suffisamment proche de f (remarquer que $h \circ \sigma = \rho \circ g$). On remarque que Z est contenu dans l'ensemble algébrique $Z' \subset \mathbb{R}^m \times \mathbb{R}^n$ qui est image réciproque par la fonction régulière $\gamma: \mathbb{R}^m \times \mathbb{R}^n \to \mathbb{R}^n \times \mathbb{R}^n$, $\gamma(x, y) = (g(x) + y, y)$, de l'espace total $E = \{(w, y) \in W \times \mathbb{R}^n \mid y \text{ orthogonal à } T_w(W)\}$ du fibré normal de W dans $\mathbb{R}^n$. On voit sans peine que $\bar{\sigma}(U) = Z' \cap (U \times \{y \in \mathbb{R}^n \mid \|y\| < \varepsilon\})$, ce qui montre la propriété (iv). On remarque aussi que $\bar{\sigma}(U)$ est ouvert à la fois dans Z et dans Z'. On sait que E est non singulier de dimension n, et γ est transverse à E en tout point de $\bar{\sigma}(U)$ car $T_{(w, y)}(E) = T_w(W) \times (T_w(W))^\perp$ et l'image de la différentielle $\gamma'(x, y)$ contient la diagonale de $\mathbb{R}^n \times \mathbb{R}^n$. Alors, d'après le lemme 14.1.2, tout point de $\bar{\sigma}(U)$ est un point non singulier en dimension m de Z' et donc a fortiori de Z, ce qui montre la propriété (i). □

Remarque 14.1.6: Le résultat précédent n'est pas sans rappeler la description d'Artin et Mazur des fonctions de Nash (8.4.4). De fait, en appliquant cette description à la fonction de Nash $\rho \circ g$ sur U (avec les notations de la démonstration) on obtient directement un ensemble algébrique Z non singulier de dimension m, un difféomorphisme de Nash σ de U sur un ouvert de Z, et une fonction régulière $h: Z \to W$ tels que $h \circ \sigma | K$ soit dans Ω et $h \circ \sigma | A = f | A$. Mais par 14.1.5 on sait en plus que l'image de A par σ est algébrique (et même $\sigma(A) = A \times \{0\}$), résultat qui sera utile en 14.1.7 et qui ne résulte pas de la description d'Artin-Mazur.

Théorème 14.1.7 (théorème de Nash généralisé): *Soit $M \subset \mathbb{R}^m$ une sous-variété $\mathscr{C}^\infty$ compacte connexe. Soit $A \subset M$ un sous-ensemble algébrique non singulier, et supposons qu'un voisinage ouvert U de A dans M est un ouvert d'un ensemble algébrique non singulier. Alors il existe une composante connexe non singulière X d'un sous-ensemble algébrique de $\mathbb{R}^m \times \mathbb{R}^n$ (pour un certain n), et un $\mathscr{C}^\infty$-difféomorphisme $\tau: M \to X$ tel que $\tau(a) = (a, 0)$ pour tout $a \in A$. De plus X et τ peuvent être choisis de telle façon que τ est arbitrairement proche de l'inclusion $M \hookrightarrow \mathbb{R}^m \times \mathbb{R}^n$ qui envoie $x \in M$ sur $(x, 0)$.*

Démonstration: Soit k la codimension de M dans $\mathbb{R}^m$. On rappelle que $\gamma_{m,k} = (E_{m,k}, p_{m,k}, \mathbb{G}_{m,k})$ est le fibré vectoriel universel de rang k sur la grassmannienne $\mathbb{G}_{m,k}$, avec $E_{m,k} = \{(g, v) \in \mathbb{G}_{m,k} \times \mathbb{R}^m | v \in g\}$. On sait (cf. 12.1.4) que l'on peut considérer $E_{m,k}$ comme sous-ensemble algébrique d'un certain $\mathbb{R}^n$.

Soit K un voisinage tubulaire compact de M dans $\mathbb{R}^m$ (K est une variété $\mathscr{C}^\infty$ à bord) avec la rétraction orthogonale $\rho: K \to M$. Soit $v: M \to \mathbb{G}_{m,k}$ l'application de Gauss, qui à $x \in M$ fait correspondre l'espace $v(x)$ normal à M en x. Puisque ρ est la rétraction orthogonale, pour tout $y \in K$ on a $\rho(y) - y \in v(\rho(y))$. La formule $f(y) = (v(\rho(y)), \rho(y) - y)$ définit donc une fonction $\mathscr{C}^\infty$ $f: K \to E_{m,k}$. Il est clair que cette fonction f est transverse à la section nulle $\mathbb{G}_{m,k} \times \{0\} \subset E_{m,k}$, et que $f^{-1}(\mathbb{G}_{m,k} \times \{0\}) = M$. De plus, grâce à l'hypothèse sur le voisinage U et en utilisant le corollaire 3.4.10, on voit que $f | A$ est une fonction régulière.

Choisissons maintenant un voisinage Ω de f dans $\mathscr{C}^\infty(K, E_{m,k})$ comme dans l'énoncé de 14.1.1. Ensuite, choisissons un ensemble algébrique $Z \subset \mathbb{R}^m \times \mathbb{R}^n$, une fonction régulière $h: Z \to E_{m,k}$ et une fonction $\mathscr{C}^\infty$ $\varphi: K \to \mathbb{R}^n$ satisfaisant les propriétés (i) à (iv) de la proposition 14.1.5. En particulier la fonction $h \circ \sigma: K \to E_{m,k}$ est dans Ω, et d'après 14.1.1, l'ensemble $(h \circ \sigma)^{-1}(\mathbb{G}_{m,k} \times \{0\})$ est une sous-variété $\mathscr{C}^\infty$ de $K \setminus \partial K$ difféotope à $f^{-1}(\mathbb{G}_{m,k} \times \{0\}) = M$, la difféotopie laissant A fixe (car $h \circ \sigma | A = f | A$). Posons alors $X = \sigma((h \circ \sigma)^{-1}(\mathbb{G}_{m,k} \times \{0\}))$; il est clair que M est difféomorphe à X par un difféomorphisme τ (composé du difféomorphisme $M \to (h \circ \sigma)^{-1}(\mathbb{G}_{m,k} \times \{0\})$ avec σ) tel que $\tau(a) = (a, 0)$ pour tout $a \in A$. L'ensemble X est contenu dans l'ensemble algébrique $X' = h^{-1}(\mathbb{G}_{m,k} \times \{0\}) \subset Z$. D'après la propriété (iv), on a $X = X' \cap ((K \setminus \partial K) \times \{y \in \mathbb{R}^n | \|y\| < \varepsilon\})$, ce qui montre que X est ouvert dans X'; comme par ailleurs X est compact, c'est une composante connexe de X'. Puisque $h | \sigma(K)$ est transverse à $\mathbb{G}_{m,k} \times \{0\}$, le lemme 14.1.2 montre que tous les points de X sont des points non singuliers en dimension $m-k$ de X'; quitte à remplacer X' par l'adhérence pour la topologie de Zariski de X, l'ensemble X est bien une composante connexe non singulière de X'. Enfin, d'après la construction de X et du difféomorphisme $\tau: M \to X$, on peut choisir τ arbitrairement proche de l'inclusion $M \hookrightarrow \mathbb{R}^m \times \mathbb{R}^n$. □

Le théorème précédent, dans le cas $A = \emptyset$, est le théorème de Nash.

Théorème 14.1.8 (théorème de Nash): *Soit $M \subset \mathbb{R}^m$ une sous-variété $\mathscr{C}^\infty$ compacte connexe. Alors il existe une composante connexe non singulière X d'un sous-ensemble algébrique de $\mathbb{R}^m \times \mathbb{R}^n$ (pour un certain n), et un $\mathscr{C}^\infty$-difféomorphisme $M \to X$.* □

On va maintenant se débarrasser des composantes connexes supplémentaires. Ce résultat, dû à Tognoli, nécessite l'utilisation de l'un des théorèmes les plus profonds de topologie différentielle.

Rappelons que deux variétés $\mathscr{C}^\infty$ compactes M_1 et M_2 de dimension m sont dites *cobordantes* quand leur réunion disjointe est le bord d'une variété $\mathscr{C}^\infty$ compacte de dimension $m+1$ (appelée un *cobordisme* entre M_1 et M_2). Il a été montré par [Milnor 3] (cf. aussi [Conner Floyd 1]) que toute variété $\mathscr{C}^\infty$ compacte est cobordante à une réunion disjointe de variétés du type $\mathbb{P}_{k_1}(\mathbb{R}) \times \ldots \times \mathbb{P}_{k_n}(\mathbb{R}) \times H_{s_1 q_1} \times \ldots \times H_{s_r q_r}$ où

$$H_{sq} = \left\{ ((x_0 : \ldots : x_s), (y_0 : \ldots : y_q)) \in \mathbb{P}_s(\mathbb{R}) \times \mathbb{P}_q(\mathbb{R}) \,\bigg|\, \sum_{i=0}^{s} x_i y_i = 0 \right\}, \quad s \leq q.$$

On sait que $\mathbb{P}_k(\mathbb{R})$ est (birégulièrement isomorphe à) un ensemble algébrique, et H_{sq} est clairement un sous-ensemble algébrique de $\mathbb{P}_s(\mathbb{R}) \times \mathbb{P}_q(\mathbb{R})$; on vérifie sans peine que H_{sq} est une hypersurface non singulière de ce produit. Ce que nous retiendrons pour la démonstration du théorème de Tognoli est le résultat suivant.

Théorème 14.1.9: *Toute variété $\mathscr{C}^\infty$ compacte est cobordante à un ensemble algébrique réel compact non singulier.* □

Nous en venons maintenant au résultat principal de cette section. Pour des raisons de commodité, nous conviendrons d'identifier $\mathbb{R}^k$ au sous-espace $\mathbb{R}^k \times \{0\}$ de $\mathbb{R}^n$, quand $n > k$.

Théorème 14.1.10 (théorème de Tognoli): *Soit $M \subset \mathbb{R}^m$ une sous-variété $\mathscr{C}^\infty$ compacte. Alors M est difféomorphe à un sous-ensemble algébrique non singulier de $\mathbb{R}^p$, pour un certain $p \geq m$. De plus, le difféomorphisme peut être choisi arbitrairement proche de l'inclusion $M \hookrightarrow \mathbb{R}^p$.*

Démonstration: On peut sans perte de généralité supposer que M est connexe. En utilisant le résultat 14.1.9, on choisit un ensemble algébrique compact non singulier A cobordant à M. En utilisant le «collar neighbourhood theorem» (cf. [Hirsch 1] p. 113), on peut supposer que le cobordisme X est contenu dans $\mathbb{R}^k \times [0, \infty[$, que $\partial X = M \cup A = X \cap (\mathbb{R}^k \times \{0\})$ et que $X \cap (\mathbb{R}^k \times [0, \delta[) = (M \cup A) \times [0, \delta[$ pour un certain $\delta > 0$. Soit alors Y le double de X, c.-à-d. que Y est la variété $\mathscr{C}^\infty$ définie par

$$Y = \{(v, r) \in \mathbb{R}^k \times \mathbb{R} \,|\, (v, r) \in X \text{ ou } (v, -r) \in X\}.$$

On remarque que le voisinage $A \times]-\delta, \delta[$ de A dans Y est un ouvert de l'ensemble algébrique non singulier $A \times \mathbb{R}$. Le théorème 14.1.7 nous permet de choisir une composante connexe non singulière Y' d'un ensemble algébrique $Z \subset \mathbb{R}^p$, $p > k+1$, et un difféomorphisme $\tau: Y \to Y'$ tel que $\tau(A) = A$; de plus Y' et τ peuvent être choisis de telle façon que τ soit aussi proche que l'on veut de l'inclusion $Y \hookrightarrow \mathbb{R}^p$. Posons $M' = \tau(M)$.

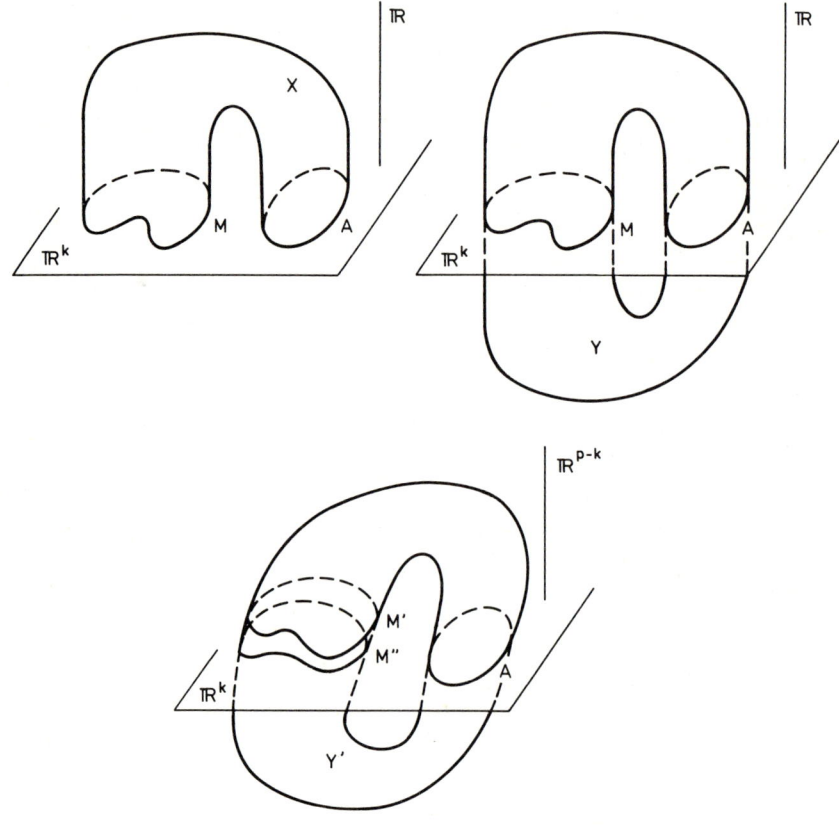

Fig. 39

Il existe une fonction $\mathscr{C}^\infty$ $g: Y' \to \mathbb{R}$ telle que $g^{-1}(0) = M' \cup A$ et que 0 soit valeur régulière de g (prendre par exemple pour g le composé de $\tau^{-1}: Y' \to Y$ avec la fonction «dernière coordonnée»: $Y \to \mathbb{R}$). On choisit maintenant une fonction régulière $h: Z \to \mathbb{R}$ telle que $h|Y'$ approche g dans $\mathscr{C}^\infty(Y', \mathbb{R})$, que $h|A = 0$ et que $h^{-1}(0) \subset Y'$. Ceci peut se faire de la manière suivante: si $\bar{Z}$ est l'adhérence de Z pour la topologie de Zariski dans $\mathbb{P}_p(\mathbb{R}) \supset \mathbb{R}^p$, on approche la fonction qui vaut g sur Y' et 1 sur $\bar{Z} \setminus Y'$ par une fonction régulière $\bar{h}: \bar{Z} \to \mathbb{R}$ telle que $\bar{h}|A = 0$ (grâce au théorème de Stone-Weierstrass relatif 12.5.5) et on prend $h = \bar{h}|Z$. L'ensemble algébrique $h^{-1}(0)$ est contenu dans Y'. D'après le résultat 14.1.1, si l'on choisit $h|Y'$ suffisamment proche de g alors $h^{-1}(0)$ est un ensemble algébrique non singulier difféotope à $g^{-1}(0) = M' \cup A$ par une difféotopie laissant

14.1 Modèles algébriques de variétés $\mathscr{C}^\infty$

A fixe. On a donc $h^{-1}(0) = M'' \cup A$ avec M'' difféotope à M'. Comme A est un ensemble algébrique de même dimension que $M'' \cup A$ et que les deux sont non singuliers, M'' est un ensemble algébrique d'après la proposition 3.3.16. De plus le difféomorphisme $M \to M''$ peut être choisi aussi proche que l'on veut de l'inclusion $M \hookrightarrow \mathbb{R}^p$ si l'on choisit τ suffisamment proche de l'inclusion $Y \hookrightarrow \mathbb{R}^p$ et $h|Y'$ suffisamment proche de g. Ceci termine la démonstration. □

Remarque 14.1.11 : On ne sait pas si dans le théorème précédent la sous-variété $M \subset \mathbb{R}^m$ peut être réalisée comme ensemble algébrique dans le *même* espace $\mathbb{R}^m$. On connait seulement quelques résultats partiels dans cette direction, par exemple le théorème 14.1.4. Il n'est pas non plus trop difficile d'obtenir une réponse positive dans le cas $\mathrm{codim}(M) > \dim(M)$ (cf. [Tognoli 1], [Ivanov 1]). Il est plus compliqué de montrer que l'hypothèse $2\,\mathrm{codim}(M) > \dim(M) + 1$ est suffisante ([Ivanov 2]). □

Remarque 14.1.12 : Le théorème 14.1.10 a une version projective, due à [King 1], qui dit que toute variété $\mathscr{C}^\infty$ compacte est difféomorphe à un ensemble algébrique projectif non singulier. Puisque tout ensemble algébrique projectif est affine, cette version entraine la version 14.1.10. La démonstration repose sur les mêmes principes. □

Remarque 14.1.13 : Il n'y a pas unicité (à isomorphisme birégulier près) de la structure algébrique que l'on peut mettre sur une variété $\mathscr{C}^\infty$ compacte. Nous avons vu dans l'exemple 3.2.8 b) deux courbes algébriques $\mathscr{C}^\infty$-difféomorphes mais pas birégulièrement isomorphes. En fait ce résultat est valable pour les hypersurfaces de $\mathbb{R}^n$ en dimension quelconque : étant donnée une hypersurface $\mathscr{C}^\infty$ compacte M de $\mathbb{R}^n$ il existe une famille infinie d'hypersurfaces algébriques non singulières $\{X_k\}$ de $\mathbb{R}^n$, telle que chaque X_k est difféotope à M dans $\mathbb{R}^n$ mais que X_k et X_j ne sont pas birégulièrement isomorphes (ni même birationnellement équivalentes) pour $j \neq k$ (cf. [Bochnak Kucharz 3]). La situation ici est bien différente de la situation complexe, où une variété analytique complexe compacte admet au plus une structure algébrique projective, et quelquefois aucune (cf. [Mumford 2] p. 68). □

Remarque 14.1.14 : Sans hypothèse de compacité, on a le résultat suivant ([Akbulut King 4]). A difféomorphisme près, les ensembles algébriques réels non singuliers sont exactement les intérieurs de variétés $\mathscr{C}^\infty$ compactes avec bord (éventuellement vide). □

Remarque 14.1.15 : On dispose aussi d'une version relative du théorème de Nash-Tognoli ([Akbulut King 2], [Benedetti Tognoli 1]). Soit M une variété $\mathscr{C}^\infty$ compacte et soient $M_i \subset M$, $i = 1, \ldots, k$, des sous-variétés $\mathscr{C}^\infty$ compactes en position générale. Alors il existe un ensemble algébrique réel non singulier V et un difféomorphisme $\varphi : M \to V$ tels que $\varphi(M_i)$ est un sous-ensemble algébrique non singulier de V pour $i = 1, \ldots, k$. □

Remarque 14.1.16 : On peut aussi chercher à généraliser le théorème de Nash-Tognoli en rendant algébriques certains objets attachés à la variété $\mathscr{C}^\infty$ M. Par exemple, si M est une variété $\mathscr{C}^\infty$ compacte, il existe un ensemble algébrique réel non singulier V difféomorphe à M et tel que chaque fibré vectoriel topologique sur V soit topologiquement isomorphe à un fibré vectoriel fortement algébrique sur V (cf. [Benedetti Tognoli 2]). Il y a tout de même des limites à cette «algébrisation», comme le montre le résultat suivant de [Benedetti Dedò 2]: il existe une variété $\mathscr{C}^\infty$ compacte M de dimension 11 telle que pour *tout* ensemble algébrique non singulier V difféomorphe à M on a $H_9(V, \mathbb{Z}/2) \neq H_9^{\mathrm{alg}}(V, \mathbb{Z}/2)$. □

14.2 De nouveau la topologie des ensembles algébriques réels

Nous revenons dans cette section sur le problème abordé au chapitre 11 de caractériser les espaces topologiques homéomorphes à des ensembles algébriques réels. Nous avons vu que la condition combinatoire sur la caractéristique d'Euler-Poincaré locale (théorème 11.2.2) ne suffit pas pour caractériser ces espaces en dimension supérieure ou égale à 3 (remarque 11.2.4).

Nous allons maintenant indiquer, sans preuve, des résultats décrivant des classes d'espaces homéomorphes à des ensembles algébriques réels. Ces résultats reposent sur le théorème de Nash-Tognoli (14.1.10). L'idée générale est la suivante: on sait qu'une variété $\mathscr{C}^\infty$ compacte est difféomorphe à un ensemble algébrique réel; si l'on part d'un espace qui présente des singularités, on cherche à se ramener à la situation $\mathscr{C}^\infty$ par une méthode de «désingularisation topologique»; ensuite, on peut passer du côté algébrique en utilisant le théorème de Nash-Tognoli, plus précisément sa version relative (14.1.15); enfin, on peut trouver un ensemble algébrique homéomorphe à l'espace singulier de départ en procédant à des écrasements algébriques (cf. 3.5.5). Schématiquement:

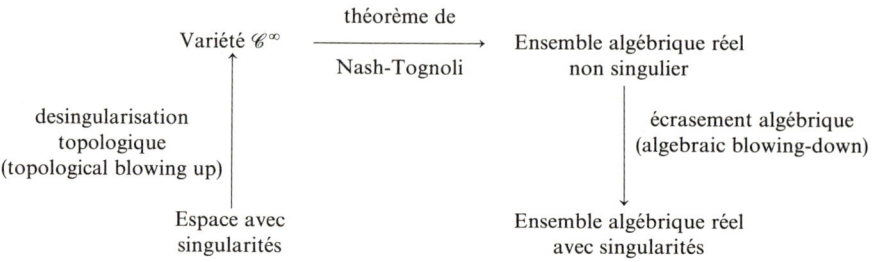

Cette méthode permet d'obtenir une caractérisation topologique complète des ensembles algébriques réels avec singularités isolées.

Théorème 14.2.1: *Un espace topologique X est homéomorphe à un ensemble algébrique réel avec singularités isolées si et seulement si X peut s'obtenir à partir d'une variété $\mathscr{C}^\infty$ compacte Z avec bord $\partial Z = \bigcup_{i=1}^{k} M_i$ (réunion disjointe), où chaque M_i borde une variété $\mathscr{C}^\infty$ compacte, en écrasant certains des M_i sur des points et en enlevant les autres M_i.*

Référence de démonstration: [Akbulut King 4]. □

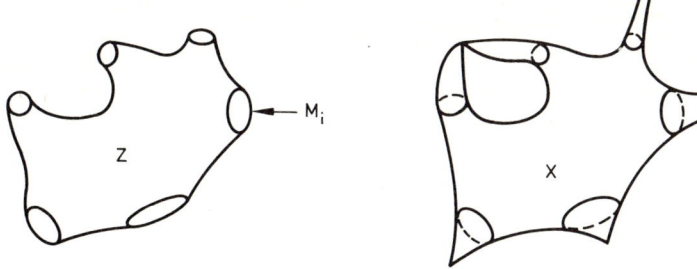

Fig. 40

La nécessité de la condition du théorème 14.2.1 découle du théorème de résolution des singularités de [Hironaka 1]. Par ailleurs, c'est en utilisant ce théorème 14.2.1 et la compactification d'Alexandrov algébrique (3.5.3) que l'on obtient la version non compacte du théorème de Nash-Tognoli (14.1.14).

La méthode de désingularisation topologique s'applique à une classe importante d'espaces stratifiés décrite dans [Akbulut King 3]; cette classe est assez grande pour contenir toutes les variétés P.L. (linéaires par morceaux) compactes.

Théorème 14.2.2: *Toute variété P.L. compacte est homéomorphe à un ensemble algébrique réel.*

Référence de démonstration: [Akbulut King 1, 3]. □

Enfin, toujours avec la technique de désingularisation topologique, on obtient le résultat suivant.

Théorème 14.2.3: *Tout ensemble analytique réel compact de dimension ≤ 3 est homéomorphe à un ensemble algébrique réel.*

Référence de démonstration: [King 2]. □

On ne sait pas si ce théorème reste vrai en dimension supérieure. Signalons toutefois que d'autres résultats d'algébricité d'hypersurfaces analytiques réelles se trouvent dans [Bochnak Kucharz Shiota 2].

Note bibliographique: L'étude des relations entre les variétés $\mathscr{C}^\infty$ et les ensembles algébriques réels a été commencée par [Seifert 1] en 1936 et reprise ensuite en 1952 par [Nash 1], qui a démontré le théorème 14.1.8. Il est fort intéressant de comparer la technique et le langage du papier original de Nash avec la présentation de son théorème 35 ans plus tard. Le papier de Nash, comme la plupart de ses travaux, était en avance sur son temps. Le travail suivant fut celui de [Wallace 1], qui voulait montrer que si $M \subset \mathbb{R}^n$ est une sous-variété $\mathscr{C}^\infty$ compacte connexe, alors M est difféomorphe à une composante connexe non singulière d'un ensemble algébrique de $\mathbb{R}^n$. Malheureusement sa preuve n'était pas correcte et le problème reste ouvert. Malgré cela le papier de Wallace a été très important par les idées qu'il contenait. Il montrait que si M est le bord d'une variété $\mathscr{C}^\infty$ compacte alors M est difféomorphe à un ensemble algébrique réel non singulier; l'idée d'appliquer le cobordisme était ainsi en germe chez Wallace. Finalement Tognoli a montré le théorème 14.1.10 [Tognoli 1].

Des travaux sur les modèles algébriques de certains espaces topologiques et sur des questions connexes (brièvement présentés dans la section 2) ont été entrepris par Akbulut et King, Benedetti, Shiota, Tognoli, dans une importante série de papiers cités en références.

Chapitre 15. Anneaux de Witt en géométrie algébrique réelle

Résumé: La première section de ce chapitre présente la construction de l'anneau de Witt $W(A)$ d'un anneau A, en comparaison avec le K_0 de cet anneau. On montre en particulier que l'anneau de Witt $W(\mathscr{S}^0(V))$ coïncide avec $K_0(\mathscr{S}^0(V))$ ($\simeq KO(V)$ quand on travaille sur $\mathbb{R}$). La deuxième section est consacrée au résultat de [Mahé 1] sur la séparation des composantes semi-algébriquement connexes d'un ensemble algébrique V par les signatures des éléments de $W(\mathscr{P}(V))$. La troisième section contient la partie «surjectivité» du résultat de [Brumfiel 3] qui affirme que l'inclusion $\mathscr{P}(V) \hookrightarrow \mathscr{S}^0(V)$ induit un isomorphisme $W(\mathscr{P}(V))[1/2] \to K_0(\mathscr{S}^0(V))[1/2]$.

15.1 K_0 et anneau de Witt

Dans tout ce chapitre, A sera un anneau commutatif dans lequel 2 est inversible, et $V \subset R^n$ sera un ensemble algébrique sur un corps réel clos R. Le plus souvent, A sera une R-algèbre de fonctions sur V ($A = \mathscr{P}(V)$, $\mathscr{R}(V)$, ... etc.).

Rappelons tout d'abord ce qu'est le groupe $K_0(A)$. On sait que $\mathrm{Proj}(A)$ désigne l'ensemble des classes d'isomorphisme de modules projectifs de type fini sur A; cet ensemble $\mathrm{Proj}(A)$ est muni d'une opération $\oplus$. Sur $\mathrm{Proj}(A) \times \mathrm{Proj}(A)$ on considère la relation d'équivalence ainsi définie: $(M, N) \sim (M', N')$ quand il existe un entier $r \geq 0$ tel que $M \oplus N' \oplus A^r \simeq M' \oplus N \oplus A^r$. L'opération $\oplus$ induit sur le quotient de $\mathrm{Proj}(A) \times \mathrm{Proj}(A)$ par cette relation d'équivalence une structure de groupe commutatif: c'est $K_0(A)$. Si l'on note $[M]$ la classe d'équivalence de $(M, 0)$, on remarque que tout élément de $K_0(A)$ peut s'écrire sous la forme $[M] - [N]$, et que $[M] = [N]$ si et seulement s'il existe un entier $r \geq 0$ tel que $M \oplus A^r \simeq N \oplus A^r$ (on dit alors que M et N sont *stablement isomorphes*, et on appelle $[M]$ la *classe d'isomorphisme stable* de M). Le groupe $K_0(A)$ contient $\mathbb{Z}$ (plus précisément $\mathbb{Z} \cdot [A]$) comme sous-groupe, et le quotient $K_0(A)/\mathbb{Z}$ est isomorphe au groupe $\tilde{K}_0(A)$ que nous avons utilisé au chapitre 12. Le lecteur est renvoyé à [Milnor 5] pour le traitement systématique de $K_0(A)$.

Si $R = \mathbb{R}$ et $A = \mathscr{C}^0(V)$, on sait qu'alors $\mathrm{Proj}(\mathscr{C}^0(V))$ est en bijection avec l'ensemble des classes d'isomorphisme de fibrés vectoriels topologiques sur V (cf. [Swan 1]). On peut effectuer sur cet ensemble la même construction que celle décrite ci-dessus, et on obtient ainsi un groupe commutatif $KO(V)$, isomorphe à $K_0(\mathscr{C}^0(V))$.

La construction du K_0 est fonctorielle, c.-à-d. qu'un homomorphisme $A \to A'$ induit un homomorphisme $K_0(A) \to K_0(A')$.

Supposons que A est une R-algèbre de fonctions de V dans R. Soit $a \in V$ et soit $\mathfrak{m}_a \subset A$ l'idéal maximal des fonctions de A nulles en a. Si M est un module projectif de type fini sur A, on appelle *rang de M en a* la dimension de l'espace R-vectoriel $M/\mathfrak{m}_a M$. Ce rang ne dépend que de la classe d'isomorphisme stable de M, et on définit ainsi un homomorphisme de groupes :

$$\text{rang}: K_0(A) \to \text{App}(V, \mathbb{Z})$$

à valeurs dans le groupe additif des applications de V dans $\mathbb{Z}$. Si $R = \mathbb{R}$, l'image de $K_0(\mathscr{C}^0(V))$ est l'ensemble des applications localement constantes pour la topologie euclidienne, tandis que l'image de $K_0(\mathscr{P}(V))$ ou $K_0(\mathscr{R}(V))$ est l'ensemble des applications localement constantes pour la topologie de Zariski; en particulier si V est irréductible l'image de $K_0(\mathscr{P}(V))$ est réduite aux applications constantes, même si V a plusieurs composantes connexes.

Nous avons vu en 12.7.8 (toujours dans le cas $R = \mathbb{R}$) que l'homomorphisme $\mathscr{S}^0(V) \hookrightarrow \mathscr{C}^0(V)$ induit une bijection $\text{Proj}(\mathscr{S}^0(V)) \to \text{Proj}(\mathscr{C}^0(V))$. Ceci nous donne donc un isomorphisme $K_0(\mathscr{S}^0(V)) \to K_0(\mathscr{C}^0(V))$. On est ainsi amené à considérer $K_0(\mathscr{S}^0(V))$ comme la généralisation naturelle de $KO(V)$ lorsqu'on travaille sur un corps réel clos R quelconque.

Nous allons maintenant introduire l'anneau de Witt $W(A)$. Pour ce faire, on considère maintenant sur A des modules projectifs de type fini munis d'une forme bilinéaire symétrique.

Définition 15.1.1 :

a) *Un espace bilinéaire sur A est un couple (M, b) où M est un module projectif de type fini sur A et $b: M \times M \to A$ une forme bilinéaire symétrique non dégénérée (c.-à-d. que l'application linéaire $h_b: M \to M^\vee$ de M dans son dual induite par b est un isomorphisme).*

b) *Une isométrie entre deux espaces bilinéaires (M, b) et (M', b') est un isomorphisme linéaire $\varphi: M \to M'$ tel que $b'(\varphi(m), \varphi(n)) = b(m, n)$ pour tout $(m, n) \in M \times M$.*

c) *Si (M, b) et (M', b') sont deux espaces bilinéaires, leur somme orthogonale $(M, b) \perp (M', b') = (M \oplus M', b \perp b')$ est définie par*

$$b \perp b'(x \oplus x', y \oplus y') = b(x, y) + b'(x', y')$$

et leur produit tensoriel $(M, b) \otimes_A (M', b') = (M \otimes_A M', b \otimes_A b')$ est défini par

$$b \otimes_A b'(x \otimes x', y \otimes y') = b(x, y) \, b'(x', y').$$

Remarque 15.1.2 :

a) Si $M = A^q$, la donnée d'une forme bilinéaire symétrique non dégénérée sur M revient à celle d'une matrice symétrique $q \times q$ inversible sur A. Si cette matrice est une matrice diagonale, les termes de la diagonale étant $d_1, \ldots, d_q \in A^*$ (le groupe des éléments inversibles de A), l'espace bilinéaire correspondant sera noté $\langle d_1, \ldots, d_q \rangle$.

b) Si $f: A \to B$ est un homomorphisme d'anneaux, et (M, b) un espace bilinéaire sur A, alors $(M \otimes_A B, b \otimes_A B)$ est un espace bilinéaire sur B que l'on notera $f^*(M, b)$.

c) On sait qu'il y a équivalence entre les modules projectifs de type fini sur $\mathcal{R}(V)$ et les fibrés vectoriels fortement algébriques sur V (cf. 12.1.11). Ceci permet d'identifier un espace bilinéaire sur $\mathcal{R}(V)$ à un fibré vectoriel fortement algébrique ξ sur V, muni d'une forme bilinéaire symétrique non dégénérée qui est un morphisme algébrique $b\colon \xi \oplus \xi \to V \times R$ dont la fibre $b_a\colon \xi_a \times \xi_a \to R$ en tout point a de V est une forme bilinéaire symétrique non dégénérée. On peut aussi faire la même identification en remplaçant $\mathcal{R}(V)$ par $\mathcal{S}^0(V)$ (resp. $\mathcal{C}^0(V)$ si $R=\mathbb{R}$) et fibrés vectoriels fortement algébriques par fibrés vectoriels semi-algébriques (resp. topologiques). □

Définition 15.1.3:

a) *Un espace hyperbolique sur A est un espace bilinéaire de la forme $H(M)=(M \oplus M^{\vee}, \beta)$ où M est un module projectif de type fini sur A, $M^{\vee}$ son dual, et β est défini par $\beta(x \oplus \varphi, y \oplus \psi)=\psi(x)+\varphi(y)$.*

b) *Deux espaces bilinéaires (M, b) et (M', b') sont dits Witt-équivalents quand il existe des espaces hyperboliques $H(N)$ et $H(N')$ tels que $(M, b) \perp H(N)$ soit isométrique à $(M', b') \perp H(N')$. On notera $[(M, b)]$ la classe de Witt-équivalence de (M, b), et $W(A)$ l'ensemble des classes de Witt-équivalence d'espaces bilinéaires sur A.*

Théorème et Définition 15.1.4: *L'ensemble $W(A)$ est muni d'une structure d'anneau commutatif par:*

$$[(M, b)] + [(M', b')] = [(M, b) \perp (M', b')]$$

et

$$[(M, b)][(M', b')] = [(M, b) \otimes_A (M', b')].$$

C'est l'anneau de Witt de A. Si $f\colon A \to B$ est un homomorphisme d'anneaux, on a un homomorphisme $W(f)\colon W(A) \to W(B)$ d'anneaux de Witt donné par $W(f)([(M, b)]) = [f^*(M, b)]$.

Référence de démonstration: [Milnor Husemoller 1] page 14. La classe d'un espace hyperbolique est bien sûr l'élément nul de $W(A)$. Signalons que l'opposé de $[(M, b)]$ est $[(M, -b)]$. On a en effet une isométrie $\varphi\colon (M, b) \perp (M, -b) \to H(M)$ donnée par:

$$\varphi(x \oplus y) = (x+y)/2 \oplus h_b((x-y)/2).$$

L'élément neutre de la multiplication de $W(A)$ est $[\langle 1 \rangle]$. □

Définition 15.1.5: *Soit A une R-algèbre de fonctions de V dans R. Soient a un point de V, et (M, b) un espace bilinéaire sur A. L'espace R-vectoriel $M/\mathfrak{m}_a M$ est muni d'une forme bilinéaire symétrique $b \otimes_A (A/\mathfrak{m}_a)$, dont la signature ne dépend que de la classe de Witt-équivalence de (M, b). On définit de la sorte un homomorphisme d'anneaux, appelé signature et noté:*

$$\mathrm{sign}\colon W(A) \to \mathrm{App}(V, \mathbb{Z}). \quad \square$$

Pour pouvoir dire des choses plus précises sur cette signature, nous aurons besoin du résultat suivant.

Si (M, b) est un espace bilinéaire sur $\mathscr{S}^0(V)$, U un ouvert semi-algébrique de V et $\rho: \mathscr{S}^0(V) \to \mathscr{S}^0(U)$ l'homomorphisme de restriction, nous noterons $(M, b)|U$ l'espace bilinéaire $\rho^*(M, b)$ sur $\mathscr{S}^0(U)$.

Théorème 15.1.6: *Soit (M, b) un espace bilinéaire sur $\mathscr{S}^0(V)$. Alors il existe un recouvrement fini de V par des ouverts semi-algébriques $U_1, \ldots, U_k$ et pour chaque $i = 1, \ldots, k$ des entiers $r_i, s_i \in \mathbb{N}$ tels que $(M, b)|U_i$ soit isométrique à l'espace bilinéaire $\langle \underbrace{1, \ldots, 1}_{r_i}, \underbrace{-1, \ldots, -1}_{s_i} \rangle$ sur $\mathscr{S}^0(U_i)$.*

Démonstration: Il est plus agréable de travailler avec des fibrés vectoriels, en utilisant l'identification entre modules projectifs de type fini sur $\mathscr{S}^0(V)$ (ou $\mathscr{S}^0(U)$) et fibrés vectoriels semi-algébriques sur V (ou U) (cf. 15.1.2 c)). On peut déjà se ramener à une forme bilinéaire symétrique non dégénérée semi-algébrique b définie sur un fibré trivial $U \times R^q$, avec U ouvert semi-algébrique de V (en utilisant un recouvrement fini de V par des ouverts semi-algébriques trivialisants). Soit $\alpha \in \tilde{U}$. On a une forme bilinéaire symétrique $b_\alpha: k(\alpha)^q \times k(\alpha)^q \to k(\alpha)$ induite par b. On peut trouver une base $(e_1, \ldots, e_q)$ de $k(\alpha)^q$ telle que $b_\alpha(e_i, e_j) = 0$ pour $i \neq j$, $b_\alpha(e_i, e_i) = 1$ pour $1 \leq i \leq r_\alpha$, $b_\alpha(e_i, e_i) = -1$ pour $r_\alpha < i \leq q$. On sait qu'il existe des fonctions semi-algébriques continues $v_i: U_\alpha \to R^q$, où $U_\alpha \subset U$ est un ouvert semi-algébrique tel que $\alpha \in \tilde{U}_\alpha$, avec $v_i(\alpha) = e_i$ (cf. 7.3.4). Quitte à restreindre U_α, on peut supposer que les fonctions données par le processus d'orthogonalisation de Gram-Schmidt:

$$w_1 = |(b(v_1, v_1)|^{-1/2} v_1$$

$$w_2 = |b(u_2, u_2)|^{-1/2} u_2 \quad \text{où} \quad u_2 = v_2 - \frac{b(v_2, w_1)}{b(w_1, w_1)} w_1$$

$$\ldots\ldots\ldots\ldots\ldots\ldots\ldots\ldots$$

$$w_q = |b(u_q, u_q)|^{-1/2} u_q \quad \text{où} \quad u_q = v_q - \frac{b(v_q, w_{q-1})}{b(w_{q-1}, w_{q-1})} w_{q-1} - \ldots - \frac{b(v_q, w_1)}{b(w_1, w_1)} w_1$$

sont bien définies sur U_α et vérifient $b(w_i, w_i) = 1$ pour $1 \leq i \leq r_\alpha$ et $b(w_i, w_i) = -1$ pour $r_\alpha < i \leq q$. Ces fonctions fournissent une isométrie entre $(M, b)|U_\alpha$ et l'espace bilinéaire $\langle \underbrace{1, \ldots, 1}_{r_\alpha}, \underbrace{-1, \ldots, -1}_{q - r_\alpha} \rangle$ sur $\mathscr{S}^0(U_\alpha)$. Comme les $\tilde{U}_\alpha$ recouvrent $\tilde{U}$ et que $\tilde{U}$ est quasi-compact, on obtient la finitude du recouvrement de l'énoncé. □

Remarque 15.1.7: Si $R = \mathbb{R}$ et si l'on considère un espace bilinéaire (M, b) sur $\mathscr{C}^0(V)$, on obtient un énoncé analogue en remplaçant le recouvrement fini par des ouverts semi-algébriques de V par un recouvrement ouvert ordinaire. La démonstration est analogue, sans le recours au tilda. □

Corollaire 15.1.8:
(i) *Si A est $\mathscr{S}^0(V)$ ou un sous-anneau de fonctions de $\mathscr{S}^0(V)$ alors la signature d'un espace bilinéaire sur A est une application de V dans $\mathbb{Z}$ constante sur les composantes semi-algébriquement connexes de V.*

(ii) *Si* $R = \mathbb{R}$, *la signature d'un espace bilinéaire sur* $\mathscr{C}^0(V)$ *est constante sur les composantes connexes de* V.

Démonstration:
(i) Avec les notations de 15.1.6, si $a \in U_i$ la signature de (M, b) en a (qui est la même que celle de $(M \otimes_A \mathscr{S}^0(V), b \otimes_A \mathscr{S}^0(V))$), est $r_i - s_i$ et elle est donc constante sur un voisinage ouvert semi-algébrique de a.
(ii) On utilise ici 15.1.7. □

Le théorème 15.1.6 permet aussi d'avoir un «théorème d'homotopie» pour les espaces bilinéaires.

Corollaire 15.1.9:
(i) *Soit* (M, b) *un espace bilinéaire sur* $\mathscr{S}^0(V \times [0, 1])$. *Notons* ρ_t, $t = 0, 1$, *les homomorphismes de restriction correspondant aux inclusions* $V \simeq V \times \{t\} \hookrightarrow V \times [0, 1]$. *Alors les deux espaces bilinéaires* $\rho_0^*(M, b)$ *et* $\rho_1^*(M, b)$ *sur* $\mathscr{S}^0(V)$ *sont isométriques.*
(ii) *Dans le cas* $R = \mathbb{R}$, *on a le même énoncé en remplaçant* $\mathscr{S}^0$ *par* $\mathscr{C}^0$.

Démonstration:
(i) On peut supposer que V est semi-algébriquement connexe (sinon on considère ses composantes semi-algébriquement connexes). Alors les r_i et s_i du théorème 15.1.6 sont tous égaux à r et s. On peut donc interpréter (M, b) comme un fibré vectoriel semi-algébrique sur $V \times [0, 1]$ dont les fonctions de transition sont astreintes à prendre leurs valeurs dans le sous-groupe de $GL(r+s, R)$ formé des automorphismes linéaires qui préservent la forme bilinéaire symétrique $\langle \underbrace{1, \ldots, 1}_{r}, \underbrace{-1, \ldots, -1}_{s} \rangle$. Alors le lemme 11.7.4 et le raisonnement classique (cf. [Husemoller 1] théorème 9.8, p. 51) donnent le résultat.
(ii) On raisonne de la même façon en utilisant 15.1.7, et on n'a pas besoin ici du lemme 11.7.4. □

Nous allons voir maintenant que l'on ne change rien en remplaçant $K_0(\mathscr{S}^0(V))$ (ou $K_0(\mathscr{C}^0(V))$ si $R = \mathbb{R}$) par $W(\mathscr{S}^0(V))$ (resp. $W(\mathscr{C}^0(V))$).

Définition 15.1.10: *Soient A une R-algèbre de fonctions de V dans R, et (M, b) un espace bilinéaire sur A. On dit que b est définie positive (resp. négative) quand sa signature est égale à son rang (resp. à l'opposé de son rang).*

Théorème 15.1.11:
(i) *Soit M un module projectif de type fini sur $\mathscr{S}^0(V)$. Alors il existe au moins une forme bilinéaire symétrique définie positive b sur M. De plus la classe d'isométrie de l'espace bilinéaire (M, b) ne dépend pas du choix de b.*
(ii) *Les résultats énoncés en (i) permettent de définir un homomorphisme de $K_0(\mathscr{S}^0(V))$ dans le groupe additif de $W(\mathscr{S}^0(V))$:*

$$\Delta: K_0(\mathscr{S}^0(V)) \to W(\mathscr{S}^0(V))$$

$$[M] \mapsto [(M, b)].$$

Cet homomorphisme est un isomorphisme, et il fait commuter le diagramme:

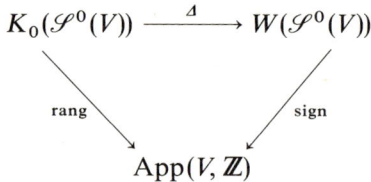

(iii) *Dans le cas $R = \mathbb{R}$, les résultats précédents sont valables en remplaçant $\mathscr{S}^0$ par $\mathscr{C}^0$.*

Démonstration:

(i) On écrit M comme facteur direct d'un module libre de type fini: $M \oplus P \simeq (\mathscr{S}^0(V))^q$. On a sur $(\mathscr{S}^0(V))^q$ la forme bilinéaire symétrique définie positive $\langle 1, \ldots, 1 \rangle$. Si b est la restriction de cette forme à M, b est bien définie positive. Si b' est une autre forme définie positive sur M, alors pour tout $t \in [0, 1]$ la forme $(1-t)b + t b'$ est encore définie positive, et le corollaire 15.1.9 nous dit que (M, b) est isométrique à (M, b').

(ii) Il est clair par construction de Δ que $\text{sign} \circ \Delta = \text{rang}$. Construisons maintenant l'isomorphisme V réciproque de Δ.

Lemme 15.1.12: *Si (M, b) est un espace bilinéaire sur $\mathscr{S}^0(V)$, alors il existe une décomposition $M \simeq M_+ \oplus M_-$ avec b définie positive (resp. négative) sur M_+ (resp. M_-).*

Admettons ce lemme. On pose $V([(M, b)]) = [M_+] - [M_-]$. Il faut vérifier que V est bien défini. Si $M \simeq M'_+ \oplus M'_-$ est une autre décomposition avec b définie positive (resp. négative) sur M'_+ (resp. M'_-) on a $M_+ \oplus M'_- \simeq M$ et donc $M_+ \simeq M/M'_- \simeq M'_+$; de même $M_- \simeq M'_-$. Par ailleurs $H(N)$ est isométrique à $(N, \beta) \perp (N, -\beta)$ pour n'importe quelle forme définie positive β sur N, donc $V([(M, b)])$ ne dépend bien que de la classe de Witt-équivalence de (M, b). Il est clair que $V \circ \Delta$ et $\Delta \circ V$ sont les applications identiques.

(iii) Le raisonnement est le même. □

Démonstration du lemme 15.1.12: Il sera plus agréable de travailler avec des fibrés vectoriels semi-algébriques, avec l'identification de 15.1.2 c). On se donne donc un espace bilinéaire (ξ, b) sur $\mathscr{S}^0(V)$. Quitte à travailler séparément sur chaque composante semi-algébriquement connexe de V, on peut supposer que le rang et la signature de (ξ, b) sont constants. D'après le théorème 15.1.6 on a un nombre fini de trivialisations semi-algébriques $\varphi_i: \varepsilon_{U_i}^{r+s} \to \xi | U_i$ où les ouverts semi-algébriques U_i recouvrent V et chaque φ_i est une isométrie de $(\varepsilon_{U_i}^{r+s}, \langle \underbrace{1, \ldots, 1}_{r}, \underbrace{-1, \ldots, -1}_{s} \rangle)$ sur $(\xi, b)|U_i$. Puisque $\langle 1, \ldots, 1, -1, \ldots, -1 \rangle = \langle 1, \ldots, 1 \rangle \perp \langle -1, \ldots, -1 \rangle$, on a les décompositions recherchées sur chaque U_i. Il s'agit de recoller ces décompositions. Supposons pour commencer que l'on a deux ouverts U_1 et U_2. Notons E le sous-espace $R^r \times \{0\}$ de R^{r+s}, et F le sous-espace $\{0\} \times R^s$. Pour $a \in U_1 \cap U_2$, notons $\sigma(a) \in \mathbb{G}_{r+s,r}(R)$ le sous-espace

défini par
$$\{a\} \times \sigma(a) = \varphi_1^{-1}(\varphi_2(\{a\} \times E)).$$

La fonction $\sigma: U_1 \cap U_2 \to \mathbb{G}_{r+s,r}(R)$ est semi-algébrique continue, et la forme $\langle 1, \ldots, 1, -1, \ldots, -1\rangle$ est définie positive sur $\sigma(a)$ pour tout $a \in U_1 \cap U_2$. On se souvient (cf. 3.4.2) que l'on a un isomorphisme birégulier ψ entre l'ouvert de $\mathbb{G}_{r+s,r}(R)$ formé des supplémentaires de F et $\mathbb{M}_{s,r}(R) \simeq R^{rs}$, puisqu'un supplémentaire de F peut s'identifier au graphe d'une application linéaire de E dans F. Alors ψ envoie l'ensemble des sous-espaces de dimension r de R^{r+s} sur lesquels la forme $\langle 1, \ldots, 1, -1, \ldots, -1\rangle$ est définie positive sur l'ouvert *convexe* de $\mathbb{M}_{s,r}(R)$ formé des matrices θ telles que $\|\theta \cdot v\| < \|v\|$ pour tout $v \in E \setminus \{0\}$. Soit (λ_1, λ_2) une partition de l'unité semi-algébrique subordonnée au recouvrement (U_1, U_2) (cf. 12.7.3), et soit ξ_+ le sous-fibré vectoriel semi-algébrique de rang r de ξ défini par :

$$(\xi_+)_a = \varphi_1(\{a\} \times \psi^{-1}(\lambda_1(a)\psi(E) + \lambda_2(a)\psi(\sigma(a)))) \quad \text{si} \quad a \in U_1 \cap U_2,$$

$$(\xi_+)_a = \varphi_i(\{a\} \times E) \quad \text{si} \quad a \in U_i \setminus U_1 \cap U_2.$$

D'après ce que l'on vient de voir, b est bien définie positive sur ξ_+. On fabrique de même un sous-fibré vectoriel semi-algébrique ξ_- de rang s de ξ sur lequel b est définie négative, ce qui donne la décomposition recherchée. Dans le cas où on a plus de deux ouverts, on recolle de proche en proche les décompositions en procédant comme ci-dessus. □

Corollaire 15.1.13: *Si $R = \mathbb{R}$, le diagramme commutatif*

$$\begin{array}{ccc} K_0(\mathscr{S}^0(V)) & \longrightarrow & K_0(\mathscr{C}^0(V)) \simeq KO(V) \\ \downarrow {\scriptstyle \Delta} & & \downarrow {\scriptstyle \Delta} \\ W(\mathscr{S}^0(V)) & \longrightarrow & W(\mathscr{C}^0(V)) \end{array}$$

est entièrement composé d'isomorphismes. □

Dans le cas des espaces bilinéaires sur $\mathscr{R}(V)$, on n'a plus la propriété de décomposition du lemme 15.1.12. De ce fait, on ne sait plus comment construire un homomorphisme $W(\mathscr{R}(V)) \to K_0(\mathscr{R}(V))$. Le résultat suivant donne une condition nécessaire et suffisante pour l'existence de décompositions, dans le cas où $V \subset \mathbb{R}^n$ est compact et connexe.

Théorème 15.1.14: *Soit $V \subset \mathbb{R}^n$ un ensemble algébrique compact et connexe. Alors les propriétés suivantes sont équivalentes:*

(i) *L'homomorphisme canonique $K_0(\mathscr{R}(V)) \to K_0(\mathscr{C}^0(V))$ est un isomorphisme.*

(ii) *Tout fibré vectoriel topologique sur V est topologiquement isomorphe à un fibré vectoriel fortement algébrique.*

(iii) *Tout espace bilinéaire (M, b) sur $\mathscr{R}(V)$ admet une décomposition $M = M_+ \oplus M_-$ telle que b est définie positive (resp. négative) sur M_+ (resp. M_-).*

Démonstration:

(i) ⇔ (ii) C'est une conséquence immédiate de 12.3.6.

(ii) ⇒ (iii) Soit (ξ, b) un espace bilinéaire sur $\mathcal{R}(V)$. On sait que l'on a une décomposition $\xi = \eta_+ \oplus \eta_-$ en somme de Whitney de sous-fibrés vectoriels *topologiques* tels que b soit définie positive (resp. négative) sur η_+ (resp. η_-) (cf. 15.1.12). Soient k et l les rangs de ξ et η_+ respectivement; on a un morphisme algébrique injectif $i: \xi \to \varepsilon_V^n$ qui induit une fonction régulière $f: V \to \mathbb{G}_{n,k}(\mathbb{R})$ et une fonction continue $g: V \to \mathbb{G}_{n,l}(\mathbb{R})$ définies par $i(\xi_a) = \{a\} \times f(a)$ et $i((\eta_+)_a) = \{a\} \times g(a)$ pour tout $a \in V$. L'hypothèse (ii) et le théorème 13.3.1 permettent d'approcher g par une fonction régulière $h_1: V \to \mathbb{G}_{n,l}(\mathbb{R})$. Notons $h(a) \subset \mathbb{R}^n$ l'image de $h_1(a)$ par la projection orthogonale sur $f(a)$ pour tout $a \in V$. Si h_1 est suffisamment proche de g, on a $h(a) \in \mathbb{G}_{n,l}(\mathbb{R})$ ce qui nous donne une fonction régulière $h: V \to \mathbb{G}_{n,l}(\mathbb{R})$; soit ξ_+ le sous-fibré vectoriel algébrique de ξ défini par $\xi_+ = i^{-1}(h^*(\gamma_{n,l}))$. Alors, si h_1 est suffisamment proche de g, h est proche de g et b est définie positive sur ξ_+. De la même façon on fabrique un sous-fibré vectoriel algébrique ξ_- de rang $k-l$ de ξ tel que b soit définie négative sur ξ_-, et on a une décomposition $\xi = \xi_+ \oplus \xi_-$.

(iii) ⇒ (ii) Commençons par fixer quelques notations. On désigne par Sym(n) l'ensemble des matrices symétriques $n \times n$ à coefficients dans $\mathbb{R}$ de déterminant non nul, considéré comme ouvert de Zariski de $\mathbb{R}^{n(n+1)/2}$. On note Sym$(n, k) \subset$ Sym(n) l'ouvert des matrices de signature $2k - n$. On identifiera un élément $\beta \in$ Sym(n) à la forme bilinéaire symétrique non dégénérée $\mathbb{R}^n \times \mathbb{R}^n \to \mathbb{R}$ qu'il induit. Soit $U \subset$ Sym$(n) \times \mathbb{G}_{n,k}(\mathbb{R})$

$$U = \{(\beta, F) \in \text{Sym}(n) \times \mathbb{G}_{n,k}(\mathbb{R}) \mid \beta \text{ est définie positive sur } F\}.$$

Soit ξ un fibré vectoriel topologique sur V. Il existe une fonction continue $f: V \to \mathbb{G}_{n,k}(\mathbb{R})$ telle que $\xi \simeq_{\text{top}} f^*(\gamma_{n,k})$. Soit $b: V \to$ Sym(n) la fonction continue définie par

$$b(x)(u, u) = \|f(x) \cdot u\|^2 - \|u - f(x) \cdot u\|^2 \quad \text{pour tout} \quad x \in V, u \in \mathbb{R}^n$$

(où $f(x)$ est considéré comme matrice de projection orthogonale à la mode de 3.4.4). On a $b(V) \subset$ Sym(n, k) et $(b, f)(V) \subset U$. D'après le théorème de Stone-Weierstrass on peut approcher b par une fonction polynomiale $c: V \to$ Sym(n) suffisamment près pour que l'on ait encore $c(V) \subset$ Sym(n, k) et $(c, f)(V) \subset U$. D'après la propriété (iii) on a $\varepsilon_V^n = \eta_+ \oplus \eta_-$ où η_+ (resp. η_-) est un sous-fibré vectoriel algébrique de ε_V^n sur lequel c est définie positive (resp. négative); il est clair que η_+ est de rang k. L'inclusion $\eta_+ \subset \varepsilon_V^n$ nous donne une fonction régulière $g: V \to \mathbb{G}_{n,k}(\mathbb{R})$ telle que $(\eta_+)_a = \{a\} \times g(a)$ pour tout $a \in V$. Maintenant, si $\beta \in$ Sym(n, k), la fibre de U en β

$$U_\beta = \{F \in \mathbb{G}_{n,k}(\mathbb{R}) \mid \beta \text{ est définie positive sur } F\}$$

est homéomorphe d'après la démonstration de 15.1.12 à un ouvert convexe de $\mathbb{M}_{n-k,k}(\mathbb{R})$. On en déduit que (c, f) et (c, g) sont homotopes dans U, et donc f et g sont homotopes. Ceci montre que $\xi \simeq_{\text{top}} g^*(\gamma_{n,k})$, et ce dernier est bien un fibré vectoriel fortement algébrique. □

Corollaire 15.1.15: *Sous les hypothèses du théorème 15.1.14 et si les conditions équivalentes de ce théorème sont vérifiées, alors on a un homomorphisme surjectif* $V_{\mathscr{R}}: W(\mathscr{R}(V)) \to K_0(\mathscr{R}(V))$ *qui fait commuter le diagramme:*

$$\begin{array}{ccc} W(\mathscr{R}(V)) & \xrightarrow{V_{\mathscr{R}}} & K_0(\mathscr{R}(V)) \\ \downarrow & & \downarrow \\ W(\mathscr{C}^0(V)) & \xrightarrow{V} & K_0(\mathscr{C}^0(V)). \end{array}$$

Démonstration: On définit $V_{\mathscr{R}}$ comme on a défini V dans la démonstration de 15.1.11; la commutativité du diagramme est alors claire. La surjectivité de $V_{\mathscr{R}}$ vient du fait que tout module projectif de type fini sur $\mathscr{R}(V)$ peut être muni d'une forme bilinéaire symétrique définie positive, pour la même raison qu'en 15.1.11 (i). □

Nous ne connaissons pas la réponse à la question suivante: est-ce que deux forme bilinéaires symétriques définies positives sur le même module projectif de type fini sur $\mathscr{R}(V)$ sont isométriques? Une réponse positive entraînerait que le diagramme de 15.1.15 est entièrement composé d'isomorphismes.

15.2 Séparation des composantes semi-algébriquement connexes d'ensembles algébriques par des signatures d'espaces bilinéaires

Nous avons déjà dit dans la première section qu'il est impossible de séparer les composantes semi-algébriquement connexes d'un ensemble algébrique V de R^n au moyen des rangs de modules projectifs de type fini sur $\mathscr{P}(V)$ ou $\mathscr{R}(V)$. De même, il est impossible en général de séparer ces composantes semi-algébriquement connexes au moyen des signes des fonctions polynomiales ou régulières ne s'annulant pas sur V (c'est bien sûr possible quand $R = \mathbb{R}$ et que V est compact, au moyen du théorème de Stone-Weierstrass).

Exemple 15.2.1: Soit $V = \{(x, y, z) \in \mathbb{R}^3 \mid z(y^2 - x^3 + x) = 1\}$. Cet ensemble V est birégulièrement isomorphe au complémentaire dans $\mathbb{R}^2$ de la cubique d'équation $f(x, y) = y^2 - x^3 + x = 0$. Ce complémentaire a trois composantes connexes S_1, S_2 et S_3 et la cubique a deux composantes connexes C_1 (frontière commune de S_1 et S_2) et C_2 (frontière commune de S_2 et S_3), cf. figure 41.

S'il existait une fonction polynomiale ou régulière sur V qui soit strictement positive sur la composante connexe correspondant à S_1 et strictement négative ailleurs, on pourrait fabriquer un polynôme $P \in \mathbb{R}[X, Y]$ qui soit strictement positif sur S_1 et strictement négatif sur $S_2 \cup S_3$. Donc P devrait être nul sur C_1 et alors on aurait $P = Qf^m$ avec $m \geq 1$ et Q non divisible par f; les zéros de Q seraient alors un nombre fini de points situés sur $C_1 \cup C_2$. Mais alors ou bien m est pair et P a même signe sur S_1, S_2 et S_3, ou bien m est impair et P a des signes opposés sur S_2 et S_3; dans les deux cas on arrive à une

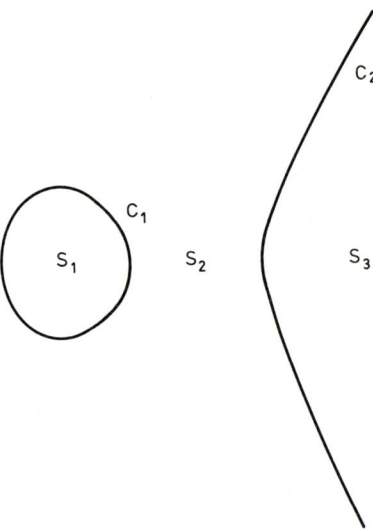

Fig. 41

impossibilité. On ne peut pas séparer les composantes connexes de V par les signes de fonctions polynomiales ou régulières ne s'annulant pas sur V. □

Nous allons voir dans cette section que ce problème de séparation peut être résolu par l'emploi de signatures d'espaces bilinéaires sur $\mathscr{P}(V)$. De façon précise, on va donner la démonstration du résultat suivant.

Théorème 15.2.2: *Soient $V \subset R^n$ un ensemble algébrique, C une composante semi-algébriquement connexe de V. Alors il existe un entier $k \in \mathbb{N}$ et un espace bilinéaire (M, b) sur $\mathscr{P}(V)$ dont la signature vaut 2^k sur C et 0 sur $V \setminus C$.*

Remarque 15.2.3: On sait (cf. 15.1.8) que la signature d'un espace bilinéaire est constante sur les composantes semi-algébriquement connexes de V. En fait, la démonstration de 15.1.6 montre que la signature s'étend en une application continue de $\tilde{V} = \operatorname{Spec}_r(\mathscr{P}(V))$ dans $\mathbb{Z}$. Le théorème 15.2.2 dit alors que toute fonction de $\mathscr{C}^0(\tilde{V}, \mathbb{Z})$, multipliée par une puissance convenable de 2, est la signature d'un espace bilinéaire sur $\mathscr{P}(V)$; autrement dit, que l'homomorphisme

$$\operatorname{sign}: W(\mathscr{P}(V)) \to \mathscr{C}^0(\tilde{V}, \mathbb{Z})$$

a un *conoyau de torsion 2-primaire*. Ce résultat est énoncé dans [Mahé 1] sous sa forme la plus générale: pour tout anneau commutatif A, on peut définir un homomorphisme «signature»

$$\operatorname{sign}: W(A) \to \mathscr{C}^0(\operatorname{Spec}_r(A), \mathbb{Z})$$

et cet homomorphisme a un conoyau de torsion 2-primaire. □

Nous utiliserons dans cette section et dans la suivante des fonctions sur V que l'on peut construire à partir des polynômes par inversion et extraction de racine carrée d'une fonction strictement positive.

Notation 15.2.4: On notera $\mathscr{D}(V)$ le plus petit sous-anneau de fonctions de $\mathscr{S}^0(V)$ contenant $\mathscr{P}(V)$ et tel que

$$f \in \mathscr{D}(V) \quad \text{et} \quad f > 0 \text{ sur } V \Rightarrow 1/f \in \mathscr{D}(V) \quad \text{et} \quad \sqrt{f} \in \mathscr{D}(V). \quad \square$$

Démonstration du théorème 15.2.2: Il n'est pas difficile de fabriquer un espace bilinéaire sur $\mathscr{D}(V)$ qui fait ce que l'on veut. En effet le théorème de séparation de Mostowski (2.7.2) nous donne une fonction $f \in \mathscr{D}(V)$ strictement positive sur C et strictement négative sur $V \setminus C$. La fonction f est inversible dans $\mathscr{D}(V)$, et l'espace bilinéaire $\langle 1, f \rangle$ a pour signature 2 sur C et 0 sur $V \setminus C$. Le théorème 15.2.2 sera montré si on montre le résultat suivant.

Théorème 15.2.5: *Soit (M_1, b_1) un espace bilinéaire sur $\mathscr{D}(V)$. Alors il existe un entier $k \in \mathbb{N}$ et un espace bilinéaire (M, b) sur $\mathscr{P}(V)$ tel que $\underset{2^k}{\perp}(M_1, b_1)$ soit Witt-équivalent à $i^*(M, b)$ (où $i: \mathscr{P}(V) \hookrightarrow \mathscr{D}(V)$ est l'inclusion). Autrement dit, l'homomorphisme*

$$W(i): W(\mathscr{P}(V)) \to W(\mathscr{D}(V))$$

a un conoyau de torsion 2-primaire.

La démonstration du théorème 15.2.5 va demander plusieurs étapes. Tout d'abord, il sera utile de se ramener à travailler avec des matrices symétriques inversibles, c.-à-d. avec des formes bilinéaires symétriques non dégénérées sur un module libre de type fini.

Lemme 15.2.6: *Soit A un anneau commutatif, $2 \in A^*$; on notera $W'(A)$ le sous-anneau de $W(A)$ formé des classes de Witt-équivalence d'espaces bilinéaires (M, b) sur A où M est un A-module libre de type fini. Alors on a $2W(A) \subset W'(A)$.*

Démonstration: Soit (M, b) un espace bilinéaire quelconque sur A. On sait que M est facteur direct d'un A-module libre: $M \oplus N \simeq A^q$. Alors $(M, b) \perp (M, b)$ est Witt-équivalent à $(M, b) \perp (M, b) \perp H(N)$ et le module $M \oplus M \oplus N \oplus N^{\vee}$ est libre et isomorphe à A^{2q} (on a l'isomorphisme $h_b: M \to M^{\vee}$). Ceci montre que $2[(M, b)] \in W'(A)$. $\quad \square$

Le passage de $\mathscr{P}(V)$ à $\mathscr{D}(V)$ se fait en prenant des inverses ou des racines carrées de fonctions. On aura besoin d'une version «formelle» de ces opérations. Pour cela on introduit les notations suivantes, qui ne serviront que dans cette section. Si A est un anneau commutatif, on note $\Sigma^{-1}A$ l'anneau de fractions de A pour la partie multiplicative

$$\Sigma = \{1 + a_1^2 + \ldots + a_l^2 \mid l \in \mathbb{N}, a_1, \ldots, a_l \in A\};$$

si $a \in A$ on note

$$A\langle a^{1/2} \rangle = \bigcup_{m=1}^{\infty} A[Y_m]/(Y_m^{2^m} - a)$$

étant entendu que l'on considère l'anneau $A[Y_m]/(Y_m^{2^m}-a)$ comme contenu dans $A[Y_{m+1}]/(Y_{m+1}^{2^{m+1}}-a)$ en posant $Y_m=Y_{m+1}^2$.

Lemme 15.2.7: *Considérons un diagramme commutatif d'homomorphismes d'anneaux:*

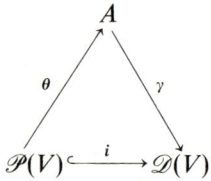

qui vérifie:

(∗) *pour tout homomorphisme* $\varphi\colon A\to K$ *dans un corps réel clos* K, *et pour tout* $g\in A$ *on a* $\varphi(g)=(\gamma(g))_K(\varphi\circ\theta(X))$ *(où* $(\gamma(g))_K\colon V_K\to K$ *est l'extension à* K *de la fonction* $\gamma(g)$ *(cf. 5.3.1) et* $\varphi\circ\theta(X)\in V_K$ *est l'image par* $\varphi\circ\theta$ *du n-uple* $X=(X_1,\ldots,X_n)$ *des fonctions coordonnées restreintes à* V).

Soit $f\in A$ *tel que la fonction* $\gamma(f)$ *est strictement positive sur* V. *Alors*
  (i) f *est inversible dans* $\Sigma^{-1}A$,
  (ii) γ *s'étend de manière unique en un homomorphisme*

$$\gamma'\colon A'=(\Sigma^{-1}A)\langle f^{1/2}\rangle\to \mathscr{D}(V),$$

(iii) *le diagramme commutatif (où* θ' *est le composé* $\mathscr{P}(V)\xrightarrow{\theta}A\to A'$)

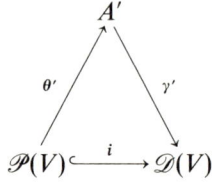

vérifie la propriété (∗).

Démonstration:

(i) Pour montrer que f divise un élément de la forme $1+a_1^2+\ldots+a_l^2$ dans A, il suffit d'après 4.4.1 de montrer que pour tout homomorphisme $\varphi\colon A\to K$ avec K réel clos on a $\varphi(f)>0$. Or d'après (∗) on a $\varphi(f)=(\gamma(f))_K(\varphi\circ\theta(X))$, et d'après le principe de Tarski-Seidenberg $(\gamma(f))_K$ est strictement positive sur V_K, donc $\varphi(f)>0$.

(ii) L'homomorphisme γ' est défini par $\gamma'(Y_m)=\sqrt[2^m]{\gamma(f)}\in \mathscr{D}(V)$.

(iii) Si on a un homomorphisme $\varphi\colon A'\to K$ avec K corps réel clos alors $\varphi(Y_m)=\sqrt[2^m]{\varphi(f)}=(\gamma'(Y_m))_K(\varphi\circ\theta'(X))$. □

Lemme 15.2.8: *Soit* b *une matrice symétrique inversible sur* $\mathscr{D}(V)$. *Alors il existe un diagramme commutatif d'homomorphismes d'anneaux*

15.2 Séparation des composantes semi-algébriquement connexes

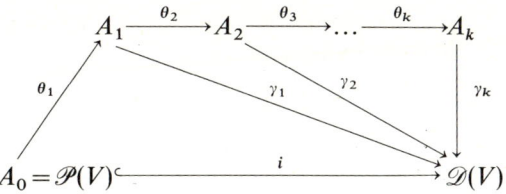

et une matrice symétrique inversible c sur A_k tels que

(i) *l'image de c par γ_k est b,*

(ii) *pour $i = 0, \ldots, k-1$, l'homomorphisme $\theta_{i+1}: A_i \to A_{i+1}$ est $A_i \to \Sigma^{-1} A_i$ ou $A_i \to A_i \langle f^{1/2} \rangle$ avec $f \in A_i^*$.*

Démonstration: En raisonnant par induction sur la construction des coefficients de la matrice b à partir de $\mathscr{P}(V)$, il est clair qu'en répétant un nombre fini de fois la construction du lemme 15.2.7 (ii) à partir de la situation

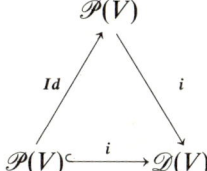

on obtient un diagramme commutatif d'homomorphismes d'anneaux

(1)
$$\begin{array}{c} A \\ \theta \nearrow \quad \searrow \gamma \\ \mathscr{P}(V) \xhookrightarrow{i} \mathscr{D}(V) \end{array}$$

tel que la matrice b soit l'image par γ d'une matrice symétrique c_1 à coefficients dans A. C'est la partie (iii) du lemme 15.2.7 qui assure que l'on peut répéter la construction, et aussi que le diagramme (1) vérifie la propriété (∗) de ce lemme. La partie (i) du lemme 15.2.7 pour $f = (\det(c_1))^2$ montre que l'image c de la matrice c_1 sur $\Sigma^{-1} A$ est inversible. □

On examine maintenant le cas des homomorphismes $A \to \Sigma^{-1} A$.

Lemme 15.2.9: *Soit A un anneau commutatif, $2 \in A^*$. Alors le conoyau de l'homomorphisme $W'(A) \to W'(\Sigma^{-1} A)$ est un groupe de torsion 2-primaire.*

Démonstration: Soit b une matrice symétrique inversible $q \times q$ sur $\Sigma^{-1} A$. On note c son inverse: $b \cdot c = I_q$ (la matrice identité $q \times q$). On peut multiplier tous les coefficients de b par le carré de leur dénominateur commun, ce qui ne change pas la classe d'isométrie de b sur $\Sigma^{-1} A$. On peut donc supposer que b est l'image d'une matrice b' symétrique sur A, et qu'il existe une matrice c' symétrique sur A qui vérifie $b' \cdot c' = s_l I_q$ où $s_l = 1 + g_1^2 + \ldots + g_l^2$ avec $g_1, \ldots, g_l \in A$. Montrons alors que $\underset{2^l}{\perp} b$ (la somme orthogonale de 2^l copies de

b) est isométrique à l'image d'une matrice symétrique inversible sur A, ce qui établira le lemme. On raisonne par récurrence sur l. Il n'y a rien à montrer pour $l=0$. Passons de l à $l+1$. On pose

$$b'_1 = \left[\begin{array}{c|c} b' & g_{l+1} I_q \\ \hline g_{l+1} I_q & c' \end{array}\right] \quad \text{et} \quad c'_1 = \left[\begin{array}{c|c} c' & -g_{l+1} I_q \\ \hline -g_{l+1} I_q & b' \end{array}\right].$$

Alors $b'_1 \cdot c'_1 = s_l I_{2q}$ et donc par hypothèse de récurrence l'image de $\underset{2^l}{\perp} b'_1$ est isométrique sur $\Sigma^{-1}A$ à l'image d'une matrice symétrique inversible sur A. Si $\delta = \left[\begin{array}{c|c} I_q & -g_{l+1} I_q \\ \hline 0 & b' \end{array}\right]$, on a

$$^t\delta \cdot b'_1 \cdot \delta = \left[\begin{array}{c|c} b' & 0 \\ \hline 0 & s_l b' \end{array}\right] = b' \otimes \begin{bmatrix} 1 & 0 \\ 0 & s_l \end{bmatrix}$$

et donc l'image de b'_1 est isométrique sur $\Sigma^{-1}A$ à $b \otimes (\langle 1 \rangle \perp \langle s_l \rangle)$. Vérifions maintenant que $\underset{2^l}{\perp} \langle s_l \rangle$ est isométrique sur $\Sigma^{-1}A$ à $\underset{2^l}{\perp} \langle 1 \rangle$. En posant $\Lambda_0 = [1]$ et $\Lambda_p = \left[\begin{array}{c|c} \Lambda_{p-1} & -g_p I_{2^{p-1}} \\ \hline g_p I_{2^{p-1}} & {}^t\Lambda_{p-1} \end{array}\right]$ pour $1 \leq p \leq l$, on obtient bien ${}^t\Lambda_l \cdot \Lambda_l = s_l I_{2^l}$.

Récapitulons :

$$\underset{2^{l+1}}{\perp} b = b \otimes ((\underset{2^l}{\perp} \langle 1 \rangle) \perp (\underset{2^l}{\perp} \langle 1 \rangle))$$

est isométrique sur $\Sigma^{-1}A$ à

$$b \otimes ((\underset{2^l}{\perp} \langle 1 \rangle) \perp (\underset{2^l}{\perp} \langle s_l \rangle)) = \underset{2^l}{\perp} (b \otimes (\langle 1 \rangle \perp \langle s_l \rangle))$$

lui-même isométrique à l'image de $\underset{2^l}{\perp} b'_1$ qui est isométrique sur $\Sigma^{-1}A$ à l'image d'une matrice symétrique inversible sur A. On a gagné. □

On se tourne maintenant vers le cas des homomorphismes $A \to A \langle f^{1/2} \rangle$.

Lemme 15.2.10: *Soit A un anneau commutatif avec $2 \in A^*$, soit $f \in A^*$. Alors le conoyau de l'homomorphisme $W'(A) \to W'(A \langle f^{1/2} \rangle)$ est un groupe de torsion 2-primaire.*

La démonstration de ce lemme nécessite quelques préliminaires. On notera $A' = A[Y]/(Y^2 - f)$, $k: A \hookrightarrow A'$ l'injection, $\tau: A' \to A'$ l'homomorphisme de A-algèbres donné par $\tau(Y) = -Y$, $t: A' \to A$ l'homomorphisme A-linéaire donné par $t(g) = g + \tau(g)$ pour $g \in A'$ (autrement dit si $g = g_1 + g_2 Y$ avec $g_1, g_2 \in A$, alors $t(g) = 2g_1$).

Lemme 15.2.11: *Soit (M, b) un espace bilinéaire sur A'.*

(i) *On note M_A l'ensemble M considéré comme A-module. Alors $(M_A, t \circ b)$ est un espace bilinéaire sur A que l'on note $t_*(M, b)$.*

15.2 Séparation des composantes semi-algébriquement connexes

(ii) *L'espace bilinéaire* $k^*(t_*(M, b))$ *est isométrique à* $(M, b) \perp \tau^*(M, b)$.

Démonstration:

(i) Comme $A' \simeq A \oplus A$, il est clair que M_A est un A-module projectif de type fini. Il faut voir que la forme A-bilinéaire symétrique $t \circ b$ est non dégénérée, autrement dit que l'homomorphisme A-linéaire $h_{t \circ b} \colon M_A \to (M_A)^\vee$ induit par $t \circ b$ est un isomorphisme. Comme $h_{t \circ b}$ est le composé de $(h_b)_A \colon M_A \to (M^\vee)_A$ avec $\lambda \colon (M^\vee)_A \to (M_A)^\vee$ défini par $\lambda(\varphi)(m) = t \circ \varphi(m)$ pour $\varphi \in (M^\vee)_A$, $m \in M_A$, il suffit de voir que λ est un isomorphisme. L'homomorphisme λ est injectif car si $t \circ \varphi = 0$, alors pour tout $m \in M$ on a

$$\varphi(m) = \tfrac{1}{2}(t \circ \varphi(m) + f^{-1} Y(t \circ \varphi(Ym))) = 0.$$

Il est aussi surjectif car si $\psi \in (M_A)^\vee$, alors $\varphi \in (M^\vee)_A$ défini par

$$\varphi(m) = \tfrac{1}{2}(\psi(m) + f^{-1} Y(\psi(Ym)))$$

vérifie $\lambda(\varphi) = \psi$.

(ii) Soit θ l'homomorphisme A'-linéaire de $A' \otimes_A M_A$ dans $M \oplus \tau^* M$ défini par

$$\theta(1 \otimes m_1 + Y \otimes m_2) = (m_1 + Ym_2, m_1 - Ym_2);$$

on précise que $\tau^* M$ est M avec la structure de A'-module où le produit de $m \in M$ par le scalaire $g \in A'$ est $\tau(g) m$, et on vérifie bien que

$$\theta(g(1 \otimes m_1 + Y \otimes m_2)) = (g(m_1 + Ym_2), \tau(g)(m_1 - Ym_2)).$$

Il est clair que θ est un isomorphisme linéaire. Il reste à vérifier que c'est une isométrie de $k^*(t_*(M, b))$ sur $(M, b) \perp \tau^*(M, b)$. La vérification est plus facile sur les formes quadratiques $q \colon M \to A'$, $q_1 \colon A' \otimes_A M_A \to A'$ et $q_2 \colon M \oplus \tau^* M \to A'$ correspondant aux formes bilinéaires considérées. On a:

$$q_1(1 \otimes m_1 + Y \otimes m_2) = t(q(m_1)) + f t(q(m_2)) + 2 Y t(b(m_1, m_2))$$

et

$$q_2(n_1, n_2) = q(n_1) + \tau(q(n_2)).$$

Un calcul simple montre que

$$q_2(\theta(1 \otimes m_1 + Y \otimes m_2)) = q_1(1 \otimes m_1 + Y \otimes m_2). \qquad \square$$

Démonstration du lemme 15.2.10: Soit b une matrice symétrique inversible sur $A\langle f^{1/2} \rangle$. Il est clair que b est l'image d'une matrice symétrique inversible c sur un sous-anneau $A[Y_m]/(Y_m^{2^m} - f)$. Supposons pour commencer que c est une matrice symétrique inversible sur $A[Y]/(Y^2 - f)$ (avec $Y = Y_1$). Alors d'après le lemme 15.2.11 on a que $k^*(t_*(\langle 1, Y \rangle \otimes c))$ est isométrique à $(\langle 1, Y \rangle \otimes c) \perp (\langle 1, -Y \rangle \otimes \tau^*(c))$. Comme dans $A\langle f^{1/2} \rangle$ on a $Y = Y_1 = Y_2^2$, l'image de $(\langle 1, Y \rangle \otimes c) \perp (\langle 1, -Y \rangle \otimes \tau^*(c))$ sur $A\langle f^{1/2} \rangle$ est Witt-équivalente à $\langle 1, 1 \rangle \otimes b$ et donc $2[b]$ est l'image de $[t_*(\langle 1, Y \rangle \otimes c)] \in W'(A)$. Dans le cas général maintenant, on applique le lemme 15.2.11 plusieurs fois comme on vient de le faire, et on trouve que $[b]$ multiplié par une puissance convenable de 2 est dans l'image de $W'(A)$. □

Il ne reste plus qu'à récapituler ce qu'on a fait.

Démonstration du théorème 15.2.5: Soit b une matrice symétrique inversible sur $\mathcal{D}(V)$. Alors, en utilisant le lemme 15.2.8 et ses notations, on trouve que b est l'image d'une matrice symétrique inversible c sur un certain A_k:

$$\mathcal{P}(V) = A_0 \xrightarrow{\theta_1} A_1 \xrightarrow{} \cdots \xrightarrow{\theta_k} A_k \xrightarrow{\gamma_k} \mathcal{D}(V).$$

On remonte ensuite de proche en proche jusqu'à $\mathcal{P}(V)$ en utilisant soit le lemme 15.2.9 si $\theta_{i+1}: A_i \to A_{i+1}$ est $A_i \to \Sigma^{-1} A_i$, soit le lemme 15.2.10 si θ_{i+1} est $A_i \to A_i \langle f^{1/2} \rangle$. On arrive à la conclusion que $[b] \in W'(\mathcal{D}(V))$, multiplié par une puissance convenable de 2, est dans l'image de $W'(\mathcal{P}(V))$ et donc d'après le lemme 15.2.6 que le conoyau de l'homomorphisme $W(\mathcal{P}(V)) \to W(\mathcal{D}(V))$ est un groupe de torsion 2-primaire. □ □

15.3 Comparaison entre $W(\mathcal{P}(V))$ et $K_0(\mathcal{S}^0(V))$

Dans cette section $V \subset R^n$ désignera toujours un ensemble algébrique sur un corps réel clos R. Les rapports entre $K_0(\mathcal{P}(V))$ et $K_0(\mathcal{S}^0(V))$ ($\simeq KO(V)$ si $R = \mathbb{R}$) ne sont pas clairs; nous avons vu en comparant les fonctions «rang» que, dans le cas où V est irréductible et pas semi-algébriquement connexe, ces deux groupes sont très différents. Le but de cette section est de montrer que par contre $W(\mathcal{P}(V))$ et $W(\mathcal{S}^0(V))$ sont toujours en relation très étroite. De manière précise, on va montrer le résultat suivant.

Théorème 15.3.1:

(i) *L'homomorphisme* $W(\mathcal{P}(V)) \to W(\mathcal{S}^0(V))$
a un conoyau qui est un groupe de torsion 2-primaire. Autrement dit l'homomorphisme induit $W(\mathcal{P}(V))[1/2] \to W(\mathcal{S}^0(V))[1/2]$ *est surjectif.*

(ii) *Si* $R = \mathbb{R}$, *l'homomorphisme* $W(\mathcal{P}(V)) \to W(\mathcal{C}^0(V)) \simeq KO(V)$ *a un conoyau qui est un groupe de torsion 2-primaire. Autrement dit l'homomorphisme induit* $W(\mathcal{P}(V))[1/2] \to KO(V)[1/2]$ *est surjectif.*

Remarques 15.3.2:

a) L'énoncé précédent n'est que la moitié du résultat de [Brumfiel 3]. Le résultat complet est que l'homomorphisme $W(\mathcal{P}(V))[1/2] \to W(\mathcal{S}^0(V))[1/2]$ est un isomorphisme. Par ailleurs ce résultat est en fait formulé pour un anneau A quelconque à la place de $\mathcal{P}(V)$, en remplaçant $\mathcal{S}^0(V)$ par l'anneau des fonctions semi-algébriques continues abstraites sur $\mathrm{Spec}_r(A)$.

b) Ce résultat est un prolongement du résultat de [Mahé 1] (théorème 15.2.2) et il redonne le résultat de Mahé par la considération du diagramme commutatif:

15.3 Comparaison entre $W(\mathscr{P}(V))$ et $K_0(\mathscr{S}^0(V))$

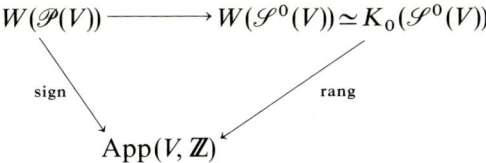

et le fait que l'image de l'homomorphisme rang se compose de toutes les fonctions constantes sur les composantes semi-algébriquement connexes de V. □

Dans le cas où $R = \mathbb{R}$ et V est compact, la démonstration du théorème est extrêmement facile. Soit b une matrice symétrique inversible $q \times q$ sur $\mathscr{C}^0(V)$. On peut voir b comme une fonction continue de V dans l'ouvert $\mathrm{Sym}(q) \subset \mathbb{R}^{q(q+1)/2}$ des matrices symétriques $q \times q$ à coefficients dans $\mathbb{R}$ de déterminant non nul. Le théorème de Stone-Weierstrass permet alors d'approcher b par une fonction polynomiale c, homotope à b dans $\mathrm{Sym}(q)$. Le corollaire 15.1.9 montre qu'alors les deux matrices b et c sont isométriques sur $\mathscr{C}^0(V)$, et donc $W'(\mathscr{R}(V)) \to W'(\mathscr{C}^0(V))$ est surjectif. On sait par ailleurs (en appliquant le lemme 15.2.9) que l'homomorphisme $W'(\mathscr{P}(V)) \to W'(\mathscr{R}(V))$ a un conoyau qui est un groupe de torsion 2-primaire, et on obtient donc, en utilisant le lemme 15.2.6, la partie (ii) du théorème. Pour la partie (i) (toujours sous les hypothèses $R = \mathbb{R}$ et V compact) on remplace $\mathscr{C}^0(V)$ par $\mathscr{S}^0(V)$. Remarquons qu'en passant nous avons montré que $2W(\mathscr{C}^0(V))$ est contenu dans l'image de $W(\mathscr{R}(V))$.

Bien sûr si V n'est pas compact, ou si $R \neq \mathbb{R}$, ce raisonnement ne fonctionne plus. La démarche va cependant rester la même, mais on passera par l'intermédiaire de $\mathscr{D}(V)$ et la construction de l'homotopie dans $\mathrm{Sym}(q)$ sera plus délicate. On aura besoin pour cela de renseignements assez précis sur la géométrie de $\mathrm{Sym}(q)$, sous la forme du résultat technique suivant.

Proposition 15.3.3: *Soit* $\mathrm{Sym}(q) \subset R^{q(q+1)/2}$ *l'ouvert des matrices symétriques* $q \times q$ *à coefficients dans* R *dont le déterminant est non nul. Alors il existe*

(i) *une application* Γ *de* $\mathrm{Sym}(q)$ *dans l'ensemble des parties de* $\mathrm{Sym}(q)$, *telle que* $\Gamma(\beta)$ *soit un voisinage ouvert semi-algébrique convexe de* β *pour tout* $\beta \in \mathrm{Sym}(q)$,

(ii) *un nombre fini de points* $\gamma_1, \ldots, \gamma_s$ *de* $\mathrm{Sym}(q)$ *tels que les*

$$D_i = \{\beta \in \mathrm{Sym}(q) \mid \gamma_i \in \Gamma(\beta)\},$$

pour $i = 1, \ldots, s$, *forment un recouvrement ouvert semi-algébrique de* $\mathrm{Sym}(q)$.

Exemple 15.3.4: Pour $q = 2$ on a $\mathrm{Sym}(2) = \{(a, b, c) \in R^3 \mid ac - b^2 \neq 0\}$. L'ouvert $\mathrm{Sym}(2)$ est le complémentaire d'un cône dont l'axe est la première bissectrice des axes $(0a)$ et $(0b)$, et il a trois composantes connexes S_0, S_1, S_2 correspondant respectivement aux matrices symétriques inversibles définies positives, de signature zéro, définies négatives (cf. figure 42). Si $\beta \in S_0$ (resp. S_2) on pose $\Gamma(\beta) = S_0$ (resp. S_2). Il reste à régler le cas $\beta \in S_1$. Supposons que $\beta = \begin{bmatrix} a & 0 \\ 0 & b \end{bmatrix}$ avec $a > 0$ et $b < 0$; on pose alors $\Gamma(\beta) = \left\{ \begin{bmatrix} a' & c \\ c & b' \end{bmatrix} \middle| a' > 0 \text{ et } b' < 0 \right\}$ (cf. figure 43).

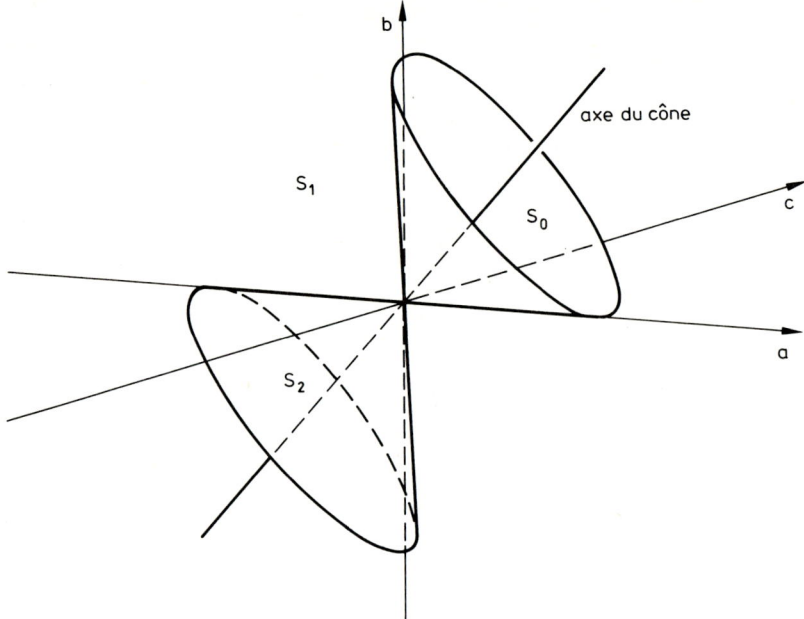

Fig. 42

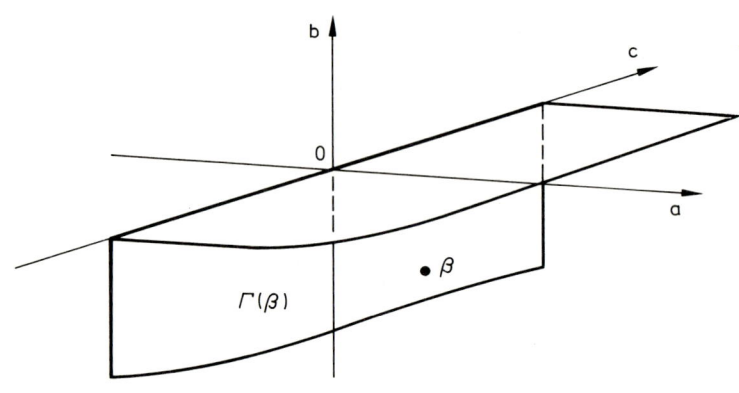

Fig. 43

Pour $\beta \in S_1$ quelconque, on se ramène à la situation précédente par une rotation dont l'axe est l'axe du cône. Il est clair que les $\Gamma(\beta)$ ainsi définis sont des voisinages ouverts semi-algébriques convexes de β. Il est aussi clair que les six points $\gamma_1 = (1, 1, 0)$, $\gamma_2 = (1, -1, 0)$, $\gamma_3 = (0, 0, \sqrt{2})$, $\gamma_4 = (-1, 1, 0)$, $\gamma_5 = (0, 0, -\sqrt{2})$, $\gamma_6 = (-1, -1, 0)$ remplissent la condition (ii) de la proposition (cf. figure 44).

On remarque que les rotations d'axe l'axe du cône, qui jouent visiblement un rôle important dans la situation, correspondent à l'action du groupe orthogo-

15.3 Comparaison entre $W(\mathscr{P}(V))$ et $K_0(\mathscr{S}^0(V))$

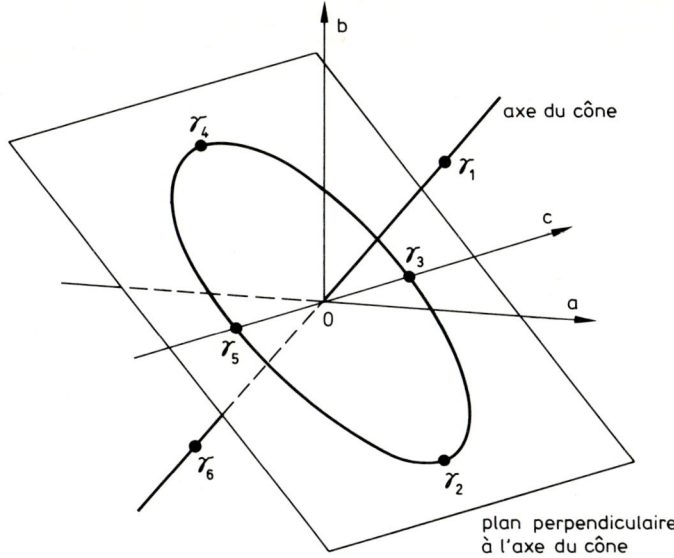

Fig. 44

nal $\mathbf{O}(2)$ sur Sym(2) par $\beta \mapsto \sigma^{-1} \cdot \beta \cdot \sigma$. Cet exemple devrait permettre de comprendre comment fonctionne la démonstration pour q quelconque. □

Démonstration de la proposition 15.3.3: Soit $\beta \in \mathrm{Sym}(q)$. On peut diagonaliser β dans une base orthonormée de R^q, c.-à-d. qu'il existe $\sigma \in \mathbf{O}(q)$ tel que:

$$\beta = \sigma^{-1} \cdot \begin{bmatrix} a_1 & & & & 0 \\ & \ddots & & & \\ & & a_r & & \\ & & & b_{r+1} & \\ & & & & \ddots \\ 0 & & & & b_q \end{bmatrix} \cdot \sigma$$

avec $a_i > 0$, $i = 1, \ldots, r$ et $b_i < 0$, $i = r+1, \ldots, q$. Posons

$$\Omega_r = \left\{ \begin{bmatrix} A & C \\ {}^t C & B \end{bmatrix} \middle| A \text{ matrice } r \times r \text{ définie positive, } B \text{ matrice } (q-r) \times (q-r) \text{ définie négative, } C \text{ matrice } r \times (q-r) \text{ quelconque} \right\}$$

et $\Gamma(\beta) = \sigma^{-1} \cdot \Omega_r \cdot \sigma$. Vérifions d'abord que $\Gamma(\beta)$ ne dépend pas du choix de σ. En effet si σ' vérifie

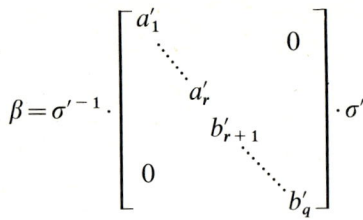

avec $a'_i > 0$, $i = 1, \ldots, r$, et $b'_i < 0$, $i = r+1, \ldots, q$ alors $\sigma' = \tau \cdot \sigma$ où $\tau = \begin{bmatrix} \tau_1 & 0 \\ 0 & \tau_2 \end{bmatrix}$ avec $\tau_1 \in \mathbf{O}(q)$ et $\tau_2 \in \mathbf{O}(n-q)$, et on a bien $\Omega_r = \tau^{-1} \cdot \Omega_r \cdot \tau$. Vérifions ensuite que l'on a bien $\Gamma(\beta) \subset \mathrm{Sym}(q)$; pour cela il suffit de voir que $\Omega_r \subset \mathrm{Sym}(q)$. Si $\delta \in \Omega_r$, on sait que δ est définie positive sur un sous-espace de dimension r et définie négative sur un sous-espace de dimension $q-r$; forcément δ est non dégénérée (c.-à-d. de déterminant non nul). Enfin, il est clair que Ω_r (et donc $\Gamma(\beta)$) est un ouvert, puisqu'une petite perturbation symétrique d'une matrice symétrique définie positive (resp. définie négative) donne encore une matrice symétrique définie positive (resp. définie négative).

Passons maintenant au point (ii) de la proposition. Pour r avec $0 \leq r \leq q$, posons:

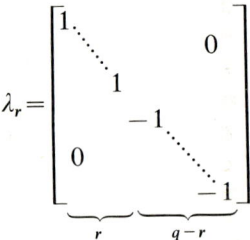

Si $\sigma \in \mathbf{O}(q)$ et $\beta \in \mathrm{Sym}(q)$ on note $\beta^\sigma = \sigma^{-1} \cdot \beta \cdot \sigma$; ceci définit une action du groupe orthogonal $\mathbf{O}(q)$ sur $\mathrm{Sym}(q)$. Posons pour $\tau \in \mathbf{O}(q)$:

$$\Sigma(\tau) = \{\sigma \in \mathbf{O}(q) \mid \lambda_r^\tau \in \Omega_r^\sigma\}.$$

Puisque Ω_r est ouvert, $\Sigma(\tau)$ aussi est ouvert et il est clairement semi-algébrique. On peut trouver un nombre fini d'éléments $\tau_1, \ldots, \tau_t$ de $\mathbf{O}(q)$ (avec t dépendant de r) tels que $\mathbf{O}(q)$ soit recouvert par $\Sigma(\tau_j)$, $j = 1, \ldots, t$. Ceci est évident quand $R = \mathbb{R}$ car $\mathbf{O}(q)$ est compact; on peut même dans ce cas prendre $\tau_1, \ldots, \tau_t$ à coefficients dans $\mathbb{R}_{\mathrm{alg}}$. Mais alors grâce au principe de Tarski-Seidenberg les mêmes $\tau_1, \ldots, \tau_t$ peuvent servir pour n'importe quel corps réel clos R. Posons

$$D(\lambda_r^{\tau_j}) = \{\beta \in \mathrm{Sym}(q) \mid \lambda_r^{\tau_j} \in \Gamma(\beta)\}.$$

Si $\beta \in \mathrm{Sym}(q)$ est de signature $2r - q$, on a $\Gamma(\beta) = \Omega_r^\sigma$ pour un $\sigma \in \mathbf{O}(q)$ et donc $\beta \in D(\lambda_r^{\tau_j})$ pour un certain j parmi $1, \ldots, t$. Si β' est proche de β, alors on a $\Gamma(\beta') = \Omega_r^{\sigma'}$ avec σ' proche de σ et on a encore $\beta' \in D(\lambda_r^{\tau_j})$; ceci montre que $D(\lambda_r^{\tau_j})$

est ouvert. En faisant varier r et j, les $D(\lambda_r^{r_j})$ nous donnent bien un recouvrement ouvert semi-algébrique fini de $\mathrm{Sym}(q)$, et le point (ii) est vérifié. □

Lemme 15.3.5: *Soit* $b\colon V\to\mathrm{Sym}(q)$ *une fonction semi-algébrique continue. Alors* b *est semi-algébriquement homotope à une fonction* $c\colon V\to\mathrm{Sym}(q)$ *dont toutes les coordonnées sont dans* $\mathscr{D}(V)$ *(cf. 15.2.4).*

Démonstration: On utilise les notations de 15.3.3. Alors $U_i = b^{-1}(D_i)$ pour $i=1, \ldots, s$ forme un recouvrement ouvert semi-algébrique de V. D'après le théorème de finitude (2.7.1) on a:

$$U_i = \bigcup_{j=1}^{m} \bigcap_{k=1}^{p} \{x\in V \mid f_{i,j,k}(x) > 0\}$$

avec $f_{i,j,k}\in\mathscr{P}(V)$. Posons:

$$\theta_i = \sum_{j=1}^{m} \prod_{k=1}^{p} (f_{i,j,k} + |f_{i,j,k}|), \quad \varphi_i = \theta_i \left(\sum_{i=1}^{s} \theta_i\right)^{-1} \quad \text{et} \quad d = \sum_{i=1}^{s} \varphi_i \gamma_i.$$

La fonction d est une fonction semi-algébrique continue à valeurs dans $R^{q(q+1)/2}$. Soit $x\in V$ alors:

$$\varphi_i(x)\neq 0 \Leftrightarrow x\in U_i \Leftrightarrow \gamma_i\in\Gamma(b(x)),$$

et donc $d(x)\in\Gamma(b(x))$ puisque $\Gamma(b(x))$ est convexe. Cette convexité montre aussi que d est homotope à b par l'homotopie $h(t,x) = t\,d(x) + (1-t)\,b(x)$. Remplaçons maintenant $|f_{i,j,k}|$ par $\sqrt{f_{i,j,k}^2 + \varepsilon^2}$ dans la définition de d, avec $\varepsilon(x) = \eta(1+\|x\|^2)^{-r}$, $\eta\in R$, $r\in\mathbb{N}$; on obtient ainsi une fonction $c\colon V\to R^{q(q+1)/2}$ dont toutes les coordonnées sont dans $\mathscr{D}(V)$. On peut choisir η et r pour que $\|c(x) - d(x)\|$ soit strictement plus petite que la distance de $d(x)$ à $R^{q(q+1)/2}\setminus\mathrm{Sym}(q)$ pour tout $x\in V$ (on utilise 2.6.2); alors c est à valeurs dans $\mathrm{Sym}(q)$, et semi-algébriquement homotope à d (et donc à b) dans $\mathrm{Sym}(q)$. □

Démonstration du théorème 15.3.1:
(i) On a vu en 15.2.5 que le conoyau de l'homomorphisme $W(\mathscr{P}(V))\to W(\mathscr{D}(V))$ est un groupe de torsion 2-primaire. Le lemme 15.3.5 avec le corollaire 15.1.9 montre que l'homomorphisme $W'(\mathscr{D}(V))\to W'(\mathscr{S}^0(V))$ est surjectif et donc (cf. 15.2.6) que l'image de $W(\mathscr{D}(V))$ dans $W(\mathscr{S}^0(V))$ contient $2W(\mathscr{S}^0(V))$. La conclusion est alors claire.
(ii) C'est une conséquence de (i) et de 15.1.13. □

Note bibliographique: La rédaction de ce chapitre s'inspire pour l'essentiel de [Brumfiel 3] ainsi que de [Mahé 1]. Pour les anneaux de Witt on peut se reporter à [Milnor Husemoller 1] où à [Knebusch 1]. L'isomorphisme entre $W(\mathscr{C}^0(V))$ et $KO(V)$ est dû à Lusztig et [Gelfand Mishchenko 1] (cf. 15.1.11). L'exemple 15.2.1 qui vient de [Mahé 1] a été indiqué par Colliot-Thélène. Le lemme 15.2.9 vient de [Karoubi 1]. Le problème de la séparation des composantes connexes de l'ensemble des points réels d'un schéma sur R au moyen de signatures d'espaces bilinéaires sur ce schéma est posé dans [Knebusch 1]. Des réponses partielles à ce problème (cas des surfaces complètes lisses, cas des variétés abéliennes) avaient été données par [Colliot-Thélène Sansuc 1] avant la résolution complète dans le cas affine par [Mahé 1]; le cas projectif est traité dans [Houdebine Mahé 1]. Les résultats de [Colliot-Thélène Sansuc 1] s'accompagnaient d'une borne sur l'entier k tel que $2^k \mathscr{C}^0(V, \mathbb{Z})$ soit contenu dans l'image de l'homomorphisme «signature». Une telle borne ne dépendant que de la dimension de V a été donnée par [Mahé 2] dans le cas général, en utilisant les résultats de [Bröcker 2] (cf. 7.7.2) et en établissant un «positivstellensatz quantitatif»: on sait que si $f \in \mathscr{P}(V)$ est strictement positif sur V, alors f divise $1 + s$ où s est une somme de p carrés dans $\mathscr{P}(V)$, et [Mahé 2] donne une borne pour p en fonction de la dimension de V. La troisième section du chapitre reprend une partie des résultats de [Brumfiel 3] et s'inspire aussi d'un cours donné par G. Brumfiel au CIMPA (particulièrement pour 15.3.3).

Bibliographie

Abraham, R., Robbin, J.
[1] Transversal mappings and flows. New York: Benjamin 1967

A'Campo, N.
[1] Sur la première partie du 16° problème de Hilbert. Dans: Séminaire Bourbaki vol. 1978/79, pp. 208–227. Lectures Notes in Math. vol. 770. Berlin, Heidelberg, New York: Springer 1980

Akbulut, S., King, H.
[1] Real algebraic variety structures of P.L. manifolds. Bull. Amer. Math. Soc. 83, 281–282 (1977)
[2] A relative Nash theorem. Trans. Amer. Math. Soc. 267 (2), 465–481 (1981)
[3] Real algebraic structures on topological spaces. Publ. Math. I.H.E.S. 53, 79–162 (1981)
[4] The topology of real algebraic sets with isolated singularities. Ann. of Math. 113, 425–446 (1981)
[5] The topology of real algebraic sets. Enseign. Math. 29, 221–261 (1983)
[6] Submanifolds and homology of non singular real algebraic varieties. Amer. J. Math. 107 (1), 45–83 (1985)
[7] A resolution theorem for homology cycles of real algebraic varieties. Invent. Math. 79, 589–601 (1985)

Alonso, M.E., Gamboa, J.M., Ruiz, J.
[1] Ordres sur les surfaces réelles. C.R. Acad. Sci. Paris 298, 17–19 (1984)

Andradas, C., Gamboa, J.M.
[1] On projections of real algebraic varieties. Pacific J. Math. 121 (1), 281–291 (1986)

Artin, E.
[1] Über die Zerlegung definiter Funktionen in Quadrate. Hamb. Abh. 5, 100–115 (1927). Dans: The collected papers of Emil Artin, pp. 273–288. Reading: Addison-Wesley 1965

Artin, E., Schreier, O.
[1] Algebraische Konstruktion reeller Körper. Hamb. Abh. 5, 85–99 (1926). Dans: The collected papers of Emil Artin, pp. 258–272. Reading: Addison-Wesley 1965

Artin, M.
[1] On the solutions of analytic equations. Invent. Math. 5, 277–291 (1968)
[2] Algebraic approximations of structures over complete local rings. Publ. Math. I.H.E.S. 36, 23–58 (1969)

Artin, M., Mazur, B.
[1] On periodic points. Ann. of Math. 81, 82–99 (1965)

Atiyah, M.F., Macdonald, I.G.
[1] Introduction to commutative algebra. Reading: Addison-Wesley 1969

Baer, R.
[1] Über nicht-archimedisch geordnete Körper (Beiträge zur Algebra 1). Sitz. Ber. der Heidelberger Akademie, 8. Abhandl. (1927)

Bass, H.
[1] Algebraic K-theory. New York: Benjamin 1968

Baum, P.F.
[1] Quadratic maps and stable homotopy groups of spheres. Illinois J. Math. 11, 586–595 (1967)

Becker, E.
[1] Valuations and real places in the theory of formally real fields. Dans: Géométrie algébrique réelle et formes quadratiques. Lecture Notes in Math. vol. 959, pp. 1–40. Berlin, Heidelberg, New York: Springer 1982
[2] On the real spectrum of a ring and its applications to semi-algebraic geometry. Bull. Amer. Math. Soc. (N.S.) *15*, 19–60 (1986)

Bell, J.L., Slomson, A.R.
[1] Models and ultraproducts: An introduction. Amsterdam: North Holland 1969

Benedetti, R.
[1] On a resolution theorem for homology groups of real algebraic variety. Boll. Un. Mat. Ital. (6) 4-A, 459–466 (1985)

Benedetti, R., Dedò, M.
[1] The topology of two-dimensional real algebraic varieties. Ann. Mat. Pura Appl. *127*, 141–171 (1981)
[2] Counterexamples to representing homology classes by real algebraic subvarieties up to homeomorphism. Compositio Math. *53*, 143–151 (1984)

Benedetti, R., Tognoli, A.
[1] Théorèmes d'approximation en géométrie algébrique réelle. Dans: Séminaire sur la géométrie algébrique réelle. Publ. Math. Univ. Paris VII *9*, 123–145 (1980)
[2] On real algebraic vector bundles. Bull. Sci. Math. (2) *104*, 89–112 (1980)
[3] Remarks and counterexamples in the theory of real algebraic vector bundles and cycles. Dans: Géométrie algébrique réelle et formes quadratiques. Lecture Notes in Math. vol. 959, pp. 198–211. Berlin, Heidelberg, New York: Springer 1982

Ben-Or, M.
[1] Lower bounds for algebraic computation trees. Proc. 15th ACM Ann. Symp. on Theory of Comput., 80–86 (1983)

Białynicki-Birula, A., Rosenlicht, M.
[1] Injective morphisms of real algebraic varieties. Proc. Amer. Math. Soc. *13*, 200–203 (1962)

Bierstone, E., Milman, P.
[1] Composite differentiable functions. Ann of Math. *116*, 541–558 (1982)
[2] Relations among analytic functions. Ann. Inst. Fourier (Grenoble) (à paraître)

Bochnak, J.
[1] Sur la factorialité des anneaux de fonctions de Nash. Comment. Math. Helv. *52*, 211–218 (1977)
[2] Algebraicity versus analyticity. Rocky Mountain J. Math. *14* (4), 863–880 (1984)

Bochnak, J., Buchner, M., Kucharz, W.
[1] On vector bundles over real algebraic varieties (à paraître)

Bochnak, J., Efroymson, G.
[1] Real algebraic geometry and the Hilbert 17th problem. Math. Ann. *251*, 213–241 (1980)

Bochnak, J., Kucharz, W.
[1] Local algebraicity of analytic sets. J. Reine. Angew. Math. *352*, 1–14 (1984)
[2] On real algebraic morphisms into S^n (à paraître)
[3] On nonisomorphic algebraic realizations of smooth manifolds. Proc. Amer. Math. Soc. (à paraître)

Bochnak, J., Kucharz, W., Shiota, M.
[1] On equivalence of ideals of real global analytic functions and the 17th Hilbert problem. Invent. Math. *63*, 403–421 (1981)
[2] On algebraicity of global real analytic sets and functions. Invent. Math. *70*, 115–156 (1982)

Borel, A.
[1] Injective endomorphisms of algebraic varieties (prépublication)

Borel, A., Haefliger, A.
[1] La classe d'homologie fondamentale d'un espace analytique. Bull. Soc. Math. France *89*, 461–513 (1961)

Borel, A., Moore, J.C.
[1] Homology theory for locally compact spaces. Michigan Math. J. *7*, 137–159 (1960)

Bourbaki, N.
[1] Algèbre commutative. Paris: Hermann 1961–1965

Bröcker, L.
[1] Real spectra and distribution of signatures. Dans: Géométrie algébrique réelle et formes quadratiques, pp. 249–272. Lecture Notes in Math. vol. 959. Berlin, Heidelberg, New York: Springer 1982
[2] Minimale Erzeugung von Positivbereich. Geom. Dedicata *16*, 335–350 (1984)
[3] Spaces of orderings and semi-algebraic sets. Dans: Quadratic and hermitian forms, pp. 231–248. CMS Conf. Proc. vol. 4. Providence: Amer. Math. Soc. 1984
[4] Cours au CIMPA (manuscrit) (1985)

Brown, R.
[1] Real places and ordered fields. Rocky Mountain J. Math. *1*, 633–636 (1971)

Bruhat, F., Cartan, H.
[1] Sur les composantes irréductibles d'un sous-ensemble analytique réel. C.R. Acad. Sci. Paris *244*, 1123–1126 (1957)

Bruhat, F., Whitney, H.
[1] Quelques propriétés fondamentales des ensembles analytiques réels. Comment. Math. Helv. *33*, 132–160 (1959)

Brumfiel, G.W.
[1] Partially ordered rings and semi-algebraic geometry. Cambridge: Cambridge University Press 1979
[2] Real valuation rings and ideals. Dans: Géométrie algébrique réelle et formes quadratiques, pp. 55–97. Lecture Notes in Math. vol. 959. Berlin, Heidelberg, New York: Springer 1982
[3] Witt rings and K-theory. Rocky Mountain J. of Math. *14* (4), 733–765 (1984)

Burghelea, D., Verona, A.
[1] Local homological properties of analytic sets. Manuscripta Math. *7*, 55–66 (1972)

Carral, M., Coste, M.
[1] Normal spectral spaces and their dimensions. J. Pure Appl. Algebra *30*, 227–235 (1983)

Cartan, H.
[1] Variétés analytiques réelles et variétés analytiques complexes. Bull. Soc. Math. France *85*, 77–99 (1957)

Cassels, J.W.S.
[1] On the representation of rational functions as sums of squares. Acta Arith. *9*, 79–82 (1964)

Cassels, J.W.S., Ellison, W.S., Pfister, A.
[1] On sums of squares and on elliptic curves over functions fields. J. Number Theory *3*, 125–149 (1971)

Chillingworth, D.R.J., Hubbard, J.
[1] A note on nonrigid Nash structure. Bull. Amer. Math. Soc. *77*, 429–431 (1971)

Choi, M.D., Dai, Z.D., Lam, T.Y., Reznick, B.
[1] The Pythagoras number of some affine algebras and local algebras. J. Reine. Angew. Math. *336*, 45–82 (1982)

Choi, M.D., Lam, T.Y.
[1] Extremal positive semi-definite forms. Math. Ann. *231*, 1–18 (1977)

Choi, M.D., Lam, T.Y., Reznick, B.
[1] Real zeros of positive semidefinite forms. (I). Math. Z. *171*, 1–26 (1980)

Choi, M.D., Lam, T.Y., Reznick, B., Rosenberg, A.
[1]   Sums of squares in some integral domains. J. Algebra 65, 234–256 (1980)

Cohen, P.J.
[1]   Decision procedures for real and p-adic fields. Comm. Pure. Appl. Math. 22, 131–151 (1969)

Colliot-Thélène, J.-L.
[1]   Variantes du Nullstellensatz réel et anneaux formellement réels. Dans: Géométrie algébrique réelle et formes quadratiques, pp. 98–108. Lecture Notes in Math. vol. 959. Berlin, Heidelberg, New York: Springer 1982

Colliot-Thélène, J.-L., Sansuc, J.-J.
[1]   Fibrés quadratiques et composantes connexes réelles. Math. Ann. 244, 105–134 (1979)

Conner, R.G., Floyd, E.E.
[1]   Differential periodic maps. Berlin, Heidelberg, New York: Springer 1964

Coste, M.
[1]   Ensembles semi-algébriques et fonctions de Nash. Université Paris Nord (prépublication) (1981)
[2]   Ensembles semi-algébriques. Dans: Géométrie algébrique réelle et formes quadratiques, pp. 109–138. Lecture Notes in Math. vol. 959. Berlin, Heidelberg, New York: Springer 1982
[3]   Sous-ensembles algébriques réels de codimension 1. C.R. Acad. Sci. Paris 300, 661–664 (1985)

Coste, M., Roy, M.-F.
[1]   Topologies for real algebraic geometry. Dans: Topos theoretic methods in geometry, pp. 37–100. Various Publ. Ser. 30. Aarhus: Mat. Inst. Aarhus Univ. 1979
[2]   La topologie du spectre réel. Contemp. Math. 8, 27–59 (1982)

Cucker, F.
[1]   Fonctions de Nash sur les variétés algébriques affines. Thèse Univ. Rennes (1986)

Delfs, H.
[1]   The homotopy axiom in semialgebraic cohomology. J. Reine Angew. Math. 355, 108–128 (1985)

Delfs, H., Knebusch, M.
[1]   Semialgebraic topology over a real closed field II: Basic theory of semialgebraic spaces. Math. Z. 178, 175–213 (1981)
[2]   On the homology of algebraic varieties over real closed fields. J. Reine Angew. Math. 335, 122–163 (1982)

Delzell, C.N.
[1]   A continuous, constructive solution to Hilbert's 17th problem. Invent. Math. 76, 365–384 (1984)

De Marco, G., Orsatti, A.
[1]   Commutative rings in which every prime ideal is contained in a unique maximal ideal. Proc. Amer. Math. Soc. 30, 459–466 (1971)

Descartes, R.
[1]   Géométrie. 1636. Dans: A source book in Mathematics, pp. 90–93. Massachussetts: Harvard University Press 1969

Dickmann, M.A.
[1]   Applications of model theory to real algebraic geometry. A survey. Dans: Methods in Mathematical Logic. Proceedings, 1983, pp. 76–150. Lecture Notes in Math. vol. 1130. Berlin, Heidelberg, New York: Springer 1985

Dieudonné, J.
[1]   Fondements de l'analyse moderne, vol. 1. Paris: Gauthier-Villars 1967

Dieudonné, J., Carrell, J.
[1]   Invariant theory, old and new. Adv. in Math. 4, 1–80 (1970)

van den Dries, L.
[1]   Artin-Schreier theory for commutative regular rings. Ann. Math. Logic 12, 113–150 (1977)
[2]   Some applications of a modeltheoretic fact to (semi-)algebraic geometry. Indag. Math. 44, 397–401 (1982)

Dubois, D.W.
[1] Note on Artin's solution of Hilbert's 17th problem. Bull. Amer. Math. Soc. *73*, 540–541 (1967)
[2] A nullstellensatz for ordered fields. Ark. Mat. *8*, 111–114 (1969)
[3] Real commutative algebra I: places. Rev. Mat. Hisp.-Amer. (4) *39*, 57–65 (1979)

Dubois, D.W., Efroymson, G.
[1] Algebraic theory of real varieties I. Dans: Studies and Essays presented to Y.H. Chen for his 60th birthday, pp. 107–135. Taipei: Math. Res. Center Nat. Taiwan Univ. 1970

Efroymson, G.
[1] A Nullstellensatz for Nash rings. Pacific J. Math. *54*, 101–112 (1974)
[2] Substitution in Nash functions. Pacific J. Math. *63*, 137–145 (1976)
[3] The extension theorem for Nash functions. Dans: Géométrie algébrique réelle et formes quadratiques, pp. 343–357. Lecture Notes in Math. vol. 959. Berlin, Heidelberg, New York: Springer 1982

Ehresmann, C.
[1] Sur la topologie de certaines variétés algébriques réelles. J. Math. Pures Appl. *16*, 69–100 (1937)

Eilenberg, S., Steenrod, N.
[1] Foundations of algebraic topology. Princeton: Princeton University Press 1952

Evans, E.G.
[1] Projective modules as fiber bundles. Proc. Amer. Math. Soc. *27*, 623–626 (1971)

Fossum, R.
[1] Vector bundles over spheres are algebraic. Invent. Math. *8*, 222–225 (1969)

Fuks, D., Rokhlin, V.
[1] Beginner's course in topology. Berlin, Heidelberg, New York: Springer 1984

Gantmacher, F.R.
[1] Théorie des matrices, vol. 2. Paris: Dunod 1966

Gelfand, I.M., Mishchenko, A.S.
[1] Quadratic forms over commutative group rings and the K-theory. Functional Anal. Appl. *3*, 277–281 (1969)

Geramita, A.V., Roberts, L.G.
[1] Algebraic vector bundles on projective space. Invent. Math. *10*, 298–304 (1970)

Gibson, C.G., Wirthmüller, K., du Plessis, A.A., Looijenga, E.
[1] Topological stability of smooth mappings. Lecture Notes in Math. vol. 552. Berlin, Heidelberg, New York: Springer 1976

Giesecke, B.
[1] Simpliziale Zerlegung abzählbarer analytischer Räume. Math. Z. *83*, 177–213 (1964)

Godement, R.
[1] Théorie des faisceaux. Paris: Hermann 1958

Greenberg, M.J.
[1] Lectures on algebraic topology. New York: Benjamin 1967
[2] Lectures on forms in many variables. New York: Benjamin 1969

Gudkov, D.A.
[1] Construction of a new series of M-curves. Dokl. Akad. Nauk. S.S.S.R. *200*, 1269–1272 (1971) (en russe)
[2] The topology of real projective algebraic varieties. Russian Math. Survey *29* (4), 1–79 (1974)

Gunning, R., Rossi, H.
[1] Analytic functions of several complex variables. Englewood Cliffs: Prentice Hall 1965

Habicht, W.
[1] Über die Zerlegung strikter definiter Formen in Quadrate. Comment. Math. Helv. *12*, 317–322 (1940)

Hardt, R.
[1] Sullivan's local Euler characteristic theorem. Manuscripta Math. *12*, 87–92 (1974)
[2] Semi-algebraic local-triviality in semi-algebraic mappings. Amer. J. Math. *102*, 291–302 (1980)

Harnack, A.
[1] Über die Vieltheiligkeit der ebenen algebraischen Kurven. Math. Ann. *10*, 189–198 (1876)

Hartshorne, R.
[1] Algebraic geometry. Berlin, Heidelberg, New York: Springer 1977

Hilbert, D.
[1] Über die Darstellung definiter Formen als Summe von Formenquadraten. Math. Ann. *32*, 342–350 (1888). Dans: Ges. Abh. vol. 2, pp. 154–161. New York: Chelsea Publishing Company 1965
[2] Über die reellen Züge algebraischer Kurven. Math. Ann. *38*, 115–138 (1891). Dans: Ges. Abh. vol. 2, pp. 415–436. New York: Chelsea Publishing Company 1965
[3] Über ternäre definite Formen. Acta Math. *17*, 169–198 (1893). Dans: Ges. Abh. vol. 2, pp. 345–366. New York: Chelsea Publishing Company 1965
[4] Les principes fondementaux de la géométrie. Paris: Gauthier-Villars 1900
[5] Mathematische Probleme. Arch. Math. Physik *1*, 44–63, 213–277 (1901). Dans: Ges. Abh. vol. 3, pp. 290–323. New York: Chelsea Publishing Company 1965
[6] Hermann Minkowski. Math. Ann. *68*, 445–471 (1910). Dans: Ges. Abh. vol. 3, pp. 339–364. New York: Chelsea Publishing Company 1965

Hironaka, H.
[1] Resolution of singularities of an algebraic variety over a field of characteristic zero. Ann. of Math. *79*, 109–326 (1964)
[2] Triangulation of algebraic sets. Dans: Algebraic geometry, pp. 165–185. Proc. Symp. Pure Math. 29. Providence: American Mathematical Society 1975

Hirsch, M.
[1] Differential topology. Berlin, Heidelberg, New York: Springer 1976

Hirzebruch, F.
[1] Topological methods in algebraic geometry. Berlin, Heidelberg, New York: Springer 1966

Hochster, M.
[1] Prime ideal structure in commutative rings. Trans. Amer. Math. Soc. *142*, 43–60 (1969)

Hodge, W.H.D., Pedoe, D.
[1] Methods of algebraic geometry. Cambridge: Cambridge University Press 1953

Hopf, H.
[1] Über die Abbildungen von Sphären auf Sphären niedrigerer Dimension. Fund. Math. *25*, 427–440 (1935)

Hörmander, L.
[1] On the division of distributions by polynomials. Ark. Mat. *3*, 555–568 (1958)
[2] The analysis of linear partial differential operators, vol. 2. Berlin, Heidelberg, New York: Springer 1983

Houdebine, J., Mahé, L.
[1] Séparation des composantes connexes réelles dans le cas des variétés projectives. Dans: Géométrie algébrique réelle et formes quadratiques, pp. 358–370. Lecture Notes in Math. vol. 959. Berlin, Heidelberg, New York: Springer 1982

Hu, S.T.
[1] Homotopy theory. New York: Academic Press 1959

Hubbard, J.
[1] On the cohomology of Nash sheaves. Topology *11*, 265–270 (1972)

Husemoller, D.
[1] Fibre bundles. Berlin, Heidelberg, New York: Springer 1975

Ivanov, N.
[1] Approximation of smooth manifolds by real algebraic sets. Russian Math. Surveys 37: 1, 1–59 (1982)
[2] An improvement of the Nash-Tognoli theorem. Issled. po topologii IV, Steklov Math. Institut, Leningrad, 66–71 (1982) (en russe)

James, I.M.
[1] Two problems studied by Heinz Hopf. Dans: Lectures on algebraic and differential topology, pp. 134–174. Lecture Notes in Math. vol. 279. Berlin, Heidelberg, New York: Springer 1972

Johnstone, P.
[1] Stone spaces. Cambridge: Cambridge University Press 1983

Kaplansky, I.
[1] Hilbert's Problems. Lecture Notes, Chicago University (1977)

Karoubi, M.
[1] Localisation de formes quadratiques 1. Ann. Sci. Ecole Norm. Sup. 7, 359–403 (1974)
[2] K-Theory, an introduction. Berlin, Heidelberg, New York: Springer 1978

Khovanski, A.
[1] On a class of systems of transcendental equations. Soviet. Math. Dokl. 22 (3), 762–765 (1980)

King, H.
[1] Approximating submanifolds of real projective spaces by varieties. Topology 15 (1), 81–85 (1976)
[2] The topology of real algebraic sets. Dans: Singularities, pp. 641–654. Proc. Symp. Pure Math. 40 (I). Providence: American Mathematical Society 1983

Knebusch, M.
[1] Symmetric bilinear forms over algebraic varieties. Conference on quadratic forms. Queen's Papers in Pure and Appl. Math. 46, 103–283 (1977)
[2] An invitation to real spectra. Dans: Quadratic and hermitian forms, pp. 51–105. CMS Conf. Proc. vol. 4. Providence: Amer. Math. Soc. 1984

Kreisel, G.
[1] Sums of squares. Dans: Summer Institute in Symbolic Logic, Cornell University, 313–320 (1957)

Krivine, J.-L.
[1] Anneaux préordonnés. J. Analyse Math. 12, 307–326 (1964)

Krull, W.
[1] Allgemeine Bewertungstheorie. J. Reine Angew. Math. 167, 160–196 (1931)

Kucharz, W.
[1] On homology of real algebraic sets. Invent. Math. 82 (1), 19–26 (1985)
[2] Vector bundles over real algebraic surfaces and threefolds. Compositio Math. 60, 209–225 (1986)
[3] Topology of real algebraic threefolds, Duke Math. J. 53 (4), 1073–1079 (1986)

Lafon, J.-P.
[1] Séries formelles algébriques. C.R. Acad. Sci. Paris 260, 3238–3241 (1965)
[2] Algèbre commutative: langages géométrique et algébrique. Paris: Hermann 1977

Lam, K.Y.
[1] Sectioning vector bundles over real projective spaces. Quart. J. of Math. Oxford Ser. 23, 97–106 (1972)
[2] Topological methods for studying the composition of quadratic forms. Dans: Quadratic and hermitian forms, pp. 173–192. CMS Conf. Proc. vol. 4. Providence: Amer. Math. Soc. 1984
[3] Some new results on composition of quadratic forms. Invent. Math. 79, 467–474 (1985)

Lam, T.Y.
[1] The algebraic theory of quadratic forms. New York: Benjamin 1973
[2] Serre's conjecture. Lecture Notes in Math. vol. 635. Berlin, Heidelberg, New York: Springer 1978
[3] An introduction to real algebra. Rocky Mountain J. Math. 14 (4), 767–814 (1984)

Landau, E.
[1] Über die Darstellung definiter Funktionen durch Quadrate. Math. Ann. *62*, 272–285 (1906)

Lang, S.
[1] The theory of real places. Ann. of Math. *57*, 378–391 (1953)
[2] Algebra. Reading: Addison-Wesley 1971

Lazzeri, F., Tognoli, A.
[1] Alcune proprietà degli spazi algebrici. Ann. Scuola Norm. Sup. Pisa *24*, 597–632 (1970)

Loday, J.-L.
[1] Applications algébriques du tore dans la sphère et de $S^p \times S^q$ dans S^{p+q}. Dans: Algebraic K-theory II, pp. 79–91. Lecture Notes in Math. vol. 342. Berlin, Heidelberg, New York: Springer 1973

Lønsted, K.
[1] Vector bundles over finite CW-complexes are algebraic. Proc. Amer. Math. Soc. *38*, 27–31 (1973)

Łojasiewicz, S.
[1] Sur le problème de la division. Studia Math. *18*, 87–136 (1959)
[2] Ensembles semi-analytiques. I.H.E.S. (prépublication) (1964)
[3] Triangulation of semi-analytic sets. Ann. Scuola Norm. Sup. Pisa (3) *18*, 449–474 (1964)

Mahé, L.
[1] Signatures et composantes connexes. Math. Ann. *260*, 191–210 (1982)
[2] Théorème de Pfister pour les variétés et anneaux de Witt réduits. Invent. Math. *85*, 53–72 (1986)

Marinari, M.G., Raimondo, M.
[1] Fibrati vettoriali su varietà algebriche definite su corpi non algebricamente chiusi. Boll. Un. Mat. Ital. (5) *16–A*, 128–136 (1979)

Massey, W.
[1] On the normal bundle of a sphere embedded in Euclidean space. Proc. Amer. Math. Soc. *10*, 959–964 (1959)

Mather, J.
[1] Notes on topological stability. Lecture Notes, Harvard University (1970)
[2] How to stratify mappings and jet spaces. Dans: Singularités d'applications différentiables, pp. 128–176. Lecture Notes in Math. vol. 535. Berlin, Heidelberg, New York: Springer 1976

Matsumura, H.
[1] Commutative algebra. New York: Benjamin 1970

Milnor, J.
[1] Morse theory. Princeton: Princeton University Press 1963
[2] On the Betti numbers of real varieties. Proc. Amer. Math. Soc. *15*, 275–280 (1964)
[3] On the Stiefel-Whitney numbers of complex manifolds and of spin manifolds. Topology *3*, 223–230 (1965)
[4] Singular points of complex hypersurfaces. Princeton: Princeton University Press 1968
[5] Introduction to algebraic K-theory. Princeton: Princeton University Press 1971

Milnor, J., Husemoller, D.
[1] Symmetric bilinear forms. Berlin, Heidelberg, New York: Springer 1973

Milnor, J., Stasheff, J.
[1] Characteristic classes. Princeton: Princeton University Press 1974

Mostowski, T.
[1] Some properties of the ring of Nash functions. Ann. Scuola. Norm. Sup. Pisa *3*, 245–266 (1976)
[2] Topological equivalence between analytic and algebraic sets. Bull. Acad. Polon. Sci. *32* (7–8), 393–400 (1984)

Motzkin, T.S.
[1] The real solution set of a system of algebraic inequalities is the projection of a hypersurface in one more dimension. Dans: Inequalities II, O. Shisha ed., pp. 251–254. New York: Academic Press 1970
[2] The arithmetic-geometric inequality. Dans: Inequalities, O. Shisha ed., pp. 205–224. New York: Academic Press 1967

Mumford, D.
[1] Introduction to algebraic geometry. Harvard University (prépublication)
[2] Algebraic geometry I. Complex projective varieties. Berlin, Heidelberg, New York: Springer 1976

Munkres, J.R.
[1] Elements of algebraic topology. Reading: Addison-Wesley 1984

Narasimhan, R.
[1] Introduction to the theory of analytic spaces. Lecture Notes in Math. vol. 25. Berlin, Heidelberg, New York: Springer 1966

Nash, J.
[1] Real algebraic manifolds. Ann. of Math. 56 (3), 405–421 (1952)

Oleinik, O.A.
[1] Estimates of the Betti numbers of real algebraic hypersurfaces. Mat. Sb. (N.S.) 28 (70), 635–640 (1951)

Osborn, H.
[1] Vector bundles, vol. 1. New York: Academic Press 1982

Palais, R.
[1] Equivariant real algebraic differential topology, part I, Smoothness categories and Nash manifolds. Brandeis University (prépublication) (1972)

Pecker, D.
[1] On Efroymson's extension theorem for Nash functions. J. Pure Appl. Algebra 37, 193–203 (1985)

Pfister, A.
[1] Multiplikative quadratische Formen. Arch. Math. 16, 363–370 (1965)
[2] Zur Darstellung definiter Funktionen als Summe von Quadraten. Invent. Math. 4, 229–237 (1967)
[3] Quadratic forms over fields. Dans: Institute in Number Theory, pp. 150–160. Proc. Symp. Pure Math. 20. Providence: American Mathematical Society 1971

Pourchet, Y.
[1] Sur la représentation en sommes de carrés des polynômes à une indéterminée sur un corps de nombres algébriques. Acta Arith. 19, 89–104 (1971)

Prestel, A.
[1] Lecture on formally real fields. Rio de Janeiro: IMPA 1975. Lecture Notes in Math. vol. 1093. Berlin, Heidelberg, New York: Springer 1984

Procesi, C.
[1] Positive symmetric functions. Adv. in Math. 29, 219–225 (1978)

Procesi, C., Schwarz, G.
[1] Inequalities defining orbit spaces. Invent. Math. 81, 539–554 (1985)

Raynaud, M.
[1] Anneaux locaux henséliens. Lecture Notes in Math. vol. 169. Berlin, Heidelberg, New York: Springer 1970

Recio, T.
[1] Una decomposición de un conjunto semi-algebráico. Actas del V congreso de la Agrupación de Matemáticos de Expresión Latina, Madrid (1978)

Risler, J.-J.
[1] Une caractérisation des idéaux des variétés algébriques réelles. C.R. Acad. Sci. Paris *271*, 1171–1173 (1970)
[2] Sur l'anneau des fonctions de Nash globales. Ann. Sci. Ecole Norm. Sup. *8*, 365–378 (1975)
[3] Le théorème des zéros en géométries algébrique et analytique réelle. Bull. Soc. Math. France *104*, 113–127 (1976)
[4] Sur le 16° problème de Hilbert: un résumé et quelques questions. Dans: Séminaire sur la géométrie algébrique réelle. Publ. Math. Univ. Paris VII *9*, 11–25 (1980)
[5] Sur l'homologie des surfaces algébriques réelles. Dans: Géométrie algébrique réelle et formes quadratiques, pp. 381–385. Lecture Notes in Math. vol. 959. Berlin, Heidelberg, New York: Springer 1982
[6] Complexité et géométrie réelle (d'après Khovanski). Séminaire Bourbaki n° 637 Astérisque *133–134*, 89–100 (1986)

Roberts, J.
[1] Generic projections of algebraic varieties. Amer. J. Math. *93*, 191–214 (1971)

Robinson, A.
[1] On ordered fields and definite functions. Math. Ann. *130*, 257–271 (1955)
[2] Complete theories. Amsterdam: North Holland 1956

Robinson, R.M.
[1] Some definite polynomials which are not sums of squares of real polynomials. Notices Amer. Math. Soc. *16*, 554 (1969)

Robson, R.
[1] Nash wings and real prime divisors. Math. Ann. *273*, 177–190 (1986)

Rockafellar, R.T.
[1] Convex analysis. Princeton: Princeton University Press 1970

Roy, M.-F.
[1] Faisceau structural sur le spectre réel et fonctions de Nash. Dans: Géométrie algébrique réelle et formes quadratiques, pp. 406–432. Lecture Notes in Math. vol. 959. Berlin, Heidelberg, New York: Springer 1982

Ruiz, J.M.
[1] On Hilbert's 17th problem and real nullstellensatz for global analytic functions. Math. Z. *190*, 447–459 (1985)

Saliba, C.
[1] Le théorème des zéros centraux. C.R. Acad. Sci. Paris *298*, 337–340 (1984)

Samuel, P.
[1] Méthodes d'algèbre abstraite en géométrie algébrique. Berlin, Heidelberg, New York: Springer 1967

Schwartz, N.
[1] Real closed spaces. Habilitationsschrift Univ. München (1984)

Seidenberg, A.
[1] A new decision method for elementary algebra. Ann. of Math. *60*, 365–374 (1954)

Seifert, H.
[1] Algebraische Approximation von Mannigfaltigkeiten. Math. Z. *41*, 1–17 (1936)

Seifert, H., Threlfall, W.
[1] A textbook of topology. New York: Academic Press 1980

Serre, J-P.
[1] Faisceaux algébriques cohérents. Ann. of Math. (2) *61*, 197–278 (1955)
[2] Cours d'arithmétique. Paris: Presses Universitaires de France 1970

Shafarevich, I.R.
[1] Basic algebraic geometry. Berlin, Heidelberg, New York: Springer 1974

Shapiro, D.
[1]   Products of sums of squares. Expo. Math. *2*, 235–261 (1984)

Shiota, M.
[1]   On the unique factorization property of the ring of Nash functions. Publ. Res. Inst. Math. Sci., Kyoto Univ. *17*, 363–369 (1981)
[2]   Sur la factorialité de l'anneau des fonctions lisses rationnelles. C.R. Acad. Sci. Paris *292*, 67–70 (1981)
[3]   Real algebraic realization of characteristic classes. Publ. Res. Inst. Math. Sci., Kyoto Univ. *18* (3), 995–1008 (1982)
[4]   Classification of Nash manifolds. Ann. Inst. Fourier (Grenoble) *33* (3), 209–232 (1983)
[5]   Approximation theorems for Nash mappings and Nash manifolds. Trans. Amer. Math. Soc. *293*, 320–337 (1986)
[6]   Abstract Nash manifolds. Proc. Amer. Math. Soc. *96*, 155–162 (1986)

Shiota, M., Yokoi, M.
[1]   Triangulation of subanalytic sets and locally subanalytic manifolds. Trans. Amer. Math. Soc. *286* (2), 727–750 (1984)

Silhol, R.
[1]   A bound on the order of $H^{(a)}_{n-1}(X, \mathbb{Z}/2)$ on a real algebraic variety. Dans: Géométrie algébrique réelle et formes quadratiques, pp. 443–450. Lecture Notes in Math. vol. 959. Berlin, Heidelberg, New York: Springer 1982

Spanier, E.H.
[1]   Algebraic topology. New York: McGraw-Hill 1966

Steenrod, N.
[1]   The topology of fibre bundles. Princeton: Princeton University Press 1951

Stengle, G.
[1]   A Nullstellensatz and a Positivstellensatz in semialgebraic geometry. Math. Ann. *207*, 87–97 (1974)

Sturm, C.
[1]   Mémoire sur la résolution des équations numériques. Inst. France Sc. Math. Phys. *6* (1835)

Sullivan, D.
[1]   Combinatorial invariants of analytic spaces. Dans: Proc. of Liverpool Singularities Symposium I, pp. 165–168. Lecture Notes in Math. vol. 192. Berlin, Heidelberg, New York: Springer 1971

Sylvester, J.J.
[1]   On a theory of syzygetic relations of two rational integral functions, comprising an application to the theory of Sturm's function. Philos. Trans. Roy. Soc. London, 143 (1853)

Swan, R.
[1]   Vector bundles and projective modules. Trans. Amer. Math. Soc. *105*, 264–277 (1962)
[2]   Topological examples of projective modules. Trans. Amer. Math. Soc. *230*, 201–234 (1977)
[3]   K-theory of quadric hypersurfaces. Ann. of Math. *122* (1), 113–154 (1985)

Tarski, A.
[1]   Sur les ensembles définissables de nombres réels. Fund. Math. *17*, 210–239 (1931)
[2]   A decision method for elementary algebra and geometry. Prepared for publication by J.C.C. Mac Kinsey, Berkeley (1951)

Thom, R.
[1]   Quelques propriétés globales des variétés différentiables. Comment. Math. Helv. *28*, 17–86 (1954)
[2]   Un lemme sur les applications différentiables. Bol. Soc. Mat. Mexicana *1*, 59–71 (1956)
[3]   Sur l'homologie des variétés algébriques réelles. Dans: Differential and combinatorial topology, pp. 255–265. Princeton: Princeton University Press 1965
[4]   Stabilité structurelle et morphogénèse. New York: Benjamin 1972

Tognoli, A.
[1]   Su una congettura di Nash. Ann. Scuola Norm. Sup. Pisa *27*, 167–185 (1973)

[2] Algebraic geometry and Nash functions. Institutiones Math. vol. 3. New York: Academic Press 1978

Tougeron, J.-C.
[1] Idéaux de fonctions différentiables. Berlin, Heidelberg, New York: Springer 1972
[2] Solutions d'un système d'équations analytiques réelles et applications. Ann. Inst. Fourier (Grenoble) *26*, 109–135 (1976)
[3] Fonctions composées différentiables: cas algébrique. Ann. Inst. Fourier (Grenoble) *30*, 51–74 (1980)

Varčenko, A.N.
[1] Theorems on the topological equisingularity of families of algebraic varieties and families of polynomial mappings. Izv. Akad. Nauk. SSSR *36*, 957–1019 (1972). Traduit dans: Math. USSR Izv. *6*, 949–1008 (1972)

van der Waerden, B.L.
[1] Topologische Begründung des Kalküls der abzählenden Geometrie. Math. Ann. *102*, 337–362 (1929)
[2] Modern algebra. New York: F. Ungar Publishing Company 1953

Walker, R.
[1] Algebraic curves. Princeton: Princeton University Press 1950. Berlin, Heidelberg, New York: Springer 1978

Wallace, A.H.
[1] Algebraic approximations of manifolds. Proc. London Math. Soc. 7, 196–210 (1957)
[2] Linear sections of algebraic varieties. Indiana Univ. Math. J. *20*, 1153–1162 (1971)

Whitehead, G.W.
[1] Elements of homotopy theory. Berlin, Heidelberg, New York: Springer 1978

Whitney, H.
[1] Elementary structure of real algebraic varieties. Ann. of Math. *66*, 545–556 (1957)
[2] Local properties of analytic varieties. Dans: Differential and combinatorial topology, pp. 205–244. Princeton: Princeton University Press 1965
[3] Tangents to an analytic variety. Ann. of Math. *81*, 496–549 (1965)

Wilson, G.
[1] Hilbert's sixteenth problem. Topology *17*, 53–73 (1978)

Witt, E.
[1] Zerlegung reeller algebraischer Funktionen in Quadrate, Schiefkörper über reellen Funktionenkörpern. J. Reine. Angew. Math. *171*, 4–11 (1934)

Wood, R.
[1] Polynomial maps from spheres to spheres. Invent. Math. *5*, 163–168 (1968)

Yiu, P.Y.H.
[1] Quadratic forms between spheres and the non-existence of sum of squares formulae. Math. Proc. Cambridge Philo. Soc. *100*, 493–504 (1986)

Yomdin, J.
[1] The geometry of critical and near-critical values of differentiable mappings. Math. Ann. *264*, 495–515 (1983)
[2] Metric properties of semi-algebraic sets and mappings and their applications in smooth analysis. Ben Gourion University (prépublication) (1984)

Zariski, O., Samuel, P.
[1] Commutative algebra. Princeton London Toronto: van Nostrand 1958

Index des notations

Notations usuelles

Les lettres $\mathbb{N}$, $\mathbb{Z}$, $\mathbb{Q}$, $\mathbb{R}$, $\mathbb{C}$, $\mathbb{Z}/n$ désignent respectivement l'ensemble des entiers naturels, des entiers, des nombres rationnels, des nombres réels, des nombres complexes et des entiers modulo n.

Si A est un anneau, A/I désigne l'anneau quotient de A par l'idéal I, A_I le localisé de A par rapport à I si I est premier, $(a_1, \ldots, a_k)$ l'idéal de A engendré par les éléments $a_1, \ldots, a_k$. On note $A[X]$ l'anneau des polynômes en la variable X à coefficients dans A ; si P est un polynôme de $A[X]$, $\deg(P)$ désigne son degré. On note $A[X_1, \ldots, X_n]$ (ou $A[X]$) l'anneau des polynômes en les variables $X_1, \ldots, X_n$ à coefficients dans A.

Si R est un corps, $R(X)$ désigne le corps des fractions rationnelles en la variable X et $R[[X_1, \ldots, X_n]]$ (ou $R[[X]]$) l'anneau des séries formelles en les variables $X_1, \ldots, X_n$.

La notation Id_A ou Id désigne l'application identité de A dans A.

On note $\mathscr{C}^\infty$ pour indéfiniment différentiable. Si f est une fonction différentiable f' désigne la différentielle de f.

On note $\mathrm{adh}(A)$ l'adhérence d'un ensemble A.

Autres notations

$-\infty$	ordre sur $\mathbb{R}(X)$ où $\forall a \in \mathbb{R}\ X < a$	7
$+\infty$	ordre sur $\mathbb{R}(X)$ où $\forall a \in \mathbb{R}\ X > a$	7
a_+	ordre sur $\mathbb{R}(X)$ où $X > a$ et $\forall b > a\ X < b$	7
a_-	ordre sur $\mathbb{R}(X)$ où $X < a$ et $\forall b < a\ X > b$	7
ΣA^2	ensemble des sommes de carrés de l'anneau A	8
$P[a]$	cône engendré par le cône P et l'élément a	8
$A[\sqrt{a}]$	quotient de $A[X]$ par l'idéal $(X^2 - a)$	9
$A[i]$	quotient de $A[X]$ par l'idéal $(X^2 + 1)$	9
$\mathbb{R}_{\mathrm{alg}}$	corps des nombres algébriques réels	10
$\mathbb{R}(X)^\wedge$	corps des séries de Puiseux à coefficients réels	10
$\mathbb{C}(X)^\wedge$	corps des séries de Puiseux à coefficients complexes	10
$]a, b[$, etc...	éléments strictement compris entre a et b dans un corps réel clos, etc...	10
$\|a\|$	valeur absolue de a dans un corps ordonné	12

$\mathbb{R}(X)_{\mathrm{alg}}^{\wedge}$	corps des séries de Puiseux algébriques	15
sign (a)	signe de a, élément de $\{-1, 0, +1\}$	15
$[K:F]$	degré de l'extension K sur F	15
$\mathrm{SIGN}_R(f_1, \ldots, f_s)$	tableau à s lignes des signes de $f_1, \ldots, f_s$	15
$\mathscr{Z}(A)$	ensemble des zéros du sous-ensemble A de $R[X_1, \ldots, X_n]$	20
$\mathscr{I}(S)$	idéal des polynômes s'annulant sur S	21
$\|x\|$	distance de x à l'origine	23
$B_n(x, r)$	boule ouverte de centre x et de rayon r dans R^n . . .	23
$\bar{B}_n(x, r)$	boule fermée de centre x et de rayon r dans R^n . . .	23
$S^{n-1}(x, r)$	sphère de centre x et de rayon r dans R^n	23
B_n	boule ouverte unité (de centre 0 et de rayon 1) dans R^n	23
$\bar{B}_n$	boule fermée unité (de centre 0 et de rayon 1) dans R^n .	23
S^{n-1}	sphère standard (de centre 0 et de rayon 1) dans R^n . .	23
$d(x, A)$	distance de x à A	26
$(\dot{S}, \eta)$	compactifié d'Alexandrov semi-algébrique de S	37
$\mathscr{S}^0(A)$	anneau des fonctions semi-algébriques continues sur A .	40
$\mathscr{A}(R^n; U)$	sous-anneau de l'anneau des fonctions semi-algébriques sur U utilisé pour la séparation des fermés semi-algébriques	42
$\mathscr{P}(A)$	anneau de fonctions polynomiales sur l'ensemble A . .	44
$\dim(A)$	dimension d'un ensemble semi-algébrique A	44
$\mathrm{adh}_{\mathrm{Zar}}(A)$	adhérence de A pour la topologie de Zariski	45
$\mathscr{K}(V)$	corps des fractions rationnelles sur l'ensemble algébrique irréductible V	45
$\dim(A_x)$	dimension de l'ensemble semi-algébrique A en x . . .	47
$A^{(d)}$	ensemble des points x d'un ensemble semi-algébrique A tels que $\dim(A_x)=d$	47
$T_x(A)$	espace tangent en x à A	48
$\mathscr{S}^k(U, B)$	ensemble des fonctions semi-algébriques de classe $\mathscr{C}^k$ ($k=0, \ldots, \infty$) de U dans B	49
$\mathscr{S}^k(U)$	anneau des fonctions semi-algébriques de classe $\mathscr{C}^k$ ($k=0, \ldots, \infty$) de U dans R	49
$\mathscr{S}^\infty_{R^n, 0}$	anneau des germes de fonctions semi-algébriques $\mathscr{C}^\infty$ à l'origine de R^n	49
$\mathbb{P}_n(K)$	espace projectif de dimension n sur K	52
$\mathscr{P}(V, W)$	ensemble des fonctions polynomiales de V dans W . .	55
$\mathscr{R}(U)$	anneau des fonctions régulières de U dans R	55
$\mathscr{R}(U, W)$	ensemble des fonctions régulières de U dans W	55
$\mathscr{Z}_V(A)$	ensemble des zéros dans V d'une famille de fonctions polynomiales A de $\mathscr{P}(V)$	55
$\mathscr{Z}_U(A)$	ensemble des zéros dans l'ouvert de Zariski U d'une famille de fonctions régulières A de $\mathscr{R}(U)$	55
$\mathscr{I}_{\mathscr{P}(V)}(X)$	idéal de $\mathscr{P}(V)$ des fonctions polynomiales nulles sur le sous-ensemble X de V	55
$\mathscr{I}_{\mathscr{R}(U)}(X)$	idéal de $\mathscr{R}(U)$ des fonctions régulières nulles sur le sous-ensemble X de U	55

$\mathscr{R}_V$	faisceau des fonctions régulières sur l'ensemble algébrique ou la variété algébrique réelle V	57
$\mathscr{R}_{X,x}$	anneau local des germes de fonctions régulières sur la variété algébrique réelle X en x	58
$T_x^{\text{Zar}}(V)$	espace tangent de Zariski à l'ensemble algébrique V en x	59
$E^\vee$	dual de l'espace vectoriel E	59
$\text{Sing}(V)$	ensemble des points singuliers de V	62
$\text{Reg}(V)$	ensemble des points non singuliers de V	62
$(x_0 : \ldots : x_n)$	coordonnées homogènes dans $\mathbb{P}_n(R)$	64
$\mathbb{P}\mathscr{L}(P_1, \ldots, P_k)$	ensemble des zéros projectifs des polynômes homogènes $P_1, \ldots, P_k$	64
$\mathbb{G}_{n,k}(K)$	grassmannienne des sous-espaces vectoriels de dimension k de K^n	64
$\mathbb{M}_{n,k}(R)$	ensemble des matrices à n lignes et k colonnes à coefficients dans R	64
$E(X, Y)$	éclatement de X de centre Y	70
$X \# Y$	somme connexe de X et de Y	73
$\sqrt[R]{I}$	radical réel de I	77
$P[(a_i)_{i \in I}]$	plus petit cône contenant le cône P et les a_i	78
$\sqrt[P]{I}$	P-radical de I	79
$\text{supp}(P)$	support du cône premier P	80
$k(\text{supp}(P))$	corps de fractions de $A/\text{supp}(P)$	81
S_K	extension de l'ensemble semi-algébrique S au corps réel clos K	87
$\mathscr{L}(R)$	langage du premier ordre des corps ordonnés à paramètres dans R	89
f_K	extension de la fonction semi-algébrique f au corps réel clos K	90
$\text{Fr}(A)$	corps de fractions de l'anneau intègre A	96
$GL(n, K)$	groupe linéaire des matrices à n lignes et n colonnes, inversibles, à coefficients dans K	98
$p(A)$	nombre de Pythagore de l'anneau A	99
F^*	ensemble des éléments inversibles d'un corps F . . .	99
$\langle a_1, \ldots, a_n \rangle$	forme diagonale $\Sigma a_i X_i^2$	99
$\varphi \simeq \psi$	équivalence entre les formes quadratiques φ et ψ . . .	99
$\varphi \perp \psi$	somme orthogonale de formes quadratiques	99
$\varphi \otimes \psi$	produit tensoriel de formes quadratiques	99
$P_{n,m}$	ensemble des formes en n variables de degré m positives ou nulles.	104
$\Sigma_{n,m}$	sous-ensemble de $P_{n,m}$ des formes qui sont sommes de carrés de polynômes	104
$\leq_\alpha$	ordre sur $k(\text{supp}(\alpha))$ induit par le cône premier α . . .	111
$k(\alpha)$	clôture réelle de $k(\text{supp}(\alpha))$ pour l'ordre $\leq_\alpha$	111
$a(\alpha)$	image canonique de a dans $k(\alpha)$	111
$\text{Spec}_r(A)$	spectre réel de A	111
$\mathscr{U}(a_1, \ldots, a_n)$	ouvert de base de $\text{Spec}_r(A)$	111

364 Index des notations

Notation	Description	Page
$\mathrm{Spec}_r(f)$	application continue de $\mathrm{Spec}_r(B)$ dans $\mathrm{Spec}_r(A)$ associée à l'homomorphisme d'anneaux f de A dans B	113
Spec_r	foncteur spectre réel	113
$\tilde{S}$	constructible correspondant par l'application tilda à l'ensemble semi-algébrique S	119
$\tilde{f}$	fonction correspondant par l'application tilda à la fonction semi-algébrique f	121
$f(\alpha)$	élément de $k(\alpha)$, valeur de la fonction semi-algébrique f en un point α du spectre réel	122
$\mathscr{S}_{\tilde{S}}^0$	faisceau des fonctions semi-algébriques continues sur $\tilde{S}$	122
$\mathscr{S}_{\tilde{S},\alpha}$	anneau des germes de fonctions semi-algébriques continues sur $\tilde{S}$ en α	123
$X\|S$	restriction de la famille semi-algébrique X à S	124
X_t	fibre d'une famille semi-algébrique de sous-ensembles X en t	124
f_t	fibre d'une famille semi-algébrique de fonctions f en t	124
X_α	fibre d'une famille semi-algébrique de sous-ensembles X en α	125
f_α	fibre d'une famille semi-algébrique de fonctions f en α	126
$\dim(C)$	longueur maximale des chaines de cônes premiers dans l'ensemble constructible C	131
$\dim(\alpha)$	dimension de Krull de l'anneau $A/\mathrm{supp}(\alpha)$	132
$\mathrm{Cent}(V)$	ensemble des points centraux de V	133
$\hat{A}$	complété de l'anneau local A	144
$\hat{f}$	homomorphisme de $\hat{A}$ dans $\hat{B}$ associé à f de A dans B	145
$R[[X_1,\ldots,X_n]]_{\mathrm{alg}}$ (ou $R[[X]]_{\mathrm{alg}}$)	anneau des séries formelles en n variables algébriques sur les polynômes	147
$\mathcal{N}(U)$	anneau des fonctions de Nash sur l'ouvert semi-algébrique U de R^n	147
$\mathcal{N}(M)$	anneau des fonctions de Nash sur la sous-variété de Nash M	148
$\mathcal{N}_{M,x}$	anneau local des germes de fonctions de Nash sur M en x	150
$\mathscr{Z}_M(I)$	ensemble des zéros d'un sous-ensemble I de $\mathcal{N}(M)$ dans la sous-variété de Nash M	161
$\mathscr{I}_{\mathcal{N}(M)}(X)$	idéal des fonctions de $\mathcal{N}(M)$ s'annulant sur un sous-ensemble X de M	161
k_A	corps résiduel de l'anneau local A	168
$^h A$	hensélisé de l'anneau local A	168
$V_\mathbb{C}$	complexifié de V	172
$\tilde{\mathcal{N}}_{\tilde{M}}$	faisceau des fonctions de Nash sur $\tilde{M}$	174
$\tilde{\mathcal{N}}_{\tilde{M},\alpha}$	anneau local des germes de fonctions de Nash sur $\tilde{M}$ en α	174
$\mathscr{C}^\infty(N,M)$	ensemble des fonctions $\mathscr{C}^\infty$ de N dans M	180
$\mathscr{A}_k, \mathscr{B}_k, \mathscr{C}_k$	ensembles associés à une famille stratifiante de polynômes	185
$[a_0,\ldots,a_k]$	k-simplexe de sommets $a_0,\ldots,a_k$	193

Index des notations

σ^0	simplexe ouvert, intérieur du simplexe σ	193
$\mathfrak{m}_B$	idéal maximal d'un anneau de valuation B	216
B^*	groupe multiplicatif des éléments inversibles d'un anneau B	216
λ_B	place associée à l'anneau de valuation B	216
Γ_B	groupe de valuation de l'anneau de valuation B	216
v_B	valuation associée à l'anneau de valuation B	216
$H_r(V, \Lambda)$	r-ième groupe d'homologie de V à coefficients dans Λ	231
$\chi(A)$	caractéristique d'Euler-Poincaré de A	231
$\chi(A, A\setminus a)$	caractéristique d'Euler-Poincaré locale de A en a	232
$[V]$	classe fondamentale de V	235
$H_r^{\text{alg}}(V, \mathbb{Z}/2)$	sous-groupe de $H_r(V, \mathbb{Z}/2)$ des classes d'homologie représentables par un ensemble algébrique	235
$H_r^{BM}(V, \Lambda)$	r-ième groupe d'homologie de Borel-Moore à coefficients dans Λ	240
$\check{H}^r(B, \Lambda)$	r-ième groupe de cohomologie de Čech à coefficients dans Λ	249
$H_r(A, B; \Lambda)$	r-ième groupe d'homologie relative	251
$\simeq_{\text{alg}}$	isomorphisme algébrique entre fibrés vectoriels algébriques	255
ε_X^n	fibré trivial de rang n sur X	255
$\xi\mid Y$	restriction du fibré ξ à Y	255
$f^*(\xi)$	image réciproque du fibré ξ par f	255
$\xi \oplus \xi'$	somme de Whitney de deux fibrés vectoriels	256
$\xi \otimes \xi'$	produit tensoriel de deux fibrés vectoriels	256
$\bigwedge^k \xi$	puissance extérieure k-ième d'un fibré vectoriel	256
$\xi^\vee$	fibré vectoriel dual	256
$\text{Hom}(\xi, \xi')$	fibré vectoriel des morphismes de fibrés entre ξ et ξ'	256
$\mathscr{L}_{\text{alg}}(\xi)$	faisceau des modules des sections algébriques de ξ	257
$\gamma_{n,k}=(E_{n,k}, p_{n,k}, \mathbb{G}_{n,k}(R))$	fibré universel sur la grassmannienne	258
$\gamma_{n,k}^\perp=(E_{n,k}^\perp, p_{n,k}^\perp, \mathbb{G}_{n,k}(R))$	fibré orthogonal du fibré universel sur la grassmannienne	258
$\Gamma_{\text{alg}}(\xi)$	module des sections algébriques de ξ	261
$\text{Pic}(A)$	groupe de Picard de A	262
$V^1_{\text{alg}}(X)$	groupe des classes d'isomorphisme algébrique de fibrés vectoriels fortement algébriques de rang 1 sur X	262
$\text{Cl}(A)$	groupe des classes de diviseurs de l'anneau A	262
$\simeq_{\text{top}}$	isomorphisme topologique entre fibrés vectoriels topologiques	265
$\simeq_{\mathscr{C}^\infty}$	isomorphisme $\mathscr{C}^\infty$ entre fibrés vectoriels $\mathscr{C}^\infty$	265
$\text{Proj}(A)$	ensemble des classes d'isomorphisme de A-modules projectifs de type fini	265
$\mathscr{C}^0(X)$	anneau des fonctions continues sur X	265
$\widetilde{K}_0(A)$	groupe de K-théorie réduite d'un anneau A	265
$\widetilde{KO}(X)$	groupe de K-théorie réelle réduite de l'espace topologique X	265

$V^1(S)$	groupe des classes d'isomorphisme de fibrés vectoriels topologiques de rang 1 sur X	267
$\mathcal{Z}_S(s)$	ensemble des zéros de la section s d'un fibré vectoriel sur S	268
$H^1_{\mathrm{alg}}(X, \mathbb{Z}/2)$	sous-groupe de $H^1(X, \mathbb{Z}/2)$, isomorphe à $V^1_{\mathrm{alg}}(X)$	269
$w_k(\xi)$	k-ième classe de Stiefel-Whitney de ξ	276
$e(\xi)$	classe d'Euler de ξ	279
C	clôture algébrique du corps réel clos R	279
$\tilde{K}(X)$	groupe de K-théorie complexe réduite de l'espace topologique X	280
$V^1_{\mathbb{C}\text{-alg}}(X)$	groupe des classes d'isomorphisme algébrique de fibrés C-vectoriels fortement algébriques sur X	280
$V^1_{\mathbb{C}}(X)$	groupe des classes d'isomorphisme de fibrés $\mathbb{C}$-vectoriels topologiques sur X	280
$\#_2(Z, Z; Y)$	nombre d'auto-intersections modulo 2 de Z dans Y	283
$\Gamma_{\mathrm{Nash}}(\xi)$	ensemble des sections de Nash de ξ	285
$\Gamma_{\mathrm{s.a.}}(\xi)$	ensemble des sections semi-algébriques de ξ	285
$\tilde{\mathcal{L}}_{\mathrm{Nash}}(\xi)$	faisceau des modules des sections de Nash de ξ	285
$\tilde{\mathcal{L}}_{\mathrm{s.a.}}(\xi)$	faisceau des modules des sections semi-algébriques de ξ	285
$V^1_{\mathrm{Nash}}(M)$	groupe des classes d'isomorphisme de Nash de fibrés vectoriels fortement de Nash de rang 1 sur M	289
$p * q$	plus petit entier positif k tel qu'il existe une forme bilinéaire normée $\mathbb{R}^p \times \mathbb{R}^q \to \mathbb{R}^k$	293
$\rho(k)$	fonction d'Hurwitz-Radon	293
$r \# s$	plus petit entier positif k tel qu'il existe une forme bilinéaire non singulière $\mathbb{R}^r \times \mathbb{R}^s \to \mathbb{R}^k$	298
$\pi_n(X)$	n-ième groupe d'homotopie de X	301
$\mathbb{H}$	corps des quaternions	303
$[X, S^k]$	ensemble des classes d'homotopie de fonctions continues de X dans S^k	308
$\pi^k(X)$	k-ième groupe de cohomotopie de X	308
$\pi^k_{\mathrm{alg}}(X)$	sous-ensemble des classes d'homotopie représentées par des fonctions régulières $X \to S^k$	308
$\pi^{\mathrm{alg}}_n(S^k)$	sous-ensemble des classes d'homotopie représentées par des fonctions régulières $S^n \to S^k$	308
$[f]$	classe d'homotopie de f	308
$K_0(A)$	groupe de K-théorie de l'anneau A	327
$KO(X)$	groupe de K-théorie réelle de l'espace topologique X	327
$[M]$	classe d'isomorphisme stable de M	327
rang	application rang	328
$(M, b) \perp (M', b')$	somme orthogonale des deux espaces bilinéaires (M, b) et (M', b')	328
$(M, b) \otimes (M', b')$	produit tensoriel des deux espaces bilinéaires (M, b) et (M', b')	328
$\langle d_1, \ldots, d_q \rangle$	espace bilinéaire associé à une matrice diagonale à coefficients $d_1, \ldots, d_q$ dans A^*	328
$H(M)$	espace hyperbolique sur $M \oplus M^{\vee}$	329

$[M, b]$	classe de Witt-équivalence de (M, b)	329
$W(A)$	anneau de Witt de A	329
sign	application signature	329
$(M, b)\vert U$	restriction de l'espace bilinéaire (M, b) à U	330
$\mathscr{D}(V)$	anneau des fonctions sur V construites à partir des fonctions polynomiales par inversion et extraction de racines carrées de fonctions strictement positives . . .	337
$W'(A)$	sous-anneau de $W(A)$ des classes de Witt-équivalence d'espaces bilinéaires (M, b) sur A où M est un module libre de type fini	337

Index

Aile
  – de Nash 209–213
Algébrique
  ensemble – 21, 52–74, 228–253, 317–325
  ensemble – projectif 64
  fibré vectoriel –. *Voir* Fibré vectoriel
  morphisme –. *Voir* Morphisme
  section – d'un fibré vectoriel. *Voir* Section
Algébriquement trivial. *Voir* Fibré vectoriel
Anisotrope. *Voir* Forme quadratique
Anneau
  – de valuation. *Voir* Valuation
  – de Witt. *Voir* Witt
  – intégralement clos 145
  – local régulier. *Voir* Régulier
Approximation algébrique d'une sous-variété $\mathscr{C}^\infty$ 237, 267–275
Archimédien
  corps – 7
  extension – ordonnée 219
Artin
  théorème d'approximation d' – 154, 166
Artin-Lang
  théorème d'homomorphisme d' – 76, 82, 92
Artin-Mazur
  théorème d' – 156, 159, 320
Auto-intersection
  nombre d' – modulo 2 283, 308

Betti
  nombres de – 231, 242–244
Bertini
  théorème de – 205
Birégulier
  isomorphisme – 56, 65
Borel-Moore
  homologie de – 240–241, 252

Caractéristique d'Euler-Poincaré. *Voir* Euler-Poincaré
Cartan
  parapluie de – 54, 94, 135, 206
Cellule 190
Centre d'une place. *Voir* Place

Central
  point – 133–136, 219
  théorème des zéros –. *Voir* Zéros
Changement de signe
  critère de – 85–86
  – en un point 271
Chaine de spécialisation. *Voir* Spécialisation
Classe de Stiefel-Whitney. *Voir* Stiefel-Whitney
Classe d'isomorphisme stable 327
Classe fondamentale 235–236, 240, 268, 271
Clôture intégrale 145
Clôture réelle 12–15
Cobordisme 321
Cohomologie
  – de Čech 249–251
Cohomotopie
  groupe de – 308
Compactifié d'Alexandrov
  – algébrique 68, 325
  – semi-algébrique 37, 252
Complexe simplicial fini 193
Composante Nash-irréductible 163
Composante semi-algébriquement connexe 31, 91, 130, 226, 335–342
Conditions a et b de Whitney. *Voir* Whitney
Cône
  – d'un anneau 78–82
  – d'un corps 7
  – positif d'un corps ordonné 8
  – premier 80–82, 110–118
  – propre d'un anneau 78
  – propre d'un corps 8
Connexité semi-algébrique. *Voir* Semi-algébrique
Constructible
  ensemble – 113
  topologie – 114
Convexe
  enveloppe β- –. *Voir* Enveloppe
  idéal P- – 78
  sous-anneau β- – 216
Corps
  – archimédien. *Voir* Archimédien
  – ordonné 7

Index

- réel. *Voir* Réel
- réel clos. *Voir* Réel clos

Critère de Serre. *Voir* Serre
Critère de changement de signe. *Voir* Changement de signe

Décomposition cellulaire semi-algébrique 190, 251, 252
Demi-branche
- à l'infini 204
- d'une courbe algébrique 201–204, 224–226
- d'un germe de courbe de Nash 204
parité du nombre de – d'une courbe 203, 224

Descartes
lemme de – 12
Désingularisation topologique 324
Difféomorphisme
- de Nash. *Voir* Nash
Difféotopie 238, 317
Dimension
- d'un anneau 44
- d'un cône premier 132–133
- d'une forme quadratique. *Voir* Forme quadratique
- d'un ensemble constructible 131–132
- d'un ensemble semi-algébrique 44–48, 131
- d'un ensemble semi-algébrique en un point 47
- d'un idéal 59
Division
théorème de – 151–152
Dual
fibré vectoriel – d'un fibré vectoriel algébrique 256

Eclatement 70, 239
Ecrasement d'un sous-ensemble algébrique sur un point 69
Efroymson
théorème d'approximation d' – 175, 288
Elimination des quantificateurs 89
Ensemble
- algébrique. *Voir* Algébrique
- constructible. *Voir* Constructible
- de Nash. *Voir* Nash
- semi-algébrique. *Voir* Semi-algébrique
Enveloppe
- β-convexe 218
Equivalence de formes quadratiques. *Voir* Forme quadratique
Espace bilinéaire 328–348
Espace
- de Stone. *Voir* Stone
- projectif. *Voir* Projectif

- tangent. *Voir* Tangent

Etale
fonction régulière – 144
algèbre locale – 167
Euclidien
topologie – 23
topologie – d'une variété algébrique réelle 58
Euler-Poincaré
caractéristique d' – 231
caractéristique d' – locale 232
Extension
- archimédienne ordonnée. *Voir* Archimédien
- d'une fonction semi-algébrique. *Voir* Semi-algébrique
- d'un ensemble semi-algébrique. *Voir* Semi-algébrique

Face d'un simplexe 193, 229
Factorialité 152, 262, 264, 274, 280, 289, 307
Faisceau
- algébrique localement libre de type fini 257
- de fonctions de Nash. *Voir* Nash
- de fonctions régulières. *Voir* Fonction régulière
- de fonctions semi-algébriques continues. *Voir* Semi-algébrique
Famille stratifiante de polynômes. *Voir* Stratifiant
Fibré vectoriel 254–290
- algébrique 254, 280, 303
- algébrique algébriquement trivial 255
- de Nash. *Voir* Nash
- fortement algébrique 259, 280, 303–304, 307, 324, 333
- quotient algébrique 257
- semi-algébrique. *Voir* Semi-algébrique
- stablement trivial 265
Filtre 114
- premier 115, 120
Finitude
théorème de – 41, 120, 141
Fonction
- de classe $\mathscr{C}^k$ 49
- de classe $\mathscr{S}^k$ 49
- de Nash. *Voir* Nash
- de transition 256
faisceau de – régulières 57
germe de – régulière 58
germe de – semi-algébrique continue. *Voir* Semi-algébrique
- polynomiale 44, 118–121, 291–316
- régulière 55, 240, 303–316
- régulière étale. *Voir* Etale
- semi-algébrique. *Voir* Semi-algébrique

– semi-algébrique continue. *Voir* Semi-algébrique
théoreme des – implicites 50
Forme 104–107, 292
Forme bilinéaire
   – non singuliére 298
   – normée 292
Forme
   – de Hopf. *Voir* Hopf
   – de Pfister. *Voir* Pfister
   – extrémale 106
   – multiplicative 102
Forme quadratique 99–104, 136–138
   – anisotrope 99
   dimension d'une – 99
   équivalence de – 99
   – isotrope 99
   – non dégénérée 99
Formule
   – du premier ordre du langage des corps ordonnés 25, 89
   – sans quantificateur 89
Fortement algébrique. *Voir* Fibré vectoriel

Générisation 116
Germe
   – de fonction de Nash. *Voir* Nash
   – de fonction régulière. *Voir* Fonction régulière
   – de fonction semi-algébrique continue. *Voir* Semi-algébrique
   – d'ensemble de Nash. *Voir* Nash
Grassmannienne 64–65, 236, 257–260, 304, 320
Groupe
   – des classes de diviseurs 262
   – des classes d'idéaux fractionnaires inversibles 262
   – de Picard. *Voir* Picard

Harnack
   théorème de – 245
Harrison
   topologie de – 112
Hensélien
   anneau local – 167, 174
Hensélisé d'un anneau local 168
Hilbert
   16e problème de – 244
   17e problème de – 92–109
   17e problème de – pour les fonctions de Nash. *Voir* Nash
   17e problème de – quantitatif 99–104
   17e problème de –symétrique 98
Homologie 248
   – algébrique 235, 271, 305, 324

   – de Borel-Moore. *Voir* Borel-Moore
   – locale 252
   – relative 251
Homotopie
   groupe d' – 308–313
   – semi-algébrique 249, 286, 331
Hopf
   forme de – 292, 298–303
Hurwitz-Radon
   théorème d' – 293, 299
Hyperbolique
   espace – 329

Idéal
   – P-convexe. *Voir* Convexe
   – P-radical. *Voir* Radical
   – réel. *Voir* Réel
Idéal fractionnaire 262
   – divisoriel 262
   – inversible 262
   – principal 262
Image réciproque d'un fibré vectoriel algébrique 255
Inégalité de Łojasiewicz. *Voir* Łojasiewicz
Irréductible
   ensemble algébrique – 45
   ensemble de Nash – 162
Isométrie d'espaces bilinéaires 328
Isomorphisme
   – algébrique de fibrés vectoriels algébriques 255
   – birégulier. *Voir* Birégulier
Isotopie 237
   théorème d' – 317
Isotrope. *Voir* Forme quadratique

Langage du premier ordre des corps ordonnés 25, 89, 91, 119
Longueur d'une chaine de spécialisation. *Voir* Spécialisation
Łojasiewicz
   inégalité de – 39, 139

M-courbe 246
Modules inversibles 262
Morphisme algébrique de fibrés vectoriels 255

Nash
   difféomorphisme de – 148
   17e problème de Hilbert pour les fonctions de – 160
   ensemble de – 161
   -- équivalent 164
   faisceau de fonctions de – 174, 285
   fibré vectoriel de – 284
   fibré vectoriel fortement de – 288

Index

fonction de – 143–183
  germe d'ensemble de – 163
  germe de fonction de – 150
  Positivstellensatz pour les fonctions de
    – 160
  section de – d'un fibré vectoriel 284
  stratification de – 188
  sous-variété de – 148, 157
  théorème de – 320
  théorème d'extension des fonctions de
    – 181
  théorème des zéros pour les fonctions de
    – 162
Noethérianité de l'anneau des fonctions de
  Nash globales 173
Nombres algébriques réels 8, 30, 32, 244
Nombres de Betti. *Voir* Betti
Nombre de Pythagore. *Voir* Pythagore
Non dégénéré. *Voir* Forme quadratique
Non singulier
  point – 59, 144, 317
  point – en dimension d 60–61
  zéro – d'un idéal 63
Normal
  ensemble algébrique – 155
  fibré – 260

Ordre compatible avec une place 216
Ouvert trivialisant 256
Ovale 245

Parapluie de Cartan. *Voir* Cartan
Pfister
  forme de – 102, 137–138
Picard
  groupe de – 262
Place 215
  centre d'une – 218
  – finie sur un anneau 218
  – réelle. *Voir* Réel
Point central. *Voir* Central
Point critique 205, 242
Point non singulier. *Voir* Non singulier
  – en dimension d. *Voir* Non singulier
Positivstellensatz 82–85, 92
  – pour les fonctions de Nash. *Voir* Nash
Préparation
  théorème de – 151–152
Principe de Tarski-Seidenberg. *Voir* Tarski-
  Seidenberg
Principe de transfert. *Voir* Transfert
Problème de Hilbert
  16e –. *Voir* Hilbert
  17e –. *Voir* Hilbert
Produit tensoriel
  – de deux espaces bilinéaires 328
  – de deux fibrés vectoriels algébriques 256

  – de deux formes quadratiques 99
Projectif
  espace – 63–68, 72, 303
Prolongement analytique 148–149
Pseudo-droite 245
Puiseux
  séries de – 10
  séries de – algébriques 15, 31, 32, 94, 123,
    149
Puissances extérieures d'un fibré vectoriel
  algébrique 256
Pythagore
  nombre de – 99, 101, 107

Radical
  idéal P- – 78, 135
  P- – 79
  – réel 77
Rang
  – d'un fibré vectoriel 255
  – d'un module projectif 328
Réel
  corps – 8, 76, 217
  idéal – 76–78, 85
  place – 216
  théorème des zéros –. *Voir* Zéros
Réel clos
  corps – 9–18
Régulier
  anneau local – 60

Sard
  théorème de – semi-algébrique 205,
    242
Saucissonnage 29, 34, 148, 186
Section
  – algébrique d'un fibré 255, 261, 264
  – de Nash. *Voir* Nash
  – semi-algébrique. *Voir* Semi-algébrique
Sélection des courbes
  lemme de – de Nash 150, 212
  lemme de – semi-algébrique 34
Semi-algébrique
  connexité – 31, 91
  connexité – par arc 37
  ensemble – 21–51, 119–132
  ensemble – d'une variété algébrique
    réelle 58
  ensemble – fermé borné d'une variété
    algébrique réelle affine 66
  extension d'un ensemble ou d'une fonction
    – 87, 90, 125, 244, 251
  faisceau de fonctions – continues 122
  famille – de sous-ensembles ou de
    fonctions 124–130, 198, 209–211
  fibre d'une famille – de fonctions 124,
    126

fibre d'une famille − de sous-ensembles 124–125
fibré vectoriel − 284, 330
fonction − 25, 122, 124
fonction − continue 26–48, 90–91, 121
germe de fonction − continue 123
homotopie −. Voir Homotopie
morphisme − entre fibrés vectoriels 284
ouvert − de base 41, 136, 222
section − d'un fibré vectoriel 284, 298
Séparation
  théorème de − de Mostowski 42, 44
Série
  − de Puiseux. Voir Puiseux
  − formelle algébrique 145, 147, 150–153
Serre
  critère de − 93
Signature d'un espace bilinéaire 329, 335
Simplexe 193
Somme connexe 73, 238–239
Somme de carrés 8, 21, 78, 92, 101, 103–104, 107–108
Somme de Whitney. Voir Whitney
Somme orthogonale
  − de deux espaces bilinéaires 328
  − de deux formes quadratiques 99
Sous-anneau β-convexe. Voir Convexe
Sous-fibré vectoriel algébrique 256
Sous-variété
  − $\mathscr{S}^\infty$ 51
  − de Nash. Voir Nash
Spécialisation 116, 219
  chaine de − 131
  longueur d'une chaine de − 131
Spectre réel 110–142, 173–174
  topologie du − 111
Stablement trivial. Voir Fibré vectoriel
Stablement isomorphes 327
Stable par dérivation
  famille de polynômes − 33
Stéréographique
  projection − 67, 310
Stiefel-Hopf
  condition de − 298
Stiefel-Whitney
  classe de − 268, 276
Stone
  espace de − 114–115
Stone-Weierstrass
  théorème de − 175, 239, 264
  théorème de − relatif 277
Strate 187
Stratifiant
  famille − de polynômes 184
Stratification 184–214
  − de Nash. Voir Nash

− donnée par une famille stratifiante de polynômes 187, 229
− vérifiant les conditions a et b de Whitney 213
Structure conique locale
  théorème de − 199, 202
Sturm
  théorème de − 11
Substitution
  théorème de − 159
Support d'un cône premier 80, 113

Tangent
  espace − 48
  espace − à une sous-variété de Nash 178
  espace − de Zariski. Voir Zariski
  fibré − 260
Tarski-Seidenberg
  principe de − 15–19, 23, 75, 87–91
Thom
  lemme de − 33, 123
Tietze-Urysohn
  théorème de − semi-algébrique 40
Tilda 119–121
Tognoli
  théorème de − 321
Topologie
  − constructible. Voir Constructible
  − de Harrison. Voir Harrison
  − de Zariski. Voir Zariski
  − du spectre réel. Voir Spectre réel
  − euclidienne. Voir Euclidien
Transfert
  principe de − 89
Transverse 268
Triangulation 193, 229, 248
Trivialisation locale algébrique d'un fibré vectoriel 256
Trivialité semi-algébrique 195, 244
Tsen-Lang
  théorème de − 103, 137
Tubulaire
  voisinage − 178, 180, 319

Ultrafiltre 114, 120, 131

Valeur critique 205
Valuation 215
  anneau de − 215
  anneau de − réel 216
Variété algébrique réelle 52–74
  − affine 57, 65

Whitney
  conditions a et b de − 206–213
  somme de − de deux fibrés vectoriels algébriques 256

Witt
  anneau de – 329
  – -équivalence 329

Zariski
  espace tangent de – 59

main theorem de – 146, 156
topologie de – 22, 57, 64

Zéros
  théorème des – centraux 135
  théorème des – réels 76–78
  théorème des – pour les fonctions de Nash.
    Voir Nash

Ergebnisse der Mathematik und ihrer Grenzgebiete, 3. Folge

A Series of Modern Surveys in Mathematics

Editorial Board: E. Bombieri, S. Feferman, N. H. Kuiper, P. Lax, R. Remmert, (Managing Editor), W. Schmid, J-P. Serre, J. Tits

Volume 1: **A. Fröhlich**

Galois Module Structure of Algebraic Integers

1983. X, 262 pages. ISBN 3-540-11920-5

Volume 2: **W. Fulton**

Intersection Theory

1984. XI, 470 pages. ISBN 3-540-12176-5

Volume 3: **J. C. Jantzen**

Einhüllende Algebren halbeinfacher Lie-Algebren

1983. V, 298 Seiten. ISBN 3-540-12178-1

Volume 4: **W. Barth, C. Peters, A. Van de Ven**

Compact Complex Surfaces

1984. X, 304 pages. ISBN 3-540-12172-2

Volume 5: **K. Strebel**

Quadratic Differentials

1984. 74 figures. XII, 184 pages.
ISBN 3-540-13035-7

Volume 6: **M. J. Beeson**

Foundations of Constructive Mathematics
Metamathematical Studies

1985. XXIII, 466 pages. ISBN 3-540-12173-0

Springer-Verlag
Berlin Heidelberg New York
London Paris Tokyo

Volume 7: **A. Pinkus**

n-Widths in Approximation Theory

1985. X, 291 pages. ISBN 3-540-13638-X

Volume 8: **R. Mañé**

Ergodic Theory and Differentiable Dynamics

Translated from the Portuguese by Silvio Levy
1987. 32 figures. Approx. 330 pages.
ISBN 3-540-15278-4

Contents: Measure Theory. – Measure-Preserving Maps. – Ergodicity. – Expanding Maps and Anosov Diffeomorphisms. – Entropy. – Bibliography. – List of Notations. – Subject Index.

Volume 9: **M. Gromov**

Partial Differential Relations

1986. IX, 363 pages. ISBN 3-540-12177-3

Contents: A Survey of Basic Problems and Results. – Methods to Prove the h-Principle. – Isometric C^∞- immersions. – References. – Author Index. – Subject Index.

Volume 10: **A. L. Besse**

Einstein Manifolds

1986. 22 figures. XII, 510 pages.
ISBN 3-540-15279-2

Contents: Introduction. – Basic Material. – Basic Material: Kähler Manifolds. – Relativity. – Riemannian Functionals and Variational Principles. – Ricci Curvature as a Partial Differential Equation. – Einstein Manifolds and Topology. – Homogeneous Riemannian Manifolds. – Compact Homogeneous Kähler Manifolds. – Riemannian Submersions. – Holonomy Groups. – Kähler-Einstein Metrics and the Calabi Conjecture. – The Moduli Space of Einstein Structures. – Self-Duality. – Quaternion-Kähler Manifolds. – A Report of the Non-Compact Case. – Generalizations of the Einstein Condition. – Appendix. – Sobolev Spaces and Elliptic Operators. – Bibliography. – Notation Index. – Subject Index.

Ergebnisse der Mathematik und ihrer Grenzgebiete, 3. Folge

A Series of Modern Surveys in Mathematics

Editorial Board: E. Bombieri, S. Feferman, N. H. Kuiper, P. Lax, R. Remmert (Managing Editor), W. Schmid, J-P. Serre, J. Tits

Volume 11: **M.D. Fried, M. Jarden**

Field Arithmetic

1986. XVII, 458 pages. ISBN 3-540-16640-8

Contents: Introduction. – Notation and Convention. – Infinite Galois Theory and Profinite Groups. – Algebraic Function Fields of One Variable. – The Riemann Hypothesis for Function Fields. – Plane Curves. – The Cebotarev Density Theorem. – Ultraproducts. – Decision Procedures. – Algebraically Closed Fields. – Elements of Algebraic Geometry. – Pseudo Algebraically Closed Fields. – Hilbertian Fields. – The Classical Hilbertian Fields. – Nonstandard Structures. – Nonstandard Approach to Hilbert's Irreducibility Theorem. – Profinite Groups and Hilbertian Fields. – The Haar Measure. – Effective Field Theory and Algebraic Geometry. – The Elementary Theory of e-free PAC Fields. – Examples and Applications. – Projective Groups and Frattini Covers. – Perfect PAC Fields of Bounded Corank. – Undecidability. – Frobenius Fields. – On ω-free PAC Fields. – Galois Stratification. – Galois Stratification over Finite Fields. – Open Problems. – References. – Index.

Volume 12: **J. Bochnak, M. Coste, M.-F. Roy**

Géométrie algébrique réelle

1987. X, 373 pages. ISBN 3-540-16951-2

Volume 13: **E. Freitag, R. Kiehl**

Etale Cohomology and the Weil Conjecture

1987. Approx. 400 pages. ISBN 3-540-12175-7

Volume 14: **M. R. Goresky, R. D. MacPherson**

Stratified Morse Theory

1987. Approx. 300 pages. ISBN 3-540-17300-5

Volume 15: **T. Oda**

Convex Bodies and Algebraic Geometry

1987. Approx. 280 pages. ISBN 3-540-17600-4

Volume 16: **van der Geer**

Hilbert Modular Surfaces

1987. Approx. 350 pages. ISBN 3-540-17601-2

Forthcoming titles:

G. A. Margulis

Discrete Subgroups of Lie Groups

ISBN 3-540-12179-X

A. Hahn, T. O'Meara

The Classical Groups and K-Theory

ISBN 3-540-17758-2

Springer-Verlag
Berlin Heidelberg New York
London Paris Tokyo